यह संकलन अज़ीम प्रेमजी विश्वविद्यालय द्वारा अन्य शैक्षिक संस्थानों के साथ मिलकर आयोजित की जा रही 'शिक्षा के सरोकार' नामक सेमिनार श्रृंखला की दूसरी कड़ी में विज्ञान व विज्ञान शिक्षा पर केन्द्रित सेमिनार में प्रस्तुत पर्चों में से चयनित पर्चों का दूसरा खण्ड है। आइसर मोहाली के साथ संयुक्त रूप से आयोजित किये गये सेमिनार से निकला यह संकलन विज्ञान की कक्षाओं में शिक्षण से जुड़े कुछ महत्त्वपूर्ण मुद्दों को खँगालता है।

इस संकलन में चार थीम के अन्तर्गत 24 पर्चे हैं। सभी पर्चों के केन्द्र में कक्षा में विज्ञान शिक्षण प्रक्रिया से सम्बन्धित मसलों के अनुभव व उनका विवेचन है।

पहली थीम 'विज्ञान शिक्षा व प्राथमिक कक्षाओं में उसके पर्यावरण अध्ययनीय रूप' में सात पर्चे हैं। यह कक्षा व कक्षा के बाहर दोनों में ही बच्चे के सीखने व उन्हें सिखाने के अनुभवों के विश्लेषण पर आधारित हैं। दूसरी थीम 'विज्ञान शिक्षक व विज्ञान शिक्षा' में छह पर्चे हैं। तीसरी थीम 'विद्यार्थियों की वैज्ञानिक धारणाएँ' में पाँच पर्चे हैं। चौथी थीम 'पाठ्यपुस्तक और पाठ्यचर्या के स्वरूप व विकास' पर केन्द्रित है, इसमें भी छह पर्चे हैं।

विज्ञान शिक्षण पर केन्द्रित सेमिनार व इस संकलन के प्रकाशन का उद्देश्य विज्ञान शिक्षा के क्षेत्र में काम कर रहे लोगों के अनुभव व फील्ड से प्राप्त समझ को व्यापक करना है, जिससे हिन्दी व अन्य भारतीय भाषाओं में इन मसलों पर और अधिक विमर्श हो सके।

अज़ीम प्रेमजी विश्वविद्यालय

सर्वे नम्बर 66, बुरुगुंटे विलेज, बिक्कनाहल्ली मेन रोड,

सरजापुरा, बेंगलूरु, कर्नाटक-562 125

Email : publications@apu.edu.in

Website : www.azimpremjiuniversity.edu.in

विज्ञान कक्षा के विभिन्न आयाम

सम्पादक

हृदय कान्त दीवान

साधना सक्सेना

सम्पादन सहयोग

राजेश उत्साही

वाणी प्रकाशन

प्रकाशन के उत्कृष्टतम 60 वर्ष

Azim Premji University

पेपरबैक प्रथम संस्करण : 2023

vaniprakashan.com

वाणी प्रकाशन

4695, 21-ए, दरियागंज, नयी दिल्ली-110 002

फ़ोन : +91 11 23273167, 23275710

शाखाएँ

अशोक राजपथ, पटना-800 004, बिहार

कॉफ़ी हाउस कैम्पस, महात्मा गांधी मार्ग, इलाहाबाद-211 001, उत्तर प्रदेश

महात्मा गांधी अन्तरराष्ट्रीय हिन्दी विश्वविद्यालय, वर्धा-442 001, महाराष्ट्र

36/ए, शेक्सपियर सरणी, रानी बिरला गर्ल्स कॉलेज के पास, कोलकाता-700 017, प. बंगाल

sales@vaniprakashan.in
vaniprakashan@gmail.com

Vigyan Kaksha ke Vibhinn Aayam

Edited by : Hriday Kant Dewan, Sadhana Saxena

Editing Support : Rajesh Utsahi

ISBN : 978-93-5775-203-9
Education / Science

मूल्य : ₹ 425

आर. टेक ऑफ़सेट प्रिंटर्स, दिल्ली-110 032 में मुद्रित

वाणी प्रकाशन का लोगो मक़बूल फ़िदा हुसेन की कूची से

अनुक्रम

खण्ड–2

विज्ञान शिक्षक व विज्ञान शिक्षा

खण्ड–3

विद्यार्थियों की वैज्ञानिक धारणाएँ

खण्ड–4

पाठ्यपुस्तक और पाठ्यचर्या के स्वरूप व विकास

शिक्षा के सरोकार : शृंखला परिचय

अज़ीम प्रेमजी फ़ाउंडेशन का व्यापक उद्देश्य समाज में समतामूलक शिक्षा के लिए किये जाने वाले प्रयासों में पहलक़दमी व सहयोग करना है। इस काम का एक हिस्सा गुणवत्तापूर्ण उच्च शिक्षा को ज़्यादा–से–ज़्यादा लोगों तक ले जाना है। इस दिशा में अज़ीम प्रेमजी विश्वविद्यालय द्वारा अंग्रेज़ी माध्यम में संचालित पाठ्यक्रमों को दो भारतीय भाषाओं, हिन्दी और कन्नड़ में शुरू करने का प्रयास एक महत्त्वपूर्ण पहल है। इसके लिए अभी किये जाने वाले कार्य में उपयुक्त पठन सामग्री का अंग्रेज़ी से हिन्दी और कन्नड़ में अनुवाद करना, हिन्दी और कन्नड़ भाषा की इधर–उधर बिखरी सामग्री को एकत्रित कर सार्थक अध्ययन सामग्री के रूप में संकलित करना और इन भाषाओं में शिक्षा व शिक्षण पर मूल लेखन को प्रोत्साहन देना शामिल है।

इन भाषाओं में मूल पर्चे लिखे जायें, इसके लिए अज़ीम प्रेमजी विश्वविद्यालय ने भारतीय भाषाओं में शिक्षा से जुड़े विषयों पर संगोष्ठियाँ आयोजित करना शुरू किया है। इन संगोष्ठियों में अध्येताओं के पर्चों की प्रस्तुति और इन पर विचार–विमर्श व मन्थन भारतीय भाषाओं में ही होता है। ऐसा होने से बहुत–से अध्येता, जो सामान्यतः भाषा के गतिरोध के कारण अपने विचार प्रस्तुत नहीं कर पाते, वे भी विचार मन्थन में शामिल हो पाते हैं और संवाद ज़्यादा व्यापक समूह के बीच हो पाता है। इससे अवधारणाओं और विचारों के साथ ज़्यादा लोगों के लिए गहरी अन्तःक्रिया की सम्भावनाएँ बनती हैं। हमारा मानना है भारतीय भाषाओं में विमर्श और अकादमिक लेखन के प्रयास ज्ञान और शिक्षण के लोकतान्त्रीकरण का एक ज़रूरी हिस्सा हैं।

भारतीय भाषाओं में विज्ञान और विज्ञान शिक्षा पर बहुत कम अकादमिक विमर्श हुआ है। ऐसा विमर्श जिसमें विज्ञान की विषयवस्तु भारतीय भाषाओं में हो और विज्ञान शिक्षा सम्बन्धी शोध, संवाद और प्रसार भी भारतीय भाषाओं में ही हो। विषय के सोच को आगे बढ़ाने वाले नये विचार व तर्क भारतीय भाषाओं में गढ़े जायें।

इसी सोच के चलते आइसर (IISER) मोहाली और अज़ीम प्रेमजी विश्वविद्यालय, बेंगलूरु ने मिल कर 2018 में एक संगोष्ठी का आयोजन किया था। इस संगोष्ठी में हिन्दी और पंजाबी भाषाओं के समानान्तर सत्र आयोजित किये गये थे। संगोष्ठी विज्ञान, उसका समाज के साथ रिश्ता व विज्ञान शिक्षा पर केन्द्रित थी। इसमें 68 पर्चे पढ़े गये। उनमें से 17 पर्चों को चयनित कर पहला संकलन प्रकाशित किया गया है। शेष चयनित पर्चे व कुछ अन्य आमन्त्रित पर्चें इस दूसरे संकलन में शामिल किये गये हैं। इस तरह शिक्षा के सरोकार सीरीज़ की यह चौथी पुस्तक है।

–हृदय कान्त दीवान

अज़ीम प्रेमजी विश्वविद्यालय, बेंगलूरु

संगोष्ठी के विषय में

इस संगोष्ठी का केन्द्रीय विषय 'विज्ञान और विज्ञान शिक्षा' था। इसमें विज्ञान शिक्षा से जुड़े कई विषयों पर सघन अकादमिक विमर्श हुआ। संगोष्ठी में तीन मुख्य व्यापक विषयों पर विमर्श हुआ। इनमें से पहला विषय था *विज्ञान व समाज का अन्तर्सम्बन्ध*, *दूसरा विषय प्राथमिक, उच्च प्राथमिक व माध्यमिक कक्षाओं में विज्ञान व उसकी शिक्षा और तीसरा विषय उच्च माध्यमिक कक्षाओं में विज्ञान* था। इनमें से प्रत्येक में उप–विषय थे जो कि इन विषय क्षेत्रों को थोड़ा और निरूपित करते थे। उप–विषय निम्नानुसार थे :

- विज्ञान की प्रकृति, दायरा और उसकी भाषा
- समाज, विकास व प्रौद्योगिकी और विज्ञान से उनकी अन्तःक्रिया
- विज्ञान, सामाजीकरण और शिक्षा
- विज्ञान पाठ्यचर्या–पाठ्यक्रम, पाठ्यपुस्तक, शिक्षण प्रक्रिया और मूल्यांकन
- विज्ञान की शिक्षा, भाषा व अन्य विषयों से सम्बन्ध, संस्कृति और सन्दर्भ
- विज्ञान शिक्षा के ढाँचे, उनकी प्रकृति, संरचना व स्वरूप
- विज्ञान की उच्च शिक्षा के ढाँचे, उनकी प्रकृति, संरचना व स्वरूप
- विज्ञान की उच्च शिक्षा, उसकी गुणवत्ता, चुनौतियाँ व उसमें समावेशन

यह संकलन

संगोष्ठी में प्रस्तुत पर्चों में से इस श्रृंखला की तीसरी यानी इस संगोष्ठी की पहली पुस्तक में विज्ञान शिक्षा सम्बन्धित कई व्यापक मसले शामिल

किये गये थे। इनमें 'विज्ञान शिक्षण व उसका भाषा से सरोकार', 'वैज्ञानिक चेतना, उसका अर्थ, महत्त्व व फैलाव', 'सामाजिक न्याय और समानता व उसका विज्ञान से सम्बन्ध', 'उच्च कक्षाओं में विज्ञान शिक्षण व उसमें शोध की सम्भावना' आदि जैसे विषय सम्मिलित थे।

संगोष्ठी की इस दूसरी पुस्तक के पर्चों के केन्द्र में कक्षा में विज्ञान शिक्षण प्रक्रिया से सम्बन्धित ज़्यादा विशिष्ट मसले हैं। इन मसलों पर प्रस्तुत पर्चों में अधिकांश लेखकों ने संगोष्ठी में सीधे अपने ज़मीनी अनुभव साझा किये थे और कुछ ने अपने ज़मीनी अनुभवों के आधार पर विज्ञान शिक्षा के सैद्धान्तिक विषयों पर चर्चा की थी या यूँ कहें कि ज़मीनी अनुभवों के आधार पर सैद्धान्तीकरण करने का प्रयास किया था। इस तरह से इस पुस्तक में शामिल लेख विज्ञान शिक्षा के अनुभवों और सामान्यीकृत मुद्दों का सम्मिश्रण हैं। यह पुस्तक विज्ञान शिक्षण से जुड़े कई महत्त्वपूर्ण पहलुओं पर विचार–विमर्श करती है। लेखकों की पृष्ठभूमि–शिक्षक, शिक्षक प्रशिक्षकों से लेकर शिक्षा शोधकर्ता–की विविधता इस पुस्तक को और भी समृद्ध और विशेष बनाती है।

इस पुस्तक में कुल 24 पर्चे हैं जो चार थीमों के अन्तर्गत रखे गये हैं। पहली थीम है 'विज्ञान शिक्षा व प्राथमिक कक्षाओं में उसके पर्यावरण अध्ययनीय रूप'। इसमें सात पर्चे हैं जो इस व्यापक विषय के सन्दर्भ में स्कूलों व कक्षाओं में काम के अनुभव से उभरे हैं। इस थीम में शामिल पर्चों को लिखने वालों में स्कूल में पढ़ाने वाले शिक्षक और स्कूली शिक्षा में ज़मीनी स्तर पर शिक्षकों व बच्चों के साथ काम कर रहे शिक्षाकर्मी हैं। इन लेखों में से कुछ में घर, कक्षा और स्कूल के अनुभवों का विश्लेषणात्मक प्रस्तुतीकरण और इन ज़मीनी अनुभवों का सामान्यीकृत विश्लेषण कर सैद्धान्तीकरण का प्रयास किया गया है। इस सन्दर्भ में *रजनी द्विवेदी* का पर्चा एक छोटे बच्चे द्वारा स्वयं सोच कर की गयी खोज–बीन की प्रक्रिया और उसकी विज्ञान से अन्तःक्रिया का अध्ययन करता है। *आशीष शर्मा, चन्द्रिका मुरलीधर और निमरत खण्डपुर* का पर्चा पर्यावरण अध्ययन विषय की कक्षाओं में किये जा रहे कार्य के अवलोकन व शिक्षकों की पर्यावरण अध्ययन के बारे में समझ के अनुभव व उसके विश्लेषण पर आधारित है। यह पर्चा पर्यावरण अध्ययन को एक विषय के रूप में मानने और गम्भीरता से सिखाये जाने की आवश्यकता को रेखांकित करता है।

इस थीम के तीन पर्चे उच्च प्राथमिक स्तर पर विज्ञान शिक्षण पर केन्द्रित हैं और उसमें सुधार की सम्भावनाओं व उनमें से कुछ के क्रियान्वयन के प्रयास की राह में संस्थागत व व्यवस्थागत चुनौतियों को सामने रखते हैं। इनमें से दो पर्चे विज्ञान की कक्षा के व्यापक पहलुओं के साथ जुड़ाव को भी खँगालते हैं। वे कक्षाओं में सामाजिक व पर्यावरणीय सरोकारों को शामिल करने के प्रयास को प्रस्तुत कर उनसे उभरते रास्तों व उनकी सीमाओं को पाठक के सामने रखते हैं। *रेशमी दस्तीदार* का पर्चा 'समुदाय एवं नागरिकता' और विज्ञान शिक्षण के आपसी सम्बन्ध पर है। यह पर्चा थीम आधारित शिक्षण की सम्भावना के कुछ उदाहरण और आकलन का फ्रेमवर्क प्रस्तुत करता है। *राधा गोपालन* का पर्चा 'भोजन व भोजन के स्रोत' के माध्यम से विज्ञान का अध्ययन है। यह परियोजना आधारित विज्ञान शिक्षण प्रक्रिया का उदाहरण है। यह पर्चा इस तरह की विधि में निहित खुलेपन, सहयोग सामाजिक दृष्टि व नये तरह के अनुभव और उससे नये–नये सवालों के उभरने की सम्भावना व उसके फ़ायदे प्रस्तुत करता है।

विपिन कुमार चौहान का पर्चा उच्च प्राथमिक स्तर पर विज्ञान विषय के प्रभावी शिक्षण में संस्थागत चुनौतियों पर प्रकाश डालता है। लेखक उत्तराखण्ड के विद्यालयों से प्राप्त अपने अनुभवों को सामने रखते हुए इस पर बात करते हैं।

इस थीम के अन्तिम दो पर्चे एकलव्य के प्राथमिक शिक्षा कार्यक्रम के अनुभव से उभरे हैं। *मुकेश मालवीय* का पर्चा इस कार्यक्रम में विज्ञान शिक्षण की क्षमता आधारित वैकल्पिक समझ पर केन्द्रित है। वे इन क्षमताओं का उल्लेख करते हुए अपने स्कूल कार्य से उभरे अनुभवों और उनसे प्राप्त निष्कर्षों को रखते हैं। दूसरा पर्चा *हृदय कान्त दीवान* का है, जो इसी कार्यक्रम में विज्ञान के स्थान, कार्यक्रम की रचना और क्रियान्वयन के अनुभव पर केन्द्रित है। इसके साथ ही यह पर्चा कार्यक्रम में इस्तेमाल किये गये आधारों, सिद्धान्तों, तरीक़ों व सामग्री के उदाहरण और उनका विश्लेषण प्रस्तुत करता है।

दूसरी थीम 'विज्ञान शिक्षक व विज्ञान शिक्षा' है, जिसके अन्तर्गत छह पर्चे हैं। ये पर्चे शिक्षकों की सेवापूर्व तैयारी, सेवारत सबलीकरण कार्यशालाएँ व उनका प्रभाव, सेवारत प्रशिक्षणों के अलग–अलग मॉडल से

उभरे विश्लेषणात्मक अनुभव; विज्ञान व विज्ञान शिक्षण के बारे में शिक्षकों की समझ; दृष्टिकोण व विचारों का अध्ययन; उनकी विज्ञान पढ़ाने की तैयारी व क्षमतावर्धन और विज्ञान शिक्षण की प्रक्रिया में शिक्षकों के सामने आ रही दिक़्क़तों और चुनौतियों पर केन्द्रित हैं। ये पर्चे जमीनी प्रयासों में स्वयं सम्मिलित रहे व्यक्तियों द्वारा लिखे गये हैं। अतः वे अपने विचारों की विकास श्रृंखला को कई जगह खँगाल कर उसका सार प्रस्तुत कर पाये हैं। इनमें से *गिरीश शर्मा* का पर्चा सेवापूर्व प्रशिक्षणों पर केन्द्रित है। सेवारत प्रशिक्षणों से सम्बन्धित अलग–अलग पहलुओं पर दृष्टि डालते हुए दो और पर्चे हैं। *अम्बिका नाग* के पर्चे में शिक्षकों की बड़ी संख्या के लिए एक साथ आयोजित प्रशिक्षणों में कास्केड मॉडल के उपयोग के अनुभवों का समालोचनात्मक विश्लेषण प्रस्तुत किया गया है। *अनानास कुमार* और *प्रतीक श्रीवास्तव* का पर्चा सेवारत शिक्षकों के साथ विज्ञान विषय की कार्यशालाओं के फॉलोअप पर एक छोटा अध्ययन है। इस प्रक्रिया की उपयोगिता को मानते हुए पर्चा फॉलोअप प्रक्रिया को पक्का करने के लिए एक व्यापक व ठोस शोध का सुझाव देता है।

इस हिस्से में शामिल तीन अन्य पर्चे शिक्षकों की विज्ञान व विज्ञान शिक्षण की समझ के बारे में हैं। *कालू राम शर्मा* का पर्चा शिक्षकों के साथ उनकी वैज्ञानिक समझ पर कार्य का है व कई सामान्य कथनों की सरल प्रयोगों द्वारा जाँच व उसके निहितार्थों की बात करता है। *प्रीति मिश्रा* का पर्चा कुछ शिक्षकों की विज्ञान शिक्षण की प्रक्रिया की समझ पर साक्षात्कार और उनके स्कूलों में किट की स्थिति पर सामान्य अवलोकन के आधार पर टिप्पणी करता है। *ऋचा गोस्वामी* का पर्चा नीति दस्तावेज़ों यथा शिक्षा नीतियों, राष्ट्रीय पाठ्यचर्या दस्तावेज़ों, आधार पत्र व पाठ्यक्रम में विज्ञान और विज्ञान शिक्षण के बारे में दिये गये प्रमुख बिन्दुओं में समानताओं, अन्तरों व अन्तर्सम्बन्धों का विश्लेषण करता है। साथ ही इनसे उभरे कुछ प्रमुख बिन्दुओं पर शिक्षकों से हुई बातचीत का सार भी प्रस्तुत करता है।

तीसरी थीम के अन्तर्गत पाँच पर्चे रखे गये हैं। ये पर्चे विद्यार्थियों की विज्ञान से सम्बन्धित धारणाओं पर हैं। इनमें से चार पर्चे माध्यमिक और उच्च माध्यमिक स्तर के विद्यार्थियों की समझ को कुछ विशेष अवधारणाओं के सन्दर्भ में खँगालने का प्रयास करते हैं। थीम के अन्तर्गत शामिल ये पर्चे जीवविज्ञान, भौतिकी, रसायन व गणित के अन्तर्सम्बन्ध जैसे विषयों

से हैं और अलग–अलग तरह के सवालों को सामने रखते हैं। थीम में शामिल एक पर्चा प्राथमिक स्तर के सीखने वालों की विज्ञान सम्बन्धी अवधारणाओं को खँगालता है। *युक्ति शर्मा* का पर्चा माध्यमिक व उच्च माध्यमिक स्कूलों के विद्यार्थियों के जीवविज्ञान से सम्बन्धित धारणाओं के बारे में है। उनके अध्ययन के अनुसार जीवविज्ञान को अभी भी जानकारी व याददाश्त आधारित विषय ही माना जाता है। *पुनीता मल्होत्रा* का पर्चा उच्च माध्यमिक शालाओं के विद्यार्थियों की परमाणु व परमाणुवाद पर धारणाओं के बारे में है। पर्चा कुछ अक्सर पायी जाने वाली भ्रान्तियों के अध्ययन का प्रयास है और इन्हें विद्यार्थियों के विज्ञान सीखने में बाधा मानता है। तीसरा पर्चा *हनीत गाँधी* और *हृदय कान्त दीवान* का है। यह पर्चा प्रायिकता की समझ तथा उसके विज्ञान व वैज्ञानिक मानसिकता के लिए महत्त्व पर है। साथ ही कुछ किशोरों के साथ किये गये। अध्ययन से प्राप्त निष्कर्षों की व्याख्या भी करता है। यह पर्चा इसके आधार पर पुस्तकों में प्रायिकता से सम्बन्धित शब्दावली के प्रयोग के पुनर्निरीक्षण का आग्रह करता है। बच्चों की समझ पर आधारित एक और पर्चा *निधि गुलाटी* द्वारा प्राथमिक स्कूल के बच्चों के साथ किया गया अध्ययन है। इसके लिए तीसरी और चौथी के बच्चों के साथ कार्य किया गया और उनकी पुस्तक में शामिल थीम को ही आधार बनाया गया। पर्चा यह सुझाता है कि ऐसे और अध्ययन होने चाहिए व ऐसे अध्ययनों से शिक्षकों को उनकी तैयारी के दौरान अवगत कराना चाहिए। स्कूल में विज्ञान शिक्षण पर केन्द्रित ये चार पर्चे अलग–अलग स्तर के बच्चों की वैज्ञानिक धारणाओं के अध्ययन व शिक्षकों को इसके लिए तैयार करने की आवश्यकता को सामने रखते हैं।

इस थीम में शामिल आख़िरी पर्चा उच्च शिक्षा में विज्ञान के सीखने व भाषा के अन्तर्सम्बन्ध पर है। इसमें अध्येता *अमित कुलश्रेष्ठ* अपने अनुभव का विश्लेषण करते हुए भाषा, गणित व विज्ञान के बारे में बच्चों की समझ व उन्हें आने वाली दिक़्क़तों पर चर्चा करते हैं। पर्चा विज्ञान, गणित व अन्य विषय की अवधारणाओं को समझने व व्यक्त करने में भाषा की भूमिका का विवेचन कक्षायी अनुभवों के आधार पर करता है। साथ ही विज्ञान की भाषा में सटीकता और उस सटीकता व संक्षिप्तता को हासिल करने के लिए उपयोग की गयी गणितीय अभिव्यक्ति के इस्तेमाल के कारण आयी व्यापकता, गहराई तथा हर भाषा बोलने वाले विज्ञान

अध्येता के लिए बोधगम्य अभिव्यक्ति की सम्भावना को रेखांकित करता है। इसे हमारे सामने रखते हुए वह आग्रह करता है कि अवधारणाओं के सीखने में साधारण भाषा और उसके साथ–साथ गणितीय भाषायी क्षमता का विकास समझना अति महत्त्वपूर्ण है।

चौथी थीम 'पाठ्यपुस्तक और पाठ्यचर्या के स्वरूप व विकास' पर केन्द्रित है। इसमें छह पर्चे हैं। ये पर्चे भारत में विज्ञान व विज्ञान शिक्षा की विकास यात्रा से सम्बन्धित हैं। इनमें से एक पर्चा विज्ञान के सन्दर्भ में कृषि शिक्षा की प्रासंगिकता पर केन्द्रित है। *प्रकृति भार्गव* का पर्चा भारत में कृषि शिक्षा की विकास यात्रा पर है। स्वतन्त्रता पूर्व के समय की झलक से शुरू करते हुए पर्चा इक्कीसवीं सदी की परिस्थिति तक लाता है। पर्चा यह माँग करता है कि कृषि शिक्षा को ज़्यादा सार्थक व ज़्यादा सार्वभौमिक बनाया जाये। पर्चा शिक्षा और कृषि के बीच सम्बन्ध स्थापित करने पर बल देता है।

एक पर्चा भारत में विज्ञान शिक्षण के वैकल्पिक प्रयासों में से एक के बारे में है। इसके साथ ही तीन पर्चें विज्ञान की एक पूर्ण पाठ्यपुस्तक के विकास के अलावा कुछ विशेष अध्यायों के विकास पर केन्द्रित हैं। इन तीनों पर्चों के लेखक उन पुस्तकों की विकास यात्रा में शामिल थे जिनके बारे में वे लिख रहे हैं। चूँकि ये पर्चें पुस्तकों के प्रकाशन व कई वर्षों तक इस्तेमाल होने के बाद लिखे गये हैं इसलिए इनमें एक विश्लेषणात्मक पुनरावलोकन दिखायी पड़ता है। *तान्या सक्सेना, ज्योति चक्रवर्ती* एवं *अंजु दास मानिकपुरी* द्वारा लिखे गये यह पर्चे एक राज्य में विज्ञान व गणित की पुस्तकों के अध्यायों की विकास यात्रा, उनके बनाने के लक्ष्यों और आधारों पर हैं। *तान्या* का पर्चा गणित व विज्ञान की पुस्तकों के अध्यायों में अन्तर्सम्बन्धों पर चर्चा करते हुए, इस पर पाठ्यपुस्तकों में और कक्षा में ध्यान दिये जाने पर बल देता है। *ज्योति चक्रवर्ती* का पर्चा पाठ्यपुस्तक निर्माण प्रक्रिया के चरणों व उससे उभरती समझ को प्रस्तुत करता है। इसी के साथ जुड़ा *अंजु दास मानिकपुरी* का पर्चा इसी पाठ्यपुस्तक के कुछ विशेष अध्यायों के सन्दर्भ में पाठ लेखन की प्रक्रिया के अनुभवों का विश्लेषण प्रस्तुत करता है। ये पर्चे पाठ्यपुस्तक लेखन में गम्भीरता, सघन चर्चाओं, अध्ययन सामग्री को ठोस समझ व परिप्रेक्ष्य की आवश्यकता पर बल देते हैं। तीनों पर्चे पुस्तक और पाठों के लगातार विश्लेषण और शिक्षकों

व बच्चों के साथ मिल कर सुधार की सम्भावनाओं पर विमर्श को आवश्यक मानते हैं। *शशि सक्सेना* का पर्चा माध्यमिक विद्यालयों में विज्ञान–शिक्षण के सन्दर्भ में हुए अनूठे प्रयोग होशंगाबाद विज्ञान शिक्षण कार्यक्रम में होने वाले शिक्षक प्रशिक्षणों पर एक नज़र डालता है। अगला पर्चा *हृदय कान्त दीवान* का है, जो भारत में विज्ञान शिक्षा के सार्वभौमीकरण की आवश्यकता, उसके एक वैकल्पिक सार्थक प्रयास होशंगाबाद विज्ञान शिक्षण कार्यक्रम व उसके रास्ते में आयी दिक़्क़तों व चुनौतियों को प्रस्तुत करता है। पर्चा नीतियों और यथार्थ के बीच की खाई को उजागर करता है और अनुभवों के विश्लेषण के आधार पर आगे के रास्ते के बारे में कुछ विचार रखता है।

हमें उम्मीद है कि यह पुस्तक अन्य लोगों के लिए भी विज्ञान शिक्षण के बारे में अंग्रेज़ी के अलावा अन्य भाषाओं में, विशेषकर हिन्दी में लिखने की सम्भावनाएँ खोलेगी व नये शोधार्थियों को मौक़ा देगी कि वे हिन्दी में ही पहले हुए काम तक पहुँच पायें। इस संकलन को पढ़ने वालों से यह आग्रह भी है कि वे भी इस तरह के पर्चे लिखें व शिक्षा में हो रहे काम को और लोगों तक पहुँचाने में मदद करें।

–हृदय कान्त दीवान
–साधना सक्सेना

आभार

'शिक्षा के सरोकार' शृंखला की दूसरी संगोष्ठी के आयोजन में अज़ीम प्रेमजी विश्वविद्यालय और भारतीय विज्ञान शिक्षा और अनुसन्धान संस्थान, मोहाली (आइसर) के अनेक साथियों का सक्रिय सहयोग मिला।

भारतीय विज्ञान शिक्षा और अनुसन्धान संस्थान, मोहाली (आइसर) से सम्बद्ध अनेक व्यक्तियों ने तीन दिवसीय सेमिनार के संचालन में आयोजकों की मदद की। संस्थान के कई प्राध्यापकों ने इस आयोजन को सम्भव बनाने में महती भूमिका अदा की है। यहाँ तक कि *प्रो. अरविन्द* के प्रयासों से इसके समानान्तर संगोष्ठी पंजाबी भाषा में भी आयोजित हुई। हम आइसर के संचालक, प्राध्यापकों, स्वयंसेवक विद्यार्थियों, तकनीकी व अन्य व्यवस्थाओं में लगे कर्मचारियों के हृदय से आभारी हैं। उनके प्रयासों ने ही इस संगोष्ठी को सम्भव और सफल बनाया। इस संगोष्ठी के लिए विषय परिसीमन से लेकर पर्चों को अन्तिम रूप देने तक में दिल्ली विश्वविद्यालय की पूर्व प्राध्यापिका डॉ. साधना सक्सेना का अकादमिक सहयोग निरन्तर उपलब्ध रहा है।

अज़ीम प्रेमजी विश्वविद्यालय की 'अनुवाद पहल' टीम के सदस्य *राजेश उत्साही* और *रंजना सिंह* ने पूर्व की भाँति शुरुआत से ही इस आयोजन की ज़िम्मेदारी सँभाली। सम्भावित सहभागियों तक सन्देश पहुँचाना, उन्हें संगोष्ठी के मक़सद, मसौदे व रूपरेखा के बारे में बताकर इस प्रक्रिया में सहभागी होने के लिए तैयार करना। संगोष्ठी के लिए पर्चों के भावी लेखकों से निरन्तर सम्पर्क में रहते हुए संगोष्ठी में पढ़े जाने वाले आलेखों की रूपरेखा मँगवाने, प्राप्त रूपरेखा पर उन्हें समीक्षकों की टिप्पणियों

से अवगत कराकर लेख को अन्तिम रूप दिलाने व स्वीकृत आलेखों को व्यवस्थित करने के साथ–साथ संगोष्ठी की व्यवस्था सँभालने में उन्होंने महती भूमिका निभायी। इस संकलन की कॉपी एडिटिंग में *कविता तिवारी* का उल्लेखनीय योगदान है।

हम उन सब लेखकों के भी आभारी हैं, जिन्होंने कई–कई बार धैर्यपूर्वक अपने पर्चे को सुझावों के अनुरूप संशोधित व परिमार्जित किया।

इस तरह का कोई भी अकादमिक कार्यक्रम तभी सम्भव हो पाता है, जब उस के लिए आवश्यक सभी व्यवस्थाएँ अपेक्षानुसार कार्य करें। इसमें अज़ीम प्रेमजी विश्वविद्यालय एवं आइसर दोनों की व्यवस्था टीम के सदस्य अभिवादन व धन्यवाद के पात्र हैं। उनके बिना यह बृहद आयोजन कर पाना सम्भव नहीं था।

सम्पादक परिचय

हृदय कान्त दीवान
अज़ीम प्रेमजी विश्वविद्यालय, बेंगलूरु में प्राध्यापक के पद पर कार्यरत हैं। वे विश्वविद्यालय के 'अनुवाद पहल' कार्यक्रम से जुड़े हुए हैं।
ई–मेल : hardy@azimpremjifoundation.org

साधना सक्सेना
डेढ़ दशक तक किशोर भारती संस्था के साथ मध्य प्रदेश में ग्रामीण शिक्षा का काम करने के पश्चात लगभग दो दशक तक दिल्ली विश्वविद्यालय के शिक्षा विभाग में अध्यापन किया। शिक्षा विभाग की हेडशिप और डीनशिप भी सँभाली। वर्तमान में आइसर (IISER) मोहाली में विजिटिंग प्रोफ़ेसर के पद पर कार्यरत।
ई–मेल : sadhna1954@gmail.com

राजेश उत्साही
अज़ीम प्रेमजी विश्वविद्यालय, बेंगलूरु में 'अनुवाद पहल' कार्यक्रम में वरिष्ठ हिन्दी सम्पादक हैं। वे विश्वविद्यालय के 'टीचर्स ऑफ़ इंडिया' पोर्टल के हिन्दी सम्पादक भी रहे हैं। उन्होंने बाल साहित्य के क्षेत्र में लम्बे समय तक कार्य किया है।
ई–मेल : utsahi@azimpremjifoundation.org

लेखकों की संस्थागत सम्बद्धता

1. **रेशमी दस्तीदार**

हेरिटेज़ एक्सपेरीमेंटल लर्निंग स्कूल, गुरुग्राम, हरियाणा

ई–मेल : reshmi.dastidar@ggn.hxls.org

2. **आशीष शर्मा**

अज़ीम प्रेमजी फ़ाउंडेशन, टोंक, राजस्थान

ई–मेल : ashish.sharma@azimpremjifoundation.org

3. **चन्द्रिका मुरलीधर**

स्कूल ऑफ कंटीन्यूइंग एजुकेशन एंड यूनिवर्सिटी रिसोर्स सेंटर, अज़ीम प्रेमजी विश्वविद्यालय, बेंगलूरु

ई–मेल : chandrika@azimpremjifoundation.org

4. **निमरत खण्डपुर**

स्कूल ऑफ कंटीन्यूइंग एजुकेशन एंड यूनिवर्सिटी रिसोर्स सेंटर, अज़ीम प्रेमजी विश्वविद्यालय, बेंगलूरु

ई–मेल : nimrat.kaur@azimpremjifoundation.org

5. **रजनी द्विवेदी**

अज़ीम प्रेमजी विश्वविद्यालय, बेंगलूरु से सम्बद्ध।

ई–मेल : ritudwi@gmail.com

6. **राधा गोपालन**

विज़िटिंग फैकल्टी, स्कूल ऑफ़ डेवलपमेंट, अज़ीम प्रेमजी विश्वविद्यालय, बेंगलूरु

ई–मेल : radha.gopalan@gmail.com

7. **मुकेश मालवीय**
शासकीय ज्ञानोदय आवासीय विद्यालय, होशंगाबाद, मध्य प्रदेश
ई–मेल : mukeshmalviya15@gmail.com

8. **विपिन कुमार चौहान**
अज़ीम प्रेमजी फ़ाउंडेशन, देहरादून, उत्तराखण्ड
ई–मेल : vipin@azimpremjifoundation.org

9. **गिरीश शर्मा**
विद्या भवन गोविन्दराम सेकसरिया शिक्षक महाविद्यालय, उदयपुर
ई–मेल : girish@vidyabhawan.org

10. **अनानास कुमार**
अज़ीम प्रेमजी फ़ाउंडेशन, उधमसिंह नगर, उत्तराखण्ड
ई–मेल : ananas.kumar@azimpremjifoundation.org

11. **प्रतीक श्रीवास्तव**
अज़ीम प्रेमजी फ़ाउंडेशन, ऊधमसिंह नगर, उत्तराखण्ड
ई–मेल : prateek@azimpremjifoundation.org

12. **कालू राम शर्मा**
अज़ीम प्रेमजी फ़ाउंडेशन, खरगोन, मध्य प्रदेश

13. **प्रीति मिश्रा**
अज़ीम प्रेमजी फ़ाउंडेशन, पाली, राजस्थान
ई–मेल : preeti.mishra@azimpremjifoundation.org

14. **अम्बिका नाग**
अज़ीम प्रेमजी फ़ाउंडेशन, जयपुर
ई–मेल : ambika.nag@azimpremjifoundation.org

15. **ऋचा गोस्वामी**
एडूको फ़ाउंडेशन इंडिया, मुंम्बई
ई–मेल : goswami84@gmail.com

16. **युक्ति शर्मा**
शिक्षा विभाग, दिल्ली विश्वविद्यालय, दिल्ली
ई–मेल : ygosain@gmail.com

17. **पुनीता मल्होत्रा**
शैक्षिक सलाहकार, द सोसायटी फॉर एडवांसमेंट ऑफ़ एजुकेशन, कैंब्रिज ग्रुप ऑफ़ स्कूल्स, दिल्ली
ई–मेल : puneeta_krm@yahoo.co.in

18. हनीत गाँधी

शिक्षा विभाग, दिल्ली विश्वविद्यालय, दिल्ली

ई–मेल : haneetgandhi@gmail.com

19. निधि गुलाटी

प्रारम्भिक शिक्षा विभाग, इंस्टीट्यूट ऑफ़ होम इकोनॉमिक्स, दिल्ली विश्वविद्यालय, दिल्ली।

ई–मेल : nidhi.a.gulati@gmail.com

20. अमित कुलश्रेष्ठ

गणित विभाग, भारतीय विज्ञान शिक्षा एवं अनुसन्धान संस्थान, मोहाली

ई–मेल : amitk@iisermohali.ac.in

21. प्रकृति भार्गव

स्कूल ऑफ़ एजुकेशन, हिमाचल प्रदेश, केन्द्रीय विश्वविद्यालय, काँगड़ा, हिमाचल प्रदेश

ई–मेल : prakratifun@gmail.com

22. तान्या सक्सेना

रिसर्च एसोसिएट, आई.आई.टी. मुम्बई

ई–मेल : tanya.saxena26@gmail.com

23. ज्योति चक्रवर्ती

पूर्व सहायक प्राध्यापक, एस.सी.ई.आर.टी. छत्तीसगढ़, रायपुर

ई–मेल : jyoti_chakroborty@yahoo.co.in

24. अंजु दास मानिकपुरी

अज़ीम प्रेमजी फ़ाउंडेशन, धमतरी, छत्तीसगढ़

ई–मेल : anju.manikpuri@azimpremjifoundation.org

25. शशि सक्सेना

रसायनशास्त्र विभाग, दीन दयाल उपाध्याय महाविद्यालय, दिल्ली विश्वविद्यालय, दिल्ली

ई–मेल : shashi.chemistry@gmail.com

26. हृदय कान्त दीवान

अज़ीम प्रेमजी विश्वविद्यालय, बेंगलूरु

ई–मेल : hardy@azimpremjifoundation.org

खण्ड–1

विज्ञान शिक्षा व प्राथमिक कक्षाओं में उसके पर्यावरण अध्ययनीय रूप

1

समुदाय एवं नागरिकता आधारित विज्ञान-शिक्षण

–रेशमी दस्तीदार

गुरुग्राम के हेरिटेज विद्यालय में विज्ञान विषय के गहन अध्ययन के लिए विज्ञान–शिक्षण में समाज और समुदाय केन्द्रित परियोजनाओं का उपयोग किया जाता है। ये परियोजनाएँ, विद्यार्थियों को स्कूल में किये जाने वाले उनके कार्यों की उनके स्वयं के परिवेश के सन्दर्भ में सार्थकता को देखने का अवसर प्रदान करती हैं। शिक्षक/शिक्षिकाएँ कक्षायी अधिगम को तत्कालीन सामाजिक ज़रूरतों से जोड़ कर विद्यार्थियों को सोचने और कड़ी मेहनत करने के लिए प्रेरित करते हैं, ताकि उनमें अकादमिक और सामाजिक कौशल विकसित कर सकें। साथ ही, उनमें अवधारणाओं की अच्छी समझ विकसित हो और वे अपने समुदाय की वास्तविक चुनौतियों का समाधान भी कर पायें। इस पर्चे में ऐसी ही कुछ परियोजनाओं का विवरण दिया गया है। परियोजनाएँ इस प्रकार नियोजित की गयी हैं कि वे न सिर्फ़ शैक्षणिक परिशुद्धता पर खरी रहें, बल्कि वे विद्यार्थियों में विज्ञान और सामाजिक विज्ञान विषयों की मूल प्रथाओं के प्रति सोच को भी नियमबद्ध करें।

परिचय

ऐसी विज्ञान–शिक्षा जो बच्चों के लिए तलाशने, जाँच करने, सोचने एवं सहयोग करने के अवसरों से समृद्ध होती है; वह बच्चों में सोचने की

क्षमताओं और अवधारणाओं की एक पुख़्ता समझ विकसित करने की क्षमता रखती है।

इस प्रकार की शिक्षा इक्कीसवीं शताब्दी के नागरिक बनाने के लिए अनिवार्य है, जिनके निर्णय और समस्या–समाधान के तरीक़े, आम जन के लिए उनके सरोकार, विज्ञान विषय की प्रगाढ़ समझ तथा व्यवस्थित और समालोचनात्मक सोच के कौशल से तय होते हैं।

नीचे दी गयीं पंक्तियाँ एन.सी.ई.आर.टी. के मार्च, 2006 में प्रकाशित विज्ञान–शिक्षण के आधारपत्र से हैं। यह विज्ञान विषय के कक्षायी अधिगम की प्रक्रिया और विद्यार्थियों के प्रश्नों, मसलों और आवश्यकताओं के बीच की खाई को पाटने के महत्त्व के बारे बताती हैं।

> *"सरल प्रयोगों और स्वयं कर के सीखने के अनुभवों के अलावा बच्चों को अर्थपूर्ण या सोद्देश्य अनुसन्धान में लगाना ख़ासकर ऐसी समस्याओं के लिए जो उनके द्वारा सार्थक और महत्त्वपूर्ण समझी जायें, इस अवस्था में बच्चों को सीखने से जोड़े रखने के लिए एक ज़रूरी शिक्षाशास्त्रीय व्यवहार है।"*
>
> (खण्ड 5.2.2, एन.सी.एफ़. विज्ञान–शिक्षण)

अनुभवात्मक पाठ्यक्रम हेरिटेज विद्यालय, गुरुग्राम का एक महत्त्वपूर्ण हिस्सा है। इसके अन्तर्गत माध्यमिक कक्षाओं के विद्यार्थी समुदाय आधारित परियोजनाओं पर काम करते हैं। विद्यार्थियों को तार्किक, वैज्ञानिक पूछताछ और इंजीनियरिंग प्रथाओं से जोड़ने के लिए वास्तविक जगत की समस्याओं को सन्दर्भ के रूप में उपयोग में लिया जाता है।

इस प्रकार की साझेदारी विद्यार्थियों को सकारात्मक अधिगम की ओर प्रेरित करती है। कक्षा में पढ़ाये गये विज्ञान–पाठ्यक्रम को वास्तविक सामाजिक समस्याओं, जिनको विज्ञान तथा प्रौद्योगिकी द्वारा हल किया जा सकता है, से जोड़ कर शिक्षक और विद्यार्थी के मध्य की साझेदारी को और अधिक प्रगाढ़ बनाया जा सकता है।

कक्षा चार के लिए खिलौनों पर आधारित पर्यावरण विज्ञान की परियोजना

इस परियोजना के अन्तर्गत विद्यार्थी अपने हाथ से कार्य करने का सुखद अनुभव प्राप्त करते हैं। विद्यार्थी एक गतिमान खिलौने को बनाने के उद्देश्य

से शिक्षकों तथा विशेषज्ञों (स्थानीय खिलौना निर्माताओं तथा शिल्पकारों) के साथ जुड़ कर अपने प्रश्नों के उत्तर खोजते हुए कार्य करते हैं। इस यात्रा में रोज़मर्रा की सामग्री जैसे कि कबाड़ की वस्तुएँ, प्लास्टिक, लोहा और लकड़ी से आसान–से शिल्प–खिलौनों से शुरू कर के जटिल खिलौने बनाने के चरण शामिल होते हैं। चूँकि वे विभिन्न सामग्रियों के सम्पर्क में आ रहे होते हैं, उन्हें इन सामग्रियों के भौतिक गुणों, उनकी छँटनी और पृथक्करण को समझने के अवसर प्रदान किये जाते हैं। दिये गये निर्देशानुसार वे अपने खिलौनों का मॉडल तैयार करने के साथ–साथ उनकी डिज़ाइन और बनावट (शिल्प) को भी समझ पाते हैं।

देश के विभिन्न हिस्सों से जुड़े खिलौने बनाने वाले व्यक्तियों तथा समुदायों पर आधारित कुछ पठन–सामग्री (केस स्टडीज़) उन्हें पढ़ने के लिए दी जाती है। जैसे कि आन्ध्र प्रदेश के कोंडापल्ली खिलौने बनाने वाले समुदाय और पश्चिम बंगाल के टेराकोटा खिलौने बनाने वाले समुदाय से सम्बन्धित अनेक जानकारियाँ और लेख। यह सामग्री उन्हें हमेशा बदलती रहने वाली दुनिया में हाथ से काम कर के जीवनयापन करने वाले अपने साथी देशवासियों के जीवन की झलक दिखाती हैं।

पारम्परिक कारीगरों से खिलौने बनाना सीखना उन्हें विभिन्न प्रकार के व्यापार और व्यवसायों से परिचित कराता है, जैसे–जो लोग उत्पाद बनाते हैं और जो लोग उन्हें बेचते हैं, मरम्मत करते हैं और उनका अनुरक्षण करते हैं।

अभ्यास के दौरान अपने कौशल का विकास कर और शिल्प–कौशल व इंजीनियरिंग तकनीकी का प्रयोग कर बनाये हुए खिलौनों को विद्यार्थी कैप्टन चन्दन लाल विशेष नेत्रहीन विद्यालय, गुरुग्राम के बच्चों को भेंट करते हैं।

विशिष्ट कौशलों पर फोकस करना

तर्क करना

"इन खिलौनों को बनाने वाले और इनके साथ खेलने वाले लोगों का जीवन कैसा रहा?" इस ऐतिहासिक सवाल का उत्तर पाने के लिए विद्यार्थियों ने व्यक्तिगत रूप से और उनके समूह के साथियों ने उन खिलौनों (गुड़िया और पारम्परिक बोर्ड गेम सहित) का अध्ययन किया जिनसे उनके माता–पिता

और दादा–दादी खेला करते थे। विद्यार्थियों ने इन कलाकृतियों को बारीक़ी से देखा और अपने अवलोकन नोट किये। उन्होंने दावे किये, अपने तर्क को व्यक्त किया और खिलौनों में जो कुछ देखा, उन साक्ष्यों के आधार पर, साथ ही अपने दावों का समर्थन किया। इन खिलौनों को बनाने में योगदान करने वाले स्कूल के विद्यार्थियों के दादा–दादी और माता–पिता को विद्यार्थियों की सोच पर प्रतिक्रिया देने तथा देश के अलग–अलग हिस्सों में रहते हुए उनके बचपन से बड़े होने के अनुभवों/सफ़र पर मौखिक आदान–प्रदान करने के लिए आमन्त्रित किया गया था।

इस तरह के खिलौनों की जाँच करने से और भी सवाल सामने आये जैसे कि खिलौनों में किनका वर्णन मिलता है और कौन अवर्णित या अदृश्य हैं, समाज में क्या बदल गया है, कैसे खाली समय बदल गया है? कैसे पुरुष और महिलाएँ अक्सर अपनी भूमिकाएँ विभाजित करते हैं और लोग किस तरह की वस्तुओं का निर्माण करते हैं? व्यवसाय और खाली समय में की जाने वाली गतिविधियों का लोगों के रहने की जगह से किस तरह का जुड़ाव होता है?

अभियान्त्रिकी

विद्यार्थियों ने गतिशील खिलौनों को डिज़ाइन करने के लिए टूटी हुई पुरानी वस्तुओं का उपयोग किया। शिक्षकों द्वारा लघु–कौशलों के विकास हेतु आयोजित मॉड्यूल ने सिलाई, बुनाई, ओरिगेमी, अनुमान और माप व सरल विद्युत सर्किटरी (ताँबा टेप, एल.ई.डी., सेल, मोटर का उपयोग कर) आदि के साथ उनका परिचय कराया। इन बुनियादी कौशलों से लैस होकर विद्यार्थी अरविन्द गुप्ता और सुदर्शन खन्ना की किताबों को पढ़कर पुरानी वस्तुओं से खिलौने बनाने लगे।

विद्यार्थियों ने कैप्टन चन्दन लाल विशेष नेत्रहीन विद्यालय के शिक्षकों का साक्षात्कार किया, उनके विद्यार्थियों के साथ बातचीत की और खेल खेले। स्कूल की कक्षाओं में इस्तेमाल की जाने वाली शिक्षण–सामग्री का अध्ययन किया, ताकि उनकी ज़रूरतों और इच्छाओं को समझ सकें। डिज़ाइन–सोच के चरणों से गुज़रने के उपरान्त उन्होंने प्रोटोटाइप बनाये और पुनरावृत्तियों के माध्यम से तैयार उत्पादों को प्रस्तुत किया। उन्होंने खिलौनों में ध्वनि और स्पर्श इनपुट के माध्यम से नेत्रहीन बच्चों के लिए

उन्हें ब्रेल लिपि में लेबल किया (जो कि विद्यार्थियों ने आवश्यकता महसूस होने पर विशेषज्ञों से सीखी थी)। कई पारम्परिक खिलौने और खेल जैसे कि लूडो, साँप–सीढ़ी, रूबिक घन और जियोबार्ड को नेत्रहीन बच्चों द्वारा उपयोग में लिये जाने हेतु उपयुक्त बनाने के लिए फिर से डिज़ाइन किया गया था।

वैज्ञानिक पूछताछ/जाँच-पड़ताल

खिलौनों की विभिन्न गतिविधियों ने विद्यार्थियों का ध्यान इस ओर केन्द्रित करने में मदद की कि खिलौने बनाने के लिए विभिन्न प्रकार की कच्ची सामग्री और औज़ारों का उपयोग किया जाता है। सामग्रियों और उनके तत्त्वों की गहराई से जाँच–पड़ताल के द्वारा एक समूह खोज हेतु योजना बनाने तथा खिलौने डिज़ाइन करने में आगे बढ़ पाता है। विद्यार्थियों को प्रयोगों के माध्यम से आँकड़े इकट्ठे कर एक निष्कर्ष तक पहुँचने की प्रक्रिया से अवगत कराया गया। चर्चाओं के माध्यम से उन्होंने पता लगाया कि व्यवस्थित अवलोकन करने के लिए एक प्रयोग में चर (कारकों) को कैसे नियन्त्रित किया जाता है। "कौन–सा कपड़ा पानी को तेज़ी–से अवशोषित करता है?" "कौन–सी सामग्री अधिक ऊष्माशोषी है?" इस प्रकार के सवालों के जवाब देने के लिए विद्यार्थियों ने छोटे–छोटे समूहों में निष्पक्ष जाँच–परीक्षण प्रक्रिया तैयार की। इस बीच, विद्यार्थियों ने अपने खिलौने बनाने के लिए उपयोग की जा रही विभिन्न सामग्रियों पर भी विचार–विमर्श किया, जैसे कि किस गुण के कारण कोई सामग्री उपयुक्त मानी जाती है और एक उपयुक्त सामग्री का विकल्प क्या हो सकता है।

क्रमांक	खिलौने डिज़ाइन मापदण्ड	शिक्षक मूल्यांकन			
एल टी 1	मैं एक ऐसा खिलौना बना सकता/ती हूँ जो कि **सटीकता** और **सौन्दर्यशास्त्र** के पैमाने पर उच्च कोटि रखता हो।	एस	पी	एम	इ
1	क्या मेरे खिलौने में छोटी–छोटी बारीकियों पर ध्यान दिया गया है?				

2	क्या मेरा खिलौना एक पूर्णरूपेण तैयार उत्पाद है? इस पर कोई अतिरिक्त धागा/कागज़ चिपका हुआ तो नहीं है या कोई आलतू–फालतू निशान तो नहीं है?					
3	मेरे खिलौने के सभी हिस्से समानुपात में हैं?					
4	क्या कल–पुर्जों के बीच के जोड़ मज़बूत और सुरक्षित हैं? सुव्यवस्थित हैं? खिलौने को सही तरह से काम करने में मददगार हैं?					
5	क्या मैंने अपने समूह के साथियों और शिक्षकों की मदद के बिना स्वतन्त्र रूप से खिलौना बनाया?					
6	क्या मेरा खिलौना सुचारु रूप से काम करता है?					
एल टी 2	अच्छी तरह से चलने वाला खिलौना बनाने के लिए परीक्षण–त्रुटि विधि द्वारा मैं अपने उत्पाद का परीक्षण और सुधार कर सकता/ती हूँ।	**एस**	**पी**	**एम**	**इ**	
1	मेरे खिलौने का परीक्षण–त्रुटि विधि के माध्यम उसके कार्यों में सुधार करने के लिए परीक्षण किया गया है?					
2	क्या मेरे खिलौने में किये गये परिवर्तनों से इसके सही तरह से कार्य करने में मदद मिली?					
क्रमांक	**खिलौने डिज़ाइन मापदण्ड**	**एस**	**पी**	**एम**	**इ**	**शिक्षक मूल्यांकन**
1	रचनात्मक और समग्र मानस–दर्शन का कौशल					
2	मापन में सटीकता					

खिलौने बनाने के कौशल पर विद्यार्थियों को प्रतिक्रिया देने के लिए उपयोग किया जाने वाला एक टेंप्लेट।

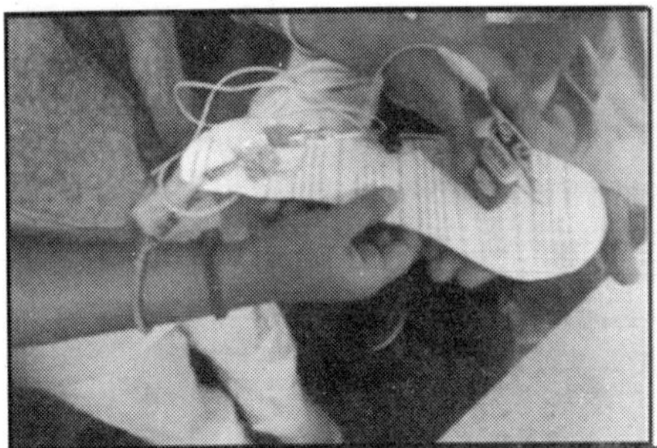

अपने बनाये प्रोटोटाइप का परीक्षण करते विद्यार्थी।

विद्यार्थी ऐतिहासिक स्रोतों के रूप में पारम्परिक खिलौनों का अध्ययन करते हैं।

अन्य विज्ञान परियोजनाएँ

कक्षा 5 : खाद्य और कृषि पर आधारित पर्यावरण विज्ञान परियोजना

यह परियोजना खाद्य–उत्पादन, वितरण, भण्डारण और उसकी खपत से सम्बन्धित जटिल प्रक्रिया से परिचय कराती है। यह व्यवस्था बताती है कि किस प्रकार आहार–व्यवहार, मानव–स्वास्थ्य, समाज और पर्यावरण इस प्रक्रिया से प्रभावित होते हैं।

समुदाय से सम्बन्धित बड़ी और वास्तविक समस्याओं; समुदाय में आहार सम्बन्धी बीमारियों और कृषि सम्बन्धी प्रदूषण की जाँच हेतु आरम्भ में विद्यार्थी अपने और अपने परिवार के आहार की बारीकियों को समझते हैं कि किस प्रकार उनके आहार का निर्णय उनके स्वास्थ्य को प्रभावित करता है। विद्यार्थियों ने इस बात की भी खोज–बीन की कि किसी भी स्थान की भौगोलिक और ऐतिहासिक पृष्ठभूमि समुदाय की आहार–व्यवस्था को किस प्रकार प्रभावित करती है।

विद्यार्थी कई दिनों तक अपने समुदाय के किसानों के साथ कृषि की प्रक्रियाओं; फ़सल के लिए मिट्टी तैयार करना, बीज बोना, खाद डालना, सिंचाई आदि को समझते हैं। साथ ही इनसे सम्बन्धित लोगों से मुलाक़ात करते हैं, प्रश्न पूछते हैं। इसके अन्तर्गत विद्यालय ने जैविक किसानों के एक समूह 'हरियाणा कुदरती खेती मिशन' के साथ अपने को जोड़ा है।

इसके दो उद्देश्य हैं–एक तो यह कि शहरवासियों को जैविक रूप से तैयार किये गये कृषि–उत्पाद आसानी से उपलब्ध हो सकते हैं। दूसरे, जो किसान समाजहित में इस कार्य से जुड़ते हैं, उन्हें न केवल उत्तम गुणवत्ता की फ़सल बोने के लिए प्रोत्साहित करते हैं, बल्कि किसी भी प्राकृतिक आपदा की स्थिति में किसानों को पूरा सहयोग देते हैं। अनुभव, आत्म–चिन्तन, प्रश्न पूछना, चिन्तन, पुनर्रावलोकन के द्वारा विद्यार्थी अपने और समुदाय के द्वारा चुने गये आहार हेतु लिये गये निर्णय पर चर्चा करते हैं और उसे एक सही दिशा प्रदान करते हैं, ताकि आहार–व्यवहार स्वास्थ्यवर्धक और लाभकारी हो। कक्षा 5 के विद्यार्थियों के अनेक अभिभावकों ने इसे अपने जीवन में शामिल किया जिसके माध्यम से उन्होंने जैविक किसानों और आवासीय कल्याण के बीच सम्बन्ध स्थापित किया।

कक्षा 6 : पृथ्वी विज्ञान परियोजना

पर्यावरणीय कार्यवाहक का मूल्य वह आधार है जिस पर इस परियोजना को डिज़ाइन किया गया। कक्षा 6 के विद्यार्थियों ने गुरुग्राम के मानव समुदाय के आसपास के प्राकृतिक, विशेष रूप से अरावली पर्वतमाला के समुदायों के साथ परस्पर निर्भरता की जाँच–पड़ताल की।

फील्ड ट्रिप, विशेषज्ञ से मुलाकात, मानचित्र, रिपोर्ट और पठन–सामग्री के माध्यम से विद्यार्थियों ने गुरुग्राम के भौतिक भूगोल से सम्बन्धित ज्ञान का निर्माण किया, ताकि यह समझा जा सके कि अरावली पर्वतमाला किस प्रकार गुरुग्राम की पहचान को आकार देती है और परिभाषित करती है।

विद्यार्थियों ने समालोचनात्मक विश्लेषण किया कि अरावली, गुरुग्राम के भविष्य में या तो स्वच्छ हवा और पानी जैसे जीवन देने वाले स्रोत के रूप में या विकास और प्रगति की शहरी ज़रूरतों को पूरा करने के साधन के रूप में महत्त्वपूर्ण भूमिका निभायेगी। पारिस्थितिक तन्त्र और जैवविविधता की पर्यावरणीय अवधारणाओं के साथ–साथ भूमि के रूपों, उनके गठन, चट्टान–चक्र की भूगर्भीय अवधारणाओं का यह अध्ययन उन्हें स्थिरता और परस्पर निर्भरता के विचारों की गहरी समझ बनाने के लिए प्रेरित करता है।

इन अवधारणाओं को, गुरुग्राम के मानव–समुदाय की अपने प्राकृतिक परिवेश के साथ परस्पर निर्भरता की जटिल प्रणाली की जाँच करने के

लिए उपयोग में लिया गया था। इसके अन्तर्गत गुरुग्राम में एक लैंडफिल की आवश्यकता का अध्ययन करना तथा इस जगह के पर्यावरण पर इस लैंडफिल के प्रभाव और आसपास के ग्रामीणों के स्वास्थ्य के प्रभाव का अध्ययन करना शामिल था। ऐसा एक और उदाहरण यातायात को आसान बनाने के लिए सड़कों और फ्लाईओवर बनाने तथा इसे बनाने के लिए पेड़ों की कटाई और जल निकायों के समाप्त होने की सम्भावना के मध्य की दुविधा का था।

इस जटिल प्रणाली को सरल बनाने के लिए विचारशीलता (सिस्टम थिंकिंग) के कौशल (एक तन्त्र के विभिन्न घटक तथा उनके मध्य अन्तर्सम्बन्धों का पता लगाने हेतु टूल/उपकरण का उपयोग करना) का इस्तेमाल किया गया था। इस प्रक्रिया में विभिन्न हितधारकों, उनके मध्य परस्पर निर्भरता और कार्य–कारण सम्बन्धों की पहचान के द्वारा यह कार्य सम्पादित किया गया। सिस्टम थिंकिंग टूल/उपकरण को लागू कर विद्यार्थियों ने अपने शहर के लिए एक स्थायी समाधान की पहचान करने का प्रयास किया।

विद्यार्थियों ने गुरुग्राम के प्राकृतिक समुदायों के अपशिष्ट प्रबन्धन और संरक्षण के क्षेत्रों में काम करने वाले संगठनों के साथ मिलकर अपने सोचने और स्थानीय भूगोल के ज्ञान के कौशल का उपयोग किया। उन्होंने ऑडिट का आयोजन किया, अपने विश्लेषण और सिफ़ारिशों वाली रिपोर्ट तैयार की और पर्यावरण की चेतना की ज़िम्मेदारी को आगे बढ़ाने के लिए जागरूक नागरिकों के रूप में योगदान दिया। परियोजना के इस प्रयास के द्वारा स्थानीय भूगोल के ज्ञान तथा समस्या को हल करने के कौशल का उपयोग कर गुरुग्राम के संरक्षकों की भूमिका निभा पाने के उद्देश्य को जोड़ा गया।

कक्षा 7 : जीवविज्ञान परियोजना (मानव-शरीर)

यह परियोजना जीवन पर केन्द्रित है कि किस प्रकार मानव–शरीर निरन्तर रूप से अपने विभिन्न अंगों के साथ तारतम्य बनाये रखता है। मानव–शरीर की संरचना और व्यवस्था सभी अंगों को सुचारु रूप से कार्य करने के लिए मदद करती है, ताकि एक स्वस्थ जीवन का प्रवाह बना रहे।

विद्यार्थियों द्वारा मॉडल तथा प्रयोगों की मदद से पाँच महत्त्वपूर्ण मानव तन्त्रों– पाचन तन्त्र, श्वसन तन्त्र, परिसंचरण तन्त्र, कंकाल और उत्सर्जन

तन्त्र की संरचना एवं कार्यप्रणाली का वैज्ञानिक पद्धति का उपयोग कर अध्ययन किया गया। इसके बाद उन्होंने यह भी जानने का प्रयास किया कि हमारी जीवन–शैली और वातावरण इन तन्त्रों को किस प्रकार प्रभावित करते हैं। इस प्रकार के अध्ययनों में विचारशीलता के कौशल द्वारा सरल रेखीय रूप से दिखने वाले सम्बन्धों की जटिलता को समझने में मदद मिलती है।

विद्यार्थी उन चुनौतियों पर प्रकाश डालते हैं जो कि उनके अपने परिवार और समुदाय के स्वास्थ्य से सम्बन्धित हैं। इसके लिए विद्यार्थी उस क्षेत्र से सम्बन्धित जानकारी ढूँढ़ते हैं, शिक्षकों से चर्चा करते हैं, विशेषज्ञों से मुलाक़ात करते हैं और सम्भावित समाधान खोजते हैं। विचारों को उपजाने के लिए विद्यार्थियों ने क्षेत्र–अध्ययन और बाज़ार अनुसन्धान (मार्केट रिसर्च) भी किया। शिक्षकों, विशेषज्ञों और अपने साथियों के साथ विचार–मन्थन, परीक्षण और सम्भावित समाधानों के लिए काम किया। उन्होंने उपलब्ध विभिन्न सामग्रियों, इलेक्ट्रिक सर्किट आदि को समझा और पहनने योग्य प्रौद्योगिकी और गैजेट्स के प्रोटोटाइप बनाने के लिए प्रोग्रामिंग समाधानों का पता लगाया। समुदाय के सदस्यों (जो कि इन आविष्कारों के भविष्य के उपयोगकर्ता हैं) द्वारा की गयी समीक्षा और प्रतिक्रिया के माध्यम से इनमें और सुधार सुनिश्चित किया गया।

इस परियोजना ने विद्यार्थियों को उनके शरीर–प्रणालियों के बारे में जानने और उनके जीवन को प्रभावित करने वाले पर्यावरणीय कारकों और तकनीकी समाधान, जो कि मानव–कल्याण में सहायता कर सकते हैं, को खोजने और इनके बारे में जीवन–भर सीखते रहने के सफ़र से जोड़ा।

निष्कर्ष

कुल मिला कर यह देखा गया है कि इस तरह की समुदाय केन्द्रित विज्ञान परियोजनाएँ विद्यार्थियों को प्रोत्साहित करती हैं तथा अवधारणा और कौशल सीखने की तरफ़ उनका ध्यान आकर्षित करती हैं, क्योंकि इनके अन्तर्गत उन्हें अपनी सीख को उन मुद्दों पर लागू करना होता है जो उनके सन्दर्भ से हैं और उनके दिल के क़रीब भी हैं।

समुदाय आधारित परियोजनाओं में पाठ्यक्रम और पाठ्यपुस्तकों के निष्क्रिय प्राप्तकर्ता होने के बजाय शिक्षकों को सहकर्मियों और विशेषज्ञों के

साथ लगातार सहयोग़ में सक्रिय रूप से शामिल किया जाता है। पाठ्यचर्या का अध्ययन, पाठ्यचर्या के लक्ष्यों को तैयार करने, संसाधन–चयन और निर्माण और डिज़ाइनिंग, परियोजनाओं और आकलन के लिए वास्तविक दुनिया में निहित होने वाली ऐसी परियोजनाएँ जटिल, चुनौतीपूर्ण और शैक्षणिक रूप से गूढ़ होती हैं और उच्च गुणवत्ता वाले शिक्षण और विज्ञान के सीखने का आधार बनाती हैं।

2

हमारी कक्षाओं में पर्यावरण अध्ययन

—आशीष शर्मा, चन्द्रिका मुरलीधर और निमरत खण्डपुर

भारत में पर्यावरण अध्ययन के इतिहास को देखा जाये तो 1975 में प्रकाशित 'दस साल के स्कूल के लिए पाठ्यचर्या : एक रूपरेखा' में कहा गया था कि पर्यावरण अध्ययन प्राथमिक स्तर पर एक विषय हो। जिसका कुछ इस प्रकार क्रियान्वयन किया जाये—पहले दो साल पर्यावरण अध्ययन प्राकृतिक और सामाजिक वातावरण पर ध्यान दें और अगले तीन साल में सामाजिक अध्ययन और विज्ञान में विभाजित हो (पर्यावरण अध्ययन 1 और 2)। समय के साथ पर्यावरण अध्ययन पर सोच भी विकसित हुई और 2000 में राष्ट्रीय पाठ्यचर्या की रूपरेखा में संस्तुति दी गयी कि पर्यावरण अध्ययन को सामाजिक अध्ययन और विज्ञान में विभाजित न कर, एकीकृत दृष्टिकोण से प्रस्तुत किया जाये। राष्ट्रीय पाठ्यचर्या की रूपरेखा 2005 में इस दृष्टिकोण को और मज़बूत किया गया है।

आज के समय में पर्यावरण अध्ययन के मुख्य उद्देश्य कुछ इस तरह हैं : उदाहरण, अवलोकन और अनुभव के माध्यम से प्राकृतिक, सामाजिक और सांस्कृतिक वातावरण में अन्तर्सम्बन्ध समझना। साथ ही सामाजिक तथ्यों पर जिज्ञासा उत्पन्न करना और खोज की मानसिकता के साथ कौशल भी विकसित करना। पर्यावरण से सम्बन्धित जो मुद्दे हैं, वे कुछ इस प्रकार हैं—

जैसे प्राकृतिक संरक्षण, लिंग एवं जाति भेद और उत्पीड़न, समानता और न्याय के मूल्यों की समझ एवं संवेदनशीलता विकसित करना। इन उद्देश्यों की प्राप्ति के लिए संस्तुतियाँ प्रस्तुत करते हुए, राष्ट्रीय पाठ्यचर्या की रूपरेखा 2005 पर आधारित पाठ्यक्रम में पर्यावरण अध्ययन के क्रियान्वयन की चर्चा की गयी है। मुद्दा यह है कि अगर हम विषयों, जैसे कि भौतिकविज्ञान, समाजशास्त्र, रसायनशास्त्र, राजनीति विज्ञान आदि में से प्रसंग चुनें, तो बच्चों के सामने सामग्री की एक भ्रामक सारिणी होगी; सम्भावना है कि उन्हें यह प्रसंग हिस्सों में बँटे हुए और अपनी रोज़ की ज़िन्दगी से बहुत अलग लगें। तो उपाय क्या है? विषयों से प्रसंग न लेकर, पर्यावरण शिक्षण की विषयवस्तु किसी एक विषय से सीमित न होकर, बाल–केन्द्रित और थीम आधारित हो। तात्पर्य यह है कि बच्चों के जीवन में जो अहम है, उसे विषयवस्तु के रूप में पाठ्यचर्या में सम्मिलित किया जाये। इसके लिए, विषयों की सीमाओं से निकल कर, बच्चों को केन्द्र में रखते हुए, उनकी रुचि और उनके वातावरण से जो प्रश्न उठते हैं, उनका उत्तर पर्यावरण अध्ययन की विषयवस्तु होगी, चाहे इन प्रश्नों के उत्तर किसी एक विषय के प्रसंग से सम्बन्धित हों या कई विषयों से।

प्रश्न यह उठता है कि क्या वास्तविकता में पर्यावरण अध्ययन का क्रियान्वयन इसी प्रकार किया जा रहा है? इस प्रश्न को केन्द्रित कर एक शोध–प्रश्न के रूप में इस लेख के द्वारा सम्बोधित करने का प्रयत्न किया गया कि पर्यावरण अध्ययन के उद्देश्यों की प्राप्ति के लिए कक्षाओं में क्या होता है? इस शोध–प्रश्न के उत्तर के लिए शोध के उद्देश्य थे–

(1) कक्षा की प्रक्रियाओं को निर्धारित करने वाली पाठ्यपुस्तकें क्या पर्यावरण अध्ययन के उद्देश्यों की प्राप्ति को सुगम करती हैं?

(2) पर्यावरण अध्ययन के उद्देश्यों की प्राप्ति के लिए शिक्षक किस प्रकार की पद्धति और सामग्री का उपयोग करते हैं? और

(3) *अध्यापक–शिक्षा में पर्यावरण अध्ययन पर क्या संस्तुतियाँ दी जा सकती हैं। समय और दूसरी बाधाओं के कारण यह शोध केवल राजस्थान के विद्यालयों में किया जायेगा।*

उद्देश्यों की प्राप्ति के लिए शोधकर्ताओं ने पर्यावरण अध्ययन के उद्देश्यों पर आधारित एक रूपरेखा के आधार पर राजस्थान के पर्यावरण अध्ययन की पाठ्यपुस्तकों की समीक्षा की। इस समीक्षा और शोध–साहित्य के अध्ययन के द्वारा अवलोकन की एक रूपरेखा और प्रश्नावली का निर्माण किया, जिनके आधार पर दूसरे उद्देश्य की प्राप्ति के लिए कक्षाओं में प्रक्रियाओं का अवलोकन और शिक्षकों से चर्चा की गयी। इन दोनों प्रक्रियाओं के निष्कर्षों के आधार पर अध्यापक–शिक्षा में पर्यावरण अध्ययन के शिक्षण पर संस्तुतियाँ दी गयी हैं।

सन्दर्भ

पर्यावरण अध्ययन का एक मूल सिद्धान्त डेविड ओरर (1990) के विचारों से मिलता है। वह एक भिन्नता दर्शाते हैं–एक स्थान पर कुछ समय के निवासी और बाशिन्दे के बीच। यह अन्तर करना ज़रूरी है–एक निवासी अपने काम से मतलब रखता है और रहने की जगह पर बस उतना ही ध्यान देता है जितना उसकी दिनचर्या के लिए आवश्यक है। परन्तु एक बाशिन्दा जगह को अपनाता है, उसके बारे में सोचता है। ओरर का कहना है कि जाने–अनजाने में निवासी अपने निजी स्वार्थ के लिए हिंसात्मक कार्य से नहीं चूकता और क्योंकि सदियों से लगभग सभी समुदाय इस धरती पर निवासी का मनोभाव रखते हैं, परिणामस्वरूप हमें बढ़ता हुआ पर्यावरण संकट विरासत में मिला है। अब तो प्रश्न यह है कि आगे की पीढ़ियों को धरती स्वीकार भी करेगी या नहीं। इसी प्रश्न के आधार पर पर्यावरण अध्ययन का महत्त्व निकलता है।

ओरर के अनुसार, पर्यावरण अध्ययन के माध्यम से लोगों के जीवन, उनके रहन–सहन में बदलाव आना चाहिए, न कि केवल उनकी बोल–चाल में। यह तभी सम्भव है जब यह अध्ययन उनकी निजी ज़रूरतों, उनके जीवन से जुड़ा हो। ब्रोन्फ़ेन्ब्रेन्नर (1979) ने ओरर से कुछ साल पहले मानवीय विकास पर एक प्रस्ताव रखा था–उनका कहना था कि पर्यावरण

को देखने और पर्यावरण के साथ व्यवहार करने में बदलाव ही विकास है। पर्यावरण का विवरण उन्होंने एक रूसी गुड़िया की तरह किया–जैसे एक गुड़िया के अन्दर एक और गुड़िया, उसके अन्दर एक और गुड़िया और फिर एक और। इसी प्रकार ब्रोन्फ़ेन्ब्रेन्नर ने एक व्यक्ति को प्रभावित करने वाले कुछ तन्त्र दर्शाये हैं। न केवल यह तन्त्र व्यक्ति को प्रभावित करते हैं, बल्कि व्यक्ति भी इन्हें प्रभावित करता है। अगर हम एक बच्चे के दृष्टिकोण से देखें, तो उसके सबसे क़रीब है–उसका परिवार, उसके दोस्त, उसका स्कूल। दूसरे स्तर पर है–मीडिया यानी कि टी.वी., फ़िल्में, किताबें इत्यादि, जो उसे एक दूसरी दुनिया में ले जाते हैं और बाहरी स्तर पर हैं–सांस्कृतिक मूल्य, राजनीतिक विचारधारा, धार्मिक विश्वास आदि जो उसके जीवन को प्रभावित तो करते हैं, परन्तु यह प्रभाव स्पष्ट नहीं होता।

ब्रोन्फ़ेन्ब्रेन्नर का कहना है कि जैसे–जैसे बच्चे का विकास होता है, पर्यावरण के साथ परस्पर प्रभाव अधिक जटिल होता जाता है। पर्यावरण के साथ अन्तःक्रिया के माध्यम से दोनों का ही विकास होता है। तो ज़ाहिर है कि बच्चों को पर्यावरण के साथ जुड़ने का, उसे समझने का अवसर मिलना बहुत ही महत्त्वपूर्ण है।

बच्चों का अपने पर्यावरण के साथ जुड़ाव होता है, परन्तु स्कूल में विज्ञान, समाजशास्त्र, भाषा, गणित के बीच उनके प्रश्न, उनकी टिप्पणियों, उनके पूरे अनुभवों के लिए कोई स्थान नहीं होता। पर्यावरण अध्ययन एक ऐसा विषय है जिसमें इन सब की चर्चा का मौक़ा मिल सकता है। इससे न केवल उनकी बढ़ती समझ को प्रोत्साहन मिलता है, बल्कि अपने पर्यावरण के साथ उनका जुड़ाव और बेहतर होता है।

आदर्श परिस्थितियों में पर्यावरण अध्ययन केवल प्रश्नों के उत्तर नहीं देता–वह बच्चों के सामने दुविधाएँ प्रस्तुत करता है (मिटचेल, 2009)। ये दुविधाएँ उनके अनुभव का इतना अटूट हिस्सा हैं कि शायद कभी उन्होंने इन पर विचार ही नहीं किया। उदाहरण के लिए, कूड़े को सही तरीक़े से ठिकाने लगाने से स्वच्छता और स्वास्थ्य बेहतर होते हैं तो हमारे आसपास इतनी गन्दगी क्यों है? और जब कूड़ा नदियों में जाता है तो क्या होता है? या केवल माँ और परिवार की दूसरी स्त्रियाँ ही क्यों घर में काम करती हैं? अगर माँ घर के बाहर काम करें, तो खाना कौन बनायेगा? और माँ मुझे सारे प्रकार के भोजन क्यों खिलाती है, वह भी जो मुझे पसन्द नहीं?

जो खाना मुझे पसन्द नहीं, मैं उसे क्यों खाऊँ? या इतनी गर्मी क्यों है? पिछले साल मैं अपने सारे गर्म कपड़े क्यों नहीं पहन सकी? इन प्रश्नों में अंकुर हैं बड़ी सोच के–पर्यावरण–संरक्षण, समता, समानता के। ब्रोन्फ़ेन्ब्रेन्नर के बाहरी तन्त्र और निजी तन्त्र के बीच में अन्तर्सम्बन्ध समझने की शुरुआत है यह, और इनसे मिलते–जुलते कई प्रश्न।

विश्व भर में यह चिन्ता है कि बच्चों में पर्यावरण की समझ और पर्यावरण से जुड़ाव कैसे उत्पन्न किया जाये। इस बात पर ज़ोर दिया जा रहा है कि पर्यावरण की समझ और उसके बारे में जानकारी से बढ़कर पर्यावरण के प्रति जागरूकता और गहन सोच एवं ज़िम्मेदार नागरिकता की ओर बढ़ने की आवश्यकता है। पर्यावरण सम्बन्धित चिन्ताओं का समाधान ढूँढ़ना एक सीमित, केवल तकनीकी दृष्टिकोण रखना समझा जाने लगा है (अय्यंगार और बजाज, 2011)। 'ऊपर' बताये गये समाधान भी एक निष्क्रिय नागरिक उत्पन्न करेंगे, जबकि आवश्यकता है, एक ऐसे व्यक्ति की, जो पर्यावरण के विभिन्न भागों के अन्तर्सम्बन्ध को समझे और देखभाल तथा क्रियान्वयन का भाव रखे। ऐसे व्यक्ति को पारिस्थितिक रूप से साक्षर कहा जा सकता है, जो अपने भौतिक और सामाजिक परिवेश दोनों की समझ और दोनों के विकास के प्रति प्रतिबद्धता रखे।

प्राथमिक स्तर पर पर्यावरण अध्ययन

उम्मीद है कि यह तो स्थापित हो गया है कि पर्यावरण अध्ययन एक व्यक्ति के निजी जीवन एवं नागरिकता का सफलतापूर्ण निर्वहन करने की क्षमता को उत्पन्न करता है। यह भी स्पष्ट है कि यह अध्ययन जल्द ही शुरू होना चाहिए। भारत में इस विषय का महत्त्व देखते हुए, उच्चतम न्यायालय ने 2003 में 'हरे पाठ्यक्रम' का आदेश दिया (सोनोवाल, 2009)। तर्क यह था कि संविधान में भारतीय नागरिक के मौलिक कर्तव्यों में प्राकृतिक परिवेश की रक्षा और सुधार भी दर्ज हो। स्कूली शिक्षा में भी इस आदेश का क्रियान्वयन हुआ। आज के दौर में, प्राथमिक स्तर पर कक्षा 3–5 में पर्यावरण अध्ययन पढ़ाया जाता है।

जैसे कि पहले भी कहा गया है, परिवेश केवल भौतिक पहलू तक न सीमित होकर, सामाजिक पहलू भी शामिल करता है। पैदा होते ही, बच्चा अपने परिवेश के साथ कई प्रकार से जुड़ता है। उसके आसपास

जो भी है–चाहे जीवित या निर्जीव, वह सब के साथ रिश्ते जोड़ता है। वह अपने परिवेश को विषयवस्तु के रूप में नहीं देखता। ज़ाहिर है कि जब वह स्कूल में प्रवेश करे, तो वहाँ भी उसे एक एकीकृत दृष्टिकोण मिले। परन्तु, क्या किसी भी प्रकार का वर्गीकरण किये बिना इतना विस्तृत विषय पढ़ाया जा सकता है? एक दृष्टिकोण यह है कि बच्चे और उसके अनुभव को ही पाठ्यक्रम का आधार बना दिया जाये। उसके निजी परिवेश के बारे में बात करते हुए, धीरे–से समय, स्थान और अमूर्तन को बढ़ाया जाये (हॉर्सबर्ग, 1983; विद्या भवन सोसाइटी, 1996; फ़ारूक़ी और कौर, 2012; सिकोयों और जॅकलिन, 2009)।

भारत में प्राथमिक स्तर पर पर्यावरण अध्ययन का इतिहास

भारत में पर्यावरण अध्ययन के इतिहास को देखा जाये तो 1975 में प्रकाशित 'दस साल के स्कूल के लिए पाठ्यचर्या : एक रूपरेखा' में कहा गया था कि पर्यावरण अध्ययन प्राथमिक स्तर पर एक विषय हो जिसका कुछ इस प्रकार क्रियान्वयन किया जाये–पहले दो साल पर्यावरण अध्ययन प्राकृतिक और सामाजिक वातावरण पर ध्यान दे और अगले तीन साल में सामाजिक अध्ययन और विज्ञान में विभाजित हो (पर्यावरण अध्ययन 1 और 2)। प्राथमिक और माध्यमिक शिक्षा के लिए राष्ट्रीय पाठ्यचर्या 1988 में भी यही सुझाव रहा (एन.सी.ई.आर.टी., 1988)।

दोनों दस्तावेज़ों में इस बात पर ज़ोर दिया गया है कि बच्चों के दिमाग़ को तथ्य और जानकारी से न भर कर, अपनी इन्द्रियों को तेज़ करने, अपने वातावरण का निरीक्षण करने और अपने अनुभवों को समृद्ध करने में सक्षम किया जाये।

क्योंकि बच्चों का वातावरण और अनुभव अलग–अलग होता है, विद्यालयों में गतिविधियाँ भी भिन्न होनी चाहिए, ताकि ज्ञान इन अनुभवों के आधार पर विकसित हो, न कि अमूर्त अवधारणाओं के आधार पर। ज़ाहिर है कि इस स्थिति में कोई दृढ़ पाठ्यक्रम मुमकिन नहीं है और पाठ्यपुस्तक का भी महत्त्वपूर्ण स्थान नहीं है। बेहतर है कि शिक्षकों के लिए मार्गदर्शक सामग्री और बच्चों के लिए रुचिकर पठनसामग्री तैयार की जाये।

समय के साथ पर्यावरण अध्ययन पर सोच भी विकसित हुई और 2000 में राष्ट्रीय पाठ्यचर्या की रूपरेखा में संस्तुति दी गयी कि पर्यावरण

अध्ययन को सामाजिक अध्ययन और विज्ञान में विभाजित न कर, एकीकृत दृष्टिकोण से प्रस्तुत किया जाये। स्थानीय परिस्थितियों को ध्यान में रखते हुए पाठ्यचर्या–निर्माण का भी सुझाव रखा गया था (एन.सी.ई.आर.टी., 2000)। राष्ट्रीय पाठ्यचर्या की रूपरेखा 2005 में इस दृष्टिकोण को और मज़बूत किया गया है और कहा गया कि पर्यावरण अध्ययन कक्षा 3 से 5 की पाठ्यचर्या का हिस्सा हो; इससे पहले, पाठ्यचर्या में भाषा और गणित के माध्यम से बच्चे अपने वातावरण को समझेंगे और इनके माध्यम से जुड़ी हुई क्षमताएँ विकसित होंगी (एन.सी.ई.आर.टी., 2005)।

उद्देश्यों की प्राप्ति के लिए योजना

पर्यावरण अध्ययन की कक्षा के लिए मूलभूत दिशा–निर्देशों में से एक यह है कि बच्चे के अनुभवों को कक्षा में लाया जाये और बच्चे को कक्षा से बाहर ले जाया जाये ताकि वह शिक्षक और परिवेश द्वारा कही जा रही बातों के बीच सम्बन्ध जोड़ पाये। उदाहरण के लिए, यदि शिक्षक बच्चों में अवलोकन के कौशल का पोषण करना चाहते हैं तो एक सरल कार्य यह होगा कि वे उन सभी चीज़ों पर ध्यान दें जो वे अपने स्कूल जाने के रास्ते पर देखते हैं। इसी तरह पास के सब्ज़ी–विक्रेता, फूल–विक्रेता या यहाँ तक कि एक दर्ज़ी की दुकान पर जाने से बच्चों को बातचीत, टिप्पणियों का विश्लेषण करने के कौशल को विकसित करने में मदद मिलेगी। कक्षा में ग्राम और शहर के व्यक्तित्त्व के बीच सन्तुलन बनाना भी महत्त्वपूर्ण है।

पाठ्यपुस्तकों के विश्लेषण के लिए मानक

पूर्वगामी को ध्यान में रखते हुए और राष्ट्रीय पाठ्यचर्या की रूपरेखा 2005 का भी उल्लेख करते हुए, पाठ्यपुस्तकों के विश्लेषण के लिए मानकों को तैयार किया गया है। इनमें उन सभी पहलुओं को ध्यान में रखा गया है जो पाठ्यपुस्तकों के विश्लेषण में सहायक होंगे। पाठ्यपुस्तकों की सामग्री (राजस्थान राज्य पाठ्यपुस्तकों) को प्रत्येक मानदण्ड से मापा गया और टिप्पणियों को शामिल किया गया। पाठ्यपुस्तकों को अध्यायवार प्रतिरूपित किया गया, जिसके बाद पाठ्यपुस्तक की समग्र रूप से समीक्षा की गयी। जिन मानकों पर विचार किया गया, वे थे–लिंग, सौन्दर्यशास्त्र, रोचक, अध्यायों के भीतर निरन्तरता, सामग्री–चयन और संगठन, शैक्षणिक

प्रासंगिकता, मूल्यांकन, अनुभव, सांस्कृतिक संवेदनशीलता, संज्ञानात्मक उपयुक्तता, कक्षा के भीतर और बाहर बच्चों के अनुभवों के बीच सम्बन्ध। इन मानकों के आधार पर राजस्थान में पर्यावरण अध्ययन की पाठ्यपुस्तकों की समीक्षा की गयी।

अवलोकन की रूपरेखा और शिक्षकों से चर्चा के लिए बिन्दु

पाठ्यपुस्तकों की समीक्षा और शोध–साहित्य के अध्ययन से अवलोकन की एक रूपरेखा और प्रश्नावली का निर्माण किया गया, जिसके आधार पर दूसरे और तीसरे उद्देश्य की प्राप्ति के लिए कक्षाओं में प्रक्रियाओं का अवलोकन और शिक्षकों से चर्चा की। इन दोनों प्रक्रियाओं के निष्कर्षों के आधार पर अध्यापक–शिक्षा में पर्यावरण अध्ययन के शिक्षण पर संस्तुतियाँ विकसित कीं।

पर्यावरण अध्ययन की कक्षा के अवलोकन और शिक्षकों के लिए प्रश्नावली के मुख्य बिन्दु निम्नलिखित हैं :

1. **कक्षा–सामग्री** : पाठ्यपुस्तक का उपयोग, शिक्षक के द्वारा पाठ्यपुस्तक से अलग सामग्री का उपयोग, शिक्षक के द्वारा बच्चों की लायी सामग्री का उपयोग।
2. **शिक्षण–अधिगम की प्रक्रिया** : प्रक्रियाओं का केन्द्र, बच्चों की सोच, उनकी टिप्पणियों के आधार पर कक्षा को आगे ले जाना, बच्चों की पर्यावरण अध्ययन सम्बन्धित क्षमताओं का विकास, कक्षा की प्रक्रियाओं और चर्चा के दौरान बच्चों के परिवेश के साथ जुड़ाव, बच्चों की समझ का अवलोकन।

पर्यावरण अध्ययन के शिक्षकों के लिए प्रश्नावली के बिन्दु निम्नलिखित हैं–

1. विषय को पढ़ाने के लिए शिक्षक–शिक्षा में तैयारी एवं पर्याप्तता।
2. पर्यावरण अध्ययन का स्कूली शिक्षा में महत्त्व।
3. पर्यावरण अध्ययन की कक्षाओं के लिए तैयारी।
4. पर्यावरण अध्ययन पर चिन्ताएँ।
5. विषय पर किस प्रकार के सहयोग की आवश्यकता।

निष्कर्ष

पाठ्यपुस्तक की समीक्षा

पाठ्यपुस्तकों के प्रत्येक अध्याय को प्रत्येक मानदण्ड के सम्बन्ध में सावधानीपूर्वक अध्ययन किया गया था। एक विश्लेषण तैयार किया गया और निष्कर्ष दर्ज किये गये।

राजस्थान की कक्षा 3–5 की ईवीएस पाठ्यपुस्तकों की समीक्षा के आधार पर कुछ समग्र अवलोकन निम्नलिखित हैं :

'शिक्षकों के लिए नोट' कक्षा 3–5 की प्रत्येक पाठ्यपुस्तक की शुरुआत में शामिल है।

- पाठ्यपुस्तकों में पाठों की संख्या, कक्षा 3 में 20, कक्षा 4 में 22 और कक्षा 5 में 25 है।
- प्रत्येक पाठ्यपुस्तक को सात थीम के आधार पर लिखा गया है और प्रत्येक थीम के आवंटित पाठ हैं।
- सात थीम को पर्यावरण कारकों के रूप में शीर्षक दिये गये हैं और वे हैं–हमारे पर्यावरण और संस्कृति, बहुमूल्य जल, हम और हमारे भोजन, हमारे गौरव, हमारे घर, हमारे व्यवसाय, परिवहन और संचार के साधन।
- पाठ्यपुस्तकों में शामिल गतिविधियों को इस प्रकार वर्गीकृत किया गया है : सोचिए और बताइए, सोचिए और लिखिए, सोचिए और चर्चा कीजिए, सोचिए और पता कीजिए, देखिए और बताइए, हमने सीखा, यह भी करें, चर्चा करें इत्यादि।
- पाठ के बीच में दिये गये प्रश्न पाठ में की गयी चर्चा को दोबारा सोचने–विचारने में मदद करते हैं। पाठ के अन्त में दिये गये प्रश्न अधिकतर जानकारी एवं याददाश्त आधारित लगते हैं, न कि समझ आधारित।
- पाठ के अन्त में कुछ मुख्य बिन्दु दिये गये हैं जो कि दोहराव के लिए हैं। साथ ही कुछ वाक्यांश भी दिये गये हैं जो थीम से सम्बन्धित हैं व थीम का सारांश/समझ प्रस्तुत करते हैं। ये विद्यार्थियों का थीम से जुड़ाव बढ़ाने में सहायक हो सकते हैं, क्योंकि बच्चे ऐसे वाक्यांश को बोलना/गुनगुनाना पसन्द करते हैं।

- राजस्थान बोर्ड की पुस्तकों में हाथ से बनाये गये चित्रों का बहुत उपयोग है, ख़ासकर छोटी कक्षाओं में। कई जगह लगता है कि फ़ोटो का प्रयोग अधिक स्पष्टता ला सकता था।
- पाठ में दी गयी गतिविधियाँ अनुभव, अवलोकन, सोच, प्रश्न, चर्चा, खोज इत्यादि का अवसर देती हैं।
- विभिन्न धर्मों के बड़े त्योहारों के साथ ही राजस्थान विशेष में प्रचलित देवता एवं त्योहारों को भी स्थान दिया गया है।
- विभिन्न सामाजिक मुद्दों जैसे समानता, संविधान, मतदान का अधिकार, बाल अधिकार, जेंडर संवेदना एवं व्यवहार और यौन शोषण (गुड टच, बैड टच) को भी स्थान दिया गया है।

क्र.	पाठ्यपुस्तक की सामग्री का विश्लेषण करने के पैरामीटर्स	कक्षा 3–5 (ईवीएस)
1.	पाठ्यक्रम और पाठ्यपुस्तकों के उद्देश्यों के बीच सहसम्बन्ध–अवलोकन, वर्गीकरण, अनुमान आदि के माध्यम से मूल संज्ञानात्मक और मनोविज्ञान कौशल प्राप्त करने के लिए खोज और गतिविधियों में बच्चों को शामिल करने का प्रयास।	पाठ्यपुस्तक में कई गतिविधियाँ शामिल हैं, जैसे–सोचिए और बताइए, सोचिए और लिखिए, सोचिए और चर्चा कीजिए, सोचिए और पता कीजिए, देखिए और बताइए, हमने सीखा, यह भी करें, चर्चा करें इत्यादि।
	2. बच्चों के सीखने के अनुभव–कक्षा के भीतर एवं बाहर के बीच का जुड़ाव।	अ. पाठ्यपुस्तक की सामग्री बच्चे के पर्यावरण से जुड़ने का प्रयास करती है। ब. पाठ्यसामग्री ने शहरी/अर्द्ध शहरी बच्चे के साथ–साथ गाँव के बच्चे के परिवेश को ध्यान में रखने का पूरा प्रयास किया है।
3.	संज्ञानात्मक स्तर पर भाषायी उपयुक्तता।	भाषा का स्तर कक्षा के लिए उपयुक्त कहा जा सकता है।
4.	पठ्यसामग्री की संज्ञानात्मक उपयुक्तता।	पाठ्यपुस्तकों ने बच्चे के संज्ञानात्मक स्तर को ध्यान में रखा है और तदानुसार सामग्री को प्रस्तुत किया है। सामग्री की प्रगति यह भी सुनिश्चित करती है कि एक कक्षा और दूसरे के बीच एक कड़ी बनी रहे।

5.	सांस्कृतिक संवेदनशीलता।	पाठ्यपुस्तकों में से एक थीम 'हमारे गौरव' है। तीन कक्षाओं में यह थीम विभिन्न त्योहारों को तथा मेलों को सम्बोधित करती है। इतिहास के पृष्ठों और भारतीय स्वतन्त्रता संग्राम के प्रतिष्ठित लोगों को भी इसमें शामिल किया गया है।
6.	अनुभवी शिक्षा के लिए दायरा, गतिविधियों को करने के स्पष्ट निर्देश / कल्पना करने के अवसर / आत्म सीखने के अवसर / उत्तेजक भावनात्मक जुड़ाव।	तीनों पाठ्यपुस्तकों में प्रस्तुत विभिन्न कार्यों / गतिविधियों से कल्पना करने के स्रोत तथा अनुभवों के माध्यम से शिक्षा को ग्रहण करने के अवसर प्रदान किये गये हैं।
7.	मूल्यांकन कार्यों के प्रकार–पाठ के अन्तर्गत प्रश्न / पाठ के अन्त के प्रश्न।	पाठ्यपुस्तकों में पाठों की संरचना ऐसी है कि कार्य और गतिविधियाँ निरन्तर मूल्यांकन करने के अवसर प्रदान करती हैं। प्रत्येक पाठ बच्चे में जिज्ञासा को पोषित करने का प्रयास करता है और समुदाय के लोगों के साथ बातचीत के माध्यम से अन्वेषण करने के भी अवसर देता है, जो ईवीएस के मूल पहलुओं में से एक है।
8.	पाठ्यपुस्तक की सामग्री कक्षा की गतिविधियों का उचित शैक्षणिक दृष्टिकोण।	पाठ्यपुस्तक में कई पाठों में शिक्षक के लिए उपयुक्त सामग्री / निर्देश हैं, जो एक शिक्षक के लिए गतिविधियों, परियोजनाओं आदि को करने के लिए दिशा प्रदान करते हैं।
9.	शिक्षक नोट्स / निर्देशों की उपस्थिति।	शिक्षक नोट्स शामिल हैं, जो पाठ्यपुस्तक में पृष्ठ के निचले हिस्से में स्थित हैं और उपयोगी लगते हैं। हालाँकि इस तरह के अधिक नोट्स शामिल किये जा सकते थे।
10.	पाठ्यपुस्तक में सामग्री की प्रस्तुति–प्रत्येक अध्याय में सामग्री की संरचना और सामंजस्य।	प्रत्येक पाठ में सामग्री विभिन्न गतिविधियों द्वारा एक साथ आयोजित की गयी है। कुछ अन्य गतिविधियाँ जिन्हें खोजा जा सकता था–फील्ड ट्रिप, पहेलियाँ, आइए देखते हैं, चलो खेलते हैं इत्यादि।

11.	सामग्री के सन्दर्भ में एक अध्याय से दूसरे अध्याय तक जानकारी का निर्बाध प्रवाह।	पाठ्यपुस्तकों में पाठों को थीम के आधार पर व्यवस्थित किया गया है। उदाहरण के लिए हमारे पास किसी एक थीम में छह पाठ हो सकते हैं या किसी और थीम में केवल दो। एक पाठ को दूसरे पाठ से जोड़ने के लिए प्रयास किया गया है, लेकिन कुछ मामलों में डिसकनेक्ट मौजूद है।
12.	पाठ्यपुस्तक की सामग्री बच्चे में जिज्ञासा और रचनात्मकता को पोषित करती है।	पाठ्यपुस्तकों में सम्मिलित कार्य तथा गतिविधियाँ जिज्ञासा तथा रचनात्मकता को पोषित करती हैं।
13.	पाठ्यपुस्तक के सौन्दर्यशास्त्र–डिज़ाइन, चित्रण, छवियों, चित्र, उनकी उपयुक्तता।	चित्रों की गुणवत्ता बेहतर हो सकती थी। कई छवियों में स्पष्टता की कमी है।
14.	गम्भीर रूप से लिंग चिन्ताओं को सम्बोधित करने का अवसर; समानता और न्याय के मूल्यों के साथ हाशिये और उत्पीड़न के मुद्दे; मानव–गरिमा और अधिकारों का सम्मान।	पाठ्यपुस्तक दोनों लिंगों के बराबर प्रतिनिधित्व लाने और मानव–अधिकारों तथा गरिमा के पहलू को शामिल करने का प्रयास करती हैं।

कक्षाओं में पर्यावरण अध्ययन के क्रियान्वयन पर (कक्षा-अवलोकन और शिक्षकों से चर्चा के आधार पर)

किसी भी विषय का शिक्षण करने के लिए उसकी पूर्व तैयारी आवश्यक है जिसका प्रशिक्षण, शिक्षक बनने से पूर्व ही प्रारम्भ हो जाता है। इसके बाद विभिन्न शिक्षक–प्रशिक्षणों में कक्षागत आवश्यकताओं एवं चुनौतियों के आधार पर कार्य किया जाता है। उपरोक्त शिक्षकों के लिए प्रश्न भाग में दिये गये प्रश्नों पर विभिन्न विद्यालयों में पर्यावरण अध्ययन शिक्षण कराने वाले 30 शिक्षकों के साथ विभिन्न माध्यमों से चर्चा की गयी व सुझाव/विचार लिये गये। साथ ही फ़ाउंडेशन में कार्यरत 5 सन्दर्भ व्यक्तियों को भी इस चर्चा में शामिल किया गया। इस चर्चा से निकल कर आये कुछ बिन्दु निम्न प्रकार हैं :

सेवापूर्व शिक्षक–प्रशिक्षण में विभिन्न विषयों की तरह ही पर्यावरण भी एक विषय है, जो बड़ी संख्या में कला संकाय के विद्यार्थियों द्वारा चुना जाता है। शिक्षकों द्वारा की गयी बातचीत में यह निकल कर आया कि प्रशिक्षण

के दौरान कक्षा–कक्ष प्रक्रियाओं पर किया गया कार्य नाकाफ़ी है। अधिकतम ध्यान विभिन्न शिक्षण–विधियों के सैद्धान्तिक पक्ष जैसे विषय का उद्देश्य, विभिन्न शिक्षण–पद्धतियों का परिचय, शिक्षाविदों द्वारा दी गयी परिभाषाएँ, विभिन्न समितियों द्वारा दिये गये सुझाव, पाठयोजना एवं प्रश्नपत्र–निर्माण की प्रक्रियाओं इत्यादि पर ही रहता है, व्यवहार एवं अभ्यास के अवसर यहाँ कम ही दिखाई देते हैं, जो सिद्धान्त एवं व्यवहार में अन्तर उत्पन्न करते हैं। इस अन्तर को कम करने के लिए इन पूर्व प्रशिक्षण कार्यक्रमों की संरचना पर पुनर्विचार की आवश्यकता है, जहाँ कक्षा–कक्ष में की गयी चर्चा को वर्तमान विद्यालय परिदृश्य से जोड़ कर देखा जाये। सुझाव के रूप में कक्षा–कक्ष में की गयी सैद्धान्तिक चर्चा के विभिन्न विषयों को ले कर, प्रत्येक सप्ताह के किसी एक दिन को अवलोकन हेतु निश्चित किया जा सकता है व इन्हीं अवलोकनों के आधार पर आगे की चर्चा, कार्य एवं समझ के निर्माण का प्रयास किया जा सकता है।

पर्यावरण अध्ययन को पढ़ाने वाले शिक्षकों की पूर्व तैयारी पर की गयी बातचीत भी नकारात्मक ही दिखाई देती है व शिक्षण से पूर्व कोई ख़ास तैयारी नहीं दिखती है। शिक्षण के दौरान कार्य की जाने वाली थीम से सम्बन्धित जानकारी इकट्ठी करना अथवा इसके लिए आवश्यक संसाधनों के बारे में सोच पाना और उन्हें जुटा पाना असम्भव प्रयास दिखाई दिया। पूर्व तैयारी केवल पाठयोजना–निर्माण तक सीमित है, जो कि सतत् एवं व्यापक मूल्यांकन के अन्तर्गत बाध्यता के रूप में देखा जाता है। अतः व्याख्यान विधि का प्रयोग इन पाठयोजनाओं में मुख्य रूप से किया जाता है।

विद्यार्थी का परिवेश ही उसकी पहली पाठशाला है और विद्यार्थी अपनी समझ का निर्माण इसी से प्रारम्भ करता है। यह भी कहा गया है कि विद्यार्थी विद्यालय जाने से पूर्व बहुत सारी जानकारी रखता है जिसका मुख्य स्रोत उसका अपना परिवेश ही है। इस आधार पर विभिन्न शैक्षिक दस्तावेज़, शिक्षण–पद्धतियाँ एवं नियम पर्यावरण शिक्षा का स्कूल में काफ़ी महत्त्व बताते हैं और सभी विषयों का आधार भी इस विषय को मानते हैं, लेकिन व्यवहार में इस तरह की बातें कम ही दिखती हैं जिससे कथनी व करनी में अन्तर नज़र आता है। उदाहरण के लिए जल, परिवार, खान–पान, जीव–जन्तु, हमारी संस्कृति इत्यादि थीम पुस्तक में दी गयी हैं जिनकी जानकारी आवश्यक मानी गयी है, किन्तु इन बिन्दुओं पर व्यावहारिक रूप

से कार्य कक्षा–कक्ष में नहीं दिखाई देता है। इससे सम्बन्धित अभ्यास केवल एक कक्षा–कक्ष अवलोकन में दिखाई दिया, जहाँ शिक्षक सम्बन्धित थीम से जुड़े कुछ प्रश्न विद्यार्थियों को देता है। विद्यार्थी अपने परिजनों एवं आसपास के लोगों से सम्बन्धित जानकारी एकत्र करते हैं व इस जानकारी को कक्षा में साझा करते हैं। शिक्षक इस जानकारी को आधार बना कर थीम का शिक्षण करते हैं। पाठ के अन्त में मूल्यांकन के रूप में कुछ अन्य प्रश्न दिये जाते हैं जो समझ एवं अनुप्रयोग आधारित होते हैं। इस कारण पाठ्यपुस्तक विद्यार्थियों के लिए विषय अथवा थीम के दोहराव का केवल एक माध्यम भर रह जाती है। इसके अलावा अन्य कक्षाओं में पाठ्यपुस्तक को ही शिक्षण का मुख्य आधार मानते हैं व थीम से सम्बन्धित जानकारी, पाठ्यपुस्तक में दी गयी जानकारी तक ही सीमित रह जाती है।

यहाँ सबसे बड़ी जो चुनौती नज़र आयी वह यह कि विषय एवं सिद्धान्त, पर्यावरण विषय को परिवेश से जोड़ कर शिक्षण करने की बात तो करते हैं, लेकिन शिक्षक परिवेश को एक सन्दर्भ–सामग्री के रूप में प्रयोग नहीं कर पाते। इसके पीछे विशेष कारण है कि वह नज़रिया ही अनुपस्थित होता है जो परिवेश को एक सन्दर्भ के रूप में देख सके। उदाहरण के रूप में एक सामान्य अनुभव लिया जा सकता है, जिसमें शिक्षक पुस्तक में दिये गये चित्र को विद्यार्थियों को दिखाना अवलोकन कराना मानता है, किन्तु परिवेश में उस चित्र से सम्बन्धित अवलोकन कराने के बारे में नहीं सोच पाता।

अध्यापक-शिक्षा के लिए संस्तुति

राष्ट्रीय शिक्षक–शिक्षा परिषद (एन.सी.टी.ई.) के दस्तावेज़ में अध्यापक–शिक्षा में पर्यावरण अध्ययन के शिक्षणशास्त्र को ले कर पर्चे के उद्देश्यों का उल्लेख कुछ ऐसे है–प्राथमिक शिक्षा से जुड़ी चुनौतियों के लिए तैयार कर, अध्यापक शिक्षकों में विषय की सैद्धान्तिक और व्यावहारिक समझ विकसित करना। पर्यावरण अध्ययन की सम्मिलित प्रकृति को समझना– विज्ञान, सामाजिक विज्ञान और पर्यावरण–शिक्षा। बच्चों के सीखने की प्रक्रिया की समझ को कक्षा की प्रक्रियाओं और परस्पर क्रिया के सन्दर्भ में समझना। बच्चों की सोच और उनकी समझ, उनकी मान्यताएँ और वह अपने परिप्रेक्ष्य को कैसे समझते हैं–यह सब समझना शिक्षकों के लिए ज़रूरी हो जाता है।

यह सब तभी मुमकिन है जब शिक्षक को समुदाय के सामाजिक, ऐतिहासिक, आर्थिक, सांस्कृतिक और राजनीतिक सन्दर्भ की समझ हो (एन.सी.टी.ई., 2015)। पर, अपने आपको समझना शिक्षकों के लिए सबसे महत्त्वपूर्ण है।

शिक्षक भी बच्चों के जैसे अपने परिवेश को ले कर कुछ समझ, कुछ मान्यताएँ रखते हैं। कई बार यह पाठ्यचर्या में रखे मुद्दों पर बहुमत से मिलती हैं। परन्तु शिक्षा के मुख्य उद्देश्यों में प्रश्न करने की क्षमता और मानसिकता में बदलाव लाना अहम् है और इस उद्देश्य को पूरा करने में शिक्षक की प्रथम भूमिका है, लेकिन एक शिक्षक को अपने आपको समझने के अवसर कहाँ मिलते हैं? प्रारम्भिक शिक्षा ही एक ऐसा मंच है, जहाँ छात्राध्यापक को एक सुरक्षित वातावरण में अपने आपको समझने, अपने आप से प्रश्न पूछने और अपने अनुभव के आधार पर अलग मुद्दों पर चिन्तन करने का मौक़ा मिलता है। जाति, धर्म, लिंग, वर्ग इत्यादि को लेकर एक शिक्षक का समाजीकरण होता है–कक्षा में यही समझ वह लेकर जाता है और बच्चों के साथ विचार–विमर्श भी इसी के आधार पर होता है। अतः प्रारम्भिक अध्यापक–शिक्षा में छात्राध्यापक को ख़ुद को जानने के और विभिन्न दृष्टिकोण से कई अवधारणाओं को परखने के अवसर मिलने चाहिए। पठनसामग्री एक ऐसा माध्यम है जिससे यह किया जा सकता है। साथ में चिन्तन के अवसर (लेखों पर और अपने अनुभवों पर) आवश्यक है। यह चिन्तन केवल व्यक्तिगत न होकर, अध्यापक शिक्षक और बाक़ी छात्राध्यापकों के साथ चर्चा के दौरान भी किया जा सकता है (फ़ारूक़ी और कौर, 2012)।

साथ ही छात्राध्यापकों को बच्चों के अवलोकन के लिए ज़्यादा–से–ज़्यादा मौक़े दिये जाने चाहिए। बच्चों की समझ के साथ उनमें उनके साथ काम करने का आत्मविश्वास भी बढ़ता है, ख़ासकर जिन बच्चों का सन्दर्भ उनके अपने जीवन से अलग है। साथ ही जो मूल्य पर्यावरण अध्ययन के साथ जुड़े हैं, ख़ासकर लोकतान्त्रिक मूल्य, जो कक्षा में ज़िम्मेदारी से भागीदारी, विचारों पर चिन्तन और उनकी समीक्षा और वह राय जो सबसे अलग हो उन पर विचार कर, बच्चों के लिए उपयुक्त रूप में प्रस्तुत करने की भी क्षमता विकसित होती है। (डीअर, 2013; वाटर्स–रसैल, 2014; यिलमाज, 2009; हिलकिर्क, मैकमैथ, रीव्स, स्मिथ–सिंगल्टन, स्मिथ, 1994)।

जबकि हम विस्तृत स्तर पर विवरण में जा सकते हैं, एक व्यापक स्तर पर कुछ और अहम् मुद्दे हैं। ज़ाहिर है, इनमें से एक अहम् मुद्दा है पर्यावरण अध्ययन की विषय–सामग्री का। दूसरा है शिक्षणशास्त्र का। तीसरा जुड़ा हुआ मुद्दा है इनकी मिली–जुली समझ का। यहाँ जहाँ सैद्धान्तिक ज्ञान का महत्त्व है, वहीं अभ्यास का भी महत्त्वपूर्ण स्थान है। अध्यापक–शिक्षा की कक्षाओं की चर्चाओं को स्कूली कक्षाओं में उतरते देखना, ख़ुद योजना बना कर उसके निर्वहन पर चिन्तन करना, दूसरे शिक्षकों की कक्षाओं का अवलोकन कर उनसे चर्चा करना इत्यादि प्रक्रियाओं से छात्राध्यापक अपनी समझ बना कर, पर्यावरण अध्ययन के लिए एक रूपरेखा तैयार कर सकेंगे और अन्त में, पाठ्यपुस्तक की कक्षा में जगह और सम्भावनाएँ इस पर भी ध्यान देना आवश्यक है (अग्निहोत्री, खन्ना, शुक्ल, 1994; विद्या भवन सोसाइटी, 1996; फ़ारूक़ी और कौर, 2012)।

अन्त में सेवाकालीन शिक्षकों के लिए पर्यावरण अध्ययन के लिए कार्यक्रमों को लेकर यही सुझाव हैं कि जो अन्तराल हैं, उन्हें पूरा करने के लिए पहले तो ब्लॉक के स्तर पर, एक विस्तृत रूप से विश्लेषण कर, एक लम्बे अरसे के कार्यक्रम की योजना बनायी जाये। इस कार्यक्रम में सैद्धान्तिक ज्ञान और उसका उनके अभ्यास के साथ जुड़ाव स्थापित करने के साथ, उन्हें स्थानीय परिप्रेक्ष्य के हिसाब से पाठ्यपुस्तक का उपयोग करने में सहायता दी जाये। साथ ही प्रक्रियाएँ ऐसी रखी जायें कि शिक्षकों का एक ऐसा समुदाय बन जाये, जो उन्हें चुनौतियों के समाधान के साथ सीखने का भी अवसर दे।

उपसंहार

पर्यावरण अध्ययन विषय को लेकर अभी सबसे बड़ी चिन्ता यही नज़र आती है कि शिक्षक इस विषय को अन्य विषयों की तरह ही गम्भीरता से लेने लगें व उसी अनुरूप एक पूर्व तैयारी के साथ में काम करने लगें व मुख्य रूप से कौशल आधारित काम कराने लगें, न कि कोर्स पूरा कराने का ही काम करें। इसी क्रम में एक अन्य चिन्ता का विषय, विज्ञान आधारित पाठ हैं जो कि एक शिक्षक बालकों/पाठ के स्तर एवं विषय की गहनता के साथ शिक्षण करने में असमर्थता अनुभव करता है।

इस विषय में सहयोग के लिए इन शिक्षकों के साथ लगातार सन्दर्भ–सामग्री तैयार करने एवं उपलब्ध संसाधनों को सन्दर्भ के रूप में प्रयोग करने पर कार्य किया जा सकता है। एक अन्य बिन्दु, विषय की आवश्यकता एवं गम्भीरता होना चाहिए। देखा गया है कि पर्यावरण एक सरल विषय माना जाता है जिसे विज्ञान, गणित एवं अंग्रेज़ी जैसी गम्भीरता नहीं मिल पाती है। पर्यावरण अध्ययन में सामाजिक, प्राकृतिक, सांस्कृतिक, संवैधानिक इत्यादि पहलुओं का समावेश है, लेकिन यह समावेश शिक्षक नियमित अभ्यास में ला पायें, इस दिशा में योजना के साथ कार्य किया जाना चाहिए। पाठ्यपुस्तक में इन सभी पर कार्य करने हेतु कार्य–पत्रकों एवं विभिन्न उदाहरणों का अभाव दिखायी देता है, जिससे विद्यार्थियों द्वारा इन पर कार्य करने के सीमित अवसर उपलब्ध हो पाते हैं। विषय के विभिन्न कौशल जैसे अवलोकन, सूचना–संग्रहण, वर्गीकरण इत्यादि के अभ्यास हेतु गतिविधि–निर्माण इसका एक मुख्य भाग हो सकता है।

बाधाएँ

समय और दूसरी बाधाओं के कारण यह शोध केवल राजस्थान तक सीमित था। इसके बावजूद जो समय कक्षा–अवलोकन के लिए रखा था, उस समय शिक्षक संघ के कार्यक्रम के कारण हम केवल कुछ ही कक्षाओं का अवलोकन कर पाये। उपरोक्त चर्चाओं में भिन्न–भिन्न स्थानों पर हमने शिक्षक के कार्य के प्रस्तुतीकरण एवं ज्ञान के स्थानान्तरण की बात की है। इसमें यह भी ध्यान देने योग्य बात है कि शिक्षक स्वयं भी अपने विचारों को पूर्ण स्पष्टता एवं विश्वास के साथ रख सकें। इस कमी को पूरा करने के लिए शिक्षकों के साथ विभिन्न प्रत्यक्ष/अप्रत्यक्ष माध्यमों से भी बातचीत कर स्थिति को समझने का प्रयत्न किया गया।

आगे के लिए योजना

इस पर्चे को लिखने में जो हमने काम किये, उससे यह ज़ाहिर है कि शिक्षकों की समझ और उनके व्यवहार को लेकर और समझने की ज़रूरत है। ख़ासकर के उन शिक्षकों के अभ्यास को समझने की ज़रूरत है, जो इन्हीं स्थितियों में पर्यावरण अध्ययन को अपेक्षित तौर–तरीक़े से आगे ले जा रहे हैं। इसके लिए विभिन्न विद्यालयों में कार्य कर रहे शिक्षकों के साथ लम्बी अवधि की कार्ययोजना के साथ कार्य किया जा सकता है।

विद्यालय के अवलोकन के समय विभिन्न शिक्षकों से मिलना एवं उनके द्वारा अपनायी जा रही प्रक्रियाओं को सुदृढ़ करना प्रथम चरण हो सकता है। ऐसे शिक्षकों एवं उनके प्रयासों को शिक्षा–विभाग द्वारा चलाये जा रहे विभिन्न प्रशिक्षण–कार्यक्रमों पर साझा करना एवं प्रचारित करना इसका द्वितीय चरण है। इसके लिए विभिन्न शैक्षिक ऑनलाइन पोर्टल एवं अन्य माध्यम जैसे केस स्टडी, वीडियोग्राफी/डॉक्यूमेंटरी का प्रयोग किया जा सकता है। इसके अतिरिक्त विभिन्न ग्रीष्मकालीन प्रशिक्षण एवं समय–समय पर की जाने वाली एक दिवसीय फ़ॉलोअप कार्यशालाओं में एक बड़े समूह को एक मंच के रूप में देखा जा सकता है। फ़ाउण्डेशन द्वारा चलाये जा रहे विभिन्न औपचारिक एवं अनौपचारिक कार्यक्रम/गतिविधियों द्वारा सतत कार्य सुनिश्चित किया जा सकता है।

सन्दर्भ सामग्री :

1. अग्निहोत्री; आर. के.; खन्ना ए. एल.; शुक्ला एस. (1994)। *प्राशिका : एकलव्यज इनोवेटिव एक्सपरिमेंट इन प्राइमरी एजुकेशन।* नयी दिल्ली : रत्न सागर प्रकाशन।
2. ब्रोन्फ़ेन्ब्रेन्नर, यू. (1979)। *इकॉलजी ऑफ़ ह्यूमन डेवलपमेंट। एक्सपरिमेंट्स बाय नेचर एंड डिज़ाइन।* कैम्ब्रिज, मैसाचुएट्स : हार्वर्ड यूनिवर्सिटी प्रेस।
3. सी.जे. सोनोवाल, सी. जे. (2009)। *एनवायरमेंटल एजुकेशन इन स्कूल्स : दि इण्डियन सिनेरियो। जर्नल ऑफ़ ह्युमन इकालजी* 28 : पृ. 15–36।
4. डीआर, एफ़. (2013)। *इंटिग्रेटिंग ऐबरिजनल पर्सपेक्टिव्स इन एजुकेशन : परसेप्शन्स ऑफ़ प्री–सर्विस टीचर्स। कैनेडियन जर्नल ऑफ़ एजुकेशन* 36 : पृ. 175–211।
5. फ़ारूक़ी, फ़राह; कौर, जी. (2012)। *"रीथिंकिंग एलमैंटरी टीचर प्रीप्रेशन। अ सिलेबस रिविज़न एक्सरसाइज़ फ़ॉर दि कोर्स पेडागॉजी ऑफ़ ईवीएस इन डायट करिकुलम।" वॉइसेज़ ऑफ़ टीचर्स एंड टीचर्स एजुकेटर्स* 1 (2)।
6. हिलकिर्क, के., जे. मैकमैथ, बी. रीव्स, एम. स्मिथ–सिंगलटन, डब्ल्यू. स्मिथ, (1994)। *"एन एक्सपरिमेंट इन टीचर प्रीप्रेशन : टीचर एजुकेशन फ़ॉर सिविक रिस्पॉन्सबिलिटी।" टीचर एजुकेशन क्वाटर्ली* 21 : पृ. 47–57।

7. हॉर्सबर्ग, डी. (1983)। "एन इंटरव्यू विथ डेविड हॉर्सबर्ग बाय रोजलिंड विल्सन।" *इंडिया इंटरनेशनल क्वाटर्ली।* https://www.alternativeeducation.in/2010/08/24/david-horsbrouh-interviewed

8. अय्यंगार, आर.; बजाज, एम. (2011)। आफ्टर दि स्मोक क्लियर्स : टुवार्ड एजुकेशन फॉर सस्टैनबल डेवलपमेंट इन भोपाल, इंडिया।" *कम्पैरटिव एजुकेशन रिव्यू* 55 (3) : पृ. 424–456।

9. मिशेल, डी. बी. (2009)। *अ फिलासफिकल एनालिसिस ऑफ़ डेविड ओररस थ्योरी ऑफ़ इकलॉजिकल लिट्रेसी : बायोफीलिया, इकोजस्टिस एंड मॉरल एजुकेशन इन मिडिल स्कूल लर्निंग कम्यूनिटीज़।* अ थीसिस सब्मिटेड टू दि ग्रेजुएट फ़ैकल्टी ऑफ़ दि यूनिवर्सिटी ऑफ़ जॉर्जिया इन पार्शियल फुलफिलमेंट ऑफ़ दि रिक्वायरमेंट्स फॉर दि डिग्री मास्टर ऑफ़ आर्ट्स।

10. एन.सी.ई.आर.टी. (1975)। *दि करिकुलम फॉर दि टेन ईयर स्कूल : अ फ्रेमवर्क*। नयी दिल्ली : नेशनल काउंसिल ऑफ़ एजुकेशनल रिसर्च एंड ट्रेनिंग। http://epathshala.nic.in/programmes/national-curriculum-frameworks.

11. एन.सी.ई.आर.टी. (2000)। *नेशनल करिकुलम फ्रेमवर्क फॉर स्कूल एजुकेशन*। नयी दिल्ली : नेशनल काउंसिल ऑफ़ एजुकेशनल रिसर्च एंड ट्रेनिंग। http://epathshala.nic.in/programmes/national-curriculum-frameworks.

12. एन.सी.ई.आर.टी. (2005)। *नेशनल करिकुलम फ्रेमवर्क फॉर स्कूल एजुकेशन*। नयी दिल्ली : नेशनल काउंसिल ऑफ़ एजुकेशनल रिसर्च एंड ट्रेनिंग। http://epathshala.nic.in/programmes/national-curriculum-frameworks.

13. एन.सी.ई.आर.टी. (2006)। *पोजीशन पेपर ऑफ़ दि नेशनल फ़ोकस ग्रुप ऑन दि टीचिंग ऑफ़ साइंस।* नयी दिल्ली : नेशनल काउंसिल ऑफ़ एजुकेशनल रिसर्च एंड ट्रेनिंग।

14. एन.सी.ई.आर.टी. (2006)। *पोजीशन पेपर ऑफ़ दि नेशनल फ़ोकस ग्रुप ऑन दि टीचिंग ऑफ़ सोशल साइंस।* नयी दिल्ली : नेशनल काउंसिल ऑफ़ एजुकेशनल रिसर्च एंड ट्रेनिंग।

15. एन.सी.ई.आर.टी. (2017)। *प्रारम्भिक स्तर पर सीखने के प्रतिफल*। नयी दिल्ली : नेशनल काउंसिल ऑफ़ एजुकेशनल रिसर्च एंड ट्रेनिंग।

http://www.ncert.nic.in/publication/Miscellaneous/pdf_files/Learning_Outcomes%E2%80%93Hindi.pdf

16. एन.सी.टी.ई. (2015)। *करिकुलम फ्रेमवर्क। टू–ईयर डी.एल.एड. प्रोग्राम।* नयी दिल्ली : नेशनल काउंसिल ऑफ़ टीचर एजुकेशन।

17. ओरर, डी. डब्ल्यू. (1990)। *एनवॉयरमेंटल एजुकेशन एंड इकलॉजिकल लिट्रेसी। एजुकेशन डाइजेस्ट* 55 : पृ. 49–53।

18. सिकोयों, एल.एन., एच. जॅकलिन (2009)। एक्सप्लोरिंग दि बाउण्ड्री बिटविन स्कूल साइंस एंड एवरीडे नॉलेज इन प्राइमरी स्कूल पेडागॉजिक प्रैक्टिसेज।" *ब्रिटिश जर्नल ऑफ़ सोशियोलॉजी ऑफ़ एजुकेशन* 30 (6) : पृ. 713–726।

19. (1995–96)। *व्हॉट इज़ दिज़ थिंग कॉल्ड ईवीएस? प्रोसिडिंग्स ऑफ़ अ सेमिनार ऑन ईवीएस*। उदयपुर : विद्या भवन सोसाइटी।

20. वाटर्स, एस., रसैल III, बी. डब्ल्यू. (2014)। *"प्रीसर्विस सैकेंडरी टीचर्स सेंस ऑफ़ एफ़िकेसी इन टीचिंग कैरेक्टर एजुकेशन।" दि जर्नल ऑफ़ एजुकेशन* 194 : पृ. 45–54।

21. यिलमाज़, के. (2009)। *"डेमोक्रेसी थ्रू लर्नर–सेंटर्ड एजुकेशन : अ टर्किश पर्सपेक्टिव।" इंटरनेशनल रिव्यू ऑफ़ एजुकेशन* 55 : पृ. 21–37।

3

बच्चे और विज्ञान : शुरुआती वर्षों में विज्ञान सीखना

–रजनी द्विवेदी

बच्चे कब क्या सोचते–समझते हैं, इस प्रक्रिया की एकदम सटीक व्याख्या आज भी उपलब्ध नहीं है। हालाँकि विभिन्न अध्येताओं ने बच्चों के साथ की गयी अपनी अन्तःक्रियाओं, उनके अनुभवों और अवलोकनों के विश्लेषण के आधार पर उनके सोचने और सीखने की प्रक्रिया को समझने की दिशा में कुछ मदद ज़रूर की है। जैसे– कई अध्येता यह रेखांकित करते हैं कि सीखने की प्रक्रिया शैशवास्था में ही शुरू हो जाती है। जन्म के तुरन्त बाद ही बच्चे अपनी नयी दुनिया से अन्तःक्रिया करना शुरू कर देते हैं और यहीं से उनकी दुनिया को खोजने और समझने की प्रक्रिया शुरू हो जाती है। सीखने की यह प्रक्रिया अनवरत चलती रहती है। बच्चे अवलोकन करते रहते हैं, पड़ताल करते रहते हैं, फिर चाहे ये अवलोकन–पड़ताल उनके आसपास की दुनिया की हो या उनके सम्पर्क में आयी किसी नयी जगह की। जैसे–जैसे बच्चे बड़े होते हैं, घुटनों के बल चलना सीखते हैं। फिर अपने पैरों पर खड़े होकर चलना सीखते हैं। उनकी अन्य शारीरिक व मानसिक क्षमताएँ भी बढ़ती हैं, सीखने की दुनिया विस्तृत होती है। फलस्वरूप दुनिया से अन्तःक्रिया बढ़ती है, जो उनके सीखने में भी वृद्धि करती है और यह वृद्धि कुछ और नया सीखने को, दूसरे शब्दों में सीखने की क्षमता को भी

बढ़ाती है। यह सभी कुछ साथ–साथ ही चलता है। बच्चे की क्षमताएँ, ख़ुद कुछ करने की इच्छा, कुछ नया जानने की इच्छा व किसी चीज़ को बार–बार करते रहने के प्रयास हर तरह के सीखने की बुनियाद होते हैं। जैसा कि विभिन्न अध्येता भी कहते हैं, "शुरुआती कुछ वर्षों में उनकी प्रबल जिज्ञासा सीखने को भी रफ़्तार देती है" (सारोकाई सुन्दर, दीवान एच. के.)। एक बच्चे की दुनिया से अन्तःक्रिया करने के इन्हीं तरीक़ों, प्रयासों को देखते–देखते मुझे ऐसा प्रतीत हुआ कि बच्चे के ज़हन में कोई सवाल है, कोई बात है जिसके सन्दर्भ में वह कुछ जानना चाहता है। इस प्रश्न/बात पर समझ बनाने के लिए वह विभिन्न प्रयास करता है। इस पर्चे में उसके द्वारा अपने आसपास की दुनिया की पड़ताल करने के लिए किये गये विभिन्न प्रयासों को मैंने लिपिबद्ध किया है और उनके आधार पर इस प्रश्न को टटोलने का प्रयास किया है कि क्या बच्चे की इन अन्तःक्रियाओं में विज्ञान है? यदि है तो किस स्तर का और उसकी प्रकृति क्या है? इस परचे के तीन मुख्य हिस्से हैं। शुरुआती हिस्से में, बच्चे द्वारा अपने आसपास की दुनिया की पड़ताल करने, उसको समझने के लिए किये गये विभिन्न प्रयासों जैसे ख़ुद के प्रयास, पूछे गये प्रश्न, संवाद आदि का विवरण है। दूसरे हिस्से में, 'विज्ञान क्या है?' 'विज्ञान के तत्त्व क्या हैं?' इस पर बातचीत है और तीसरे हिस्से में, क्या बच्चे द्वारा किये गये प्रयासों को विज्ञान के तहत रखा जा सकता है, इस पर चर्चा है।

बच्चे की दुनिया से अन्तःक्रिया

यदि यह पूछा जाये कि क्या तीन या चार साल का एक बच्चा विज्ञान जानता है तो उत्तर अमूमन न ही होता है। यदि बच्चों के कार्यों को ध्यान से देखें और समझने का प्रयास करें तो हम पाते हैं कि दुनिया को जानने, उसकी जाँच–पड़ताल करने और फिर अपनी समझ बनाने के उद्यम में बच्चे बहुत–सी चीज़ें करते हैं। मसलन, अपने आसपास की चीज़ों को ध्यान से देखना, उनको छूना–पकड़ना, उलटना–पलटना, लुढ़काना, गिराना, यह समझने की कोशिश करना कि वे कैसे काम करती हैं आदि–आदि।

इस हिस्से में बच्चे द्वारा की गयी ऐसी ही कोशिशों के अवलोकनों का विस्तृत विवरण है। शुरुआती अवलोकन बहुत व्यवस्थित (structured) नहीं थे यानी ये एक ध्यान से सोचे–समझे ढाँचे के अन्तर्गत नहीं किये गये थे क्योंकि शुरुआती रिकॉर्डिंग का कारण वह विस्मय था कि अरे! ये (यह बच्चा) क्या कर रहा है। क्या इतने छोटे बच्चे भी यह कर सकते हैं? लेकिन इन्हीं शुरुआती रिकॉर्डिंग्स ने बाद की अन्तःक्रियाओं को ध्यानपूर्वक दर्ज करने और उनमें सम्बन्ध देखने की एक बुनियाद भी तैयार की। मुझे महसूस हुआ कि बच्चे की अपने वातावरण से इस अन्तःक्रिया को व्यवस्थित रूप से दर्ज करने से यह समझने में मदद मिल सकती है कि दुनिया को समझने के लिए बच्चे द्वारा की गयी कोशिशों में क्या–क्या शामिल है? वे क्या प्रक्रियाएँ हैं जो उन्हें यह समझ विकसित करने में मदद करती हैं? यानी शुरुआत में बच्चे की इन अन्तःक्रियाओं को दर्ज करने का व्यवस्थित ढाँचा काम के साथ–साथ धीरे–धीरे विकसित हुआ।

अवलोकन का ढाँचा और अवलोकन की विषय-वस्तु

यहाँ दिये गये इन अवलोकनों में बच्चे द्वारा अपने वातावरण के साथ, उसमें उपस्थित वस्तुओं के साथ की गयी अन्तःक्रियाएँ व उसके द्वारा पूछे गये प्रश्न/उसके द्वारा किये गये कुछ चयनित अवलोकन शामिल हैं।

चयन का एक मुख्य आधार था–बच्चे द्वारा किये गये वे प्रयास जिसमें वयस्क को लगा कि वह कुछ जानने की कोशिश कर रहा है। बच्चा जानने की कोशिश में है। इसका पता, उसकी उस ख़ास स्थिति में उस ख़ास वस्तु पर क्रिया, उसको देखने का ढंग, क्या हो रहा है/होने वाला है, उसका इन्तज़ार करना, पुनः उस क्रिया को दोहराना आदि से चला। इस प्रकार चुनी गयी क्रियाओं को एक लम्बे समयकाल, तीन वर्ष के समय अन्तराल तक में दर्ज किया गया, उस समय भी जब वे स्वाभाविक रूप से पुनः की गयीं/घटित हुईं। समय और उम्र को भी दर्ज किया गया। पूरी कोशिश थी कि बच्चा जो करना चाहता है, उसके लिए उसे आज़ादी हो, किसी प्रकार की रोक–टोक न हो। दर्ज करने के लिए कुछ नोट्स भी बनाये गये और जहाँ सम्भव हुआ वीडियो रिकॉर्डिंग की गयी।

जैसा कि ऊपर ज़िक्र किया है, सभी अवलोकन स्वाभाविक और सहज परिस्थितियों में उसके द्वारा दुनिया को समझने और उस पर क्रिया करने

के हैं। सिर्फ़ एक–दो स्थितियाँ ऐसी हैं जिनमें उसकी विचार–प्रक्रिया, विचार–श्रृंखला को जानने के लिए वयस्क का हस्तक्षेप है।

अवलोकन - 1

अ) 20 अप्रैल, 2015, उम्र–11 महीने

यह रसोई का दरवाज़ा है तथा बैठक से जुड़ा है। अतः खुला ही रहता है। दरवाज़ा रसोई के अन्दर की तरफ़ खुलता है। क्योंकि यह दीवार के ठीक मध्य में है अतः जहाँ दरवाज़ा खुलता है, वहाँ बैठने के लिए पर्याप्त जगह है। बच्चा बैठक से रसोई में जाता है और दरवाज़े के पास ही बैठता है और दरवाज़े के पल्ले को पकड़ कर उसे धक्का देता है, दरवाज़ा बन्द हो जाता है। वह पल्ले को खींच कर फिर उसे खोलता है, पुनः धक्का देता है और बन्द करता है। डेढ़ मिनट से अधिक समय तक चली इस प्रक्रिया में वह लगभग 20–22 बार ऐसा करता है (यानी दरवाज़े को खोलना, फिर बन्द करना) बीच में एक–दो सेकेंड के लिए वह दरवाज़े के स्टॉपर से भी खेलता है लेकिन फिर दरवाज़े को खोलने और बन्द करने के प्रयास में जुट जाता है।

आ) 22 अप्रैल 2015, उम्र–11 महीने

घर का प्रवेश द्वार। दरवाज़ा बन्द था और बच्चा बाहर बरामदे में बैठा हुआ था। दरवाज़े का पल्ला उस तरफ़ ही खुलता था जिस तरफ़ बच्चा बैठा हुआ था यानी अगर वह पल्ले को खींचे तो उसके लिए, पहले उसे पीछे हटना पड़ेगा तब ही दरवाज़ा खुलेगा। हाँ, धक्का दे तो दरवाज़ा बन्द हो जायेगा, पर खुलेगा नहीं। उसे दरवाज़ा खोलना था। वह दरवाज़े के पास गया और पल्ले की चौखट को पकड़ने की कोशिश की। कुछ हिस्सा हाथ में आया, दरवाज़ा थोड़ा खुला लेकिन फिर बन्द हो गया। उसने फिर पल्ले को पकड़ने और उसे अपनी ओर खींचने और खोलने की कोशिश की। दरवाज़ा फिर से चौखट पर जा लगा, उसने पल्ले से हाथ नहीं हटाया और इस वज़ह से उसे हाथ पर थोड़ी चोट भी लगी। तभी एक वयस्क ने आकर दरवाज़े को थोड़ा धक्का दिया। दरवाज़े को खुलने के लिए उसे थोड़ा पीछे

हटना पड़ा। लेकिन फिर से उसने प्रयास किया, फिर से हाथ दिया और फिर से चौखट को खींचा। क्योंकि दरवाज़े के पल्ले को खुलने के लिए उस तरफ़ ही खिसकना था, जहाँ वह बैठा था, इसलिए उसे साथ–साथ पीछे भी हटना था और अब उसने यह कर लिया। शुरुआती कुछ प्रयासों में वह इन दोनों चीज़ों; 'पल्ले को खींचना' और साथ–साथ 'पीछे हटना' में एक सन्तुलन नहीं बना पाया लेकिन वयस्क के धक्का देने और अपने हटने व दरवाज़ा बार–बार बन्द करने और खोलने के प्रयासों के बाद उसे समझ आ गया कि पल्ले को खोलने के लिए उसकी अपनी स्थिति क्या होनी चाहिए। इसके बाद वह दरवाज़े के पास जाता, थोड़ा–सा पीछे हट कर पल्ले को खोलता और फिर थोड़ा आगे होकर उसे बन्द भी करता, लेकिन पूरा बन्द भी नहीं करता। फिर पीछे खोलने के लिए पीछे हटता, फिर बन्द करता। यह उसने करीब 5–6 बार किया।

बच्चे द्वारा की गयी इस पड़ताल की एक पूरी शृंखला है। इस शृंखला की कुछ और कड़ियाँ भी हैं, जैसे कि एक कड़ी जिसमें वह सिर्फ़ स्टॉपर से जद्दोजहद में लगा है। और ऐसी जद्दोजहद घर के सभी दरवाज़ों के साथ हुई। फिर एक कड़ी जिसमें वह दरवाज़े के कुन्दे और नकुचे के साथ खेलता है। साथ ही यह भी देखता है कि यह कुन्दा इस छेद में कैसे जाता है। लेकिन ऐसी कई कड़ियों के दर्ज दस्तावेज़ नहीं हैं।

यदि बच्चे के नज़रिये से देखें तो वह (शायद) यह समझने का प्रयास कर रहा है कि घर का यह कौन–सा हिस्सा है? ये कैसे हिलते हैं, चलते हैं? दरवाज़ा एक तरफ़ जाता है तो रास्ता बन्द हो जाता है और दूसरी तरफ़ जाता है तो खुल जाता है। इसे खोलने और बन्द करने के लिए कहाँ से पकड़ें, किस ओर धक्का दें। इसको खोलने और बन्द करने के लिए मेरी अपनी स्थिति में मुझे क्या परिवर्तन करने होंगे। और हो सकता है, इसके ज़रिये उसका यह भी जानने का प्रयास हो कि छूने पर कैसा लगता है, उसके क्या–क्या हिस्से हैं, यह हिलता क्यों है?

जब इस बच्चे से (जो अब 4 साल 3 महीने का है) दरवाज़े के बारे में कुछ प्रश्न पूछे, तो उसके जवाब थे–दरवाज़ा लकड़ी का बना है और भी बहुत–सी चीज़ें हैं जो लकड़ी की बनी हैं, जैसे ये कुर्सी–टेबल, यह अलमारी।

इसे अलग–अलग जगह लगाते हैं। यह इसलिए लगाते हैं ताकि बन्दर, मच्छर, कुत्ता, बिल्ली, हाथी घर में न घुस जायें। यह हिलता है क्योंकि इसमें ये (हिंजेस) लगे होते हैं। दीवार नहीं हिलती क्योंकि इसमें यह नहीं लगे होते (ये पता है कि हिंजेस एक से ज़्यादा हैं)। इसमें यह (स्टॉपर, एक ही लगता है) भी लगा होता है। इसे नीचे करते हैं तो यह रुक जाता है। इसे ऊपर करते हैं तो दरवाज़ा नहीं रुकता। यह भी है (हैंडल)। इसको पकड़कर खोल सकते हैं। इसको कोई बनाता है और लगाता है।

अवलोकन–2

अ) अप्रैल 2015, उम्र–11 महीने

उसके हाथ में एक प्लेट थी और वह उसे थप–थप करने की कोशिश कर रहा था। वह प्लेट को बहुत अच्छे से पकड़ नहीं पा रहा था। फिर भी थप–थप करने की कोशिश जारी थी। आख़िर में प्लेट हाथ से छूट गयी और गोल–गोल घूमते हुए, आवाज़ करती हुई ज़मीन पर गिर गयी।

आ) अक्टूबर 2015, उम्र–17 महीने

उसके हाथ में प्लास्टिक का एक हथौड़ा था। उसे वह अलग–अलग तरह की सतह पर मार रहा था। पहले उसने एक किताब रखने की अलमारी की निचली सतह पर मारा। फिर उसकी साइड वाली सतह पर, फिर ज़मीन पर रखी एक किताब पर। फिर एक लकड़ी की प्लेट पर और फिर से अलमारी की सतह पर और ऐसा वह कुछ क्षणों के लिए करता रहा।

इ) अप्रैल 2016, उम्र–23 महीने

उसने चार अलग–अलग माप की पतीलियाँ इकट्ठी की। उन्हें अपने सामने रखा और उन्हें गिरा–गिरा कर देखने की कोशिश थी कि आवाज़ कैसे आती है। शुरुआत में ऐसा हुआ कि पतीली धप–से गिर गयी लेकिन वह यह नहीं चाहता था। उसने उसे वैसे ही गिराने की कोशिश कि जिससे वह धीरे–धीरे गोल–गोल घूमते हुए और आवाज़ के एक ख़ास क्रम में गिरे। एक–दो बार करने पर उसे समझ आ गया कि यह कैसे होगा। उसने फिर बार–बार उन्हें उस ख़ास तरीक़े से गिराया और उस आवाज़ का मज़ा लिया।

ई) **जनवरी 2017, उम्र–2 साल, 8 महीने**

रसोई के सारे बर्तन बाहर एक पंक्ति में जमाये गये। दोनों हाथ में लकड़ी की एक डण्डी थी, लगभग सात सेंटीमीटर व्यास की। रखे हुए बर्तन जिनमें अलग–अलग माप की पतीलियाँ (1 लीटर, 2 लीटर, 2.5 लीटर की), प्लास्टिक के अलग–अलग माप के डिब्बे (3, 4, 5 किलोग्राम की क्षमता वाले), कटोरे सभी पर मार कर देखा गया कि कहाँ से कैसी आवाज़ आ रही है। फिर कुछ प्रयास था कि कोई व्यवस्थित धुन बनायी जाये तो दो–तीन डिब्बों पर ही ध्यान केन्द्रित किया गया और कुछ बजाने का प्रयास हुआ।

पुनः यदि बच्चे के नज़रिये से इन्हें देखें तो बहुत–सी चीज़ें हो रही हैं और उसके शारीरिक विकास के साथ–साथ इन चीज़ों के करने में भी बदलाव हुआ है। अवलोकन 2 'अ' में उसे छोटी प्लेट को एक हाथ से पकड़ना है, फिर दूसरे हाथ से उस पर थाप देनी है। थाप देने से प्लेट न गिर जाये इसलिए प्लेट को थोड़ा ज़ोर–से पकड़ना है। साथ ही यह भी ध्यान रखना है कि थाप भी इतनी तेज़ से नहीं देनी है कि प्लेट गिर ही जाये।

बाक़ी अवलोकनों को देखें तो उनमें एक विस्तार है। बर्तनों (उपकरणों) की संख्या क्रमशः बढ़ गयी है। अवलोकन 2 'आ' में अलग–अलग सतह को ठोक–पीट कर देखा जा रहा है और अवलोकन 2 'इ' में पतीलियों को किस तरह गिराने से कैसी आवाज़ आयेगी, यह मज़ा लिया जा रहा है। यह भी समझ है कि एक ख़ास तरह से गिराने से, एक ख़ास तरह की आवाज़ आती है। अवलोकन 2 'ई' में प्रयोग थोड़ा और विस्तृत हो गया है। सभी पर मार कर देखा जा रहा है कि किससे कैसी आवाज़ निकल रही है और फिर यह प्रयास कि एक व्यवस्थित धुन के लिए किसी ख़ास क्रम में और साथ ही ख़ास दबाव के साथ थाप देनी होगी। यह वैसा ही है कि जैसे प्रयोग करना, उसके लिए उसका सेटअप तैयार करना और फिर प्रयोग कर के देखना कि कैसी आवाज़ निकलती है।

यह भी स्पष्ट है कि शारीरिक क्षमता के विकास के साथ–साथ उसकी पहुँच बढ़ती है। दूसरा, जब कुछ सीख लिया जाता है तब आगे और सीखने की इच्छा भी जन्म लेती है।

अवलोकन–3

अ) **जुलाई, 2016, उम्र–2 साल 2 महीने**

वह अपने खिलौनों से खेल रहा था। खेलते–खेलते उसे एक नया खेल सूझा। उसने पास ही कुर्सी पर बैठी माँ के पैरों को रैंप बनाया और उस पर से अपने खिलौनों को लुढ़काने लगा। पहले मोबाइल, फिर उसकी खिलौना मोटरसाइकल, फिर प्लास्टिक की रिंग (1.5 इंच के व्यास वाली), फिर अलग–अलग माप की गेंदें। लगभग 15–20 मिनट तक यह खेल चला और तब तक उसने माँ को अनुमति नहीं दी कि वह अपने पैरों को हिला सके। यह खेल हर सप्ताह में एक–दो बार हो जाया करता था (अक्सर तब जब माँ टीवी देख रही हो)।

आ) **जनवरी, 2017, उम्र–2 साल 8 महीने**

फिर से यही काम लेकिन अब माँ नहीं थीं। एक व्हाइट बोर्ड था। उसके एक हिस्से को सवा फ़िट ऊँचे पलंग के सहारे टिकाया गया। सभी खिलौने लुढ़काये गये–मोबाइल, मोटरसाइकिल, लकड़ी की पट्टी, प्लास्टिक की रिंग, छोटा खिलौना कछुआ, प्लास्टिक की कार, गेंद और भी खिलौने व इस बार ख़ुद भी।

इ) अब सीमेंट और बजरी के बने रैंप की बारी आयी। अब भी बहुत–से खिलौने, रबर, रिंग, मोटरसाइकल, कार, गेंद, प्लास्टिक के हाथी, हिरण आदि लुढ़काये गये। लेकिन बहुत कम खिलौने नीचे गये, एक छोटी कार और एक–दो गेंद बस। बाक़ी को धक्का लगाना पड़ा।

अवलोकन–4

मई 2018, उम्र–4 वर्ष

वह गेंद से खेल रहा था। टेनिस की गेंद से। पहले भी वह गेंद से खेलता रहा है; बैट–बॉल, फुटबॉल, बॉल को ज़मीन पर, अलग–अलग तरह की फिसलपट्टियों पर और बहुत–सी चीज़ों के साथ लुढ़काना और बहुत–से खेल। लेकिन आज खेल में फ़र्क़ था। वह गेंद को ज़ोर–से ज़मीन पर मारता और फिर उसके टप्पों को देखता और जब वह ज़मीन पर गिरने ही वाली होती तो उसे पकड़ता।

कभी–कभी गेंद हाथ से छूट भी जाती लेकिन अब वह अधिकांश बार उसे पकड़ पा रहा था। कुछ देर खेलने के बाद उसने मुझसे कहा, "लो, आप ये गेंद लो और आप भी खेलो।" मैंने भी खेलना शुरू किया और थोड़ी देर बाद मैंने उससे पूछा, "यह गेंद हम नीचे फेंक रहे हैं, पर यह ऊपर आ रही है, क्यों?"

उसका पहला जवाब था–"ऐसे ही होता है।" और फिर वह खेलने लग गया। कुछ देर बाद मैंने फिर पूछा, "यह ऊपर क्यों आ रही है?" "आती है ऊपर।" यह कहते हुए वह खेलता भी जा रहा था।

अब मैंने एक किताब को ऊपर से नीचे गिराया। मैंने पूछा, "यह ऊपर नहीं आयी? उसने अपने खेल को रोका और कहा, "अरे! यह किताब है, यह नहीं आती।" फिर मैंने एक छोटे (10"X10") वर्गाकार तकिये को गिराया। मैंने कहा, "यह भी ऊपर नहीं आया।"

बच्चा, "अरे! यह तो तकिया है। यह भी नहीं आता। किताब और तकिया नहीं आते। यह गेंद नहीं हैं न, इसलिए। गेंद आती है। गेंद राउंड है। पहिये जैसी राउंड है इसलिए आती है।"

अब मैं कुछ अलग–अलग गेंदें लेकर आयी। एक गेंद बच्चों के खिलौने वाली है जो नर्म और थोड़े मोटे रबर की बनी है। उसमें सीटी के लिए एक छेद भी है और जहाँ छेद है वहाँ की सतह चपटी है। लेकिन उस छेद में अब सीटी नहीं है। छोटी–छोटी कुछ तीन–चार चीज़ें भी गेंद में जा चुकी हैं। अब मैंने उसको ज़मीन पर फेंका। वह वहीं रुक गयी। मैंने फिर पूछा, "अरे! यह तो गेंद है, फिर भी नहीं आयी?"

उसी तरह की एक और गेंद को फेंका। वह थोड़ी ऊपर आयी। उसने कहा, "इसमें छेद नहीं है न, इसलिए इसमें हवा नहीं जाती (यानी इसमें हवा है)। इसलिए यह थोड़ी ऊपर आती है।" अब उसने इस गेंद को ज़ोर–से ज़मीन पर पटका। दूसरी गेंद को भी ज़ोर–से ज़मीन पर पटका और कहा, "जब ज़ोर–से पटकते हैं तो ज़्यादा ऊपर जाती है। अगर आप बहुत ज़ोर–से पटकोगे ज़मीन पर तो यह और ऊपर जायेगी, छत को भी तोड़ देगी; और ज़ोर–से पटकोगे तो बादलों के पास चली जायेगी।"

वह गेंद को उन तमाम चीज़ों से अलग रख पाता है जो टप्पे नहीं खातीं। जो गेंद उसने खेलने के लिए चुनी वह अन्य गेंदों के साथ रखी हुई थी। फिर उसने वह गेंद चुनी जो ज़्यादा टप्पे खाती थी (यह एक

टेनिस की गेंद की तरह थी)। वह अन्य गेंदों को भी गेंद मानता है लेकिन साथ ही वह यह वर्गीकरण भी कर रहा है कि वे उस गेंद से फ़र्क़ हैं जो गेंद उसके पास है। फिर उसने गेंद पर लगने वाले बल और गेंद की ऊँचाई में एक सम्बन्ध बैठाया है कि जितना अधिक बल लगेगा, गेंद उतनी ही ऊपर जायेगी।

अवलोकन–5

सितम्बर 2018, उम्र–4 वर्ष, 4 महीने

वह बुलबुले बनाने की कोशिश कर रहा था। उसने मग में पानी लिया और उसमें साबुन के घोल की पाँच–छह बूँदें डालीं। साबुन पानी में मिल गया लेकिन बुलबुले नहीं बने। उसने फिर दो–तीन बार यही किया और फिर भी बुलबुले नहीं बने। अब उसने अपनी रणनीति को बदला। उसने सारा पानी गिरा दिया। और अब उसने उसमें पहले साबुन की बूँदें डालीं और फिर नल को खोला। बुलबुले बने, बहुत से बुलबुले बने और वह बहुत ही खुश था। उसने बताया, "देखो, बन गये हैं, बुलबुले। बहुत सारे बन गये हैं।" वह उन्हें देखता रहा। देखते–देखते वह बोला, "ये तो चमक रहे हैं।" "वाह! बुलबुले भी चमकते हैं (वयस्क ने कहा)।" उसी वक़्त वह खड़ा हुआ। उसने पहले बाथरूम की लाइट को बन्द किया, फिर कमरे की ओर कमरे का दरवाज़ा भी बन्द कर दिया।

इसके बाद भी कई बार बुलबुले बने हैं (हर दो–तीन दिन में एक बार)। लेकिन अब उसे पता है कि मग में पहले पानी, फिर साबुन डाल कर हिलाने के बजाय यदि साबुन को मग में पहले डाला जाये और फिर नल से उस पर पानी डाला जाये तो बुलबुले शर्तिया बनते हैं। साथ ही यह भी कि साबुन की मात्रा ज़्यादा लेने से ज़्यादा बुलबुले बनते हैं और यह कि बुलबुला लाइट नहीं है। (उसी के शब्दों में) उसमें और लाइट में फ़र्क़ है।

बच्चे ने ये सब किस ख़ास मक़सद से किया। इस बारे में ठोस रूप से कुछ कहना मुश्किल है। उसे यह सब करने में मज़ा भी आता है। वह इन्हें खेल की तरह खेलता है और इन खेलों में कुछ सीखता भी है।

पर इन खेलों/अन्तःक्रियाओं की हर कड़ी को जोड़ कर देखने पर इनमें वे सभी तत्त्व नज़र आते हैं जिनके आधार पर यह कहा जा सकता है कि ये बच्चे द्वारा किये जा रहे कुछ बुनियादी प्रयोग हैं। प्रयोग का मक़सद होता है अपनी परिकल्पना को जाँचना। इस जाँचने में हो सकता है कि आपको एक ही प्रयोग को अलग–अलग सेटअप में पुनः दोहराना पड़े ताकि उसे और सुदृढ़ किया जा सके या फिर खारिज़ किया जा सके। बच्चे के प्रयोग भी दर्शाते हैं कि वह अपने आसपास उपलब्ध चीज़ों की उसकी परिकल्पना को जाँचना चाहता है ताकि वह उसे पुख़्ता कर सके या फिर छोड़ कर आगे बढ़ सके। हालाँकि बच्चे का स्वयं का क्या विश्लेषण है, तार्किक विश्लेषण, यह कहना मुश्किल है। लेकिन अलग–अलग जगह प्रयोग को दोहराना यह तो इंगित करता है कि उसका अपना कुछ विश्लेषण है।

अवलोकन–6

25 मई, 2018, उम्र–4 वर्ष

बच्चा–"आज गार्डन में बहुत सारे बन्दर आये थे।"

वयस्क–"हम्म।"

बच्चा–"तितलियाँ भी थीं। तितलियाँ और बन्दर कैसे खेलते हैं गार्डन में।"

वयस्क–"और क्या है गार्डन में?"

बच्चा–"स्नेल भी है। और वो मिट्टी खाने वाला भी रहता है।"

वयस्क–"मिट्टी खाने वाला?"

बच्चा–"हाँ, वो मिट्टी खाता है।"

वयस्क–"कैसा होता है वो? क्या वो गोल होता है?" (उँगलियों से उसकी आकृति बनाते हुए मैंने पूछा)

बच्चा–"नहीं, वो गोल नहीं होता।"

वयस्क–"क्या वो लम्बा होता है?" सीधी उँगली दिखाते हुए मैंने पूछा।

बच्चा–"नहीं, ऐसा नहीं होता।"

वयस्क–अपने तीन–चार बालों को पकड़ कर लम्बा करते हुए मैंने पूछा, "ऐसा होता है क्या?"

बच्चा–"हाँ, ऐसा होता है। पतला–सा, लम्बा सा...।"

वयस्क–"क्या उसके पैर होते हैं?"

बच्चा–"हाँ, उसके पैर होते हैं। वो चलता है।" (वो चलता है इसलिए पैर होते हैं, यह अनुमान है।)

वयस्क–"कितने होते हैं?"

बच्चा–"अरे! नहीं, वो नीचे होते हैं। वो दिखाई नहीं देते। वो मिट्टी से चिपक के चलता है इसलिए नहीं दिखाई देते।"

वयस्क–"क्या उसकी आँखें होती हैं?"

बच्चा–"हाँ, उसकी दो आँखें होती हैं।"

वयस्क–"आपने देखी हैं?"

बच्चा–"हाँ, बहुत ही छोटी–छोटी होती हैं। बहुत, बहुत, बहुत, बहुत छोटी। "

वयस्क–"ये सब आपको कैसे पता है?"

बच्चा–"देखा है मैंने।"

फिर दो–तीन सेकेंड ठहरकर कहा–"दिमाग़ में भी आता है।"

वयस्क–"और क्या–क्या रहता है गार्डन में?"

बच्चा–"चींटा भी रहता है गार्डन में। बड़ा वाला चींटा, मिट्टी जैसा। बहुत ज़ोर–से काटता है। वहाँ अन्दर, अन्दर, बहुत अन्दर रहता है। बॉल चली जाती है उसके अन्दर। स्नेल को भी वह खाता है। मरे हुए स्नेल को...।"

बच्चे द्वारा पूछे गये प्रश्न और किये गये सामान्यीकरण (3 वर्ष से लेकर 4 वर्ष, चार महीने)

शुरुआती अधिकांश प्रश्न "क्या" वाले थे। हर नयी चीज़ के सामने आने पर यह क्या है? पंछी, चौपाये, कीड़ा, जानवर, सरीसृप, वस्तु, आसपास के वातावरण में जो भी हैं; सूरज, चाँद, तारे, बादल सभी के बारे में। धीरे–धीरे और आयाम भी जुड़े। यह उड़ता क्यों है? यह क्या खाता है? कैसे खाता है? यह कहाँ जा रहा है? कहाँ रहता है? क्या यह भी नहाता है? इसके हाथ कहाँ हैं? पैर कहाँ हैं? यह ऐसे क्यों चलता है? यह ऐसे पानी क्यों पीता है? क्या यह भी सूसू (मूत्र–विसर्जन) करता है आदि–आदि। प्रश्न विशेष की बात करें, तो ये प्रश्न :

- सूरज रात को कहाँ जाता है?
- क्या आपके वहाँ भी रात हो गयी है? (जब हम दोनों अलग–अलग जगहों पर हैं)

- क्या अब रात होने वाली है?
- बारिश क्यों होती है?
- बादल क्यों गुडुम–गुडुम करते हैं?
- क्या बादलों के पाँव होते हैं?
- क्या धुआँ ऊपर जा कर बादल बन जाता है?
- चाय में से धुआँ क्यों निकलता है? दूध में से भी निकलता है, कुकर से भी निकलता है और गरम पानी से भी।
- (रबर बैण्ड को गुलेल मान कर खेलते हुए) जब मैं इसे छोड़ता हूँ तो आँख अपने आप बन्द क्यों हो जाती है?
- आँख के अन्दर क्या होता है? आँख के बहुत–बहुत अन्दर क्या होता है?
- जब लग जाती है तो खून कहाँ से आ जाता है?
- हाथ के अन्दर क्या है (हड्डियों को दबाते हुए)?
- इस (ज़मीन) के अन्दर क्या है? इसके और अन्दर क्या है? इसके और, और (यानी बहुत, बहुत नीचे) अन्दर क्या है?
- जुगनू क्यों चमकता है?
- छिपकली नीचे क्यों नहीं गिरती?

ये प्रश्न यह तो दर्शाते हैं ही कि बच्चे अपने आसपास होने वाली चीज़ों को बड़े ध्यान से देखते हैं और उनके बारे में और अधिक जानना भी चाहते हैं। वे अपने आसपास की दुनिया को बड़े ध्यान से (अवलोकन) देखने में माहिर होते हैं और यही अवलोकन विज्ञान सीखने का आधार हैं। साथ ही यह प्रश्न बच्चे की सोच कैसे विकसित हो रही है, यह जानने का अवसर भी उपलब्ध कराते हैं–जैसे, "सूरज रात को कहाँ जाता है?" प्रश्न बताता है कि उसे पता है कि सूरज दिन में रहता है। दिन में उजाला होता है और जब सूरज चला जाता है तो रात होती है। उसे शायद यह भी पता है कि वह चलता है।

वहीं कुछ प्रश्न दर्शाते हैं कि वह समानताओं और अन्तर को देखते हुए सामान्यीकरण की प्रक्रिया को भी समझ रहा है। क्या बादलों के पाँव होते हैं? यानी उसने बादलों को एक जगह से दूसरी जगह जाते हुए देखा है। उसने इनसानों और जानवरों को भी चलते हुए देखा है और इसलिए उसका प्रश्न था कि क्या उनके भी पाँव होते हैं?

पुनः मुख्य प्रश्न, क्या बच्चे की इन प्रक्रियाओं में विज्ञान है ऐसा कहा जा सकता है? क्या इनमें विज्ञान के तत्त्व हैं?

विज्ञान क्या है?

विज्ञान के कई पहलू हैं और इसका दायरा बहुत ही विस्तृत है। अलग–अलग समय पर अलग–अलग व्यक्तियों ने अपने अनुभव और समझ के अनुसार इसे परिभाषित करने का प्रयास किया है और परिणामस्वरूप इसकी कई व्याख्याएँ मौजूद हैं। विज्ञान की ये अलग–अलग परिभाषाएँ और व्याख्याएँ विज्ञान के विभिन्न पहलुओं को रेखांकित करती हैं और इस तरह विज्ञान को बेहतर से समझने में मदद करती हैं।

विज्ञान की एक परिभाषा जो आमतौर पर दी जाती है, वह यह है कि विज्ञान खोज करने की प्रक्रिया है और इस प्रक्रिया में किये गये प्रयासों को व्यवस्थित रूप से दर्ज करना और उनका विश्लेषण करना और उस आधार पर कुछ ठोस निष्कर्ष दे पाना शामिल है। यह एक व्यापक (ब्रॉड) परिभाषा है। खोज करने की प्रक्रिया तथा उस पूरे ढाँचे में जिसके अन्तर्गत इन खोजों के अवलोकनों को व्यवस्थित किया जाता है, उनको कैसे समझा जाता है, कैसे फिर निष्कर्षों तक पहुँचा जाता है। इन सब के भी कई चरण और पहलू हैं। जैसे खोज करने की प्रक्रिया के तहत बहुत–से बिन्दु हैं; खोज करने/छानबीन करने की जिज्ञासा का होना, दूसरे शब्दों में उस प्रश्न या मक़सद का होना जिसके बारे में जानना चाहते हैं, इस जिज्ञासा को पूरा करने के लिए निरन्तर प्रयास करना, इन प्रयासों को दर्ज करना उनका विश्लेषण करते हुए, समझते हुए आगे के प्रयास सोचना, यह अनुमान भी लगाना कि इन प्रयासों के क्या निष्कर्ष मिल सकते हैं आदि।

प्रसिद्ध भौतिकशास्त्री रिचर्ड पी. फाइनमेन 1981 में बीबीसी द्वारा आयोजित साक्षात्कार में कहते हैं कि "विज्ञान की आत्मा है–समझना और यह समझ बनाने के लिए छानबीन करना, दुनिया के बारे में जितना जान सकते हैं वह जानने की कोशिश करना।" ...आगे वे कहते हैं, लोग मुझसे पूछते हैं कि "क्या मैं भौतिकी के किसी परम (ultimate) सिद्धान्त की खोज कर रहा हूँ? नहीं, मैं नहीं कर रहा। मैं बस दुनिया के बारे में और अधिक जानने की कोशिश कर रहा हूँ और यदि इस दौरान मुझे पता चल जाता है कि एक परम सिद्धान्त है, जो सभी की व्याख्या कर सकता है,

सो ठीक है, यह खोज पाना बड़ा अच्छा होगा (पी फाइनमेन, 1999, पेज 23, अनुवाद लेखक द्वारा)।"

1966 में नेशनल साइंस टीचर्स एसोसिएशन को दिये अपने व्याख्यान 'विज्ञान क्या है' में वे अलग–अलग जगहों पर, अलग–अलग सन्दर्भ उद्धृत करते हुए उसकी परिभाषा में इन सभी बिन्दुओं को सम्मिलित करते हैं– "विज्ञान यानी अवलोकन करना और फिर इन अवलोकनों के बारे में क्रिटिकली सोचना"। आगे इसी व्याख्यान में वे कहते हैं कि "विज्ञान का मतलब है सामान्यीकरण कर पाना, पैटर्न को पकड़ना, धैर्य होना ताकि आप बार–बार अवलोकन कर सकें और उन्हें देख/जाँच सकें।" इसी व्याख्यान के अन्त में वे कहते हैं कि "विज्ञान किसी खोज का परिणाम है और इसकी ख़ासियत यह है कि आप इस खोज को पुनः रीचेक कर सकते हैं, यह बिल्कुल भी ज़रूरी नहीं है कि आप पुरानी पीढ़ी द्वारा की गयी खोज पर विश्वास करें (पी फाइनमेन, 1999 पेज 171, अनुवाद लेखक द्वारा)"।

यह तो साफ़ है कि परिभाषाओं को याद करना विज्ञान नहीं है। न ही विज्ञान का मतलब है किसी समस्या का समाधान करना। हो सकता है कि प्रकृति को समझने के इस उद्यम में समाधान मिल जाये लेकिन यह विज्ञान करने का अन्तिम मक़सद नहीं है। विज्ञान का मलतब है लगातार अवलोकन करना, लगातार अपनी समझ को संशोधित करते रहना, उसमें कुछ नया जोड़ते रहना यानी लगातार खोजरत रहना।

सरोकाई अपनी पुस्तक 'व्हाट इज़ साइंस' में विज्ञान को अलग–अलग दृष्टिकोणों से देखते हैं और उसकी व्याख्या करते हैं। वे कहते हैं कि "विज्ञान को एक ख़ास तरह से सोचने और ख़ास तरह से चीज़ों को करने के एक तरीक़े के रूप में भी परिभाषित किया जाता है।" विज्ञान करने की बात की चर्चा करते हुए वे कहते हैं कि "...प्रयोग की आत्मा के मूल में दुनिया की, उसमें मौजूद विभिन्न वस्तुओं से अन्तःक्रिया, उसके साथ स्वतः खोज–बीन, उठापटक है। यह छेड़छाड़ व अन्तःक्रिया (tinkering) जिज्ञासा की अभिव्यक्ति का उदाहरण है, जिसमें यह पता चल सकता है कि कोई वस्तु कैसे बनी है, उसे खोलने पर वापस कैसे जोड़ा जाये, अगर इन वस्तुओं के साथ कोई 'खेले' (उनके साथ उठा–पटक करे)। दुनिया के साथ यह सक्रिय अन्तःक्रिया ही वैज्ञानिक ढंग से काम करने का एक महत्त्वपूर्ण पहलू है। सोचना भी बहुत हद तक टिंकरिंग के समान ही है...।

दूसरे शब्दों में विज्ञान दुनिया को देखने का एक विशिष्ट तरीक़ा है। इसका रूप अचरज, जिज्ञासा या फिर दुनिया के प्रति एक श्रद्धायुक्त भय, कोई भी हो सकता है। और यह कौतूहल और प्रकृति को जानने में रुचि व जिज्ञासा की मध्यस्थता से उत्पन्न सवालों, यह अचरज कि दुनिया ऐसी क्यों है, आकाश नीला क्यों हैं आदि आदि... से आगे बढ़ता है—और यह प्रकृति को लेकर विज्ञान के अन्तर्निहित और प्रकट मतों में दिखता है (सरोकाई एस. 2013, पेज 20)"।

एन.सी.एफ़. 2005 के अनुसार आसपास के जीव जगत व भौतिक जगत को ग़ौर से देखना और उसी के अनुसार अर्थपूर्ण पैटर्न एवं सम्बन्धों को खोजने का प्रयास, प्रकृति से जूझने के लिए नये—नये औज़ारों का निर्माण और इसे समझने के लिए सैद्धान्तिक ढाँचे को विकसित करने की ओर अग्रसर होना, यही मानव प्रयास विज्ञान है (एन.सी.एफ़. पोजीशन पेपर, पृ. 1)"। साथ ही यह वैज्ञानिक पद्धति के चरणों की भी बात करता है। "वैज्ञानिक पद्धति के मौटे तौर पर कई चरण हैं, जो आपस में सम्बन्धित हैं : ग़ौर से निरीक्षण करना, नियमितताओं और ख़ास पैटर्न की तलाश, संकल्पनाओं को गढ़ना, गणितीय ढाँचे तैयार करना, फिर उनसे निष्कर्ष निकालना, नियन्त्रित प्रयोग और निरीक्षण के द्वारा उन निष्कर्षों के सही या ग़लत होने की जाँच करना और अन्ततः उन सिद्धान्तों और नियमों तक पहुँचना जो भौतिक जगत को नियन्त्रित करते हैं (एन.सी.एफ़. पोजीशन पेपर, पेज 1)"।

उक्त परिभाषाएँ 'विज्ञान क्या है' और 'विज्ञान करने की कुछ बुनियादी बातों' को इंगित करती हैं। सरोकाई और फाइनमेन कहते हैं कि विज्ञान करने के लिए जिज्ञासा होना और फिर उस जिज्ञासा को शान्त करने के लिए छानबीन करना अहम् है; चाहे फिर वह वस्तुओं की हो अथवा अपने आसपास की दुनिया की। यही जिज्ञासा की जाने वाली छानबीन के दायरे को धीरे—धीरे विस्तृत भी करती है और जटिल भी बनाती है।

विज्ञान के बहुत से पहलू हैं, जिनकी यहाँ चर्चा नहीं है और जिनको समझना, विज्ञान को समझने के लिए ज़रूरी है। लेकिन उनकी चर्चा इस पर्चे के विषय के लिए इतनी आवश्यक नहीं है। उदाहरण के लिए विज्ञान में वैधता और ख़ारिज करने की बात या प्रयोग और सिद्धान्त—निर्माण की बात।

अगले हिस्से में विज्ञान की इस समझ के आधार पर इस विश्लेषण का प्रयास है कि क्या बच्चे की इन क्रियाओं में विज्ञान है?

बच्चे की क्रियाओं में विज्ञान है?

यदि यह पूछा जाये कि क्या तीन या चार साल का एक बच्चा विज्ञान जानता है तो उत्तर अमूमन न ही होता है। ऊपर दिये गये अवलोकन बच्चे के सोच–विचार की विभिन्न शृंखलाओं की कुछ कड़ियाँ प्रस्तुत करते हैं। इन कड़ियों में साफ़ है कि कोई विचार–प्रक्रिया चल रही है और कुछ समझने की कोशिश है। सभी अवलोकनों में यह साफ़ परिलक्षित होता है कि बच्चा दुनिया के, उसके आसपास की दुनिया के विभिन्न पहलुओं को समझने की कोशिश में लगा हुआ है। ऊपर चर्चा किये गये बिन्दुओं को देखें तो उसमें दुनिया को जानने की उत्कण्ठा है, एक अचम्भे और विस्मय का भाव है कि ये परिघटनाएँ, चाहे वह दरवाज़े का खुलना हो या फिर थाली का बजना या बुलबुले का बनना अथवा चमकना सभी उसको आकर्षित करती हैं और यह आकर्षण उसको इनसे अन्तःक्रिया करने के लिए उकसाता है। उसके प्रश्न भी उसकी इस वृत्ति को दर्शाते हैं। दूसरा, "इस पूरे प्रसंग में खेल और मज़ा भी महत्त्वपूर्ण है। खेल/लीला जिसका कोई मक़सद या उद्देश्य नहीं होता है, बस आनन्द के लिए किया जाता हैं। कभी–कभी खेल के बीच में एक वैज्ञानिक जिज्ञासा उत्पन्न हो जाती है जिसे वह कुछ समय गम्भीरता के साथ साधता है। फिर खेल में लौट जाता है। ऐसा भी लगता है कि यह खेल और सायास प्रयोग दोनों के बीच आवागमन है (सी. एन. सुब्रह्मण्यम, व्यक्तिगत बातचीत, मेल के ज़रिये)"।

बच्चे की इन क्रियाओं में विज्ञान के बुनियादी तत्त्व भी झलकते हैं, जैसे वर्गीकरण कर पाना, सामान्यीकरण करना और पैटर्न को समझना। ये तत्त्व प्रक्रियाएँ सीखने की, ज्ञान–निर्माण की बुनियाद है और ये काफ़ी पहले ही शुरू हो जाते हैं। और इन सभी प्रक्रियाओं में भी साफ़ परिलक्षित होते हैं। उदाहरण के लिए दरवाज़े खोलने और बन्द करने के प्रयास इस सामान्यीकरण की ओर संकेत है कि इस तरह की चीज़ें एक विशेष प्रकार से हिलती हैं। आवाज़ वाले प्रयोगों में वर्गीकरण का स्तर बढ़ता जा रहा है। शुरुआत में प्लेट, फिर पतीलियाँ ही और फिर ढेर सारे बर्तन लेकिन ऐसे जो आवाज़ करते हैं। यह सामान्यीकरण भी हो रहा है कि किसी डण्डी से

या हाथ से किसी सतह पर ज़ोर–से थाप मारी जाये तो आवाज़ निकलती है और यह आवाज़ अलग–अलग तरह की हो सकती है। और यह सम्बन्ध भी देखा जा रहा है कि कौन–सी सतह पर कैसी आवाज़ निकलती है, किसी ख़ास तरह से गिरने से कैसी।

हालाँकि इन अवलोकनों के आधार पर यह कहना कि बच्चे शुद्ध विज्ञान कर रहे हैं, ठीक नहीं है। लेकिन यह तो बिल्कुल ज़ाहिर है कि वे दुनिया की पड़ताल करने के उद्यम में लगातार लगे हुए हैं। जैसा कि ऊपर कहा है कि उनकी पड़ताल की इस प्रक्रिया में विज्ञान के तत्त्व भी साफ़ दिखते हैं। हालाँकि पड़ताल के लिए अपनायी गयी प्रक्रिया, उतनी 'सोफिस्टिकटेड' नहीं होती जितनी कि विज्ञान की प्रक्रियाएँ। शायद इसलिए भी क्योंकि विज्ञान को इतना व्यवस्थित मान लिया गया है कि उसमें बिना किसी परिकल्पना के आगे बढ़ने की हम सोच ही नहीं सकते। लेकिन ऐसी बहुत–सी वैज्ञानिक खोजें हैं जो बहुत व्यवस्थित प्रयासों का परिणाम न होकर, लगातार किसी दिशा में कुछ नया व फ़र्क़ तरह से करते रहने का परिणाम हैं। बच्चा जब नये प्रयोग करता है तो नयी प्रक्रियाओं को अपनाता है, अधिकांशतः ऐसा सहज ही होता है और इसके कई कारण हो सकते हैं, पल–दर–पल खोज के दायरे में इज़ाफ़ा, पल–दर–पल विकसित होती सोच, नये–नये तरीक़ों से चीज़ों को करने की इच्छा और साथ ही स्थिति में, पैटर्न में फ़र्क़... यह सभी कारक उसे अपनी वैज्ञानिक प्रक्रिया को परिवर्तित और परिमार्जित करने की ओर धकेलते हैं।

एक विवेचन जो हमें एल्व्स, फ्रीइरा पेड्रो (2014) से मिलता है, उसमें वे पियाजे और वायगोट्स्की को उद्धृत करते हैं और उसकी व्याख्या करते हैं। इस व्याख्या से बच्चों की इन स्वतः स्फूर्त क्रियाओं को समझने की और विज्ञान सीखने के लिए भी एक दृष्टि मिलती है। बच्चा जो कर रहा है, उसमें वैज्ञानिक प्रक्रिया के कई तत्त्व शामिल हैं। जैसे–जैसे वह ऐसे और प्रयोग करता है, वैज्ञानिक प्रक्रियाओं के नये तत्त्वों को शामिल करता रहता है जिससे तत्त्वों की जटिलता बढ़ती जाती है। लेकिन यह मान्य वैज्ञानिक ज्ञान नहीं कहा जा सकता, क्योंकि मान्य वैज्ञानिक ज्ञान, विज्ञान के लिए विकसित एक मान्य ढाँचे का हिस्सा होता है जो एक लम्बे समय में विकसित हुआ है। लेकिन साथ ही यह व्याख्या रेखांकित करती है कि वैज्ञानिक अवधारणाएँ और स्वतः स्फूर्त अवधारणाएँ (spontaneous concept) एक साथ ही विकसित होती हैं। इन स्वतःस्फूर्त अवधारणाओं को, वैज्ञानिक अवधारणाएँ नहीं कहा जा सकता लेकिन यह ज़रूर है कि ये ही वैज्ञानिक अवधारणाओं की बुनियाद बनती हैं। दूसरे शब्दों में बच्चे विज्ञान करें, वैज्ञानिक प्रक्रियाओं में शामिल हों, इसके लिए यह बहुत ही आवश्यक है कि उन्हें इन स्वतःस्फूर्त क्रियाओं से जुड़ कर स्वयंस्फूर्त अवधारणाओं को गढ़ने व उनसे जूझने, उन्हें बदलने व विकसित करने के जो भी मौक़े मिलें, उनमें उन्हें रोका–टोका न जाये।

अगर बच्चे के साथ कोई ऐसा वयस्क हो जो उस विषय/प्रकरण की वैज्ञानिक समझ रखता हो तो बच्चा उसके साथ अन्तःक्रिया में अपनी वैज्ञानिक प्रक्रिया को सुदृढ़ कर सकता है। लेकिन पुनः बच्चा यह तभी कर पायेगा या यूँ कहें कि अच्छे से उसे समझ पायेगा जब उसने स्वाभाविक अवधारणा की खोज का काम काफ़ी हद तक कर लिया हो यानी बुनियादी काम हो चुका हो। जितना वयस्क को आता है उतना वह उस बच्चे को वैज्ञानिक अवधारणा की तरफ़ धकेल सकता है लेकिन वास्तव में, असल वैज्ञानिक ज्ञान बहुत–से वयस्कों को भी उपलब्ध नहीं होता। इसी वज़ह से बच्चों को अपनी खोज–बीन के रास्तों को आगे ले जाने में व्यवस्थित मदद नहीं मिलती।

बच्चे वैज्ञानिक प्रक्रियाओं में शामिल होते हैं और इस दौरान उनकी वयस्क से हुई अन्तःक्रिया उनके विज्ञान सीखने में मददगार हो सकती है। इसीलिए शुरुआती स्तर पर एक अच्छे विज्ञान–शिक्षक होने के लिए ज़रूरी है कि वह शिक्षक बच्चे की स्वतःस्फूर्त विकसित अवधारणाओं को समझ सके और फिर इन अवधारणाओं को साथ लेकर बच्चों की वैज्ञानिक प्रक्रियाओं की समझ गहरी कर सके और इस तरह वैज्ञानिक अवधारणा को समझने की ओर बढ़ सके।

निष्कर्ष

जो अवलोकन प्रस्तुत किये गये हैं वे सीमित हैं। सीमित इन मायनों में कि एक तो इसमें एक ही बच्चे द्वारा की गयी क्रियाओं के अवलोकन हैं और वह भी एक मध्यमवर्गीय परिवार के बच्चे के। इन अवलोकनों के बीच की कई कड़ियाँ हैं, जिनकी वीडियो रिकॉर्डिंग नहीं है, जिसे बार–बार देखा जा सके और उस पर चर्चा की जा सके।

बहुत हद तक ये अवलोकन यह समझने में मदद करते हैं कि बच्चे दुनिया की खोजबीन में शुरुआती वर्षों से ही संलग्न हो जाते हैं। वे हर चीज़ को न केवल विस्मय से देखते हैं बल्कि बिना किसी हिचकिचाहट के, जो ज्ञान और क्षमताएँ उनके पास उपलब्ध हैं, उनका उपयोग करते हुए उसकी छानबीन भी करना चाहते हैं। कुछ आगे जानना चाहते हैं और इस छानबीन को करते समय वे ये नहीं सोचते कि क्या ये छानबीन करने लायक भी है या नहीं, इस छान–बीन को करने से मुझे कुछ हासिल होगा या नहीं, मेरे पास इस छानबीन को करने के लिए आवश्यक ज्ञान है या नहीं या लोगों ने इस बारे में पहले ही बहुत कुछ कह रखा है तो मैं फिर से क्यों इसे करूँ। उनका एक ही मक़सद होता है, जो परिघटना है, उसे समझना। और मुझे लगता है जब हम विज्ञान की बात करते हैं या फिर वैज्ञानिक दृष्टिकोण की बात करते हैं तो वह यही है और यह बच्चे के पास होता है। लेकिन यह भी सही है कि यह बहुत आगे विकसित नहीं हो पाता क्योंकि विकसित करने के लिए आवश्यक समझ और उससे भी अधिक आवश्यक एक दृष्टिकोण हमारी संस्कृति का हिस्सा नहीं है। बच्चे को स्वतन्त्रता देना, अपनी खोज के लिए पर्याप्त समय देना, उसकी बात को ध्यान से सुनना और समझने की कोशिश करना, यह सब अब तक हमारी संस्कृति का हिस्सा नहीं बन पाया है। अब तक यही सोच है कि बच्चे नासमझ होते हैं और उनको समझाना (जो की बताने के रूप में होता है) वयस्कों की ज़िम्मेदारी है। बच्चे ऐसा सवाल पूछें जिसका जवाब वयस्क के पास है तो जल्दी से जवाब दे दिया जाता है, नहीं होता तो कहा जाता है कितने सवाल पूछता है यह क्या बेतुका सवाल है। कई मौक़ों पर देखने को मिलता है कि यदि बच्चा पूछे–"सूरज रात को कहाँ चला जाता है?" तो तुरन्त जवाब आता है कि पश्चिम में डूब जाता है और फिर सुबह को पूर्व से निकलता है। पर, यदि बच्चा पूछे कि डूब क्यों जाता है? तो कहा जायेगा कि यह क्या बेतुका सवाल है?

बच्चे अपनी प्रयोग करने की, अवलोकन करने की इन क्षमताओं को विकसित कर पायें, इसके लिए ज़रूरी है कि पहले हम वयस्क इस बात को समझें कि विज्ञान क्या है और वैज्ञानिक दृष्टिकोण के क्या मायने हैं?

सन्दर्भ सूची :

1. फाइनमेन, पी. (1999)। *दि प्लेज़र ऑफ फ़ाइंडिंग थिंग्स आउट*। न्यू यार्क : बेसिक बुक्स।
2. सरोकाई, एस. (2012)। *वॉट इज़ साइंस।* नयी दिल्ली : नेशनल बुक ट्रस्ट, इंडिया।
3. सुब्रह्मण्यम, सी. एन. से व्यक्तिगत बातचीत व ईमेल।
4. कैरेन, के. लिंड। "डॉयलॉग ऑन अर्ली चाइल्डहुड साइंस, मैथमेटिक्स एंड टेक्नोलॉजी एजुकेशन, फर्स्ट एक्सपीरिएंसेज़ इन साइंस, मैथमेटिक्स एंड टेक्नोलॉजी। साइंस इन अर्ली चाइल्डहुड : डेवल्पिंग एंड एक्वायरिंग फंडामेंटल कॉन्सेप्ट्स एंड स्किल्स।" रीट्राइव्ड फ्रॉम : http://www.project2061.org/publications/earlychild/online/experience/lind.htm
5. एल्व्स, फ्रीइरा पेड्रो (2014)। *वायगोट्स्की एंड पियाजे : साइंटिफिक कॉन्सेप्ट्स*। *साइकलोजी इन रशिया : स्टेट ऑफ़ दि आर्ट* 7 (3)।
6. दीवान एच. के., कैपेबिलिटी ऑफ़ द चाइल्ड, *लर्निंग कर्व,* अज़ीम प्रेमजी फ़ाउंडेशन, बेंगलूरु।

4

खाद्य और खाद्य प्रणालियों के माध्यम से विज्ञान की खोज

–राधा गोपालन

वर्तमान में जिस तरह की चुनौतियों का सामना पृथ्वी कर रही है और जिस तरह से हम उन्हें समझ और देख रहे हैं, इसमें गम्भीर परिवर्तन की आवश्यकता है। प्रकृति की संरचना, कार्य और प्रक्रियाओं को समझने और मानव–समाज की प्रकृति के साथ अन्तःक्रिया को समझने में विज्ञान महत्त्वपूर्ण है। विज्ञान और प्रौद्योगिकी हमें पृथ्वी की चुनौतियों से जूझने के लिए औज़ार दे सकते हैं। हालाँकि विज्ञान को कभी भी अन्य सभी चीज़ों से अलग कर के नहीं समझा जा सकता। पर्यावरण के साथ जुड़ने के ढंग और अपनी ज़रूरतों और इच्छाओं की पूर्ति के लिए हम प्रकृति के प्रयोग पर कितना निर्भर हैं, यह निर्णय मात्र विज्ञान की समझ और प्रौद्योगिकी के उपयोग से तय नहीं होते हैं। सामाजिक, सांस्कृतिक और राजनीतिक झुकाव हमारे व्यक्तिगत और सामूहिक निर्णयों को प्रभावित करते हैं। यह पर्चा ऐसे ही कुछ मुद्दों को ध्यान में रखकर 'भोजन व भोजन के स्रोत' के माध्यम से विज्ञान का अध्ययन है। यह परियोजना आधारित विज्ञान शिक्षण प्रक्रिया का उदाहरण है। पर्चा इस तरह की विधि में निहित खुलेपन, सहयोग सामाजिक दृष्टि व नये तरह के अनुभव और उससे नये–नये सवालों के उभरने की सम्भावना व उसके फ़ायदे प्रस्तुत करता है।

परिचय

"बार–बार एक ही काम के द्वारा अलग–अलग परिणामों की उम्मीद करना ही उन्माद है।"

अल्बर्ट आइंस्टीन

पृथ्वी पर मानव और ग़ैर–मानव दोनों का जीवन एक नाजुक मोड़ पर है। पृथ्वी के इतिहास में पहली बार मानवीय क्रियाकलाप मानव के भविष्य को आकार देने वाली प्रमुख शक्ति के रूप में सामने आये हैं। यह तेज़ी से स्पष्ट हो रहा है कि इन चुनौतियों का जवाब देने के लिए हमें ख़ुद को शिक्षित करने के तरीक़ों में गम्भीर बदलाव लाने की आवश्यकता है। हमारे चारों ओर के जीवन और दुनिया की संरचना, कार्य और प्रक्रियाओं को समझने में विज्ञान की भूमिका महत्त्वपूर्ण है। विज्ञान मानव–समाज द्वारा प्रकृति के साथ की जाने वाली अन्तःक्रियाओं के परिणामों को समझने की अनुमति भी देता है। विज्ञान और प्रौद्योगिकी ग्रहों से सम्बन्धित चुनौतियों का जवाब देने के लिए औज़ार के रूप में हमारे काम आ सकते हैं। हालाँकि हम अपने आसपास की दुनिया के साथ कैसे जुड़ते हैं और अपनी ज़रूरतों और इच्छाओं को पूरा करने के लिए हम प्रकृति पर किस प्रकार निर्भर हैं, इस निर्णय को पूरी तरह से केवल विज्ञान और प्रौद्योगिकी की समझ और अनुप्रयोग द्वारा संचालित नहीं किया जाता है वरन हमारे सामाजिक, सांस्कृतिक और राजनीतिक झुकाव भी हमारे व्यक्तिगत और सामूहिक निर्णयों को प्रभावित करते हैं।

जिस ग्रह में हम रहते हैं वह अन्तर्ग्रथित तन्त्रों (नेस्टेडसिस्टम) की एक व्यवस्था है, जो एक–दूसरे से जुड़े हुए हैं और एक–दूसरे पर निर्भर हैं। विभिन्न भागों में बँटी हुई और तथ्यकेन्द्रित वर्तमान शिक्षा–प्रणाली के द्वारा और विशेष रूप से विज्ञान की शिक्षा और शिक्षण से इस जटिल, अन्तःस्थापित नेटवर्क को समझना सम्भव नहीं है। यह ग्रह के सामने आने वाली चुनौतियों की प्रकृति की व्यापक समझ को रोकती है और परिणामस्वरूप हम इनका सामना करने के लिए व्यवस्थित और समग्र रूप में हल खोजने के बजाय अनौपचारिक तरीक़ों से और समस्या के छोटे–छोटे हिस्सों के लिए हल ढूँढ़ने लगते हैं। अतः हमारी शिक्षा–प्रणाली और विज्ञान के सीखने–सिखाने के तरीक़ों की 'पुनः समीक्षा' करने की तत्काल आवश्यकता है।

इस आवश्यकता को राष्ट्रीय पाठ्यचर्या की रूपरेखा (एन.सी.एफ़. 2005) से मान्यता प्राप्त है– *"विज्ञान की शिक्षा को पुनः स्थापित किया जाना चाहिए ताकि यह बच्चों को रोज़मर्रा के अनुभवों की जाँच और विश्लेषण करने में सक्षम बनाये। पर्यावरण से सम्बन्धित चिन्ताओं और मुद्दों पर प्रत्येक विषय और आउटडोर परियोजना कार्य से जुड़ी गतिविधियों की एक विस्तृत शृंखला के माध्यम से ज़ोर दिया जाना चाहिए। ...यदि अच्छी तरह से योजना बनायी गयी है, तो इनमें से कई परियोजनाएँ विद्यार्थी ज्ञान–उत्पादन का कारण बन सकती हैं।"* प्रतिक्रियाओं को समझने, जाँचने और विकसित करने के लिए अन्तर्विषयक सीमाओं को लाँघने की आवश्यकता है, क्योंकि कोई भी वैज्ञानिक अनुशासन/विषय या तो कारण या सुधार को उजागर नहीं कर सकता है।

शैक्षिक अन्वेषण की एक शृंखला के लिए खाद्य और खाद्य–प्रणाली आसानी से उपलब्ध होने वाला विषय है–चाहे वह विज्ञान, भूगोल, इतिहास, अर्थशास्त्र, भाषा या कला हो। भोजन की स्पर्श और संवेदी प्रकृति सभी उम्र और पृष्ठभूमि के विद्यार्थियों को इस परियोजना में आसानी से शामिल होने की अनुमति देती है। इस परियोजना में ग्रामीण और शहरी पृष्ठभूमि के 13–14 वर्ष के बच्चों के साथ विज्ञान और जीवन के विभिन्न दृष्टिकोणों को भोजन और खाद्य–प्रणालियों के माध्यम से खोजा गया। यह पर्चा इस परियोजना–आधारित अन्वेषण से मिलने वाली सीख को प्रस्तुत करता है। साथ ही शिक्षा से जुड़े संवादों के नवीकरण की भी माँग करता है जो कि मनुष्य को आभास कराये कि वह प्रकृति से अलग नहीं है, वरन उसका एक हिस्सा है।

परियोजना की स्थापना

परियोजना के लिए आन्ध्र प्रदेश के चित्तूर ज़िले के थेतु पंचायत में रायलसीमा के अर्द्धशुष्क इलाक़े को चुना गया था। इस क्षेत्र में लगभग 7 वर्ष तक लम्बा सूखा पड़ा था और 2015 में ज़मीन के भीतर भू–जल स्तर में 800–1200 फीट तक की गिरावट आयी थी। इससे कृषि बहुत अधिक प्रभावित हुई थी और छोटे तथा सीमान्त किसानों को गम्भीर कृषि संकट से गुज़रना पड़ा था।

'आपका भोजन कहाँ से आता है?' इस प्रश्न की खोज–बीन हेतु एक वर्षीय (जुलाई, 2014–जुलाई, 2015) परियोजना का आयोजन किया गया। इस क्षेत्र के दो विद्यालयों से आठवीं कक्षा के लगभग 80 विद्यार्थियों द्वारा यह शोधकार्य किया गया। इसमें ऋषि वैली शिक्षा केन्द्र (आर.वी.ई.सी.), शहरी विद्यार्थियों (8 से 17 वर्ष की आयु) के निजी आवासीय विद्यालय और थेट्टु ज़िला परिषद उच्च विद्यालय (जेड.पी.एच.एस.), छोटे किसानों और भूमिहीन मज़दूरों के ग्रामीण समुदाय से आसपास के विद्यार्थियों के साथ स्थानीय सरकारी विद्यालय (11–15 वर्ष से अधिक उम्र) के विद्यार्थी शामिल थे। दोनों विद्यालय 500–700 मिलीमीटर की औसत वार्षिक वर्षा के साथ अर्द्धशुष्क, बंजर वनस्पति वाले क्षेत्र में स्थित हैं। भू–जल तथा दक्षिण–पश्चिम और उत्तर–पूर्व मानसून (जून–अक्टूबर) के दौरान मौसमी वर्षा, क्षेत्र में सभी जीवन–सहायक गतिविधियों के लिए पानी का एकमात्र स्रोत है। 2015 में, जब परियोजना आयोजित की गयी थी, तो दोनों विद्यालयों के आसपास के क्षेत्र में ज़मीन के स्तर से 800–900 फीट गहराई में भी पानी खोजना मुश्किल था। आर.वी.ई.सी. अपनी पूरी जल–आपूर्ति के लिए पानी के टैंकरों पर निर्भर था, पर पानी प्रतिदिन मिलता था। अधिकांश गाँवों को टैंकरों से पानी की आपूर्ति की जाती थी, लेकिन आपूर्ति 2–3 दिनों में एक बार ही हो पाती थी। इस तरह दोनों विद्यालयों के सभी विद्यार्थी पानी की कमी और इसकी वज़ह से उनके जीवन पर पड़ने वाले प्रभावों से परिचित थ।

इस क्षेत्र की अर्द्ध शुष्क प्रकृति और लम्बे समय से चल रही पानी की कमी की प्रतिक्रिया के रूप में, आर.वी.ई.सी. द्वारा स्थानीय पारिस्थितिकी तन्त्र के अनुरूप भोज्य पदार्थ उपलब्ध कराने, उगाने तथा इनकी खपत कराने के लिए परिसर में बारिश की फ़सलों की खेती, ड्रिप–सिंचाई के माध्यम से जल–संरक्षण तथा स्थानीय किसानों से दूध, अनाज और सब्ज़ियाँ प्राप्त करने के प्रयास किये जा रहे हैं। साथ ही आसपास के समुदाय में कई कृषक परिवार सामूहिक रूप से जल–संरक्षण और खाद्य–उत्पादन की कृषि विज्ञान प्रथाओं के प्रति सचेत हो रहे हैं। आर.वी.ई.सी. और आसपास के ग्रामीण इलाक़ों में कई समुदाय भी जल–स्रोतों को जीवित रखने की टिकाऊ पद्धतियों को अपनाने में सक्रिय रूप से सहयोग कर रहे हैं।

इस परियोजना में आठवीं कक्षा के विद्यार्थियों को शामिल किया गया था, क्योंकि यह समूह बोर्ड परीक्षा में भागीदारी नहीं कर रहा था। आर.वी.ई.सी. के विद्यार्थियों के पास कक्षा आठवीं में एक लचीला (open ended) पाठ्यक्रम था, जहाँ उन्होंने अपनी सामाजिक विज्ञान की कक्षाओं में आजीविका के बारे में खोज–बीन की थी। जेड.पी.एच.एस. में कक्षा आठवीं के विद्यार्थियों के लिए अपेक्षाकृत अधिक लचीलापन था और उनके विज्ञान–शिक्षकों के साथ–साथ प्रधानाचार्य ने भी विद्यार्थियों का उत्साहपूर्वक समर्थन किया। उनके पाठ्यक्रम की आवश्यकता के अनुरूप वे इस परियोजना को उनके पाठ्यक्रम में परियोजनात्मक कार्य के रूप में शामिल करने के भी इच्छुक थे।

दृष्टिकोण और कार्यप्रणाली

यह परियोजना आर.वी.ई.सी. के पचास विद्यार्थियों, जेड.पी.एच.एस. के तीस विद्यार्थियों और दोनों विद्यालयों के कुल छह शिक्षकों के एक समूह द्वारा पूरी की गयी थी। विद्यार्थियों ने जाँच–पड़ताल की कि उनके भोजन में क्या–क्या शामिल है, यह कहाँ से आता है, कैसे बनाया जाता है और इसके स्रोत से लेकर अपनी थालियों तक की इसकी यात्रा का पता लगाने की कोशिश की गयी। इस तरीक़े में पूछताछ के लिए प्रश्न तैयार करना, सूचनाओं और अवलोकनों की व्यवस्थित रिकॉर्डिंग, एकत्रित जानकारी का विश्लेषण करना, सम्मेलन करना, ड्राइंग करना, स्थानीय अनुभवों को एकत्र करना और बड़े मुद्दों से जुड़ना–मेटा–लर्निंग एक्सरसाइज आदि विभिन्न प्रकार के कौशल शामिल थे। दोनों विद्यालयों के विद्यार्थी सक्रिय रूप से इस तर्क को खोजने में लगे थे कि प्रश्न 'भोजन कहाँ से आता है?' का हल खोजना क्यों इतना महत्त्वपूर्ण है और हमारी सीखने की प्रक्रिया में यह कैसे मददगार साबित होगा।

परियोजना में उपयोग की गयी चरणबद्ध प्रक्रिया निम्न प्रकार है–

❖ **चरण 1 : भोजन–डायरी** : विद्यार्थियों ने एक 'भोजन–डायरी' बनायी जिसमें उन्होंने पूरे सप्ताह (सोमवार से रविवार) में प्रतिदिन जो भी खाया और पिया, वह नोट किया। सप्ताह के अन्त में डायरी में लिखित बातों की समीक्षा की गयी और यह समझने के लिए चर्चा की गयी कि उन्होंने जो भी चीज़ें खायी हैं, उसमें कौन–कौन से

खाद्य पदार्थ होते हैं। शिक्षकों और विद्यार्थियों की सक्रिय भागीदारी के साथ आर.वी.ई.सी. और जेड.पी.एच.एस. में अलग–अलग चर्चा आयोजित की गयी थी। इसके बाद विद्यार्थियों को प्रत्येक खाद्य पदार्थ में इस्तेमाल की गयी सामग्री की एक सूची बनाने के लिए कहा गया था। इसके लिए उन्हें विभिन्न लोगों से बात कर के खाये गये भोजन को बनाने की विधियों का पता लगाया।

- **चरण 2 : सामग्री को सूचीबद्ध करना** : आर.वी.ई.सी. में, 4–5 विद्यार्थियों के छोटे समूहों ने सभी खाद्य पदार्थों के बनाने की विधियों को सूचीबद्ध किया। उन्होंने खाना पकाने वालों और डाइनिंग हॉल मैनेजर से चर्चा की, क्योंकि वे डाइनिंग हॉल में अपने सभी साथियों के साथ भोजन करते हैं। जेड.पी.एच.एस. के विद्यार्थी घर पर रहते हैं। अतः उन्होंने अपने माता–पिता और अन्य बुजुर्गों से चर्चा की। अलग–अलग विधियों की सहायता से विभिन्न सामग्रियों को सूचीबद्ध कर उन्हें अनाज दालें, तेल और वसा, डेयरी–उत्पाद, मांस–मछली, सब्ज़ियाँ, फल, मसालों आदि में वर्गीकृत किया गया था। इस जानकारी को पहले तो विद्यार्थियों द्वारा हाथ से तालिकाओं में रिकॉर्ड किया गया और फिर परियोजना से जुड़े आर.वी.ई.सी. शिक्षक द्वारा बनायी गयी एक स्प्रेडशीट में दर्ज किया गया था।
- **चरण 3 : स्रोत का पता लगाना** : सूचीबद्ध खाद्य सामग्री के स्रोत का पता लगाने के लिए अनाज दालें, तेल, वसा आदि के आधार पर विद्यार्थियों को एक बार फिर समूहों में बाँटा गया। इसके बाद विद्यार्थियों ने आन्ध्र प्रदेश राज्य का नक़्शा इस्तेमाल कर पता लगाने की कोशिश की कि उनका खाना कहाँ से आता है। आर.वी.ई.सी. के विद्यार्थियों को अपने मानचित्र में कर्नाटक और तमिलनाडु के पड़ोसी राज्यों को शामिल करना पड़ा क्योंकि कुछ सामग्री बेंगलूरु और चेन्नई से प्राप्त की गयी थी। जेड.पी.एच. एस. के विद्यार्थियों ने बड़े पैमाने पर पाया कि वे अपने अधिकांश भोजन को चित्तूर ज़िले के भीतर से ही प्राप्त कर रहे थे। इन गतिविधियों को दोनों विद्यालयों में स्वतन्त्र रूप से किया गया था।

❖ **चरण 4 : विश्लेषण साझा करना :** दोनों विद्यालयों के विद्यार्थियों ने आर.वी.ई.सी. में मिले और चाय और नाश्ते के साथ अपने अनुभव साझा किये। विद्यार्थियों ने अपनी व्यक्तिगत और सामूहिक जाँच को साझा करने के लिए दो प्रश्नों पर आधारित ढाँचे का उपयोग किया : (i) इस परियोजना से अब तक की दो मुख्य शिक्षा/इम्प्रेशन क्या हैं? (ii) आप इस परियोजना को अपने जीवन में कैसे आगे ले जायेंगे? सामूहिक रूप से जानकारी साझा करने और एक–दूसरे के सीखने को सुविधाजनक बनाने के लिए, दोनों विद्यालयों के विद्यार्थियों ने छोटे समूहों का गठन कर सुनिश्चित किया कि प्रत्येक समूह में आर.वी.ई.सी. और जेड.पी.एच.एस. के विद्यार्थियों की भागीदारी समान हो। विद्यार्थियों ने फ्लैश कार्ड पर अपने व्यक्तिगत और सामूहिक अनुभवों को बिन्दु रूप में रिकॉर्ड किया ताकि एक–दूसरे को बताने में स्पष्टता रहे। समूह में 1–5 घंटे की चर्चा के बाद प्रत्येक समूह ने बड़े समूह में अपनी प्रस्तुति दी। साझाकरण के दौरान विद्यार्थियों द्वारा विज्ञान, अर्थशास्त्र, समाज की स्थिति आदि में फैली विभिन्न अवधारणाओं के आसपास कई प्रश्न उठाये गये, जिन पर दो घंटे की अतिरिक्त चर्चा हुई। साझा सत्र में आर.वी.ई.सी. और जेड.पी.एच.एस. के शिक्षकों ने भी भाग लिया।

आर.वी.ई.सी. में कक्षा–शिक्षक का कालांश और जेड.पी.एच.एस. में एक जीवविज्ञान की कक्षा के समय का उपयोग किया गया था। यहाँ उल्लेख किया जाना आवश्यक है कि कालांश का समय केवल परियोजना–डिज़ाइन चरण के दौरान उपयोग किया गया था। विद्यार्थियों द्वारा परियोजना से सम्बन्धित सभी सूचनाओं का संग्रह कक्षा के बाहर के समय में किया गया था। परियोजना समन्वयक के साथ समय–समय पर सारी चर्चाएँ शनिवार दोपहर की गयी थीं और साझा सत्र का समय भी शनिवार दोपहर ही रखा गया था। विशेष रूप से जेड.पी.एच.एस. के लिए यह ज़रूरी था, क्योंकि शिक्षकों के पास कक्षा के समय को लेकर अधिक लचीलापन नहीं था।

विद्यार्थियों और शिक्षकों के लिए सीख

परियोजना के माध्यम से कई बिन्दुओं पर सीखने के अनुभव प्राप्त हुए : (i) परियोजना–डिज़ाइन (ii) सूचना–संग्रह और दस्तावेज़ीकरण (iii) साझाकरण, विश्लेषण और चर्चा।

डिज़ाइन की प्रक्रिया के दौरान, इस बारे में चर्चा हुई कि भोजन क्या है और क्यों हमारी खाद्य–प्रणालियों के बारे में अधिक जानना महत्त्वपूर्ण है : इसके पीछे भोजन के पौष्टिक और स्वास्थ्य पहलुओं को बेहतर ढंग से समझना है या कोई अन्य कारण हैं? पूछताछ की एक प्रक्रिया के माध्यम से विद्यार्थियों ने यह समझा कि एक आधुनिक, रासायनिक–गहन, औद्योगिक खाद्य–प्रणाली में किस प्रकार खाद्य पदार्थों का उत्पादन होता है और कैसे यह हमारी भोजन की थालियों तक पहुँचता है : क्यों रसायनों का उपयोग किया जाता है, रासायनिक उर्वरक और कीटनाशक उत्पादन पेट्रोलियम और पेट्रोकेमिकल्स पर निर्भर हैं, भोजन में उपस्थित रसायनों का मानव के पोषण और स्वास्थ्य पर प्रभाव, पर्यावरण में इन रसायनों का भविष्य और साथ ही उनकी उपस्थिति से पारिस्थितिक तन्त्र पर पड़ने वाले प्रभाव। रसायनशास्त्र और जीवविज्ञान की अवधारणाओं को समझते समय विद्यार्थियों को अहसास हुआ कि यह अर्थशास्त्र, संस्कृति और सामाजिक संरचना की अवधारणाओं से भी जुड़ी हुई हैं।

आर.वी.ई.सी. के विद्यार्थियों ने भोजन पर अपने अधिकांश प्रश्नों के जवाब किताबों और वृत्तचित्र फ़िल्मों (डॉक्यूमेंट्री फ़िल्मों) से खोजे। भोजन के आसपास के विज्ञान को समझने में जो कमियाँ थीं, उन पर शिक्षकों और परियोजना सहयोगियों के खोजी प्रश्नों से और विद्यार्थियों को अपने पिछले पाठों जैसे पानी, इसकी सम्पत्तियों, मिट्टी, अंकुरण, पौधों को वृद्धि करने के लिए किसकी आवश्यकता होती है आदि से जोड़ने के लिए प्रोत्साहित कर काम किया गया। जेड.पी.एच.एस. के विद्यार्थियों के साथ परियोजना को डिज़ाइन करना उनके परिवारों द्वारा खाद्य–उत्पादन के उनके अनुभवात्मक ज्ञान पर आधारित था। विद्यार्थियों के पास रासायनिक बनाम ग़ैर–रसायन आधारित पारम्परिक खेती, बीज, खाद्य फ़सलों की क़िस्मों, पोषण, पानी, ज़मीन की उपलब्धता आदि विषयों से सम्बन्धित प्रश्न थे। मानव–स्वास्थ्य और पारिस्थितिक प्रभाव पर कृषि–रसायन के विज्ञान

के आसपास शिक्षकों की मदद से कुछ चर्चा की गयी थी। उदाहरण के लिए, वह प्रक्रिया जिससे रासायनिक कीटनाशक और उर्वरक विघटित होते हैं तथा पर्यावरण में कुछ कीटनाशकों के जैव–संचय की अवधारणा।

खाद्य–डायरी रिकॉर्ड करने, व्यंजनों और अवयवों पर जानकारी एकत्रित करने और उनकी जानकारी को संकलित करने में आर.वी.ई.सी. के विद्यार्थियों ने अनाज और दालों के बीच अन्तर करना सीखा। विद्यालय के सब्ज़ी–उद्यानों, स्थानीय बाज़ार आदि के दौरे के माध्यम से उन्होंने यह भी जाना कि वे जिन स्थानीय सब्ज़ियों का उपभोग करते हैं, उन्हें कैसे उगाया जाता है। उन्होंने आर.वी.ई.सी. के पास के गाँवों में से एक में स्थित स्थानीय सहकारी डेयरी का दौरा किया, जहाँ से विद्यालय को दूध की आपूर्ति होती है। यहाँ उन्होंने जेड.पी.एच.एस. के कुछ विद्यार्थियों से भी मुलाक़ात की जो परियोजना का हिस्सा थे। वे उनके घर गये और उनकी जीवन–शैली के बारे में जाना।

सूचना–संग्रह चरण के दौरान जेड.पी.एच.एस. के विद्यार्थियों ने इस क्षेत्र में बाजरे की खेती के महत्त्व और धान उगाने में आने वाली चुनौतियों के बारे में सीखा। इनमें से कुछ के माता–पिता बाजरा पुनरुद्धार कार्यक्रम का हिस्सा थे। वह सब्ज़ियों की खेती के लिए ड्रिप–सिंचाई का उपयोग कर रहे थे और मिट्टी की प्रजनन क्षमता में सुधार करने और अपनी कृषि को और अधिक टिकाऊ बनाने के लिए उन्होंने कृषिविज्ञान प्रथाओं को अपनाना शुरू कर दिया था। इस प्रकार परियोजना से सम्बन्धित सवाल और सीखें, जल–संरक्षण, मौसम के अनुसार फ़सल उगाना, जैव विविधता और कृषि विज्ञान को समझने पर केन्द्रित थीं। उदाहरण के लिए ड्रिप–सिंचाई पर चर्चा के दौरान केशिका क्रिया और पौधों में जल ग्रहण करने की प्रक्रिया पर एक संक्षिप्त चर्चा भी हुई।

विद्यार्थियों के दोनों समूहों ने अपने आहार के घटकों पर कई सवाल उठाये, जैसे–स्वस्थ भोजन क्या है और कुछ खाद्य पदार्थों को अस्वास्थ्यकर क्यों माना जाता है? इन सवालों से स्वास्थ्य, मौसमी खाने के महत्त्व और कृषि, मिट्टी के स्वास्थ्य के अर्थ तथा इनके बीच सम्बन्धों में कुछ अन्वेषण शुरू हुआ। सामूहिक साझाकरण और विश्लेषण सत्र के दौरान अधिक विस्तृत चर्चा हेतु इनको शामिल किया गया था।

भोजन और खाद्य–प्रणालियों सम्बन्धी पूछताछ से प्राप्त उनके अनुभव और शिक्षा को दोनों विद्यालयों के विद्यार्थियों और शिक्षकों द्वारा सामूहिक रूप से साझा और विश्लेषित किया गया था। विद्यार्थियों द्वारा प्रदान किये जाने वाले अधिकांश स्पष्टीकरणों के दौरान ही अवधारणाओं की एक विस्तृत श्रृंखला पर स्पष्टता के साथ–साथ नये सवाल भी उभर कर आये। उदाहरण के लिए आर.वी.ई.सी. विद्यार्थियों के पास कई सवाल थे, जैसे कि खाद्य फ़सलों को कैसे उगाया जाता है, बीज कहाँ से आते हैं, सूखा प्रभावित क्षेत्र में पानी का प्रबन्धन कैसे किया जाता है, जानवरों और खेती के बीच के सम्बन्ध मिट्टी की उत्पादक क्षमता को कैसे प्रभावित करते हैं? इनमें से अधिकतर प्रश्नों का जवाब जेड.पी.एच.एस. के विद्यार्थियों ने दिया, क्योंकि वे किसान परिवारों से हैं। पशुधन के लिए चराई भूमि को संरक्षित करने, खाद बनाने, जल–संरक्षण आदि प्रक्रियाओं पर चर्चा की गयी। स्वस्थ मिट्टी और पौष्टिक भोजन सुनिश्चित करने में सूक्ष्मजीवों की महत्त्वपूर्ण भूमिका का मुद्दा चर्चा में एक केन्द्रीय बिन्दु के रूप में उभरा, जिसके बाद हमारे भोजन में किण्वन की भूमिका और हमारे स्वास्थ्य के लिए इसके महत्त्व के बारे में सीखने को मिला। यह इस तथ्य से प्रेरित था कि दही, इडली और डोसा जेड.पी.एच.एस. और आर.वी.ई.सी. दोनों के विद्यार्थियों के आहार का हिस्सा हैं।

सूक्ष्मजीवों पर चर्चा से मिट्टी के स्वास्थ्य पर रासायनिक उर्वरकों और कीटनाशकों के प्रभाव का पता चलता है और वहाँ से यह चर्चा जैव–रासायनिक चक्रों और मिट्टी में पोषक तत्त्वों को संगठित करने में उनकी भूमिका की तरफ़ अग्रसर हुई। जेड.पी.एच.एस. के विद्यार्थियों में से एक ने आनुवंशिक रूप से संशोधित (जेनेटिकली मोडिफाइड–जी.एम.) खाद्य पदार्थों का सवाल उठाया, क्योंकि हाल में उनमें से कुछ के माता–पिता जी.एम. खाद्य पदार्थों के ख़िलाफ़ अभियान का हिस्सा रहे थे। सहयोगी शिक्षकों में से एक ने जीन क्या है, जीवन के लिए इसका महत्त्व, आनुवंशिक इंजीनियरिंग के बुनियादी सिद्धान्त, जो जी.एम. खाद्य पदार्थों की परिभाषा तक ले जाते हैं, के बारे में संक्षेप में समझाया।

इस प्रकार वनस्पतिविज्ञान, पारिस्थितिकी, सूक्ष्म जीवविज्ञान, भूगोल, अर्थशास्त्र, वनस्पतियों और जीवों के बारे में पारम्परिक ज्ञान का एक अन्तर्सम्बन्ध स्थापित हुआ, जिससे विद्यार्थियों और शिक्षकों, दोनों को एक

जीवन्त और विस्तृत रूप से सीखने का अनुभव प्राप्त हुआ। आनुवंशिक रूप से रूपान्तरित खाद्य पदार्थों पर चर्चा के साथ–साथ आनुवंशिक रूपान्तरण से सम्बन्धित नैतिक मुद्दों पर भी एक संक्षिप्त चर्चा की गयी।

जीवन के बारे में एक सिस्टम रूपी नज़रिये को लाने के प्रयास में, भोजन पर हमारे चयन और प्राथमिकताओं एवं इनके खाद्य–उत्पादन और पर्यावरण पर पड़ने वाले प्रभावों को भी विश्लेषण का हिस्सा बनाया गया। आर.वी.ई.सी. के विद्यार्थियों ने इस बात को परिलक्षित किया कि कैसे उनकी बहुत सारी भोज्य सामग्री को बेंगलूरु और चेन्नई से लाया गया। वहीं जेड.पी.एच.एस. के विद्यार्थियों के खाने की ज़्यादातर चीज़ें स्थानीय थीं। इससे ऊर्जा, भोजन और कार्बन–फुटप्रिंट और फूडमील की अवधारणा के बीच सम्बन्धों की खोज हुई। इसके बाद विद्यार्थियों ने ग्लोबल वार्मिंग और जलवायु–परिवर्तन की अपनी समझ से इसको जोड़ने की कोशिश की।

अपनी जाँच को पूरा करने के लिए विद्यार्थियों को वैज्ञानिक तरीक़ों का उपयोग करने की आवश्यकता थी जिसके अन्तर्गत अनुसन्धान किये जाने वाले प्रश्न को तर्कसंगत बनाना, व्यवस्थित रिकॉर्डिंग और सूचना के दस्तावेज़ीकरण के लिए प्रारूप तैयार करना, आवश्यक जानकारी तक पहुँचने के लिए प्रश्नों को डिज़ाइन करना, समीक्षा और विश्लेषण के माध्यम से एकत्र की गयी जानकारी में अन्तर की पहचान करना, इकट्ठा की गयी जानकारी में रह गयी कमियों को भरने के लिए प्रश्नों को प्रखर करना, सार्थक सम्मेलन करना और उनके निष्कर्षों और शिक्षाओं को प्रस्तुत करने की तैयारी करने के लिए एकत्रित जानकारी के विश्लेषण और विश्लेषण के प्रारूप तैयार करना आदि शामिल था।

एक शैक्षिक परिप्रेक्ष्य के नज़रिये से यह शिक्षकों के लिए एक समृद्ध प्रक्रिया थी। विशेष रूप से विषय आधारित उपागम की विविधता जैसे कि भोजन जैसे एक आकर्षक विषय के माध्यम से कई विषयों के बीच अन्तर्सम्बन्ध को खोजा गया। भोजन के विकल्प और इसके पर्यावरण और लोगों के जीवन पर पड़ने वाले प्रभाव के बीच सम्बन्ध बनाने के लिए माइंडमैप्स और नेटवर्क ड्रॉइंग जैसे उपकरणों का उपयोग करना जीवन के सिस्टम दृष्टिकोण के साथ गहन जुड़ाव की अनुमति देता है। केवल सूचना और ज्ञान प्रदान करने के बजाय एक प्रेरक की भूमिका निभाना सीखना अधिकांश शिक्षकों के लिए एक चुनौतीपूर्ण अनुभव था।

शिक्षकों के लिए अन्य सशक्त शिक्षण–पद्धतियों में–सहयोगी से सीखने की जगह बनाना, सामूहिक रूप से विभिन्न सामाजिक–आर्थिक पृष्ठभूमि के विद्यार्थियों के साथ वस्तुस्थिति और सामाजिक सन्दर्भ को समझना, अनुभवात्मक ज्ञान को विज्ञान में अवधारणाओं से जोड़ने और सीखने की प्रक्रिया को समझना आदि शामिल थे।

परियोजना का प्रभाव

सभी विद्यार्थियों पर परियोजना का व्यापक प्रभाव था। आर.वी.ई.सी. के विद्यार्थियों ने भोजन के बारे में डाइनिंग हॉल और कक्षा में वाद–विवाद किया। उन्होंने अपने से छोटे, बड़े बच्चों और अध्यापकों से जानने का प्रयास किया कि क्या उन्हें पता है कि उनका खाना कहाँ से आता है। साथ ही उन्होंने यह माँग भी रखी कि बाजरा और स्थानीय रूप से पैदा किये जाने वाले अनाज और सब्ज़ियों को बहुतायत में पकाया जाये।

जेड.पी.एच.एस. के विद्यार्थियों ने अपने माता–पिता से बात की, बीज इकट्ठे किये और घर पर अपने स्वयं के लिए कुछ सब्ज़ियाँ उगानी शुरू कर दीं। जैसे पालक, मेथी, फलियाँ, टमाटर की स्थानीय क़िस्म आदि। इन बच्चों में से कुछ के माता–पिता ने बच्चों में आये कुछ दिलचस्प बदलाव साझा किये। जैसे कि बच्चे खाने में बाजरा की अधिक माँग कर रहे हैं, वे उत्सुक हैं कि बीज कहाँ से आते हैं, कृषि–पद्धतियों के बारे में और जानना चाहते हैं, ताकि वे इस जानकारी को अपने नये दोस्तों के साथ आर.वी.ई.सी. के विद्यार्थियों में साझा कर सकें। परियोजना–डिज़ाइन में सक्रिय रूप से भाग लेने से विद्यार्थियों ने यह सीखा कि एक शोध–प्रश्न को कैसे तय किया जाये और विद्यार्थियों के दोनों समूहों ने परियोजना के प्रति ज़िम्मेदारी की एक मज़बूत भावना विकसित की। उन्होंने अपने अवकाश के समय में भी परियोजना पर काम किया।

विभिन्न सामाजिक–आर्थिक पृष्ठभूमि से सम्बन्धित बच्चों को संगठित करने के शैक्षिक दृष्टिकोण ने भोजन को एक मानवीय रूप दिया। यह दिखाया गया है–

- ❖ भोजन केवल उत्पादन, वितरण, खपत, कैलोरी और पोषण के बारे में नहीं है;
- ❖ ऐसे लोग हैं जो भूमि से निकटता से जुड़े हैं और जो अक्सर अधिक स्थायी जीवन–शैली का नेतृत्व करते हैं;

- अधिकांशतः जो लोग हमारे भोजन का उत्पादन करते हैं, बहुत कम बार ही कुपोषित होते हैं;
- प्रकृति हमें उस संसाधन का आधार देती है, जिस पर हमारी खाद्य–प्रणाली और स्वास्थ्य टिका रहता है;
- सीखने के लिए विषयों और सामाजिक–आर्थिक रूप से चली आ रही प्रचलित शिक्षण–प्रणालियों की अपनी सीमा तोड़ने की आवश्यकता है;
- वास्तविक शिक्षा आसपास के वातावरण और स्थितियों से जुड़ने, उसे देखने, सवाल करने से प्राप्त होती है और इसे विद्यालयों में प्रारम्भिक वर्षों में सबसे अच्छे से सुनिश्चित किया जा सकता है।

जैसा कि एन.सी.एफ़. 2005 ने माना है, *"शिक्षा बदलाव ला पाये इसके लिए युवाओं को समाज की वास्तविकताओं को समझना होगा...। ...लोकतन्त्र, समानता, न्याय... इन विचारों के लिए स्थानीय वास्तविकता को समझने की आवश्यकता है। शिक्षा को इसके अवसर प्रदान करने चाहिए...।" "...संस्था के रूप में स्कूल सभी सीखने वालों को अपने बारे में, दूसरों के बारे में और समाज के बारे में सीखने–जानने के लिए नये अवसर उपलब्ध कराते हैं; स्कूल किसी परिवार या समुदाय में किसी के जन्म के आधार पर उनकी पहुँच को ध्यान में नहीं रखकर उस दायरे के बाहर उन्हें अपनी विरासत तक पहुँच बनाने और उसके साथ जुड़ने का अवसर प्रदान करते हैं। सीखने की जिन औपचारिक प्रक्रियाओं को स्कूल सम्भव बनाता है, वे दुनिया को समझने और उससे जुड़ने की नयी सम्भावनाओं को खोल सकती हैं।"*

सार

वर्तमान में जिस तरह की चुनौतियों का सामना पृथ्वी कर रही है और जिस तरह से हम उन्हें समझ और देख रहे हैं, इसमें गम्भीर परिवर्तन की आवश्यकता है। प्रकृति की संरचना, कार्य और प्रक्रियाओं को समझने और मानव–समाज की प्रकृति के साथ अन्तःक्रिया को समझने में विज्ञान महत्त्वपूर्ण है। विज्ञान और प्रौद्योगिकी हमें पृथ्वी की चुनौतियों से जूझने के लिए औज़ार दे सकते हैं। हालाँकि विज्ञान को कभी भी अन्य सभी चीज़ों से अलग कर के नहीं समझा जा सकता। पर्यावरण के साथ जुड़ने के ढंग

और अपनी ज़रूरतों और इच्छाओं की पूर्ति के लिए हम प्रकृति के प्रयोग पर कितना निर्भर हैं, यह निर्णय मात्र विज्ञान की समझ और प्रौद्योगिकी के उपयोग से तय नहीं होते हैं। सामाजिक, सांस्कृतिक और राजनीतिक झुकाव हमारे व्यक्तिगत और सामूहिक निर्णयों को प्रभावित करते हैं।

मौजूदा शिक्षा–प्रणाली, विज्ञान की खंडित और तथ्यकेन्द्रित समस्याओं की इस जटिल, अन्तःस्थापित प्रकृति को समझने तथा इसकी उचित, व्यवस्थित और एकीकृत प्रतिक्रियाओं के विकास की अनुमति नहीं देती है। इसलिए हमें शिक्षा–प्रणाली और विज्ञान सीखने के सिद्धान्त की शीघ्रता से समीक्षा करने और 'पुनर्निर्माण' करने की तत्काल आवश्यकता है। यह आवश्यकता राष्ट्रीय पाठ्यचर्या की रूपरेखा (एन.सी.एफ़. 2005) में भी पहचानी गयी है–"विज्ञान की शिक्षा को इस प्रकार पुनः रचित किया जाना चाहिए, ताकि यह बच्चों को रोज़मर्रा के अनुभवों की जाँच और विश्लेषण करने में सक्षम बनाये। पर्यावरण से सम्बन्धित चिन्ताओं और मुद्दों पर प्रत्येक विषय और आउटडोर परियोजना कार्य से जुड़ी गतिविधियों की एक विस्तृत शृंखला के माध्यम से ज़ोर दिया जाना चाहिए। ...यदि ठीक से काम किया जाये, तो इनमें से कई परियोजनाएँ, विद्यार्थियों के ज्ञान–उत्पादन का कारण बन सकती हैं।" प्रतिक्रियाओं को समझने, जाँचने और विकसित करने के लिए अन्तर्विषयक सीमाओं को लाँघने की आवश्यकता है क्योंकि कोई भी वैज्ञानिक अनुशासन/विषय या कारण या सुधार को उजागर नहीं कर सकता है।"

एक परियोजना में, 13–14 वर्षीय विद्यालयीन विद्यार्थियों के साथ 'हमारा खाना कहाँ से आता है?' जैसे एक साधारण सरल सवाल पर छानबीन की गयी। यह एक विचारोत्तेजक शैक्षिक अनुभव था कि हम भोजन के बारे में कैसे सोचते हैं, हम इसके बारे में क्या जानते हैं कि यह कैसे उगाया जाता है और भोजन से सम्बन्धित विकल्प, प्रकृति, लोगों के जीवन और यहाँ तक कि ग्रह पर भी गहरा प्रभाव डाल सकते हैं। इस स्थानीय तथा स्थान–आधारित जाँच–पड़ताल ने विज्ञान में विभिन्न अवधारणाओं जैसे कि पानी और इसके गुण, मिट्टी के रसायन और जीवविज्ञान (विशेष रूप से सूक्ष्मजीवों की भूमिका), ऊर्जा, इसका उपयोग और ग्लोबल वार्मिंग से प्रेरित जलवायु–परिवर्तन, मौसमी फ़सलों और पोषण, मिट्टी, पानी, स्थानीय भूगोल आदि की समझ को जन्म दिया। इस परियोजना के दौरान

व्यवस्थित अवलोकन, रिकॉर्डिंग, विश्लेषण, चर्चा और संवाद के माध्यम से सहयोगात्मक शिक्षण आदि कौशलों पर ज़ोर दिया गया था। विद्यार्थियों ने यह भी महसूस किया कि पुस्तकों, संवाद और जीवन्त अनुभव के माध्यम से सीखने और जानने के बहुत–से तरीक़े होते हैं।

इस परियोजना को स्थानीय ग्रामीण क्षेत्र में स्थित एक निजी आवासीय विद्यालय के विद्यार्थियों और सरकारी विद्यालय के विद्यार्थियों द्वारा संयुक्त रूप से पूरा किया गया था। निजी विद्यालय के अधिकांश विद्यार्थी भारत के विभिन्न क्षेत्रों के सम्पन्न, शहरी पृष्ठभूमि वाले परिवारों से थे, वहीं सरकारी विद्यालय के विद्यार्थी आसपास के ग्रामीण, छोटे किसानों और भूमिहीन मज़दूरों के समुदाय से थे। दोनों समुदाय भू–जल के समान स्रोत का उपयोग करते हैं और यह एक अटूट जुड़ाव है, जो पानी और भोजन के इर्द–गिर्द उनके बीच मौजूद है। इस सहयोगी परियोजना ने स्थानीय पर्यावरणीय चुनौतियों की सामूहिक और साझा समझ के लिए एक अवसर भी प्रदान किया है। विज्ञान में अवधारणाओं की खोज के अलावा, इसने विद्यार्थियों (शहरी और ग्रामीण पृष्ठभूमि से) को एक ही समुदाय में रहने की अनुमति दी, ताकि वे जाति और वर्ग समेत सामाजिक–आर्थिक और सांस्कृतिक विविधता के आसपास के विचारों को समझ सकें। साथ ही यह जान सकें कि भविष्य की चुनौतियों का सामना करने में सामूहिक और सहयोगी प्रयास की आवश्यकता होती है।

इस परियोजना के द्वारा एक महत्त्वपूर्ण सीख यह भी थी कि विज्ञान के सीखने–सिखाने में स्थानीय पारिस्थितिकीय और सामाजिक सन्दर्भ में सन्निहित विषयवस्तु आधारित तथा परियोजना केन्द्रित दृष्टिकोण एक व्यवस्थागत परिप्रेक्ष्य प्रदान कर इस प्रकिया को प्रभावशाली बना सकता है।

5

प्राथमिक एवं माध्यमिक कक्षाओं में विज्ञान-शिक्षा : विज्ञान-शिक्षण बनाम कौशलों का अनुप्रयोग

–*मुकेश मालवीय*

यह पर्चा मध्य प्रदेश में एकलव्य संस्था के प्राथमिक शिक्षा कार्यक्रम की विज्ञान शिक्षण की क्षमता आधारित वैकल्पिक समझ पर केन्द्रित है। लेखक स्वयं इस कार्यक्रम में सक्रिय रूप से भागीदार रहे हैं। यहाँ वे इन क्षमताओं का उल्लेख करते हुए अपने स्कूल कार्य से उभरे अनुभवों और उनसे प्राप्त निष्कर्षों को रख रहे हैं।

पृष्ठभूमि

शिक्षक बनने की तैयारी के दौरान हमें यह बताया जाता है कि पढ़ाने की विधि उस विषय की प्रकृति पर भी आधारित होनी चाहिए। इसका निहितार्थ है कि स्कूलों में विज्ञान–शिक्षण और अन्य विषयों के शिक्षण में अन्तर होना चाहिए। किन्तु प्रायः देखने में यह आता है कि माध्यमिक स्तर और अधिकांश सेकेंडरी स्तर तक के विज्ञान की तथा अन्य दूसरे विषयों की कक्षाओं की शिक्षण–प्रक्रियाएँ लगभग एक जैसी ही हैं। ये कक्षाएँ पाठ्य पुस्तकें पठन का ही काम करती हैं। परीक्षा भी पाठ्यपुस्तकों को रटने के कौशल की ही जाँच करती है।

इस परम्परा को क़ायम रखने में स्कूली शिक्षा–व्यवस्था और उसके प्रति समाज का दृष्टिकोण एकरूप है और इसमें शिक्षक पीढ़ी–दर–पीढ़ी ढलते चले जाते हैं। पाठ्यपुस्तकें जानकारियों का भण्डार हैं व इन जानकारियों

को रटने–रटाने को ही शिक्षण का मक़सद माना जाता है। मेरे 30 वर्ष के अनुभव के अनुसार शिक्षकों की समझ में भी अक्सर विज्ञान का तात्पर्य एक ऐसी पाठ्यपुस्तक से है, जिसके ऊपर विज्ञान लिखा है और जिसे पाठ–दर–पाठ पढ़ाया जाना है। विज्ञान विषय में हालाँकि शिक्षक एक अतिरिक्त शब्द 'प्रयोग' से परिचित होते हैं। यह प्रयोग शब्द भी उन हज़ारों शब्दों की तरह शिक्षकों के पास आता है, जो पहचानने तो लगते हैं, पर हमारी संवेदनाओं के साथ कोई रिश्ता नहीं बनाते। बच्चों और शिक्षकों द्वारा पाठ्यपुस्तक में लिखे प्रयोगों को बस 'पढ़' लिया जाता है। कुछ शिक्षक हैं, जो प्रयोग कराते भी हैं, पर यह भी अधिकतर पहले से तय निष्कर्षों को मनवाने के लिए प्रयोग का नाटकीय दोहराव होता है। ज़मीनी शिक्षा–तन्त्र में कार्य के स्तर पर शिक्षा की अकादमिक बहस बहुत कम है।

राष्ट्रीय पाठ्यचर्या के विज्ञान के फ़ोकस पेपर में यह माना गया है कि "संसाधनों से सम्पन्न स्कूलों में भी प्रायोगिक कार्य श्रृंगार मात्र के रूप में लिये जाते हैं।" यह पाठ्यचर्या विज्ञान–शिक्षा में तीन ्य समस्याओं की ओर ध्यान आकर्षित करती है। पहला, पढ़ाई जाने वाली विषयवस्तु में अवधारणाओं और तथ्यों की मात्रा का बहुत ज़्यादा होना। दूसरा, बच्चों की समझ का स्तर और उसे पढ़ाई जा रही विषयवस्तु के बीच फ़ासला। तीसरा, कक्षा में पढ़ाये जाने वाले तरीक़ों में ख़ामियाँ।

विकल्प की सम्भावना

यह बात फ़ोकस पेपर व्यापक सन्दर्भ में कहता है, किन्तु वह यह भी स्वीकारता है कि विज्ञान–शिक्षा के वैकल्पिक तरीक़े विकसित भी किये गये हैं और कुछ तो व्यापक क्षेत्र में लम्बे समय तक स्कूल में इस्तेमाल भी किये गये हैं।

मैंने ख़ुद मध्य प्रदेश के स्कूलों में कुछ वर्षों तक शिक्षण–प्रक्रिया के दो ऐसे कार्यक्रमों में भागीदारी की है जो उपरोक्त सभी बातों को झुठलाते हैं। यह कार्यक्रम स्वैच्छिक संस्था एकलव्य द्वारा होशंगाबाद विज्ञान शिक्षण कार्यक्रम (हो.वि.शि.का.) और प्राथमिक शिक्षा कार्यक्रम (प्रा.शि.का.) के नाम से सरकारी स्कूलों में लम्बे समय तक चलाये गये। इन कार्यक्रमों में जो पाठ्यपुस्तकें बनायी गयीं वे परम्परागत पुस्तकों से अलग थीं। असल में यह पाठ्यपुस्तकें एक बच्चे को चिन्तनशील कार्य करने के लिए उसके विवेक का इस्तेमाल करने का भरपूर मौक़ा देती थीं।

ये पुस्तकें सीधे जानकारी बताने के बजाय बच्चों को जानकारी खोजने की प्रक्रिया में शामिल होने के मौक़े उपलब्ध कराती हैं। इन किताबों के बारे में जयन्त नार्लीकर जी ने लिखा है, *''बाल वैज्ञानिक पाठ्यपुस्तकों में शिक्षक और बच्चों के लिए जिज्ञासा के तमाम अवसर हैं और विज्ञान एक ऐसा विषय है, जो जिज्ञासा से पनपता है, जिसके माध्यम से प्रश्न हुआ करते हैं और जिनके उत्तर सिद्धान्त, प्रयोग और निरीक्षण से पाये जाते हैं।''*

इन पुस्तकों को इस्तेमाल करने से बच्चों के सवालों से जूझने की प्रक्रिया प्रारम्भ होती है और फिर उत्तर के लिए स्कूल, शिक्षक और पाठ्यपुस्तक की सीमा टूट कर बहुत बड़ी हो जाती है। पर्यावरण से अन्तःक्रिया करते खोज–बीन करना उन प्रश्नों के जवाब देने के लिए ज़रूरी हो जाता है जो कि इन पाठ्यपुस्तकों में उठाये गये हैं।

दूसरी महत्त्वपूर्ण बात इन किताबों में यह है कि बच्चों को टोलियों में बाँट कर काम करने का आग्रह है। बच्चे टोलियों में बैठ कर प्रयोग करते, परिभ्रमण पर जाते, अपने अनुभव और अवलोकन को रिकॉर्ड करते, उनका विश्लेषण करके निष्कर्ष निकालने का प्रयास करते।

एक अन्य महत्त्वपूर्ण बात इन किताबों की यह थी कि इनमें बच्चों और शिक्षकों के लिए खोज–बीन करने के लिए चुनौतियाँ निर्मित की गयी थीं, जिनको स्वीकारना आनन्ददायक और मज़ेदार होता था।

इस अनुभव से मेरे मन में यह सवाल उभरता है कि क्या मौजूदा परिस्थिति में पाठ्यपुस्तकों में बदलाव के ज़रिये इस जानकारी आधारित शिक्षण–परम्परा में कोई हलचल लायी जा सकती है? चूँकि हमारे स्कूलों में सब कुछ के बावजूद पाठ्यपुस्तकों को पढ़ाने, पूरा करने की एक तत्परता दिखाई देती है। अगर पाठ्यपुस्तकों की अहमियत इस क़द्र व्याप्त है, तो फिर इनके निर्माण में संजीदगी होनी ही चाहिए। विज्ञान के बुनियादी कौशल को उभारने का काम लिखित सामग्री के ज़रिये भी किया जा सकता है।

शुरुआती कक्षाओं में विज्ञान

शुरुआती कक्षाओं की शिक्षण प्रक्रियाओं में बच्चों के विवेक के इस्तेमाल की जगह बहुत कम ही रखी जाती है, जबकि स्कूल के बाहर यही बच्चे अपनी दुनिया को समझने और उसके साथ अन्तःक्रिया करने में अपने सभी नैसर्गिक कौशलों का ख़ूब उपयोग करते हैं या यूँ कहें कि उनकी दुनिया

की समझ का विस्तार इन कौशलों के विकास के साथ ही हो रहा होता है। स्कूली शिक्षा में पाठ्यपुस्तक आधारित शिक्षण बच्चों के इन कौशलों के विकास में सहायता करने के स्थान पर उन्हें जानकारी के पहाड़ पर चढ़ाने के श्रम में धकेल देता है। यदि हम कुछ बुनियादी कौशलों की पहचान कर इन कौशलों के विकास के लिए विषयवस्तु या सन्दर्भों का निर्माण करते हैं तो सीखने–सिखाने में बच्चों की भागीदारी अधिकतम हो जाती है। यह कौशल कुछ इस तरह हो सकते हैं :

- समझना
- अभिव्यक्ति
- अवलोकन
- सृजनात्मकता
- जूझना एवं निष्कर्ष निकालना, समस्या सुलझाना
- जगह की समझ एवं गणितीय समझ

एकलव्य के प्राथमिक शिक्षा कार्यक्रम में इन कौशलों को आधार बना कर कक्षा एक से पाँच तक का पाठ्यक्रम और एकीकृत विषय की पाठ्यपुस्तकों का विकास किया गया था।

इन कौशलों का विकास केवल पढ़कर और सुनकर नहीं किया जा सकता। यह कौशल सहभागिता से हासिल होते हैं। अतः ऐसे क्रियाकलापों की आवश्यकता होती है, जिनमें बच्चों को अपनी मौलिकता और विवेक का इस्तेमाल करने के मौक़े हों।

इन कौशलों में कुछ और छोटे–बड़े कौशल भी हो सकते हैं, जैसे–सृजनात्मकता के लिए कल्पनाशीलता, रचनाशीलता या अवलोकन के अन्तर्गत रिकॉर्ड रखना, विश्लेषण करना, निष्कर्ष निकालना आदि। यदि हम इन कौशलों के विकास के लिए विषयवस्तु या सामग्री बनाते हैं तो यह सामग्री किसी विषय विशेष की दीवारों या दायरों में बँधी नहीं रह सकती, बल्कि हर एक विषय के साथ यह कौशल दख़लन्दाज़ी करेंगे।

अब यदि विज्ञान की पाठ्यवस्तु इन कौशलों को इस्तेमाल करने की माँग करती है तो एक तरह के सार्थक सीखने–सिखाने का अहसास बच्चे और शिक्षक पा सकते हैं। आइए, इस कौशल आधारित सीखने–सिखाने पर थोड़ा विस्तार से चर्चा करते हैं।

समझना और अभिव्यक्त करना : समझना और उसे बता पाना वैसे तो भाषा का बुनियादी कौशल है, पर विज्ञान की समझ भाषा के इस्तेमाल की सुगमता से ही विकसित हो सकती है।

समझ बना पाना और भाषा का विकास एक–दूसरे पर आधारित है। एक के बिना दूसरे का अस्तित्त्व नहीं है। यहाँ भाषा मात्र साधन नहीं है। भाषा समझ का अविभाज्य अंग है। समझ के विकास के साथ–साथ भाषा आवश्यक रूप से विकसित होती है। स्कूल और पाठ्यपुस्तकें अगर अलग–अलग सन्दर्भों से बच्चों को ऐसे अवसर उपलब्ध करायें जिनमें समझने और इस समझ को अभिव्यक्त करने के मौक़े हों, तब इन्हें विज्ञान के बुनियादी तर्क के लिए भी इस्तेमाल किया जा सकता है।

हम सभी अपने आसपास की दुनिया को केवल देखते और महसूस ही नहीं करते, बल्कि उसे अर्थ भी देते हैं। किसी वस्तु को देख कर हमारे मानस (दिमाग़) पर जो प्रभाव पड़ता है वह उसे अन्य चीज़ों से जोड़ पाने के कारण ही है। यह जोड़ना ही उस आकृति को अर्थ देना है। हम दुनिया की हर वस्तु को शायद इसी प्रकार अर्थ देते हैं। उसे मात्र होने से ऊपर उठा कर सार्थक होने के स्तर तक पहुँचाते हैं। यह सार्थकता हम अवधारणाओं के माध्यम से पैदा करते हैं। इन अवधारणाओं को इंगित करने के लिए हम अपनी भाषा बनाते हैं या उपलब्ध शब्दावली का उपयोग करते हैं। इस तरह यह शब्द इन अवधारणाओं के ही नाम हैं। इस 'अवधारणा–संरचना' बना पाने को ही समझ बना पाना कह सकते हैं।

शुरुआती कक्षाओं से ही इस कौशल के विकास के लिए अवसर उपलब्ध होने चाहिए। इसे बच्चों के साथ सहचिन्तन के ज़रिये उभारा जा सकता है। पाठ्यपुस्तकों में या इनसे इतर कुछ ऐसे सन्दर्भ या परिस्थितियाँ निर्मित हों जिनमें बच्चों के दृष्टिकोण, समझ, विचार को जानने और उस पर चर्चा करने के मौक़े हों और जो बच्चों को तार्किक ढंग से सोचने के लिए अग्रसर करते हों। इस तरह से सोचने–समझने की कोशिश से ही मन में सवाल उठते हैं। सवाल का पैदा होना या जिज्ञासा का उत्पन्न होना विज्ञान की तरफ़ बढ़ने का बुनियादी रास्ता है। किसी भी प्राकृतिक परिघटना, जैसे 'दिन–रात कैसे होते हैं' या 'बरसात क्यों होती है' पर बच्चों के भिन्न–भिन्न मत और परिकल्पनाएँ होती हैं। इस समझ में हलचल ला कर आगे सोचने और नयी अवधारणाओं के निर्माण की तरफ़ आगे

बड़ा जा सकता है। बच्चों को उनके ख़ुद के विवेक का इस्तेमाल कराना, उनके समझने और अभिव्यक्ति को आज़ादी के साथ विस्तार और सम्मान देना एक सार्थक विज्ञान–शिक्षण की कोशिश हो सकती है।

एकलव्य के प्रा.शि.का. की कक्षा एक से पाँच तक की किताबें, जिनका नाम ख़ुशी–ख़ुशी है, बच्चों को उनके अनुभव और समझ को अभिव्यक्त करने के मौक़े उपलब्ध कराती हैं। पाठ में एक सन्दर्भ–निर्माण किया जाता है, फिर उसको आधार बना कर चर्चा के प्रश्न बनाये जाते हैं। जैसे, एक कविता है–'अग्निकांड'। इसमें टोडुमल के आलस की वज़ह से उसका घर जल जाता है। इस कविता पर चर्चा की गतिविधि में बच्चे इस बात पर चर्चा करते हैं कि सबसे ज़्यादा आग किस मौसम में लगती है या 'बातचीत' पाठ जिसमें दो लोगों के बीच बातचीत हो रही है और बीच–बीच के हिस्से छूटे हुए हैं।

अवलोकन : लम्बे समय से अवलोकन और उसकी व्याख्या विज्ञान के आधार रहे हैं। कुछ जानने के लिए सजग होकर अवलोकन करना आज विज्ञान जानने का क़ायदा है। यही विज्ञान सीखने का भी क़ायदा है, पर अवलोकन के सार्थक होने के लिए बच्चों और शिक्षकों के मन में सवाल तो उठना चाहिए। बच्चों के पास हमारे परिवेश के सहज अवलोकन होते हैं, पर किसी प्रश्न या जिज्ञासा के लिए की गयी खोज–बीन और इसके लिए किये गये अवलोकन से दिमाग़ या समझ को सक्रिय किया जा सकता है। उदाहरण के लिए हम सब ने सुना है कि हमारे मुँह में 32 दाँत होते हैं, पर हमने कभी इसकी जाँच नहीं की। पर, अगर मैं यह दावा करूँ कि बच्चे, युवा और बूढ़े किसी के भी मुँह में तीस से अधिक दाँत नहीं हैं, तब शायद कुछ लोग अपने दाँतों को गिन कर देखेंगे। विज्ञान की विषयवस्तु ऐसे सवाल पैदा करे जिनके जवाब के लिए किसी तरह के अवलोकन लेना आवश्यक हो और शिक्षकों के पास भी इन अवलोकन के कोई तथ्य नहीं हों तो अच्छा होगा।

विज्ञान–शिक्षा में इस कौशल का महत्त्व शिक्षा से जुड़े सभी लोग स्वीकार करते हैं, पर अपने आसपास के अवलोकन के लिए भी जब बच्चों की पुस्तक बनायी जाती है, तब उसमें भोजन के तत्त्व और प्रकाश की सरल रेखा में गति जैसी बातें बताई जाती हैं। बच्चों के पास इनसे

सम्बन्धित कोई अवलोकन नहीं होते, इसलिए प्रारम्भ से ही पाठ्यपुस्तक बिना आत्मसात कराये बच्चों को रटने का सन्देश देने लगती है।

शुरुआती कक्षाओं में अवलोकन के यह आधार हो सकते हैं :

1. विभिन्न हिस्सों/पहलुओं को पहचानना
2. अन्तर व समानता पहचानना
3. परिवर्तन का अहसास करना
4. वर्गीकरण या समूहीकरण करना–आकार व गुणधर्म के आधार पर
5. सर्वेक्षण करना और उसके आधार पर कुछ कहना
6. सरल प्रयोग करना और प्रयोग के आधार पर कुछ कहना

इस तरह के क्रियाकलापों से बच्चों में यह समझने की क्षमता आती है कि उनके निष्कर्षों या तथ्यों के पीछे उनका अवलोकन एक मुख्य आधार है। यहाँ एकदम सटीक तथ्य या निष्कर्ष पर ज़ोर नहीं होना चाहिए। यह ज़रूरी है कि अवलोकन के सन्दर्भ वास्तविक हों। जैसे मेरी कक्षा में एक बार यह सन्दर्भ आया कि हमारे घरों में रोज़ दाल और रोटी बनती है; ऐसा किताबों में, कहानियों में और बातचीत में सुनने को मिलता है। यह सही है या नहीं, कैसे पता करें? बच्चों ने कहा कि अपने गाँव के घरों में चल कर पता करना चाहिए। फिर एक सुझाव आया कि अपने स्कूल के बच्चों से पूछताछ करते हैं। इस सर्वे से पता चला कि उस रोज़ दाल किसी के घर नहीं बनी थी और फिर यह भी जानकारी मिली कि ज़्यादातर घरों में महीने में एक या दो बार कभी दाल बनती है। खुशी–खुशी पाठ्यपुस्तक में इस तरह के कई सहज सन्दर्भ थे, जिनमें निष्कर्ष पर पहुँचने का आधार तथ्य इकट्ठे करना होता। 'क्या डूबा, क्या तैरा' या 'किस मौसम में क्या होय' जैसे पाठ अवलोकन के लिए बाध्य करते।

अवलोकन लेने के लिए कुछ गतिविधियाँ जो शिक्षक–प्रशिक्षण (एकलव्य के प्राथमिक शिक्षा कार्यक्रम के अन्तर्गत होने वाले) में हमने सीखी थीं :

1. **दावे बनाना** : अपने अनुभवों के आधार पर दावे बनाना ताकि अवलोकन करके देखा जा सके कि दावा सही है या नहीं। जैसे, मेरा दावा है कि तीसरी कक्षा के सभी बच्चों के सिर की गोलाई की माप उनके एक हाथ की लम्बाई की माप के बराबर है।
2. **अनुमान लगाना** : दैनिक अनुभव को इस्तेमाल कर अनुमान लगाना व उन्हें परखना। जैसे, बिना साँस तोड़े कोई कितने तक की गिनती बोल सकता है।

3. **कारण ढूँढ़ना** : किसी घटना या तथ्य के पीछे क्या कारण है उसके तर्क गढ़ना और अपने तर्क के आधार प्रस्तुत करना।
4. **सरल प्रयोग करना** : अपनी बात की पुष्टि के लिए या किसी संशय को जाँचने के लिए प्रयोग करना।
5. **अवलोकन को दर्ज करना** : अवलोकन करते समय उनका विभिन्न तरीक़ों से रिकॉर्ड रखना साक्ष्य रखने की आदत विकसित करता है और फिर इस साक्ष्य के आधार पर अपनी बात कहना। उदाहरण के लिए, किसी दिन पेड़ या किसी खम्भे की छाया का अवलोकन करते हुए समय और छाया की माप की तालिका बनायें और इस तालिका के आधार पर कुछ तथ्य बनायें।

इस तरह हम शिक्षकों और बच्चों में यह अभ्यास आया कि किसी विषय पर अपने अनुभवों को व्यवस्थित कर और उसके आधार पर यह कहने की कोशिश करें कि उन्होंने जो देखा उसके क्या कारण हो सकते हैं।

सृजनात्मकता

विज्ञान में प्रकृति के अवलोकन से नियमों की पहचान व उनके कारणों की व्याख्या समझी जाती है। इन कारणों को नयी परिस्थितियों में निर्मित कर नया कार्य करने को सृजन कह सकते हैं। इसके लिए बच्चों में कल्पनाशीलता और स्वतन्त्र सोच का विकास ज़रूरी है। अलग–अलग चीज़ों के बीच सम्बन्ध पहचानना, नये सम्बन्ध ढूँढ़ना व बनाना। इन सम्बन्धों में बच्चों का दृष्टिकोण महत्त्वपूर्ण है जिस पर कक्षा में चर्चा और संवाद हो सके। किसी वस्तु के गुणों के आधार पर उनके नये उपयोग सोच पाना। बच्चों के स्वतन्त्र रूप से अपने तर्क निर्मित कर पाने की क्षमता के विकास के लिए यह आवश्यक है कि उनकी परिकल्पनाओं, तर्कों का मज़ाक न उड़ाया जाये। उनके सभी विचारों और विवेचनाओं को ध्यान से सुना जाये एवं धैर्य से चर्चा की जाये। अक्सर कक्षाओं में एक ही सही उत्तर आने की कल्पना होती है और वह सही उत्तर शिक्षक की समझ से निर्धारित होता है। यदि हमें सुनिश्चित करना है कि बच्चे विज्ञान सीखें तो यह आवश्यक है कि यह समझ कक्षा के माहौल से प्रतिबिम्बित हो। अलग–अलग दिशाओं में सोचने पर विषय की समझ व अवधारणाओं की गहनता बढ़ती है। ख़ुशी–ख़ुशी किताब से ही कुछ उदाहरण देखें–'

अगर पेड़ भी चलते तो क्या होता' या चूहे की दिल्ली यात्रा पाठ का एक प्रश्न 'अगर आप दिल्ली यात्रा करते तो अपने साथ क्या लेकर जाते।' दर्पण के खेल या गीली मिट्टी से कुछ बनाना आदि में बच्चे अपनी मौलिकता का अनुप्रयोग करते हैं।

जूझना एवं निष्कर्ष निकालना व समस्या सुलझाना

विज्ञान–अध्ययन में चुनौतियों को हल करने के लिए 'एप्रोच' या 'प्रक्रिया' के महत्त्व का अहसास बच्चों को नहीं कराया जाता। पृथ्वी से सूर्य की दूरी का आँकड़ा याद करते समय किसी के मन में यह जिज्ञासा नहीं होती कि इस दूरी को मापा कैसे गया होगा? ऐसी समस्याओं या परिस्थितियों का निर्माण जिनमें आगे बढ़ने के लिए अपनी तार्किक समझ और हासिल ज्ञान का क्रमशः उपयोग करना पड़े इस कौशल के विकास में सहायक हो सकता है। प्रायः सामान्य व्यक्ति में साक्ष्य आधारित निष्कर्ष बनाने की क्षमताओं का अभाव होता है। स्कूल अगर बच्चों को साक्ष्यों के आधार पर अपनी बात कहने, तर्क बनाने, किसी धारणा की पुष्टि या निरसन के लिए साक्ष्यों को जुटाने, जुटाये तथ्यों के आधार पर नयी बात स्थापित करना सिखाये और विज्ञान की शिक्षा अगर बच्चों को इस तरह की परिस्थिति में डालती है जहाँ बच्चे किसी सवाल या समस्या के हल के लिए प्रमाण जुटा रहे हों, प्रमाण के आधार पर अपनी ही किसी मान्यता को बदल रहे हों, तो वहाँ विज्ञान एक प्रक्रिया की तरह सीखा जा रहा होगा। कक्षा छठी की बाल वैज्ञानिक में 'हरी पत्ती निराली' नाम से एक प्रयोग है। एक पेड़ या झाड़ी की एक जैसी दिखने वाली कुछ पत्तियाँ लाओ। इनमें से कोई दो पत्तियाँ ऐसी खोजो जो हू–ब–हू एक जैसी हों। यदि नहीं ढूँढ़ पाये तो बताओ पत्तियों के बीच कैसे–कैसे अन्तर दिखाई पड़े।

जगह की समझ एवं गणितीय तर्क का इस्तेमाल

बच्चों में पैटर्न पहचानने व उसके आधार पर सामान्यीकरण करने की विशिष्ट व पैनी क्षमताएँ होती हैं। गणित की अवधारणाएँ इन क्षमताओं को और मज़बूत करने में मदद करती हैं। विज्ञान में किसी अनुभव या अवलोकन की व्याख्या करने में या तर्क–निर्माण में गणित की समझ बुनियादी आधार देती है। अपने अवलोकनों में मापन एवं मात्रात्मक गणना का सहारा लेना विज्ञान सीखने के लिए रास्ता खोलता है। गणित बच्चों

की विचार प्रक्रिया का गणितीकरण करता है। एक तरह से यह एक तथ्य के आधार पर उससे जुड़े दूसरे तथ्य को निर्मित करने में सक्षम बनाता है। एक खम्भे की बनने वाली छाया के अवलोकन के आधार पर बच्चों ने सवाल बनाये–*एक किसान अपने खेत की ओर जा रहा था। उसने देखा कि उसकी छाया उसके सामने पड़ रही है। जब वह खेत से लौट रहा था, तब भी उसकी छाया उसके सामने पड़ रही थी। बताओ, किसान किस समय अपने खेत गया होगा और कब लौटा होगा? किसान का खेत उसके घर से किस दिशा में होगा? इस तरह से तर्क और प्रमाण के आधार पर विचार बनाने की कोशिश को बाल वैज्ञानिक और ख़ुशी–ख़ुशी की किताबों में ख़ूब प्रोत्साहित किया गया है।*

इस समय की स्कूली विज्ञान–शिक्षा की स्थिति बहुत ही निराश करने वाली है। परम्परागत स्कूली पाठ्यक्रम और पाठ्यपुस्तकें वैज्ञानिक दृष्टिकोण के अभाव में बच्चों के पास जो नैसर्गिक कौशल हैं, उन्हें भोथरा करने में सहायक बन रहे हैं। इन्हें संजीदगी से बेहतर करने की आवश्यकता है।

सन्दर्भ सूची :

1. सुधीर, उमा और पालीवाल, रश्मि (2016)। *विज्ञान और उसकी शिक्षा*। भोपाल : एकलव्य प्रकाशन
2. कुमार, कृष्ण, *शिक्षा और ज्ञान*।
3. *प्रा.शि.का. पाठ्यक्रम,* भोपाल : एकलव्य प्रकाशन
4. *बाल वैज्ञानिक,* भोपाल : एकलव्य प्रकाशन।
5. एन.सी.ई.आर.टी. (2005) : *नेशनल करिकुलम फ़्रेमवर्क 2005, विज्ञान फ़ोकस पेपर* , नयी दिल्ली : नेशनल काउंसिल ऑफ़ एजुकेशन रिसर्च एंड ट्रेनिंग।
6. दीवान, हृदय कान्त, *गणित शिक्षण के प्रतिबिम्ब*।
7. धनकर, रोहित, *भाषा शिक्षक की पुस्तक*।
8. गणनाओं के बारे में तर्क (डिबोरा शिफर) को पढ़ा था।

6

उच्च प्राथमिक स्तर पर विज्ञान विषय के प्रभावी शिक्षण में संस्थागत चुनौतियाँ

–विपिन कुमार चौहान

अच्छी शिक्षा वही है जो विद्यार्थी के प्रति, जीवन के प्रति तथा विज्ञान के प्रति ईमानदार हो। इसे सुनिश्चित करने के लिए ज़रूरी है कि पाठ्यचर्या का स्वरूप इन उद्देश्यों को प्राप्त करने में पर्याप्त हो और शिक्षा–शास्त्र बच्चे को इन उद्देश्यों की ओर अग्रसर करने में मार्गदर्शित करता हो। प्रस्तुत अध्ययन उच्च प्राथमिक स्तर पर उन संस्थागत कारकों की पहचान व गहनता से जाँच करता है, जिनके चलते विज्ञान विषय के प्रभावी शिक्षण में बाधा उत्पन्न होती है अथवा यथोचित शिक्षण सम्भव नहीं हो पाता है। अध्ययन मूल रूप से राजकीय उच्च प्राथमिक विद्यालयों में विज्ञान विषय के लिए अपेक्षित अध्यापकों की उपलब्धता, इन विद्यालयों में शिक्षण के लिए ज़रूरी संसाधनों की व्यवस्था की स्थिति तथा विज्ञान शिक्षण में आकलन/मूल्यांकन के तौर–तरीक़ों सम्बन्धी स्थिति पर व्यवस्थित रूप से पड़ताल करता है। अध्ययन को उत्तराखण्ड के देहरादून जनपद में संचालित राजकीय उच्च प्राथमिक विद्यालयों पर केन्द्रित किया गया है। कुछ ऐसे नवाचारों पर भी इस अध्ययन में प्रकाश डाला गया है जो कि विज्ञान विषय के शिक्षण में शामिल अध्यापकों द्वारा व्यक्तिगत

स्तर पर किये गये हैं ताकि विज्ञान विषय के शिक्षण में शामिल उद्देश्यों को अधिकतम प्राप्ति सुनिश्चित की जा सके।

भूमिका

राष्ट्रीय पाठ्यचर्या की रूपरेखा 2005 को देशीय स्तर पर एक ऐसे मार्गदर्शी अभिलेख के रूप में स्वीकार किया गया है कि यह प्राथमिक तथा उच्च प्राथमिक स्तर की शिक्षा को दिशा देने में एक मील का पत्थर है। पढ़ते हुए इसके प्राक्कथन की पहली पंक्ति पर ही नज़र टिक जाती है, जिसमें कहा गया है कि "हमारे बच्चों को क्या पढ़ाया जाये और कैसे पढ़ाया जाये, इसकी ओर जनता का ध्यान ले जाने के लिए एन.सी.ई.आर.टी. ने सामाजिक विचार–विमर्श की एक कमाल की प्रक्रिया शुरू की है।" इस पंक्ति को पढ़ते हुए मुझे लगा कि इसमें 'कैसे पढ़ाया जाये' पर कुछ बात की जाये और यह देखने की कोशिश की जाये कि अपने विषय के शिक्षण में शिक्षकों के समक्ष किस तरह की संस्थागत चुनौतियाँ आती हैं। संस्थागत चुनौतियों से आशय शिक्षण कार्य में आने वाली ऐसी चुनौतियों से है, जो शिक्षा–तन्त्र की व्यवस्था में ख़ामियों के चलते किसी विषय के शिक्षण को प्रभावित कर सकती हैं। अध्ययन के लिए उच्च प्राथमिक स्तर की कक्षा 6, 7 तथा 8 को चयनित किया गया और विषय के तौर पर विज्ञान विषय को आधार बनाया गया। शोध में अध्ययन हेतु मूलरूप से शिक्षा–तन्त्र से जुड़े तीन मुद्दों को शामिल किया गया :

1. शिक्षा–तन्त्र किस हद तक विज्ञान विषय के शिक्षण के लिए पर्याप्त और विषय से जुड़ी शैक्षिक अहर्ता वाले शिक्षक स्कूलों को उपलब्ध करा पाते हैं?
2. क्या शिक्षा–तन्त्र द्वारा विज्ञान विषय के शिक्षकों को सुगम रूप से अध्यापन करने के लिए आवश्यक संसाधन उपलब्ध कराये जाते हैं?
3. क्या शिक्षा–तन्त्र विज्ञान विषय के शिक्षण के लिए शिक्षकों को पर्याप्त समय उपलब्ध करा पाता है? शिक्षकों की इस बारे में क्या प्रतिक्रियाएँ हैं?

शोध-प्रविधि

अध्ययन उच्च प्राथमिक स्तर की कक्षा 6, 7 तथा 8 में विज्ञान–शिक्षण

से जुड़े उन संस्थागत कारकों की पहचान व जाँच करता है, जिनके चलते विज्ञान विषय के प्रभावी शिक्षण में बाधा उत्पन्न होती है अथवा यथोचित शिक्षण सम्भव नहीं हो पाता है। अध्ययन मूलरूप से सरकारी उच्च प्राथमिक विद्यालयों में विज्ञान विषय के लिए अपेक्षित अध्यापकों की उपलब्धता, विज्ञान–शिक्षण के लिए पर्याप्त समय–अवधि तथा इन विद्यालयों में शिक्षण के लिए ज़रूरी संसाधनों की व्यवस्था सम्बन्धी स्थिति पर व्यवस्थित तरीक़े से पड़ताल करता है। अध्ययन को उत्तराखण्ड के देहरादून जनपद में संचालित राजकीय उच्च प्राथमिक विद्यालयों पर केन्द्रित किया गया है। अध्ययन में शिक्षकों से अर्द्ध–संरचित साक्षात्कार, विज्ञान विषय का कक्षा–कक्षीय अवलोकन तथा नीतिगत दस्तावेज़ों, जैसे–विज्ञान विषय पर राष्ट्रीय फोकस समूह का आधार पत्र, सम्बन्धित कक्षाओं की पाठ्यपुस्तकें, विज्ञान विषय की पाठ्यचर्या आदि में विज्ञान विषयों के लिए सुझाये शिक्षणशास्त्र तथा उनकी धरातलीय स्थिति का अध्ययन शामिल है।

आँकड़ों का संकलन

साक्षात्कार के लिए 10 अध्यापकों का चयन किया गया, जिनमें से 5 ऐसे अध्यापक हैं, जो उच्च प्राथमिक स्तर पर विज्ञान विषय के अध्यापन के लिए ही नियुक्त हुए हैं और विज्ञान विषय में अध्यापन भी करते हैं। साथ ही 5 ऐसे अध्यापकों से अर्द्ध–संरचित (semi-structured) साक्षात्कार किया गया है जो कि किसी अन्य विषय यथा भाषा, गणित अथवा सामजिक विज्ञान के लिए नियुक्त हुए हैं, परन्तु विज्ञान विषय में भी अथवा विज्ञान विषय में ही अध्यापन करते हैं। स्कूली स्तर पर इन अध्यापकों को प्रभावी विज्ञान–शिक्षण में किस प्रकार के संसाधनों की आवश्यकता होती है तथा इनकी पूर्ति के लिए शिक्षा–तन्त्र द्वारा किस प्रकार की व्यवस्था की गयी है, इसे केन्द्र में रखते हुए स्कूली व्यवस्थाओं की गहनता से जाँच की गयी है तथा नीतिगत दस्तावेज़ों, जैसे एन.सी.एफ़. 2005, विज्ञान विषय का पोजीशन पेपर, राष्ट्रीय शिक्षा नीति 1986 का अध्ययन किया गया है। विश्लेषण को पुख़्ता करने के लिए ज़िला शिक्षा एवं प्रशिक्षण संस्थान तथा राज्य शैक्षिक अनुसन्धान एवं प्रशिक्षण परिषद के विज्ञान विषय के शिक्षक–प्रशिक्षकों से भी अर्द्ध–संरचित साक्षात्कार किया गया है। कुछ ऐसे नवाचारों पर भी इस अध्ययन में प्रकाश डाला गया है जो कि विज्ञान

विषय के शिक्षण में शामिल अध्यापकों द्वारा व्यक्तिगत स्तर पर किये गये हैं, ताकि विज्ञान विषय के शिक्षण में शामिल उद्देश्यों की अधिकतम प्राप्ति सुनिश्चित की जा सके।

विश्लेषण एवं व्याख्या

अध्यापकों की उपलब्धता

राजकीय विद्यालयों में शिक्षकों की कमी अपने आप में एक चुनौती रही है। आगे दी गयी तालिका इस तथ्य की पुष्टि भी करती नज़र आती है। तालिका में दर्शाये गये आँकड़े यू–डायस डाटा, जो कि प्रत्येक वर्ष राष्ट्रीय शैक्षिक योजना एवं प्रशासन विश्वविद्यालय (न्यूपा) नयी दिल्ली द्वारा प्रत्येक राज्य से स्कूलवार एकत्रित किया जाता है, के आधार पर 2017–18 में एकत्र किये आँकड़ों से तैयार किये गये हैं। आँकड़े बताते हैं कि ज़िले में संचालित प्रत्येक चार विद्यालयों में से एक विद्यालय शिक्षकों की कमी का सामना कर रहा है। इसके अलावा तीन में से एक विद्यालय ऐसा है जिसमें शिक्षकों की संख्या न्यूनतम निर्धारित संख्या को ही पूरा करती है।

यदि विज्ञान के शिक्षकों की स्थिति देखें, तो देहरादून जनपद के 47 उच्च प्राथमिक विद्यालयों (19 प्रतिशत) में विज्ञान का एक भी शिक्षक नहीं है। इन विद्यालयों में विज्ञान–शिक्षण का ज़िम्मा अन्य विषय यथा भाषा, सामाजिक विज्ञान आदि विषयों के शिक्षकों पर रहता है और ये शिक्षक किसी–न–किसी तरह विज्ञान–शिक्षण का कार्य कर रहे हैं। ऐसी स्थिति में जब हम सरकारी विद्यालयों में बच्चों के अधिगम–स्तर की समस्या से जूझ रहे हैं, विद्यालयों में विज्ञान का सही अध्यापन न हो पाना एक मूल कारण के तौर पर देखा जाना चाहिए।

स्कूल में शिक्षकों की उपलब्धता	**स्तम्भ–1 में दी गयी शिक्षकों की संख्यावार कुल स्कूलों की संख्या (% में)**	**स्तम्भ–2 में दर्शाये स्कूलों में से विज्ञान विषय वाले शिक्षक वाले स्कूल**
स्तम्भ–1	स्तम्भ–2	स्तम्भ–3
01 शिक्षक	35(14%)	10(4%)
02 शिक्षक	24(9%)	13(5%)

03 शिक्षक	91(36%)	83(33%)
04 शिक्षक	53(21%)	51(20%)
05 शिक्षक	28(11%)	27(11%)
06 शिक्षक	07(3%)	07(3%)
07 शिक्षक	05(2%)	05(2%)
08 शिक्षक	05(2%)	05(2%)
09 शिक्षक	04(2%)	04(2%)
≥10 शिक्षक	02(1%)	02(1%)
कुल विद्यालय	**254**	**207**
आँकड़े डायस 2017–18 के आधार पर		

विज्ञान-शिक्षण अवधि की पर्याप्तता

विषयवस्तु	निर्धारित वादन*	उपलब्ध वास्तविक वादन#	अपेक्षित वादन$
भोजन	22 वादन	लगभग 130–140 वादन	लगभग 220–240 वादन
पदार्थ	38 वादन		
जीव जगत	42 वादन		
गतिशील वस्तु, लोग और विचार	16 वादन		
वर्षा, गर्जन, प्रकाश	24 वादन		
कृषि–उत्पादन	22 वादन		
दैनिक जीवन में पदार्थ	26 वादन		
कुल वादन	**188 वादन**		

- *एन.सी.ई.आर.टी. के अनुसार
- #शिक्षकों से बातचीत के आधार पर
- $शिक्षकों के अनुसार

समय–सारणी

वादन	प्रातः कालीन समय	दिन का समय	8th	7th	6th
पहली घंटी	7:00 से 7:15	9:00 से 9:30	प्रार्थना	–	–
दूसरी घंटी	7:30 से 7:45	9:45 से 10:00 बजे		–	–
1	7:45 से 8:20	10:00 से 10:40	अग्रेज़ी F	गणित D	हिन्दी H
2	8:20 से 8:50	10:40 से 11:15	गणित D	सामाजिक विज्ञान F	संस्कृत / उर्दू H
3	8:50 से 9:20	11:15 से 11:50	हिन्दी H	अंग्रेज़ी F	गणित D
4	9:20 से 9:50	11:50 से 12:25	विज्ञान D	हिन्दी H	अंग्रेज़ी F
	9:50 से 10:20	12:25 से 12:55	मध्यान्तर	–	–
5	10:20 से 10:55	12:55 से 1:35	सामाजिक विज्ञान F	संस्कृत / उर्दू H	विज्ञान D
6	10:55 से 11:25	1:35 से 2:10	कला H	विज्ञान D	सामाजिक विज्ञान F
7	11:25 से 11:55	2:10 से 2:45	संस्कृत / उर्दू H	कम्प्यूटर D	कम्प्यूटर D
8	11:55 से 12:25	2:45 से 3:20	कम्प्यूटर F	कला H	कला H
9	12:25 से 12:50	3:20 से 3:50	पर्यावरण F	पर्यावरण F	पर्यावरण D

इस बात को आधार मानते हुए कि सभी विषय समान रूप से महत्त्वपूर्ण हैं और शिक्षक को उनकी तैयारी के लिए पर्याप्त समय की आवश्यकता होती है, कक्षा–कक्ष में विज्ञान विषय के सीखने–सिखाने की प्रक्रियाओं में

बच्चों को शामिल करने के लिए ज़रूरी है कि शिक्षण में ऐसी प्रक्रियाएँ शामिल हों, जो विज्ञान विषय के माध्यम से संवैधानिक मूल्यों यथा समता की भावना को बच्चों के व्यवहार में पिरो सकें। कक्षा–कक्ष में ऐसी गतिविधियाँ आयोजित की जायें जो बच्चों में खोजी प्रवृत्ति को पैदा कर सकें। इन सब के लिए समय की उपलब्धता एक महत्त्वपूर्ण घटक है। शिक्षण में शामिल गतिविधियों के विभिन्न रूप जैसे अवलोकन करना, आँकड़ों का संग्रहण करना, विश्लेषण करना और निष्कर्षों पर चर्चा करना पर्याप्त समय की अपेक्षा रखते हैं। एन.सी.ई.आर.टी. द्वारा उच्च प्राथमिक स्तर की कक्षाओं के लिए तैयार सिलेबस 150 से 200 वादन की माँग करता है, परन्तु वर्तमान परिस्थितियों में इसकी व्यवस्था का अभाव दिखता है। एक विद्यालय की दैनिक समय–सारणी, समय की सीमितताओं पर व्यापक प्रकाश डालती है (देखें समय–सारणी)। अक्सर पूरे राज्य में एक ही तरह की समय–सारणी इस्तेमाल भी होती रही है। समय–सारणी से पता चलता है कि विज्ञान विषय के लिए ग्रीष्मकालीन अवधि में प्रतिदिन 30 मिनट का समय और शीतकालीन अवधि में 35 मिनट का समय निर्धारित है। इस आधार पर यदि देखें तो एक कक्षा के बच्चों को लगभग 240 दिन अथवा 240 वादन विज्ञान विषय के शिक्षण के लिए मिलते हैं। उच्च प्राथमिक स्तर पर विज्ञान विषय का शिक्षण करने वाले पाँच शिक्षकों के अनुभवों के अनुसार इसमें से यदि परीक्षा, सत्रान्त व आरम्भ, विशेष कार्यक्रम के दिन (30–35 दिन), विद्यालय के बाहरी कार्यों में व्यस्तता (प्रशिक्षण, बैठक, सर्वेक्षण आदि) के दिन (20–25 दिन), व्यक्तिगत अवकाश (40 दिन) आदि को हटा दिया जाये, तो वास्तविक रूप में 130–140 वादन का समय मिलता है। इस बात पर सभी शिक्षकों ने एक ही स्वर में सहमति भी व्यक्त की है। हालाँकि यही शिक्षक इस बात की ओर भी इशारा करते हैं कि यदि इस बात का ध्यान रखा जाये कि सभी बच्चे विज्ञान विषय में अपेक्षित दक्षताओं को प्राप्त कर कक्षा–7 में नहीं आते हैं, तो उनको अलग से समय देने की आवश्यकता भी होती है। साथ ही यदि कुछ प्रयोग, अवलोकन, आँकड़ों का संकलन और विश्लेषण कराया जाये तो कम–से–कम 220–240 वादन की आवश्यकता होती है। इस सबके चलते और पाठ्यक्रम को पूर्ण करने के दबाव के चलते विज्ञान विषय का शिक्षण अपेक्षित तरीक़े से नहीं हो पाता है और बच्चे विज्ञान विषय के निर्धारित उद्देश्यों को प्राप्त करने से

वंचित रह जाते हैं। जब चार ऐसे शिक्षकों से भी बात की गयी, जिनका मूल विषय विज्ञान नहीं रहा है; तो उन्होंने इस बात को स्वीकार किया कि विज्ञान विषय में उनके द्वारा पूर्व में अध्यापन न किये जाने के कारण वे विज्ञान विषय को, विशेष रूप से विज्ञान के प्रयोगों को, न तो ठीक से ख़ुद ही समझ पाते हैं और न ही इन्हें ठीक तरह से करा पाते हैं।

संसाधनों की पर्याप्तता

विज्ञान विषय, जैसा कि ऊपर वर्णित भी किया जा चुका है, के प्रभावी शिक्षण के लिए आवश्यक संसाधनों की आवश्यकता होती है। बावजूद इसके सरकारी विद्यालयों में, विशेषकर उच्च प्राथमिक विद्यालयों में इस तरह के संसाधनों की कोई व्यवस्था नहीं होती है। इन संसाधनों में विशेषकर प्रयोग के उपकरण, रसायन, पाठ्यपुस्तक के अतिरिक्त सहायक शिक्षण–सामग्री, चार्ट/पोस्टर, सूचना तकनीक की ज़रूरत होती है। इस सबके अभाव के चलते विज्ञान की प्रकृति को बेहतर से समझाने में कठिनाई होती है। साक्षात्कार के दौरान आवश्यक सामग्री के अभाव के बारे में इन शिक्षकों ने सहमति दी है। हालाँकि अन्तिम समय में साक्षात्कार किये जाने वाले अध्यापकों ने विभाग द्वारा कुछ धनराशि इस मद में जारी करने की बात भी कही, जिसका अन्य स्रोतों, जैसे ज़िला शिक्षा एवं प्रशिक्षण संस्थान के शिक्षक–प्रशिक्षकों ने भी समर्थन किया।

संसाधनों की सूची (एन.सी.ई.आर.टी. के पाठ्यक्रमानुसार)	उपलब्ध	व्यक्तिगत व्यवस्था
रसायन (अल्कोहल, आयोडीन, विनेगर, कॉपर सल्फेट आदि)	नहीं	नहीं
मॉडल–मानवीय दाँत, जबड़ा	नहीं	हाँ
चार्ट्स (शरीर, पेड़–पौधों, जल–स्रोत आदि)	हाँ	हाँ
उपकरण (स्प्रिट लैंप, बैटरी, थर्मामीटर, ड्रॉपर, परखनली, माइक्रोस्कोप आदि)	नहीं	नहीं
पदार्थ (चीनी, नमक, आदि)	नहीं	हाँ
सहायक शिक्षण–सामग्री	नहीं	हाँ

निष्कर्ष

आँकड़ों के विश्लेषण और व्याख्या के दौरान यह बात सीधे–सीधे उभर कर आती है कि विज्ञान विषय के प्रभावी शिक्षण में संस्थागत स्तर की ख़ामियों

को दुरुस्त करने की ज़रूरत है। प्रत्येक विद्यालय में कम–से–कम एक विज्ञान–शिक्षक की उपलब्धता को सुनिश्चित किया जाना चाहिए और उन्हें विद्यालय में पर्याप्त समय दिये जाने की आवश्यकता है ताकि समयबद्ध तरीक़े से उपयुक्त शिक्षणशास्त्र का क्रियान्वयन करते हुए बच्चों में इस विषय के माध्यम से अर्जित की जाने वाली दक्षताओं का विकास हो सके। ज़रूरत है, उनको अविलम्ब संसाधन मुहैया कराये जायें ताकि बच्चे प्रयोग कर सकें, अवलोकन की प्रक्रियाओं का अनुभव कर सकें और आँकड़ों का संचयन, विश्लेषण एवं व्याख्या करते हुए तर्क आधारित प्रश्नों और जवाबों का निर्माण कर सकें। हाल में प्रदेश सरकार द्वारा विद्यालयों के लिए पुस्तकालय एवं विज्ञान–किट की व्यवस्था के लिए उपलब्ध कराया गया धन इस दिशा में एक सराहनीय क़दम है। प्रशिक्षण को छोड़ कर शिक्षकों के विद्यालय के बाहर के अन्य कार्यकलापों पर विराम लगाये जाने की ज़रूरत है। वादन की समय–सीमा पर स्थानीय स्तर पर विचार किये जाने की ज़रूरत है, ताकि उसमें विद्यालय अपनी ज़रूरत के अनुसार बदलाव कर सकें। नवाचार के रूप में वर्ष 2017–18 में अज़ीम प्रेमजी फाउंडेशन और शिक्षकों द्वारा 69 बाल शोध मेलों का आयोजन किया गया है। इसकी विभिन्न प्रक्रियाओं में 157 शिक्षक गहन रूप से शामिल रहे हैं और 543 शिक्षकों ने बाल शोध मेले को समझने के उद्देश्य से प्रतिभाग किया है। बाल शोध मेला राज्य में एक वैकल्पिक शिक्षणशास्त्र के रूप में उभर रहा है जहाँ शिक्षक, बच्चे, समुदाय और अज़ीम प्रेमजी फाउंडेशन के रिसोर्स पर्सन मिल कर खोज विधि के माध्यम से विषयों को गहराई से समझते हैं। यह न केवल उनमें तार्किकता का विकास करते हैं, बल्कि उनके अभिभावकों को भी शिक्षण में एक महत्त्वपूर्ण हितधारक के रूप में स्थापित करते हैं। इस तरह की प्रक्रियाओं को विषयों के शिक्षण में शामिल करने की ज़रूरत है, ताकि शिक्षा को रोचक, समझ आधारित और तार्किक स्तर का बनाया जा सके। उत्तराखण्ड के कुमायूँ क्षेत्र के जनपदों के शिक्षकों ने कक्षा–कक्ष में इस विधि के इस्तेमाल से बेहतर परिणाम मिलने की ओर इशारा किया है और अपने अनुभवों को ज़िला स्तरीय सेमिनार में भी प्रस्तुत किया है। हालाँकि इनके प्रभावों को व्यवस्थित तरीक़े से समझने के लिए अलग से शोध करने की ज़रूरत है।

सन्दर्भ सूची :

1. एन.यू.ई.पी.ए. (2017–18)। *यूनिफाइड डिस्ट्रिक्ट इन्फॉरमेशन सिस्टम ऑफ़ एजुकेशन,* नयी दिल्ली : नेशनल यूनिवर्सिटी ऑफ़ एजुकेशनल प्लानिंग एंड एडमिनिस्ट्रेशन।
2. कक्षा 1 से 12 पाठ्यक्रम, नयी दिल्ली : राष्ट्रीय शैक्षिक अनुसन्धान और प्रशिक्षण परिषद।

7

प्राथमिक शाला पाठ्यचर्या में विज्ञान

–हृदय कान्त दीवान

प्राथमिक शालाओं में विज्ञान के बारे में कई ढंग से सोचा गया है और कई कार्यक्रम चलाये गये हैं। लेखक इस पर्चे में ऐसे दो कार्यक्रमों के बारे में बात कर रहे हैं। एक होशंगाबाद और बैतूल ज़िलों के कुछ स्कूलों की प्राथमिक कक्षाओं में शुरू किये गये कार्यक्रम के विज्ञान केन्द्रित हिस्से व उसके परिप्रेक्ष्य के बारे में है। यह उस प्राथमिक शिक्षा कार्यक्रम का हिस्सा है जो एकलव्य (मध्य प्रदेश में काम करने वाली एक संस्था) और मध्य प्रदेश एस.सी.ई.आर.टी. द्वारा मिल कर चलाया गया था। दूसरा, राष्ट्रीय स्तर पर एन.सी.ई.आर.टी. के विज्ञान–शिक्षण कार्यक्रम की समझ और उसके पर्यावरण अध्ययन में बदलाव व उसके बाद उभरी प्राथमिक कक्षाओं के लिए विज्ञान की समझ के बारे में है। वे यहाँ इन दोनों कार्यक्रमों में पढ़ाने की प्रस्तावित पद्धति, पाठ्यक्रम की अपेक्षाओं और विषयवस्तु व चुनाव के आधारों की चर्चा कर रहे हैं। पाठ्यचर्या, पाठ्यक्रम, पठन–पाठन सामग्री से लेकर कक्षा–प्रक्रिया की रचना व उसके वास्तविक स्वरूप तक की यात्रा में बहुत–से पहलू सम्मिलित हैं। सबसे पहला पहलू यह है कि जो हम सिखाना चाहते हैं वह क्या है? उसकी प्रकृति कैसी है? उसमें क्या सिखाना महत्त्वपूर्ण है और क्यों। इसके अलावा ढाँचागत प्रश्न हैं, जिनमें शाला–व्यवस्था, शिक्षक–तैयारी,

उनका मनोबल, सामाजिक सन्दर्भ, परिस्थिति आदि सभी हैं। लेखक ने इनमें से कुछ पहलू, जो कि पाठ्यचर्या की कल्पना व रचना से जुड़े हैं, पर ही इस लेख को फोकस किया है।

विज्ञान पढ़ाने की दृष्टि क्या हो?

विज्ञान क्या है और इसे क्यों और कैसे पढ़ाया जाये–इसके कई अलग–अलग उत्तर मिलते हैं। इन उत्तरों में परिप्रेक्ष्य, विस्तार, विषयवस्तु से लेकर अनेक पहलुओं के बारे में व्यक्ति की समझ का असर होता है। अक्सर यह समझा जाता है कि प्राकृतिक प्रकार्यों, परिघटनाओं आदि के बारे में वर्तमान में जो मान्य ज्ञान है, वह पुलिन्दा ही विज्ञान है। इसीलिए यह ज़ोर भी दिया जाता है कि विज्ञान द्वारा मान्य बात सत्य ही होगी। किन्तु विज्ञान का सारा ज्ञान समेकित ढंग से तो एक बड़ा भण्डार है, पर इसका हरेक हिस्सा अपने आप में अपूर्ण और अस्थायी है। यह ज्ञान लगातार पुनरीक्षित होता है, विस्तृत किया जाता है, सुधारा जाता है व इसमें कई तरह की नयी बातें जुड़ती रहती हैं और पुरानी समझ के बहुत–से हिस्से बदलते रहते हैं। विज्ञान में वर्तमान ज्ञान और उसे हासिल करने की प्रक्रिया दोनों शामिल हैं। जैसा कि पोंकारे ने कहा था, "विज्ञान तथ्यों से उसी तरह बना माना जा सकता है, जैसे कोई घर ईंटों से और तथ्यों के भण्डार को उसी हद तक विज्ञान कहा जा सकता है जितना ईंटों के किसी ढेर को घर कहा जा सकता है (पोंकारे हेनरी, 'ला साइंस और हाइपोथिसिस', 1908 जैसा कि 'टेकिंग साइंस टू स्कूल' में उद्धृत किया गया है)'' यानी सिर्फ़ सही तथ्यों को इकट्ठा करना विज्ञान नहीं है। उन तथ्यों के ज्ञान के साथ ही उनमें कमज़ोरी ढूँढ़ पाने का यक़ीन व इच्छा, उसमें नया जोड़ना और ये सब कर पाने का तरीक़ा ही विज्ञान है यानी प्राकृतिक ढाँचों, प्रक्रियाओं व फिनोमिना की आज की समझ, जो लगातार बदल रही है और बेहतर व पैनी हो रही है, वही विज्ञान है। इसका निहितार्थ है कि विज्ञान सीखने में उसकी प्रक्रिया के साथ–साथ उसमें ज्ञान के प्रति निहित दृष्टिकोण और रवैया भी विकसित हो, न कि सिर्फ़ अवधारणाएँ और प्राकृतिक फिनोमिना के कारणों की जानकारी। इस रवैये में विज्ञान की स्थापित समझ पर एक खुले दिमाग़ और उसकी पुनःपरीक्षण की सम्भावना को आत्मसात करना एक महत्त्वपूर्ण पहलू है।

विज्ञान क्यों पढ़ाएँ?

इस प्रश्न के कई परिप्रेक्ष्यों में उत्तर दिये जा सकते हैं। शिक्षा–नीति 1966 ने विज्ञान–शिक्षण को दो कारणों से महत्त्वपूर्ण माना। पहला तकनीकी विकास की कुंजी के रूप में और दूसरा अन्धविश्वास व सामाजिक रूढ़ियों को दूर कर वैज्ञानिक ढंग से सोचने की क्षमता के विकास के लिए। एन.सी.ई.आर.टी. द्वारा रचित विज्ञान के आधार पत्र (एन.सी.ई.आर.टी., 2006) में विज्ञान के लक्ष्यों, उसकी प्रकृति और उसे पढ़ाने के कारणों को सम्मिलित करते हुए पाठ्यक्रम को आँकने के छह मानदण्ड दिये गये हैं। इन मानदण्डों के अनुसार पाठ्यक्रम न सिर्फ़ बच्चों के संज्ञानात्मक विकास स्तर के अनुरूप व उनके लिए ग्राह्य हो, बल्कि बच्चे के परिवेश से जुड़ा भी हो और बच्चे के अनुभव क्षेत्र को व्यापक करे यानी वह बच्चों के स्तर का हो और उनकी समझ व अनुभव क्षेत्र के दायरे के क़रीब हो। उसमें रखा गया ज्ञान सही हो और उसे सीखने का महत्त्व भी हो। विषयवस्तु के विज्ञान की परख पर खरे उतरने और विज्ञान की प्रक्रिया के अनुरूप होने के अलावा यह भी माँग है कि वह विज्ञान के ऐतिहासिक विकास की झलक भी दिखाये। इससे विद्यार्थियों को यह समझने में मदद मिलेगी कि कोई भी अवधारणा एक बार में विकसित नहीं होती। विज्ञान की समझ विकसित व समृद्ध होती रहती है और विज्ञान का ज्ञान स्थायी व जड़ नहीं है। वह नये प्रयोगों, परिस्थितियों, अनुभवों, आँकड़ों/अवलोकनों और उनके आधार पर हुए नये विश्लेषणों से व संश्लेषणों से बदलता रहता है। इसी तरह से यह भी माँग है कि वह सीखने वाले के व्यापक पर्यावरण के सन्दर्भ में हो और विज्ञान, टेक्नोलॉजी व समाज के अन्तर्सम्बन्धों का अहसास कराये, ताकि सीखने वाला यह समझ पाये कि सामाजिक कारण किस प्रकार विज्ञान के विकास को प्रभावित करते हैं। इन मानदण्डों में नैतिक उपयुक्तता को भी रखा गया है यानी विज्ञान को बन्धुत्व, बराबरी, ईमानदारी, वस्तुनिष्ठता, सहकार, पक्षपात व पूर्वधारणाओं से आज़ादी, जीवन व पर्यावरण के प्रति ज़िम्मेदारी को बढ़ाने का प्रयास करना है।

दस्तावेज़ के आख़िरी बिन्दु में विज्ञान पर किये गये पूर्ण भरोसे के सन्दर्भ में चिन्ता की झलक दिखती है। यहाँ नैतिक वैधता के रास्ते से पर्यावरण व जीवन–सुरक्षा के प्रति सचेतता की बात भी रखी गयी है।

इसी के साथ–साथ एक अन्य जगह यह दस्तावेज़ विज्ञान को उसके पूर्णतः वस्तुनिष्ठ व पूर्णतः गुणकारी पैडस्टल से उतार कर एक सामाजिक क्रियाकलाप के रूप में व सावधानी से उपयोग लायक ज्ञान के रूप में रखता है। इसमें यह आग्रह है कि बच्चे यह भी समझें कि विज्ञान की दिशा सामाजिक कारणों से भी निर्धारित होती है।

1966 से लेकर 2005 तक सभी आयोग और समितियों की रिपोर्ट व नीति–दस्तावेज़ यही कहते हैं कि किसी भी ज्ञान, विशेष रूप से विज्ञान को तथ्यों का पुलिन्दा नहीं समझना चाहिए। विज्ञान सीखने की प्रक्रिया में प्रयोग के अवलोकनों और उनके आधार पर स्वयं के व पहले किये गये विमर्श, अवलोकनों और विश्लेषण द्वारा ज्ञान हासिल करना ही अपनी समझ विकसित करने की कोशिश का सही तरीक़ा है।

कुल मिला कर निष्कर्ष यह है कि विज्ञान सीखना अवधारणाओं को सही तरह से समझना व उनका इस्तेमाल सीखना है। सीखे जा रहे ज्ञान का आधार और उसके लिए प्रमाणों की माँग व उन्हें जाँचने की क्षमता हासिल करना है। वैज्ञानिक मानसिकता के विकास की अपेक्षा में यह भावना निहित है कि प्रमाण और तर्क के विकास की आवश्यकता के कारण विज्ञान अपने आसपास के घटनाक्रम को समझने की दृष्टि का आधार बन सकता है। विज्ञान की मदद से इस तरह से विचार करने का ढंग अथवा समझने का लेंस बनना चाहिए, जिससे अपना मत बनाने से पहले सभी सम्बन्धित पहलुओं को जाँच लेने की आदत पड़ जाये। इसी के साथ–साथ विज्ञान तकनीकी विकास का औज़ार भी है और इस कारण भी इसका सीखा जाना महत्त्वपूर्ण है। इसमें भी तकनीकी यन्त्रों की जानकारी मात्र सीखना नहीं, वरन उनके कार्य करने के सिद्धान्त, उन्हें बनाने के तरीक़े के आधार समझना और यन्त्रों का उपयोग कर पाना महत्त्वपूर्ण है। राष्ट्रीय पाठ्यचर्या दस्तावेज़ व आधार पत्र में विज्ञान विषय के शिक्षण से यह अपेक्षा भी है कि इसके माध्यम से लोकतन्त्र में भागीदारी भी बढ़ेगी।

प्रारम्भिक कक्षाओं में विज्ञान के लक्ष्य

एन.सी.एफ़. 2005 संविधान की प्रस्तावना के आधार पर शिक्षा के कुछ प्रमुख लक्ष्य चिह्नित करता है। इनमें स्वतन्त्र रूप से सोच पाने, निर्णय ले पाने व उनके अनुरूप क़दम उठाने की क्षमता शामिल है। साथ ही इनमें

अन्य लोगों की संवेदनाओं, ख़ुशहाली व भावनाओं का ध्यान रखना और परिस्थितियों की आवश्यकता के अनुसार लचीले ढंग से प्रतिक्रिया दे पाने के साथ लोकतान्त्रिक प्रक्रिया, सामाजिक व आर्थिक विकास में भागीदारी करना भी शामिल है। इनका प्रतिबिम्ब प्राथमिक कक्षाओं में भी मिलना चाहिए। आधार पत्र मानता है कि प्राथमिक शाला के पड़ाव पर विज्ञान सिखाने का उद्देश्य दुनिया के बारे में जिज्ञासा जगाना और विद्यार्थियों में स्वयं कुछ सोचने व करने का तरीक़ा विकसित करना है। इसके साथ–साथ ही आधार पत्र के अनुसार प्राथमिक शाला में विज्ञान के शिक्षण से अपेक्षा है कि वह विद्यार्थियों को अपने परिवेश के बारे में बेहतर ढंग से समझने के लिए तैयार करे और उन्हें विज्ञान की प्रक्रिया से अवगत क़राये। विज्ञान के इस्तेमाल से स्वतन्त्र रूप से सोचने व स्वतन्त्रता से कार्य करने वाले व्यक्ति का निर्माण हो व उनमें बुनियादी ज्ञान व कौशल, अभिरुचि और सोचने का ढंग विकसित हो, जिससे बाद में विज्ञान को और गहराई से सीखा जा सके।

इस ठोस कार्यक्रम में क्या कुछ और बातें जोड़नी होंगी? उदाहरण के तौर पर क्या स्वतन्त्र सोचने वाले व्यक्ति को सभी कुछ स्वयं ही सोचना है अथवा उसे यह सब 'स्थापित' ज्ञान व उसके विश्लेषण की मदद से सीखना है? यानी स्थापित ज्ञान के ढंग व उसी के द्वारा निर्देशित सरल व उपयोगी विधि से सीखा जाना है? क्या विज्ञान का ज्ञान अवलोकन, एकत्रीकरण व विश्लेषण के आधार पर बच्चे द्वारा रचा जाना है? क्या विज्ञान की कक्षा में उसे 'छोटा वैज्ञानिक' मानना चाहिए व कक्षा में सीखने–सिखाने की प्रक्रिया को इसी हिसाब से रच कर आगे बढ़ना चाहिए? सीखने वालों के छोटे वैज्ञानिक होने का अर्थ क्या है और उसके कक्षा–व्यवस्था, पाठ्यक्रम और उसकी विषयवस्तु के अलावा विज्ञान के ज्ञान के लिए क्या निहितार्थ हैं, यह एक उलझा हुआ प्रश्न है। क्या छोटा वैज्ञानिक होने का अर्थ ऐसी सीखने वाली से है, जो वैज्ञानिक प्रक्रिया का हर समय सम्पूर्णता से इस्तेमाल करती है? यानी ख़ुद प्रयोग सोच कर उसे जमाती है और प्रयोग करके निष्कर्ष तक जाती है। बच्चे छोटे वैज्ञानिक होते हैं या नहीं और कक्षा इस आधार पर रची जानी चाहिए या नहीं, इस प्रश्न पर बहुत बहस हुई है। यह बहस दो अलग–अलग फलक पर है। एक फलक बच्ची के विकास के रास्ते का है। इसके अनुसार बच्ची अपनी खोज–बीन के

आधार पर अपनी धारणाएँ बनाती है और उनमें बदलाव करती रहती है। उपरोक्त समझ के विरुद्ध यह धारणा है कि बच्ची एक 'छोटा वैज्ञानिक' नहीं वरन एक छोटी शार्गिद है जो कि अपने अलग-अलग तरह के उस्तादों के सान्निध्य में सीखती है। उसके पास स्वयं के सिद्धान्त गढ़ने की कोई क्षमता नहीं होती और वह उस्तादों के मार्फ़त पूर्वज्ञात सिद्धान्तों से परिचय पाती है।

इस बहस का दूसरा फलक कक्षा पेडागॉजी का है। सीखने में सक्रिय विद्यार्थियों को क्या करना चाहिए, इसकी समझ पर कई तरह का विमर्श है। सवाल यह है कि क्या विज्ञान सीखने में सक्रियता का अर्थ विज्ञान की प्रक्रिया के अनुसार चलते हुए प्रयोग करना व उनसे निष्कर्ष तक पहुँचकर सिद्धान्तों की कल्पना करने की चेष्टा करना है? यदि तरीक़ा यह है, तो यही तरीक़ा वैज्ञानिकों के कार्य करने का भी है। अतः विज्ञान सिखाने के लिए एक उपयुक्त ढंग ऐसी पेडागॉजी की रचना है, जिसमें बच्चे छोटे वैज्ञानिकों की तरह कार्य करते हुए सीखें। इसके अनुसार सीखने वालों को छोटा वैज्ञानिक मान कर रची गयी कक्षा में यह पहले से तय नहीं किया जा सकता कि किन मसलों को समझने का प्रयास किया जायेगा और उनके अध्ययन का क्या तरीक़ा अपनाया जायेगा। सीखने वाले अपने पहले के ज्ञान और अनुभव के आधार पर और सहयोगियों से चर्चा के आधार पर ही अपना रास्ता तय करेंगे। वे न सिर्फ़ यह तय करेंगे कि कौन-सा प्रयोग होगा और कैसे, वरन यह भी कि अवलोकनों के निष्कर्ष एवं उनके निहितार्थ क्या हैं? इस संरचनावादी ढंग से सीख कर वे अवधारणा-ढाँचा व अवलोकनों के आधार पर व्यापीकरण व सिद्धान्त-निर्माण भी कर पायेंगे। इसके विपक्ष में यह तर्क है कि ऐसे में इस प्रक्रिया से तो बच्चों को विज्ञान के ज्ञात अवधारणात्मक ढाँचे तक पहुँचने में सदियाँ लग जायेंगी और यह भी लगभग असम्भव है कि वे उस तरह के तर्क सोच पायें जो वैज्ञानिकों के संचित प्रयासों व संचित समझ के आधार पर रचित हैं। उदाहरण के लिए, जड़त्व का तर्क स्वयं खोज पाना मुश्किल प्रतीत होता है। इसी प्रकार पृथ्वी के गोल होने व सभी कुछ के केन्द्र पर न होने जैसे कई और उदाहरण दिये जा सकते हैं। लेकिन छोटे वैज्ञानिक की समझ को उसके पूर्ण स्वरूप से कम रखते हुए और छुटपन व छोटी कक्षाओं में इसके महत्त्व को रेखांकित करते हुए कई मॉडल हैं, जिन्हें कई अध्येता अभी भी

उपयोगी मानते हैं। हालाँकि इसके विपक्ष में भी अध्येताओं का बड़ा समूह है। इस बहस पर हम यहाँ अधिक चर्चा नहीं करेंगे और यही कहेंगे कि इन सब के बावजूद यह तो साफ़ है कि बच्चे स्वाभाविक तौर पर जिज्ञासु होते हैं और प्राकृतिक संसार के अपने अनुभव लेकर कक्षा में आते हैं। उनके ये अनुभव और उससे बनी उनकी समझ उनकी पृष्ठभूमि, अभिरुचि और अन्य कारणों से एक–दूसरे से बहुत अलग–अलग हो सकती है। इस विविधता के आधार पर ही शिक्षक को कक्षा की रचना करनी होगी।

यदि विज्ञान के पाठ्यक्रम में शामिल की जाने वाली विषयवस्तु के बारे में सोचें तो मोटे तौर पर विज्ञान के पाठ्यक्रम के लिए आवश्यक बृहद लक्ष्यों को इस प्रकार निरूपित कर सकते हैं :

1. प्राकृतिक घटनाक्रमों व संसार के वैज्ञानिक विवेचनों व समझ को जानना, इस्तेमाल करना और उनके आधार, निहितार्थ व उनकी सीमाएँ पहचानना।
2. वैज्ञानिक प्रमाण जुटाना, गढ़ना व उनको आँकना।
3. विज्ञान के ज्ञान की प्रकृति व विकास–यात्रा को समझना।
4. वैज्ञानिक संवाद व प्रक्रियाओं में अर्थपूर्ण ढंग से भाग लेना।

इनमें हर पहलू एक–दूसरे से जुड़ा हुआ है और ये लक्ष्य पाठ्यचर्या द्वारा दर्शित विज्ञान–पाठ्यक्रम की बहुत–सी कसौटियों को समेटे हुए हैं। इसमें से प्राथमिक शाला में क्या किया जा सकता है और किस प्रकार किया जा सकता है यह एक महत्त्वपूर्ण प्रश्न है। इस पर हम अगले हिस्से में बात करेंगे।

प्राथमिक कक्षाओं में विज्ञान के पहलू

प्राथमिक कक्षाओं के लिए विज्ञान–शिक्षण की रचना में दो पहलुओं का शुरू से ही महत्त्व है। एक, शाला में आ रहे विद्यार्थी अपने पर्यावरण (प्राकृतिक अथवा इन्सान द्वारा रचित) के बारे में किस प्रकार का ज्ञान और उसके बारे में जानने की किस प्रकार की क्षमता लेकर आते हैं। यह तो स्पष्ट है कि इस समय विद्यार्थी विज्ञान विषय में शामिल मसलों से सम्बन्धित परिघटनाओं, अनुभवों, जानकारियों आदि के बारे में अपनी समझ बनाना शुरू करते हैं। इसमें कार्यकारी सम्बन्धों के बारे में तथ्यात्मक, प्रक्रियात्मक व अवधारणात्मक समझ तक का रास्ता सम्मिलित है। कक्षा में विमर्श कर

पाने के लिए व आज के मान्य सिद्धान्तों की झलक पाने के लिए विद्यार्थियों को अपनी तात्कालिक समझ से आगे जाने का रास्ता चाहिए। उस समय उनकी अवलोकन करने, सम्बन्ध जोड़ पाने, पैटर्न देखने और इनके आधार पर सामान्यीकरण करने की किस प्रकार की क्षमता होती है। इस समझ के आधार पर हम विज्ञान की कक्षा को सार्थक बना पायेंगे। यह भी सवाल है कि क्या इस समय इन क्षमताओं को बढ़ाया जा सकता है। इसी से शिक्षक और पाठ्यक्रम व पाठ्यपुस्तक–निर्माण करने वाले प्राइमरी कक्षाओं में विज्ञान–शिक्षण को जीवन्त बना सकेंगे। आवश्यक है कि सीखने वाले के अनुभव और ज्ञान के साथ ऐसा सम्बन्ध बने जो सार्थक हो व उन्हें सिखाने हेतु उत्साहित और प्रेरित करे।

सवाल यह भी है कि विज्ञान विषय में प्राथमिक कक्षा में किन मसलों को किन आधारों पर शामिल किया जाये। बच्चों के क़रीब व परिवेश से जुड़े कौन–से पहलू हैं जिन पर उनके साथ सार्थक विमर्श किया जा सकता है? क्या यह सम्बन्ध स्थानीय स्तर पर नहीं ढूँढ़े जायेंगे और पाठ्यपुस्तक द्वारा निर्धारित होंगे? साथ ही यह भी सोचा जाना चाहिए कि पर्यावरण व जीवन के संरक्षण, अन्य लोगों की संवेदनाओं व ख़ुशहाली की कसौटी के चलते विज्ञान का क्या स्वरूप रखा जाये? क्या उसमें बड़ी–बड़ी मशीनों व बेहतर तरीक़ों की बात करेंगे अथवा इसके ख़तरों से भी आगाह करेंगे? किस तरह व किस हद तक?

एक मसला शिक्षक से अपेक्षा व उसकी तैयारी का है। प्राथमिक स्तर पर विज्ञान–शिक्षण की सार्थक कक्षा के संचालन के लिए कक्षा का ढाँचा व शिक्षक की भूमिका दोनों पर विचार करने की आवश्यकता है। यहाँ सवाल यह है कि क्या बच्चे अधिकांशतः चुपचाप बैठें और ध्यान–से सुन कर शिक्षक द्वारा बताये गये विज्ञान को समझने व आत्मसात करने का प्रयास करें अथवा वे स्वयं प्रयोग करें, अवलोकनों पर चर्चा करें व विज्ञान की अपनी समझ विकसित करें? इस तरह की कक्षा में कक्षा–व्यवस्था कैसी होगी? शिक्षक की भूमिका क्या मात्र सुगमकर्ता की होगी? इससे उभरते कई और सवाल हैं जिसमें पाठ्यचर्या की रचना, शिक्षक की क्षमता व तैयारी के प्रश्न हैं। कक्षा में शिक्षक व बच्चों की भूमिका में बदलाव की आवश्यकता महसूस हुई। इस बदलाव की व्यापक शुरुआत राष्ट्रीय शिक्षा–नीति 1986 से हुई, जिसमें बाल केन्द्रित शिक्षा व बच्चे की क्रियाशीलता की बात हुई

और जिसने आगे चल कर शिक्षक को सुगमकर्ता के रूप में रखा। इस धारा का कई तरह से प्रसार हुआ। गतिविधि आधारित व बाल केन्द्रित शिक्षण–अधिगम सामग्री से लैस शिक्षण में शिक्षक सीमित भूमिका वाला सुगमकर्ता बन गया। इस दौरान डी.पी.ई.पी. व अन्य कार्यक्रमों के अन्तर्गत शिक्षक की सुगमकर्ता वाली भूमिका को प्रशिक्षणों के माध्यम से शिक्षकों को समझाने का प्रयास किया गया। इसके मूल में यह समझ थी कि सुगमकर्ता होने का अर्थ है कि शिक्षक का कार्य सिर्फ़ ऐसी व्यवस्था करना है जिसमें बच्चे को सामग्री व मौक़ा मिल जाये। शिक्षकों को बच्चों को कुछ बताने अथवा समझाने की ज़रूरत नहीं है। यह शिक्षक के सीखने–सिखाने के कर्णधार होने की समझ से दूसरे छोर पर है और इसमें शिक्षक की शिक्षकीय भूमिका लगभग नगण्य है। कई अध्येताओं का कहना है कि प्राथमिक शाला की औपचारिक कक्षाओं में शिक्षकों की इतनी संकीर्ण भूमिका अपर्याप्त है। शिक्षक के सुगमकर्ता होने का तात्पर्य व उसकी सीमाओं के बारे में विस्तार से पढ़ने के लिए देखें (साधना सक्सेना, 2006; दीवान एच.के., 2021)।

पूर्णतः सब कुछ बताने, समझाने व संचालित करने एवं सिर्फ़ उपस्थित रह कर व्यवस्था और सामग्री उपलब्ध कराने वाली अपेक्षित भूमिकाएँ जो कि दो छोरों पर हैं, उनमें सन्तुलन की आवश्यकता है। जटिल मसला यह है कि यदि सन्तुलन चाहिए तो उसकी रचना कैसी हो? जैसे क्या वह अस्सी और नब्बे के दशक में इस्तेमाल हो रही एन.सी.ई.आर.टी. की 'विज्ञान : आओ करके सीखें' की तरह हो या फिर पूर्णतः इन्क्वायरी व खोज आधारित हो अथवा एकलव्य की 'बाल वैज्ञानिक' जैसी हो, 'लिटिल साइंस' जैसी हो, नयी एन.सी.ई.आर.टी. पुस्तक जैसी हो अथवा इनसे अलग हो? राष्ट्रीय पाठ्यचर्या दस्तावेज़ में बच्चों की क्रियाशीलता को उनके अपने ज्ञान के ढाँचे के विकास से जोड़ा गया है। सीखने की प्रक्रिया की व्याख्या ज्ञान की रचना के रूप में करते हुए वह शिक्षक को बच्चों की भागीदारी को ज़्यादा पैना और सार्थक बनाने की भूमिका में देखता है। यह भूमिका ज़्यादा समृद्ध और अर्थपूर्ण है। इसमें शिक्षक की भूमिका ऐसे सवाल पूछने व बच्चों के लिए ऐसे टास्क गढ़ने की है, जिससे बच्चे विषय से गहराई से जूझें व अपने पूर्ण विकास तक पहुँच पायें। दस्तावेज़ सीखने वालों की सक्रिय भागीदारी की विस्तृत व्याख्या करते हुए यह अपेक्षा करता है कि इसमें बच्चों को खोज–बीन करने, सवाल पूछने, बहस करने, मनन

करने, ज्ञान को इस्तेमाल करके स्वयं के मत बनाने, अपना विचार, ढाँचा व अपने सिद्धान्त बनाने, अवधारणा का ढाँचा रचने और नये विचार गढ़ने के मौक़े होंगे। हालाँकि इस समझ में विज्ञान–शिक्षण के सन्दर्भ में और कक्षा–रचना के सन्दर्भ में कई महत्त्वपूर्ण बातें हैं, लेकिन कई पहलुओं पर और स्पष्टता व अलग दृष्टि की आवश्यकता है।

पाठ्यपुस्तकों में कक्षा-प्रक्रिया

प्राथमिक कक्षाओं में विज्ञान–शिक्षण के लिए एन.सी.ई.आर.टी. द्वारा 1980–90 के दौरान बनायी गयी पुस्तक शृंखला में गतिविधियाँ व प्रयोग डालने का प्रयास था। 'विज्ञान : आओ करके सीखें' नाम की इन पुस्तकों में जानकारी है, अवधारणाओं को समझाया गया है और प्रयोगों व गतिविधि के लिए निर्देश दिये गये हैं। साथ ही यह बताया गया है कि प्रयोग करने पर क्या अवलोकन मिलेंगे और यह ऐसे ही क्यों होंगे। होशंगाबाद विज्ञान शिक्षण कार्यक्रम की पूर्व माध्यमिक कक्षा की विज्ञान पुस्तक 'बाल वैज्ञानिक' में प्रयोग करने, अवलोकन लिखने और अवलोकनों के आधार पर चर्चा कर निष्कर्ष तक पहुँचने पर ज़ोर है। यह माना गया है कि शिक्षक के मार्गदर्शन में विद्यार्थी अपने अवलोकनों पर होने वाली चर्चा के आधार पर निष्कर्ष तक पहुँच पायेंगे। इसमें अवलोकन क्या होंगे यह नहीं बताया गया है और यह भी नहीं कि निष्कर्ष व आधार क्या होंगे। यहाँ शिक्षक को पूरी कक्षा के बच्चों को प्रयोग करने का मौक़ा देकर, अवलोकनों के आधार पर उनके विश्लेषित साझा उत्तर विकसित कराना है।

विज्ञान की पुस्तक अन्य प्रकार की भी हो सकती हैं। ऐसी भी हो सकती है जिसमें बच्चों के लिए खोज की बिल्कुल खुली जगह हो। उसमें 'बाल वैज्ञानिक' की तरह के प्रयोग, अवलोकन व विश्लेषण के निर्देश भी न हों, बल्कि सिर्फ़ कुछ समस्याएँ व टास्क दिये हों जिन्हें बच्चों को अपने तरीक़े से सोच कर अपनी समझ अनुसार पूरा करना हो। कौन–सा प्रयोग करें, कैसे करें, क्या सामग्री लें, कौन–से अवलोकन करें, विश्लेषण का क्या ढंग हो इत्यादि बच्चों को ख़ुद ही तय करना हो। ऐसी पाठ्यपुस्तकें जो पूरी तरह खोज अथवा इनक्वायरी आधारित हों उन्हें कक्षाओं में उपयोग करना कठिन है, किन्तु विचार के स्तर पर इनकी कल्पना की जा सकती है। राज्यों में आज उपयोग की जा रही पुस्तकें कई तरह की हैं।

ज़्यादातर तो अभी भी पुराने फ्रेम में जकड़ी हैं, पर कुछ में थोड़ा परिवर्तन आया है। वैसे हम यह कह सकते हैं कि होमी भाभा विज्ञान शिक्षा केन्द्र, मुम्बई द्वारा रचित 'लिटिल साइंस', एन.सी.ई.आर.टी. व कुछ राज्यों की नयी किताबें काफ़ी हद तक 'बाल वैज्ञानिक' और 'विज्ञान : आओ करके सीखें' के बीच हैं।

पाठ्यपुस्तकों की तासीर कैसी भी हो उन सब के साथ कक्षा–व्यवस्था, सामग्री व शिक्षक की तैयारी के सवाल अलग–अलग स्तर की जटिलता के साथ जुड़े हैं। विज्ञान को जिस भी रूप में पढ़ायें उसके सार्थक होने के लिए शिक्षक की तैयारी किस प्रकार की हो, इसकी विवेचना अध्येताओं ने कई तरह से की है। इस तैयारी में प्राथमिक स्तर पर भी विषय की प्रकृति, बुनियादी अवधारणाओं, बच्चों के सीखने की प्रक्रिया, बच्चों के ज्ञान व पृष्ठभूमि की समझ के साथ–साथ कक्षा–व्यवस्था रचने, धैर्य से व्यवहार करने, बच्चों की बात सुनने, विकल्प ढूँढ़ने जैसे कई गुणों को रेखांकित करना ज़रूरी है।

कक्षा में द्विपक्षीय संवाद व बच्चों की सक्रिय भागीदारी हर तरह की पाठ्यपुस्तक द्वारा अपेक्षित है। इसमें बच्चों व शिक्षक के अलावा बच्चों के आपसी संवाद का भी महत्त्व है। इस सब से यह तो स्पष्ट है ही कि सार्थक विज्ञान–कक्षा में एकांगी बैठक–व्यवस्था व एकांगी पढ़ने–पढ़ाने का ढंग नहीं हो सकता। इसका अर्थ है कि कक्षा में उपयुक्त सामग्री की उपलब्धता के साथ–साथ बैठने की व्यवस्था में विविधता की गुंजाइश हो यानी यह सम्भव हो पाये कि बच्चे छोटे–छोटे समूहों में कार्य करें, चर्चा करें और फिर पूरी कक्षा में भी चर्चा और अध्यापन हो। समझ के यह पहलू बेहतर विज्ञान–शिक्षण की कल्पना को व्यवहार में लाने के लिए अनिवार्य और आवश्यक हैं।

बच्चे के ज्ञान की झलक

स्कूल का कार्यक्रम बनाने में बहुत महत्त्वपूर्ण है कि हम यह समझें कि स्कूल में आने वाले बच्चे क्या जानते हैं और यह उन्होंने कैसे सीखा है। चार–पाँच साल के बच्चे बहुत सारी बातें समझते हैं और उनके बारे में अपनी बात कह सकते हैं। वह कई तरह के सवाल भी पूछते हैं और जो आसपास हो रहा है उसके बारे में उनमें एक स्वाभाविक जिज्ञासा होती है।

यह जिज्ञासा आसपास की हर चीज़ के बारे में होती है। इसमें उसको इस्तेमाल करके देखना, जिस स्थिति में वह है उसे उससे परिवर्तित करके देखना और फिर जो दिखाई दे रहा है उसका कारण समझने की इच्छा आदि होती है। घर में कोई भी नया इलेक्ट्रॉनिक उपकरण आता है तो सबसे पहले बच्चों की इच्छा होती है कि वे उसे चला कर देखें व समझें कि वह कैसे काम करता है। अगर मौक़ा मिले तो खोल कर देखना चाहते हैं कि उसमें क्या है। वह एक ही क्रिया को बार–बार करके देखते हैं और उसके पैटर्न को देख कर अपने–अपने सामान्यीकरण करते हैं और उस पर वयस्कों व साथियों से चर्चा करते हैं।

अपनी खोज–बीन के रास्ते में वे हर तरह की अन्तःक्रिया से मिले इनपुट का इस्तेमाल तो करते हैं, किन्तु अपनी खोज व समझ के निर्माण के मसले व रास्ते स्वयं तय करते हैं। "इस खोज–बीन और तोड़–फोड़ की प्रक्रिया में वह कई बार वयस्कों को परेशान भी करता है और कई बार अचम्भित भी कर देता है (रजनी द्विवेदी, 2018)।" वह जो कर पाता है और जो जानता है वह कई बार अप्रत्याशित होता है। इसके बारे में कई लोगों ने अपने अनुभव व्यक्तिगत तौर पर लिखे हैं और कई ने इनका विश्लेषण किया है। उन्होंने बच्चों को अलग–अलग चीज़ों से अन्तःक्रिया करते हुए देखा है और यह पाया है कि कई बार उस अन्तःक्रिया में एक क्रम होता है। ऐसा स्पष्ट प्रतीत होता है कि वे कुछ बातों को समझने के प्रयास में धीरे–धीरे आगे बढ़ रहे हैं। यह भी लगता है कि वे इस कोशिश में हैं कि वे यह पता कर पायें और फ़ैसला कर सकें कि कोई घटना क्यों होती है और वह दोबारा हो इसे सुनिश्चित करने के लिए किस–किस क्रिया की ज़रूरत होती है। उदाहरण के लिए स्विच से पंखा अथवा कोई और उपकरण चलाना और बन्द करना। इसी प्रकार चीज़ों को खिसका कर, लुढ़का कर देखना, उन्हें ठोकना, पटकना, बजाना आदि।

इसके अलावा घर और आसपास के क्रिया–कलापों व उनके बारे में अन्तःक्रिया से उसके मन में बहुत–सी धारणाएँ बन जाती हैं। यह उसके आसपास के घटनाक्रमों, परिस्थितियों और परिघटनाओं के बारे में सोचने–समझने का एक पूरा फ़्रेमवर्क देती हैं। इसके आधार पर ही वह अन्य नयी परिस्थितियों को समझता है। अपने अनुभवों के और अपने आसपास के सन्दर्भ व व्यक्तियों से अन्तःक्रिया के आधार पर स्कूल आने

से पहले (स्कूल में रहते हुए) भी विद्यार्थियों की समझ बनती रहती है। इस समझ को दरकिनार कर हम विज्ञान अथवा किसी भी और शिक्षण की बात नहीं कर सकते। स्कूल आने से और औपचारिक तौर पर इस सन्दर्भ में चर्चाओं से पहले यानी विज्ञान के किसी भी तरह के औपचारिक अध्यापन से पहले बहुत–सी ऐसी क्षमताएँ व समझ बच्चे हासिल कर लेते हैं, जिन्हें विज्ञान विषय के ज्ञान की शुरुआत कहा जा सकता है। इसमें ऐसी धारणाएँ भी शामिल हैं जो अधूरे अवलोकनों व अतार्किक सम्बन्धों व विश्लेषण के आधार पर बनती हैं। इन धारणाओं का बनना इस बात का उदाहरण है कि बच्चे अपने आसपास से अन्तःक्रिया करते समय अपने ढंग से वैज्ञानिक विधि का उपयोग करते हैं। पाँच साल का बच्चा विज्ञान के सन्दर्भ में क्या जानता है? इस पर बहुत–सा काम हुआ है। यह बात ध्यान रखने की है कि बच्चे द्वारा इस तरह की धारणाओं का निर्माण यह दिखाता है कि वह स्वयं अपनी धारणाएँ बनाता है। उसकी रोज़मर्रा के कामों में शिरक़त व उसके सवालों के पैनेपन से हमें उसके ज्ञान व ज्ञान रचने की प्रक्रिया की समझ की झलक मिलती है (फाइनमेन, 1999; द्विवेदी, 2018; ब्रीवर, 2008)।

इस सीखने में कई तरह की समझ शामिल होती है। इसमें कुछ तो ऐसी होती है जो बहुत समय से चली आ रही है और पीढ़ी–दर–पीढ़ी हस्तान्तरित हो रही समझ और जानकारी से निकली हुई होती है। इनमें बहुत–सी चीज़ें ऐसी होती हैं जिनके बारे में नये ढंग से पुनर्विचार कर उनके बारे में वैकल्पिक अध्ययन करने की ज़रूरत भी हो सकती है। हम सब इस तरह के उदाहरण जानते हैं और राष्ट्रीय शिक्षा–नीति 1966 से ही यह बात कही जा रही है कि विज्ञान रूढ़िवादी ज्ञान से निदान का भी एक रास्ता है। यह विज्ञान के एक कार्य को परिवर्तन के स्रोत के रूप में निरूपित करता है यानी विज्ञान की शिक्षा का एक कार्य यह भी है कि वह पीढ़ी–दर–पीढ़ी चली आ रही समझ में नयी बातें जोड़े और उसको आज के ज्ञान के समकक्ष लाये।

प्रारम्भिक कक्षाओं में क्यों विज्ञान और क्या विज्ञान

यह स्पष्ट है कि प्रारम्भिक शाला में विज्ञान–शिक्षण कुछ उद्देश्यों को पूरा करता दिखायी देता है। एक उद्देश्य तो यही है कि वह बच्चों को आगे

विज्ञान पढ़ने के लिए तैयार करता है। दूसरा बड़ा उद्देश्य यह है कि वह बच्चे को अपने आसपास हो रही घटनाओं को समझने व उनका विश्लेषण करने में मदद करता है। यह जहाँ उसकी जिज्ञासा को बढ़ाने और उन्हें आगे तक ले जाने का रास्ता देता है, वहीं यह उन्हें समझने का एक परिप्रेक्ष्य भी देता है।

मुख्य धारा में प्राथमिक कक्षाओं में विज्ञान की समझ को लेकर व्यवस्थित दस्तावेज़ 80 के दशक में एन.सी.ई.आर.टी. द्वारा प्रकाशित हुआ। इस दस्तावेज़ में यह बताने की कोशिश की गयी कि विज्ञान में किस तरह की समझ व क्षमता बच्चे को कक्षा पाँच तक पहुँचते–पहुँचते आ जानी चाहिए। इसमें अवध ारणाओं व जानकारियों को कौशलों के व्यापक सन्दर्भ में गढ़े जाने की बात रखी गयी यानी उसमें कौन–कौन–से कौशलों का विकास हो और उस प्रक्रिया में किस प्रकार की जानकारी और कौन–कौन–सी अवधारणाएँ ली जायगी, इसको बताने की भी कोशिश की गयी। इन लर्निंग कंटिन्यूअम (Learning Continuum) डॉक्यूमेंट्स पर काम होता रहा है व इसके समय–समय पर कई रूप आये। इन्हें बनाने का मक़सद यह है कि एक ऐसा फ़्रेमवर्क बने जिसमें सारी अपेक्षाएँ स्तर रूप में स्पष्टतः निरूपित की जायें। इन सभी प्रयासों में भावना यह स्पष्ट करने की है कि हर बच्चे को कम–से–कम कितना आ जाये। इस तरह के केन्द्रीकृत दस्तावेज़ बनाने के प्रयास राष्ट्रीय और राज्यों के स्तर पर लगातार होते रहे हैं, हालाँकि इनके नाम बदलते गये हैं और इसमें अन्तःनिहित परिप्रेक्ष्यों में फ़र्क़ भी आता दिखता है।

इस कार्य का उद्देश्य शिक्षक के पास पुस्तक के अलावा एक ऐसा स्पष्ट दस्तावेज़ पहुँचाना है जो उसे साफ़ तौर पर यह बताये कि पाठ्यपुस्तक का इस्तेमाल करके उसको पहुँचना कहाँ है। हालाँकि कहा यह जाता है कि यह फ़्रेमवर्क लचीला है और इसे शिक्षक व स्कूल को स्वयं के लिए बदलते रहना है, किन्तु इनकी शब्दावली में यह झलक अक्सर नहीं दिखती है। इन दस्तावेज़ों में यह भी कहा जाता रहा है कि कक्षा में क्षमता और कौशल विकसित करने की कोशिश हो, न कि जानकारी को दोहराने की। हालाँकि स्पष्टतः यह कल्पना करना तो मुश्किल है कि जानकारी को सम्पूर्णतः हटा कर विषयों में क्षमता और कौशल की बात हो सकती है, किन्तु दस्तावेज़ में व्यक्त विचारों में इनके बीच पारस्परिक सन्तुलन

का स्तर उसे परखने का महत्त्वपूर्ण आधार हो सकता है। यह अपेक्षा भी जायज़ है कि दस्तावेज़ हर विषय में सीखने की प्रक्रिया की समझ की झलक भी दे पायेगा। एन.सी.ई.आर.टी. ने ऐसे दस्तावेज़ के साथ–साथ ही 'विज्ञान : आओ करके सीखें' पुस्तक श्रृंखला का विकास किया।

शिक्षा–नीति 1986 में न्यूनतम अधिगम स्तर के विचार के क्रियान्वयन की राह में प्राथमिक कक्षा के सभी विषयों के पाठ्यक्रम को टुकड़ों में प्रस्तुत किया गया। 1991 में एम.एच.आर.डी. द्वारा प्रकाशित इस दस्तावेज़ की शब्दावली जानकारी को याद रख कर बताने या कुछ करके दिखा पाने के रूप में लिखी गयी थी। इस पर्चे के पर्यावरण अध्ययन सम्बन्धित भाग में व्यक्त पाठ्यक्रम की अपेक्षाएँ जानकारी के पुंज के रूप में ही प्रतीत होती हैं (दीवान, एच.के., 1995)। यहाँ यह बात भी कहना ज़रूरी है कि उस समय तक यह समझ व्याप्त हो गयी थी कि बच्चा दुनिया को समग्र दृष्टि से देखता है व अपने आसपास से समेकित रूप से अन्तःक्रिया करता है। उसकी इस अन्तःक्रिया को विज्ञान व सामाजिक अध्ययन में बाँटना उचित नहीं है। 1980 के दशक के अन्त तक पाठ्यक्रम के स्तर पर विज्ञान प्राथमिक कक्षाओं में एक स्वतन्त्र विषय न होकर पर्यावरण अध्ययन का हिस्सा बन गया। लेकिन इसके लिए जो प्रयास हुए उनसे ऐसा लगता था कि लोगों ने पर्यावरण अध्ययन को विषय के रूप में समझने के बारे में ज़्यादा गम्भीरता से सोचा नहीं। पर्यावरण अध्ययन को एकीकृत करने का शुरू में तो यही मतलब था कि विज्ञान के अध्यायों और सामाजिक अध्ययन के अध्यायों को एक साथ बाइंड कर पर्यावरण अध्ययन की पुस्तक के रूप में प्रस्तुत किया जाये। कई बार तो उसको पर्यावरण अध्ययन एक और पर्यावरण अध्ययन दो के रूप में भी वर्णित किया जाता था। हालाँकि 1991 के फ्रेमवर्क में कल्पना तो यह थी कि प्राइमरी स्तर पर पर्यावरण अध्ययन का कार्यक्रम एकीकृत रूप में होगा, लेकिन जो भाषा इस्तेमाल की गयी थी उसमें एकीकरण सम्भव नहीं दिखता। पर्यावरण अध्ययन में विज्ञान और सामाजिक अध्ययन के पुट को इकट्ठा करके पर्यावरण अध्ययन के रूप में कल्पित करने की कोशिश बहुत अधिक नहीं बढ़ी है और मूल तौर पर ये दो अलग–अलग क्षेत्रों के रूप में ही रहे हैं, हालाँकि इसमें किन्हीं–किन्हीं उदाहरणों में कुछ हद तक एकीकरण हो पाया है। हम इस एकीकरण की प्रक्रिया और इसकी सीमा पर और बातचीत नहीं करेंगे। हमारा फोकस

विज्ञान के हिस्से में बात करने का है, लेकिन विज्ञान की चर्चा करते समय पर्यावरण अध्ययन की समझ के बारे में और उसके विज्ञान के साथ सम्बन्ध के बारे में थोड़ी बातचीत अनिवार्य थी (इसके बारे में और जानने के लिए पढ़ें दीवान, कुलहरि, लाहेमी, ईवीएस रिपोर्ट, 1995)।

वैकल्पिक प्रयास

हम इसके तहत दो कार्यक्रमों की चर्चा करेंगे जिनके आधार पर बाद में कई और प्रयास हुए। पहला प्रयास एकलव्य, मध्य प्रदेश के प्राथमिक शिक्षा कार्यक्रम (प्रा.शि.का.) के पर्यावरण अध्ययन का है और दूसरा लोक जुम्बिश परियोजना, राजस्थान के तहत पर्यावरण अध्ययन आधारित कार्यक्रम का है। इन दोनों प्रयासों का स्वरूप बहुत अलग–अलग था। इन्हें अर्द्ध–मुख्यधारा प्रयास कह सकते हैं क्योंकि यह सरकारी ढाँचे के साथ तो किये गये थे, पर इन्हें निर्मित व संचालित करने वाले ढाँचों का एक महत्त्वपूर्ण हिस्सा सरकारी व्यवस्था की निर्णय प्रक्रिया से काफ़ी हद तक अलग था। इसमें से एक कार्यक्रम यानी प्रा.शि.का. में अकादमिक संचालन करने वाली टीम एकलव्य नामक स्वैच्छिक संस्था के साथ काम कर रही थी। यह संस्था एक ऐसे प्रयास से उभरी थी, जो प्रा.शि.का. से लगभग डेढ़ दशक पूर्व से चला आ रहा था। कार्यक्रम सरकारी ढाँचों द्वारा प्रशासित था और इनमें समय–समय पर लिये जाने वाले निर्णयों में संयुक्त भागीदारी थी (और जानने के लिए पढ़िए जोशी सुशील, 'जश्न–ए–तालीम'; अग्निहोत्री एवं अन्य, 'प्रा.शि.का.', एकलव्य वेबसाइट)। दूसरा कार्यक्रम 'लोक जुम्बिश' सरकार द्वारा ही स्थापित एक स्वतन्त्र समिति द्वारा संचालित था और यह भी सरकारी स्कूलों में ही चलता था। समिति के अध्यक्ष व संचालक राज्य सरकार द्वारा नियुक्त थे और इसके स्थानीय स्तर पर संचालन हेतु अधिकारियों की नियुक्ति भी सरकार द्वारा चुन कर की जाती थी (राजगोपाल शोभिता, 2018)। पहले हम प्रा.शि.का. के बारे में बात करेंगे।

प्रा.शि.का.

यह कार्यक्रम एकलव्य, राज्य शिक्षा–विभाग व शिक्षक–प्रशिक्षण परिषद का एक संयुक्त प्रयास था, जिसमें प्राथमिक कक्षाओं के लिए वैकल्पिक पाठ्यक्रम, पाठ्यसामग्री, शिक्षण–प्रक्रिया, आकलन और अन्य पहलुओं को दो ज़िलों के कुछ सरकारी स्कूलों के साथ विकसित किया गया था।

कार्यक्रम में सभी विषय समेकित थे। इसका उद्देश्य इन स्कूलों की कक्षाओं में शिक्षा के कुछ बुनियादी सिद्धान्तों को लागू करने का प्रयास करना था। यह सिद्धान्त थे :

1. सीखने की शुरुआत में जो महत्त्वपूर्ण क्षमताएँ विकसित होती हैं, उनमें पढ़ कर समझना, अवधारणात्मक विमर्श को समझ पाना, अपने आप को व्यक्त करना, खोज–बीन, तर्क, कल्पना एवं अवलोकन करना, समस्या सुलझाना, सृजनात्मकता आदि शामिल हैं। यह सभी क्षमताएँ विषयों में अन्तर नहीं करतीं और अलग–अलग परिस्थितियों में इस्तेमाल होने पर विकसित होती हैं। ये स्वाभाविक क्षमताएँ हैं और नैसर्गिक रूप से इस्तेमाल के साथ बढ़ती रहती हैं। औपचारिक स्कूल का इन्हें विशिष्ट सन्दर्भों में और ज़्यादा पैने रूप से विकसित करने का लक्ष्य होता है। इस स्तर पर किसी भी विषय के अध्ययन–अध्यापन में बच्चों के अनुभव व ज्ञान का उपयोग करना आवश्यक है और यह विज्ञान से सम्बन्धित पहलुओं के लिए भी आवश्यक है। ऐसा नहीं है कि 'पढ़ना', 'सीखना' व 'समझे हुए' को अभिव्यक्त करना (चर्चा में अथवा लिख कर) सिर्फ़ भाषा की कक्षा में होना चाहिए। उदाहरण के लिए अवलोकनों व उनके विश्लेषण को पढ़ कर समझना व उस पर टिप्पणी करना, अपने अवलोकनों को चित्र में और वाक्यों में लिखना, इसी तरह ऐसे टेक्स्ट जिनमें अवधारणाओं को निरूपित किया गया है उन्हें समझ कर उनके निहितार्थ तक पहुँचना, प्रयोगों के निर्देशों को समझना व करना आदि ये सब विज्ञान की कक्षा में भाषायी क्षमता के विकास के अभ्यास भी हैं। अतः विज्ञान के पाठ इस प्रकार रचे जाने होंगे, जिनकी भाषा बच्चे स्वयं पढ़ने का प्रयास कर सकें।
2. बच्चों को स्वयं सीखने में सक्षम बनाने के लिए यह आवश्यक है कि उन्हें मुद्दों और अवधारणाओं को स्वयं समझने के मौक़े मिलते रहें। उन्हें ज्ञान बता कर नहीं दिया जाये, वरन ऐसे मौक़े रचे जायें कि वह इसे स्वयं सोचकर, मेहनत और संघर्ष कर हासिल करें। इसके निहितार्थ यह हैं कि कक्षा का स्वरूप शिक्षक द्वारा विवेचना अथवा समझाना नहीं है, वरन सीखने वालों के प्रयासों

को सुदृढ़ करना है। ज्ञान का प्रदान नहीं होता, बल्कि उसे सीखने वाले को स्वयं हासिल करना होता है। अतः बताना अथवा समझा कर याद कराना सिखाने में मदद का रास्ता नहीं है।

3. कक्षाएँ क्रियाशील और भागीदारीपूर्ण हों, इसके लिए यह भी आवश्यक है कि बच्चों को वही सिखाने की कोशिश हो जो वह सीख सकते हैं। कक्षा में क्या क्रियाएँ व गतिविधियाँ हों और किस तरीक़े से हों यह इस बात पर निर्भर करता है कि वह उस समय क्या सीख सकते हैं और किस तरह के कार्यों में सक्रिय भागीदारी कर सकते हैं। इसका निहितार्थ यह है कि उन मसलों को जिन्हें वयस्क ज़रूरी समझते हैं, उन्हें बच्चों की दृष्टि लैंस से परखने के बाद ही शामिल किया जाये। बहुत जल्दी बहुत कुछ शामिल करना सीखने में बाधा ही बनेगा। प्रा.शि.का. की पुस्तकों में शामिल प्रयोग, विवरण और विवेचन उस तरह के सन्दर्भों में रचित हैं जिनका बच्चों को अनुभव है अर्थात यह उनके आसपास उपलब्ध प्रकृति, वस्तुओं, व्यवसाय, घटनाक्रम पर आगे सोचने और खोजने के प्रयास हैं।

4. बच्चे अपने अनुभव पर मनन और उनके विश्लेषण से सीखते हैं, बताये गये कथनों से नहीं। प्रा.शि.का. की पुस्तकों में दिये गये पाठों में जहाँ तक सम्भव हो ऐसे कार्य अवश्य सम्मिलित हैं, जिन्हें बच्चे को घर पर करना है। इनमें से कई ऐसे हैं जिन्हें बच्चे अपनी इच्छानुसार जितना चाहें उतना आगे तक ले जा सकते हैं। उदाहरण के लिए कौन–सी चीज़ें पानी में तैरती हैं और कौन–सी नहीं, चुम्बक और किन वस्तुओं के बीच आकर्षण होता है, फूलों की पँखुड़ियों पर चूना लगाने से क्या–क्या होता है आदि। इन कार्यों में कभी–कभी माता–पिता और अन्य वयस्कों की भागीदारी सम्भव बनाने का प्रयास भी प्रा.शि.का. में किया गया है, किन्तु जैसे यह किया गया है, वह तरीक़ा अपर्याप्त था।

5. सिखाने का उपयुक्त तरीक़ा है कि बच्चों को ऐसी गतिविधियाँ करने का, ऐसी समस्याएँ हल करने का मौक़ा मिले जो उनके लिए चुनौती तो हैं, लेकिन उनके लिए नयी और रोचक भी हैं। साथ ही वह ऐसी भी हैं, जिन्हें वे स्वयं कर सकते हैं।

इन्हीं के अनुभवों के आधार पर वे आगे सीख पायेंगे। ज़ाहिर है कि प्रा.शि.का. की पुस्तकों में कक्षा–कक्षीय कार्य व अन्य टास्क ऐसे हैं जिनके लिए अधिकांश सामग्री परिवेश में सरलता से उपलब्ध है, बच्चे उसे कक्षा और घर दोनों जगह आवश्कतानुसार बिना अड़चन के प्राप्त कर सकते हैं। इसीलिए कई तरह की सरलता से उपलब्ध वस्तुओं के साथ आयतन, क्षेत्रफल, लम्बाई व अन्य मापन के अनुभव समय–समय पर दिये गये हैं। यथा लोटे, गिलास, कटोरी आदि से आयतन का अहसास और सतह पर पुस्तक, कॉपी, डिब्बे आदि रख कर क्षेत्रफल की मात्रा के अहसास व इसी तरह लम्बाई मापन के अलग–अलग तरह के व विविध स्तर के अभ्यास पुस्तकों में शामिल हैं।

6. प्रा.शि.का. का एक संघर्ष यह था कि यह बात हर समय याद रहे कि गतिविधि पाठ्यक्रम नहीं है। ऐसा नहीं है कि गतिविधि करा दी और पाठ्यक्रम ख़त्म। पाठ्यक्रम वह है जो बच्चों को इनके आधार पर सीखना और आत्मसात करना है। गतिविधि इस प्रक्रिया का रास्ता है, लक्ष्य नहीं है। एक ही अवधारणा के लिए कई गतिविधियाँ, कई तरीक़े हो सकते हैं और सभी बच्चे एक ही ढंग से नहीं सीखते। कोई भी ऐसा एक तरीक़ा ईज़ाद कर पाना जो हर समय उस उम्र के हर बच्चे के लिए काम करे, शायद सम्भव नहीं है। इन अलग–अलग ढंगों से सीखने वाले बच्चों के समूह में से ज़्यादा–से–ज़्यादा बच्चे सीखें इसके लिए यह ज़रूरी है कि वे एक ही बात की समझ विकसित करने के लिए अलग–अलग तरह की कई गतिविधियाँ कई–कई बार करते रहें।
7. साथ ही गतिविधि का अर्थ मात्र हाथ से कुछ स्वयं बनाना अथवा करना नहीं है और यह खेलना–कूदना भी नहीं है। गतिविधि का अर्थ मानसिक क्रिया और सोच–विचार से है। इसी तरह कक्षा में प्रादर्शों और प्रयोगों का प्रदर्शन गतिविधि नहीं है। गतिविधि का अर्थ अवलोकन और आँकड़ों का व्यवस्थित अध्ययन करना, विश्लेषण, तर्क रचना आदि है। प्रा.शि.का. की सामग्री के हरेक पन्ने पर बच्चों से तर्क रखने और अपनी समझ प्रस्तुत करने का आग्रह देखा जा सकता है।

8. बार–बार एक ही तरीक़े से बात को दोहराना उन बच्चों को बहुत ही हतोत्साहित कर देता है जो उसे समझ नहीं पाये हैं। उन्हीं शब्दों में, उसी लय में कोई बात दुबारा समझा देना बहुत उपयोगी नहीं है। यदि पहली बार में बच्चों को कोई बात समझ नहीं आयी है तो कोई कारण नहीं कि वही तरीक़े दूसरी बार उसे सिखा पायें। कक्षा में यही प्रयास होना चाहिए कि हरेक अवधारणा और क्षमता के साथ अलग–अलग ढंग से बच्चे की अन्तःक्रिया हो और उन्हें समझने और उनके विकास के अलग–अलग तरह से मौक़े मिलें।
9. अक्सर शिक्षकों के लिए यह समझना मुश्किल हो जाता है कि बच्चे कोई बात क्यों नहीं समझ पा रहे। अपेक्षा यही होती है कि जो उस कक्षा के लिए पाठ्यक्रम में है और जो समझा दिया गया है वह बच्चों को सीख ही लेना चाहिए। इस तरह का निरूपण बहुत हद तक सम्भव और उपयुक्त नहीं है। हम एक सामान्य समझ तो बना सकते हैं जिसके आधार पर यह तय हो सके कि औसतन बच्चे कक्षा–एक में यह सब सीख सकते हैं और कक्षा–पाँच तक यह, परन्तु इनको बहुत ज़्यादा स्पष्टता से निरूपित करना अव्यावहारिक है। अतः सीखने के लिए निर्धारित अपेक्षाएँ लचीली होनी चाहिए और सभी बच्चों से एक साथ समयबद्ध सीखने की माँग नहीं की जानी चाहिए। इसका अर्थ यह है कि सीखने योग्य बातों को समय के टुकड़ों में बाँटकर रखना सही नहीं है। यह सम्भव नहीं है कि सीखने योग्य बातों को टुकड़ों में बाँट कर हरेक अपेक्षा के लिए एक उपयोगी गतिविधि बना ली जाये। इसके निहितार्थ पाठ्यसामग्री, शिक्षक की भूमिका, समझ, कक्षा–प्रक्रिया, आकलन आदि सभी को प्रभावित करेंगे। ऐसे प्रयास किये जाने चाहिए जिनसे कक्षा में बच्चों को परस्पर और शिक्षक के साथ संवाद और चर्चा का मौक़ा मिलता रहे। इससे वह एक ओर तो अन्य लोगों की मदद सहज में पाते हैं और दूसरी ओर अपनी बात कहने का अभ्यास भी कर पाते हैं।
10. बच्चे को कक्षा की विषयवस्तु के सन्दर्भ में भी सीखने के लिए कई बार चर्चा और साथियों की ज़रूरत होती है, तो कई बार स्वतन्त्र

मनन की; कई बार दूसरों के तर्क को समझने की आवश्यकता होती है और कई बार उन्हें अपनी बात समझाने की। इसलिए कक्षा में बच्चों को कई तरह के टास्क कई तरह से कराने चाहिए–कुछ जो उसे अकेले करने हैं, कुछ जो टोली के साथ करने हैं, कुछ जो पूरी क्लास में। कुछ क्रियाओं में एक–दूसरे की मदद करना है, कुछ में अकेले बैठकर करना और सोचना है। कुछ में खेल है, कुछ में स्वतन्त्र उठा–पटक है, कुछ में शायद प्रतिस्पर्धा है और यह सब मिल कर बच्चे को एक सम्पूर्ण अनुभव दे सकती हैं।

11. किसी बात को सीखना तभी सम्भव है, जब उसके अलग–अलग पहलू उभरें। इनसे ही धीरे–धीरे अवधारणा समझ में आयेगी। इन पहलुओं में से कुछ उस अवधारणा की अन्य बातों के साथ सम्बन्धित हो सकते हैं। कुछ उसके ज़्यादा पैने इस्तेमाल से सम्बन्धित हो सकते हैं और कुछ मिलती–जुलती बातों के साथ समानता व अन्तर की समझ के हो सकते हैं यानी एक ही मसले से कई बार और कई तरह से रू–ब–रू होना सीखने में मददगार हो सकता है।
12. सीखना बच्चे के लिए अपने आसपास की बातों को समझने, उनका उपयोग करने, अपनी ज़रूरतों को सशक्त रूप से रखने, उनके लिए संघर्ष करने, अपनी ज़िन्दगी को मज़ेदार बनाने, उसे समृद्ध करने, समाज में अपना एक स्थान बनाने आदि इतने सब कारणों से महत्त्वपूर्ण हो सकता है। सीखने का कारण परीक्षा पास करना अथवा कुछ क्षमताएँ प्रदर्शित कर पाना नहीं है। अतः शिक्षण, आकलन आदि सतत परस्पर प्रतिपुष्टि करने वाले हों तो यह सीखने में मददगार होगा। इन्हीं बिन्दुओं की झलक प्रा. शि.का. कार्यक्रम के उस हिस्से में भी है, जिसमें विज्ञान का पुट अन्य विषयों से अधिक है।

प्रा.शि.का. में विज्ञान

प्रा.शि.का. में विज्ञान का सम्बन्ध और किन–किन विषयों से है व किस प्रकार से है–जैसे मसलों पर काफ़ी विचार किया गया। इसके साथ नैतिक चिन्तन, नैतिक तर्क की क्षमता और नैतिक रूप से सोच पाने को कक्षा

के विमर्श में जोड़ने का प्रयास भी किया गया। प्राथमिक स्तर पर विज्ञान और अन्य विषयों के समेकित अध्यापन को सम्भव बनाने का प्रयास किया गया। इसमें एक महत्त्वपूर्ण सवाल जो इन सब के साथ–साथ और उसके आलोक में तय करना है वह यह है कि इस स्तर पर किन पहलुओं पर और कितनी गहराई तक फोकस करना चाहिए। उनकी उम्र का ध्यान रख कर यह विचार भी हुआ कि इस समय वे क्या–क्या समझ सकते हैं, कितनी अमूर्त धारणाओं से जूझ सकते हैं, अलग–अलग अवधारणाओं में किस तरह के अन्तर्सम्बन्ध देख सकते हैं आदि। इसमें यह भी सोचा गया कि तर्कों के कितने बड़े जाल और कितने अलग–अलग परिदृश्यों और फिनोमिना को वे एक साथ रख कर विश्लेषित व संश्लेषित कर सकते हैं। इस स्तर के लिए विज्ञान–शिक्षण के लक्ष्यों को परिभाषित करने में यह सवाल बहुत महत्त्वपूर्ण माने गये। समूह का सोचना था कि विज्ञान–शिक्षण के सम्पूर्ण लक्ष्य कुछ भी हों, परन्तु इन सब पहलुओं के मद्देनज़र ही यह सोचा जा सकता है कि प्राथमिक स्तर पर किस तरह की बातों को हम बच्चों के साथ बाँट सकते हैं, किन चीज़ों की तैयारी करा सकते हैं और यह कैसे कर सकते हैं।

प्रा.शि.का. समूह की समझ थी कि सभी को शामिल करने की अपेक्षा के कारण ऐसी पाठ्यचर्या बनानी होगी जिसमें विभिन्न स्तरों व सन्दर्भों में पढ़ रहे छात्र–छात्राएँ शामिल हो सकें और कक्षा–प्रक्रिया में शिक्षक न तो मात्र समझाने, बताने वाला बन जाये और न ही मूकदर्शक रहे। शिक्षक और बच्चों के बीच पर्याप्त अन्तःक्रिया हो जो पाठ्यक्रम की अपेक्षाओं के आधार पर शिक्षक द्वारा रची योजना के अनुसार हो। इसका अर्थ है कि कक्षा में खुलेपन व लचीलेपन के बावजूद उसमें पाठ्यक्रम की भूमिका हो। इस तरह की अपेक्षित कक्षा की रचना में कई चुनौतियाँ हैं।

इस तरह की कक्षाओं की तरफ़ बढ़ने के और भी कई तरह के प्रयास हुए हैं। बीसवीं शताब्दी में स्वतन्त्रता से पूर्व हुए दो प्रयासों को उदाहरण के रूप में देखें तो शान्ति निकेतन में विज्ञान को प्रकृति अध्ययन के रूप में प्राथमिक शालाओं में रखा जाता था। इसी दौरान नयी तालीम में विज्ञान को कार्य और व्यवसायों से जोड़कर और उनमें गुँथा देखा गया। प्रा.शि.का. में इनके विचारों, डेविड हार्सब्रो द्वारा बच्चों की स्वयं सृजन व विश्लेषण की समझ का इस्तेमाल कर बनी सामग्री का इस्तेमाल किया गया।

समूह का प्रयास था कि कार्यक्रम का ढाँचा ऐसा बने, जिसमें सीखने वाला अपने आसपास के व्यवसाय (चाहे वह कृषि हो, चाहे बुनाई, चाहे कोई और कार्य हो) में विज्ञान का कुछ हिस्सा देख पाये और कक्षा के दौरान अन्तःक्रिया में सीखने वालों के द्वारा अपने अनुभव से सीखे विज्ञान को समझने का भी कुछ हद तक प्रयास हो। नयी तालीम में खाद्य विज्ञान व अन्य व्यवसायों के विज्ञान को भी कक्षा में विज्ञान के हिस्से के रूप में रखा जाता था, लेकिन इनको प्रा.शि.का. में उस स्तर तक स्थान दे पाना सम्भव नहीं हुआ।

प्रा.शि.का. में यह भी माना गया था कि प्राथमिक कक्षा में विज्ञान को अवधारणाओं के औपचारिक अध्ययन के रूप में शामिल नहीं किया जाना चाहिए। इसमें मुख्य प्रयास यह होना चाहिए कि बच्चा कुछ सामूहिक कक्षा–प्रक्रियाओं में सम्मिलित हो। उसे विज्ञान की अवधारणाओं से जुड़े कई टॉस्क करने का मौक़ा मिले, ऐसे टास्क जो बच्चे के लिए सार्थक हैं और जो वह कर सके। इनके कई उदाहरण हमने ऊपर दिये हैं–जैसे कि कौन–से पदार्थ पानी में घुलते हैं, कौन–सी वस्तुएँ पानी में डूब जाती हैं। फूलों में कितनी–कितनी पँखुड़ियाँ होती हैं, पौधों की पत्तियाँ किस–किस रंग की होती हैं और उनके आकार व विन्यास कैसे–कैसे होते हैं, पानी में कौन–कौन से जीव आसपास दिखते हैं, कौन–सी चीज़ें लुढ़कती हैं, कौन–सी सरकती हैं आदि–आदि। एक महत्त्वपूर्ण क्षमता यह समझी गयी है कि सीखने वाले विज्ञान के अलग–अलग विषयों पर लिखे गये मसौदों को पढ़ कर समझने की कोशिश करने में सक्षम भी हों और इसमें उनकी रुचि भी हो। वे अपनी बात को, चाहे वह अवलोकनों अथवा अनुभवों का विवरण हो या फिर उनके आधार पर किये गये विश्लेषण के बारे में हो, स्वतन्त्रता और आत्मविश्वास से कह सकें। वे बग़ैर समझे किसी का बताया गया उत्तर न दोहरायें। इन कक्षाओं में विज्ञान से सम्बन्धित हिस्से का भाषा से और तर्क व चिन्तन से जुड़ाव बहुत महत्त्वपूर्ण है।

इस स्तर पर विज्ञान, भाषा की अन्तःक्रिया, कुछेक अवलोकन और विश्लेषण के मौक़ों को कक्षा–प्रक्रिया में सचेतता से शामिल करना विज्ञान की औपचारिक शुरुआत में योगदान देता है। इसके कुछ उदाहरण हैं :

i–दिये गये निर्देशों के अनुसार कोई सरल कार्य या गतिविधि करना–जैसे कि काग़ज़ का हवाई जहाज़ बनाना, पत्तियों से बताये गये पैटर्न बनाना,

प्रयोग करना। ii–प्रक्रिया के हिस्सों के क्रमबद्ध चित्र के साथ वाक्यों का सम्बन्ध जोड़ना। जैसे जीवन–चक्र, जल–चक्र, भोजन–चक्र आदि। iii–हर तरह के चित्रों, विवरणों, प्रयोगों आदि में बारीक़ विवरण की बातें पहचानना तथा औरों को बताना। जैसे क्या–क्या हो रहा है, दो चित्रों में क्या अन्तर है आदि। इस तरह के अभ्यास धीरे–धीरे विज्ञान के मसलों पर केन्द्रित होते जायेंगे। विभिन्न प्रकार के चित्रों को समझने, उन्हें टेक्स्ट के साथ जोड़ने व उनमें दिख रहे निर्देशों के अनुसार कार्य करने के अलावा ऐसे अभ्यास दिये गये हैं जिनमें बच्चों को अलग–अलग तरह के चित्र बनाना है। किसी प्रक्रिया को समझ कर उसके अलग–अलग हिस्सों को निरूपित करके क्रम में प्रस्तुत करना और इसी तरह किसी चीज़ को ध्यान से देख कर उसका चित्र बनाना जिसमें उसके विशेष पहलू दिखें। प्रा.शि.का. में विज्ञान की समझ को समझने में मददगार कुछ और उदाहरण आगे हैं।

अनुभव को आधार बनाना

प्रा.शि.का. में बच्चों के अनुभवों की भागीदारी को क़ई तरह से प्रोत्साहित किये जाने की कल्पना है। उदाहरणार्थ अपेक्षा यह है कि जिन अनुभवों से बच्चा गुज़रा है, जो प्रयोग उसने किये हैं, जो उसके अवलोकन हैं, उनके आधार पर उसकी जो समझ बनी है आदि सभी को वह अपने शब्दों में, हाव–भाव द्वारा व्यक्त करना सीखे। इस सबका कक्षा में अभ्यास हो जिसमें हर बच्चे को यह करने का समय मिले।

इसी के साथ यह कल्पना है कि स्कूल में वह अपने आसपास के स्थानों, प्राकृतिक और सामूहिक घटनाओं के विभिन्न प्रकार के अवलोकनों को समझने का अभ्यास करेगा। इनमें से कुछ तो सरसरी निगाह से बाहरी गुण देखने से सम्बन्धित होंगे, कुछ गहराई से परखने के। जैसे कुछ परतों को हटा कर हैंडलैंस या अन्य उपकरण के उपयोग से देखने या फिर कुछ परिस्थितियों या गुण को बदल कर अथवा नियन्त्रित कर परिवर्तन का अध्ययन करने के या कोई और। यह अवलोकन उसी समय हो सकते हैं या फिर लम्बे समय तक किये जाने वाले अध्ययन भी हो सकते हैं। इनमें अध्ययन के पात्र पौधे व प्राणी और उनमें परिवर्तन और विकास हो सकता है, जिसमें अलग–अलग मौसम में पेड़/पौधों में अन्तर (पत्ती झड़ना, नयी पत्ती आना, फूल व फल लगना, बीज बनना, फसलों का चक्र,

पेड़ों पर आये फल व उनका उपयोग आदि), कीड़ों का अवलोकन (विशेषताएँ, मुख्य अंग, किस मौसम में कौन–से) आदि हो सकते हैं। फिर इन पर किये गये सरल प्रयोगों के अवलोकन/अनुभवों (मात्रात्मक और गुणात्मक) को चित्रों, तालिका व स्तम्भों में प्रस्तुत करना। इसमें बीज से पौधा बनना, हैंडलैंस से चीज़ें देखना, फूलों की पँखुड़ी पर चूना लगा कर देखना, कीड़े का समूहीकरण कर संग्रहण करना, पक्षियों के घोंसले, पक्षियों के गुण, कपड़े की बुनाई, गन्ने से चीनी बनाना, काँच बनाना, रसोई में घुलनशीलता, अन्य रसायन, तारों को पहचानना, चन्द्रमा की कलाओं/वस्तुओं की छाया, उसका बदलना आदि का अध्ययन शामिल है।

इसी तरह आयतन व क्षेत्रफल आदि का अध्ययन, अपने आसपास के स्थानों का अवलोकन, सिक्के, पासे के उछालने को समझना, ये सब और अपने आसपास की अन्य चीज़ों/घटनाओं आदि में अन्तर व समानता खोजना और पैटर्न पहचानने का प्रयास करना आदि। इसके साथ–साथ इन सब पर सोचने, विश्लेषण करने और समझ कर तार्किक सम्बन्ध ढूँढ़ने का भी अभ्यास अपेक्षित है। पहले स्तर पर अपने अवलोकनों से सरल–सीधे निष्कर्ष तक पहुँचने का अभ्यास और फिर धीरे–धीरे कुछ सन्दर्भों में क्यों, कैसे, कहाँ आदि प्रश्नों को समझना, उनका जवाब खोजना। उठने वाले सवाल के सन्दर्भ में और अधिक जानकारी हासिल करने के लिए प्रश्न पूछ पाना। इन सब के आधार पर यह सोचना कि आगे क्या होने वाला है और सोचे गये पैटर्न देख कर उसके आधार पर कथनों के रूप में दावे गढ़ना व उनकी जाँच करना। उदाहरणार्थ–'सफ़ेद फूल चार पँखुड़ी वाले होते हैं' या फिर 'ऐसी पँखुड़ी चूना लगाने पर हरी हो जाती है', जैसे दावों के बारे में यह सोचना कि इन्हें अवलोकन द्वारा कैसे जाँचेंगे।

सीखने की सतत प्रक्रिया

प्रा.शि.का. की समझ में सीखना एक ऐसी प्रक्रिया है जिसमें सीखने वाला अपने अनुभवों पर समेकित समझ बनाने के लिए मन्थन के बाद कोई परिकल्पना बनाता है, उसे आज़माता है, परखता है और फिर ज़रूरत हो तो बदल लेता है।

प्रा.शि.का. कुण्डलीनुमा पाठ्यक्रम है। इसमें यह कल्पना है कि बच्चे इस तरह की प्रक्रियाओं में थोड़े–थोड़े समय–अन्तराल के बाद शामिल होंगे।

उदाहरण के लिए समूहीकरण के शुरू में बहुत स्पष्ट गुणधर्मों के आधार पर बँटवारा हो सकता है। इनमें वे समूहीकरण को सिर्फ़ वस्तु छाँटने के रूप में देखते हैं। इस तरह के अभ्यासों के बाद, समूहीकरण की ज़्यादा व्यापक समझ बनाने के लिए ज़रूरी है कि ऐसे अभ्यास हों जिनमे समूह में से चीज़ें अलग–अलग तरह के आधारों (जैसे रंग, गन्ध, आकार, उपयोग आदि) पर छाँटने की अपेक्षा हो। इस अवधारणा को और गहरा करने के लिए धीरे–धीरे विद्यार्थियों को कम अन्तर वाली चीज़ों के और अमूर्त गुणधर्मों के आधार पर भी समूह बनाने के अभ्यास दिये जायें और दो–तीन गुणों के आधार पर समूह व उनके उप–समूह बनाने के अभ्यास भी दिये जायें।

प्रा.शि.का. में यह भी अपेक्षा थी कि ज़िम्मेदारी, आत्मविश्वास, एकाग्रता जैसे गुणों का भी विकास हो। इसके लिए बच्चों को सरल कार्य स्वयं करना, अपने समूह (कक्षा, टोली, टीम आदि) का किसी गतिविधि में नेतृत्व करना, अपने से छोटे (छोटी कक्षाओं के) साथियों के साथ मिलकर कुछ क्रियाएँ करना व लम्बी अवधि के कार्यों में समय पर अपनी भूमिका याद कर अदा करने जैसे गुणों का विकास सम्मिलित है। ज़ाहिर है, साथ काम करने व चर्चा करने में अपनी बात कहने के लिए रुकना, उसे व्यवस्थित रूप से कहना व दूसरे की बात (अवलोकन, अनुभव या तर्क) ध्यान–से और धैर्य से सुन कर समझना भी शामिल है। हालाँकि प्रा.शि.का. की शुरुआती कल्पना में पर्यावरण अध्ययन को अलग विषय के रूप में नहीं देखा गया था, किन्तु प्रा.शि.का. की सामग्री का व उसके द्वारा इस्तेमाल की गयी पाठ्यचर्या में निरूपित अपेक्षाओं, सीखने के लिए सुझाये टास्क, उनके लिए बनी सामग्री, कक्षा–प्रक्रिया के प्रमुख पहलुओं का कई और जगह इस्तेमाल किया गया, उसकी झलक आज भी बहुत–से पर्यावरण अध्ययन के कार्यक्रमों में दिखती है।

हो.वि.शि.का. से मिलीं सीखें

प्रा.शि.का. में शिक्षा व विज्ञान की समझ और विज्ञान सीखने–सिखाने की समझ व दृष्टि का विकास यकायक नहीं हुआ। यह स्कूलों, शिक्षकों, कक्षाओं व बच्चों के साथ कई तरह की अन्तःक्रियाओं से विकसित हुई। यह अनुभव मध्य प्रदेश के होशंगाबाद ज़िले की पूर्व माध्यमिक शालाओं में 1972 से शुरू हुए विज्ञान–शिक्षण कार्यक्रम से उभरा था। अतः बहुत–सी

समझ हो.वि.शि.का. से विरासत में मिली। प्रा.शि.का. का ढाँचा हो.वि.शि.का. के अनुभव और उससे प्राप्त दृष्टि पर आधारित था। इसमें भी जानकारी, तथ्य आधारित विज्ञान के स्थान पर विज्ञान की प्रक्रिया के अनुभव और अवधारणाओं को समझने के प्रयास पर फोकस था। यह अपेक्षा थी कि सीखने वाले स्वयं प्रयोग करेंगे, खोज–बीन करेंगे, अपने विश्लेषण को छोटे और फिर बड़े समूह में शिक्षक के मार्गदर्शन में प्रस्तुत करेंगे। हो.वि.शि.का. ने यह भी माना था कि इस तरह से कक्षा संचालित करने के लिए शिक्षक की वैचारिक, अवधारणात्मक, ज्ञानात्मक, प्रक्रियात्मक व भावनात्मक तैयारी आवश्यक है। हो.वि.शि.का. ने आकलन को भी पाठ्यचर्या का ही हिस्सा माना। यह सब और विज्ञान सीखने में भाषा व गणित के योगदान व उससे गहरे सम्बन्ध के बारे में भी प्रा.शि.का. ने हो.वि.शि.का. से ही सीखा।

शिक्षकों की तैयारी के बारे में भी प्रा.शि.का. ने हो.वि.शि.का. से सीखा कि शिक्षक की तैयारी अनवरत प्रक्रिया है। इसके लिए विशेषज्ञों के भाषणों की आवश्यकता नहीं है। शिक्षकों के प्रयासों व अनुभवों को उनके साथ कुछ–कुछ समय के बाद विश्लेषित करने से ही उनकी समझ विकसित होगी। यह समझ महत्त्वपूर्ण है कि प्रयास यह हो कि कक्षा में शिक्षक भी लगातार सीख रहे हैं, कुछ नया कर रहे हैं, कुछ सृजन कर रहे हैं। इसमें यह मान्यता निहित है कि वही व्यक्ति सीखने में किसी की मदद कर सकता है, जो यह मानता है कि वह ख़ुद भी अभी सीख रहा है।

हो.वि.शि.का. के अलावा डेविड हार्सब्रो की प्राथमिक कक्षा के बच्चों के लिए तैयार की गयीं पुस्तकें भी कार्यक्रम की समझ के लिए मार्गदर्शक कही जा सकती हैं। सीखने के एकीकृत खुले व बहुस्तरीय टास्क किस प्रकार बनाये जा सकते हैं, इसके अनेक उदाहरण इन पुस्तकों में हैं।

प्रा.शि.का. का अन्य जगह उपयोग

ऊपर हमने यह चर्चा की कि प्रा.शि.का. की शिक्षा व विज्ञान की समझ का आधार क्या था। आगे हम यह चर्चा करेंगे कि प्रा.शि.का. ने किन कार्यक्रमों को आधार दिया और कैसे उसकी विज्ञान सम्बन्धित दृष्टि आज भी प्राथमिक शालाओं के पर्यावरण अध्ययन के कार्यक्रमों में देखी जा सकती है।

लोक जुम्बिश में पर्यावरण अध्ययन का प्रयास

लोक जुम्बिश का पर्यावरण अध्ययन का कार्यक्रम प्रा.शि.का. द्वारा

निरूपित पाठ्यक्रम की अपेक्षाओं, पाठ्यपुस्तक के स्वरूप व उसमें निहित सीखने–सिखाने की समझ पर आधारित है, हालाँकि इस कार्यक्रम की सामग्री (जिसे 'खोजी–पोथी' कहा जाता है) में राजस्थान का सन्दर्भ है। इसमें भी मुख्य ज़ोर अवलोकन करने, विभेदीकरण, तुलना, वर्गीकरण, पैटर्न, सह–सम्बन्ध ढूँढ़ने, ताने–बाने बुनने और सामान्यीकरण करने जैसी क्षमताओं पर है। प्रा.शि.का. की तरह ही इनमें शामिल विषयवस्तु भी बच्चों के अनुभव क्षेत्र पर केन्द्रित की गयी है। लेकिन इसमें पाठ्यक्रम की अपेक्षाएँ, उसे लिखने की भाषा व प्रस्तुतीकरण का ढंग फ़र्क़ है। यह न्यूनतम अधिगम दक्षताओं के फ़्रेमवर्क के अन्तर्गत रची गयी हैं जो कि इन्हें कुछ हद तक सीमित भी करता है।

दक्षता फ़्रेमवर्क को परिभाषित करने के कई अलग–अलग तरीक़े इस्तेमाल किये गये हैं। इन सब में यह अपेक्षा तो होती ही है कि सीखने वाला एक निश्चित समय में कुछ सीख कर उस दक्षता का प्रदर्शन कर पायेगा। इसके साथ–साथ इस तरह के निरूपण में यह भी अपेक्षा होती है कि पाठ, कक्षा की प्रक्रियाएँ व दिये गये टास्क भी विशिष्ट दक्षताओं से जोड़े जायें। इससे टास्क की प्रकृति भी सीमित हो जाती है और साथ–ही–साथ उसे करते समय सामने आ रहे बहुत–से पहलुओं को असम्बन्धित करार देना पड़ता है। प्रा.शि.का. से विलग यह भावना दक्षता फ़्रेमवर्क व आकलन आधारित सभी कार्यक्रमों में कमोबेश है। हालाँकि लोक जुम्बिश के पर्यावरण अध्ययन कार्यक्रम के दक्षता फ़्रेमवर्क में कई तरह से खुलेपन को इंगित करने का प्रयास किया गया है और पाठ, टास्क और विशेष गतिविधियों को विशेष दक्षताओं से जोड़ने को ग़लत करार दिया गया है, किन्तु पूरे कार्यक्रम की न्यूनतम दक्षता आधारित छवि होने के कारण दक्षता फ़्रेमवर्क देने से शिक्षकों व प्रशासकों में कार्यक्रम की पेडागॉजी के बारे में उसी से प्रेरित समझ बनी।

अन्य राज्यों और एन.सी.ई.आर.टी. के कार्यक्रम

लोक जुम्बिश के बाद कई राज्यों के प्राथमिक कक्षाओं के लिए बने कार्यक्रमों और उनकी सामग्री में प्रा.शि.का. की समझ और सामग्री की झलक दिखती है। इनमें से कुछ तो इस वज़ह से है कि प्रा.शि.का. से जुड़े लोग इन प्रयासों में शामिल थे और कुछ इस वज़ह से कि भारतीय

सन्दर्भ में बनी प्रा.शि.का. की पुस्तकें और दस्तावेज़ इस प्रकार की पहली सामग्री थी, जिसमें वे गुण थे, जिनकी बहुत बात हो रही थी। जैसे इसमें शुरुआती समय में वैचारिक, भाषायी क्षमता, गणितीय क्षमता व अन्य क्षमताओं के समेकित विकास की बात थी, जो बच्चों के सन्दर्भों से जुड़ी थी। ऐसे उदाहरण थे जो कक्षा में और घर पर भी सरलता से किये जा सकें। राष्ट्रीय पाठ्यचर्या दस्तावेज़ 2005 के बाद बनी पर्यावरण अध्ययन की पुस्तकों में बहुत–से टास्क को व्यापक और समृद्ध बनाया गया है और नये टास्क भी रचे गये हैं।

बच्चों के लिए सन्दर्भ को इस्तेमाल करने के ढंग, विभिन्न वैज्ञानिक अवधारणाओं के अहसास और उनसे शुरुआती अन्तःक्रिया का मौक़ा, टेक्स्ट पढ़ कर समझने का आग्रह, अपने अवलोकनों, विचारों, तर्कों आदि को गढ़ने व व्यक्त करने के मौक़े, नये उदाहरण और नये पैटर्न, सामान्यीकरण ढूँढ़ने के साथ–साथ व्यवस्थित रूप से प्रयोग करने और निहितार्थ समझने के मौक़े भी इनमें झलकते हैं। इसमें कक्षा–प्रक्रिया की कल्पना व सीखने के ढंग की समझ भी न्यूनतम दक्षता आधारित कार्यक्रमों से बहुत फ़र्क़ है। हालाँकि इन सब का किस हद तक कक्षा में प्रयोग हो पाया, यह कह पाना मुश्किल है। बच्चों की उत्तर–पुस्तिकाओं में ज़्यादातर परिभाषाएँ और शिक्षक द्वारा लिखवाये गये उत्तर ही मिलते हैं। इसके बावजूद यह तो कहा ही जा सकता है कि पर्यावरण अध्ययन के सन्दर्भ में प्राथमिक कक्षा में विज्ञान की पहले से चली आ रही समझ से फ़र्क़ समझ की झलक इन पुस्तकों में दिखती है।

आज के सन्दर्भ तक की यात्रा

विज्ञान और पर्यावरण अध्ययन में पाठ्यक्रम के स्वरूप पर विमर्श लगातार जारी है। उसमें जानकारी, तथ्य और अवधारणा–विकास के आनुपातिक सन्तुलन के अलावा नतीज़ों तक पहुँचने की प्रक्रिया व ज्ञान के बीच महत्त्व के बँटवारे पर भी द्वन्द्व है। इस सन्दर्भ में एन.सी.एफ़. 2005 का पाठ्यचर्या से सम्बन्धित आधार पत्र कहता है कि प्राथमिक शाला के दौरान बच्चों को अपने आसपास की दुनिया में, उसके बारे में मज़े से, अपने शौक़ से खोज–बीन करने और उसके साथ सामंजस्य बनाने में मशग़ूल होना चाहिए। यह समय दुनिया (प्राकृतिक परिवेश, यन्त्र, वस्तुएँ और लोगों)

के बारे में बच्चों की जिज्ञासा को पोषित करने का है। इस समय बच्चों को अवलोकन करने, वर्गीकरण करने, निष्कर्ष आदि निकालने, अनुमान लगाने और मापने के मौक़े मिलने चाहिए। ऐसे मौक़े, जिनमें वे ख़ुद अपने हाथों, अपने संज्ञान, अपने विचारों और तर्कों के आधार पर कार्य करें। इस दौरान विज्ञान के लिए और विज्ञान के माध्यम से भाषा की क्षमता का विकास साथ–साथ अपेक्षित है। हालाँकि, दस्तावेज़ विज्ञान और सामाजिक अध्ययन के एकत्रीकरण की बात करता है, फिर भी उसमें विज्ञान के प्रति निहित दृष्टि स्पष्ट रूप से व्यक्त की गयी है।

एन.सी.एफ़. 2000 ने कहा था कि शिक्षा–नीति 1986 (92) और 1988 के पाठ्यचर्या दस्तावेज़ों में दिये गये सुझावों के अनुसार विज्ञान–शिक्षण में सुधार का काम अभी पूरा नहीं हुआ है। विज्ञान की कक्षाओं के पारम्परिक सीखने के ढंग यानी शिक्षक द्वारा तय ज्ञान को बताया जाना और बोर्ड पर लिखा अथवा न लिखा जाना, को बदल कर सीखने का ऐसा माहौल बनाने की आवश्यकता है, जो खोज–बीन, समस्या हल करने और निर्णय लेने का मौक़ा दे। ऐसी प्रक्रिया हो जो एक तरफ़ा ज्ञान प्रदान करने के स्थान पर विकेन्द्रित, भागीदारी व अन्तःक्रिया पर आधारित और पूर्णतः सामूहिक हो। विज्ञान की कक्षा में जानकारी एकत्रित करने के स्थान पर उस पर कार्य करके उससे उभरते पहलुओं और उनके निहितार्थ पर मनन करना, पैटर्न, अन्तर्सम्बन्ध ढूँढ़ना, फिर नये पैटर्न इसका अन्तःसम्बन्ध निर्मित कर उन्हें जाँचना शामिल होना चाहिए। ये सब और ज़्यादा स्पष्टता से एन.सी.एफ़. 2005 में पुनः कहा गया और इसमें यह भी कहा गया कि सीखने वालों को विज्ञान के सामाजिक पहलुओं व ऐतिहासिक विकास की समझ भी हो जिससे वह इसे मानव रचित परिवर्तित होते रहने वाले ज्ञान की तरह देखें। विज्ञान–शिक्षण में कक्षा में खोज–बीन, इनक्वायरी, नये सवाल पूछना, तार्किक चर्चा, विमर्श, बहसों में भागीदारी, पढ़े गये और सोचे गये मसौदे को जीवन के अनुभव से जोड़ना, पैटर्न व अन्तर्सम्बन्धों से कार्य–कारण को इंगित कर रहे सिद्धान्तों के निर्माण का प्रयास कर उन्हें जाँचना और विभिन्न पहलुओं पर अपने सोचे–समझे ज्ञान के ढाँचे को परिवर्तनशील रूप में बनाते रहना शामिल मानें। कुल मिला कर इन दोनों दस्तावेज़ों की इस सम्बन्ध में व्यक्त मूल बातों का लब्बो–लुआब प्रा.शि.का. की मुख्य बातों जैसा ही है।

ज़ाहिर है कि यह कार्य मुश्किल है, किन्तु विडम्बना यह है कि 1966 से लेकर सभी नीति दस्तावेज़ों में (जिसमें 1993 की यशपाल समिति की रिपोर्ट भी शामिल है) विज्ञान–शिक्षण के बारे में एक विकसित होती हुई समझ झलकती है। प्रा.शि.का. और अन्य कार्यक्रमों, जिनमें एन.सी.ई.आर.टी. की स्वयं की पर्यावरण अध्ययन की वर्तमान पुस्तकें भी शामिल हैं, ने प्राथमिक स्तर पर इसे कैसे किया जा सकता है। इसके लिए कुछ तरीक़े और सामग्री भी दी थी। इन सब के बावजूद हाल में आयी शिक्षा–नीति 2020 में वर्णित यथास्थिति के वर्णन से लगता है कि स्थिति कमोबेश वही है, जो पहले थी या उससे कुछ ख़राब ही हुई है। शिक्षा–नीति 2020 पुनः याद करने और ज्ञान को तयशुदा मानने पर सवाल उठा रही है। यह सवाल वही हैं, जो प्रा.शि.का., 1993 की यशपाल समिति, एन.सी.एफ़. 2000 और 2005, कई और दस्वावेज़ों द्वारा रखे गये थे। मुद्दा यह है कि यह सब कक्षा तक क्यों नहीं पहुँच पाता, जबकि इसके लिए सरल वैकल्पिक ढंग व सामग्री उपलब्ध है। इस सवाल पर विचार ही हमें 2020 की शिक्षा–नीति लागू करने की प्रक्रिया को सार्थक बनाने में मदद करेगा।

कुल मिलाकर प्राथमिक कक्षाओं में विज्ञान के हिस्से के बारे में सैद्धान्तिक तौर पर काफ़ी सहमति है, किन्तु इनके कक्षा तक पहुँचने में कई अड़चनें आती हैं। इनमें सबसे बड़ी अड़चन है नीति–दस्तावेज़ों के निरूपण की शिक्षा के व्यापक ढाँचे व उसमें कार्य कर रहे लोगों तक पहुँच व इनके बारे में उनकी समझ। बच्चों की क्षमता, ज्ञान की प्रकृति, सीखने के अर्थ, विज्ञान क्या है और उसमें क्या सीखना महत्त्वपूर्ण है, इन सब के बारे में आमतौर पर समाज में व्याप्त समझ एक अलग दायरे में है। स्कूल के ढाँचे से सम्बन्धित सभी व्यक्तियों (जिसमें माता–पिता और शिक्षक शामिल हैं) में जो समझ अभी भी पैठी है, वह बच्चों की क्षमताओं को, सक्रिय कक्षा के मायने और ज़रूरत को नहीं समझती। इसी कारण हर तरह के बाहरी प्रयास के बाद भी यह कक्षा तक नहीं जा पाती। इसके लिए ऐसे शिक्षक की आवश्यकता है जो बच्चों की भाषा जानता है, स्कूल आने वाले बच्चों के परिवेश, उनके ज्ञान को जानता है और बच्चों के समुदाय से अन्तःक्रिया करता है। ऐसा शिक्षक जो पुस्तक और पाठ्यचर्या के अलावा समुदाय, बच्चों की समझ का भी उपयोग कर पाये,

उसके आधार पर अपनी कक्षा के लिए पाठ्यक्रम बना पाये। वह विज्ञान सीखने और उसके ज्ञान को बच्चे के सन्दर्भ में देख पाये, उसके परिप्रेक्ष्य में प्रस्तुत कर पाये। इसी तरह वह बच्चों के अनुभव और ज्ञान को विज्ञान के ज्ञान के आलोक में समझ पाये और बच्चों को उसे उस आलोक में समझने के लिए तैयार कर पाये। प्रा.शि.का. के अनुभव से लगता है कि यह सम्भव है, यदि स्कूल और शिक्षक को उस तरह का वातावरण व समर्थन दिया जाये।

सन्दर्भ सूची :

1. डिपार्टमेंट ऑफ़ एजुकेशन (1966), *रिपोर्ट ऑफ़ दि कमीशन ऑन एजुकेशन* (1964–66)। नयी दिल्ली : गवर्नमेंट ऑफ़ इंडिया।
2. दीवान, एच. के.; कुल्हारी, ओ. पी.; किशोर, ललित (1995), *रिपोर्ट ऑफ़ दि सेमिनार ऑन एनवाइरमेंटल स्टडीज़*, विद्या भवन सोसाइटी, उदयपुर।
3. दीवान, हृदय कान्त (2018), *व्हॉय अ डिफरेंट अप्रोच टू साइंस टीचिंग" वॉइसेज़ ऑफ़ टीचर्स एंड टीचर्स एजुकेटर्स*, नयी दिल्ली।
4. दीवान, एच.के. (1995), *विद्या भवन न्यूज़लेटर*, विद्या भवन, उदयपुर।
5. एम.एच.आर.डी. (1986), (1992), *नेशनल पॉलिसी ऑफ़ एजुकेशन*, नयी दिल्ली।
6. एन.सी.ई.आर.टी. (1979), *मिनिमम लर्निंग कंटिन्यूअम*–पब्लिकेशन नम्बर 3, नयी दिल्ली, एन.सी.ई.आर.टी.।
7. एन.सी.ई.आर.टी. (1988), *टेन ईयर नेशनल करिकुलर फ्रेमवर्क*, नयी दिल्ली : एन.सी.ई.आर.टी.।
8. एन.सी.ई.आर.टी (1991), *मिनिमम लेवल्स ऑफ़ लर्निंग एट प्राइमरी स्टेज रिपोर्ट ऑफ़ दि कमेटी सेट अप बाई एम.एच.आर.डी.*, नयी दिल्ली : डिपार्टमेंट ऑफ़ एजुकेशन।
9. एन.सी.ई.आर.टी. (2000), *नेशनल करिकुलम फ़्रेमवर्क* (2000), नयी दिल्ली : एन.सी.ई.आर.टी., पृ. 16–17।
10. एन.सी.ई.आर.टी. (2005), *नेशनल करिकुलम फ़्रेमवर्क* (2005), नयी दिल्ली।
11. एन.सी.ई.आर.टी. (2006), *पोजीशन पेपर साइंस*, नयी दिल्ली : एन.सी.ई.आर.टी.।

12. नेशनल अकेडमी ऑफ़ साइंसेज़ (2007), *टेकिंग साइंस टू स्कूल : लर्निंग एंड टीचिंग साइंस इन ग्रेड्स K.8*। वाशिंगटन डीसी : दि नेशनल अकेडमिक्स प्रेस–//https:www.nap.edu.read : 11625– अध्याय 4 / पीडीएफ़ अध्याय 2।
13. पोंकारे, हेनरी (1908), *ला साइंस हाइपोथिसिस* जैसा कि टेकिंग साइंस टू स्कूल में उद्धृत किया गया है।
14. सक्सेना, साधना (2006)। "क्वेश्चन्स ऑफ़ इपिस्टमलॉजी : रीइवेलुएटिंग कंसट्रक्टविज़्म एंड दि एन.सी.एफ.।" *कंटेम्परारी एजुकेशन डायलॉग* वॉल्यूम 4 (1) मानसून।
15. दीवान, हृदय कान्त (2021), *शिक्षक होने के मायने, अध्यापन कर्म, अध्यापक की छवि व अस्मिता,* सम्पादन : नाग, शिवानी; दीवान, हृदय कान्त और कुमार, मनोज। नयी दिल्ली : वाणी प्रकाशन, पृ. 307–345।
16. कैरेन, के. लिंड, *साइंस इन अर्ली चाइल्डहुड : डिवेल्पिंग एंड एक्वायरिंग फंडामेंटल कॉन्सेप्ट्स एंड स्किल्स, डॉयलॉग ऑन अर्ली चाइल्डहुड साइंस, मैथमेटिक्स एंड टेक्नोलॉजी एजुकेशन।* फर्स्ट एक्सपीरियंसेज़ इन साइंस, मैथमेटिक्स एंड टेक्नोलॉजी, रीट्राइव्ड फ्रॉम : http://www.project2061.org/publications/earlychild/online/experience/lind.htm.
17. एल्व्स, फ्रीइरा पेड्रो (2014), *वायगोट्स्की एंड पियाज़े : साइंटिफिक कॉन्सेप्ट्स, साइकोलॉजी इन रसिया : स्टेट ऑफ दि आर्ट 7 (3)।*
18. फाइनमेन, पी. (1999), *दि प्लेज़र ऑफ फ़ाइंडिंग थिंग्स आउट,* न्यू यार्क : बेसिक बुक्स।
19. द्विवेदी, रजनी (2018), *बच्चे और विज्ञान : आरम्भिक वर्षों में विज्ञान सीखना। 'विज्ञान और विज्ञान सीखना'* संगोष्ठी में प्रस्तुत पर्चा, मोहाली, पंजाब, 13–15 अक्टूबर (2018)।
20. ब्रीवर, विलियम एफ़. (2008), *इन व्हॉट सेंस कैन दि चाइल्ड बी कंसिडर्ड टू बी अ 'लिटिल साइंटिस्ट', टीचिंग साइंटिफिक इनक्वायरी : रिकमंडेशंस फॉर रिसर्च एंड इंपिलिमेंटेशन,* सम्पादन : रिचर्ड ए डशल और रिचर्ड ई ग्रैंडी, सेंस पब्लिशर्स, ऑल राइट रिज़र्व्ड –978–94–6091–145–3– 978–94–6091–145–3 डाउन लोडेड फ्रॉम Brill.com11 / 09 / 2020 12:29:11PM व्हॉया फ्री एक्सेस।

21. नेशनल अकेडमी ऑफ़ साइंसेज़ (2007), *चैप्टर 2 : गोल्स फॉर साइंस एजुकेशन टेकिंग साइंस टू स्कूल : लर्निंग एंड टीचिंग साइंस इन ग्रेड्स K.8,* वाशिंगटन डीसी : दि नेशनल अकेडमिक्स प्रेस।

22. नेशनल अकेडमी ऑफ़ साइंसेज़ (2007), *चैप्टर 3 : फाउंडेशंस फॉर साइंस लर्निंग इन यंग चिल्ड्रन, टेकिंग साइंस टू स्कूल : लर्निंग एंड टीचिंग साइंस इन ग्रेड्स K.8।* पार्ट–2 : हाऊ चिल्ड्रन लर्न साइंस, वाशिंगटन डीसी : दि नेशनल अकेडमिक्स प्रेस, पृ. : 53–92। https://www.nap.edu/read/11625/chapter/5#53.

23. वर्थ, कैरेन (2010), *साइंस इन अर्ली चाइल्डहुड क्लासरूम्स : कंटेट एंड प्रोसेस,* सीड पेपर्स मई 2010, https://ecrp.illinois.edu/beyond/seed/worth.html.

24. ओ. नील डी; पॉलमैन, जे. (2004), *व्हॉय एजुकेट 'लिटिल साइंटिस्ट? इग्ज़ेमिनिंग दि पोटेंशियल ऑफ़ प्रेक्टिस–बेस्ड साइंटिफिक लिट्रेसी, जर्नल ऑफ़ रिसर्च इन साइंस टीचिंग* 41 (3), मार्च (2004), पृ. 234, डीओआई : 10.1002/tea. 2000–1।

25. अग्निहोत्री, आर. के.; खन्ना, ए. एल.; शुक्ला, सुबीर (1994), *रीप्रिंटेंड* (2008), प्रा.शि.का. : एकलव्य' स इनोवेटिव एक्सपरिमेंट इन प्राइमरी एजुकेशन, दिल्ली : रत्नसागर। https://www.eklavya.in/pdfs/Books/PRASHIKA/Prashika/PrashikaComplete_Book.pdf

26. राजगोपाल, शोभिता (2018), *लर्निंग फ्रॉम इनोवेटिव प्रोग्राम्स इन एजुकेशन : लोक जुम्बिश–पीपुल्स मूवमेंट फॉर एजुकेशन फॉर ऑल, लर्निंग कर्व* 82–85, बेंगलूरु : अज़ीम प्रेमजी यूनिवर्सिटी–https://publications.azimpremjiuniversity.edu.in/1184/

खण्ड–2
विज्ञान शिक्षक व विज्ञान शिक्षा

8

सेवापूर्व प्रशिक्षणों में विज्ञान-शिक्षकों की तैयारी

—गिरीश शर्मा

विज्ञान का मज़बूत आधार है प्रयोग। प्रयोग करने के लिए विद्यालय में अध्यापक, प्रयोगशाला एवं उपकरण की आवश्यकता होती है। इसके साथ ही गतिविधियों एवं विश्लेषण को भी शामिल किया जाना आवश्यक है। सैद्धान्तिक आधारों को जाँचने के लिए प्रयोग तथा तकनीकी के साथ स्थानीय महत्त्व की परियोजनाओं को भी महत्त्वपूर्ण हिस्से के रूप में पाठ्यक्रम में शामिल किया जाये, तो विज्ञान–शिक्षण को आनन्ददायक और रुचिकर बनाया जा सकता है। लेकिन अक्सर देखा जाता है कि हमारे विद्यालयों में विज्ञान–शिक्षण उतना प्रभावी एवं आनन्ददायक नहीं है, जितना होना चाहिए। इसका प्रमुख कारण यह है कि अभी तक हमारे अध्यापकों में विद्यार्थियों के साथ अन्तःक्रिया, प्रयोग करने, अवलोकन करने और विद्यार्थियों से निष्कर्ष निकलवाने की योग्यता विकसित नहीं हो पायी है। विद्यालयों में प्रयोगशालाओं, उपकरण एवं सन्दर्भ–सामग्री का अभाव भी बच्चों में वैज्ञानिक दृष्टिकोण विकसित करने में एक बड़ी रुकावट है। स्कूलों में विज्ञान–शिक्षकों की वास्तविक स्थिति से रू–ब–रू होने के साथ ही शिक्षकों की तैयारी और उन्हें मिलने वाले मौक़ों को जानने का प्रयास इस शोध में किया गया है।

सेवापूर्व प्रशिक्षण की अवधि अब चार वर्ष एवं दो वर्ष हो गयी है। नयी स्कीम दो वर्षीय बी.एड. पाठ्यक्रम के तहत 96 दिवसीय इंटर्नशिप की शुरुआत की गयी है। इस शिक्षा का उद्देश्य बी.एड. के छात्राध्यापकों को विद्यालयों में विद्यार्थियों के साथ प्रयोग करने, उनकी जिज्ञासाओं और समस्याओं का समाधान करने और अन्तःक्रिया करने के अधिक मौक़े देना है। ये विद्यार्थी बी.एड. महाविद्यालय में पूर्व तैयारी करके विद्यालयों में जाते हैं, ताकि कक्षाओं तथा विद्यार्थियों की वास्तविक स्थितियों से रू–ब–रू हो सकें और अच्छे शिक्षक बन सकें। राष्ट्रीय पाठ्यचर्या की रूपरेखा–2005 ने भी इस बात पर ज़ोर दिया है कि इंटर्नशिप के दौरान छात्राध्यापक स्कूलों में कक्षा के काम–काज का अवलोकन करें, ताकि इससे न केवल शिक्षक–प्रशिक्षकों को प्रशिक्षण कार्यक्रम मज़बूत बनाने में मदद मिल सके,बल्कि यह प्रशिक्षण–कार्यक्रम के बाद के हिस्से में प्रशिक्षु शिक्षकों को आलोचनात्मक चिन्तन का आधार भी दे सके।

इंटर्नशिप–असल शिक्षण का अनुभव

इंटर्नशिप करना एक विद्यार्थी के लिए अपने करियर को बनाने की दिशा में पहला क़दम होता है। यदि विद्यार्थी इंटर्नशिप के दौरान सीखने पर ध्यान दे तो उसे काफ़ी फ़ायदा मिल सकता है। इंटर्नशिप करने पर विद्यार्थी अनुभव करता है कि वास्तव में स्कूल में होता क्या है और क्या यह उसका भविष्य बन सकता है। इंटर्न के रूप में स्कूल को ज्वॉइन करने पर वह जीवन की वास्तविकता से रू–ब–रू होता है। उसे ख़ुद को पहचानने का मौक़ा मिलता है। स्कूल की परेशानियों को जानने और उनसे बाहर आने का रास्ता मिलता है। विद्यार्थी को अपनी ताक़त और कमज़ोरियों का आभास होता है। यहाँ उसे सैद्धान्तिक बातों से कहीं ज़्यादा अनुभव देखने को मिलते हैं और अपनी क़ाबिलियत भी पता चलती है।

बी.एड. पाठ्यक्रम में शिक्षा के प्रभावी आयोजन के सन्दर्भ में राष्ट्रीय अध्यापक शिक्षा परिषद (एन.सी.टी.ई.) ने जिन उद्देश्यों का उल्लेख किया है, वे इस प्रकार हैं :

1. विद्यालयों को एक प्रयोगशाला के रूप में देखना।
2. विद्यालय में कार्यरत प्रतिभावान शिक्षकों का मेंटर के रूप में लाभ लेना।

3. प्रशिक्षण प्राप्त करने करने वाले शिक्षकों को एक पूर्णकालिक शिक्षक के रूप में अनुभव प्रदान करना।
4. सरकारी और ग़ैर–सरकारी विद्यालयों से सम्बन्धित विविध अनुभवों के अवसर प्रदान करना।
5. इंटर्न के मूल्यांकन में शिक्षक–प्रशिक्षक महाविद्यालय एवं विद्यालयों दोनों के द्वारा मूल्यांकन किया जाना।

–स्कूल शिक्षा फ्रेमवर्क एंड गाइडलाइन (जनवरी 2016), पृ. 3, एन.सी.टी.ई., नयी दिल्ली

इसी के साथ यह भी स्पष्ट किया गया कि शिक्षकों को तैयार करने की ज़िम्मेदारी केवल महाविद्यालयों की न होकर संयुक्त रूप से राष्ट्रीय अध्यापक शिक्षा परिषद (एन.सी.टी.ई.), राज्य सरकार, शिक्षा–विभाग, विश्वविद्यालय एवं विद्यालय की होगी जिससे समाज को प्रतिभावान एवं योग्य शिक्षक मिल सकें।

राष्ट्रीय अध्यापक शिक्षा परिषद (एन.सी.टी.ई.) द्वारा जारी शिक्षा सम्बन्धी दिशा–निर्देशों (पृ., 3) में इस बात का भी उल्लेख किया गया है कि शिक्षा के दौरान छात्राध्यापक कक्षा–शिक्षण, कक्षा–प्रबन्धन सम्बन्धी गतिविधियों का संचालन करें तथा विषयों के अध्यापन के साथ–साथ विद्यालय सम्बन्धी एवं समुदाय सम्बन्धी गतिविधियों का भी आयोजन करें, जैसे पाठ्यक्रम एवं इकाई योजना तैयार करना, पाठ्यक्रम एवं पाठ्यपुस्तकों का विश्लेषण करना, विद्यालय में शिक्षकों के शिक्षण का अवलोकन करना, विद्यालयों में संचालित नवाचारों का अध्ययन करना, प्रश्नपत्रों का निर्माण करना, शिक्षण–सामग्री को तैयार करना व उसका उपयोग करना, विद्यालय की समस्याओं से सम्बन्धित क्रियात्मक अनुसन्धान करना, सामुदायिक कार्य एवं समुदाय का सर्वेक्षण करना, अपने अनुभवों से सम्बन्धित जर्नल तैयार करना आदि। इनमें से बहुत–सी बातें तो विज्ञान–शिक्षण के लिए बहुत महत्त्वपूर्ण हैं।

लेकिन वास्तविक स्थिति में ये अपेक्षित अनुभव कितने सम्भव हो पा रहे हैं और कितने नहीं, विज्ञान–शिक्षण के सन्दर्भ में यह जानने का प्रयास इस पर्चे में किया गया है।

विज्ञान क्या है?

चूँकि यह शोध विज्ञान–शिक्षण पर किया गया, इसलिए इसमें यह भी जानने का प्रयास किया कि वास्तव में विज्ञान क्या है? विद्यार्थी और अध्यापक विज्ञान से क्या समझ रहे हैं? और विज्ञान की विषयवस्तु और पद्धति क्या है? वे अध्यापक बनने जा रहे हैं और जब इंटर्नशिप के दौरान विद्यार्थियों से अन्तःक्रिया करने जा रहे हैं तो वे विज्ञान के बारे में क्या सोचते हैं, उनका दृष्टिकोण क्या है तथा वे भविष्य में क्या सोच रख कर शिक्षक–प्रशिक्षण और उससे सम्बन्धित इंटर्नशिप कर रहे हैं।

राष्ट्रीय पाठ्यचर्या की रूपरेखा–2005 के अनुसार प्रारम्भ से ही मानव की, प्रकृति के अद्भुत एवं आश्चर्यजनक पहलुओं को जानने की जिज्ञासा रही है। इसी के चलते उसने प्रकृति के जैविक एवं भौगोलिक वातावरण का अवलोकन, सम्बन्धों की खोज और प्रकृति के साथ अन्तःक्रिया के लिए उपकरणों की रचना की है। मुख्य रूप से वैज्ञानिक पद्धति में निम्न चरण शामिल होते हैं–

- अवलोकन करना
- कल्पना करना
- प्रतिमानों को तलाशना
- मॉडल बनाना
- अवलोकन और प्रयोग से सिद्धान्तों को सही या ग़लत साबित करना

विज्ञान की प्रकृति को ध्यान में रख कर बी.एड. के विद्यार्थी स्कूल तथा विज्ञान की कक्षाओं में इन सभी चरणों से होकर गुज़र सकें, उन्हें बच्चों के साथ इन सभी चरणों पर ज़्यादा–से–ज़्यादा काम करने के अनुभव प्राप्त हो सकें, 96 दिनों की शिक्षा भी इसी मंशा से रखी गयी होगी।

इंटर्नशिप पहले और अब

शिक्षक–महाविद्यालयों में शिक्षा की शुरुआत 1970 से ब्लॉक प्रैक्टिस टीचिंग के रूप में हुई। उससे पूर्व डेमोंसट्रेशन लेसन और शिक्षण–अभ्यास (प्रैक्टिस टीचिंग) हुआ करता था। शुरुआत में ब्लॉक प्रैक्टिस टीचिंग दो सप्ताह की होती थी जिसे बाद में घटा कर एक सप्ताह कर दिया गया। इसका मुख्य कारण आर्थिक रहा, क्योंकि पहले इंटर्न के रहने की व्यवस्था स्कूल में ही हो जाती थी। बाद में सुविधाओं को ध्यान में रखते हुए

वे धर्मशालाओं में ठहरने लगे। 1990 के दशक से ये इंटर्न सस्ते होटलों में भी ठहरने लगे।

शिक्षा 15–15 दिन (कुल 30 दिन) के दो भागों में होती थी। पहले भाग में प्रैक्टिस टीचिंग होती थी जिसमें विद्यार्थी समीप के विद्यालयों में जाते थे और केवल पाठ पढ़ा कर आ जाते थे। उसके बाद 7 दिन की ब्लॉक प्रैक्टिस टीचिंग होती थी, जिसमें रोज़ाना तीन पाठ पढ़ाने के साथ–साथ स्कूल रिकॉर्ड भी तैयार करने होते थे। साथ ही प्रत्येक विद्यार्थी को विद्यालय से सम्बन्धित कोई एक गतिविधि (साहित्यिक, सांस्कृतिक या खेलकूद से सम्बन्धित) अनिवार्य रूप से करानी होती थी। अन्तिम दिन सभी विद्यार्थी मिल कर सांस्कृतिक कार्यक्रम का भी आयोजन करते थे जिसमें इंटर्न एवं विद्यालय के विद्यार्थी भाग लेते थे। ब्लॉक प्रैक्टिस टीचिंग अर्थात शिक्षा की योजना महाविद्यालय स्तर पर तैयार होती थी। 25–25 विद्यार्थियों का समूह एक–एक विद्यालय में जाता था। उनके साथ दो प्राध्यापक होते थे। विद्यालय शिक्षा के लिए इनका स्वागत करता था।

विद्यार्थी जो पाठ योजनाएँ तैयार करते थे, वे रोज़ाना के फीडबैक के आधार पर होती थीं। जब वे कक्षा में पढ़ाते तो विषयाध्यापक अथवा महाविद्यालय की फ़ैकल्टी के निर्देशन में उनका पर्यवेक्षण भी होता। इस तरह दोनों जगह के विशेषज्ञों का मार्गदर्शन विद्यार्थियों को मिलता।

रात्रि सत्र में विद्यार्थियों के दिन–भर के अनुभवों की शेयरिंग होती, जिसमें प्रत्येक विद्यार्थी एक–दूसरे के अनुभवों से सीखता। ब्लॉक प्रैक्टिस टीचिंग आवासीय होती थी जिसमें पीयर ग्रुप में इंटरेक्शन होता था।

ब्लॉक प्रैक्टिस टीचिंग महाविद्यालय की सुविधा के अनुसार भी होती रही। जैसे मैंने जिस महाविद्यालय से बी.एड. किया, वहाँ महाविद्यालय के समीप क़रीब 10 किलोमीटर की दूरी तक के विद्यालय का चयन किया जाता और विद्यार्थी विद्यालय समय में विभिन्न गतिविधियों में भाग लेते। विद्यालय समय के बाद सभी अपने–अपने घर चले जाते। जैसा कि अभी की इंटर्नशिप में भी हो रहा है। लेकिन मैं जिस महाविद्यालय में पढ़ा रहा हूँ, वहाँ से अन्य ज़िले में 50 से 100 किलोमीटर दूरी पर विद्यालय का चयन किया जाता था और वहीं रह कर शिक्षा करनी होती थी, लेकिन इसकी समय–सीमा सात दिनों से ज़्यादा नहीं होती थी।

बी.एड. पाठ्यक्रम दो वर्ष का होने के बाद इसमें लम्बी अवधि की शिक्षा जोड़ी गयी। अब यह 96 दिनों की कर दी गयी है। इसका कारण पहले यह माना जाता था कि बी.एड. पाठ्यक्रम में इंटर्नशिप एक कमज़ोर कार्यक्रम है। इसलिए इसे मज़बूत बनाने के लिए यह परिवर्तन किया गया।

इस सन्दर्भ में 1960 के दशक में कोठारी आयोग (1964–66) ने शिक्षकों की पेशेवर तैयारी को शिक्षा के गुणात्मक विकास के लिए आवश्यक माना लेकिन इसके क्रियान्वयन की दिशा में कुछ ही ठोस क़दम उठाये गये। बाद में चट्टोपाध्याय समिति (1983–85) ने टिप्पणी की कि "हमारे अधिकांश शिक्षण–महाविद्यालयों एवं प्रशिक्षण–संस्थानों में साधन अत्यन्त अपर्याप्त हैं। अगर शिक्षक–शिक्षा को नये शिक्षक की भूमिका और दायित्वों के सन्दर्भ में प्रासंगिक बनाना है तो माध्यमिक स्तर के शिक्षक–प्रशिक्षण की अवधि बारहवीं की पढ़ाई पूरी करने के बाद कम–से–कम पाँच साल होनी चाहिए।" इसकी आवश्यकता पर पुनः जोर देते हुए समिति ने कथन दिया कि "इससे सामान्य शिक्षा और पेशेवर शिक्षा को एक साथ लेना आसान हो सकता है।" समिति ने सिफ़ारिश की कि "शुरुआत, चार साल के एकीकृत कार्यक्रम से की जा सकती है।"

–शिक्षक–शिक्षा, राष्ट्रीय फ़ोकस समूह का आधार पत्र, एन.सी.ई.आर.टी., नयी दिल्ली।

पूर्व की शिक्षा की तुलना वर्तमान शिक्षा से करने पर कई तथ्य उभर कर सामने आये। जैसे, वर्तमान शिक्षा में विद्यार्थियों को किसी प्रकार का मार्गदर्शन नहीं मिलता। विद्यार्थी संस्था–प्रधान एवं शिक्षा इंचार्ज के मार्गदर्शन में कार्य करता है। इसमें उसे किसी प्रकार का मार्गदर्शन नहीं मिलता, न ही पर्यवेक्षण होता है, न किसी प्रकार का कोई नियन्त्रण है और न ही विद्यार्थियों को कोई फीडबैक ही मिलता है। यहाँ पर पीयर ग्रुप के इंटरेक्शन और लर्निंग की कोई गारंटी नहीं है। विद्यालयों की स्थिति भी अलग–अलग है। कहीं पर विद्यार्थियों को सहयोग मिलता है और कहीं पर नहीं। कहीं पर उनका स्वागत किया जाता है तो कहीं पर मात्र खानापूर्ति कर दी जाती है। विद्यार्थियों का मूल्यांकन विद्यालय में शिक्षा इंचार्ज करते हैं और महाविद्यालय स्तर पर बाह्य परीक्षक करते हैं।

शिक्षा पर विद्यार्थियों के अनुभव

यह जानकारी उदयपुर, राजस्थान के पाँच निजी शिक्षक–महाविद्यालय के विद्यार्थियों (बी.एड.) से हासिल की गयी है। इंटर्नशिप पर विद्यार्थियों की प्रतिक्रिया मिली–जुली रही। यह प्रतिक्रिया महाविद्यालयों में पढ़ने वाले केवल विज्ञान के विद्यार्थियों से ली गयी। इसके लिए केन्द्रित समूह चर्चा (फ़ोकस ग्रुप डिस्कशन) की गयी। चर्चा में यह बात उभर कर आयी कि 96 दिन के स्कूली अनुभव में उन्हें स्कूली जीवन की वास्तविकताओं से रू–ब–रू होने का मौक़ा मिला। विज्ञान के विद्यार्थियों के साथ समूह में चर्चा करने पर निम्न बातें निकल कर आयीं :

- जब वे शिक्षा के लिए विद्यालय में गये, तो विद्यालय तथा विषयाध्यापक की ओर से कोई निर्देश नहीं थे। उन्होंने कह दिया कि अपने हिसाब से पढ़ाओ। अध्यापकों का अच्छा व्यवहार था, लेकिन उन्होंने कह दिया कि आपको सिलेबस पूरा करवाना है।
- जब इंटनर्स पढ़ाते तो अध्यापक कभी कक्षा में नहीं आते। और आते, तो भी कक्षा से बाहर ही खड़े रहते, थोड़ी देर देखते और चले जाते। न तो उन्होंने कभी इंटर्न्स से बातचीत की और न ही विद्यालय के बच्चों से फीडबैक लिया।
- समूह गतिविधि क्या होती है, वर्कशीट क्या होती है, स्कूल के अध्यापकों की इस सम्बन्ध में कोई अवधारणा नहीं है।
- समूह गतिविधि कराने को अध्यापक शोर–शराबा मानते हैं। अध्यापक बोल रहे हों और बच्चे सुन रहे हों, उस कक्षा और अध्यापक को वे अच्छा मानते हैं।
- स्कूल में बहुत कम शैक्षणिक सामग्री है। जो है, उसको प्रदर्शित करने में भी अध्यापक हिचकिचाते हैं। सामग्री को ताले में रखते हैं।
- विद्यार्थियों को कोई टास्क दिया जाता और अपने विवेक के अनुसार समूह बना कर छाँटने के लिए कहा जाता तो वे समझते ही नहीं हैं कि इसे गतिविधि कहते हैं।
- कई अध्यापक तृतीय श्रेणी से पदोन्नत होकर द्वितीय श्रेणी में आये हैं, उन्हें भौतिकशास्त्र एवं रसायनशास्त्र की अवधारणात्मक बातें भी नहीं आतीं। चूँकि वे सेवानिवृत्ति के नज़दीक हैं, तो वे सीखना भी नहीं चाहते। वे चाहते हैं कि कोई अन्य आकर पढ़ा जाये।

- संस्था–प्रधान 96 दिन में मात्र तीन या चार बार कक्षा में आये। इंटर्न क्या पढ़ा रहे हैं, उसके बारे में बच्चों से फीडबैक लेते, लेकिन इंटर्न से कभी कोई फीडबैक नहीं लिया।
- अधिकांश स्कूलों में एक से आठ तक की कक्षाओं के लिए स्टाफ़ नहीं था और न ही उनका कोर्स पूरा हुआ था। इस वज़ह से इंटर्न्स को अपने विषय यानी कि विज्ञान से हटकर अन्य विषय जैसे हिन्दी और सामाजिक विज्ञान भी पढ़ाने पड़े। अधिकांश स्कूलों में कक्षा 1 से 8 तक की ज़िम्मेदारी इंटर्न्स को दे दी गयी।
- सभी अध्यापकों का फ़ोकस केवल बोर्ड की परीक्षाओं पर था। इंटर्न्स को तो इन कक्षाओं में पढ़ाने को ही नहीं मिला, तो गतिविधि या प्रयोग क्या कराते।
- 10वीं कक्षा में बोर्ड के सिलेबस का केवल रिविज़न करवाया। इन बच्चों की और किसी प्रकार की कोई गतिविधि नहीं होती थी। अध्यापक कहते किताब खोल कर रीडिंग लगाओ। पूरा पाठ ऐसे ही पढ़ना पड़ता था। बच्चों को कुछ भी समझाया नहीं जाता। इंटर्न्स कुछ कराने का प्रयास करते, तो कहते ऐसे में कोर्स पूरा कैसे होगा।
- अध्यापक किसी भी प्रकार की कोई गतिविधि नहीं करवाते। हमें भी करने से रोकते। कहते आप तो सिर्फ़ सिलेबस पूरा करा दो। वहाँ के अध्यापक भी केवल किताब की रीडिंग ही लगाते थे।
- कई विद्यालयों में अध्यापकों का बच्चों के प्रति व्यवहार भी अच्छा नहीं था। संस्था–प्रधान कक्षा के पीछे आकर अवलोकन करते। लेकिन वे शिक्षण के बजाय बच्चों पर कमेंट करते, जैसे कि तुम समय पर क्यों नहीं आये, दो चोटी बना कर क्यों नहीं आयीं, तुम रोज़ाना स्कूल क्यों नहीं आते आदि।
- इंटर्न्स ने एक से छह तक की कक्षाएँ पढ़ाईं। विज्ञान विषय के शिक्षक होने पर भी उन्हें हिन्दी, इतिहास, सामाजिक विज्ञान विषय भी पढ़ाने पड़े।
- अध्यापक अपना काम करते। पेपर चेक करते, विद्यालय सम्बन्धी सूचनाएँ भरते, लेकिन वे पढ़ाते नहीं थे।

- इंटर्न्स जो तैयारी कर के जाते, पाठ योजना तैयार करके जाते उससे फ़ायदा तो मिलता लेकिन कई बार विद्यालय में अलग परिस्थिति होने से उस पर अमल नहीं कर पाते।
- इंटर्न्स ने बताया कि 96 दिनों में से औसतन मात्र 10 दिन उन्होंने कक्षा में कोई प्रयोग, गतिविधि, चार्ट या मॉडल का उपयोग किया।

शिक्षा पर विशेषज्ञों की राय

विशेषज्ञों से साक्षात्कार लेने से पता चला कि शिक्षा की नयी योजना से निकले हुए छात्राध्यापकों की शिक्षण–योजना, पाठयोजना एवं कक्षा–शिक्षण के स्तर में पूर्ववर्ती व्यवस्था की तुलना में गुणवत्ता में काफ़ी गिरावट अनुभव की जा रही है। हाल में हो रहे शिक्षा के मूल्यांकन के बाद विशेषज्ञों का मानना है कि शिक्षा की यह नयी व्यवस्था गुणवत्ता को बढ़ाने के बजाय उसे बाधित कर रही है।

प्री-शिक्षा

शिक्षा को मज़बूत बनाने का जो उद्देश्य था, वह विद्यार्थियों के अनुभवों एवं फीडबैक से पूरा होता नहीं दिखायी देता है। शोध में इसके तीन कारण सामने आये–तालमेल का अभाव, विद्यार्थियों की रुचि तथा साधनों का अभाव।

1. तालमेल का अभाव : जिस तालमेल की अपेक्षा इंटर्नशिप पर स्कूलों और महाविद्यालयों में की गयी है, वह नहीं दिखती। इंटर्न और स्कूल में भी तालमेल का अभाव देखा गया। यह बात विद्यार्थियों से प्राप्त प्रतिपुष्टि से ज्ञात होती है।

2. विद्यार्थियों की रुचि : विद्यार्थियों के दृष्टिकोण में भी अब काफ़ी फ़र्क़ आया है। बी.एड. पाठ्यक्रम में विज्ञान के विद्यार्थी अब कम प्रवेश ले रहे हैं। इसका कारण बी.एससी. के बाद ही उन्हें कई तरह के जॉब का मिल जाना है और जो विद्यार्थी बी.एड. में प्रवेश ले रहे हैं, उनका भी एकमात्र मक़सद सरकारी नौकरी हासिल करना है। पिछले दो वर्षों में पाँच महाविद्यालयों में बी.एड. में प्रवेश लेने वाले विद्यार्थियों की स्थिति इस प्रकार है–

विषय	विद्यार्थियों की संख्या
भाषा	32 प्रतिशत
सामाजिक विज्ञान	45 प्रतिशत
विज्ञान	23 प्रतिशत

उपरोक्त तालिका से स्पष्ट है कि बी.एड. पाठ्यक्रम में प्रवेश लेने के प्रति विज्ञान के विद्यार्थियों का रुझान बहुत कम है। बी.एड. में प्रवेश लेने के बाद भी इन विद्यार्थियों का फ़ोकस प्रतियोगिता परीक्षा की तैयारी करना रहता है। इसी के चलते महाविद्यालय में शिक्षण–कौशल सीखने पर ज़ोर देने के बजाय उनका ज़्यादातर समय कोचिंग इंस्टिट्यूट्स पर तैयारी में बीतता है। पाँच शिक्षक–महाविद्यालयों से प्राप्त आँकड़ों के आधार पर क़रीब 70 प्रतिशत विद्यार्थी कहीं–न–कहीं कोचिंग पर जाते हैं। इन्हीं महाविद्यालयों के पुस्तकालयों का अवलोकन किया गया तो पता चला कि पुस्तकालय में बैठे सभी विद्यार्थी प्रतियोगिता परीक्षा की तैयारी कर रहे थे।

रोज़गार की तलाश में वे अन्य विकल्पों के बारे में सोचना शुरू कर देते हैं। जैसे, अपनी पहचान निकाल कर इंटर्नशिप के दौरान विद्यालय में बहुत कम जाना। हालाँकि ऐसे विद्यार्थियों की संख्या बहुत कम है।

मात्र एक विद्यालय के तीन इंटर्न्स के अलावा सभी इंटर्न्स ने कहा कि शिक्षा के दौरान उन्होंने 'रीट' (राजस्थान इलिजबिलिटी एग्ज़ामिनेशन फॉर टीचर्स) की तैयारी के लिए छुट्टियाँ लीं। 90 दिन की इंटर्नशिप में एक विद्यार्थी ने औसतन 15 से 20 दिन की छुट्टी ली। इसके लिए उन्हें 15 से 20 दिन ज़्यादा स्कूल में रहना पड़ा। इसके अतिरिक्त, विद्यार्थियों ने अन्य कारणों से भी शिक्षा के बीच में अवकाश लिया। इसका परिणाम यह रहा कि वे इंटर्नशिप कर के महाविद्यालय में देर से आये। इससे बी.एड. पाठ्यक्रम भी सही समय पर शुरू नहीं हो सका। फिर जल्दी परीक्षा–परिणाम निकलवाने के लिए विद्यार्थियों ने विश्वविद्यालय पर दबाव डलवा कर परीक्षाएँ जल्दी करवा दीं ताकि वे आगे आने वाली प्रतियोगिता परीक्षाओं में बैठ सकें। इस तरह द्वितीय वर्ष की बी.एड. की कक्षाएँ भी बहुत कम लग पायीं।

आगे दो वर्ष के लिए एम.एड. में प्रवेश लेने वाले विज्ञान के विद्यार्थियों का प्रतिशत तो और भी कम है। इसका प्रभाव बी.एड. महाविद्यालयों में

विज्ञान विशेषकर गणित और फिजिक्स पढ़ाने वाले प्राध्यापक की कमी के रूप में भी सामने आया है। ऐसे में केमेस्ट्री और बायोलॉजी के प्राध्यापक पेडागॉजी ऑफ़ गणित एवं पेडागॉजी ऑफ़ फिजिक्स पढ़ने वाले विद्यार्थियों की कितनी तैयारी करा पाते हैं, इस पर भी सवाल है।

बी.एड. के विद्यार्थियों से विज्ञान विषय की समझ और विज्ञान क्यों पढ़ाते हैं यह भी जानने का प्रयास किया गया। उन्होंने बताया कि बच्चों को विज्ञान इसलिए पढ़ाते हैं क्योंकि सामान्य जीवन जीने के लिए कई चीज़ों से जुड़ना पड़ता है और विज्ञान कई चीज़ों से सम्बन्धित है। इसलिए उसका अध्ययन करना ज़रूरी है। शारीरिक संरचना के बारे में भी पता चलता है, कोई पदार्थ कैसे बनता है, उसकी रासायनिक अभिक्रिया व संरचना क्या है, उपकरण किस प्रकार कार्य करते हैं। इसकी जानकारी देने के लिए विज्ञान पढ़ाते हैं। कुछ विद्यार्थियों ने कहा कि विज्ञान पढ़ाने का उद्देश्य विद्यार्थियों में वैज्ञानिक दृष्टिकोण विकसित करना होता है। आसपास के वातावरण में कोई घटना क्यों होती है, उसे समझने के लिए भी विज्ञान पढ़ना–पढ़ाना ज़रूरी है।

3. साधनों का अभाव : नयी शिक्षा–नीति 1986, जो कि देश के स्कूलों को बेहतर बनाने का प्रयास था, में एक महत्त्वपूर्ण पहलू, हर सरकारी स्कूल में कुछ बुनियादी सामग्री उपलब्ध कराना था। इस सामग्री में कमरे, बैठने की व्यवस्था, खेल और गतिविधि का सामान, पुस्तकालय, शैक्षिक सामग्री और प्रयोगशाला शामिल थीं।

96 दिन की शिक्षा करने के पीछे यही उद्देश्य था कि बी.एड. के विद्यार्थी ज़्यादा दिनों तक विद्यालयों में रहेंगे तथा बच्चों के साथ विज्ञान से सम्बन्धित गतिविधियाँ एवं प्रयोग करेंगे, लेकिन विद्यालयों में शिक्षा के दौरान विद्यार्थियों के अनुभवों से सामने आया कि 10वीं तक के किसी भी विद्यालय में विज्ञान की प्रयोगशाला नहीं है। केवल जहाँ 11वीं एवं 12वीं कक्षाएँ चलती हैं, उनके लिए प्रयोगशाला है, लेकिन इस प्रयोगशाला का उपयोग 10वीं तक के बच्चे नहीं करते, क्योंकि उनके अध्यापक भी अलग होते हैं। माध्यमिक शिक्षा तक के लिए प्रयोगशाला के नाम पर कुछ उपकरण, चार्ट एवं मॉडल उपलब्ध हैं। इसके लिए अलग से कोई कक्ष नहीं है। ये सारे उपकरण, शारीरिक संरचना के चार्ट एवं मॉडल एक कक्षा में बक्से में बन्द रहते हैं। जब ज़रूरत होती है तो उन्हें निकाला

जाता है। ज़्यादातर चार्ट एवं उपकरणों का उपयोग बोर्ड परीक्षा की तैयारी करने वाले विद्यार्थियों के लिए होता है। छोटी कक्षाओं में केवल किताब से ही पढ़ाया जाता है और कुछ गतिविधियाँ करा दी जाती हैं। बच्चों की संख्या ज़्यादा होने से अध्यापक प्रयोग नहीं कर पाते। सभी बच्चे प्रयोग करना चाहते हैं, लेकिन सभी बच्चों को आगे बुलाना सम्भव नहीं होता। समय–सारणी में भी प्रयोगशाला का अलग से कालांश निर्धारित नहीं है। परीक्षा से 10–15 दिन पूर्व कुछ प्रयोग, गतिविधि आदि कराई जाती है।

विकल्प क्या है?

अब परिस्थितियाँ बदल गयी हैं, लेकिन इंटर्नशिप के वर्तमान मॉडल के बारे में कुछ तो सोचा जा सकता है, जैसे बी.एड. के चार वर्षीय पाठ्यक्रम में विषय के साथ शिक्षण–अभ्यास भी साथ–साथ चल सकता है। दूसरा शिक्षण पर जाने वाले विद्यार्थियों के लिए फीडबैक की व्यवस्था हो। महाविद्यालय के प्राध्यापक नहीं जा सकें तो कम–से–कम उसी विद्यालय के अध्यापक इंटर्न की कक्षा का अवलोकन कर उसे फीडबैक दें। इसके लिए ज़रूरी है कि अध्यापकों के लिए ओरिएंटेशन प्रोग्राम हों। इसके अतिरिक्त विशेषज्ञों से निम्न सुझाव प्राप्त हुए हैं :

1. विद्यालय के संस्था–प्रधानों को महाविद्यालय में आमन्त्रित करके उनसे चर्चा की जानी चाहिए।
2. महाविद्यालय की ओर से ब्रोशर बनाकर स्कूलों में भेजे जाने चाहिए। यह कार्य शिक्षा से 15 दिन पूर्व कर दिया जाना चाहिए।
3. संस्था–प्रधान स्कूल के स्टाफ़ की मीटिंग लें कि उनकी शिक्षा में क्या भूमिका रहेगी।
4. महाविद्यालय की फैकल्टी की भी शिक्षा के दौरान स्कूलों में जाने की योजना हो।
5. मूल्यांकन में स्कूल और महाविद्यालय दोनों की भूमिका रहे। विद्यार्थियों की पूर्व तैयारी प्रभावी रूप से की जाये।

सन्दर्भ सूची :

1. राष्ट्रीय शिक्षा नीति, 1986।
2. एन.सी.ई.आर.टी. (2005), *राष्ट्रीय पाठ्यचर्या की रूपरेखा,* नयी दिल्ली : नेशनल काउंसिल ऑफ़ एजुकेशनल रिसर्च एंड ट्रेनिंग।

3. राष्ट्रीय शिक्षा नीति (2016) : *नयी शिक्षा नीति के विकास के लिए समिति की रिपोर्ट*, नयी दिल्ली : मानव संसाधन विकास मन्त्रालय।
4. दीवान, एच. के., *सीखना, सिखाना व शैक्षिक सामग्री*, उदयपुर : विद्या भवन सोसायटी।
5. दीवान, एच. के. (2007–08), *विज्ञान–शिक्षण : विकल्प की रचना, पठनसामग्री*, उदयपुर : विद्या भवन सोसायटी।
6. दीवान, हृदय कान्त (2010), *प्राथमिक स्तर पर विज्ञान–शिक्षण खोज–बीन* (11)। उदयपुर : विद्या भवन शिक्षा सन्दर्भ केन्द्र।
7. एन.सी.टी.ई (2016), *स्कूल शिक्षा–फ्रेमवर्क एंड गाइडलाइन*, नयी दिल्ली : नेशनल काउंसिल ऑफ़ टीचर एजुकेशन।

9

विज्ञान विषय के सेवारत शिक्षकों के लिए आयोजित कार्यशालाओं का फॉलोअप : एक अध्ययन

—अनानास कुमार और प्रतीक श्रीवास्तव

अज़ीम प्रेमजी फ़ाउंडेशन विद्यालयी शिक्षा में गुणवत्ता लाने के लिए उत्तराखंड सरकार के साथ प्रयासरत है, जिसके केन्द्र में शिक्षकों का पेशेवर विकास है। फ़ाउंडेशन सेवारत शिक्षक प्रशिक्षण में सकारात्मक सहयोग के अलावा शिक्षकों के लिए विभिन्न कार्यशालाओं का भी आयोजन करता है जिसका मुख्य आधार स्वैच्छिक भागीदारी होता है। प्रस्तुत अध्ययन का उद्देश्य उधमसिंह नगर जिले के विज्ञान विषय के सेवारत शिक्षकों के लिए उनके क्षमता संवर्द्धन हेतु फ़ाउंडेशन द्वारा आयोजित ऐसी ही स्वैच्छिक कार्यशालाओं के फ़ॉलोअप से सम्बन्धित उन प्रक्रियाओं व सिद्धान्तों का अध्ययन करना है जो कार्यशालाओं की प्रभावशीलता को और बढ़ाते हुए शिक्षकों के लिए मददगार साबित हुई हैं और सही मायनों में उनका क्षमता संवर्द्धन कर रही हैं। इस अध्ययन में अर्द्ध संरचित साक्षात्कार के माध्यम से ऊधमसिंह नगर के विज्ञान विषय के प्रतिभागी शिक्षकों और फ़ाउंडेशन के विज्ञान विषय के संसाधन व्यक्तियों से आँकड़ों का संग्रह कर उनका विश्लेषण किया गया है। अध्ययन की उपयोगिता और वैधता को बढ़ाने हेतु

कार्यशालाओं के दौरान प्रतिभागी शिक्षकों के द्वारा दिये गये फीडबैक के विश्लेषण को भी शामिल किया गया है।

विज्ञान–शिक्षकों के लिए समय–समय पर आयोजित विभिन्न सेवारत प्रशिक्षणों में की जाने वाली बातचीत उनकी कक्षाओं तक कम पहुँच पाती है। इस विषय में प्रायः ही सैद्धान्तिक और व्यावहारिक क्रियाकलाप के बीच कतिपय कारणों से सामंजस्य का अभाव रहता है। इससे इन कार्यक्रमों के प्रति उनका विश्वास कमज़ोर पड़ने लगता है।

उपरोक्त परिस्थितियाँ इस बात की ओर इशारा करती हैं कि फ़ॉलोअप की सुदृढ़ योजना, प्रशिक्षण और कक्षा में अनुप्रयोग के बीच की खाई को पाटने में एक महत्त्वपूर्ण भूमिका निभा सकती है। यह शिक्षक को अपने विषय–ज्ञान की गहराई में आगे बढ़ते रहने में भी सकारात्मक मदद कर सकती है। क्योंकि ऐसा भी पाया गया है कि समुचित फ़ॉलोअप के अभाव में शिक्षक सामान्यतः प्रशिक्षण के कुछ समय बाद कक्षा में अपनी पुरानी शिक्षण–शैली में लौट आता है। मसलन, जब एक शिक्षक प्रशिक्षण प्राप्त कर अपने विद्यालय में आता है, तो वह कुछ नवाचारी प्रयासों, जैसे कि कबाड़ से जुगाड़, कम लागत वाली शिक्षण सहायक सामग्री का निर्माण और विद्यालय में आसानी से उपलब्ध संसाधनों की सहायता से विज्ञान–शिक्षण आदि को करने का प्रयास करता है, किन्तु समुचित अनुवर्ती सहयोग, अभिप्रेरण की कमी और नवाचारों की अनदेखी आदि की वज़ह से वह शिक्षक पुनः परम्परागत शिक्षण प्रणाली जैसे लेक्चर विधि, किताब पठन विधि और मौन पठन विधि आदि को ही प्रयोग में लाने लगता है।

अज़ीम प्रेमजी फ़ाउंडेशन, सर्व शिक्षा अभियान द्वारा संचालित सेवारत शिक्षक–प्रशिक्षण में सकारात्मक सहयोग के अलावा विभिन्न कार्यशालाओं का भी आयोजन करता है, जिनका मुख्य आधार स्वैच्छिक भागीदारी होता है। ये कार्यशालाएँ सर्व शिक्षा अभियान द्वारा संचालित सेवारत शिक्षक–प्रशिक्षण से अलग होती हैं, जिनमें विषय की प्रकृति, शैक्षिक परिप्रेक्ष्य और संवैधानिक मूल्यों के बारे में बातचीत किये जाने वाले विषय प्रमुखता से शामिल होते हैं।

शिक्षक–प्रशिक्षण विद्यालयी शिक्षा में गुणवत्ता लाने वाला एक प्रमुख औज़ार माना जाता है, जिसके सहारे शिक्षा का चक्र घूमता है। विद्यालयी शिक्षा के इस प्रमुख आधार स्तम्भ को मज़बूत बनाने के लिए स्वतन्त्रता

पश्चात के लगभग सभी शैक्षिक दस्तावेज़ों मसलन मुदलियार आयोग (1952–54), शिक्षा आयोग (1962–64), यशपाल समिति (1992), राममूर्ति आयोग (1990) आदि और शिक्षा की नीतियों यथा 1968 की शिक्षा नीति, 1986 की शिक्षा नीति 1992 की कार्यकारी योजना आदि में इसकी प्रमुखता से वकालत की गयी है। इसमें सेवापूर्व से सेवाकालीन शिक्षक–शिक्षा तक की रूपरेखा, पाठ्यक्रम, पुनश्चर्या कार्यक्रम (refresher course) और सामयिक व वार्षिक प्रशिक्षण, संकुल स्तरीय मासिक बैठकें, सेमिनार, कार्यशालाएँ आदि प्रमुख हैं। इन दस्तावेज़ों में किसी भी शैक्षिक कार्यक्रम के पश्चात उसके आकलन और उसे विद्यालय स्तर तक ले जाने की प्रक्रिया के मूल्यांकन के प्रमुख तत्त्व फ़ॉलोअप[1] (अनुवर्ती प्रशिक्षण) के बारे में स्पष्ट बात क़म ही कही गयी है।

राममूर्ति कमीशन (1990) की रिपोर्ट के अनुसार 'सेवाकालीन शिक्षा और पुनश्चर्या का सम्बन्ध शिक्षक की विशिष्ट आवश्यकताओं से होना चाहिए। सेवाकालीन शिक्षा शिक्षक के विकास की भविष्य की आवश्यकताओं पर आधारित हो, मूल्यांकन और फ़ॉलोअप को उसका हिस्सा बनाया जाये, "किन्तु यहाँ भी इस बात का अभाव–सा दिखता है कि इसे अमली जामा पहनाने की रूपरेखा कैसी हो? चूँकि यह प्रमुख अनुशंसाओं में ही अस्पष्ट है, अतः देश, राज्य और ज़िले स्तर पर भी इसका अस्पष्ट होना लाज़िमी है।

फ़ॉलोअप किसी भी कार्यक्रम के पश्चात उसके प्रभाव को ज़मीनी स्तर तक ले जाने की एक सुनियोजित प्रक्रिया है जिसमें कार्यक्रम में बनी सहमति और उसे करने में आने वाली चुनौतियों का मिल–जुल कर समाधान खोजा जाता है और जिन प्रतिभागी साथियों ने उसे अपने क्षेत्र में सफलतापूर्वक किया है या करने की कोशिश की है, उनके अनुभव सुने जाते हैं।

1–फ़ॉलोअप से आशय उस प्रक्रिया से है, जिसमें किसी भी शिक्षण या कार्यक्रम के सम्पन्न होने के पश्चात यह समझने की कोशिश की जाती है कि उक्त प्रशिक्षण या कार्यक्रम अपने उद्देश्यों की पूर्ति में कहाँ तक पहुँचा है या फिर कितना सफल हुआ है। इसके अलावा इस प्रक्रिया में यह भी समझने का प्रयास किया जाता है कि उक्त प्रशिक्षण या कार्यक्रम को वास्तविकता के धरातल पर आज़माने के दौरान आने वाली चुनौतियों और उनके समाधान के लिए किस–किस तरह के प्रयास किये जाते हैं।

प्रस्तुत अध्ययन का उद्देश्य ऊधमसिंह नगर ज़िले के विज्ञान विषय के सेवारत शिक्षकों के लिए आयोजित कार्यशालाओं के फ़ॉलोअप की प्रक्रियाओं और सिद्धान्तों का अध्ययन करना है।

इसमें यह पाया गया है कि प्रभावी और नियमित फ़ॉलोअप की गतिविधियों[2] के परिणामस्वरूप विज्ञान विषय की कार्यशालाओं में प्रतिभागिता में वृद्धि, कार्यशाला की बातों और गतिविधियों को कक्षा–कक्ष तक ले जाने की गति में वृद्धि और प्रतिभागियों के द्वारा कक्षा–शिक्षण में नवाचार होने की प्रक्रिया और उसके शामिल होने के संकेत दिखाई देने लगे हैं, जो साथियों के विद्यालय–भ्रमण की रिपोर्ट, शिक्षकों से अनौपचारिक बातचीत और विभिन्न मंचों पर उनके अनुभवों के साझाकरण की प्रक्रिया में दिखायी देता है।

शोध डिज़ाइन :

अध्ययन के प्रमुख उद्देश्य :

- ग्रीष्मकालीन और शीतकालीन कार्यशालाओं के पश्चात प्रतिभागी शिक्षक साथियों को प्रदान किये गये फ़ॉलोअप की प्रक्रिया को समझना।
- कार्यशालाओं के पश्चात दिये गये फ़ॉलोअप के मूल सिद्धान्तों और चुनौतियों के बारे में बनी समझ को साझा करना।

इस केस स्टडी में अर्द्ध–संरचित साक्षात्कार के माध्यम से विज्ञान विषय के प्रतिभागी शिक्षकों और फाउंडेशन के विज्ञान विषय के संसाधन व्यक्तियों से आँकड़ों का संग्रह कर उनका विश्लेषण किया गया है। इससे समझ बनी है कि प्रभावी और नियमित फ़ॉलोअप की गतिविधियों के परिणामस्वरूप विज्ञान विषय की कार्यशालाओं में प्रतिभागिता में वृद्धि, कार्यशाला की बातों व गतिविधियों को कक्षा–कक्ष तक ले जाने की गति में वृद्धि और प्रतिभागियों से कक्षा–शिक्षण में नवाचार होने की प्रक्रिया दिखाई देने लगी है।

2–अज़ीम प्रेमजी फ़ाउंडेशन द्वारा आयोजित विभिन्न कार्यशालाओं के फ़ॉलोअप की गतिविधियों में फाउंडेशन के सदस्यों से नियमित रूप से कक्षा–कक्ष में सहयोग, स्वैच्छिक मंचों में चर्चा–परिचर्चा और समन्धित पठन–सामग्री आदि का विवरण शामिल है।

हालाँकि साक्षात्कार में प्राप्त शिक्षकों के विचारों को उनके स्कूलों में जाकर जाँचने का प्रयास नहीं किया गया है। न ही इसके प्रमाण के लिए उनकी कक्षाओं में किसी प्रकार की परीक्षाओं आदि का आयोजन किया गया है, किन्तु जब शिक्षक बातचीत के दौरान कार्यशाला के प्रयोग और गतिविधि को कक्षा में करने के दौरान आ रही कठिनाइयों के निवारण हेतु कार्यशाला के सुगमकर्ता से फ़ोन पर मिले समाधान के अनुभव को साझा करते हैं, तब शिक्षक के इस प्रकार के अनुभव कार्यशाला के दौरान हुए फ़ॉलोअप की महत्ता को साबित करते हैं।

इस अध्ययन में गत वर्षों की विभिन्न कार्यशालाओं में प्रतिभाग करने वाले उन 12 प्रतिभागियों का चयन किया गया, जिन्हें कम–से–कम 3 वर्षों का अनुभव हो। इन प्रतिभागी शिक्षकों में पुरुष और महिलाओं का अनुपात समान रखा गया। इसके अलावा इसमें फाउंडेशन के 1 विज्ञान समन्वयक[3] और 2 सुगमकर्ता[4] से बातचीत कर उनसे प्राप्त आँकड़ों को भी शामिल किया गया है।

क्या हैं यह कार्यशालाएँ?

इन स्वैच्छिक कार्यशालाओं की मोटी–मोटी संरचना निम्न होती है, जो इनके अवधारणा–पत्र और इससे सम्बन्धित योजना–निर्माण की बैठकों पर आधारित होती है–

कार्यशाला के पूर्व	कार्यशाला के दौरान	कार्यशाला के बाद
• विद्यालय–भ्रमण • आवश्यकता का आकलन • संसाधन का साझाकरण	• सत्रों के बारे में अनुभव • सत्र–संचालन • फॉलोअप की योजना–निर्माण • कक्षा के नवाचारी अनुभव का साझाकरण	• विद्यालय–भ्रमण (योजनाबद्ध तरीके से) • कक्षा में मदद व प्रदर्शन (कार्यशाला के सम्बोध का) • विभिन्न माध्यमों व संसाधनों से सहयोग

3–विज्ञान समन्वयक : फ़ाउंडेशन में विज्ञान विषय में काम करने वाले वे वरिष्ठ सदस्य जिनके पास उक्त विषय की समझ के साथ पर्याप्त अनुभव होते हैं। ये सदस्य अपने–अपने स्थान यानी राज्य/ज़िला/विकास खण्ड पर इस विषय से सम्बन्धित शिक्षकों के लिए गतिविधियों के आयोजन व संचालन के लिए ज़िम्मेदार होते हैं

4–सुगमकर्ता : फ़ाउंडेशन में विज्ञान विषय में काम करने वाले वे सदस्य जिनके पास उक्त विषय की समझ के साथ पर्याप्त अनुभव होते हैं। ये सदस्य उक्त विषय की विभिन्न कार्यशालाओं में शिक्षकों के साथ बातचीत, गतिविधि और योजना–निर्माण से ले कर फ़ॉलोअप तक में शामिल होते हैं।

विचार-विमर्श और आँकड़ों का विश्लेषण

प्रस्तुत अध्ययन के दौरान प्राप्त अनुभवों व आँकड़ों को समझने के पश्चात बनी समझ निम्न है, जिसमें सिद्धान्त और प्रक्रिया आपस में गुँथे हुए हैं।

'फ़ॉलोअप' के लिए कार्यशाला के दौरान ही 'प्रतिभागीवार योजना' बनाना

2017–18 के ग्रीष्मकालीन एवं शीतकालीन कार्यशालाओं में प्रतिभाग करने वाले एक शिक्षक कहते हैं, *"कार्यशाला के बाद आगे की योजना और इस दौरान सीखी गयी बातों का विद्यालय में क्रियान्वयन एक बहुत ही महत्त्वपूर्ण हिस्सा है। यह अग्रिम योजना बनाने की प्रक्रिया ही मुझे इसे कक्षा से जोड़ पाने में मदद करती है।"*

हमारे अनुभव भी इस बात का समर्थन करते हैं। फ़ॉलोअप कार्यक्रम के लिए प्रतिभागीवार योजना–निर्माण और उसका क्रियान्वयन एक कारगर तरीक़ा है और इसे कार्यशाला या प्रशिक्षण के दौरान ही बनाया जाना चाहिए। विज्ञान के सन्दर्भदाता इस बात पर ज़ोर देते हुए कहते हैं, *"यह गतिविधि हमारे यहाँ कार्यशाला के दौरान ही अन्तिम दिन की जाती है, जिसमें विकासखण्डवार, प्रतिभागीवार या फिर सन्दर्भदाता की संख्या के हिसाब से एक सम्भावित योजना–निर्माण कर लिया जाता है। इसमें लगभग यह भी तय हो जाता है कि प्रतिभागी शिक्षक साथी कार्यशाला के पश्चात अपने विद्यालय में क्या कर रहे होंगे और उन्हें किस प्रकार की मदद की आवश्यकता होगी? एक बार इस प्रकार की बातचीत तय हो जाने के पश्चात फ़ॉलोअप कार्यक्रम के लिए आगे की राह आसान हो जाती है और हमारे सन्दर्भदाता साथी भी उन्हें यथोचित मदद करते हैं।"* कार्यशाला के दौरान की यह गतिविधि प्रतिभागियों के द्वारा भी सराही गयी है। एक शिक्षिका अपने अनुभवों को साझा करती हैं, *"इससे हमें पहले ही पता चल जाता है कि हमें अपने विद्यालय में जा कर क्या करना है और कैसे करना है? अपने इस काम को करने के दौरान अगर मुझे कोई समस्या आती है तो मैं फोन से भी बातचीत कर उसका समाधान कर लेती हूँ।"* शिक्षिका के ये विचार हमें यह दृष्टि देते हैं कि फ़ॉलोअप कार्यक्रम के सफल आयोजन के लिए यह ज़रूरी हो जाता है कि इसके लिए अग्रिम और कार्यशाला स्थल पर कार्यशाला के दौरान ही इसका योजना–निर्माण किया जाना चाहिए।

अगर यह योजना प्रतिभागीवार हो तो इस फ़ॉलोअप कार्यक्रम के प्रभावी होने के आसार दिखते हैं।

कार्यशाला में प्रासंगिक चर्चा–परिचर्चा : शिक्षकों की बेहतर भागीदारी

फ़ॉलोअप कार्यक्रम में इस बात से कम फ़र्क़ पड़ता है कि इसकी योजना कितनी अच्छी है, बल्कि इस कार्यक्रम में यह महत्त्वपूर्ण है कि इसमें प्रतिभागी शिक्षकों के साथ जिस विषय पर चर्चा की जा रही है, उसका प्रसंग क्या है? विज्ञान विषय के सन्दर्भदाता यह साझा करते हैं कि *"अगर फ़ॉलोअप कार्यक्रम में कार्यशाला के प्रसंग से सम्बन्धित चर्चा–परिचर्चा आयोजित की जाये तो यह प्रतिभागी शिक्षकों को न केवल आकर्षित करती है, अपितु उन्हें इसमें शामिल होने के लिए अभिप्रेरित भी करती है।"* साक्षात्कार के दौरान जब एक प्रतिभागी शिक्षक यह कहते हैं कि *"आप लोग विद्यालय–भ्रमण के दौरान भी जब कार्यशाला में हुई बातचीत के बारे में ही बात करते हैं और कई बार कक्षा–कक्ष में भी उससे जुड़ी हुई गतिविधि को करते हैं या फिर करने में हमें सहयोग देते हैं, तो यह हमें काफ़ी अच्छा लगता है और आपकी कार्यशाला में दुबारा आने के लिए अभिप्रेरित करता है।"* तब, प्रतिभागी शिक्षक के यह विचार उपरोक्त सिद्धान्त को समझने में मदद करते हैं और उसके पुख़्ता प्रमाण भी देते हैं। हालाँकि फ़ॉलोअप से सम्बन्धित उपलब्ध व्यावहारिक साहित्य भी कम हैं, किन्तु यह वयस्कों के सीखने के सिद्धान्त की उस बात की पुष्टि करता है, जिसमें यह माना जाता है कि अगर उनकी चुनौतियों के समाधान की बात की जाये तो वे प्रतिभाग करते हैं।

निरन्तर और सभी तरीक़ों से प्रयास वाली कार्ययोजना

कार्यशालाओं के फ़ॉलोअप कार्यक्रम के सन्दर्भ में बीबी (1980, पृ. 466) लिखते हैं कि *"निरन्तर प्रोत्साहन और समर्थन के बिना (कार्यशालाओं और पाठ्यक्रमों के पूरा होने पर) औसत शिक्षक के पास नये नाम के तहत पुरानी प्रथाओं को वापस करने के लिए एक उल्लेखनीय क्षमता है।"* यह भारतीय सन्दर्भ में भी सच है। साक्षात्कार के दौरान एक प्रतिभागी शिक्षक ने भी समान विचारों के साथ यह परिलक्षित किया कि *"हज़ारों तरीक़ों से एक अवधारणा का अर्थ लिया जा सकता है। मैं एक छोटे–से बदलाव*

के साथ एक ही अध्यापन लागू करता था और इसे एक नवाचार मानता था।" बीबी के यह सन्दर्भ और प्रतिभागी शिक्षक के विचार यह दर्शाते हैं कि फ़ॉलोअप को लागू करने की प्रक्रिया एक जटिल प्रक्रिया है और इसके लिए निरन्तर प्रयासों की आवश्यकता है। यहाँ, 'निरन्तर' का मतलब है नियमित रूप से और 'सभी तरीक़ों के माध्यम से' का मतलब कक्षा के अवलोकन, औपचारिक और अनौपचारिक मंच और प्रदर्शनों पर बैठकों में अकादमिक समर्थन करने में सक्षम होने से है। मसलन, बातचीत के दौरान हमारे विज्ञान विषय के एक समन्वयक सह सन्दर्भदाता कहते हैं कि *"कई बार हमारा सभी प्रतिभागियों के विद्यालयों तक पहुँचना मुश्किल हो जाता है, किन्तु शिक्षक कक्षा में गतिविधि करने के दौरान जब अटक रहे होते हैं, तब वे वहीं से तुरन्त मुझे या सम्बन्धित साथियों को फ़ोन मिलाते हैं और फ़ोन पर ही उन्हें ऑनलाइन मदद की जाती है और वे प्रयोग या गतिविधि को सफलतापूर्वक बच्चों के साथ कर पाते हैं।"*

वर्ष (2017–18) में आयोजित ग्रीष्मकालीन कार्यशाला के डाटा के विश्लेषण करने पर हमने निम्नलिखित जानकारी पायी है–

फ़ॉलोअप मोड	कार्यशाला प्रतिभागियों की संख्या जो दूसरे मोड में इंगेज हुए
संकुल में आयोजित अकादमिक सत्र	3
अन्य	8
सेमिनार	8
अन्य कार्यशाला	12
स्वैच्छिक मंच	2
टी.एल.सी. गतिविधि	25
लाइब्रेरी	4

उपरोक्त सारिणी में प्रतिभागियों की संख्या यूनिक नहीं है अर्थात ऐसा हो सकता है कि सेमिनार में सम्मिलित शिक्षक स्वैच्छिक मंच में आयें हो या टी.एल.सी. (टीचिंग लर्निंग सेंटर) गतिविधि में सम्मिलित शिक्षकों ने

अन्य कार्यशालाओं में प्रतिभाग किया हो। प्रस्तुत सारिणी से स्पष्ट होता है कि फ़ॉलोअप कोई एक बार की जाने वाली प्रक्रिया नहीं है। इसको निरन्तर किया जाना चाहिए तभी यह सही मायने में हो पायेगा। इसकी निरन्तरता को बनाये रखने के लिए एक सोची–समझी योजना होती है जिसके क्रियान्वयन में कुछ चुनौतियों का सामना भी करना पड़ता है। विज्ञान के सन्दर्भदाता बताते हैं कि *"सभी स्कूलों में पहुँच पाना सम्भव नहीं है। हर स्कूल में जाने से पहले उसके शिक्षक की ज़रूरतों को समझना भी पड़ता है, ताकि उससे संवाद प्रासंगिक रहे। दूसरा सबको सभी प्रमुख मंचों से जोड़ पाना भी सम्भव नहीं है। किसी दुर्गम क्षेत्र में कार्यरत शिक्षक को हम हर सप्ताह टी.एल.सी. गतिविधि में नहीं बुला सकते। उसके लिए कुछ और योजना बनानी होगी।"*

कक्षा में सहयोगी शिक्षण और मदद

उपर्युक्त सारिणी में एक अन्य प्रभावी मोड का उल्लेख नहीं है–स्कूल में जाकर शिक्षकों को कार्यशाला में साझा किये गये मॉड्यूल को कक्षा–कक्ष में प्रभावी तौर से क्रियान्वित करने में सहयोग देना। एक प्रतिभागी शिक्षक का कहना है कि *"कार्यशालाओं के बाद योजनाबद्ध तरीके से किये गये स्कूल–भ्रमण सकारात्मक परिणाम प्राप्त कराते हैं और सीखने के लिए भी बहुत कुछ सामग्री प्रदान करते हैं, जिन्हें आगे की बातचीत का आधार बनाया जाता है।"* विद्यालय–भ्रमण के दौरान कार्यशाला में की गयी अवधारणा का सहयोगी प्रदर्शन किया जाता है और महत्त्वपूर्ण प्रतिक्रिया के बारे में बच्चों और प्रतिभागी शिक्षकों से बातचीत की जाती है। यह बातचीत शिक्षक के लिए अपने विश्वास और प्रथाओं पर निरपेक्ष चर्चा की सम्भावनाओं को खोलती है। चर्चा के बाद या उस दौरान शिक्षक के कक्षा–अभ्यास का अवलोकन कार्यशाला में चर्चा की गयी अवधारणा को प्रभावी ढंग से कार्यान्वित करने में मदद करता है। विज्ञान विषय के सेवारत प्रशिक्षण में शमिल होने पर माइक्रोस्कोप के बारे में बात तो ख़ूब होती है, किन्तु प्रतिभागी शिक्षकों के विद्यालय में इसका सदैव अभाव रहता है या फिर यह उनके विद्यालय की पेटियों में बन्द होकर अपने होने की उपस्थिति पंजिकाओं में दर्ज कराता रहता है। केवल इतना ही नहीं प्रशिक्षणों में हुई कम या फिर अस्पष्ट बातचीत

की वज़ह से शिक्षक भी इसे खोल कर देखने या फिर बच्चों के सामने प्रदर्शन करने से बचते हैं।

विज्ञान विषय में कार्यरत एक सन्दर्भदाता कहते हैं कि *"कभी–कभी हम कोई अच्छा लेख या परचा लेकर भी स्कूल में जाते हैं। इस पर चर्चा करने का प्रारूप अलग–अलग हो सकता है। हम पढ़कर चर्चा करते हैं या पर्चे में कही गयी बातों को कक्षा में पढ़ने के पश्चात चर्चा करते हैं।"* स्कूलों में जाना एक योजनाबद्ध प्रक्रिया है, जिसका जुड़ाव कार्यशाला के पहले और बाद से गहन रूप में है। शिक्षकों के पेशेवर विकास से सम्बन्धित उपलब्ध साहित्य भी 'विद्यालय आधारित अनुसमर्थन' की सबसे प्रभावशाली मॉडल के रूप में वकालत करता है। अतः स्कूल विजिट फ़ॉलोअप का एक अभिन्न हिस्सा होता है।

निष्कर्ष

कुल मिलाकर फ़ॉलोअप का महत्त्व वर्तमान परिदृश्य में नज़रन्दाज़ नहीं किया जा सकता है क्योंकि यह कार्यशाला के सफल होने, कार्यशाला की बातचीत को कक्षा–कक्ष में ले जाने और शिक्षक को विषय विशेष से सम्बन्धित सामग्री प्रदान करते हुए, उसे उपयोगी बनाने वाले उन सभी कारकों में प्रमुख है जो उनके सफल पेशेवर विकास में मददगार होते हैं। हालाँकि, यह स्पष्ट रहे कि प्रस्तुत अध्ययन विस्तार से (जैसा कि ऊपर बताया गया है) फ़ॉलोअप प्रक्रिया की प्रभावशीलता का दावा करने का प्रयास नहीं करता है, किन्तु यह प्रक्रियागत स्वयं के, सदस्यों के और शिक्षकों के प्रतिबिम्बों को साझा करता है। ऐसी प्रक्रिया के विस्तृत प्रभाव पर एक और दिलचस्प अध्ययन हो सकता है, जिसे किया जाना चाहिए।

सन्दर्भ सूची

1. बीबी, सी. (1980), *दि थीसिस ऑफ़ दि स्टेजेस फोर्टीन ईयर लेटर,* इंटरनेशनल रिव्यू ऑफ़ एजुकेशन, पृ. 451–474।
2. (2017), *लर्निंग टू रियलाइज़ एजुकेशनस प्रॉमिस,* वर्ल्ड बैंक ग्रुप।
3. (1964–66), *नेशनल एजुकेशन कमीशन,* इंडिया : मिनिस्ट्री ऑफ़ ह्यूमन रिसोर्स एंड डेवलपमेंट।
4. एन.सी.टी.ई. (2009), *नेशनल करिकुलम फ़्रेमवर्क फॉर टीचर एजुकेशन।* नयी दिल्ली : नेशनल काउंसिल ऑफ़ एजुकेशन रिसर्च एंड ट्रेनिंग।

शिक्षकों से पूछे गये प्रश्न

1 नाम :	2. पद :	3. लिंग : पुरुष / महिला
4. स्कूल :	5. संकुल :	6. ब्लॉक :
7. कक्षा जिसमें पढ़ाते हैं (वर्तमान में) :		
8. पढ़ाये जाने वाले विषय (वर्तमान में) :		
9. आपने किस विषय की कार्यशाला (वर्तमान कार्यशाला सहित) में भाग लिया है? (एक से अधिक जवाब दर्ज कर सकते हैं)		

विषय	(2017)	(2016)	(2015)	(2014)	(2013)	(2012)
1. भाषा हिन्दी	(S/W)	(S/W)	(S/W)	(S/W)	(S/W)	(S/W)
2. भाषा–अंग्रेज़ी	(S/W)	(S/W)	(S/W)	(S/W)	(S/W)	(S/W)
3. गणित	(S/W)	(S/W)	(S/W)	(S/W)	(S/W)	(S/W)
4. सामाजिक अध्ययन	(S/W)	(S/W)	(S/W)	(S/W)	(S/W)	(S/W)
5. विज्ञान	(S/W)	(S/W)	(S/W)	(S/W)	(S/W)	(S/W)
6. पर्यावरण अध्ययन ई.वी.एस.	(S/W)	(S/W)	(S/W)	(S/W)	(S/W)	(S/W)
7. शिक्षा में कला	(S/W)	(S/W)	(S/W)	(S/W)	(S/W)	(S/W)
8. शिक्षा में नाटक	(S/W)	(S/W)	(S/W)	(S/W)	(S/W)	(S/W)
9. ई.एल.एम.	(S/W)	(S/W)	(S/W)	(S/W)	(S/W)	(S/W)

आपके द्वारा भाग लेने वाली सभी कार्यशालाओं में, प्राथमिक कारक जो आपको प्रोत्साहित करते हैं? (नीचे दी गयी सूची को टिक करें)

1.	Content relevance (सामग्री की प्रासंगिकता)	( )
2.	Venue (स्थान)	( )
3.	Time (समय)	( )
4.	Facilitation (सुगमता)	( )
5.	Nature of Workshop (Residential) (कार्यशाला की प्रकृति–आवासीय)	( )
6.	Linkages (VTFs, TLC sessions, workshops etc- (वीटीएफ़, टी.एल.सी., कार्यशाला आदि में सम्बन्ध)	( )

7.	Linkages (with classroom practice) (कक्षा की कार्यप्रणालियों से सम्बन्ध)	( )
8.	Culture/Environment (संस्कृति / माहौल)	( )
9.	Teacher Selection (शिक्षक चयन)	( )
10.	Intrinsic motivation (आन्तरिक प्रेरणा)	( )
11.	Quality engagements in other forums (अन्य फोरम के साथ गुणवत्तापूर्वक संयोजन)	( )
12.	Others (please specify)...(अन्य हों तो कृपया बतायें)	
13.	अपनी शुरुआती भागीदारी से अब तक फ़ाउंडेशन के साथ अपनी यात्रा का अनुभव साझा करें।	
14.	कार्यशालाओं की सामग्री / विषयों के सन्दर्भ में ग्रीष्मकालीन और शीतकालीन कार्यशालाओं के बीच क्या सम्बन्ध हैं?	
15.	इन कार्यशालाओं में संसाधन सामग्री / टी.एल.एम. आपके लिए कितनी उपयोगी है?	
16.	फ़ाउंडेशन से आपको कार्यशालाओं के पश्चात किस प्रकार का सपोर्ट मिलता है? और कैसे?	
17.	आपकी राय में इन कार्यशालाओं के अनुवर्ती डिज़ाइन को और बेहतर बनाने के लिए किस प्रकार की पहल की जानी चाहिए?	

अज़ीम प्रेमजी फ़ाउंडेशन के सन्दर्भदाताओं से पूछे गये प्रश्न :

1. ग्रीष्मकालीन और शीतकालीन कार्यशालाओं की संरचना क्या होती है? आप इसकी योजना कैसे बनाते हैं? कृपया साझा करें।
2. कार्यशाला के लिए सत्र और समग्र मॉड्यूल तैयार करते समय आप किन बातों को ध्यान में रखते हैं?
3. कार्यशालाओं के पश्चात आप किस तरह का फ़ॉलोअप सपोर्ट देते हैं? विस्तार से समझाएँ।
4. आपकी राय में इन कार्यशालाओं के फ़ॉलोअप डिज़ाइन को और बेहतर बनाने के लिए क्या पहल की जानी चाहिए?
5. फ़ॉलोअप के विवरण (विवरण सकारात्मक और नकारात्मक हो सकता है) का वर्णन करने वाला कोई भी उदाहरण / पल।
6. फ़ॉलोअप के समय कौन–कौन–सी चुनौतियाँ आती हैं?

10

शिक्षकों में वैज्ञानिक मिज़ाज को स्थापित करने की एक कोशिश

—कालूराम शर्मा

'विज्ञान–शिक्षा कैसी होनी चाहिए' इसकी गहरी समझ हमारे पास है, मगर मैदानी स्तर पर हम इस समझ को रोपने में कामयाब नहीं हो पाये हैं। स्कूलों में रोज़ाना ही विज्ञान का शिक्षण होता है मगर वह वास्तविकता से कहीं दूर है। विज्ञान–शिक्षण से जो अपेक्षाएँ हैं वे एक छोर पर हैं और दूसरे छोर पर जो कुछ कक्षाओं में हो रहा है वह एक कर्मकाण्ड से अधिक नहीं है। होना यह चाहिए कि समाज में जो मान्यताएँ व्याप्त हैं उन पर विज्ञान की कक्षाओं में विमर्श हो। यह पर्चा शिक्षकों के साथ उनकी वैज्ञानिक समझ पर कार्य का है व कई सामान्य कथनों की सरल प्रयोगों द्वारा जाँच व उसके निहितार्थों की बात करता है।

विज्ञान की कक्षाओं में जिन अवधारणाओं पर विद्यार्थी काम करते हैं उनकी रोशनी में प्राकृतिक घटनाओं व समाज में व्याप्त मान्यताओं (जिसमें धार्मिक मान्यताएँ भी शामिल हैं) की व्याख्या की जानी चाहिए। आज़ादी के सत्तर बरस बीत जाने के बाद भी हमारी कक्षाओं में ऐसा नहीं हो पा रहा है। आवश्यकता इस बात की है कि विद्यार्थियों को स्थापित ज्ञान का उपभोक्ता बनाने के बदले विज्ञान में ज्ञान–निर्माण की प्रक्रिया में संलग्न किया जाये।

ज्ञान–निर्माण का अर्थ यह है कि बच्चे मान्यताओं पर चर्चा करें, उनको लेकर खोज–बीन करें आदि।

लिहाज़ा, मैं अपने पर्चे में यह बताने की पुरज़ोर कोशिश करूँगा कि विज्ञान की अवधारणाओं की रोशनी में कैसे किसी घटना की व्याख्या की जाये और यहीं से शुरुआत होती है वैज्ञानिक दृष्टिकोण के विकास की।

सबसे पहले मैं वैज्ञानिक नज़रिये पर बात करूँगा।

आख़िर वैज्ञानिक मिज़ाज है क्या? यह समझने के बाद इस समझ की रोशनी में कुछ उदाहरण आपके सामने रखने की कोशिश करूँगा और यह भी कि शिक्षकों के साथ उनको लेकर क्या अनुभव रहे।

वैज्ञानिक नज़रिया एक शब्द है जो भारतीय विमर्श में बीसवीं शताब्दी की शुरुआत में उभरा। भारतीय संविधान शायद दुनिया का एकमात्र संविधान है जो वैज्ञानिक नज़रिये को अपने नागरिकों के मौलिक कर्त्तव्य के रूप में शामिल करता है। 1976 में 42वें संशोधन के तहत, अनुच्छेद 51–ए को जोड़ा गया जो कहता है कि "हमारे नागरिकों में वैज्ञानिक नज़रिया, मानवतावाद और खोज–बीन या जाँच–पड़ताल का गुण विकसित हो।"

वैज्ञानिक नज़रिये को सरल तौर पर कुछ इस तरह से परिभाषित किया जा सकता है–वास्तव में किसी भी घटना की तह तक जाने के लिए उस पर सवाल करना, प्रयोग करना, अवलोकन करना, अवलोकन से प्राप्त नतीजों का विश्लेषण करना। दरअसल, विज्ञान में ज्ञान–निर्माण की भी अमूमन यही कसौटियाँ हैं।

नेहरू ने उभरते भारतीय राष्ट्र में सामाजिक परिवर्तन और विकास के लिए वैज्ञानिक नज़रिये को बढ़ावा देने को एक ज़रूरी माध्यम बताया था।

इसे विडम्बना कहें कि हमारे यहाँ पर विज्ञान–शिक्षण की शुरुआत प्रारम्भिक स्कूली स्तर से ही हो जाती है, मगर रटने की दक़ियानूसी परम्परा जारी है। इतना ही नहीं अगर हम भारत के समाज को देखें तो यह एक निहायत ही ग़ैर–तार्किक सिविल सोसायटी है (परवेज हुडबॉय)। भारत में विज्ञान को लोगों तक पहुँचाने का उत्साह काफ़ी है। मगर पूरे भारत में विज्ञान को लोगों तक ले जाना एक मन्त्र–सा बन गया है। सरकारी अधिकारियों से लेकर बुद्धिजीवियों तक जिन सारे लोगों की इसमें आम सहमति दिखाई देती है, उनका मानना है कि यह एक अच्छी चीज़ है, मगर वे समाज के उन मसलों को पाठ्यक्रम में शामिल करने से कतराते हैं,

जो समाज में गहरी जड़ें जमाये हुए हैं, बल्कि इसे एक और कोण से देखें तो समझ में आता है कि विज्ञान इसलिए लोगों तक पहुँचाना चाहते हैं, ताकि ज्योतिष और यज्ञ को विज्ञान बता सकें और इसलिए कि वे विज्ञान पर हिन्दुत्व का, वेदों का दावा जताना चाहते हैं। परवेज के अनुसार भारत में विज्ञान को उत्पादक क्षमता बढ़ाने के एक औज़ार के रूप में देखा जाता है न कि तार्किक और न्यायपूर्ण समाज के निर्माण के लिए एक परिवर्तनकारी औज़ार के रूप में।

चूँकि मेरी असल शिक्षा–दीक्षा होशंगाबाद विज्ञान–शिक्षण कार्यक्रम से ही हुई, इसलिए मैंने जो भी विज्ञान समझा वह इसी कार्यक्रम की देन है। मैं स्कूली शिक्षकों के साथ विज्ञान–शिक्षण को लेकर उनकी क्षमतावर्धन का जो काम करता हूँ या सोचता हूँ, वह होशंगाबाद विज्ञान की ही देन है।

होशंगाबाद विज्ञान–शिक्षण कार्यक्रम का लक्ष्य था कि बच्चे सरल वैज्ञानिक गतिविधियों के पीछे की मान्यताओं को समझें। इसके लिए वे प्रयोग करें, अवलोकन करें और विश्लेषण करें। इसके लिए वे सवाल करने का साहस जुटा पायें। बच्चे परिभाषाएँ, परिकल्पनाएँ तथा नियम बनायें या बने हुए नियमों को सत्यापित करें। परिकल्पनाएँ बना कर उनकी जाँच करना सीखें। प्रयोग के डिज़ाइन के विभिन्न तत्त्वों को समझें ताकि उनमें स्वयं प्रयोग को डिज़ाइन करने का हुनर विकसित हो सके। ये वे तत्त्व हैं जो विज्ञान–शिक्षण के लिए बुनियादी रूप से ज़रूरी हैं।

जब मैं स्कूली शिक्षकों के साथ कार्यशालाएँ, बैठकें इत्यादि का आयोजन करता हूँ तो दिमाग़ में यही बात होती है कि शिक्षक विज्ञान के उन तत्त्वों को पकड़ सकें जो विज्ञान–शिक्षण के मूल में हैं। मसलन होशंगाबाद विज्ञान का मेरा अनुभव रहा है कि हम शिक्षकों के साथ जो कार्य करते हैं, वही वे अपने विद्यार्थियों के साथ भी करते हैं। हालाँकि यही बात कोठारी आयोग ने भी रेखांकित की है कि जो हम शिक्षकों के साथ शिक्षक–प्रशिक्षणों में करते हैं, वही वे अपने विद्यार्थियों के साथ करते हैं। हालाँकि मैंने विद्यार्थियों के साथ बहुत अधिक कार्य तो नहीं किया मगर शिक्षकों के साथ समय–समय पर यह चर्चा होती रही कि जो उनके साथ कार्यशालाओं में हुआ, क्या वे विद्यार्थियों के बीच चर्चा या प्रयोग कर पाये। कुछ प्रमाणों के साथ शिक्षकों ने बताया भी कि उन्होंने बच्चों के बीच वे प्रक्रियाएँ कीं।

बहरहाल, मैंने शिक्षकों के साथ उन मसलों पर कार्य किया जिन्हें आजकल समाज में पढ़े–लिखे लोग ही हवा दे रहे हैं। आपको याद होगा कि पिछले दिनों गाय, पीपल और मोर जैसे मसले मीडिया पर छाये रहे हैं। गाय श्वसन में ऑक्सीजन छोड़ती हैं। पीपल रात में भी ऑक्सीजन छोड़ता है, इसलिए इसकी पूजा की जानी चाहिए। मोर के आँसू पीकर मोरनी गर्भवती होती है। ऐसी तमाम मान्यताएँ हैं, जिनके पीछे गहरी जड़ता काम करती है।

एक विद्यार्थी प्राथमिक कक्षाओं से ही श्वसन जैसी अवधारणा का अध्ययन करता है, मगर इन दकियानूसी मान्यताओं को खण्डित करने का ज़ज्बा उसमें पैदा नहीं हो पाता। इसकी वज़ह यही कही जा सकती है कि जो विज्ञान कक्षाओं में हो रहा है, वह कारगर कतई नहीं है। दरअसल, इन मान्यताओं पर कक्षाओं में बातचीत की सम्भावनाएँ पैदा नहीं हो पायी हैं। एक प्रमुख वज़ह यही है कि शिक्षक साथियों के साथ इस प्रकार का कार्य नहीं होता।

यदि हम वैज्ञानिक नज़रिया विकसित करना चाहते हैं तो सिर्फ़ इतना काफ़ी नहीं होगा कि विज्ञान को कुछ अमूर्त सिद्धान्तों या बढ़िया प्रयोगों के रूप में पढ़ा दिया जाये। ऐसा भी नहीं है कि प्रत्येक स्कूल को सूक्ष्मदर्शी, टेलीस्कोप, कम्प्यूटर और तमाम टेक्नॉलाजिकल चीज़ों से समृद्ध कर दिया जाये तो हम वैज्ञानिक नज़रिये स्थापित कर सकेंगे, बल्कि विज्ञान के उन सिद्धान्तों को सामाजिक और धार्मिक मान्यताओं से जूझना पड़ेगा।

इसी दिशा में हमने शिक्षकों के साथ काम करने की कोशिश की है कि किसी अवधारणा पर काम करते हुए कैसे हम उन सामाजिक–धार्मिक मान्यताओं को विमर्श के दायरे में लायें। ख़ासकर गाय और पीपल में श्वसन पर शिक्षकों के साथ विमर्श किया गया।

गाय, पीपल और तुलसी में श्वसन : एक सरल प्रयोग के ज़रिये पर्दाफ़ाश

पीपल और तुलसी रात में ऑक्सीजन छोड़ते हैं। यह बात अक्सर चर्चा में रहती आयी है। अगर इंटरनेट पर हम देखें तो कुछ साइटों पर इस तरह की जानकारियाँ आसानी से उपलब्ध हो जाती हैं। इसके साथ ही गाय का भी ज़िक्र आता है। गाय को चौबीसों घंटे ऑक्सीजन देने वाला प्राणी

माना जाता है। इतना ही नहीं आजकल सोशल मीडिया पर भी इस प्रकार की पोस्ट खूब पढ़ने में आती हैं। क्या यह सही है? इन सुनी–सुनाई बातों पर विश्वास करें या कुछ किया जाये इसे समझने के लिए?

शैक्षणिक सन्दर्भ पत्रिका के अंक 55 (मूल अंक 112) में 'सजीव–निर्जीव के बहाने श्वसन को समझना' शीर्षक से मैंने एक लेख लिखा था। इस लेख में बीजों में श्वसन का पता करने के लिए एक प्रयोग सुझाया गया था। इसी सेटअप से पीपल की पत्तियों को तोड़कर 50 मिली लीटर वाली इंजेक्शन की सीरिंज में रात के अँधेरे में कुछ घंटों के लिए रख दिया गया। फिर पीपल की पत्तियों में इंजे़क्शन की सीरिंज से चूने के पानी को प्रवेश कराया गया। चूने का पानी दूधिया हो गया। यह प्रयोग मैंने खुद कर देखा और आवासीय कैम्प में शिक्षकों के साथ भी करके देखा।

...एक साल पहले

पिछले वर्ष ग्रीष्मकालीन अवकाश में आयोजित आवासीय कैम्प में शिक्षकों के साथ जन्तुओं और पौधों में श्वसन पर कार्य करते हुए एक प्रयोग किया था। पीपल की पत्तियाँ तोड़कर लायी गयीं और उन्हें शाम को इंजेक्शन की सीरिंज में रख दिया गया।

दूसरे दिन सुबह कार्बन डाईऑक्साइड की जाँच की। प्रयोग सफल रहा, मगर शिक्षकों ने अपने ही द्वारा किये गये प्रयोग पर सवाल उठा दिया। हमने तो पीपल की पत्तियों को तोड़ लिया। हो सकता है कि पत्तियों को तोड़ लेने से ये कार्बन डाइऑक्साइड छोड़ रही हों। वे कह रहे थे कि प्रयोग इस तरह से डिज़ाइन किया जाये कि पत्तियाँ पेड़ पर ही लगी रहें। उनका यह सवाल वैज्ञानिक दृष्टिकोण लिये था।

दरअसल, इस चर्चा और प्रयोग का सन्दर्भ यह था कि हमारे समाज में मान्यता है कि पीपल का पेड़ दिन–रात ऑक्सीजन छोड़ता है। समाज में यह मान्यता इतनी दृढ़ है कि विज्ञान और वनस्पतिविज्ञान पढ़े हुए लोग भी इसकी व्याख्या कुछ इस तरह से करने लगते हैं कि वाकई में पीपल और तुलसी दिन–रात ऑक्सीजन छोड़ते हैं। कहा जाता है कि ये अपवाद हैं। चूँकि इन पेड़–पौधों की पूजा होती है, इसलिए ये ऑक्सीजन छोड़ते हैं और इस पर तुर्रा यह भी कि आख़िर इनकी पूजा भी तो इसीलिए होती है। मैंने वनस्पतिविज्ञान की डिग्री लिये कुछ लोगों से सुना है कि इनमें

रात में भी प्रकाश संश्लेषण की क्रिया चलती रहती है। वे इसमें कुछ भारी–भरकम चीज़ों को जोड़ देते हैं, तो यह सही लगने लगता है। वे कहते हैं कि पीपल, तुलसी वग़ैरह में 'लाइट रिएक्शन' रात में भी होती रहती है और वे शास्त्रों से जोड़ देते हैं कि इसीलिए तो इनका पौराणिक महत्त्व है, वग़ैरह–वग़ैरह।

लिहाज़ा, आवासीय कैम्प के सत्र में शिक्षकों ने इस सवाल को उठाकर इस बहस को और पैना बना दिया। अक्सर शिक्षकों के इस तरह के सवाल व सुझाव उपेक्षित होते रहते हैं और यहीं से उनका मनोबल टूटने लगता है और इसका असर उनके सीखने–सिखाने पर ज़रूर पड़ता है। शिक्षक मानसिकता गढ़ने लगते हैं कि इस तरह के सत्रों में सुझाव और सवाल केवल एक औपचारिकता ही होते हैं। इतना भर भी नहीं! कई बार तो सवाल करना भी उनके लिए जोखिम भरा हो जाता है।

कैम्प के सत्र में शिक्षकों ने यह तो माना कि टूटी हुई पत्तियाँ कार्बन डाइऑक्साइड छोड़ती हैं, मगर वे यह मानने को तैयार नहीं थे कि पेड़ पर लगी पत्तियाँ ऑक्सीजन ही छोड़ती हैं, इसे जाँचने की ज़रूरत है।

दरअसल, असहमति का रास्ता वैज्ञानिक दृष्टिकोण की ओर ले जाता है। उन्होंने न केवल इस प्रयोग पर सवाल उठाया, बल्कि प्रयोग के डिज़ाइन पर भी सोचा। ज़ाहिर है कि मनुष्य द्वारा छोड़ी गयी साँस के लिए आसान–सा प्रयोग उपलब्ध है जो पाठ्यपुस्तकों में भी शामिल किया गया है। जहाँ चूने के पानी में स्ट्रॉ या नली से साँस फूँकने पर चूने का पानी दूधिया हो जाता है। मगर पेड़–पौधों में व्यवस्था फ़र्क़ होती है। पत्तियों में तो स्टोमेटा होते हैं जिनके ज़रिये वे हवा का आदान–प्रदान करती हैं। साथ ही इन्हीं स्टोमेटा के ज़रिये पानी भी वाष्पीकृत होता रहता है (फलों, तनों इत्यादि में हवा के आदान–प्रदान के लिए लेंटिसेल होते हैं)। सोचा जाने लगा कि क्या प्रयोग हो सकता है, जिससे हम बिना तोड़े, पेड़ पर ही लगी पत्तियों पर जाँच कर सकें।

कुछ शिक्षकों ने एक स्वर में निहायत ही सरल–सा प्रयोग सुझाया था कि एक पारदर्शी पॉलिथिन की थैली में चूने का पानी ले लें और पीपल के पेड़ पर लगी पत्तियों को उसके अन्दर कर के टहनी को धागे या रबर बैंड से बाँध दें। रात को पॉलिथिन में चूने का पानी रखकर और पत्तियों को उसके अन्दर करके सुबह–सुबह अवलोकन किया जाये। अगर चूने

का पानी दूधिया हो जाये तो समझेंगे कि पीपल कार्बन डाइऑक्साइड छोड़ता है।

एक साल बाद...

बात आयी–गयी हो गयी। इस बीच हमारे बीच पीपल का मुद्दा फिर से उछला। हमने सोचा कि इसे कर के देखना चाहिए। पिछले वर्ष कैंप में शामिल हुए नरेन्द्र कर्मा और मेरे सहयोगी श्यामलाल ने मिलकर योजना बनायी कि हम इस प्रयोग को कर के देखें। आख़िर विज्ञान तो कर के सीखने का विषय है। सो, हमने पीपल के पेड़ के चुनाव के लिए साइट की तलाश की। शहर में ही पीपल के कई पेड़ दिखाई दे गये। उनमें से हमने ऐसी जगह को चुना जहाँ कोई पशु इत्यादि इस प्रयोग के सेटअप को क्षति न पहुँचाये और पत्तियाँ हमारी पहुँच में हों, ताकि पॉलिथिन बाँधने में मशक्कत कम–से–कम हो।

चूने का पानी बनाने के लिए बाज़ार से चूने की एक डिबिया ले आये और उपयोग की गयी मिनरल वॉटर की बोतल में सादा पानी लेकर उसमें चूने का घोल बना लिया गया। कुछ ही देर में चूने का पारदर्शी पानी अलग कर लिया गया।

शाम को साढ़े सात बजे प्रयोग को सैट करने के लिए हम निकल पड़े। पीपल की पत्तियों को थोड़ा झटका, ताकि धूल झड़ जाये। फिर पारदर्शी पॉलिथिन में 20–25 मिलीलीटर चूने का पानी लिया और पत्तियों को हौले–से इसके अन्दर कर दिया और टहनी पर से पॉलिथिन के मुँह को रबर बैंड लगाकर पैक कर दिया, ताकि कार्बन डाइऑक्साइड बाहर को न निकले।

हमने यह प्रयोग तुलसी पर भी आज़माया। अपने ही मोहल्ले में घर के बाहर लगी तुलसी की पत्तियों पर चूने के पानी वाली पॉलिथिन चढ़ा दी। इसके साथ ही कनेर और नीम पर भी यही प्रयोग किया।

प्रयोग के निष्कर्ष

लगभग पौन घंटे के बाद यानी कि साढ़े आठ बजे के आसपास जब कनेर और नीम पर प्रयोग कर के पीपल वाले प्रयोग स्थल पर लौटे तो हमारी ख़ुशी का ठिकाना न रहा! पॉलिथिन में चूने का पानी दूधिया हो गया था।

बहरहाल, इस प्रयोग से यह साबित हुआ कि पीपल की पत्तियाँ रात में कार्बन डाइऑक्साइड छोड़ती हैं।

पिछले वर्ष शिक्षकों के साथ यह चर्चा भी हुई थी कि दरअसल, श्वसन तो अटूट चलने वाली प्रक्रिया है। यह दिन में भी चलती है, मगर दिन में पेड़–पौधों को प्रकाश संश्लेषण करना होता है और इसमें भारी मात्रा में कार्बन डाइऑक्साइड की ज़रूरत होती है। इसलिए पेड़–पौधों के हरे भागों में और ख़ासकर पत्तियों में श्वसन के दौरान उत्पन्न कार्बन डाइऑक्साइड की बहुतायत से ज़रूरत होती है। इस वज़ह से कार्बन डाइऑक्साइड पत्तियों से बाहर नहीं निकल पाती और वहीं अन्दर ही प्रकाश संश्लेषण में इस्तेमाल हो जाती है। इसलिए दिन में इस प्रयोग से यह साबित नहीं हो पाता।

रात में चूँकि प्रकाश संश्लेषण की क्रिया (लाइट रिएक्शन) रुक जाती है इसलिए श्वसन के दौरान निकलने वाली कार्बन डाइऑक्साइड को इस प्रयोग से जाँचा जा सका।

शिक्षकों की सोच और उनके सुझाव

अक्सर शिक्षकों के साथ काम करते हुए मैंने यह पाया कि शिक्षक, शिक्षक–प्रशिक्षणों, कार्यशालाओं और बैठकों में तब प्रोत्साहित होते हैं जब उनकी वहाँ चलती हो। अक्सर ऐसा हमारे यहाँ कम होता है। शिक्षकों के पेशेवर विकास के मामले में यह एक अहम् पहलू मैंने समझा। अगर हमें शिक्षकों को पेशेवर रूप से तैयार करना है तो सत्रों में एकतरफ़ा ज्ञान की गंगा बहाने के बजाय शिक्षकों को सोचने–समझने के अधिक–से–अधिक अवसर दिये जायें। उन्हें यह अहसास कराया जाये कि वे भी सार्थक सोचते और करते हैं।

मुझे यह गहरा विश्वास है कि शिक्षक गहराई से सोचते हैं और वे सार्थक करने की कोशिश करते हैं अगर उन्हें इस प्रकार के अवसर उपलब्ध कराये जायें और ऐसा ही मैंने बच्चों के साथ काम करते हुए भी पाया।

इस प्रयोग के डिज़ाइन का श्रेय कैम्प के शिक्षकों को ही दिया जाना चाहिए, जिन्होंने इस मामले में सोचा और सुझाया। यह निहायत ही सरल–सा प्रयोग है जो बच्चों के साथ किया जा सकता है। अमूमन शिक्षकों से शैक्षिक मामलों में राय भी नहीं ली जाती। इसकी वज़ह है

उनके प्रति उपेक्षा का भाव। दूसरा एक कारण जो मुझे लगता है कि माना जाता है कि शिक्षकों की समझ कमज़ोर होती है और इसी नज़रिये के चलते शिक्षक वाकई में अपने आपको निकृष्ट ही पाते हैं। जब–जब भी शिक्षकों को पेशेवर विकास के सन्दर्भ में कक्षा में विमर्श करने व योजना बनाने के अवसर दिये गये, वे बराबरी के सहयोगी साबित हुए हैं।

बहरहाल, इस प्रयोग से यह साबित हो पाया कि पीपल, तुलसी रात में कार्बन डाइऑक्साइड छोड़ते हैं। पीपल में तो रात में ही हम चूने को दूधिया होते देख पाये। तुलसी, नीम और पीली कनेर में मैंने सुबह उठ कर देखा तो पाया कि चूने का पानी दूधिया हो चुका है।

यह प्रयोग आप स्वयं भी कर के देखिए और बच्चों के साथ भी कीजिये।

एक और पर्दाफ़ाश...

पीपल, तुलसी वगैरह में श्वसन के प्रयोग करने के बाद मैंने गाय के श्वसन पर भी कार्य किया और उस सम्बन्ध में शिक्षक साथियों से बातचीत की। दरअसल, यह प्रयोग मैंने एक स्कूल में ही किया, जिसमें कुछ शिक्षक और बच्चे शामिल थे। गाय को लेकर भी काफ़ी चर्चाएँ हैं। उल्लेखनीय है कि कुछ महीनों पहले जयपुर के रिटायर्ड जज ने गाय द्वारा ऑक्सीजन छोड़ने को लेकर बयान दिया था।

गाय, श्वसन में कौन–सी गैस छोड़ती है, इसे भी जाँच लिया जाना चाहिए। यह सोचकर एक पॉलिथिन की पारदर्शक बड़ी थैली ली। इसमें चूने का पानी तकरीबन 100 मिली मीटर लिया और इसे गाय के मुँह पर चढ़ा कर रखा गया। गाय के मुँह पर चढ़ी थैली में स्पष्ट तौर पर यह देखा जा सकता था कि गाय साँस ले रही है या छोड़ रही है। पॉलिथिन की थैली सिकुड़ती जब वह साँस को अन्दर खींच रही होती और थैली फूल जाती जब साँस को बाहर छोड़ रही होती। जब गाय साँस छोड़ती तो मुँह पर चढ़ायी गयी थैली को थोड़ा हिला भर दिया गया, ताकि जो भी छोड़ी गयी गैस है, वह चूने के पानी के सम्पर्क में आ सके। कोई 10 बार गाय ने साँस छोड़ी और इतने में ही लगभग 100 मिली मीटर चूने का रंगहीन पानी दूधिया हो गया।

दरअसल, वातावरण की हवा के संघटन को देखें तो पता चलता है कि हवा में ऑक्सीजन की प्रतिशत मात्रा 20.9, नाइट्रोजन 78.1,

कार्बन डाइऑक्साइड 0.03 और अक्रिय गैसों की मात्रा 0.94 होती है। जब हम साँस लेते हैं, तो हवा का यह मिश्रण नाक के ज़रिये फेफड़ों में जाता है। सजीव जगत में कोई भी प्राणी ऐसा नहीं है, जो नाक में हवा में से ऑक्सीजन को छानकर ले सके। यह काम तो फेफ़ड़े या गलफड़े ही कर सकते हैं या यह कहें कि हमारी नाक में यह क्षमता नहीं होती कि वह हवा में से ऑक्सीजन को अलग कर उसे ग्रहण कर सके। लिहाज़ा, नाक के ज़रिये गाय भी साँस अन्दर खींचती है और हवा फेफड़ों में जाती है, जहाँ फेफड़े हवा में से ऑक्सीजन को ग्रहण करते हैं और बदले में कार्बन डाइऑक्साइड छोड़ देते हैं।

हम जो साँस छोड़ते हैं, उसमें ऑक्सीजन का प्रतिशत कम हो जाता है। हवा में से ऑक्सीजन फेफड़े लेते तो हैं मगर पूरी–की–पूरी ऑक्सीजन नहीं ले पाते। केवल लगभग 4 प्रतिशत ही लेते हैं और उस हवा में कार्बन डाइऑक्साइड की लगभग 4 प्रतिशत मात्रा छोड़ते हैं। इस प्रकार से साँस में छोड़ी जाने वाली हवा में कार्बन डाइऑक्साइड की प्रतिशत मात्रा 0.3 प्रतिशत से बढ़कर 4 प्रतिशत हो जाती है। यह बात अमूमन सभी स्तनधारियों पर लागू होती है। चूँकि गाय एक स्तनधारी है। इस लिहाज़ से उसके द्वारा छोड़ी गयी साँस और ली गयी साँस में ऑक्सीजन की प्रतिशत मात्रा उल्लेखित ही होगी। इस आधार पर यह कहना सही नहीं होगा कि गाय ऑक्सीजन लेती है और ऑक्सीजन छोड़ती है।

यहाँ यह ज़िक्र करना प्रासंगिक होगा कि हम जो हवा छोड़ते हैं, उसमें ऑक्सीजन की प्रतिशत मात्रा कम होती है। इसीलिए चिकित्साशास्त्र कहता है कि अगर किसी को साँस की तकलीफ़ हो तो उसे माउथ–टू–माउथ रेस्पिरेशन देना जीवनदान दे सकता है। इसका अर्थ है कि श्वसन में छोड़ी गयी हवा में लगभग 17 प्रतिशत ऑक्सीजन होती है और यही ऑक्सीजन माउथ–टू–माउथ रेस्पिरेशन में इस्तेमाल होती है (अगर आप इस प्रकार का प्रयोग करना चाहते हैं, तो एकलव्य द्वारा प्रकाशित शैक्षणिक सन्दर्भ के अंक 10 मार्च–अप्रैल, 1996 में प्रमोद और शशि सक्सेना का लेख 'कितनी आक्सीजन हवा में' पढ़ सकते हैं)।

बहरहाल, यह तथ्य विज्ञान में आमतौर पर विद्यार्थी हाई स्कूल तक आते–आते पढ़ लेते हैं। लेकिन दिक़्क़त इस बात की है कि हमारे विद्यार्थियों को जीवन की आम घटनाओं की व्याख्या करने के अवसर नहीं मिल पाते।

गाय के मामले में ऐसा कोई अपवाद नहीं है कि वह श्वसन की प्रक्रिया में ऑक्सीजन बनाती है। जब हम कहते हैं कि श्वसन की प्रक्रिया हो रही है तो फिर ऑक्सीजन के निर्माण की बात ग़लत की श्रेणी में भी नहीं आती। यह तथ्य बे–सिर–पैर लिये हैं।

गाय एक स्तनधारी प्राणी है जो पूर्णतया शाकाहारी या कहें कि घासाहारी है। गाय की जैवकीय प्रक्रियाएँ अनेक विचित्रताएँ लिये हुए हैं, जिसमें उसका जुगाली करना एक है। यहाँ स्पष्ट करने की ज़रूरत है कि गाय ही नहीं, कोई भी जीव चाहे वह जन्तु हो या वनस्पति श्वसन में ऑक्सीजन नहीं छोड़ता।

वास्तव में श्वसन की प्रक्रिया में भोजन का ऑक्सीकरण यानी दहन होता है, जिसमें ऊर्जा शरीर को मिलती है। भोजन का दहन ऑक्सीजन की मौजूदगी में होता है और कार्बन डाइऑक्साइड मुक्त होती है।

11

प्रारम्भिक शिक्षा के विद्यालयों में विज्ञान-शिक्षकों की शिक्षण प्रक्रिया को समझना, शिक्षकों की चुनौतियों और विज्ञान-किट के उपयोग की स्थिति का अध्ययन

–प्रीति मिश्रा

एन.सी.एफ़.–2005 के अनुसार विज्ञान–वैधताओं को विज्ञान–शिक्षण प्रक्रिया में शामिल कर के ही विषय के उद्देश्य तक पहुँचा जा सकता है। इन वैधताओं के अनुसार विज्ञान–शिक्षण बच्चे की उम्र, समझ के स्तर और परिवेश को ध्यान में रख कर, विज्ञान की प्रक्रिया अर्थात अवलोकन करने, प्रश्न करने, प्रयोग करने, विश्लेषण करने आदि के मौक़े देते हुए ही कराना चाहिए। साथ ही यह आविष्कारों की ऐतिहासिक परिस्थितियों और प्रयासों से बच्चों को अवगत कराने तथा पर्यावरण की रक्षा जैसे मूल्य विकसित करने की माँग भी करता है। इन सभी वैधताओं को विद्यालयी स्तर तक पहुँचाने के लिए सरकार द्वारा भी कई क़दम उठाये जाते रहे हैं, जैसे समय–समय पर सेवाकालीन शिक्षक–प्रशिक्षण, प्रयोग आधारित शिक्षण को बढ़ावा देने के लिए विद्यालयों में विज्ञान–किट की आपूर्ति, राष्ट्रीय आविष्कार योजना कार्यक्रम आदि। सरकारी विद्यालयों में कार्यरत विज्ञान–शिक्षक इन वैधताओं और प्रयासों को किस रूप में देखते हैं और यह प्रयास ज़मीनी स्तर पर कितने कारगर हैं। इन प्रश्नों पर समझ बनाने के लिए यह अध्ययन किया गया, जिसमें राजस्थान के पाली ज़िले के बाली ब्लॉक के 8 विद्यालयों में विज्ञान पढ़ाने वाले शिक्षकों से बातचीत

की गयी। इनमें से छह शिक्षक विज्ञान वर्ग में और दो शिक्षक अन्य विषय वर्ग में शैक्षणिक योग्यता रखते हैं। चयनित शिक्षकों में 5 शिक्षक 3 वर्ष से अधिक विज्ञान–शिक्षण का अनुभव रखते हैं।

विज्ञान-शिक्षकों की शिक्षण-प्रक्रिया

विज्ञान–शिक्षण की प्रक्रिया पर बातचीत के दौरान 8 में से 6 शिक्षकों ने साझा किया कि वे विज्ञान को किताब से पढ़कर (स्वयं या बच्चों द्वारा) या किताब में दिये गये चित्रों को ब्लैकबोर्ड पर बनाकर विषयवस्तु को समझाते हैं। अन्य 2 शिक्षकों ने बताया कि वे प्रयोग व अवलोकन को कभी–कभी अपनी शिक्षण–प्रक्रिया का हिस्सा बना पाते हैं, जैसे बारिश में बच्चों को कवक का अवलोकन कराना, 'फूल' पढ़ाने के लिए गुड़हल के फूल का अवलोकन कराना, पेड़–झाड़ी में अन्तर दिखाना, विज्ञान–किट का उपयोग करते हुए अन्य प्रयोग जैसे मैग्नीशियम रिबन को जलाना, आलू में स्टार्च की उपस्थिति, विस्थापन अभिक्रिया, सूक्ष्मदर्शी से कोशिका अवलोकन कराना आदि।

विज्ञान–किट के उपयोग पर चर्चा के दौरान 3 शिक्षकों ने साझा किया कि उन्होंने किट का उपयोग केवल कुछ सामग्री (जैसे मानव कंकाल, स्प्रिंग तुला, लिटमस पत्र) को कक्षा में दिखाने के रूप में किया है और तीन शिक्षकों ने कभी भी किट का उपयोग शिक्षण में नहीं किया।

इस प्रकार देखें तो अभी ज़्यादातर शिक्षक विज्ञान–शिक्षण को किताबी ज्ञान के रूप में ही देख रहे हैं, न कि कक्षा में प्रायोगिक गतिविधियों की आवश्यकता व वैज्ञानिक कौशलों को विकसित करने के रूप में।

विद्यालय में किट की स्थिति का अवलोकन

किट के अवलोकन के दौरान सभी स्कूल में विज्ञान–किट उपस्थित पाया गया। दो विद्यालयों में दो विज्ञान–किट देखने को मिले, जिसमें एक किट 'राष्ट्रीय आविष्कार योजना' के तहत विद्यालय को दिया गया है। अधिकतर विद्यालयों में किट बच्चों की पहुँच से दूर जैसे कार्यालय में रखा हुआ है या ताले में बन्द है। मात्र एक स्कूल में किट की सम्पूर्ण सामग्री को शिक्षक द्वारा कार्यालय में बाहर निकाल कर रखा गया है। दो शिक्षकों के अनुसार किट में उपस्थित रसायन ख़राब हो चुके हैं। इस प्रकार किट

की पहुँच विद्यालयी स्तर पर होने के बावजूद शिक्षक अभी इसके समुचित उपयोग को सुनिश्चित नहीं कर पा रहे हैं।

विज्ञान-शिक्षा पर शिक्षकों के विचार

- विज्ञान की प्रक्रिया क्या है?
  विज्ञान–शिक्षण की प्रक्रिया कैसी होनी चाहिए, इस पर 6 शिक्षकों का मानना रहा कि 'प्रयोग करना' विज्ञान की शिक्षण–प्रक्रिया के लिए ज़रूरी है। इनमें से दो शिक्षकों ने दैनिक जीवन के उदाहरणों को भी प्रयोग के साथ विज्ञान–शिक्षण में जोड़ना ज़रूरी बताया। एक शिक्षक के अनुसार टी.एल.एम., मॉडल आदि का प्रयोग विज्ञान–शिक्षण की प्रक्रिया है। जबकि विज्ञान विषय में शैक्षणिक योग्यता न होने के कारण एक शिक्षक द्वारा साझा किया गया कि उन्हें विज्ञान–शिक्षण की प्रक्रिया का कोई अनुभव नहीं है। शिक्षण में विज्ञान–किट की आवश्यकता पर सभी शिक्षकों के अनुसार विज्ञान–किट का प्रयोग ज़रूरी है, क्योंकि किट के उपयोग से बच्चे ज़्यादा सीखेंगे। साथ ही बच्चों को विज्ञान के उपकरणों की जानकारी भी मिल सकेगी।
- एन.सी.एफ़.–2005 विज्ञान आधारपत्र पर प्रतिक्रिया
  एन.सी.एफ़.–2005 विज्ञान आधारपत्र पर शिक्षकों की समझ पर चर्चा के दौरान सभी शिक्षकों ने साझा किया कि उन्होंने एन.सी.एफ़.–2005 विज्ञान आधारपत्र नहीं पढ़ा है।
  इस प्रकार शिक्षक विज्ञान की प्रक्रिया में 'प्रयोग करने' को ज़रूरी मानते हैं, हालाँकि विज्ञान की प्रक्रिया के चरण जैसे अवलोकन करना, परिकल्पना बनाना, प्रश्न करना, चर्चा करना अर्थात प्रयोग तक पहुँचने की प्रक्रिया को विज्ञान की प्रक्रिया के रूप में नहीं देख रहे हैं। विज्ञान–शिक्षण पर बेहतर समझ के लिए एन.सी.एफ़.–2005 आदि शैक्षिक दस्तावेज़ों को जानने के लिए प्रेरणा का अभाव भी शिक्षकों में दिखाई देता है।

बच्चों के परिवेशीय ज्ञान और विज्ञान-शिक्षण में सम्बन्ध

सभी शिक्षकों के अनुसार विज्ञान–शिक्षण को बच्चों के परिवेशीय ज्ञान से जोड़ना ज़रूरी है। इनमें से छह शिक्षकों के अनुसार पेड़–पौधों

और कृषि आधारित पाठों को बच्चों के परिवेश से जोड़ना सरल है, लेकिन रसायनविज्ञान से सम्बन्धित पाठों जैसे रसायनों, समीकरणों, परमाणु, रेशे–निर्माण आदि को परिवेश से जोड़ना कठिन है। इसी प्रकार भौतिकविज्ञान के कुछ पाठ जैसे लैंस आदि से प्रतिबिम्ब निर्माण भी दैनिक जीवन से नहीं जुड़ पाते। दो शिक्षक किताब में दिये हुए दैनिक जीवन के उदाहरण को रखना ही बच्चों के परिवेशीय उदाहरण के रूप में देखते हैं, जैसे घूर्णन पढ़ाने के लिए पंखा, लट्टू आदि का उदाहरण।

इस प्रकार अभी बेहतर विज्ञान–शिक्षण के लिए कक्षा में चर्चा व किताब से बाहर बच्चों के अनुभवों को जगह देने की आवश्यकता है, जिससे बच्चे विषय में जुड़ाव महसूस कर सकें। शिक्षकों के साथ विषय–प्रशिक्षणों में विज्ञान को एक समेकित विषय के रूप में रखने की ज़रूरत भी दिखाई देती है, जिससे वह विज्ञान को समग्र रूप में देख सकें न कि रसायन, भौतिक और जीवविज्ञान में तोड़ कर।

विज्ञान की प्रक्रिया के अनुसार शिक्षण में चुनौतियाँ

छह शिक्षक विज्ञान की प्रक्रिया को ध्यान में रख कर पढ़ाना चुनौतीपूर्ण काम मानते हैं, जिसमें चुनौती के रूप में वे समय का अभाव और संसाधन की कमी को रखते हैं। निश्चित समय में कोर्स पूरा करने का दबाव, विद्यालय के अतिरिक्त कार्य जैसे मिड–डे–मील, डाक, सरकार से निर्धारित अन्य कार्य (चुनाव) आदि समय न मिलने के कुछ मुख्य कारण रहे हैं। वहीं, संसाधन की कमी के रूप में विज्ञान की सामग्री और प्रयोगशाला, विज्ञान–शिक्षकों का अभाव भी प्रक्रिया से न जुड़ पाने का कारण है। इनमें से एक शिक्षक के अनुसार बच्चों का कमज़ोर स्तर भी प्रक्रिया से न जुड़ पाने का कारण है। आठ में से अन्य दो शिक्षक विज्ञान की प्रक्रिया के अनुसार पढ़ाना चुनौतीपूर्ण नहीं मानते, किन्तु वह भी समय के अभाव के कारण प्रक्रिया से नहीं जुड़ते और बातचीत के दौरान उन्होंने अपने प्रायोगिक अनुभव भी साझा नहीं किये।

विज्ञान–किट से प्रयोग की चुनौतियों के बारे में दो शिक्षकों ने बताया कि कई बार कुछ प्रयोगों के निष्कर्ष किताब के अनुसार नहीं आते। अन्य दो शिक्षकों ने विज्ञान वर्ग का न होने के कारण, किट का प्रयोग न कर पाने के बारे में बताया।

एन.सी.एफ़.–2005 विज्ञान आधारपत्र में भी प्रयोग आधारित शिक्षण को कक्षा का हिस्सा बनाने के लिए समय और जगह दोनों की आवश्यकता कों स्वीकार किया गया है, जिससे शिक्षक और विद्यार्थी प्रयोग की योजना बना सकें, बातचीत कर सकें, अवलोकनों का रिकॉर्ड रख सकें व उन्हें विश्लेषित कर सकें। प्रयोग आधारित विज्ञान–शिक्षण को बढ़ावा देने के लिए इस दिशा में सोचने की ज़रूरत है।

शिक्षकों की नज़र में विज्ञान-शिक्षण का उद्देश्य और सरकारी विद्यालयों में बदलाव की ज़रूरत

पाँच शिक्षक दैनिक जीवन में विज्ञान की समझ को विज्ञान–शिक्षण का उद्देश्य मानते हैं, जिसमें अपने परिवेश में विज्ञान के महत्त्व को जानना, नये आविष्कारों और तकनीकी जानकारी को रखना मुख्य है। तीन शिक्षक विज्ञान–शिक्षा का उद्देश्य वैज्ञानिक सोच विकसित करना मानते हैं, जिसमें उनके अनुसार बच्चे कुछ नया आविष्कार कर सकें, कोई चीज़ कैसे बनती है, इसे समझ सकें और विज्ञान में रुचि विकसित करना शामिल है।

विज्ञान–शिक्षण के उद्देश्य तक पहुँचने के लिए छह विज्ञान शिक्षकों का मानना है कि विद्यालय में संसाधनों (प्रयोगशाला, विज्ञान–शिक्षकों की नियुक्ति) की आपूर्ति को पूर्ण करना चाहिए। इनमें से तीन शिक्षकों का मानना है, शिक्षकों पर से अतिरिक्त कार्यभार हटाना चाहिए, ताकि वे विज्ञान–शिक्षण पर ध्यान दे सकें। एक शिक्षक के अनुसार विज्ञान मेलों को बढ़ावा देना चाहिए और एक शिक्षक का मानना रहा कि किसी भी बदलाव की ज़रूरत नहीं है।

बेहतर विज्ञान-शिक्षा के लिए सरकार के क़दम

शिक्षकों के अनुसार विज्ञान–शिक्षण को बेहतर करने के उद्देश्य से सरकार द्वारा छह दिवसीय विज्ञान–प्रशिक्षण व राष्ट्रीय आविष्कार अभियान आदि कुछ क़दम उठाये गये हैं। साथ ही विज्ञान–किट भी उपलब्ध कराया गया है। विज्ञान–किट पर प्रशिक्षण पर बातचीत के दौरान एक शिक्षक के अनुसार प्रशिक्षण में इसे सुनिश्चित किया जाता है, जबकि अन्य का मानना है, किट के प्रयोग पर कोई भी प्रशिक्षण उन्हें नहीं दिया गया है।

सामग्री के नवीनीकरण का प्रावधान

पाँच शिक्षकों के अनुसार किट में सामग्री के बदलाव के लिए कोई भी प्रावधान नहीं है। तीन शिक्षकों के अनुसार स्कूल में प्रत्येक साल शिक्षण सहायक सामग्री ख़रीदने के लिए पाँच रुपये मिलते हैं, जिसमें 375 रुपये का स्थायी टी.एल.एम. और 125 रुपये का अस्थायी टी.एल.एम. ख़रीदने का प्रावधान है। यदि किट में उपस्थित सामग्री का अवलोकन करें, तो सन् 2010 में किट में देय सामग्री का ही प्रयोग अभी भी किया जा रहा है।

निष्कर्ष

हालाँकि उपरोक्त अध्ययन के अनुसार शिक्षक विज्ञान की प्रक्रिया को प्रयोग करना मानते हैं, लेकिन विद्यालयों में विज्ञान–शिक्षण अन्य विषयों की तरह ही मात्र किताब से पढ़ाकर किया जा रहा है। इसका मुख्य कारण विज्ञान की प्रक्रिया की बेहतर समझ और समय के अभाव के रूप में सामने आता है। जहाँ कक्षा में प्रयोग हो रहे हैं, वहाँ प्रयोग करना निष्कर्ष तक पहुँचने के माध्यम के रूप में दिख रहा है, जबकि प्रयोग तक पहुँचने की प्रक्रिया अवलोकन, प्रश्न, चर्चा करने के मौक़े अभी कक्षा के हिस्से नज़र नहीं आते। शिक्षकों के साथ विज्ञान विषय की समग्रता को समझने के लिए प्रभावी क्षमता संवर्धन कार्यक्रमों की आवश्यकता दिखाई देती है, जिससे वह विज्ञान की सभी शाखाओं को बच्चों के परिवेश से जोड़ सकें। विद्यालय में विज्ञान–किट के बेहतर उपयोग को सुनिश्चित करने के लिए सार्थक प्रयासों की ज़रूरत है, जिसके अभाव में अभी प्रायोगिक शिक्षण से दूरी बनी हुई है। सरकार द्वारा आयोजित कुछ कार्यक्रम जैसे राष्ट्रीय आविष्कार योजना, जिसका मुख्य उद्देश्य बच्चों में वैज्ञानिक सोच और सृजनात्मकता विकसित करना है, को विद्यालय स्तर पर मात्र एक विज्ञान मेले के रूप में देखा जा रहा है, जहाँ पर मॉडल आदि का प्रदर्शन ही मुख्य उद्देश्य दिखाई देता है। विज्ञान–शिक्षा को बेहतर बनाने के लिए शिक्षकों को विज्ञान की प्रक्रिया को प्रत्येक पाठ्यवस्तु से जोड़ने की ज़रूरत है, न कि मात्र प्रायोगिक निष्कर्ष तक पहुँचने से। वहीं कक्षा में बच्चों को प्रश्न करने, चर्चा करने और नयी चीज़ें गढ़ने के मौक़े भी देने होंगे। बच्चों के परिवेशीय ज्ञान, अवलोकनों को कक्षा में चर्चा और विश्लेषण में शामिल करने की ज़रूरत है। बेहतर विज्ञान–शिक्षण

के लिए सेवापूर्व प्रशिक्षणों पर भी ध्यान देने की ज़रूरत महसूस होती है, जिसमें शिक्षकों के साथ विज्ञान की प्रकृति, प्रक्रिया, उद्देश्य, शिक्षणशास्त्र पर चर्चा के मौक़े हों और सेवारत प्रशिक्षणों की गुणवत्ता को भी निर्धारित करना होगा।

सन्दर्भ सूची

1. *विज्ञान–शिक्षण, राष्ट्रीय फोकस समूह आधारपत्र, एन.सी.एफ़.,* नयी दिल्ली : राष्ट्रीय शैक्षिक अनुसन्धान और प्रशिक्षण परिषद्, 2005।
2. जोशी, सुशील, *जश्न–ए–तालीम,* भोपाल : एकलव्य प्रकाशन, 2008।
3. सुधीर, उमा और पालीवाल, रश्मि, *विज्ञान और उसकी शिक्षा,* भोपाल : एकलव्य पब्लिकेशन, 2016।

12

राजस्थान में सेवारत विज्ञान शिक्षक-प्रशिक्षण में कास्केड मॉडल : कुछ अनुभव

–अम्बिका नाग

राजस्थान में होने वाले वार्षिक सेवाकालीन उच्च प्राथमिक स्तर के विज्ञान शिक्षक–प्रशिक्षण के मॉडल में किये गये हालिया परिवर्तनों और उनसे प्राप्त अनपेक्षित परिणामों को इस लेख में विश्लेषित किया गया है। राजस्थान में सेवाकालीन शिक्षक–प्रशिक्षण परम्परागत रूप से सोपानिक मॉडल (कास्केड मॉडल) में राज्य शैक्षिक अनुसन्धान एवं प्रशिक्षण संस्थान (एस.आई.ई.आर.टी.), उदयपुर द्वारा आयोजित किये जाते रहे हैं। लेकिन 2016 में यह महसूस किया गया कि राज्य स्तर से ज़िला स्तर और फिर ब्लॉक स्तर तक पहुँचते हुए प्रशिक्षण की गुणवत्ता में तेज़ी से गिरावट आती है और ऐसे में जो अन्तिम प्राप्तकर्ता शिक्षक है उस तक इस पूरी क़वायद का लाभ नहीं पहुँचा, जिससे शिक्षक से व्यावसायिक विकास सम्बन्धी अपेक्षित संवाद स्थापित नहीं हो पाया। संस्थान द्वारा 2016 के प्रशिक्षणों की समीक्षा कर वर्ष 2017 में प्रशिक्षण के इस मॉडल में एक सोपान कम किया गया। इस लेख में यह जानने की कोशिश की गयी है कि सोपानिक मॉडल में एक चरण कम करने के लिए किस तरह की क़वायद हुई और परिणाम क्या रहे। लेख यह समझने में मदद करता है कि

सेवारत प्रशिक्षण के मॉडल में एक चरण को कम करने के लिए किस प्रकार की सैद्धान्तिक और व्यावहारिक अन्तर्दृष्टि और तैयारी की ज़रूरत होती है और उसके अभाव में यह प्रयास कैसे फ़ेल हो जाता है। फ़ेल होने के कारणों की समीक्षा करते हुए भविष्य के लिए सेवारत प्रशिक्षण हेतु एक व्यावहारिक वैकल्पिक मॉडल के डिज़ाइन का सुझाव देने का प्रयास किया गया है। शिक्षकों के इन प्रशिक्षणों में हर स्तर पर जुड़े रहने और इन कार्यों में भागीदारी करने के कारण लेखिका ने इनका प्रत्यक्ष अनुभव किया है। इसलिए यहाँ विश्लेषण एक अन्दरूनी व्यक्ति के दृष्टिकोण से किया गया है।

संक्षिप्त पृष्ठभूमि : शिक्षक-प्रशिक्षण, विषयवस्तु और कास्केड मॉडल

कोठारी आयोग, 1966 से शुरू होकर 1986 की राष्ट्रीय शिक्षा नीति और फिर 1992 के प्रोग्राम ऑफ़ एक्शन तक में शिक्षक की क्षमता–निर्माण को एक अभूतपूर्व स्तर पर और कई अलग–अलग तरीक़ों से लिया गया है। नब्बे के दशक में सरकार और उसके साथ ग़ैर–सरकारी शिक्षण–संस्थाओं ने शिक्षक–प्रशिक्षणों को प्रभावी बनाने की दिशा में संगठित प्रयास किये। इन संस्थाओं के आपसी संवाद के फलस्वरूप प्रशिक्षण की प्रकृति, विषयवस्तु, तरीक़ों और व्यवस्थाओं पर विचार मन्थन शुरू हुआ। सर्व शिक्षा अभियान (एस.एस.ए.) और राष्ट्रीय माध्यमिक शिक्षा अभियान (आर.एम.एस.ए.) के आने के बाद शिक्षक–प्रशिक्षण का एक व्यवस्थित कार्यक्रम शुरू हुआ। हालाँकि ये दोनों स्वतन्त्र संस्थाएँ रहीं, पर इनके अधिकतर प्रशिक्षण कार्यक्रमों का समन्वय राज्य शैक्षिक अनुसन्धान एवं प्रशिक्षण संस्थानों (एस.आई.ई.आर.टी / एस.सी.ई.आर.टी.) द्वारा किया गया। इन प्रशिक्षणों में कुछ समानताएँ देखी जा सकती थीं, जैसे कि प्रशिक्षण का सोपानिक (कास्केड) मॉडल जिसके माध्यम से कम समय में अधिक–से–अधिक क्षेत्र में अधिकतम लोगों तक पहुँचने की कोशिश की गयी। लेकिन इतनी बड़ी क़वायद में अर्थ के खो जाने का ख़तरा हमेशा महसूस किया जाता रहा है। इसके बरक्स कुछ शैक्षिक संस्थाएँ सीमित स्तर पर ऐसे प्रयास कर रही थीं। जैसे, होशंगाबाद विज्ञान–शिक्षण कार्यक्रम, जिसमें कॉलेज के शिक्षकों को माध्यमिक स्कूल के शिक्षकों के प्रशिक्षण हेतु सीधे तौर पर शामिल

किया गया, जहाँ प्रशिक्षणों का फ़ोकस मोटे तौर पर विषयवस्तु आधारित था (दीवान, 2018 https://www.researchgate.net/.../328389922_In-Service_Capacity_Building_of_Teachers)।

शिक्षक–प्रशिक्षण कार्यक्रम के बारे में राष्ट्रीय पाठ्यक्रम की रूपरेखा (एन.सी.एफ़.) 2005 में गहरी चिन्ता व्यक्त करते हुए कहा गया है कि शिक्षक–प्रशिक्षण को जितना समर्थन मिलना चाहिए, अभी हम उससे बहुत दूर हैं। प्रशिक्षणों का उद्देश्य शिक्षकों की क्षमता बढ़ाना है, ताकि सभी बच्चों को गुणवत्तापूर्ण शिक्षा के लक्ष्य को हासिल किया जा सके; बग़ैर शैक्षिक चिन्तन बदले यह काम सम्भव नहीं हो सकता और शिक्षा का अधिकार क़ानून बनने के बाद तो इसकी महती आवश्यकता है। इतने सारे प्रयास किये जाने के बावजूद शिक्षक इन प्रशिक्षणों के प्रति नकारात्मक या फिर तटस्थ दृष्टिकोण अपनाये हुए हैं। इसके दो प्रमुख कारण हो सकते हैं– एक दीर्घकालीन दृष्टि का अभाव और दूसरे शिक्षक के प्रति अपनाया जाने वाला नज़रिया। यह समझा जाता है कि स्कूली शिक्षक को तो सब कुछ ग्रहण करना होगा और फिर ग्रहण की गयी उन चीज़ों को वैसा–का–वैसा अपने स्कूल के बच्चों को सिखा देने से काम चल जायेगा। इसी धारणा का नतीजा है कि प्रशिक्षण मॉड्यूल का निर्माण करते समय या तो हार्ड स्पॉट को चुना जाता है और मान्यता यह होती है कि शिक्षक के लिए स्वयं के प्रयास से यह करना मुश्किल होगा अथवा पाठ्यपुस्तक में दी गयी अधिकांश विषयवस्तु को ही प्रशिक्षण का हिस्सा बना दिया जाता है।

यदि राजस्थान के सन्दर्भ में बात करें तो इस प्रकार के प्रशिक्षणों से परे बाराँ ज़िले का क्वालिटी एजुकेशन प्रोग्राम एक ऐसा कार्यक्रम था, जिसमें विद्यालयों में सीधे बच्चों के साथ काम करने से लेकर सेवाकालीन शिक्षक–प्रशिक्षण तक और शिक्षक से लेकर सरकार तक संवाद बनाने की कोशिश निहित थी। जहाँ काम के तरीक़े और विचार कहीं से भी पूरे बने–बनाये लाने के बजाय बाराँ में लोगों के साथ मिल कर रचने और सुलझाने पर ज़ोर था। भागीदार संस्थाओं राजस्थान सरकार (डायट, सर्व शिक्षा अभियान, शिक्षा–विभाग), दिगन्तर, विद्याभवन और आई.सी.आई.सी. आई. के साझा प्रयास इसमें शामिल थे। जिन लोगों ने शिक्षक–प्रशिक्षणों की योजना, तैयारी और उनके संचालन में भागीदारी की, उनमें से अधिकतर लोग शिक्षा पर सोचने, पढ़ने, विभिन्न अभ्यास करने और स्वयं के चिन्तन

और कर्म को परिष्कृत करने के लिए कड़ी मेहनत करने की दिशा में काफ़ी आगे बढ़े और सारे काम को बहुत उत्साह से लिया।

इस कार्यक्रम में एक महत्त्वपूर्ण कार्य था शिक्षक–प्रशिक्षण शिविरों में मास्टर ट्रेनर की मदद करना। इससे एक तो कास्केड मॉडल की अवधारणा पर कुछ हद तक चोट हुई। साथ ही मास्टर ट्रेनर को हौसला और दिशा भी मिली। इसके अलावा जब प्रशिक्षण पैकेज का निर्माण करने वाले व्यक्ति स्वयं शिक्षक–प्रशिक्षण शिविर में शामिल हुए तो उन्हें फील्ड और अपने पैकेज दोनों को समझने एवं उन पर पुनर्विचार करने का भी मौक़ा मिला। यदि ऐसे प्रयास आगे बढ़ाये जा सकें तो शिक्षक–प्रशिक्षण का एक ऐसा स्वरूप विकसित हो सकता है, जिसे शिक्षक और शिक्षा में काम करने वाले लोग सुनियोजित क्षमता–विकास के रूप में देख सकें। ऐसा होने पर कक्षा में संचालित शैक्षिक प्रक्रियाओं को भी बदला जा सकता है। साथ ही शिक्षक–प्रशिक्षण के लिए न केवल पर्याप्त संख्या में मास्टर ट्रेनर की उपलब्धता, बल्कि 40–50 लोगों का ऐसा समूह विकसित हो पाता है, जो अपने ज़िले की शिक्षा की चिन्ता से सरोबार हो।

प्रशिक्षण के कारक, उद्देश्य व पिछले अनुभव

राजस्थान राज्य के विद्यालयों में पूर्व में एन.सी.ई.आर.टी. की किताबों को हू–ब–हू काम में लिया जा रहा था। नयी सरकार आने पर वर्ष 2015 में नयी किताबें लिखने का कार्य हुआ जिसके फलस्वरूप वर्ष 2016 में शिक्षक–प्रशिक्षण मॉड्यूल बनाने का उद्देश्य यही रहा कि शिक्षकों को कक्षा छह से आठ की इन किताबों में दिये गये पाठों से ओरिएंट कर दिया जाये। मॉड्यूल के आमुख के अनुसार, *"पाठ्यक्रम तथा पाठ्यपुस्तक मॉड्यूल–निर्माण के दौरान हमने इस बात का विशेष ध्यान रखा है कि सीखने की प्रक्रिया में विद्यार्थियों की पूरी भागीदारी सुनिश्चित हो।"* मॉड्यूल के उद्देश्य निम्नानुसार थे :

1. नवीन पाठ्यपुस्तकों की संरचना और आधारों पर समझ बनाने हेतु चर्चा के अवसर देना।
2. कक्षा–प्रक्रियाओं के सन्दर्भ में नवीन पाठ्यपुस्तकों के उपयोग एवं शिक्षक की भूमिका पर समझ बनाने हेतु चर्चा के अवसर देना।

3. पाठ्यक्रम एवं पाठ्यपुस्तक के अन्तर्सम्बन्ध और कक्षा–प्रक्रियाओं के स्वरूप पर समझ बनाने हेतु चर्चा करने के अवसर देना।
4. बच्चों के सीखने का सतत एवं व्यापक मूल्यांकन करने के सन्दर्भ में नवीन पाठ्यपुस्तकों में दिये गये अवसरों पर चर्चा करने का अवसर देना।

वर्ष 2016 में प्रशिक्षक साथियों से यह अपेक्षा रखी गयी कि वे गतिविधियों का नियोजन इस प्रकार करें कि शिक्षक, प्रशिक्षण के दौरान ही नयी किताबों का पूर्ण रूप से अध्ययन कर लें। एन.सी.एफ़., एस.आई.क्यू.ई. (स्टेट इनीशिएटिव फॉर क्वालिटी एजुकेशन) और सुयोग्य नागरिक बनाने में शिक्षक की भूमिका जैसे सामान्य सत्रों के अलावा यदि इस मॉड्यूल का ख़ाका देखें तो इसमें हर टॉपिक पर डेढ़ घंटे का सत्र लिखा गया है। हर टॉपिक पर कुछ गतिविधियों के माध्यम से पढ़ाने का तरीक़ा दिया गया है, लेकिन किन्हीं भी दो सत्रों में अन्तर्सम्बन्ध नहीं बनाये गये हैं, न ही सत्रों में कोई तर्कसंगत क्रमिकता रखी गयी है।

उदाहरण के लिए एक सत्र की प्रस्तावित योजना देखें :

पादप पोषण

उद्देश्य–

1. पोषण क्या है? समझ सकेंगे।
2. पोषण की विधियों के बारे में जान सकेंगे।
3. मृतजीवी, परजीवी, सहजीवी व कीटभक्षी के पादपों के उदाहरण बता सकेंगे।

चर्चा के बिन्दु–

1. पोषण क्या है?
2. पोषण की विधियाँ

विधा–चर्चा, प्रश्नोत्तर, प्रदर्शन।

गतिविधि–1

किसान प्रतिवर्ष अपने खेत में खाद क्यों डालता है?

इस प्रश्न पर सम्भागियों से निम्न बिन्दुओं को समाहित करते हुए चर्चा प्रारम्भ करें–

- ❖ मिट्टी में पोषक तत्त्वों की कमी के कारण।
- ❖ पोषक तत्त्वों की पूर्ति के लिए खाद की आवश्यकता।
- ❖ पौधों द्वारा पोषक तत्त्वों का अवशोषण।
- ❖ पोषक तत्त्वों से पौधों में वृद्धि एवं विकास।

सारांश–सजीवों द्वारा वृद्धि एवं विकास के लिए भोजन के रूप में आवश्यक–पोषक तत्त्वों को ग्रहण करने की प्रक्रिया को पोषण कहते हैं।

गतिविधि–2

सामग्री–गोबर पर छत्रक का चित्र।

गोबर पर छत्रक का चित्र दिखाकर सम्भागियों से निम्न प्रश्न करें–

1. चित्र में क्या दिखाई दे रहा है?
2. इसका रंग कौन–सा है?
3. इसे आपने अपने आसपास कहाँ देखा है?
4. क्या इसमें पर्णहरित पाया जाता है?
5. यह अक्सर कहाँ उगते हैं?
6. पर्णहरित के अभाव में ये अपना भोजन स्वयं नहीं बना सकते हैं।

फिर ये अपना भोजन कहाँ से प्राप्त करते हैं?

सारांश–यह मृत एवं सड़ी–गली वस्तुओं से अपना पोषण प्राप्त करते हैं, इन्हें मृतजीवी कहते हैं। मोनोट्रोपा भी मृतजीवी पादप का एक उदाहरण है।

गतिविधि–3

सामग्री–अमरबेल (कस्कुटा) का चित्र प्रदर्शित करता चार्ट।

सम्भागियों को अमरबेल (कस्कुटा) का चित्र दिखाकर निम्न प्रश्न करें –

1. चित्र में आपको क्या दिखायी दे रहा है?
2. पेड़ से लिपटी हुई धागे जैसी संरचनाओं का रंग कौन–सा है?
3. क्या इसमें पर्णहरित पाया जाता है?
4. पर्णहरित के अभाव में ये अपना भोजन कहाँ से प्राप्त करते हैं?

गतिविधि–4

सामग्री–घटपर्णी पादप, लाइकेन व हरे वृक्ष के चित्र सम्भागियों को तीन समूहों में बाँटें। प्रथम समूह को घटपर्णी पादप, दूसरे समूह को हरे पेड़ व तीसरे समूह को लाइकेन का चित्र देकर पूर्व गतिविधि अनुसार प्रश्न तैयार करने हेतु निर्देश देवें। (पाठ्यपुस्तक की सहायता लें) साथ ही एक–एक कर तीनों समूह अपना चित्र सभी को दिखाते हुए अपने प्रश्न पूछें। सम्भागी चित्र अवलोकन के आधार पर उत्तर दें।

समेकन–पोषण के आधार पर पादपों को स्वपोषी, मृतजीवी, परजीवी, कीटभक्षी व सहजीवी में वर्गीकृत किया जा सकता है। सजीवों द्वारा वृद्धि एवं विकास के लिए भोजन के रूप में ग्रहण करने की प्रक्रिया को पोषण कहते हैं।

सारांश–पेड़ से पीले रंग के धागे लिपटे रहते हैं। इसमें पर्णहरित का अभाव रहता है। ये अपना भोजन स्वयं नहीं बना सकते हैं। जिस वृक्ष पर यह लिपटा रहता है, उसी वृक्ष से भोजन प्राप्त करता है, ऐसे पादप परजीवी कहलाते हैं।

विज्ञान-शिक्षण में आवश्यक तत्त्व

इस पूरी योजना में विज्ञान के ज्ञान–निर्माण की प्रक्रिया में निहित कौशलों जैसे–प्रश्न करना, परिकल्पना–निर्माण, प्रयोग, तर्क करना, निष्कर्ष निकालना आदि पर काम करने के मौक़े दिखाई नहीं देते हैं। यदि ध्यान से देखें तो यहाँ 'पोषण' की अवधारणा को जिस सन्दर्भ में रखा गया है उसमें

भी समस्या है, जो स्व–पोषण सम्बन्धी प्रकाश संश्लेषण की प्रक्रिया का तो ज़िक्र भी नहीं करता। पाठ्यपुस्तक में भी इस ज़रूरी अवधारणा को पर्याप्त स्पष्टता से नहीं दिया गया है। जिस भी समूह ने इस मॉड्यूल का निर्माण किया होगा, उसके अपने दिमाग़ में शिक्षक के बारे में, विज्ञान विषय की प्रकृति और इसे सीखने की प्रक्रिया के बारे में, बच्चों के सीखने के बारे में किस तरह की धारणाएँ रही होंगी? पाठ्यपुस्तकों में दी गयी सभी अवधारणाओं को मॉड्यूल में एक साथ शामिल कर लेना और किसी एक पर भी विस्तार से, ठहर कर बात नहीं हो पाना विज्ञान–शिक्षण के उद्देश्य की पूरी तरह अनदेखी करता प्रतीत होता है। इस बात की भी कोई दृष्टि विकसित नहीं हो पाती कि साल–दर–साल सुनियोजित तरीक़े से कोई कोर्स या प्रशिक्षण संचालित किया जा सकता है। प्रशि़क्षण मॉड्यूल में किसी तरह की व्यावसायिकता के लक्षण ही नहीं दिखाई देते। शिक्षक से अपेक्षा ही नहीं होती कि वह किसी बड़े शैक्षिक सरोकार से अपने आपको जोड़कर देख सके और रही–सही कमी पूरी कर देती हैं शिक्षक–प्रशिक्षण की व्यवस्थाएँ। इस सन्दर्भ में एन.सी.एफ़. 2005 की यह टिप्पणी बहुत सार्थक है कि हम अपने शिक्षकों को बदलाव कर्मियों के रूप में सक्षम नहीं बना पाते।

2017 के प्रशिक्षण : पिछली कमियाँ दूर कर, प्रयोग और गतिविधि पर ज़ोर, स्रोत समूह सदस्यता

एस.आई.ई.आर.टी. की समीक्षा बैठक में 2016 में आयोजित प्रशिक्षण मॉडल की समीक्षा में तीन मुख्य समस्याएँ पहचानी गयीं–कास्केड मॉडल के तीन पदक्रम, ब्लॉक स्तर पर श्रेष्ठ प्रशिक्षकों का अभाव, प्रशिक्षणों के दौरान समुचित सामग्री का अभाव और शिक्षकों को कर के देखने के मौक़े न मिलना। परिणामस्वरूप, वर्ष 2017 की प्रशिक्षण योजना के लिए आयोजित बैठक में आगामी प्रशिक्षण में उक्त कमियों को सुधारने के लिए राज्य स्तर पर परिवर्तन सोचे गये–यथा, सन्दर्भ व्यक्तियों का अनुवीक्षण (स्क्रीनिंग), उनकी विशेषज्ञता के आधार पर मॉड्यूल में से चयनित सत्र का नया डिज़ाइन; सन्दर्भ व्यक्तियों की तैयारी और कास्केड मॉडल में एक स्तर कम करते हुए राज्य स्तर पर प्रशिक्षित सन्दर्भ व्यक्तियों द्वारा सीधे ब्लॉक स्तर पर प्रशिक्षण दिये जाने की योजना बनायी गयी, लेकिन एक कमी

छोड़ दी गयी। वह थी–मॉड्यूल निर्माण। मॉड्यूल यथावत रखते हुए सन्दर्भ व्यक्तियों की तैयारी–बैठक में इसे और समृद्ध करने पर ज़ोर दिया गया। स्वयं निदेशक महोदया ने इसमें भाग लिया और सन्दर्भ व्यक्तियों ने सत्र का डेमो प्रस्तुतीकरण किया, जिस पर सुधारात्मक फीडबैक भी दिया गया। सत्र की योजना में पाठ्यपुस्तकों के बजाय पूरा ज़ोर प्रयोगों और गतिविधियों पर रहा। वर्ष 2016 के बरक्स 2017 में प्रशिक्षण से पहले की गयी तैयारी–बैठकों में समस्त सामग्री उपलब्ध करायी गयी।

एस.आई.ई.आर.टी. ने वर्ष 2017 के प्रशिक्षण की रणनीति में मुख्य रूप से निम्नलिखित परिवर्तन हुए–

1. कास्केड मॉडल में एक चरण को घटाते हुए इसे तीन की जगह दो चरणों में किया गया। एस.आई.ई.आर.टी. ने चयनित राज्य सन्दर्भ समूह (एस.आर.जी.) प्रशिक्षकों के समूह की दो दिवसीय तैयारी–बैठक बुलाई, जहाँ उन्हें मॉड्यूल पढ़ने को दिये गये और विषयवार (केमिस्ट्री, फिजिक्स और बायोलॉजी) छोटे समूहों में सत्र–योजना बनाने, संसाधन जुटाने और फिर उसका डेमो प्रस्तुत करने का काम सौंपा गया। यहाँ यह देखना रोचक था कि ज़्यादातर एस.आर.जी. व्याख्याता या प्रधानाध्यापक थे, जो कक्षा 6–8 को कभी पढ़ाते ही नहीं हैं और इसलिए कक्षागत चुनौतियों से नावाक़िफ़ थे और जो पढ़ाते हैं, उनके लिए चुनौती यह थी कि उनके समकक्ष शिक्षक, प्रशिक्षण के दौरान उनकी बात क्यों सुनेंगे। दूसरी बात यह कि इन एस.आर.जी. सदस्यों में से कुछ ही थे जो मॉड्यूल लेखन में शामिल थे, अधिकतर लोग इसे पढ़कर ही करने वाले थे।
2. एस.आई.ई.आर.टी. के स्तर पर राज्य सन्दर्भ समूह (एस.आर.जी.) प्रशिक्षकों के समूह इस प्रकार बनाये गये कि दो–तीन सदस्यों की हर टीम को कोई एक या दो सेशन पूरी तरह से तैयार करने थे, जहाँ उन्हें सत्र की सूक्ष्म–योजना बनाने से ले कर संसाधनों को जुटाने का ज़िम्मा भी उठाना था। इस तरह किसी भी प्रशिक्षक का अब पूरे मॉड्यूल से कोई सरोकार नहीं बचा, सब अपने सत्र तक ही सीमित हो गये।

3. एस.आई.ई.आर.टी. के स्तर पर उप–निदेशक महोदय ने हर सत्र के लिए ज़रूरी सामग्री की लिस्ट बनवा कर, विद्या भवन और एकलव्य पिटारा से सम्पर्क कर विज्ञान–किट, मॉडल्स, चार्ट और सभी आवश्यक केमिकल्स, ग्लासवेयर आदि की उपलब्धता सुनिश्चित करायी।
4. राज्य स्तरीय प्रशिक्षण का आयोजन स्थल एक इंजीनियरिंग कॉलेज में रखा गया। विज्ञान के प्रशिक्षण हेतु इस कॉलेज ने अपने यहाँ उपलब्ध प्रयोगशाला को खोल दिया था। ट्रेनिंग के लिए कक्षा–कक्ष में बेहतर बैठक व्यवस्था हो पायी जिससे कि सम्भागी प्रयोगों को स्वयं कर के देख सकें। प्रत्येक कक्ष में कम्प्यूटर, प्रोजेक्टर और स्पीकर की व्यवस्था होने से प्रशिक्षण में पीपीटी और वीडियो का जम कर इस्तेमाल हुआ।
5. ज़िले से आये मुख्य सन्दर्भ व्यक्तियों (की–रिसोर्स पर्सन–के.आर.पी.) के विभिन्न बैच के लिए प्रशिक्षण समय–सारणी इस तरह बनायी गयी कि प्रत्येक दिन के 90 मिनट के 4 सत्रों में अलग–अलग एस.आर.जी. टीम वहाँ सत्र लेने आती थी। अब चूँकि एक एस.आर.जी. टीम घूम–घूम कर अलग–अलग बैच में सत्र संचालित कर रही थी, तो सत्र–दर–सत्र जहाँ उनकी गुणवत्ता बेहतर होते जा रही थी, वहीं सम्भागियों के लिए भी प्रयोग द्वारा किसी अवधारणा को सीखने के काफ़ी बेहतर अनुभव रहे। हालाँकि उनके लिए दो सत्रों के बीच कोई क्रमिकता देखना सम्भव नहीं था और यह डिसकनेक्ट सभी महसूस कर पा रहे थे।

प्रशिक्षण के दौरान : क्या बेहतर हो सका?

राज्य स्तर पर मुख्य सन्दर्भ व्यक्तियों (के.आर.पी.) की कार्यशाला उमरडा के एक इंजीनियरिंग कॉलेज में आयोजित की गयी थी, जहाँ सभी सत्रों में प्रशिक्षकों ने जम कर चार्ट, मॉडल, प्रयोग और गतिविधियों का प्रस्तुतीकरण किया। साथ ही कुछ सत्रों में इनसे जुड़ी वैज्ञानिक व्याख्याओं पर शिक्षकों से चर्चा की गयी। लेकिन ज़्यादा ज़ोर विज्ञान के प्रयोगों को खेल के रूप में दिखाने पर रहा। कई साथियों ने अरविन्द गुप्ता टॉयज़ की मदद

से गतिविधियाँ, मॉडल आदि तैयार कर के दिखाये। विद्युत पर काम करने वाले साथी विद्युत के ऊष्मीय प्रभाव को दर्शाने के लिए अपने साथ इलेक्ट्रिक केटली, एग–बायलर, आमलेट मेकर, चपाती मेकर आदि जैसे कई उपकरण ले आये थे। विद्युत के चुम्बकीय प्रभाव पर बात करते हुए जब शिक्षकों ने चुम्बकत्व के गुण पर सवाल किये, तो वह उसका सीमित उत्तर ही दे पाये।

अगर इसका शिक्षाशास्त्रीय विश्लेषण करें तो समझ आता है कि अनुभव के कई मौक़े सृजित किये गये और लगभग प्रत्येक सत्र में प्रायोगिक कार्य हुए, लेकिन खेल–खेल में किये गये इन कार्यों द्वारा सैद्धान्तिक समझ की ओर ले जाने का काम कम ही हो पाया। प्रकाश की अवधारणा पर आधारित सत्र में लेज़र लाइट और ब्लैक बॉक्स की मदद से अपवर्तन और परावर्तन को समझने के लिए प्रयोग और फिर अवलोकनों के आधार पर सिद्धान्तों की समझ पर सफलतापूर्वक काम हुआ। लेकिन काफ़ी प्रयासों के बावजूद किसी का भी ध्यान इस ओर नहीं गया कि कक्षा में वैज्ञानिक दृष्टिकोण को विकसित करने के लिए विज्ञान को कैसे पढ़ाया जाये? 'पादपों में पोषण' विषय पर सत्र को रिडिज़ाइन करते हुए लेखक ने पहले *शैक्षणिक सन्दर्भ* पत्रिका में प्रकाशित लेख 'पौधों में पोषण : कुछ प्रयोग कुछ इतिहास' की मदद से ऐतिहासिक सफ़र की बात करते हुए परिकल्पना–निर्माण, प्रयोग द्वारा जाँच और निष्कर्ष निकालने की प्रक्रिया पर ज़ोर दिया। यहाँ प्रकाश संश्लेषण की वर्तमान समझ तक पहुँचने के विभिन्न चरणों पर काम करते हुए विज्ञान की किसी अवधारणा को पढ़ाते हुए कक्षा में वैज्ञानिक प्रक्रिया को सिखाने पर विस्तार से बात हो सकी। हालाँकि अन्य सत्र एक के बाद एक जादू की तरह होने वाली गतिविधियों से भरे थे, पर इतना भर भी होना राज्यस्तर पर एक बड़ा बदलाव था।

जयपुर में ब्लॉकस्तर पर जब विज्ञान–शिक्षकों का प्रशिक्षण हुआ तो लेखक को सांगानेर ब्लॉक में प्रशिक्षक के रूप में भाग लेने का मौक़ा मिला। चूँकि इस ब्लॉक से किसी प्रशिक्षक ने एस.आई.ई.आर.टी. में आयोजित प्रशिक्षण नहीं लिया था, अतः यहाँ अन्य ब्लॉक से दक्ष प्रशिक्षक को बुलाया गया था। छह दिन तक प्रशिक्षण में विज्ञान की अनेक अवधारणाओं पर आधारित प्रयोग कर के देखने के मौक़े शिक्षकों को मिले। 21 प्रतिभागियों

में से कई ऐसे थे, जो दसियों साल बाद स्लाइड बना कर माइक्रोस्कोप इस्तेमाल कर रहे थे, प्रयोग कर के देख रहे थे और इस तरह से यह प्रशिक्षण उन्हें सीखने के कई मौक़े देते हुए स्वयं कक्षा में कर पाने का हौसला दे गया। जनवरी के पहले सप्ताह में हुए इस प्रशिक्षण के बाद इन शिक्षकों से हमारी अगली मुलाक़ात फरवरी में क्लस्टर लेवल कार्यशाला में हुई। आगामी राष्ट्रीय विज्ञान दिवस को देखते हुए शिक्षकों से विद्यालय में इसके आयोजन के स्वरूप को लेकर बात हुई। इन शिक्षकों ने कभी न तो विज्ञान–मेला स्वयं आयोजित किया था और न ही कहीं देखा था। इस पर विचार करते हुए इस एक दिवसीय कार्यशाला में लगभग कक्षा 6–8 के स्तर के 100 से भी अधिक प्रयोगों/मॉडल्स का प्रदर्शन किया गया। अपने विद्यालय में विज्ञान–मेला कैसे आयोजित करें, इस पर सम्बलन मिलने पर सांगानेर ब्लॉक के 11 विद्यालयों के शिक्षकों ने अपनी ओर से पहल करते हुए विद्यार्थियों के साथ काम करते हुए कई रोचक मॉडल्स बनवाये और 23 फरवरी को अपने–अपने विद्यालय में विज्ञान–मेला आयोजित किया।

इस तरह प्रशिक्षकों ने शिक्षकों के साथ और शिक्षकों ने फिर विद्यार्थियों के साथ जो काम किया उसके फलस्वरूप कक्षाओं में एक महत्त्वपूर्ण बदलाव की शुरुआत हो चुकी थी और यदि यह कहें कि गुणात्मक शिक्षा के लिए शिक्षक–प्रशिक्षण के मूल उद्देश्य 'कक्षा में सीखने के तरीक़ों में बदलाव लाना' की ओर एक सफल क़दम उठ चुका था, तो अतिशयोक्ति नहीं होगी।

प्रशिक्षण के कास्केड मॉडल : चुनौतियाँ और सीमाएँ

2016 के अनुभवों को अगर देखें तो अन्य प्रशिक्षणों की तरह राज्य स्तर पर एस.आई.ई.आर.टी. में एक छोटे राज्य सन्दर्भ समूह (एस.आर.जी.) के प्रशिक्षकों ने हर ज़िले के पाँच मुख्य सन्दर्भ व्यक्तियों (के.आर.पी.) को शामिल करते हुए पूरे राज्य के लगभग 160 सम्भागियों को प्रशिक्षण दिया। इन प्रशिक्षणों में मुख्य तौर पर एक ही राउंड में तीन बैच में प्रशिक्षण दिया गया, जहाँ प्रशिक्षकों की एक टीम का पूरा ज़िम्मा एक बैच को देखने का रहा। चूँकि प्रशिक्षकों की विषय के सीमित दायरे में विशेषज्ञता होती है, ख़ासतौर पर व्याख्याताओं की जो अब फिजिक्स, केमिस्ट्री या बायोलॉजी के दायरे में काम करते हैं। कक्षा छह–आठ के सभी पाठों पर सबकी एक

समान पकड़ नहीं थी। इसलिए सत्रों की गुणवत्ता में भी एकांगीपन नहीं दिखायी देता था। अतः प्रशिक्षकों की टीम में हर विषय के एक्सपर्ट की ज़रूरत महसूस की जा रही थी।

प्रशिक्षण के कास्केड मॉडल की विवेचना कई दस्तावेज़ों में हुई है, जहाँ इसके प्रभावी इस्तेमाल में मुख्य रूप से निम्न कारकों की भूमिका मानी गयी है–

1. सुनिश्चित ग्रहणकर्ता की आवश्यकता पर आधारित डिज़ाइन हो।
2. सावधानी से चुने गये प्रशिक्षक।
3. कार्यक्रम के दौरान सतत सम्बलन और निगरानी।
4. व्यापक शिक्षण–सामग्री की उपलब्धता।

यदि इस नज़रिये से वर्ष 2016 के प्रशिक्षणों को देखें तो हम पायेंगे कि डिज़ाइन बनाने वालों की प्रमुख मान्यता कि इसमें सभी टॉपिक का समावेश हो जिससे शिक्षक सभी टॉपिक दिये गये तरीक़ों से पढ़ाना सीखें, में ही समस्या लगती है। सिस्टम में हाल में तय हुए लेवल के बाद कक्षा छह से आठ में विज्ञान विषय वे ही टीचर पढ़ा रहे हैं, जो विज्ञान में स्नातक के साथ बी.एड. कर के सेवा में आये हैं। अतः बजाय सभी टॉपिक लेने के यदि किसी एक को चुन कर उसमें गहराई और विस्तार से सम्भावित शिक्षण–प्रक्रियाओं पर ठीक से बात हो पाती तो शिक्षक इस अवधारणा–निर्माण की प्रक्रिया को समझते हुए आत्मविश्वास के साथ उन्हीं सिद्धान्तों को ध्यान में रखते हुए अन्य टॉपिक पर भी अपनी योजना बना सकते हैं। लेकिन सभी टॉपिक लेना जहाँ उन्हें अपनी ओर से कुछ सृजनात्मकता के मौक़े नहीं देता, वहीं एक तरह से बाँधता है कि ऐसे ही पढ़ाया जाना उचित है।

किसी के.आर.पी. के लिए, जो बतौर विज्ञान–शिक्षक किसी प्रयोग को पहली बार ही प्रशिक्षण में होते हुए देख रहा हो, स्वयं आगे के प्रशिक्षणों में अपने साथियों को सिखा पाना चुनौतीपूर्ण होता है। ऐसे में चुनिन्दा प्रशिक्षक कुछ चयनित प्रयोग कर प्रशिक्षण की खानापूर्ति कर लेते थे और ब्लॉक स्तर तक पहुँचते–पहुँचते प्रशिक्षण की गुणवत्ता में बहुत क्षरण हो चुका होता था। इसका एक बहुत बड़ा कारण यह भी रहा कि जो एस.आर.जी. बने वे के.आर.पी. के साथ मास्टर ट्रेनर ट्रेनिंग में खड़े होने से बचते हैं और

के.आर.पी. बन चुके लोग मास्टर ट्रेनर के साथ काम करने से कतराते हैं। यह पदक्रम व्यवस्था के लिए नुकसानदायक हो जाता है। एक ऐसे सिस्टम में जहाँ गुणवत्तापूर्ण प्रशिक्षकों की कमी हो ऐसा पदक्रम निभाना आत्मघातक हो जाता है।

यहाँ एक बड़ा मामला इन प्रशिक्षणों से सम्बन्धित दायित्वों के स्वामित्व का भी है। जहाँ एक ओर एस.आई.ई.आर.टी. में प्रभारी अधिकारी इस काम को ठीक से करने पर प्राथमिकता दे रहे हों, वहीं डायट और ब्लॉक स्तर पर उनका कोई नियन्त्रण नहीं होना इसकी सतत निगरानी होने में आड़े आता है। साथ ही राज्य स्तर पर एस.आर.जी. रहे शिक्षकों को ब्लॉक स्तर पर होने वाले प्रशिक्षणों में के.आर.पी. के साथ शामिल किया जा सकता तो प्रशिक्षण की गुणवत्ता बेहतर हो सकती थी। कास्केड मॉडल में जो पदक्रम हैं, उनमें सामंजस्य खो जाना इसके फ़ेल होने का बड़ा कारण बन जाता है।

वर्ष 2016 में कास्केड मॉडल में तीन चरणों में ये प्रशिक्षण आयोजित हुए जबकि 2017 में उसी मॉड्यूल पर दो चरणों में प्रशिक्षण आयोजित किया गया। मॉड्यूल में दी गयी गतिविधियों के लिए आवश्यक संसाधन ऐसे थे जो कि प्रशिक्षणों में जुटा पाना एक प्रशिक्षक के लिए सम्भव नहीं था। राज्य स्तर पर के.आर.पी. प्रशिक्षण में एस.आई.ई.आर.टी. द्वारा केमिकल्स एवं अन्य उपकरण उपलब्ध कराये गये थे, किन्तु ब्लॉक स्तर पर आयोजक संस्थाएँ या के.आर.पी. इसे समय रहते नहीं जुटा पाये। प्रशिक्षण स्थल पर विद्यालय से लाये गये विज्ञान–किट में भी सामग्री आधी–अधूरी होने से किसी भी गतिविधि को ठीक से करा पाना चुनौतीपूर्ण था।

2017 में आयोजित प्रशिक्षण में अनपेक्षित चुनौतियाँ और परिणाम

राज्य स्तर पर बड़े धूमधाम से शुरू हुए के.आर.पी. प्रशिक्षण के प्रथम चरण में बड़े जोश के साथ एस.आर.जी. समूह उपस्थित हुआ, लेकिन पहले ही चरण में के.आर.पी. की संख्या के मुक़ाबले प्रशिक्षकों की संख्या बहुत कम रही। अज़ीम प्रेमजी फाउंडेशन के सन्दर्भ व्यक्तियों के सहयोग से प्रशिक्षण शुरू हुआ। दूसरे दिन कई और प्रशिक्षक जुड़े, हालाँकि उनमें से कई ऐसे थे, जो कभी तैयारी–बैठक में भी नहीं आये। इस तरह पहले कैंप में लगभग 150 के.आर.पी. के प्रशिक्षण से शुरू हुआ यह सिलसिला आगे

के कैंपों में प्रशिक्षकों की कमी से जूझता रहा। नवम्बर–दिसम्बर के महीने में एस.आर.जी. (जो कि स्वयं शिक्षक/वरिष्ठ शिक्षक/व्याख्याता होते हैं) की अनुपस्थिति में विद्यालयों में शैक्षिक कार्यों में होने वाले हर्ज़े के चलते लगातार 4 हफ़्तों तक इन प्रशिक्षकों को बुलाना मुश्किल हो गया था। ऐसे में एस.आई.ई.आर.टी. ने शिथिलता देते हुए प्रशिक्षकों को जिस दिन समय–सारणी में उनका सत्र हो, उस ही दिन बुलाने का निर्णय लिया। इस व्यवस्था में भी एक समस्या यह आयी कि अन्य ज़िलों से प्रशिक्षक नहीं आने के कारण उदयपुर के प्रशिक्षकों से ही अन्य सत्र भी लेने का निवेदन किया गया।

प्रत्येक ज़िले से के.आर.पी. का उचित प्रतिनिधित्व सुनिश्चित करने के लिए एक टारगेट संख्या भी तय की गयी थी। 13 दिसम्बर से शुरू हुए राज्य स्तरीय प्रशिक्षण के लिए 12 दिसम्बर को तैयारी–बैठक रखी गयी, जहाँ सत्रवार ज़िम्मेदारी तय कर दी गयी और प्रशिक्षकों को सामग्री आवंटित कर दी गयी। ब्लॉक स्तर पर प्रशिक्षण शीतकालीन अवकाश में 1 से 6 जनवरी तक चले। इस प्रकार ब्लॉक स्तर पर कार्यशाला शुरू होने से पहले राज्य स्तर पर सिर्फ़ 2 ही बैच का प्रशिक्षण हो पाया, बाक़ी के दो बैच ब्लॉक स्तर की ट्रेनिंग समाप्त होने के बाद आयोजित किये जा सके। यहाँ प्रश्न उठा कि इन देरी से होने वाले प्रशिक्षणों की उपयोगिता क्या है? जिसके प्रत्युत्तर में संस्था का तर्क था कि ये प्रशिक्षक शीतकालीन कार्यशाला के फ़ॉलोअप के रूप में होने वाली क्लस्टर स्तरीय कार्यशालाओं में बेहतर योगदान कर सकेंगे।

जहाँ एस.आई.ई.आर.टी. को प्रशिक्षण हेतु नोडल एजेंसी तो बना दिया गया, वहीं उसके द्वारा तय कार्यक्रम के अनुसार शिक्षकों को स्कूल से रिलीव कराने में शिक्षा–विभाग ढीला रहा। इस तरह की अव्यवस्था के चलते सही समय पर तय संख्या में प्रशिक्षक तैयार नहीं हो पाये। इस का सीधा असर ब्लॉक स्तर के प्रशिक्षणों में देखने को मिला। जयपुर शहर में सांगानेर ब्लॉक से किसी प्रशिक्षक ने के.आर.पी. ट्रेनिंग नहीं ली तो ब्लॉक प्रभारी ने निवेदन कर चाकसू और जमवारामगढ़ से के.आर.पी. महोदय को बुलाया। आख़िरी समय तक रही अनिश्चितता के चलते ब्लॉक स्तर पर कोई तैयारी–बैठक न हो सकी। आलम यह था कि पहले दिन न तो प्रशिक्षक महोदय मॉड्यूल लाये, न कोई सहायक–सामग्री। पूरा दिन व्यर्थ

जाता दिखने लगा तब भोजन के बाद के सत्र में अज़ीम प्रेमजी फ़ाउंडेशन के सन्दर्भ व्यक्ति (जो स्वयं शैक्षिक सामग्री के साथ आये थे) ने साथी प्रशिक्षकों से विमर्श कर 5 दिन की योजना बनाने का एक प्रस्ताव रखा, लेकिन इसमें उनकी अरुचि देख कर जैव–विविधता पर डॉक्यूमेंट्री की मदद से सत्र लिया। दूसरे दिन से प्रशिक्षक तैयारी से आये और प्रयोग–प्रदर्शन करते हुए सत्र लिये। यहाँ सत्र बेहतर होते देख काफ़ी उम्मीद जगी। लेकिन जल्द ही प्रशिक्षकों की कमी से उन्हें अन्य ब्लॉक से भी आमन्त्रण मिलने लगे। इस प्रकार इन दो प्रशिक्षकों ने दो ब्लॉकों में प्रशिक्षण दिया।

चूँकि राज्य स्तर पर प्रशिक्षण से पर्याप्त संख्या में के.आर.पी. तैयार नहीं हो सके, तो कमोबेश सभी ब्लॉकों में यह दिक़्क़त बनी रही और इस व्यवस्था को बदलने के पीछे गुणवत्ता सुधारने का उद्देश्य ध्वंस्त होता दिखा। यदि कास्केड मॉडल हेतु ज़रूरी चारों कारकों यथा–सुनिश्चित ग्रहणकर्ता की आवश्यकता पर आधारित डिज़ाइन, सावधानी से चुने गये प्रशिक्षक, कार्यक्रम के दौरान सतत निगरानी और व्यापक शिक्षण–सामग्री की उपलब्धता के आधार पर विश्लेषण करें तो पायेंगे कि दो स्तर पर हुए प्रशिक्षण में पहले स्तर पर एस.आई.ई.आर.टी. ने आयोजित राज्यस्तरीय कार्यशाला अकादमिक तौर पर उच्च गुणवत्ता की थीं। लेकिन वहाँ प्रशिक्षण देने और लेने वालों की उपस्थिति सुनिश्चित करा पाने की आधिकारिक शक्तियाँ शिक्षा–विभाग के पास निहित थीं जिससे दूसरे स्तर पर ब्लॉक स्तरीय कार्यशाला में प्रशिक्षकों का टोटा रहा। साथ ही इस पूरे कार्यक्रम में ब्लॉक स्तर पर आवश्यक शिक्षण–सामग्री की उपलब्धता सुनिश्चित कराने के लिए कोई ज़िम्मेदार टीम नज़र नहीं आयी। राज्यस्तर से लेकर ब्लॉक स्तर तक गेस्ट फ़ैकल्टी के भरोसे चले इन प्रशिक्षणों में ओनरशिप ग़ायब मिली।

आगे का रास्ता

इन अनुभवों से महसूस हुआ कि विज्ञान विषय में सेवारत प्रशिक्षणों की गुणवत्ता बेहतर करने के लिए कास्केड मॉडल के स्तर घटाते हुए निम्नलिखित बातों को ध्यान में रखा जा सकता है :

1. राज्य स्तर पर मॉड्यूल–निर्माण के लिए विषय–विशेषज्ञ एस.आई.ई.आर.टी. की टीम में होने चाहिए, जो प्रशिक्षण की

नीति–निर्माण से लेकर आयोजन तक अकादमिक नेतृत्व प्रदान कर सकें।

2. कास्केड मॉडल में जो पदक्रम हैं, उसके दो स्तर, राज्य एवं ज़िला स्तर हो सकते हैं और उसमें सामंजस्य बनाये रखने के लिए एक कोर टीम होनी चाहिए।
3. ज़िला स्तर पर व्यापक शैक्षिक सामग्री की उपलब्धता डायट के माध्यम से सुनिश्चित कराई जा सकती है। अन्यथा इन प्रशिक्षणों को माध्यमिक विद्यालयों में कराया जाये जहाँ समुचित सामग्री उपलब्ध हो।
4. ज़िला स्तर पर करने पर अकादमिक कार्यों का स्तर सुधरने से ब्लॉक स्तर पर प्रशिक्षक एवं प्रशिक्षणार्थियों की संख्या में रहने वाली कमी को भी दूर किया जा सकता है।

कुल मिला कर देखें तो राज्य स्तर पर सेवारत शिक्षक–प्रशिक्षणों में कास्केड मॉडल के एक स्तर को घटाया जाना एक स्वागत योग्य क़दम है। आने वाले वर्ष में यदि प्रशिक्षकों की संख्या और संसाधनों की उपलब्धता सुनिश्चित की जा सके तो प्रशिक्षण बेहतरीन हो सकेंगे।

सन्दर्भ सूची

1. दीवान, हृदयकान्त (2018), https://www.researchgate.net/ .../328389922_In-Service_Capacity_Building_of_Teachers.
2. सिंह, सुधीर (2010–2011), *शिक्षक–प्रशिक्षण कुछ सम्भावनाएँ, पहल* त्रैमासिक पत्रिका, वर्ष तीन, अंक 9–10, अक्टूबर, 2010 से मार्च 2011।
3. (2016), *विज्ञान शिक्षक–प्रशिक्षण मॉड्यूल,* उदयपुर : एस.आई.ई.आर.टी. 2016।
4. दिचाबा और मोखले (2012), *डज़ दि कास्केड मॉडल वर्क फॉर टीचर ट्रेनिंग? एनालिसिस ऑफ़ टीचर्स एक्सपीरियेंसेज़* http://www.krepublishers.com/02-Journals/IJES/IJES-04-0-000-12-Web/IJES-04-3-000-12-Abst-PDF/IJES-04-3-249-12-210-Dichaba-M-M/IJES-04-3-249-12-210-Dichaba-M-M-Tt।pdf.

13

विज्ञान और विज्ञान-शिक्षण पर शिक्षकों के विचार

–ऋचा गोस्वामी

सीखने–सिखाने की प्रक्रियाएँ सुचारु रूप से आगे बढ़ें यह सुनिश्चित करने के लिए एक शिक्षक जो भी कुछ करता है, वही शिक्षणशास्त्र है। कई कारक, जैसे विषय की प्रकृति, पाठ्यचर्चा में विषय विशेष को सम्मिलित करने का उद्देश्य, विद्यार्थियों का आयु समूह, शिक्षक के पास उपलब्ध पारम्परिक शिक्षण–विधियाँ, विद्यार्थियों के बारे में शिक्षक का नज़रिया आदि इसे प्रभावित कर सकते हैं। अन्त में जो कारक दिमाग़ में आता है, वह यह है कि विषय के प्रति समाज का व्यापक नज़रिया क्या है। शिक्षक स्वयं समाज का हिस्सा हैं और अभिभावक, भाई–बहन, पड़ोसी, विद्यार्थी, नौकरी ढूँढ़ने वाले युवा आदि अनेक भूमिकाओं में समाज में उनकी भागीदारी की तुलना में, शैक्षणिक संवाद में उनकी भूमिका काफ़ी कम है। शिक्षणशास्त्र को दो तरह से समझा जा सकता है। एक, वह जिससे हम शिक्षण–प्रशिक्षण के दौरान रू–ब–रू होते हैं और दूसरा, जो हमारी आम धारणाओं, हमारे स्कूली अनुभवों आदि के आधार पर बनता है। इस दूसरे प्रकार को हम प्रचलित शिक्षणशास्त्र (folk pedagogy, ब्रूनर, 1996) कह सकते हैं। इस पर्चे में यह समझने का प्रयास है कि विज्ञान का प्रचलित शिक्षणशास्त्र, विज्ञान की प्रकृति से ज़्यादा विज्ञान से जुड़ी प्रमुख अपेक्षाओं से सम्बद्ध है।

यह पर्चा तीन हिस्सों में बँटा हुआ है। पहले हिस्से में बताया गया है कि राष्ट्रीय महत्त्व के दो महत्त्वपूर्ण दस्तावेज़ों 'शिक्षा आयोग की रिपोर्ट (1964)' और 'विज्ञान–शिक्षण का पोजीशन पेपर (2006)' में उभरते हुए विज्ञान–शिक्षण के अर्थ और अपेक्षाओं को किस तरह प्रस्तुत किया गया है। विज्ञान–शिक्षण के महत्त्व, इसकी प्रकृति, उद्देश्यों और शिक्षणशास्त्र पर इसके प्रभाव के बारे में होने वाले आधिकारिक/औपचारिक संवाद को समझने में ये दस्तावेज़ हमारी मदद करेंगे। दूसरे हिस्से में विज्ञान और शिक्षण के बारे में वर्तमान और भावी शिक्षकों के नज़रियों को प्रस्तुत किया गया है। तीसरा हिस्सा प्रस्तुत करता है कि विज्ञान और शिक्षणशास्त्रीय समझ के बारे में शिक्षकों की अवधारणाएँ आधिकारिक संवाद से काफ़ी अलग हैं और इसका असर सीखने–सिखाने की प्रक्रियाओं पर अवश्य पड़ता है।

1. राष्ट्रीय दस्तावेज़ों में विज्ञान और विज्ञान-शिक्षण

वर्ष 1960 से 2006 के दौरान हमारे देश में शिक्षा से जुड़े महत्त्वपूर्ण और सबसे व्यापक दस्तावेज़ों में से एक है–शिक्षा आयोग (ई.सी.) की रिपोर्ट, जिसे कोठारी कमीशन की रिपोर्ट के नाम से भी जाना जाता है। इसके बाद में कई अन्य दस्तावेज़ जैसे राष्ट्रीय शिक्षा नीति (1986), राष्ट्रीय पाठ्यचर्चा की रूपरेखा (1975 से शुरू होकर 1988, 2000 और 2005), शिक्षा का न्यूनतम स्तर आदि आये हैं। इन सभी दस्तावेज़ों में विज्ञान और विज्ञान–शिक्षण सम्मिलित है। कोठारी आयोग की रिपोर्ट ने वास्तव में विज्ञान–शिक्षण के महत्त्व और इसके लिए वांछित परिप्रेक्ष्य के बारे में कई तरीक़ों से अवगत कराया है। इन दस्तावेज़ों में विज्ञान को अलग–अलग तरह से देखा और प्रस्तुत किया गया है। इस खण्ड में हम देखेंगे कि शिक्षा आयोग की रिपोर्ट और विज्ञान–शिक्षण पर पोजीशन पेपर, जो राष्ट्रीय पाठ्यचर्चा की रूपरेखा (एन.सी.एफ़.) 2005 के साथ प्रकाशित हुआ था, इन दोनों में विज्ञान–शिक्षण को किस तरह से देखा गया है।

कोठारी आयोग की रिपोर्ट

किसी भी रिपोर्ट को उसके सन्दर्भ से समझा जाना चाहिए जो कि समय और स्थिति दोनों के द्वारा परिभाषित किया जाता है। 1960 के दशक

दौरान भारत एक ऐसा देश था, जो खाद्य संकट से गुज़र रहा था और औपनिवेशिक साम्राज्य के अधीन उत्पीड़न से बाहर आने की प्रक्रिया में था। तो यह समझना आसान हो जाता है कि शिक्षा आयोग की रिपोर्ट का मुख्य आधार शिक्षा और राष्ट्रीय विकास था। भारत को एक आधुनिक और प्रौद्योगिक देश बनाने के सपने को पूरा करने के लिए यह आवश्यक था कि तकनीकी क्षमता वाले लोग तैयार किये जायें। और वैज्ञानिक विचारों के प्रति आम स्वीकृति हो। ऐसे में वैज्ञानिक स्वभाव, वैज्ञानिक दृष्टिकोण, वैज्ञानिक आस्था और वैज्ञानिक पद्धति जैसे वाक्यांश काफ़ी चर्चा में रहे हैं (खान, 2018)। इस रिपोर्ट में राष्ट्रीय विकास का पथ प्रदर्शित करने के लिए सुझाये गये दो केन्द्रीय विचार निम्नलिखित थे :

- भौतिक संसाधनों का विकास
- मानवीय संसाधनों का विकास

रिपोर्ट के अनुसार देश में भौतिक संसाधनों का विकास औद्योगिकीकरण और अनुसन्धान के द्वारा किया जाना था और मानवीय संसाधनों का विकास शिक्षा के द्वारा किया जाना था। रिपोर्ट में दोहराया गया है कि देश को विकास के लिए ऐसे मानवीय संसाधन की ज़रूरत है जो विज्ञान के क्षेत्र में होने वाले विकास से अवगत हों और जो उत्पादकता में वृद्धि के लिए तकनीकी का उपयोग कर सकें। यह स्पष्ट है कि रिपोर्ट में जिस प्रकार के औद्योगिक और कृषि–विकास की बात की गयी है उसके लिए शोधकर्ता और इंजीनियर जैसे लोगों की ज़रूरत कम और ऐसे शिक्षित कर्मचारियों की ज़रूरत ज़्यादा है जो खेतों और कारख़ानों में तकनीकी प्रगति को काम में लेने के लिए तैयार हों।

शुरुआती कुछ पृष्ठों में समकालीन दुनिया का वर्णन करने के लिए रिपोर्ट के लेखक 'विज्ञान–आधारित', 'प्रौद्यौगिक संचालित' और 'आधुनिक' जैसे शब्दों का प्रयोग करते हैं। रिपोर्ट का सन्दर्भ यह तय करता है कि आगे के पृष्ठों में क्या होगा। स्पष्ट रूप से ज़ोर विज्ञान–शिक्षण पर ही है। एक तरफ़ जहाँ रिपोर्ट में कृषि के लिए शिक्षा के साथ कृषि और विज्ञान–अनुसन्धान को प्राथमिकता देने की ज़रूरत पर बल दिया गया है, वहीं दूसरी तरफ़ औद्योगिक प्रगति के लिए शिक्षा पर भी ज़ोर दिया

गया है। विज्ञान और तकनीकी को देश के लोगों की समृद्धि, कल्याण और सुरक्षा का स्तर निर्धारित करने वाले कारकों के रूप में देखा गया है।

रिपोर्ट का 16वाँ अध्याय विज्ञान–शिक्षण और अनुसन्धान पर केन्द्रित है और यह दावा करता है कि विज्ञान की वज़ह से न केवल भौतिक माहौल में बदलाव आया है, बल्कि मानव–मस्तिष्क और विचारधारा में भी खुलापन आया है। यह दस्तावेज़ विज्ञान–शिक्षण को तार्किक नज़रिया और वैज्ञानिक मनोवृत्ति/प्रवृत्ति विकसित करने के माध्यम के रूप में प्रदर्शित करता है। यह दस्तावेज़ यह चिन्ता भी ज़ाहिर करता है कि यदि गुणवत्तापूर्ण विज्ञान–शिक्षण सुनिश्चित नहीं किया जाता है तो यह 'बेकार जानकारियों का बोझ' या उससे भी बदतर 'एक तरह का अन्धविश्वास' बन जायेगा। (पृ. 389)

इस तरह से यह रिपोर्ट विज्ञान–शिक्षण के दो पहलुओं को उभारती है, एक तो ज्ञान का पुलिन्दा और दूसरा अनुसन्धान या ज्ञान–निर्माण का एक प्रकार। रिपोर्ट के अनुसार ज्ञान का पुलिन्दा हर दस वर्ष में दोगुना हो जाता है और उतनी ही तेज़ी–से पुराना (Obsolete) भी हो जाता है। दूसरी तरफ़ अनुसन्धान के एक प्रकार के रूप में यह एक निश्चित प्रक्रिया है जो विकसित विश्व के मुख्य आधार, समृद्धि और प्रगति के माध्यम के रूप में देखा गया है। वैज्ञानिक पद्धति जिसमें विस्तृत अवलोकन, अटकल लगाना, परीक्षण सोचना, निष्कर्ष निकालना शामिल है, की आमतौर पर स्कूली कक्षा में कोई जगह नहीं होती (मुखर्जी, 2017)।

रिपोर्ट में विज्ञान–शिक्षण को राष्ट्रीय विकास के साथ जोड़ा गया है और वह भी अनुसन्धान युक्त माहौल में। इस बात पर ज़ोर दिया गया है कि विश्वविद्यालय आधारभूत वैज्ञानिक अनुसन्धान के स्थल होने चाहिए और सभी स्तर पर विज्ञान–शिक्षण को प्रयोगों और फील्ड–कार्यों से जोड़े जाने की ज़रूरत है और स्थानीय वातावरण और उद्योगों/कारख़ानों में इसके अनुप्रयोग पर बल दिया गया है।

विज्ञान-शिक्षण का पोजीशन पेपर

दूसरा दस्तावेज़ जो लिया गया है, वह है विज्ञान–शिक्षण पर पोजीशन पेपर (एन.सी.ई.आर.टी., 2006) जो कि शिक्षा आयोग की रिपोर्ट के चार दशक बाद आया था, तब तक इस क्षेत्र में काफ़ी कुछ काम हो चुका था।

भारत ने हरित क्रान्ति देख ली थी जिसकी वज़ह से एक तरफ़ खाद्य आत्मनिर्भरता तो प्राप्त हो गयी थी, लेकिन दूसरी तरफ़ इससे आनुवंशिक रूप से संशोधित फ़सलों, खाद्य–शृंखला में हानिकारक उर्वरकों, भूजल ह्रास जैसी कई चिन्ताओं ने जन्म ले लिया था। तब से अब तक काफ़ी औद्योगिक विकास हो चुका था और इससे वातावरण पर इसके प्रभाव से जुड़ी चिन्ताओं का उभरना स्वाभाविक ही था और इस सबके अलावा 'तकनीकी प्रगति' के साथ यह भाव भी पनपा कि ग़रीब और अमीर के बीच का अन्तर और बढ़ गया है, इसलिए विज्ञान और तकनीकी को क्षमता लाने के माध्यम के रूप में देखने का सपना चकनाचूर हो गया।

इसलिए यह देखना रुचिकर होगा कि विज्ञान और तकनीकी पर दिये गये बल के सन्दर्भ में पोजीशन पेपर और शिक्षा आयोग की रिपोर्ट किन मायनों में समान है और किन मायनों में यह फ़र्क़ है। दोनों दस्तावेज़ों की तीन महत्त्वपूर्ण समानताओं पर चर्चा पहले की गयी है।

पोजीशन पेपर में जो पहली महत्त्वपूर्ण बात कही गयी है, वह यह है कि हमें आवश्यक रूप से आर्थिक वर्ग, लिंग, जाति, धर्म और क्षेत्रीयता जैसे भेदभावों को कम करने के लिए सामाजिक बदलाव के माध्यम के रूप में विज्ञान–पाठ्यक्रम का उपयोग करना होगा। दोनों ही दस्तावेज़ों में समता के लिए चिन्ता मज़बूती से उभर कर आती है और पोजीशन पेपर में अतिरिक्त रूप से यह भी सुझाया गया है कि पाठ्यपुस्तकें ऐसी होनी चाहिए, जिन्हें समता के माध्यम के रूप में इस्तेमाल किया जा सके।

इसके अलावा दोनों दस्तावेज़ों में विज्ञान के सीखने–सिखाने की प्रक्रियाओं में बदलाव पर ज़ोर दिया गया है और इस बात को स्वीकारा गया है कि वर्तमान शिक्षण–अधिगम प्रक्रिया रटने पर बहुत ज़्यादा आधारित है और परीक्षा–व्यवस्था इस चीज़ को और बढ़ावा देती है। इसके बदले बच्चों में पड़ताल का कौशल विकसित करने की ज़रूरत है। कोठारी आयोग और पोजीशन पेपर के बीच में विज्ञान–शिक्षण की ज़मीनी स्थिति में स्पष्टतः कोई बदलाव नहीं आया है और बाद के दस्तावेज़ में कुछ पाठ्यक्रम सम्बन्धी और सह–पाठ्यचर्यीय गतिविधियाँ आयोजित करने और समग्र शैक्षिक माहौल में परिवर्तन की ज़रूरत महसूस की गयी है।

तीसरा समान बिन्दु यह है कि दोनों ही दस्तावेज़ों में शिक्षक सशक्तीकरण पर बल दिया गया है। पोजीशन पेपर में कहा गया है कि पाठ्यक्रम,

पाठ्यपुस्तक और परीक्षाओं में सुधार का तब तक कोई मतलब नहीं है जब तक कि शिक्षक उन्हें आगे ले जाने में स्वयं को समर्थ न बना पायें। इस बदलाव की प्रक्रिया में शिक्षकों को प्राप्तकर्ता के बजाय भागीदार बनाने की ज़रूरत है क्योंकि सिखाने का बोझ उनके कन्धों पर है। इसी प्रकार शिक्षण आयोग की रिपोर्ट में शिक्षकों के प्रशिक्षण और गुणवत्ता पर और आधारभूत शोध में उनकी भागीदारी पर विशेष ज़ोर दिया गया है।

हालाँकि इन दोनों दस्तावेज़ों में तीन महत्त्वपूर्ण अन्तर भी हैं। यह अन्तर विज्ञान की परिवर्तित समझ और दुनिया से इसके सम्बन्ध से उत्पन्न होते हैं। कोठारी आयोग जहाँ विज्ञान, इसके शिक्षण और वैज्ञानिक एवं तकनीकी प्रगति के आधार पर राष्ट्र–विकास के सामर्थ्य के चलते विज्ञान के प्रति श्रद्धामय रवैया दिखाता है, वहीं पोजीशन पेपर काफ़ी सन्तुलित दस्तावेज़ है। साठ के दशक में विज्ञान ने स्वयं को क्रान्तिकारी विचार या जादुई छड़ी के रूप में प्रस्तुत किया था। हम ऐसा भी कह सकते हैं कि तब विज्ञान को केवल औद्योगिक विकास के माध्यम के रूप में नहीं देखा जाता था, बल्कि जीने के नये तरीक़ों और नयी विचार–प्रक्रिया का अगुआ भी माना जाता था। रिपोर्ट में यह भी ज़िक्र किया गया है कि किस प्रकार विज्ञान–शिक्षण ने उस तार्किक सोच को जन्म दिया जो कि एक धर्मनिरपेक्ष, प्रजातान्त्रिक राष्ट्र के विकास के लिए ज़रूरी थी। दूसरी तरफ़ पोजीशन पेपर में यह चिन्ता ज़ाहिर की गयी है कि किसी भी अन्य शक्ति की तरह विज्ञान के ज्ञान से आने वाली शक्ति में भी अक्खड़पन और भ्रष्टाचार पैदा करने का सामर्थ्य है, जिसको रोकने की ज़रूरत है। यह शायद पिछले कुछ दशकों के अनुभवों का सबक़ है, जब बेलगाम विकास की वज़ह से राष्ट्रीय और वैश्विक स्तर पर पर्यावरण को अपरिवर्तनीय क्षति पहुँची है। अनुभव यह भी दर्शाते हैं कि तकनीकी प्रगति तार्किक सोच के विस्तार, अन्धविश्वास या धार्मिक अन्धभक्ति के ख़ात्मे को सुनिश्चित नहीं करती।

इन दोनों दस्तावेज़ों में एक अन्य अन्तर विज्ञान की प्रकृति को परिभाषित करने और तकनीकी के साथ विज्ञान के सम्बन्ध को देखने के तरीक़े में है। शिक्षा आयोग की रिपोर्ट में अक्सर विज्ञान के अनुप्रयोग के लिए 'विज्ञान आधारित तकनीकी', 'विज्ञान और तकनीकी' और तकनीकी जैसे वाक्यों का इस्तेमाल किया गया है। विज्ञान और तकनीकी शब्द इस दस्तावेज़ में काफ़ी इस्तेमाल किये गये हैं और इनमें फ़र्क़ करने के लिए

कोई प्रयास नहीं किया गया है। दूसरी तरफ़ पोजीशन पेपर में विज्ञान और तकनीकी में स्पष्ट अन्तर किया गया है और विज्ञान–शिक्षण के बारे में बात की गयी है, न कि तकनीकी प्रगति के लिए विज्ञान–शिक्षण की है। इस दस्तावेज़ में इन दोनों में इस तरह से फ़र्क़ किया गया है कि *"मूलरूप से विज्ञान एक असीमित पड़ताल है, लेकिन इसका अन्तिम परिणाम तय नहीं है, दूसरी तरफ़ तकनीकी भी एक तरह की पड़ताल है, लेकिन इसके पीछे सामान्यतया कोई निश्चित लक्ष्य होता है।"* जब हम विज्ञान–शिक्षण के उद्देश्यों की बात करते हैं तो यह अन्तर महत्त्वपूर्ण हो जाता है।

दोनों दस्तावेज़ों में तीसरा अन्तर विज्ञान–शिक्षण की विषयात्मक पद्धति से सम्बन्धित है। शिक्षा आयोग की रिपोर्ट में स्कूलों में अपनायी जाने वाली "सामान्य विज्ञान–शिक्षण पद्धति' से असन्तोष जताते हुए वैज्ञानिक आधार विकसित करने में इसे अप्रभावी माना गया है और इसीलिए कक्षा छह से आगे के विज्ञान–शिक्षण के लिए विषय सम्बन्धी पद्धति की सिफ़ारिश की गयी है। शिक्षा आयोग की रिपोर्ट यह भी सुझाती है कि तैयारी के हिसाब से कक्षा चार से ही रोमन अक्षर सिखाये जाने चाहिए, ताकि बच्चे H_2O जैसे प्रतीकों से परिचित हो पायें। दूसरी तरफ़ पोजीशन पेपर में कक्षा दस तक सामान्य विज्ञान–शिक्षण की सलाह देते हुए केवल उच्च माध्यमिक स्तर पर विषय सम्बन्धित पद्धति अपनाने की बात की गयी है।

2. विज्ञान के बारे में नज़रिया

यह परचा एक सूक्ष्म शोध पर आधारित है। इसका आँकड़ा–संग्रहण मुख्यतः उदयपुर में किया गया। डाटा में बहुलता लाने के इरादे से कुछ बाहर के शिक्षकों से प्रश्नावली मेल पर भी भरवायी गयी। उदयपुर में डाटा, शिक्षकों और भावी शिक्षकों से भरवाया गया। डाटा–संग्रहण के लिए स्ट्रक्चर्ड प्रश्नावली तैयार की गयी, जिसमें विज्ञान और विज्ञान–शिक्षण पर सवाल शामिल थे।

2.1 विज्ञान की प्रकृति के बारे में प्रतिक्रियाएँ

शिक्षकों और भावी शिक्षकों द्वारा प्राप्त लिखित प्रतिक्रियाएँ विज्ञान नामक ज्ञान के पैकेज के प्रति सम्माननीय दृष्टिकोण इंगित करती हैं। विज्ञान क्या है, इस सवाल के जवाब में चार तरह की प्रतिक्रियाएँ सामने आयीं। पहला, विज्ञान को तार्किक रूप से व्यवस्थित ज्ञान के पैकेज के रूप में

देखा जाता है। दूसरा, इसे ज्ञान के निर्माण की प्रक्रिया के रूप में देखा जाता है, जिसमें प्रयोग और तार्किक चिन्तन शामिल है। तीसरा, विज्ञान को तकनीकी के समानार्थक के रूप में देखा जाता है और सबसे आख़िरी इसे ज्ञान के उस प्रकार के रूप में देखा जाता है जो कि रोज़मर्रा की ज़िन्दगी के लिए उपयोगी है।

- ज़्यादातर शिक्षक और शिक्षक–प्रशिक्षक विज्ञान के लिए अलग–अलग शब्दों और वाक्यांशों जैसे क्रमिक रूप से सुव्यवस्थित, व्यवस्थित ज्ञान, प्रकृति का क्रमबद्ध ज्ञान, ज्ञान का भण्डार, विशाल ज्ञान का उपयोग करते हैं। इसे ज्ञान के विशिष्ट प्रकार के रूप में देखा जाता है, जो अपने तार्किक रूप से व्यवस्थित होने, सटीकपन, प्रयोगों द्वारा सत्यापित करने जैसे मूल्यों के कारण विशेष बन पड़ता है। इसे प्रकृति के नियमों के सार के रूप में और समझने के तरीक़ों के रूप में देखा जाता है जो मुश्किल चीज़ों को आसान बनाता है।
- विज्ञान को देखने के दूसरे तरीक़े में इसे ज्ञान–अर्जन की प्रक्रिया के रूप में देखना शामिल है। जिन उत्तरदाताओं ने विज्ञान को एक प्रक्रिया के रूप में बताया, उन्होंने प्रयोगों की बात की है। उनके अनुसार प्रयोग किसी चीज़ को सत्यापित या साबित करने का एक तरीक़ा है। विज्ञान को, जो तथ्य विशेष बनाता है, वह यह है कि इस ज्ञान को प्रयोगों के द्वारा सत्यापित किया गया है और इसीलिए यह सही है। यह तथ्य कि किसी चीज़ को प्रयोगों द्वारा सिद्ध किया गया है, उसे सत्य और विश्वसनीय बनाता है। प्रयोग चीज़ों को सही सिद्ध करने का एक माध्यम है। यदि प्रयोग उचित तरीक़े से किया गया है तो वह सही ज्ञान देगा। विशिष्ट संस्थानों में ख़ास तरह की प्रयोगशालाओं में विशेष ढंग से विशेषज्ञों द्वारा सिद्ध किया गया ज्ञान। विज्ञान को विशेष इसलिए भी माना जाता है, क्योंकि यह अनुसन्धान केन्द्रों में प्रयोगों के द्वारा जन्म लेता है या सत्यापित होता है और इसलिए यह अर्थपूर्ण और तार्किक है।

मात्र एक शिक्षक ने अपने उत्तर में इस बात की ओर इशारा किया कि विज्ञान चीज़ों और परिस्थितियों के विश्लेषण का तार्किक तरीक़ा है।

- ❖ विज्ञान को तकनीकी का समानार्थक मानना इसे देखने का तीसरा तरीक़ा है। यहाँ विज्ञान को हर क्षेत्र में विकास या विकास के माध्यम के रूप में देखा गया था। कुछ उत्तरदाताओं ने विज्ञान को अध्ययन के एक प्रकार के रूप में बताया, जहाँ मानव–जीवन को और आरामदायक बनाने के विशिष्ट प्रयोजन से प्रकृति के नियमों को समझा जाता है। इस नज़रिये का मतलब यह भी है कि विज्ञान हमारे चारों तरफ़ मौजूद है या समकालीन युग को विज्ञान का युग कहा जा सकता है।
- ❖ विज्ञान को देखने का आख़िरी तरीक़ा है–इसे उपयोगी ज्ञान के रूप में देखना। यहाँ विज्ञान को जिस तरह से देखा गया है उसमें पोषण, स्वच्छता आदि का ज्ञान शामिल था, जो रोज़मर्रा के जीवन, निर्णय लेने की प्रक्रियाओं को और अवगत बनाता है। कुछ शिक्षकों ने यह भी बताया कि वैज्ञानिक ज्ञान किस तरह से हमें ज़्यादा जागरूक बनाते हुए धोखाधड़ी और अन्धविश्वासों से बचाता है; इसका एक उदाहरण है, नीबू काटकर भूत–प्रेतों की उपस्थिति दिखाने का स्वांग। इस तरह के भुलावे से बचने या उनके प्रति आगाह होने की चर्चा कई शिक्षकों ने की।

सबसे ज़्यादा प्रतिक्रिया यही प्राप्त हुई कि वैज्ञानिक ज्ञान सही और शुद्ध है। कुछ छात्र–शिक्षक ऐसे भी थे, जिनका मानना था कि अन्य विषयों की तरह विज्ञान का ज्ञान भी कभी–कभी ग़लत हो सकता है। कुछ ऐसी प्रतिक्रियाएँ भी प्राप्त हुईं, जो कुछ निश्चित घटनाओं की व्याख्या में वैज्ञानिक ज्ञान की सीमाओं का ज़िक्र करती हैं। यह आमतौर पर तब भी होता है, जब हम उन विश्वासों की बात करते हैं जिन्हें तार्किक पड़ताल में सही नहीं ठहराया जा सकता है। कुछ छात्र–शिक्षकों ने ज़िक्र किया कि किस तरह से विज्ञान कुछ चमत्कारों, धर्म और परम्पराओं की व्याख्या करने में अक्षम है। यह दर्शाता है कि किस तरह विज्ञान–शिक्षण से ज्ञान और जागरूकता तो आती है, लेकिन विज्ञान मौजूदा धारणाओं और मूल्यों में हस्तक्षेप के बहुत थोड़ा मौक़ा देता है।

इन चारों प्रतिक्रियाओं में हम देखते हैं कि विज्ञान को आराम और जागरूकता के द्वारा जीवन–शैली में सुधार के संसाधन के रूप में देखा गया है। हमारे आसपास गैजेट्स और अन्य तकनीकी घटनाओं की इतनी भारी तादाद में मौजूदगी विज्ञान के प्रभुत्व को सिद्ध करती है और इसे ज्ञान का विशिष्ट क्षेत्र बनाती है। यह इस बात का भी समर्थन करता है कि उत्तरदाता विज्ञान और तकनीकी को समानार्थी मानते हैं।

वैज्ञानिक साक्षरता को यदि आसान शब्दों में समझने की कोशिश की जाये तो इसका अर्थ होगा सवाल पूछने की क्षमता, रोज़मर्रा की ज़िन्दगी से उठने वाले सवालों के उत्तर ढूँढ़ना, प्राकृतिक घटनाओं को समझने की कोशिश करना न कि उन्हें चमत्कार मान लेना, तथ्यों के आधार पर फ़ैसला लेने की क्षमता आदि। शिक्षकों के उत्तर में वैज्ञानिक साक्षरता की एक हलकी–सी झलक मिलती है (डॉसन एंड वेनविली, 2009; ख़ान, 2018 से)।

छात्र–शिक्षकों द्वारा विज्ञान की अन्य महत्त्वपूर्ण विशेषता जो बतायी गयी थी, वह थी, इसका 'व्यावहारिक/प्रायोगिक' या वास्तविक होना। विज्ञान को रोज़मर्रा के जीवन की चीज़ों के ज्ञान और रोज़ के निर्णय लेने के लिए उपयोगी ज्ञान के रूप में देखा गया। प्रतिक्रियाओं में व्यावहारिक (Practical) होने के अर्थ में प्रायोगिक (Experimental) होने और व्यावहारिक (Pragmatic) होना, दोनों का सम्मिश्रण पाया गया। इस बात को और बेहतर रूप से समझने की ज़रूरत है कि इस तरह की प्रतिक्रियाओं का कितना सम्बन्ध पाठ्यक्रम से है। पाठ्यक्रम में प्रेक्टीकल आमतौर पर चिर–परिचित प्रयोगों में ठीक और सटीक मापन करने तक सीमित होते हैं।

2.2 शिक्षक प्रयोगों को कैसे समझते हैं?

शिक्षकों द्वारा प्रयोग एक तरफ़ तो कुछ सिद्धान्तों को सत्यापित करने के माध्यम के रूप में देखे गये, दूसरी तरफ़ आविष्कारों के तरीक़ों के रूप में देखे गये। यह लक्षण विज्ञान को अन्य विषयों से अलग बनाता है।

उत्तरदाताओं की प्रतिक्रियाओं में 'प्रयोग' और 'उपयोग' जैसी धारणाओं में महत्त्वपूर्ण सम्मिश्रण पाया गया। हिन्दी (भाषा जिसमें उत्तरदाताओं की प्रतिक्रियाएँ एकत्रित की गयी थीं) में प्रयोग के दो मतलब होते हैं, प्रयोग (Experiment) और उपयोग (Utilization) जो कि सन्दर्भ पर निर्भर करता है।

बोल–चाल की भाषा में अक्सर इसका मतलब होता है किसी चीज़ को काम में लेना और विज्ञान सीखने–सिखाने के सन्दर्भ में इसका मतलब होता है 'प्रयोग'। इसलिए प्रतिक्रियाएँ इंगित करती हैं कि कुछ उत्तरदाताओं ने इसे 'विज्ञान के उपयोग' रूप में समझा होगा। इससे यह भी प्रतीत होता है कि उनके लिए प्रयोग विज्ञान के शिक्षणशास्त्र का निहित हिस्सा नहीं है। इसका मतलब जीवन में आविष्कारों और अवधारणाओं के उपयोग के रूप में समझा गया हो सकता है। कुछ के लिए इसका मतलब था रोज़मर्रा के जीवन में शुद्ध मापन और रसायनों का मिश्रण करना। प्रयोग शब्द को दूसरे तरीक़े से इस तरह से समझा गया कि कोई अपने हाथों से कुछ कर के देखे। एक उत्तरदाता ने इसका उदाहरण भी दिया कि जैसे डॉक्टर किस तरह से स्वयं अपने हाथों से चीज़ें कर के सीखते हैं। प्रशिक्षण और वास्तविक जीवन में उपयोग की तैयारी के लिए इसे विज्ञान का बहुत महत्त्वपूर्ण हिस्सा माना जाता है। कई उत्तरदाताओं के अनुसार प्रयोग सम्बन्ध स्थापित करने, कारण खोजने, नयी खोज और आविष्कार करने, रासायनिक गुणधर्म ढूँढ़ने, सत्यापन के लिए विशेषताएँ खोजने आदि के माध्यम हैं। उत्तरदाताओं के अनुसार किसी भी नयी तकनीकी को सार्वजनिक करने से पहले और ये सुनिश्चित करने के लिए कि इसके कोई हानिकारक प्रभाव तो नहीं है, प्रयोग करना ज़रूरी है। प्रयोग को पुराने स्थापित सिद्धान्तों की शुद्धता जाँचने के माध्यम के रूप भी देखा गया।

पाठ्यपुस्तक और पाठ्यक्रम को ग़ौर से देखें तो हम पायेंगे कि उच्च शिक्षा स्तर पर भी जब उन्हें प्रयोग जैसा कोई काम दिया गया तो उसमें परिकल्पना–निर्माण के लिए अन्वेषण या अवलोकन का विश्लेषण जैसी कोई चीज़ नहीं थी, जबकि यदि शिक्षकों को प्रयोग कराने के उद्देश्य पता हों तो यह प्राथमिक कक्षाओं में भी कराये जा सकते हैं (दीवान, 1995)।

एक और मज़ेदार बात यह है कि जहाँ ज़्यादातर उत्तरदाताओं ने वैज्ञानिक ज्ञान के प्रयोग आधारित होने और इसीलिए विश्वसनीय होने की बात कही है, वहीं 40 में से केवल चार ने विज्ञान सीखने–सिखाने की प्रक्रियाओं में प्रयोग के महत्त्व के बारे में बात की है। (यहाँ पर प्रयोगों की ज्ञानमीमांसीय भूमिका और इसके एक शिक्षाशास्त्रीय माध्यम होने में भ्रम है।)

वैसे 'कर के सीखो' विज्ञान सीखने के सबसे प्रमाणित तरीक़े के रूप में स्वीकृत है। परन्तु प्राथमिक और उच्च प्राथमिक कक्षाओं की सच्चाई फिर भी 'पाठ्यपुस्तक' को पढ़ने और शिक्षक को सुनने' तक सीमित है। ऐसा लगता है कि पाठ्यक्रम और पाठ्यपुस्तक–निर्माता, बच्चों के संज्ञानात्मक विकास के सिद्धान्तों को दरकिनार कर अपना काम करते रहे (दीवान, 2018)।

2.3 पाठ्यक्रम और इसकी व्यवस्था के बारे में प्रतिक्रियाएँ

विज्ञान–पाठ्यक्रम और इसकी व्यवस्था को लेकर शिक्षकों और छात्र–शिक्षकों की प्रतिक्रियाओं को निम्नलिखित दो श्रेणियों में बाँटा जा सकता है :

- पहली तरह की प्रतिक्रियाओं में पाठ्यक्रम–व्यवस्था का आधारभूत मानदण्ड वैज्ञानिक ज्ञान की सीखने वाले के लिए उपयोगिता है। प्राथमिक कक्षाओं में ऐसे विषय पढ़ाने की ज़रूरत है जो बच्चों के स्वयं के सामर्थ्य और जीवन में उपयोगी है, जैसे खेलते समय चोट लग जाने पर क्या करना चाहिए। उच्च प्राथमिक कक्षाओं में क्योंकि उपयोगिता का दायरा व्यापक हो जाता है इसलिए पाठ्यक्रम में ऐसी चीज़ों के लिए स्थान होना ज़रूरी है जो बच्चों को यह समझने में मदद करें कि वर्तमान युग विज्ञान का युग है, जीवन में विज्ञान और तकनीकी का उपयोग कैसे करें और वह जीवन में इसके महत्त्व को समझ पायें।
- दूसरे तरह की प्रतिक्रियाएँ सुझाती हैं कि प्राथमिक कक्षाओं का पाठ्यक्रम साधारण और बच्चों के अपने परिवेश पर आधारित होना चाहिए, जैसे पेड़–पौधे और जानवर और फिर उच्च प्राथमिक स्तर तक आते–आते इसमें आकार, काँच और लेंस, पृथ्वी का घूर्णन, सौरमण्डल और तारामण्डल, गति के नियम, वैज्ञानिकों के बारे में जानकारी आदि चीज़ें होनी चाहिए। माध्यमिक कक्षाओं का पाठ्यक्रम आगे के जीवन में व्यावसायिक तैयारी पर आधारित होना चाहिए। इसमें शामिल एक प्रतिक्रिया सुझाती है कि प्राथमिक स्तर का विज्ञान साधारण चीज़ों को समझने में बच्चों की मदद करता है और माध्यमिक स्तर पर विज्ञान इस तरह से पढ़ाया जाना चाहिए कि विद्यार्थियों को डॉक्टर या इंजीनियर बनने में सफलता मिले।

अधिकांश उत्तरदाताओं ने कुछ विषय सूचित किये, जिन्हें वे प्राथमिक, उच्च प्राथमिक और माध्यमिक स्तर की कक्षाओं पर पढ़ाये जाने की ज़रूरत समझते हैं, लेकिन विभिन्न स्तरों पर अवधारणाओं के विकास या वैज्ञानिक कौशल सिखाने की ज़रूरत पर उनकी कोई स्पष्ट दिलचस्पी नहीं दिखाई दी। उत्तरदाताओं ने अवधारणाओं और वैज्ञानिक कौशलों के वर्गीकरण या जुड़ाव के बारे में, वैज्ञानिक कौशलों के पाठ्यचर्या या विषयवस्तु–चयन का मानदण्ड होने के बारे में कोई सचेतता ज़ाहिर नहीं की। सार करने के तर्क में और ज़्यादा चरणों को समझने की क्षमता, विचारों की श्रृंखला का अनुसरण, किसी एक घटना को समझने के लिए विविध या सम्बद्ध अवधारणाओं को जोड़ कर कड़ी बनाना, सूचनाओं या डाटा को एकत्र करना, अवधारणाओं और उनके सम्बन्धों को एक विकसित होती क्षमता के रूप में देख पाना आदि बातें, उत्तरदाताओं के जवाब में पूरी तरह से ग़ायब थीं।

एक प्रतिक्रिया हालाँकि मज़ेदार और दूसरों से अलग थी क्योंकि उसमें वैज्ञानिक प्रक्रियाओं के विकास को विज्ञान–शिक्षण का उद्देश्य बताया गया था। उन शिक्षक ने बताया कि प्राथमिक कक्षाओं का विज्ञान बच्चों को अपने परिवेश के बारे में और ज़्यादा परिचित कराने वाला और बच्चों की स्वाभाविक जिज्ञासाओं को शान्त करते हुए उनकी अवलोकन–क्षमता को पैना बनाने वाला होना चाहिए। उच्च प्राथमिक कक्षाओं में विज्ञान बच्चों के दैनिक जीवन से जुड़ा होना चाहिए और इसमें उनकी समझ को बढ़ाने के माध्यम के रूप में छोटे प्रयोग शामिल होने चाहिए। मध्यस्तर पर प्रयोग वैज्ञानिक नज़रिया विकसित करने में सक्षम होने चाहिए और साथ ही वैज्ञानिक विकास से होने वाले नफ़े–नुक़सान के बारे में भी उनकी समीक्षात्मक समझ बन जानी चाहिए। माध्यमिक कक्षाओं में वैज्ञानिक अवधारणाओं को और गहराई से पढ़ाने की ज़रूरत है और इसीलिए इस स्तर पर विज्ञान के विभिन्न विषयों से बच्चों को अवगत कराया जाना चाहिए। उच्च माध्यमिक कक्षाओं में वैज्ञानिक कौशलों और विकसित होने वाली अवधारणाओं में ताल–मेल होना चाहिए। यह प्रतिक्रिया इसमें क्या शामिल और क्या नहीं, इससे ख़ास नहीं बनी, बल्कि यह तथ्य ज़्यादा महत्त्वपूर्ण है कि 40 में से केवल इसी प्रतिक्रिया में विषय की प्रकृति से विषयवस्तु के चयन या इसकी व्यवस्था के मानदण्ड भी निकाले गये।

ऐसा लगता है कि पाठ्यक्रम–व्यवस्था के प्रचलित सिद्धान्त, पॉलिसी दस्तावेज़ों में दिये सिद्धान्तों से बिल्कुल अलग हैं। अच्छे विज्ञान–शिक्षण के बारे में हमें जो कुछ भी पता है, उसे किनारे करते हुए, जो सिद्धान्त सामने आते हैं वह हैं सरल से जटिल की ओर, पास से दूर की ओर और ज्ञान के विस्फोट में आगे बढ़ते रहने की चिन्ता (दीवान, 2018)।

3.0 आधिकरिक संवाद से महत्त्वपूर्ण विचलन

शिक्षकों और भावी शिक्षकों की प्रतिक्रियाएँ भारत में विज्ञान–शिक्षण पर होने वाले अधिकारिक संवाद से बहुत फ़र्क़ हैं। इस ज़ाहिर अन्तर को समझने के लिए ऊपर दिये गये उदाहरणों की मदद ली जा सकती है। शिक्षा आयोग की रिपोर्ट और पोजीशन पेपर दोनों में प्रयोगों को विज्ञान–शिक्षण की अधिगम प्रक्रियाओं के अभिन्न हिस्से के रूप में देखा गया है। शिक्षा आयोग की रिपोर्ट में प्रयोगों के साथ अन्वेषण की भावना (पृ. 7) विकसित करने की बात भी कही गयी है। इसमें इस बात पर भी खेद जताया गया है कि पढ़ाने की प्रक्रियाओं में प्रयोगशाला–कार्य एक कमज़ोरी बन कर रह जाता है और जो भी प्रयोग या प्रयोगशाला–कार्य कराये जाते हैं; वे केवल प्रमाणित करने वाले होते हैं, अनुसन्धान सम्बन्धी नहीं। इसी प्रकार पोजीशन पेपर में प्रयोगों को विज्ञान और विज्ञान–शिक्षण का हॉलमार्क बताया गया है।

स्कूली प्रयोगों के वास्तविक पहलू वास्तविक वैज्ञानिक खोज–बीन से निकालने की ज़रूरत है, जो किसी समस्या पर आधारित हों, सवाल पूछने और सही अवलोकन करने की क्षमता पर निर्भर हों और साथ ही अलग–अलग भी हों। प्रयोग जहाँ एक तरफ़ विज्ञान सीखने–सिखाने की प्रक्रियाओं में शिक्षाशास्त्रीय माध्यम है और व्यक्तिगत और कक्षा–कक्षीय स्तर पर ज्ञान मीमांसीय पड़ताल को शुरू करने का माध्यम है, वहीं यह पाठ्यक्रम के व्यापक ढाँचे में भी है और बच्चे जो कुछ अवलोकन और विश्लेषण कर सकते हैं, उससे भी ज़्यादा प्राप्त करने की ज़रूरत है (सक्सेना, 2006)। स्कूलों में किये जाने वाले प्रयोग अक्सर वे प्रदर्शन होते हैं जहाँ पर गतिविधि का परिणाम पहले से ही ज्ञात होता है। हालाँकि परिणाम ज्ञात होता है लेकिन खुले अवलोकन, परिकल्पना–निर्माण और अवलोकन के विश्लेषण को प्रोत्साहित करने की ज़रूरत होती है।

अक्सर प्राथमिक, उच्च प्राथमिक और यहाँ तक कि माध्यमिक स्तर के विद्यालयों में भी प्रयोगशाला, आधारभूत प्रयोग कराने की सामग्री और शिक्षक–तैयारी जैसे संसाधन उपलब्ध नहीं होते हैं (दीवान, 1995)। पिछले पाँच दशकों में विज्ञान–पाठ्यक्रम में जो एक मुख्य प्रचलन रहा है, वह जानकारी में निरन्तर बढ़ाव का रहा है (मुखर्जी, 2017)। सम्भवतः यह कोठारी कमीशन को ग़लत समझने का असर भी हो सकता है (दीवान, 2018)। जैसा कि हमने देखा, रिपोर्ट में यह कहा गया है कि वैज्ञानिक ज्ञान निरन्तर बढ़ रहा है, इसका एक सतही निष्कर्ष यह हो सकता है कि हमें अपने बच्चों को और ज़्यादा ज्ञान से परिचित करवाने की आवश्यकता है।

जैसा कि हम जानते हैं कि विज्ञान, मानवता द्वारा आज तक अर्जित ज्ञान का ढाँचा भी है और यह ज्ञान को उत्पन्न करने और प्रमाणित करने का एक तरीक़ा भी है। शिक्षकों की धारणाएँ इंगित करती हैं कि सीखने की प्रक्रिया सूचनाओं के आदान–प्रदान की तरफ़ बहुत ज़्यादा आधारित हैं। शिक्षा आयोग की रिपोर्ट में भी इसका ज़िक्र किया गया है।

एक तरफ़ यह रिपोर्ट मौजूदा ज्ञान और जिस गति से यह वैज्ञानिक ज्ञान बढ़ रहा है, इसकी अति प्रशंसा करती है, वहीं दूसरी तरफ़ यह आगाह भी करती है कि नये ज्ञान के निर्माण से बहुत सारा पुराना ज्ञान बेकार होता जा रहा है, इसलिए सीखने–सिखाने की प्रक्रियाएँ ज़्यादा जानकारी पाने वाली न होकर पड़ताल के वैज्ञानिक तरीक़ों पर आधारित होनी चाहिए।

क्योंकि शिक्षकों की विज्ञान के बारे में धारणाएँ स्थायी हैं। अतः कौशल और अवलोकन, पैटर्न पहचानने, परिकल्पना बनाने, परिणाम निकालने, सिद्धान्तों को सत्यापित या ख़ारिज करने जैसी वैज्ञानिक प्रक्रियाओं से शिक्षाशास्त्रीय ध्यान हटाते हुए ज्ञान के पैकेज के हस्तान्तरण की तरफ़ ध्यान ले जाती हैं। परीक्षा–व्यवस्था पिछले 50 वर्षों से भी ज़्यादा समय से चिन्ता का विषय रही है। शिक्षा आयोग, पोजीशन पेपर और वर्तमान परीक्षा–सुधार ये सभी एक समान चिन्ताओं से संघर्षरत हैं। ज्ञात ज्ञान को रटने और पुनरुत्पादित करने पर बहुत ज़्यादा ज़ोर है जिसकी वज़ह से शिक्षण–अधिगम प्रक्रिया भी प्रभावित होती है। इस तरह से एक तरफ़ शिक्षाशास्त्र और शिक्षकों की धारणाओं का अधिकारिक संवाद से मतभेद प्रतीत होता है, परन्तु ये प्रचलित परीक्षा आधारित शिक्षा–व्यवस्था के अनुरूप हैं।

शिक्षाशास्त्रीय व्यवहार कुछ मायनों में तो शिक्षक–तैयारी की प्रक्रिया से प्रभावित है, पर व्यापक रूप से यह उस पारम्परिक शिक्षाशास्त्र का परिणाम है, जो शिक्षक अपने साथ लेकर कक्षा–कक्ष में जाता है। इन दोनों में बदलाव लाने में बहुत लम्बा समय लगेगा। तो एक शिक्षक जो किसी तरीक़े विशेष में पढ़ा है, जो एक ऐसे समाज का हिस्सा है जहाँ 'कैसे' के बजाय 'क्या और क्यों' जैसे ज्ञान का ज़्यादा महत्त्व है, वह अन्त में प्रक्रिया आधारित शिक्षण के बजाय विषयवस्तु आधारित शिक्षण ही कर पायेगा। सेवापूर्व और सेवाकालीन दोनों ही प्रकार के शिक्षक–प्रशिक्षक कार्यक्रमों को शिक्षकों और शिक्षकों के पास पहले से उपलब्ध पारम्परिक शिक्षाशास्त्र (Folk pedagogies) और एक सुदृढ़ स्कूल स्तरीय विज्ञान–शिक्षण कार्यक्रम की अपेक्षाओं के बीच की खाई को समझना होगा।

अन्य कारक जैसे शिक्षकों के ज्ञान पदानुक्रम पर आधारित प्रचलित विद्यार्थी–शिक्षक सम्बन्ध भी महत्त्वपूर्ण है। अन्वेषण और स्वाधिगम पर आधारित शिक्षा शास्त्र इस सम्बन्ध को भी प्रभावित करेगा।

निष्कर्ष

पर्चे में विज्ञान–शिक्षण के बारे में आधिकारिक संवाद और शिक्षकों की धारणा को समझने और दोनों के बीच तुलना करने की कोशिश की गयी है। इससे तीन दिलचस्प चीज़ें निकल कर आयीं। सबसे पहले, 1964 से 2006 तक के आधिकारिक संवाद में हालाँकि सतह पर बहुत अधिक परिवर्तन नहीं दिखता है, लेकिन वास्तव में एक महत्त्वपूर्ण बदलाव आया है। इस संवाद में वैज्ञानिक प्रगति से हुए लाभ के बारे में अन्धभक्ति में कमी आयी है और यह अधिक सन्तुलित हो गया है। विज्ञान के विकास से जहाँ उत्पादकता और भौतिकवादी समृद्धि हो सकती है, वहीं समता, तर्कसंगत दृष्टिकोण और हाशियाकृत लोगों के सशक्तीकरण जैसे प्रगतिशील सामाजिक लक्ष्यों को आगे ले जाने में विज्ञान की भूमिका बहुत कम दिखती है।

दूसरी महत्त्वपूर्ण खोज यह है कि कई सरकारी और ग़ैर–सरकारी प्रयासों के बावजूद विज्ञान–शिक्षा की ज़मीनी वास्तविकता में पिछले पचास वर्षों में ज़्यादा बदलाव नहीं आया है। दोनों दस्तावेज़ों में उठायी गयी चिन्ताएँ समान थीं, परीक्षा–प्रणाली, शिक्षक–तैयारी, स्कूलों में प्रयोगों और व्यावहारिक कार्य की कमी आदि।

तीसरा, शिक्षकों की धारणा आधिकारिक संवाद से काफ़ी अलग है। विज्ञान की शिक्षकों की समझ काफ़ी हद तक विज्ञान के ज्ञान–पैकेज के बारे में है और यह एक तरह से शिक्षण–अधिगम की प्रक्रिया में प्रयोगों की कमी बताती है और जो कुछ भी किया जाता है, वह प्रदर्शन या सत्यापन के लिए अधिक होता है। यह एक तरफ़ सेवा पूर्व और सेवाकालीन शिक्षक–तैयारी, दोनों के लिए चिन्ता का विषय है, लेकिन दूसरी तरफ़ स्कूलों में सही प्रकार के संसाधनों के प्रावधान के लिए भी चिन्ता ज़ाहिर करता है।

सन्दर्भ सूची

1. एन.सी.ई.आर.टी. (2005) *नेशनल करिकुलम फ़्रेमवर्क 2005,* नयी दिल्ली : नेशनल काउंसिल ऑफ़ एजुकेशनल रिसर्च एंड ट्रेनिंग। http:// epathshala.nic.in/wpcontent/doc/NCF/Pdf/nf2005.pdf पर भी उपलब्ध।
2. एन.सी.ई.आर.टी. (2006), *पोजीशन पेपर : नेशनल फोकस ग्रुप ऑन दि टीचिंग ऑफ़ साइंस,* नयी दिल्ली : नेशनल काउंसिल ऑफ़ एजुकेशनल रिसर्च एंड ट्रेनिंग। http:// epathshala.nic.in/wp-content/doc/NCF/Pdf/science.pdf पर भी उपलब्ध।
3. गवर्नमेंट ऑफ़ इंडिया (1966), *रिपोर्ट ऑफ़ दि एजुकेशन कमीशन,* नयी दिल्ली : मिनिस्ट्री ऑफ़ एजुकेशन।
4. ब्रूनर (1996), *दि कल्चर ऑफ़ एजुकेशन,* कैम्ब्रिज, एम.ए. : हार्वर्ड यूनिवर्सिटी प्रेस।
5. दीवान (1995)। क्यों प्रयोग करें शैक्षणिक सन्दर्भ, अंक चार पेज 15–17, मार्च–अप्रैल, 1995।
6. दीवान (2018), *व्हाई अ डिफ़रेंट अप्रोच टू साइंस?* टीचिंग वॉइसेज़ ऑफ टीचर्स एंड टीचर्स–एजुकेटर्स 6 (2)।
7. खान (2018), *साइंस, साइंटिफिक लिट्रेसी एंड साइंटिफिक टैम्पर इन दि करीकुलर डॉक्युमेंट्स,* टीचिंग वॉइसेज़ ऑफ़ टीचर्स एंड टीचर्स–एजुकेटर्स 6 (2)।
8. सक्सेना (2008)। *कवेश्चंस ऑफ़ इपिस्टमलोजी : रीइवेल्यूटिंग कंसट्रक्टविज़्म एंड दि एन.सी.एफ़. 2005,* कंटेंपरेरी एजुकेशन डॉयलॉग 4 (1)।
9. मुखर्जी 2017), *रिफ्लेक्शंस ऑन स्कूल साइंस,* टीचिंग वॉइसेज़ ऑफ़ टीचर्स एंड टीचर्स–एजुकेटर्स 6 (1)।

खण्ड–3
विद्यार्थियों की वैज्ञानिक धारणाएँ

14

जीवविज्ञान में माध्यमिक और उच्च माध्यमिक स्कूल के विद्यार्थियों के अनुभवों की खोज

–युक्ति शर्मा

यह पर्चा माध्यमिक व उच्च माध्यमिक स्कूलों के विद्यार्थियों की जीवविज्ञान से सम्बन्धित धारणाओं के बारे में है। लेखिका ने दिल्ली के विभिन्न विद्यालयों के विद्यार्थियों में गुणात्मक अध्ययन (exploratory qualitative study) के माध्यम से एक प्रश्नावली के द्वारा विषय पर धारणाओं का पता लगाया। उनके अनुसार जीवविज्ञान को अभी भी जानकारी और याददाश्त आधारित विषय ही माना जाता है।

सार

जीवविज्ञान पर विद्यार्थियों में यह धारणा (perception) देखी गयी है कि वह इसे केवल तथ्यों के संग्रह के रूप में देखते हैं और इसकी पठन–शैली केवल रटना या याद करना मानते हैं। कई शोध प्रमाणित करते हैं कि विद्यार्थी यह मानते हैं कि अमूर्त अवधारणाएँ (abstract concepts), जटिल भाषा और शिक्षण–शैली के कारण जीवविज्ञान उनको कठिन लगता है। इससे यह संकेत मिलता है कि जीवविज्ञान को पढ़ाने के लिए अभी भी पारम्परिक तरीक़ों का प्रयोग किया जाता है, जो प्रमुख रूप से वर्णनात्मक (descriptive) हैं। विद्यार्थियों की जीवविज्ञान को ले कर यह सोच महत्त्वपूर्ण है क्योंकि यह न केवल शिक्षण–शैली के बारे में एक संकेतक है,

अपितु यह विषय में उनकी रुचि अथवा जीवविज्ञान को अगले शिक्षा–स्तर में पढ़ना है या नहीं, से जुड़े उनके निर्णय को भी कहीं–न–कहीं प्रभावित करती है। शोधकर्ता ने यह अनुभव किया कि उच्च माध्यमिक स्तर पर बहुत कम विद्यार्थी जीवविज्ञान का चयन करते हैं या इसे पढ़ने के इच्छुक हैं। उनसे बातचीत करने पर पता चला कि ज़्यादातर बच्चे जीवविज्ञान को एक रटने वाला विषय मानते हैं। अपनी समझ विकसित करने के सन्दर्भ में वह इस विषय से ज़्यादा अपेक्षा नहीं रखते। इसलिए इस शोध में यह प्रयास किया गया है कि दिल्ली के विभिन्न विद्यालयों में माध्यमिक और उच्च माध्यमिक स्तर पर विद्यार्थी जीवविज्ञान के साथ किस प्रकार जुड़ते हैं और उनका क्या अनुभव होता है, इसका अध्ययन द्वारा पता लगाया जाये। इसमें अन्वेषी गुणात्मक अध्ययन (exploratory qualitative study) के माध्यम से एक प्रश्नावली से विद्यार्थियों में विषय को ले कर धारणाओं का पता लगाया गया। इस अध्ययन में 60 माध्यमिक और 60 उच्च माध्यमिक स्तर के विद्यार्थियों, जो तीन प्रकार के विद्यालयों; सरकारी, केन्द्रीय विद्यालय और पब्लिक स्कूलों में जीवविज्ञान पढ़ रहे थे, को शामिल किया गया। मुख्य रूप से यह पाया गया कि विद्यार्थियों की अवधारणा सम्बन्धी (concept related) प्रतिक्रियाएँ (responses) यह दर्शाती हैं कि वह जीवविज्ञान के साथ जुड़े प्रचलित विचार तो बता पा रहे थे, पर उनकी व्याख्या नहीं कर पा रहे थे। उनके कथित (perceived) और निर्धारित (determined) ज्ञान में विसंगति थी, जिससे यह लगता है कि वह कक्षा में जीवविज्ञान की अवधारणाओं की जटिलता से उपयुक्त तौर पर संलग्न नहीं हो पा रहे हों। अधिकतर विद्यार्थी मानते हैं कि जीवविज्ञान में किसी विश्लेषण (analysis) की आवश्यकता नहीं होती और जीवविज्ञान की ज़्यादातर अवधारणाओं की उनके दैनिक जीवन में कोई उपयोगी प्रासंगिकता (relevance) नहीं है। जीवविज्ञान के अध्ययन के दौरान विद्यार्थियों द्वारा अनुभव की जाने वाली चुनौतियों के सन्दर्भ में उन्होंने प्रकट किया कि अवधारणा (concept) की समझ को अपनी भाषा में व्यक्त करने और वैज्ञानिक नामों को याद रखने में वे परेशानी का सामना करते हैं। विद्यार्थियों (learners) की जीवविज्ञान सम्बन्धी धारणाएँ (perceptions) यह दर्शाती हैं कि अवधारणाओं की समझ को विकसित करने सम्बन्धी अवसरों को सृजित किये बिना, जीवविज्ञान की कक्षाओं में अवधारणाओं को याद कराने पर ही बल दिया जाता है।

पृष्ठभूमि

जीवविज्ञान के शिक्षण को तथ्यों के एक संग्रह के रूप में देखना और शिक्षण के पारम्परिक तरीक़ों का उपयोग कर के पढ़ना; न केवल महत्त्वपूर्ण अवधारणाओं (concepts) से ध्यान स्थानान्तरित कर केवल तथ्यात्मक ज्ञान पर केन्द्रित कर देता है, अपितु जीवविज्ञान से जुड़ी धारणाओं (perceptions) को भी प्रभावित करता है। कई अध्ययनों से पता चला है कि माध्यमिक और उच्च माध्यमिक स्तर पर विद्यार्थियों को जीवविज्ञान सीखने में कठिनाई का सामना जिन कारणों से करना पड़ता है, वे हैं; जीवविज्ञान की प्रकृति के रूप में कई अमूर्त अवधारणाएँ (abstract concepts), जटिल भाषा, शिक्षण–शैली, अवधारणाओं का विद्यार्थियों के जीवन के साथ सम्बन्ध स्थापित नहीं हो पाना और अत्यधिक पाठ्यक्रम (बहार एवं अन्य, 1999; टेककाया एवं अन्य, 2001; सिमर, 2012)। बहार एवं अन्य (1999) जैविक अवधारणाओं (biological concepts) में जटिलता की व्याख्या करते हुए जॉनसन (1991) द्वारा दिये गये अवधारणाओं से जुड़े विचार के तीन स्तरों की चर्चा करते हैं, जो इस प्रकार हैं–स्थूल (macro), उपसूक्ष्म (sub micro) और सांकेतिक या पुनर्प्रस्तुति (symbolic or representational)। उनके अनुसार, स्थूल ठोस विचार हैं, जो देखे जा सकते हैं या उनका अनुभव किया जा सकता है, जैसे कि रूपात्मक विशेषताएँ (morphological characteristics)। उपसूक्ष्म उन अवधारणाओं और विचारों को शामिल करते हैं, जो स्थूल को व्याख्या द्वारा समझने में सहायता करते हैं, जैसे कि जीन (gene) या एलील (allele)। सांकेतिक (symbolic) भी काल्पनिक होते हैं, क्योंकि ये उपसूक्ष्म का प्रतिनिधित्व (representation) करते हैं। उनके अनुसार जैविक अवधारणाओं (biological concepts) में सोच को चरणों में विकसित किया जाना चाहिए। सभी स्तर के विचारों का एक साथ प्रयोग करने से अवधारणाओं को समझने में कठिनाई पैदा हो सकती है। यह आवश्यक है कि विद्यार्थियों को तर्क के अधिक अवसर दिये जाने चाहिए, जो उनकी सोच को माइक्रो स्तर से उपसूक्ष्म या प्रतीकात्मक स्तर पर जाने में सहायक होंगे। पिआजेशिएन परिप्रेक्ष्य (Piagetian perspective) से किये गये अध्ययनों से भी पता चला है कि विद्यार्थियों को आनुवंशिकी (genetics) सीखने में इसलिए कठिनाई होती है, क्योंकि उनमें औपचारिक तर्क (formal reasoning) विकसित नहीं होता (वॉकर एवं अन्य, 1980)।

इसी तरह सिमर (2012) ने भी पहचान की है कि जीवविज्ञान सीखने में कठिनाइयों के कारणों में से एक यह है कि इसमें कई अमूर्त अवधारणाएँ (abstract concepts) हैं, जिन्हें देखा नहीं जा सकता है। दूसरी तरफ़ कई अध्ययनों ने यह प्रमाणित किया है कि जटिल और तकनीकी भाषा भी एक महत्त्वपूर्ण कारण है। इसमें बहुत–से लैटिन (Latin) शब्द हैं जिनसे ज़्यादातर विद्यार्थी परिचित नहीं होते, क्योंकि वह उनकी मूल भाषा का हिस्सा नहीं होते (बहार एवं अन्य, 1999; सिमर, 2012)। शर्मा (2017) ने भी उल्लेख किया है कि विभिन्न अस्तित्त्वों (entities) के नाम याद करना जीवविज्ञान सीखने में अनुभव की गयी चुनौतियों में से एक है। बहार एवं पोलाट (2007) भी तर्क करते हैं कि कई शब्द हैं जो कि नये और अपरिचित हैं और विद्यार्थियों के दैनिक जीवन में इस्तेमाल नहीं किये जाते हैं। इसलिए उन्हें मौजूदा संज्ञानात्मक संरचनाओं (cognitive structures) से जोड़ना कठिन हो जाता है जिससे कि समझ बनाने की जगह वह विद्यार्थियों में केवल जानकारी के रूप में ही एकत्रित होते हैं। सोलोमन (1994) भी बताते हैं कि विद्यार्थियों को कठिनाई का सामना करना पड़ता है क्योंकि वे पाठ्यपुस्तकों में इस्तेमाल की गयी विज्ञान की औपचारिक भाषा को समझने में संघर्ष करते हैं। इसी तरह, विज्ञान के शब्दों को अलगाव में (in isolation) नहीं समझा जा सकता। उन्हें उपयुक्त सन्दर्भ में प्रयोग कर के ही समझा जा सकता है। जैसे कि, कई अध्ययनों ने विज्ञान के शब्दों के 'निश्चित' अर्थ (fixed meaning) पर सवाल खड़े करे हैं (सटन, 1992)। साथ ही इस तथ्य से इनकार नहीं है कि पठन, विज्ञान में एक उपेक्षित गतिविधि है। यहाँ तक कि अगर विद्यार्थियों को पढ़ने के लिए कुछ समय दिया जाता है, तो यह प्रमुख रूप से पाठ्यपुस्तक पढ़ने के लिए होता है या फिर पठन निष्क्रिय (passive) रूप से किया जाता है। लुनजर एवं गार्डनर (1984) के द्वारा की गयी एक परियोजना में चर्चा की गयी है और इस बात पर प्रकाश डाला गया है कि निष्क्रिय पठन तब होता है जब पढ़ने के कार्य अस्पष्ट और सामान्य (general) हों, बजाय विशिष्ट होने के। एक अन्य प्रमुख समस्या जो अधिकांश अध्ययनों में बतायी गयी है, वह शिक्षकों की शिक्षण–शैली से जुड़ी है। पारम्परिक शिक्षण–प्रणाली, जो शिक्षकों द्वारा कक्षा में प्रयोग की जाती है,

जीवविज्ञान को एक ऐसे विषय के रूप में प्रस्तुत एवं प्रदर्शित करती है जिसमें केवल याद करने की आवश्यकता होती है (ज़ोलर, 2000; चट्टोपाध्याय, 2005; सिमर, 2012)। इस तरह का शिक्षण न केवल सीखने में कठिनाई पैदा करता है, बल्कि विद्यार्थियों की जीवविज्ञान में रुचि भी कम कर देता है। उनमें जीवविज्ञान पर एक धारणा बन जाती है कि यह विषय केवल तथ्यों का एक संगठन है। शर्मा (2017) ने भी यह कहा है कि जीवविज्ञान के बारे में पारम्परिक सोच यह है कि यह मुख्य रूप से रट कर सीखने वाला विषय है, जिसमें कोई वैचारिक (conceptual) समझ शामिल नहीं है। इसके अलावा, तथ्यों के रूप में जानकारी को अलग–अलग टुकड़ों के रूप में प्रस्तुत किया जाता है जिससे कि अवधारणाओं के बीच मौजूद सम्बन्ध अनस्थापित रह जाते हैं और अवधारणाओं की समझ विकसित नहीं होती। लुईस एवं अन्य (2000) भी इससे सम्बन्धित यह उदाहरण देते हैं कि दैहिक (somatic) और रोगाणु (germ) कोशिकाओं के बीच भेद को समझने में कठिनाई होती है, क्योंकि इसे आनुवंशिकी (genetics) से जोड़ा नहीं जाता। इसके अलावा अवधारणाओं की चर्चा के दौरान उन्हें आमतौर पर विद्यार्थियों के जीवन से नहीं जोड़ा जाता (सिमर, 2012)। लियोनार्ड (2011) ने भी अपने सम्पादकीय लेख में उल्लेख किया है कि जीवविज्ञान को प्रभावी रूप से सीखने के लिए अवधारणाओं में आपस में सम्बन्ध स्थापित करना और वास्तविक दुनिया के मुद्दों से जोड़ना, आठ चुनौतियों में से एक चुनौती है। जीवविज्ञान में रुचि बनाये रखने के लिए और विद्यार्थियों में अवधारणाओं की समझ विकसित करने के लिए यह आवश्यक है कि विभिन्न अवधारणाएँ उन्हें प्रासंगिक और उपयोगी लगें।

शोधकर्ता ने यह अनुभव किया कि माध्यमिक शिक्षा के बाद बहुत कम विद्यार्थी जीवविज्ञान का चयन कर रहे थे। इसका एक प्रमुख कारण उनकी इस विषय पर सोच है। साथ ही कुछ हद तक यह इस पर भी निर्भर करता है कि माध्यमिक शिक्षा के बाद जीवविज्ञान में उनकी रुचि रहती है या नहीं। इसी कारण शोधकर्ता ने यह अध्ययन किया, ताकि यह जाना जा सके कि दिल्ली के विभिन्न विद्यालयों में माध्यमिक और उच्च माध्यमिक स्तर पर विद्यार्थी जीवविज्ञान के साथ किस प्रकार जुड़ते हैं, उनका क्या अनुभव होता है, वे इस विषय के बारे में क्या सोचते हैं। जीवविज्ञान से जुड़े उनके अनुभव एवं विषय को ले कर उनकी सोच इस बात का भी

संकेतक है कि वह जीवविज्ञान की अवधारणाओं के साथ कितने गहन रूप से संलग्न होने में सक्षम हैं। जैसा कि ज़िगलर एवं अन्य (2014) ने अपने अध्ययन में पता किया कि विद्यार्थियों के जैविक (perceived) और निर्धारित (determined) ज्ञान के बीच विसंगतियाँ हैं। उनके अनुसार यह इसलिए है क्योंकि हो सकता है कि उन्हें अवधारणाओं की जटिलता से अवगत न कराया गया हो। चूँकि माध्यमिक व उच्च माध्यमिक विद्यार्थी दोनों ही जीवविज्ञान को भौतिकविज्ञान से अलग एक अनुशासनात्मक ज्ञान के रूप में अनुभव करते हैं, इसलिए इस अध्ययन में दोनों स्तरों के विद्यार्थियों को लिया गया। इस अध्ययन में विद्यार्थियों के अनुभवों के द्वारा यह पता लगाने की कोशिश की गयी है कि जीवविज्ञान के सन्दर्भ में उनकी धारणा, उनके अनुभव और सीखने में जिन चुनौतियों का सामना करना पड़ता है, वह किस प्रकार हैं।

जीवविज्ञान को समझना

जीवविज्ञान में मौजूद व्याख्यात्मक ब्योरों (explanatory accounts) और कार्य–प्रणालियों को इस तथ्य के आलोक में समझने की आवश्यकता है कि यद्यपि यह भौतिकविज्ञान के जैसा ही है, परन्तु इन दोनों विषयों में ख़ासे अन्तर भी हैं। जीवविज्ञान, जैविक जगत के वैभिन्न्य (diversity) और विचलनों (variation) के कारणों का उद्‌घाटन या यूँ कहें कि व्याख्या करता है। इस कारण इसमें एक अन्तर्निहित जटिलता है। इसी के साथ इसके मूलभूत विचारों के सम्बन्ध में चल रही बहसों के कारण अवधारणाओं के साथ आलोचनात्मक संलग्नता की भी आवश्यकता है तथा उन्हें व्यापक (larger) परिप्रेक्ष्य में अवस्थित किया जाना चाहिए। देशमुख एवं देशमुख (2011) अपने अध्ययन में यह सिद्ध करते हैं कि जीवविज्ञान की कुछ मूलभूत अवधारणाएँ जैसे श्वसन (respiration), उत्सर्जन (excretion) या निषेचन (fertilization) को माध्यमिक स्तर के विद्यार्थी केवल मनुष्यों या जीव–जन्तुओं के सन्दर्भ में ही स्पष्ट कर पाये। यह दर्शाता है कि वे इन अवधारणाओं के साथ महज़ शब्दावली के स्तर पर जुड़ पाने का सामर्थ्य रखते हैं और उन्हें अवधारणाओं के स्तर तक विस्तारित नहीं कर पाये। अतः पुस्तकों या कक्षामूलक अन्तःक्रियाओं में जीवविज्ञान का स्थिर (static), विवरणात्मक (descriptive) व निर्णयात्मक प्रस्तुतीकरण (conclusive representation) अवधारणाओं की सीमित समझ की ओर उन्मुख कर सकता है। यदि शोधात्मक प्रयोगों पर दृष्टिपात किया जाये तो हम अक्सर पाते हैं कि जीव वैज्ञानिक, व्यावहारिक उद्देश्यों के लिए कुछ जीवों की शारीरिक–संरचना को शोध–सामग्री के तौर पर प्रयोग करते हैं। यह एक तरह से जीवविज्ञान की कक्षाओं में चर्चा के लिए प्रतिमान (prototypes) बन जाते हैं। सामग्री–चुनाव के लिए व्यावहारिक कारण को ही समझा जाना पर्याप्त नहीं है, बल्कि विकासमूलक सम्बन्ध पर आधारित उस तर्क को भी समझना होगा जो इस दावे की पुष्टि करता है कि अध्ययन की गयी प्रघटना, उच्च स्तरीय जीवों पर भी इसी तरह से लागू होती है। अतः एक सर्वांगी उपागम (systemic approach) की आवश्यकता है, जहाँ अधिगमकर्ता/सीखने वाले को तर्कपूर्ण तरीक़े से विचारने, प्रश्न करने के लिए प्रोत्साहित किया जाता है न कि अलग–थलग जानकारी को स्वीकृत करने के लिए। जीवविज्ञान में सीखने की प्रक्रिया से जुड़ा एक अन्य महत्त्वपूर्ण मुद्दा यह भी है कि यद्यपि जहाँ वर्गीकरण (classification) या श्रेणीबद्धता (categorization) विज्ञान की मूलभूत प्रक्रियाओं में से एक है; वहीं दूसरी ओर, यदि केवल श्रेणियों और उनमें निहित समानताओं पर ही बल दिया जाये, तो जीवविज्ञान में विकासमूलक सम्बन्धों (evolutionary relationships) की समझ के सीमित रह जाने की सम्भावना हो जाती है। जीवविज्ञान में नियमों (laws) के सन्दर्भ में, सीखने वाले की यह समझ होनी चाहिए कि जीवविज्ञान में नियम बहुत कम हैं तथा भौतिकविज्ञान के नियमों की तरह की पूर्व अनुमेयता (predictability) भी नहीं है। अतः उनमें विचलन (deviations) सम्भव है। यह कोई कमी या त्रुटि नहीं है, बल्कि इन्हें प्रकृति के वैभिन्न्य (variation) की भाँति देखा जाना चाहिए।

शोध का उद्देश्य

दिल्ली के विभिन्न विद्यालयों में माध्यमिक और उच्च माध्यमिक स्तर पर विद्यार्थी जीवविज्ञान के साथ किस प्रकार जुड़ते हैं, इस विषय पर उनकी धारणा, अनुभव और विषय को सीखने में किन चुनौतियों का सामना करना पड़ता है, यह जानने के लिए इन उद्देश्यों से प्रयास किया गया :

- माध्यमिक और उच्च माध्यमिक स्कूल के विद्यार्थियों की जीवविज्ञान सम्बन्धी धारणाओं (perceptions) को पहचानना और समझना।

- ❖ जीवविज्ञान अधिगम के सन्दर्भ में अनुभव की गयीं चुनौतियों का अध्ययन।

शोध-विधि

यह शोध अन्वेषी (exploratory) व गुणात्मक (qualitative) विधि से किया गया है। इस शोध में माध्यमिक और उच्च माध्यमिक स्तर के विद्यार्थियों की जीवविज्ञान के विषय में क्या सोच है तथा वे जीवविज्ञान अधिगम में किस प्रकार की चुनौतियों का अनुभव करते हैं, इसका अन्वेषण (exploration) किया गया है। उनकी सोच हमें यह समझने में मदद करती है कि विद्यार्थी जीवविज्ञान के साथ किस प्रकार से जुड़ पाते हैं और इस विषय से जुड़े हुए उनके अनुभव क्या हैं? इन प्रश्नों के इर्द–गिर्द प्रश्नोत्तरी निर्मित की गयी जिनमें ज़्यादातर खुले प्रश्न (open ended question) थे, ताकि विद्यार्थियों को अपने विचार व्यक्त करने का उपयुक्त अवसर मिले। इसमें मदों (items) की जाँच–सूची, रेटिंग स्केल (Rating Scale) से जुड़े मद (item) व विवरणात्मक प्रश्न शामिल थे। इसी क्रम में प्रश्नोत्तरी की मदों की वैधता के लिए कुछ बच्चों के साथ प्रायोगिक अध्ययन (pilot study) भी किये गये। प्रश्नोत्तरी से सम्बन्धित प्रतिक्रियाओं को 'आधारित सिद्धान्त विधि' (Grounded Theory Method) द्वारा विश्लेषित किया गया। विद्यार्थियों की विवरणात्मक प्रतिक्रियाओं को पढ़ा गया, जिसके उपरान्त प्रत्येक उप–विषय को उपयुक्त समूह में वर्गीकृत किया गया। रेटिंग स्केल व जाँच–सूची से प्राप्त प्रतिक्रियाओं को अंक दिये गये, जिसके पश्चात उन्हें गुणात्मक तौर पर समान श्रेणियों में डाला गया। विश्लेषण के दौरान विद्यार्थियों द्वारा अनुभव की गयी दुविधाओं और चुनौतियों को पहचाना गया तथा एक जैसी प्रतिक्रियाओं को सम्बन्धित विषयवस्तु (theme) में डाला गया।

प्रतिदर्श

प्रतिदर्श में तीन अलग तरह के विद्यालयों (सरकारी स्कूल, केन्द्रीय विद्यालय व पब्लिक स्कूल) के 60 माध्यमिक व 60 उच्च माध्यमिक स्तर के विद्यार्थियों को शामिल किया गया। यह शोध अन्वेषी (exploratory) विधि से किया गया है। इसलिए तीन प्रकार के विद्यालय और हर स्तर पर कुल 60 विद्यार्थी लिये गये, ताकि वे काफ़ी हद तक दिल्ली के इन स्कूली स्तरों पर मौजूद विद्यार्थियों की जनसंख्या का प्रतिनिधित्व

कर पायें। उपरोक्त सभी तरह के विद्यार्थियों को शामिल करने के लिए उद्देश्यपूर्ण (purposive) प्रतिचयन का इस्तेमाल किया गया ताकि दोनों स्तरों के विद्यार्थियों का चयन हो। इसके बाद प्रत्येक विद्यालय के दोनों स्तरों में से विद्यार्थियों का चुनाव, यादृच्छित (random) प्रतिचयन विधि के माध्यम से किया गया।

विश्लेषण और व्याख्या

शोध में विषय के तौर पर जीवविज्ञान से सम्बन्धित विद्यार्थियों की धारणाओं और जीवविज्ञान अधिगम के सन्दर्भ में अनुभव की गयी चुनौतियों का अन्वेषण शामिल है। प्रश्नोत्तरी में विद्यार्थियों की प्रतिक्रियाओं को गुणात्मक तौर पर आधारित सिद्धान्त विधि का प्रयोग करते हुए विश्लेषित किया गया। इसमें विवरणात्मक प्रतिक्रियाओं को शब्दशः पढ़कर उपयुक्त विषयवस्तु (theme) में वर्गीकृत किया गया। विद्यार्थियों की प्रतिक्रियाओं के विश्लेषण को निम्नलिखित श्रेणियों के माध्यम से दर्शाया गया है।

(1) जीवविज्ञान : एक विषय के तौर पर

- सभी विद्यार्थियों को विश्वास था कि जीवविज्ञान इस बारे में उनके विचारों को विकसित करने में सहायता करता है कि जैविक जगत कैसे काम करता है। परन्तु वे इस कथन को पुख़्ता करने हेतु कोई उदाहरण नहीं दे पाये।
- अधिकांश विद्यार्थियों ने व्यक्त किया कि जीवविज्ञान, एक विज्ञान है। यह जैविक जगत और उसकी प्रक्रियाओं सम्बन्धी अध्ययन है।
- अधिकतर विद्यार्थियों ने व्यक्त किया कि जीवविज्ञान में नियमों और सिद्धान्तों की तुलना में तथ्य अधिक हैं, जिन्हें याद करना होता है।
- ज़्यादातर विद्यार्थियों ने इसे एक ऐसे विषय के तौर पर ग्रहण किया, जिसमें ज़्यादा विश्लेषण की ज़रूरत नहीं थी, जिसमें अधिकतर स्पष्टीकरण ही होता है।
- अधिकांश विद्यार्थियों की प्रतिक्रिया दर्शाती है कि जीवविज्ञान के विषय के अध्ययन का हमारे जीवन में सीधे अनुप्रयोग नहीं है।

(2) जीवविज्ञान के अधिगम में अनुभव की गयी चुनौतियाँ

- अवधारणाओं की समझ को ख़ुद के शब्दों में अभिव्यक्त करना।

- अत्याधिक तकनीकी शब्दावली को याद रखना तथा वैज्ञानिक भाषा को समझने में मुश्किल।
- जीवविज्ञान में **अपवाद (exceptions)** से सम्बन्धित उलझनें।
- सीखी गयी अवधारणाओं का जीवन में अनुप्रयोग स्पष्ट नहीं होता।
- अवधारणाओं को समझने में मुश्किल। जैसे **विकास (evolution), प्रजातीकरण (speciation), प्रजाति (species), कोशिका (cell), जीन (gene), गुणसूत्र (chromosome)** आदि।

व्याख्या/स्पष्टीकरण

विषय के सन्दर्भ में विद्यार्थियों की धारणा सम्बन्धी प्रतिक्रियाओं ने दर्शाया कि वे जीवविज्ञान को जैविक प्रक्रियाओं और जैविक जगत का अध्ययन मानते हैं, जो जीवविज्ञान के साथ जुड़े प्रचलित विचार हैं, परन्तु जब उनसे इन विचारों को उदाहरण के माध्यम से स्पष्ट करने या जैविक जगत सम्बन्धी उनके विचार कैसे विकसित हुए, इस बारे में पूछा गया तो वे यह नहीं बता पाये। यह दर्शाता है कि उनके कथित (perceived) और निर्धारित (determined) ज्ञान में विसंगति थी। जिगलर एवं अन्य, (2014) के शोध ने भी दर्शाया है कि हो सकता है कि विद्यार्थी, जीवविज्ञान की अवधारणाओं की जटिलता से उपयुक्त तौर पर संलग्न न हों। अधिकतर विद्यार्थी मानते थे कि जीवविज्ञान में किसी विश्लेषण की आवश्यकता नहीं होती। अधिकांश विद्यार्थियों ने जीवविज्ञान को जैविक प्राणियों (living beings) का अध्ययन कहा। किसी ने भी उप–कोशिकीय स्तर (subcellular) से सम्बन्धित ज्ञान के सन्दर्भ में कुछ नहीं लिखा। यह दर्शाता है कि विषयवस्तु के साथ उनकी सतही संलग्नता है, क्योंकि वे जीवविज्ञान की अमूर्त अवधारणाओं का ज़िक्र किये बिना ही जीवविज्ञान के बारे में अपने विचार व्यक्त कर रहे थे। यह जीवविज्ञान को पढ़ाने की रुढ़िगत शिक्षण–विधियों की प्रधानता को भी इंगित करता है। ये विधियाँ असल में जीवविज्ञान को एक ऐसे विषय के तौर पर प्रस्तुत करती हैं, जिनमें केवल याद करने की ही आवश्यकता होती है। विद्यार्थियों ने व्यक्त किया है कि जीवविज्ञान की ज़्यादातर अवधारणाओं की उनके दैनिक जीवन में कोई उपयोगी प्रासंगिकता नहीं है। यह दिखाता है कि कक्षा में अवधारणाओं के मूल्यों या उपयोगिता सम्बन्धी कोई चर्चा नहीं होती। यह सिमर (2012) के शोध के निष्कर्ष से संगति में है।

जीवविज्ञान के अध्ययन के दौरान विद्यार्थियों द्वारा अनुभव की जाने वाली चुनौतियों के सन्दर्भ में उन्होंने प्रकट किया कि अवधारणा की समझ को अपनी भाषा में व्यक्त करने और वैज्ञानिक नामों को याद रखने में, उन्होंने परेशानी का सामना किया। उन्हें वैज्ञानिक भाषा को समझने और उसे अपने विगत ज्ञान (previous knowledge) से जोड़ने में भी समस्या हुई। यह परिणाम चर्चा किये गये भाषा सम्बन्धी मुद्दों से संगति में हैं, जिसमें जटिल व अपरिचित शब्दों का प्रयोग, उपयुक्त सन्दर्भ में शब्दों को अवस्थित न करना व जीवविज्ञान में पढ़ने के अवसरों का अभाव आदि शामिल है (सटन, 1992; सोलोमन 1994; बहार एवं अन्य, 1999; बहार एवं पोलाट, 2007; सिमर, 2012;)। अतः यह स्पष्ट है कि विद्यार्थियों को ऐसी गतिविधियों और कार्यों की ज़रूरत है, जो उन्हें पढ़ने और अपनी समझ को, स्वतन्त्र तौर पर अपने शब्दों में अभिव्यक्त करने के अवसर मुहैया कराये। उन्हें ऐसे पाठों के अनुभव भी दिये जाने की आवश्यकता है जो उन्हें जीवविज्ञान की अवधारणाओं को अपने जीवन के मुद्दों और समस्याओं से जोड़ने हेतु भी प्रोत्साहित करें। उन्होंने यह भी प्रकट किया कि उन्हें अवधारणाओं के अनुप्रयोग को समझने में भी कठिनाई होती है। यह असल में जीवविज्ञान सम्बन्धी उनकी उस धारणा से संगति में दिखाई पड़ता है कि जीवविज्ञान की कुछ अवधारणाओं की उनके जीवन में नगण्य सार्थकता है। प्रश्नोत्तरी में ज़्यादातर खुले प्रश्न (open-ended question) थे, जिनके जवाब में विद्यार्थियों ने स्वयं अपने पाठ्यक्रम में से विशेष अवधारणाओं का वर्णन किया, जिन्हें समझने में उन्हें कठिनाई होती है। जिन अवधारणाओं में विद्यार्थियों को मुश्किल आती है, उनकी सूची में जीवविज्ञान की अमूर्त सैद्धान्तिक (abstract theoretical) अवधारणाएँ थीं। इन्हें इन्द्रियों द्वारा महसूस नहीं किया जा सकता, लेकिन प्रमाण/साक्ष्य के अध्ययन द्वारा उन पर विचार अवश्य किया जा सकता है। जैसा कि जॉनस्टोन (1991) भी सुझाते हैं कि बच्चों को अमूर्त या उपसूक्ष्म स्तरीय (sub-micro level) सोच से धीरे–धीरे/यथाक्रम अवगत कराना चाहिए। इससे पहले उन्हें प्रचुर अनुभवों से जोड़ना चाहिए, जो ऐसी अवधारणाओं के लिए साक्ष्य/प्रमाण उपलब्ध करें और सीखने वाले में, सीखे जा रहे तथ्य या अवलोकन को समझने की संज्ञानात्मक ज़रूरत जाग्रत कर पायें।

निष्कर्ष और सुझाव

अध्ययन दर्शाता है कि विद्यार्थियों के बीच अभी भी ऐसे पारम्परिक विचार प्रचलित हैं कि जीवविज्ञान एक ऐसा विषय है जिसमें केवल याद करने की आवश्यकता होती है और यह एक जानकारी से लदा हुआ विषय है, जबकि इस सम्बन्ध में एन.सी.एफ़. 2005 को सिफ़ारिशें दिये हुए दस वर्षों से अधिक समय हो चुका है। इसका अर्थ यह है कि पाठ्यपुस्तकों और कक्षा दोनों स्तरों पर मात्र स्पष्टीकरण से अधिक अवधारणाओं और उनकी उपयुक्तता सम्बन्धी चर्चा भी ज़रूरी है। अतः जहाँ प्रयोग सम्भव नहीं होते, हमें विभिन्न शिक्षाशास्त्रीय युक्तियों को खोजने की आवश्यकता है, जो वास्तविक जीवन के मुद्दों से जुड़ी हों, जैसे कि सादृश्यता (nalogy), वृत्तान्त–अध्ययन (case studies) या समस्या–समाधान (problem solving)। दूसरा महत्त्वपूर्ण कारक है कि विद्यार्थियों के लिए विज्ञान में पठन व पठन–कौशल को विकसित करने सम्बन्धी पर्याप्त अवसरों की अनुपलब्धता। ऐसी ही संकल्पना डेविस एवं ग्रीन (1984) द्वारा प्रस्तुत की गयी है। इसे पाठ सम्बन्धी निर्देशित गतिविधियाँ (DARTS) कहा गया। यहाँ कई युक्तियों का वर्णन है जिनके माध्यम से बच्चों को पाठ के ढाँचे से जुड़ने व सीखने हेतु पठन सम्बन्धी कौशल को विकसित करने के लिए प्रोत्साहित किया जा सकता है। यद्यपि विज्ञान में व्यापक विविधता वाली सामग्री उपलब्ध है, फिर भी यह विद्यार्थियों की सीखने की प्रक्रिया से जुड़ने में असफल रही है। इसका एक सम्भावित कारण यह है कि विद्यार्थियों को पठन के पर्याप्त अवसर नहीं मिलते हैं। वे जीवविज्ञान की भाषा को समझने में कठिनाई महसूस करते हैं। यह उन्हें खुद से सीखने के लिए भी हतोत्साहित करता है। अतः यह ज़रूरी है कि विज्ञान के हमारे विद्यार्थियों को जीवविज्ञान में अलग–अलग तरह की सामग्री को पढ़ने के अवसर मिलें। विद्यार्थी अवधारणाओं की सार्थकता या उनके अनुप्रयोग को समझने में समर्थ नहीं होते। यह तथ्य प्रमाणित करता है कि अवधारणाओं को समझने की आवश्यकता को विकसित करने सम्बन्धी अवसरों को सृजित किये बिना, जीवविज्ञान की कक्षाओं में अवधारणाओं को याद कराने पर ही बल दिया जाता है।

सन्दर्भ सूची

1. बहार, एम., जॉनस्टोन, ए.एच. एंड हैंसेल, एम.एच. (1999), *रीविज़िटिंग लर्निंग डिफिकल्टीज़ इन बायोलोजी, जर्नल ऑफ़ बायोलॉजी एजुकेशन* 33 (2) पृ. 84–86।
2. बहार, एम., पोलाट, पी. (2007) *दि साइंस टॉपिक्स परसीव्ड डिफिकल्ट बाइ प्यूपल्स ऑफ़ प्राइमरी 6–8 क्लासेज, डाइग्नॉसिंग दि प्रॉब्लम्स एंड रिमेडी सॉल्यूशंस, एजुकेशनल साइंसेज : थ्योरी एंड प्रेक्टिस* 7 (3) पृ. 1113–1130, एज़ कोटेड इन ऑगनकुला एवं अन्य (2011), *साइंस टीचर्स एंड स्टूडेंट्स परसीव्ड डिफिकल्ट टॉपिक्स इन दि इंटिग्रेटेड साइंस करीकुलम ऑफ़ लोअर सेकेंडरी स्कूल्स इन बारबडोस, वर्ल्ड जर्नल ऑफ़ एजुकेशन 1* (2)।
3. चट्टोपाध्याय, ए. (2005), *अंडरस्टेंडिंग ऑफ़ जेनेटिक इनफॉर्मेशन इन हायर सेकेंडरी स्टूडेंट्स इन नॉर्थ ईस्ट इंडिया एंड दि इम्प्लीकेशन्स फॉर जेनेटिक्स एजुकेशन, सेल बायोलोजी एजुकेशन लाइफ़ साइंस* 4 पृ. 97–104।
4. सिमर, ए. (2012), *व्हॉट मेक्स बायोलोजी लर्निंग डिफिकल्ट एंड इफेक्टिव : स्टूडेंट्स व्यूज़, एजुकेशनल रिसर्च एंड रीव्यूज़* 7 (3) पृ. 61–71।
5. डेविस, एफ़. एंड ग्रीन, टी. (1984), *रीडिंग फॉर लर्निंग इन दि साइंसेज, एडिनबर्ग : ओलिवर एंड बॉयड।*
6. देशमुख, एन.डी. एंड देशमुख, वी.एम. (2011), *टेक्स्टबुक : अ सोर्स ऑफ़ स्टूडेंट्स मिसकंसेप्शंस एट दि सेकेंडरी स्कूल लेवल, प्रोसिडिंग्स ऑफ़ एपीस्टिमी*–4, इंडिया, रीट्रिव्ड ऑन जून 30, 2018 फ्रॉम http://episteme4.hbcse.tifr.res.in/proceedings/strand-ii-cognitive-and-affective-studies-of-stme/deshmukh-deshmukh.
7. जॉनस्टोन, ए. एच. (1991)। *व्हाई इज़ साइंस डिफिकल्ट टू लर्न? थिंग्स आर सेल्डम व्हॉट दे सीम, जर्नल ऑफ़ कंप्यूटर असिस्टेड लर्निंग* 7 पृ. 75–83।
8. लिओनार्ड, डब्ल्यू. (2011), *एट बिग चैलेंजस फॉर इफेक्टिव स्टूडेंट लर्निंग ऑफ़ बायोलॉजी (एडीटोरियल), दि अमेरिकन बायोलॉजी टीचर* वॉल्यूम 73 (5) पृ. 258–259, यूनिवर्सिटी ऑफ़ कैलीफोर्निया प्रेस ऑन बिहाफ ऑफ़ नेशनल एसोसिएशन ऑफ़ बायोलोजी टीचर्स, रिट्रीव्ड

ऑन अगस्त 8, 2018 https://www.jstor.org/stable/10.1525/abt.2011.73.5.2.

9. लुईस, जे., लीच, जे. एंड वुड–रॉबिनसन, सी. (2000), *व्हॉट्स इन अ सेल? यंग पीपलस अंडरस्टेंडिंग ऑफ़ दि जेनेटिक रिलेशनशिप बिटवीन सेल्स, विथ इन एन इंडिविजुअल, जर्नल ऑफ़ बायोलोजी एजुकेशन* 34(3) पृ. 129–132।

10. शर्मा, पी. के. (2017) *कंबाइनिंग डाइवर्स पेडागॉजिकल टूल्स फॉर इफेक्टिव टीचिंग ऑफ़ जनरल बायोलॉजी टू अ लार्ज क्लास कम्प्राइज़िंग ऑफ़ फ़र्स्ट ईयर साइंस एंड इंजीनियरिंग अंडरग्रेजुएट्स एजुकेशनल क्वेस्ट : एन इंट. जर्नल ऑफ़ एजुकेशन एंड एप्लाइड सोशियल साइंस वॉल्यूम* 8 (2) पृ. 539–546, DOI: 10.5958/2230-7311.2017.00101.5

11. सोलोमन, जे. (1994), *दि राइज़ एंड फॉल ऑफ़ कंसट्रक्टिविज़्म, स्टडीज़ इन साइंस एजुकेशन* 23 पृ. 1–19।

12. सटन, सी. (1992), *वर्ड्स, साइंस एंड लर्निंग*, बकिंघम : ओपन यूनिवर्सिटी प्रेस।

13. टेककाया, सी., ऑजकोन ओ, सांगुर एस. (2001), *बायोलोजी कंसेप्ट्स परसीव्ड एज़ डिफिकल्ट बाइ टर्किश हाई स्कूल स्टूडेंट्स, हॉकेटपेट यूनिवर्सिटी : जर्नल ऑफ़ एजुकेशन* 21, पृ. 145–150।

14. वॉकर, आर. एंड ऑल (1980), *सीक्वेंस्ड इंसट्रक्शन इन जेनेटिक्स एंड पियाजेशियन कॉग्नीटिव डेवलपमेंट, अमेरिकन बायोलोजी टीचर* 42(2), पृ. 104–105।

15. जिगलर, बी. एंड ऑल (2014), *स्टूडेंट परसीव्ड एंड डिटरमाइंड नॉलेज ऑफ़ बायोलोजी कंसेप्ट्स इन एन अपर लेविल बायोलॉजी कोर्स, सीबीई लाइफ़ साइंजेस एजुकेशन* 13 (2) पृ. 322–330, रीट्रिव्ड ऑन जून, 29, 2018 https://www.ncbi.nlm.nih.gov/pmc/articles/PMC4041508/

16. ज़ोलर, यू. (2000), *टीचिंग टूमारोज कॉलेज साइंस कोर्सेस, आर. वी. गैटिंग इट राइट? जर्नल ऑफ़ कॉलेज साइंस टीचिंग* 29, पृ. 409–414।

15

पदार्थों के कणों की विशेषताओं के बारे में विद्यार्थियों की समझ

–पुनीता मल्होत्रा

वर्षों के शोध से यह समझ बनी है कि पदार्थों के कणों से सम्बन्धित ज्ञान, रसायनविज्ञान की शिक्षा की नींव है। यह विषय अमूर्त है, इसलिए इस विषय में ऐसी कई अवधारणाएँ हैं, जो वैज्ञानिक दृष्टिकोण से मेल नहीं खातीं। शोधकर्ता ने विद्यार्थियों में इस विषय की समझ को जानने का प्रयास किया है।

प्रस्तावना

फाइनमेन ने कहा था कि *अगर पूरा वैज्ञानिक ज्ञान समाप्त हो जाये और आने वाली पीढ़ी को सिर्फ़ एक वाक्य, 'सभी कुछ परमाणु से बना है', बता दिया जाये, तो यह वैज्ञानिक ज्ञान एकत्रित करने में सबसे ज़्यादा मददगार होगा।*

परमाणुवाद का महत्त्व फाइनमेन के इस वक्तव्य से समझ आता है। यही कारण है कि विश्व के सभी देशों में, स्कूली शिक्षा में परमाणुवाद को पढ़ाया जाता है। यह पाठ्यक्रम का एक अनिवार्य हिस्सा है।

जहाँ विज्ञान में परमाणुवाद का महत्त्व है, वहीं बच्चों के लिए विज्ञान को समझने (विशेषकर रसायनविज्ञान) के लिए परमाणुवाद को समझना आवश्यक है। यह आबन्ध, रासायनिक अभिक्रिया, आणविक ज्यामिति या कहें कि पूरा रसायनविज्ञान समझने की नींव है। ऐसा हैरिसन और टेगस्ट

ने 2002 में कहा था। बिना परमाणुवाद के ज्ञान के रसायनविज्ञान की शिक्षा नामुमकिन है।

कई शोधपत्रों में यह कहा गया है कि परमाणुवाद एक बेहद मुश्किल विषय है। इस विषय पर बच्चों की कई ऐसी अवधारणाएँ हैं, जो वैज्ञानिक दृष्टिकोण से मेल नहीं खातीं। इस विषय में उत्पन्न इन अवधारणाओं के जो कारण शोध से समझ आये हैं, वह इस प्रकार हैं–

> परमाणु एक अमूर्त अवधारणा है। इस अमूर्त विषय को समझने के लिए बच्चे का अमूर्त संक्रियात्मक अवस्था में होना आवश्यक है। पियाज़े की विकास की अवस्थाओं का ध्यान रखते हुए यह विषय कक्षा नौवीं से 12वीं तक के विद्यार्थियों को पढ़ाया जाता है। इन सूक्ष्म कणों के बारे में पढ़ाया जाना अपने आप में एक चुनौती इसलिए भी है, क्योंकि इन्हें हम 'देख' नहीं सकते। बच्चे इन पदार्थों को किसी स्थूल वस्तु के समान मान कर इस विषय को समझते हैं। परमाणु के विषय के इतिहास को देखा जाये तो थॉमसन ने इसकी संरचना को 'तरबूज और उसके बीज' की तरह आँका तथा रदरफोर्ड ने 'सौर मण्डल' जैसा। बच्चों की अणु के मॉडल की समझ इन दो मॉडलों तक सीमित रह जाती है, क्योंकि यह मॉडल समझने में आसान हैं तथा रोज़मर्रा की ज़िन्दगी से जुड़े हैं।
>
> 'मॉडल' शब्द सुनते ही बच्चे उसे प्रतिकृति मान लेते हैं (परमाणु का मॉडल, परमाणु की प्रतिकृति समझना)। 'मॉडल' यहाँ एक बौद्धिक उपकरण है, जो वैज्ञानिक जाँच में मददगार है (ग्रॉसलाइट एवं अन्य, 1991; पृ. 7991)। विद्यार्थियों का मानना है कि वैज्ञानिकों ने परमाणु को 'देखा' है। उनके पास ऐसे उपकरण हैं, जिससे परमाणु दिखते हैं। इस मान्यता को और मज़बूत करने के लिए कम्प्यूटर से बने परमाणुओं के चित्र ज़िम्मेदार हैं। यह चित्र जो इंटरनेट पर तथा पुस्तकों में 'परमाणु का चित्रण' कह कर प्रकाशित होते हैं, जनमानस में इस सोच को पैदा करते हैं कि अवलोकन टनलिंग सूक्ष्मदर्शी यन्त्र द्वारा 'देखे' गये परमाणु इस प्रकार होते हैं (हैरिसन और टेगस्ट, 1996)। यह अवधारणा कि परमाणु को किसी सूक्ष्मदर्शी यन्त्र द्वारा देखा जा सकता है,

जैसे कोषाणु (cell) देखे जाते हैं, इतनी गहरी है कि बार–बार समझाये जाने पर भी यह अवधारणा बनी रहती है (ली एवं अन्य, 1993)।

शोधकर्ता भी जब अपने विद्यार्थियों से बातचीत कर रही थी, तब यह अवधारणा सामने आयी। बच्चे परमाणु के मॉडल को नाक या कान या हृदय के मॉडल के समान समझते हैं। प्रयोगशाला में इन अंगों के मॉडल बच्चों को आन्तरिक संरचना समझाने के लिए इस्तेमाल किये जाते हैं। दरअसल, यह मॉडल इन अंगों का प्रतिरूप है। बच्चे परमाणु के मॉडल को भी उसका प्रतिरूप मानते हैं। बच्चे परमाणु के मॉडल को नाक या कान के मॉडल के समान उसकी प्रतिकृति मानते हैं। बच्चों का यह भी मानना है कि वैज्ञानिकों ने परमाणु को देखा है, तभी उसकी प्रतिकृति के बारे में वैज्ञानिक समझ बनी है। ऐसा हॉर्टन ने भी 2007 में अपने शोध के दौरान पाया।

परमाणु को समझना अपने आप में ही मुश्किल है। पाठ्यपुस्तकों में दिया गया विवरण इसे और कठिन बनाता है। जोशी और सुधीर (2017) इतने महत्त्वपूर्ण विषय को हल्के में आँकने को लेकर प्रश्न उठाते हैं। उनके अनुसार पाठ्यपुस्तकों में दिये गये आरेख (diagram) ग़लत जानकारी देते हैं। ठोस पदार्थों को गर्म करने पर होने वाले विस्तार का चित्रण जहाँ हद से ज़्यादा विस्तार दिखाता है, वहीं तरल पदार्थों को गर्म कर गैस में बदलने पर होने वाला विस्तार काफ़ी कम कर के प्रदर्शित किया जाता है। इन सभी कारणों से अणु के विषय में पढ़ाना कठिन है तथा यह बच्चों में वैज्ञानिक रूप से ग़लत माने जाने वाली अवधारणाओं को जन्म देता है। यही अवधारणाएँ शिक्षकों में भी पायी जाती हैं (किकस, 2004; नकीबोग्लू, 2003; हैदर, 1997)।

रसायनविज्ञान की समझ बनाने के लिए अणु को समझना आवश्यक है। पार्क और लाइट (2009) और मेयर और लैंड (2003) के अनुसार परमाणुवाद को समझना आवश्यक है, ताकि बच्चे विज्ञान की बाक़ी संकल्पनाएँ समझ पायें। यह एक मूल संकल्पना है।

सामान्यतः इस विषय से सम्बन्धित अवधारणाएँ इस प्रकार हैं–

1. **कणों के बीच में कुछ नहीं है** : डोरन (1972) ने कहा कि सभी वस्तुएँ कणों से बनी हैं और इन कणों की प्रकृति क्या है,

यह विषय कई अवधारणाओं से युक्त है। इनमें से सबसे ज़्यादा यह अवधारणा पायी जाती है कि कणों के बीच में कुछ है, जैसे कोई गैस। बच्चे यह नहीं समझ पाते हैं कि कणों के बीच में कुछ नहीं है, खाली स्थान है। कण आपस में जुड़े हैं, बिना किसी रिक्त स्थान के (नखलेह, 1992) या किसी माध्यम में तैर रहे हैं (एंडरसन, 1990; हैरिसिन, 2001)। सम्भवतः इनके बीच में हवा है, ऐसी अवधारणा बच्चों के मन में घर कर गयी है।

एंडरसन (1990) और हैरिसिन (2001) दोनों ने अपने शोध में पाया कि किताबों में दिये गये चित्र इसके लिए ज़िम्मेदार हैं। (चित्र 1) ग्रिफ़िथ और प्रेस्टन (1992) के शोध में भी यही सामने आया।

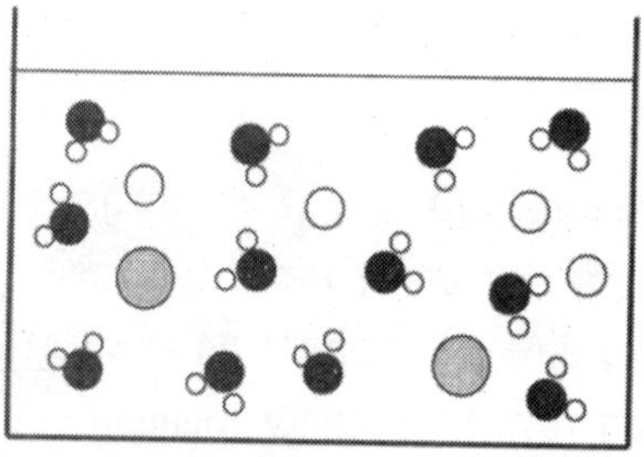

चित्र–1 : तरल पदार्थ के चित्र में ऊपर दी गयी रेखा यह दर्शाती है कि इसके कण किसी माध्यम में तैर रहे हैं।

2. **कण स्थायी हैं** : बच्चों का यह मानना है कि ठोस पदार्थों के कण स्थायी हैं। डोरन (1972) और ली एवं अन्य (1993) ने कहा कि बच्चे कणों के अस्थायी होने को लेकर सन्तुष्ट नहीं हैं। गैस के कण फिर भी हिलते हैं परन्तु ठोस वस्तु जो स्वयं नहीं हिलती, उसके कण भी हिलते रहते हैं, यह मानना कठिन है। बच्चे, गैस के कणों के हिलते रहने और हर दिशा में घूमने को भी कम समझते हैं। वह मानते हैं कि अगर गैस को एक डिब्बे से निकाल लिया जाये, तो बची हुई गैस के कण डिब्बे को नहीं भर पायेंगे (नूसबूम और नोविक, 1982)।
3. **कणों के बीच की दूरी** : बच्चों द्वारा तरल पदार्थों के कणों के बीच की दूरी को बहुत ज़्यादा माना जाता है। वह मानते हैं कि ठोस तथा गैस के पदार्थों के कणों के बीच की दूरी की

औसत दूरी तरल पदार्थ के कणों में होती है। बच्चे मानते हैं कि तरल कण जमने पर काफ़ी क़रीब आ जाते हैं। यह अवधारणा पुस्तकों में दिये गये चित्रों के आधार पर बनती है। कक्षा नौवीं की पाठ्यपुस्तक में दिया गया चित्र भ्रम पैदा करता है। जोशी और सुधीर, 2017 का यह कहना है कि नीचे दिये चित्र–2 के अनुसार ठोस पदार्थ का घनत्व तरल से दोगुना तथा गैस का तरल पदार्थ से चौगुना होगा। ऐसा संसार में पायी जाने वाली किसी भी वस्तु में नहीं होता।

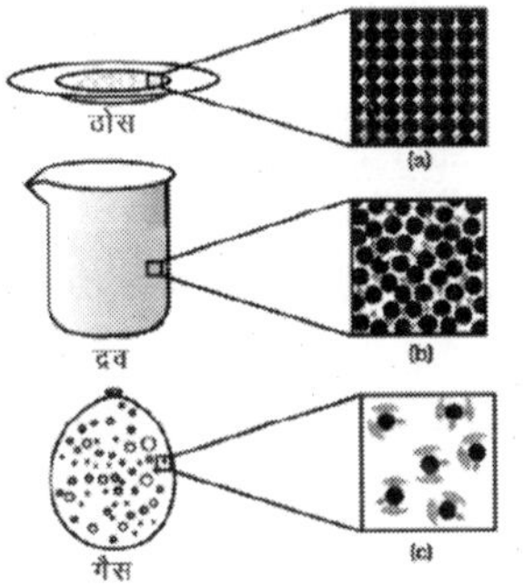

चित्र–2 : ठोस, तरल तथा गैस के पदार्थों की कण–से–कण की दूरी का चित्रण।

वैज्ञानिक आकलन से ठोस–ठोस, तरल–तरल तथा गैस–गैस के कणों में पाया जाने वाला रिक्त स्थान 1:1:10 के अनुपात में होता है (एंडरसन, 1990; दे वोस और वेरडोक, 1996)।

4. **वस्तु के गुण उसके कणों के गुण हैं** : बच्चों में यह अवधारणा है कि वस्तु का रंग, विद्युत प्रवाहकत्व (electrical conductivity), लचीलापन दरअसल इसलिए है क्योंकि उसका हर एक कण लचीला, रंगीन होता है तथा विद्युत–प्रवाह करता है। पुस्तकों में दिये गये रंगीन चित्र जिसमें पानी के कण नीले रंग में दिखते हैं यह अवधारणा पैदा करते हैं कि पानी के कण नीले, सोने के सुनहरे और कार्बन के काले होते हैं। जोशी और सुधीर (2017) ने शिक्षकों में भी इस अवधारणा को पाया कि ताँबे का कण विद्युत और ताप का अच्छा प्रवाहक है, जबकि पारे का कण अच्छा

प्रवाहक नहीं है। शिक्षक यह भी मानते हैं कि हम एक कण का ताप माप सकते हैं। इसलिए यह कहा जा सकता है कि शिक्षकों में भी यह अवधारणा है कि पदार्थ के गुण उसके कण के गुण हैं। यह अवधारणा शिक्षकों से विद्यार्थियों में स्थानान्तरित होती है।

दुनिया-भर से शोध

पदार्थ कणों से बने हैं तथा इन कणों की संरचना पर दुनिया-भर के देशों के स्कूलों में शिक्षा दी जाती है। यह विषय जैसे कि पहले तर्क रखा गया है, एक कठिन विषय है, जिसमें कई अवधारणाएँ हैं। अलग-अलग देशों में किये गये शोध इस बात को दर्शाते हैं। इस पर एक नज़र डालते हैं।

इजराइल में पाया गया कि 300 में से 67% विद्यार्थी यह नहीं मानते कि कणों के बीच रिक्त स्थान है। पदार्थों के गुण उसके हर एक कण के गुण हैं, विद्यार्थी ऐसा मानते हैं।

कणों के विषय में भावी शिक्षकों की अवधारणाओं को समझने के लिए इंडियाना विश्वविद्यालय में हुए शोध में सामने आया कि इस विषय में काफ़ी अवधारणाएँ हैं। भावी शिक्षक मानते हैं कि पदार्थ की अवस्था बदलने पर कण का आकार तथा उसकी अवस्था भी बदलती है। कण रासायनिक बदलाव के बाद भी यथास्थिति रहते हैं। इन भावी शिक्षकों में कणों की दूरी, बदलाव, कणों का आकार, इन विषयों पर पकड़ कम है।

अमेरिका में हुए शोध भी विद्यार्थियों की इस विषय में मुश्किलों को दर्शाते हैं। विद्यार्थियों की सोच है कि अवस्था बदलती है तो रासायनिक बदलाव होता है। पानी उबालने पर पानी के कण हाइड्रोजन तथा ऑक्सीजन (H2 + O2) के कणों में बदल जाते हैं। लगभग 70% विद्यार्थी (कुल 87 में से) मानते हैं कि अवस्था बदलने पर कण का भार बदलता है।

अफ़्रीका में 30 भावी शिक्षकों की अवस्था बदलने के सम्बन्ध में अवधारणा है कि इसमें कणों का आकार बदलता है। लगभग 90% भावी शिक्षक समझते हैं कि पिघलने से या वाष्पीकरण से कणों का आकार बदल जाता है।

पद्धति

नमूना : यह शोध दिल्ली-एन.सी.आर. क्षेत्र में स्थित दो निजी स्कूलों के ग्यारहवीं कक्षा के विद्यार्थियों के साथ किया गया। ये विद्यार्थी विज्ञान में शिक्षण प्राप्त कर रहे हैं।

क्रियाविधि : शोधकर्ता ने पदार्थों के कणों की समझ आँकने के लिए एक प्रश्नावली तैयार की। (परिशिष्ट 1) इसमें 15 बहुविकल्पी प्रश्न (MCQ) तथा 4 ओपन एंडेड प्रश्न थे। 15 में से 11 MCQ ParNoMa तथा बाक़ी 4 मेररट (2010)से लिये गये। ओपन एंडेड सवाल मेररट (2010) तथा बेन ज़्वी (1986) और कोक्कोटस एवं अन्य (1998) के शोधकार्य से लिये गये। इस प्रश्नावली का पायलट परीक्षण किया गया और बच्चों के प्रश्न समझने और उत्तर के आधार पर प्रश्नावली में बदलाव किये गये। इसके बाद यह प्रश्नावली विशेषज्ञों के पास भेजी गयी। डॉ. उमा सुधीर तथा अरविन्द सरदाना, जो एकलव्य से जुड़े हैं, उनके सुझावों के आधार पर फिर इसमें बदलाव किये गये।

डेटा विश्लेषण : 60 विद्यार्थियों से प्रश्नावली भरवा कर उनके उत्तरों को जाँचा गया। बहुविकल्पी प्रश्नों में हर सही उत्तर को 1 अंक तथा ग़लत उत्तर को शून्य अंक दिया गया। ओपन एंडेड प्रश्नों में हर सही उत्तर को 1 अंक तथा सही कारण लिखने पर 1 अंक दिया गया। बच्चों से बातचीत कर उनके उत्तरों को समझने का प्रयास भी किया गया। डेटा का विश्लेषण करने पर बच्चों की अवधारणाएँ ज्ञात हुईं। लगभग 60 बच्चों का मानना है कि ठोस पदार्थों के कण स्थायी होते हैं। यह अवधारणा दो MCQ और एक ओपन एंडेड प्रश्न के उत्तरों के आधार पर सामने आयी। विद्यार्थियों को हवा और तरल पदार्थों के कणों का गतिमान होना समझ आता है, क्योंकि वह इन दोनों पदार्थों को बहते हुए देखते हैं, परन्तु ठोस पदार्थ हमें हिलते हुए या बहते हुए नहीं दिखते तो उनके कणों का अस्थायी होना समझने में परेशानी होती है। दूसरी अवधारणा जो सामने आयी, वह कणों के बीच की दूरी को ज़्यादा या कम आँकना थी। लगभग 50 विद्यार्थियों में यह अवधारणा पायी गयी। तरल पदार्थ के कणों के बीच की दूरी को कम आँकना एक सामान्य अवधारणा है। हमारी पुस्तकों में जो रेखाचित्र हैं, वह इसका एक कारण हैं। यह अवधारणा 3 MCQ और एक ओपन एंडेड प्रश्न के आधार पर सामने आयी। कणों का आकार अवस्था बदलने पर छोटा या बड़ा होता है और पिघलने पर कण भी पिघलते हैं, ऐसा 45 विद्यार्थियों का मानना है। ठोस पदार्थ के तरल में और तरल के गैस में परिवर्तित होने पर घनत्व के बदलाव की जो रोज़मर्रा दिखने वाली प्रक्रिया है, उसके आधार पर बच्चे समझते हैं कि कण भी भार, आकार

और अवस्था बदलते हैं, जबकि वे साथ ही यह भी कहते हैं कि गर्म करने पर पदार्थ के कण एक–दूसरे से दूर होते हैं और यह अवस्था–बदलाव की प्रक्रिया है। इस अवधारणा को 3 MCQ और ओपन एंडेड प्रश्नों के उपभाग के रूप में पूछा गया। जब पदार्थ उबलता है तो उसके अणु टूट जाते हैं यानी उनके सह–संयोजक बन्धन टूटते हैं। ऐसा वाष्पीकरण तथा पिघलने पर भी होता है। पानी (H_2O) उबलने पर हमें H_2 और O_2 देता है। हमें इन दोनों गैसों के बुलबुले दिखाई भी देते हैं। यह अवधारणा लगभग 50 बच्चों में 2 MCQ और 1 ओपन एंडेड प्रश्न के उत्तर के आधार पर पायी गयी। रेखाचित्र बनाने वाले प्रश्न में बच्चों ने तरल NH_3 को वाष्पीकरण पर N_2 और H_2 में टूटते हुए दिखाया। बच्चे मानते हैं कि पदार्थ के गुण कणों के गुण भी हैं। अगर पदार्थ पीला और चमकीला है तो कण भी पीले और चमकीले हैं। अगर पदार्थ विद्युत का संचालक है तो उसका कण भी विद्युत का संचालक है। कण का ताप, पदार्थ का ताप है, इस प्रकार की अवधारणा 70 विद्यार्थियों में सामने आयीं। इसका आकलन 3 MCQ और एक ओपन एंडेड प्रश्न से हुआ। बच्चों में यह समझ कम है कि कण जब काफ़ी मात्रा में इकट्ठा होते हैं, वह पदार्थ के गुणों को जन्म देते हैं। आख़िरी अवधारणा, जो 2 MCQ से सामने आयी, वह यह थी कि कणों के बीच में कुछ होता है जैसे कि हवा या कोई तरल पदार्थ या कुछ और। रिक्त स्थान की समझ 60 बच्चों में नहीं थी। दरअसल, हम जब 'गिलास खाली है' को यह कहते हैं कि इसमें हवा है, यह खाली नहीं है, तो इस प्रकार की कहावतों तथा प्रयोगों से बच्चों के मन में यह बात बैठ जाती है कि जहाँ कुछ नहीं है, वहाँ हवा है। हवा हमें दिखती नहीं, पर होती है। कोई भी जगह खाली नहीं है, इसलिए कणों के बीच की जगह भी खाली नहीं होती।

निष्कर्ष

इस शोध के आधार पर कहा जा सकता है कि पदार्थों के कणों की विशेषताओं को समझना बच्चों के लिए कठिन है। इस विषय से सम्बन्धित वैज्ञानिक दृष्टिकोण से मेल न खाने वाली कई अवधारणाएँ बच्चों में पायी जाती हैं, क्योंकि यह विषय रसायनविज्ञान की समझ बनाने की नींव है। इसलिए इन अवधारणाओं को बदल, वैज्ञानिक समझ बनाना अनिवार्य है।

ठोस पदार्थों की जो समझ बच्चों में पायी जाती है कि इनके कणों के बीच में कोई रिक्त स्थान नहीं होता। ऐसी अवधारणा आन्तरछिद्री धन विलयन समझने में बाधक होगी। विद्यार्थी यह भी मानते हैं कि ठोस पदार्थों के कण स्थायी हैं। स्थायी कणों से विद्युत का प्रवाह किस प्रकार होता है।

विद्यार्थियों में यह अवधारणा कि वाष्पीकरण या पिघलने की प्रक्रिया में सह–संयोजक बन्धन टूट जाते हैं, यह दिखाती है कि बच्चों में रासायनिक तथा भौतिक परिवर्तन की समझ नहीं है। वह मानते हैं कि अवस्था बदलने पर, अणु के रूप में बदलाव होता है। जैसे कि पानी और वाष्प को अलग पदार्थ मानना। अवस्था–बदलाव की इस प्रक्रिया में नये पदार्थ बनते हैं। अगर इस अवधारणा को बदला नहीं जाये, तो विद्यार्थी क़भी रासायनिक प्रक्रियाओं को समझ नहीं पायेंगे। यह अवधारणा सहसंयोजक बन्धन, अन्तरा–आणविक बल तथा अन्तर–आणविक बल की समझ के लिए भी आवश्यक है।

कणों के आकार और भार के सम्बन्ध में बच्चों का मानना है कि एक ही वस्तु के ठोस कण भारी हैं तथा तरल हल्के। अगर कणों का भार अलग है तो आवर्त सारिणी (Periodic table) में हर तत्त्व का भार कौन–सी अवस्था दर्शाता है? वह आवर्त सारिणी को किस प्रकार समझते हैं, यह जानना रोचक होगा।

क्या सभी कणों का तापमान पदार्थ के तापमान के समान होता है? दरअसल, पदार्थ का तापमान कणों की औसत गतिज ऊर्जा का माप है। यह मानना कि हर कण का ताप और पदार्थ का ताप समान है, ग़लत अवधारणा है। सभी कणों की गति अलग है। यह समझ न बन पाने के कारण विद्यार्थियों में वाष्पीकरण और उबाल का अन्तर समझना कठिन हो जाता है। यह भी पाया गया है कि विद्यार्थी पदार्थ के गुणों को उसके कण के गुण मानते हैं। वे मानते हैं कि अगर पदार्थ विद्युत का संचालक है, तो उसका कण भी विद्युत–संचालन करता होगा। दरअसल, पदार्थ के गुण उसके कणों के समूह के गुण हैं। यह गुण पदार्थ के एक–एक कण के गुणों का योग नहीं है। पानी के उबलने पर एक कण नहीं अपितु कणों का समूह उबलता है। पदार्थ के एक कण के गुण और पदार्थ के सभी कणों के समूह के थोक गुण (bulk properties) समान नहीं होते।

यह समझ बनाना वाष्पीकरण, संचालन, पदार्थ का रंग तथा अन्य गुणों को समझने में मददगार होगा।

गैस के गुणों का बोध तभी हो सकता है जब विद्यार्थी पदार्थ को समझे। गैस की सम्पीडता (compressibility) उच्च होती है क्योंकि गैस में कण–से–कण की दूरी और रिक्त स्थान बहुत ज़्यादा है। बच्चे मानते हैं कि तरल पदार्थ को कुछ हद तक संकुचित किया जा सकता है, इस धारणा का कारण उनकी यह अवधारणा है कि तरल पदार्थ की अन्तराकणीय दूरी गैस और ठोस के मध्य है।

उपर्युक्त संवाद के आधार पर यह कहना कोई अतिशयोक्ति नहीं कि बिना परमाणुवाद को समझे, रसायनविज्ञान को समझना नामुमकिन है।

इस शोध से जो अवधारणाएँ लगभग 50% बच्चों में पायी गयी हैं, वह वैज्ञानिक दृष्टिकोण से भिन्न हैं। यह बच्चों के विज्ञान को समझ पाने में बाधक होंगी। इस बात का ध्यान रखते हुए कि विद्यार्थी, जो इस शोध का हिस्सा बने, विज्ञान विषय में उच्च शिक्षा प्राप्त करना चाहते हैं, हमें यानी शिक्षकों को इन अवधारणाओं से अवगत होना चाहिए। साथ ही यह अति आवश्यक है कि कक्षा नौवीं में हम अपने पढ़ाने के तरीक़े पर ग़ौर करें, ताकि विद्यार्थी पदार्थों के विषय में वैज्ञानिक रूप से सही समझ बना पायें। उच्च शिक्षा में रसायनविज्ञान की समझ तथा रुचि विद्यार्थियों में तभी बन पायेगी, जब उन्हें मूलभूत अवधारणाओं का सही ज्ञान होगा।

सभी विज्ञान–शिक्षक इस बात से जूझते हैं कि बच्चों में किस प्रकार रसायनविज्ञान की समझ बनायी जाये। ऐसा करने के लिए शिक्षक को कोई भी विषय पढ़ाने से पहले उस विषय से सम्बन्धित ग़लत धारणाओं का ज्ञान होना आवश्यक है। जब हमें इन अवधारणाओं का पता होगा, तभी हम इन्हें दूर करने का प्रयास करेंगे। यह करने के कई तरीक़े हो सकते हैं, जैसे कि विषय के इतिहास की कहानी सुनाना, प्रयोग करना, कम्प्यूटर का प्रयोग। मेरा मानना है कि यदि एक शिक्षक को अपने विद्यार्थियों की दिक़्क़त का पता चले तो वह अलग–अलग प्रयोग कर उनका हल निकालने की कोशिश करता है। तो विज्ञान से जुड़ी ग़लत अवधारणाओं को मिटाने के लिए प्रयास करते रहें।

सन्दर्भ सूची

1. अल्बनीस, ए., एंड विसेंटिनी, एम. (1997), *व्हाई डू वी बिलीव दैट एन एटम इज़ कलरलेस? रिफलेक्शंस अबाउट दि टीचिंग ऑफ़ दि पार्टिकल मॉडल, साइंस एंड एजुकेशन* 6(3), पृ. 251–261।
2. एंडरसन, बी. (1990), *पुपिल्स, कंसेप्शंस ऑफ़ मैटर एंड इट्स ट्रांसफॉर्मेशन (एज 12–16), स्टडीज़ इन साइंस एजुकेशन* 18, पृ. 53–85।
3. एडेनिज़, एम. एंड कोटोवस्की, ई. एल. (2012), *व्हॉट डू मिडिल एंड हाई स्कूल स्टूडेंट्स नो अबाउट दि पार्टिकुलेट नेचर ऑफ़ मैटर ऑफ़्टर इंसट्रक्शन? इंप्लीकेशंस फॉर प्रेक्टिस, स्कूल साइंस एंड मैथमेटिक्स* 112(2), पृ. 59–65। doi:10.1111/j.1949-8594.2011.00120.x
4. बांडा, ए., मुम्बा, एफ़., चबलेंगुला, वी.एम. एंड एमब्यू, एस. (2011, दिसम्बर), *टीचरस अंडरस्टेंडिंग ऑफ़ दि पार्टिकुलेट नेचर ऑफ़ मैटर : दि केस ऑफ़ ज़ाम्बियन प्री–सर्विस साइंस टीचर्स* इन *एशिया–पेसिफ़िक फोरम ऑन साइंस लर्निंग एंड टीचिंग* 12(2)। दि एजुकेशन यूनिवर्सिटी ऑफ़ हांगकांग, डिपार्टमेंट ऑफ़ साइंस एंड इनवॉयरमेंटल स्टडीज़, पृ. 1–16।
5. बेन–ज़्वी, आर., ईलॉन, बी. एस., एंड सिल्बरस्टीन, जे. (1986), *इज़ एन एटम ऑफ़ कॉपर मेलेबल?, जर्नल ऑफ़ केमिकल एजुकेशन* 63(1), पृ. 64।
6. चक्रवर्ती, ए., एंड मोंडल, बी. सी. (2012), *मिसकंसेप्शंस इन केमिस्ट्री एट नाइंथ ग्रेड एंड देयर रीमिडियल मीसर्स, इंडियन स्ट्रीम्स रिसर्च जर्नल* 2(7)।
7. डोरेन, आर. एल. (1972), *मिसकंसेप्शंस ऑफ़ सेलेक्टेड साइंस कांसेप्ट्स हेल्ड बाई एलमेंटरी स्कूल स्टूडेंट्स, जर्नल ऑफ़ रिसर्च इन साइंस टीचिंग।*
8. गबेल, डी. एल., सैमुअल, के. वी., एंड हुनन डी. (1987), *अंडरस्टेंडिंग दि पार्टिकुलेट नेचर ऑफ़ मैटर, जर्नल ऑफ़ केमिकल एजुकेशन* 64(8), पृ. 695।
9. ग्रिफिथ्स, ए. के., एंड प्रीस्टन, के. आर. (1992), *ग्रेड–12 स्टूडेंटस मिसकंसेप्शंस रिलेटिंग टू फंडामेंटल कैरेक्टरिस्टिक्स ऑफ़ एटम्स एंड मोलेक्यूल्स, जर्नल ऑफ़ रिसर्च इन साइंस एजुकेशन* 29(6), पृ. 611–628।

10. हैदर, ए.एच. (1997), *प्रस्पेक्टिव केमिस्ट्री टीचरस कंसेप्शंस ऑफ़ दि कनवर्सेशन ऑफ़ मैटर एंड रिलेटेड कंसेप्ट्स, जर्नल ऑफ़ रिसर्च इन साइंस टीचिंग, दि ऑफिशियल जर्नल ऑफ़ दि नेशनल एसोसिएशन फॉर रिसर्च इन साइंस टीचिंग* 34(2), पृ. 181–197।

11. हैरीसन, ए. जी. (2001), *टैक्स्टबुक्स फॉर आउटकम्स साइंस : अ रिव्यू, दि क्वींसलैंड साइंस टीचर 27,* पृ. 20–22।

12. हैरीसन, ए.जी. एंड ट्रीगस्ट डी. एफ़. (1996), *सेकेंडरी स्टूडेंट्स मेंटल मॉडल्स ऑफ़ एटम्स एंड मोलेक्यूल्स, इम्प्लिकेशंस फॉर टीचिंग केमिस्ट्री, साइंस एजुकेशन* 80, पृ. 509–534।

13. हॉर्टन, सी. (2007), *स्टूडेंट मिसकंसेपशंस इन केमिस्ट्री, कैलिफोर्निया जर्नल ऑफ़ साइंस एजुकेशन* 7 (2), पृ. 18–38।

14. जोशी, एस. एंड सुधीर यू. (2017), *दि स्टोरी ऑफ़ एटामिक थ्योरी ऑफ़ मैटर,* भोपाल, एकलव्य प्रकाशन।

15. किकस, ई. (2004), *टीचरस कंसेप्शंस एंड मिसकंसेप्शंस कंसर्निंग थ्री नेचुरल फिनामेना, जर्नल ऑफ़ रिसर्च इन साइंस टीचिंग, दि ऑफ़िशियल जर्नल ऑफ़ दि नेशनल एसोसिएशन फॉर रिसर्च इन साइंस टीचिंग* 41(5), पृ. 432–448।

16. कोक्कोटस, पी. व्लाचोस, आई., एंड कौलिडिस, वी. (1998), *टीचिंग दि टॉपिक ऑफ़ दि पार्टिकुलेट नेचर ऑफ़ मैटर इन प्रॉसपेक्टिव टीचरस ट्रेनिंग कोर्सेस, इंटरनेशनल जर्नल ऑफ़ साइंस एजुकेशन* 20(3), पृ. 291–303।

17. ली, ओ., आइशिंगर, डी. सी., एंडरसन, सी. डब्ल्यू., बर्कहाइमर, जी. डी. एंड ब्लैकस्ले, टी. डी. (1993), *चेंजिंग मिडिल स्कूल स्टूडेंटस कंसेप्शंस ऑफ़ मैटर एंड मोलेक्यूल्स, जर्नल ऑफ़ रिसर्च इन साइंस टीचिंग 30(3),* पृ. *249–270।*

18. मेरिट जे. डी. (2010), *ट्रैकिंग स्टूडेंटस अंडरस्टेंडिंग ऑफ़ दि पार्टिकल नेचर ऑफ़ मैटर, डॉक्टोरल डेसर्टेशन, यूनिवर्सिटी ऑफ़ मिशिगन।*

19. मेयर, जे., एंड लैंड, आर. (2003), *थ्रेशोल्ड कंसेप्ट्स एंड ट्रबलसम नॉलेज, लिंकेंजेस टू वेज़ ऑफ़ थिंकिंग एंड प्रेक्टिसाइज़िंग विथ इन दि डिसिप्लिंस, एडिनबर्ग : यूनिवर्सिटी ऑफ़ एडिनबर्ग,* पृ. 412–424।

20. नखलेह, एम.बी., (1992), *व्हाई सम स्टूडेंट्स डोंट लर्न केमिस्ट्री : केमिकल मिसकंसेप्शंस, जर्नल ऑफ़ केमिकल एजुकेशन 69,* पृ. 191–196।

21. नकीबोग्लू कैनन, (2008), *यूसिंग वर्ड एशोसिएशंस फॉर असैसिंग नॉन मेज़र साइंस स्टूडेंटस नॉलेज स्ट्रक्चर बिफोर एंड आफ्टर जनरल केमिस्ट्री इन्सट्रक्शन : दि केस ऑफ़ एटोमिक स्ट्रक्चर।" केमिस्ट्री एजुकेशन रिसर्च एंड प्रैक्टिस (9) :* पृ. 309–322। doi : 10.1039/ B818466 F

22. *नकीबोग्लू, सी. (2003), इंसट्रक्शनल मिसकंसेप्शंस ऑफ़ टर्किश पर्सपेक्टिव केमिस्ट्री टीचर्स अबाउट अटोमिक ऑर्बिटल्स एंड हाइब्रिडजेशन, केमिस्ट्री एजुकेशन रिसर्च एंड प्रैक्टिस 4(2) :* पृ. 171–188।

23. नकीबोग्लू, सी. एंड टेबर, के.एस. (2013), *दि एटम एज़ अ टिनी सोलर सिस्टम, टर्किश हाई स्कूल स्टूडेंटस अंडरस्टेंडिंग ऑफ़ दि एटम इन रिलेशन टू अ कॉमन टीचिंग एनालॉगी, इन कंसेप्ट्स ऑफ़ मैटर इन साइंस एजुकेशन, डॉर्ड्रेक्ट : स्प्रिंगर,* पृ. 169–198।

24. *नियाज़, एम., एगुइलेरा, डी., माज़ा, ए., एंड लिएंडो, जी. (2002), आर्ग्यूमेंट्स, कांट्रडिक्शंस, रिज़िस्टेंसेज़ एंड कंसेप्चुअल चेंज इन स्टूडेंटस अंडरस्टेंडिंग ऑफ़ एटॉमिक स्ट्रक्चर, साइंस एजुकेशन 86(4),* पृ. 505–525।

25. नूसबम, जे., एंड नोविक, एस. (1982), *एल्टरनेटिव फ्रेमवर्क्स, कंसेप्चुअल कॉनफ्लिक्ट एंड अकॉमडेशन, टूवार्ड अ प्रिंसिपल्ड टीचिंग स्ट्रेटजी, इनसट्रक्शनल साइंस 11,* पृ. 183–200।

26. ओसबोर्न, आर. जे., एंड कोसग्रोव, एम. एम. (1983), *चिल्ड्रेंस कंसेप्शंस ऑफ़ दि चेंजेस ऑफ़ दि स्टेट ऑफ़ वॉटर, जर्नल ऑफ़ रिसर्च इन साइंस टीचिंग* 20(9), पृ. 825–838। doi:10.1002/tea. 3660200905

27. पार्क, ई. जे. एंड लाइट, जी. (2009), *आइडेंटिफाइंग एटॉमिक स्ट्रक्चर एज़ अ थ्रेशोल्ड कांसेप्ट, स्टूडेंट मेंटल मॉडल्स एंड ट्रबलसमनेस, इंटरनेशनल जर्नल ऑफ़ साइंस एजुकेशन* 31(2), पृ. 233–258।

28. ट्रीगस्ट, डी. एफ़. (1988), डेवलपमेट एंड यूज़ ऑफ़ डाइग्नास्टिक टैस्ट्स टू इवेल्यूएट स्टूडेंट्स मिसकंसेप्शंस इन साइंस, *इंटरनेशनल जर्नल ऑफ़ साइंस एजुकेशन* 10(2), पृ. 159–169। doi:10.1080/0950069880100204

29. वालनाइड्स, एन. (2000), प्राइमरी स्टूडेंट टीचरस अंडरस्टेंडिंग ऑफ़ दि पार्टिकुलेट नेचर ऑफ़ मैटर एंड इट्स ट्रांसफॉर्मेशंस ड्यूरिंग डिसॉल्विंग, *केमिस्ट्री एजुकेशन रिसर्च एंड प्रेक्टिस* 1(2), पृ. 249–262।

30. येज़यरस्की, ई. जे., एंड बिर्क, जे. पी. (2006), *पार्टिकुलेट नेचर ऑफ़ मैटर असेसमेंट (पार्नोमा) सप्लीमेंटल मैटेरियल, जर्नल ऑफ़. केमिकल एजुकेशन* 83(6)।

परिशिष्ट 1

रसायनविज्ञान की कुछ मूल अवधारणाएँ

निर्देश :

1. इस प्रश्न पत्र में 4 पृष्ठ हैं
2. इस प्रश्न पत्र के दो खण्ड हैं
3. खण्ड 1 में बहुविकल्पीय प्रश्न हैं तथा खण्ड 2 में चित्र बनाने या विचार व्यक्त करने से सम्बन्धित प्रश्न हैं।

खण्ड 1

नीचे दिये गये प्रश्नों को ध्यान से पढ़ें तथा श्रेष्ठ विकल्प बतायें।

1. नीचे दिये गये चित्रों में से कौन–सा चित्र ठोस पदार्थ को दर्शाता है।

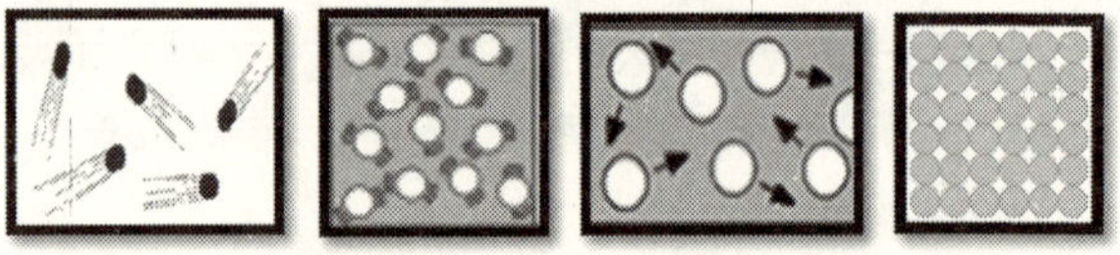

A B C D

2. एक बन्द डिब्बे में रखी अमोनिया गैस के नमूने का पूर्ण संक्षेपण होता है :

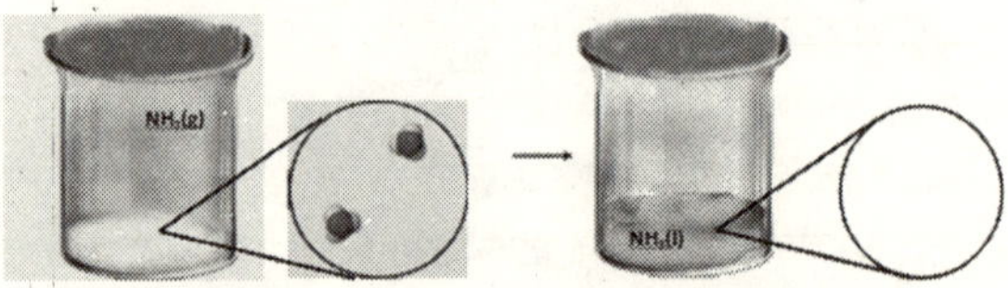

नीचे दिये गये चित्रों में से कौन–सा चित्र अमोनिया के तरल भाव का श्रेष्ठ चित्रण है।

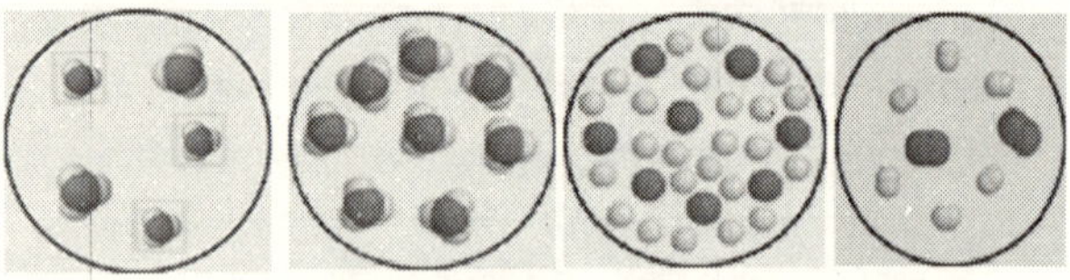

A B C D

3. गैसीय अवस्था में पानी के कण, ठोस अवस्था में पानी के कण ....होता है :

A. से छोटा B. से हल्का C. से भारी

D. से बड़ा E. के समान भार का

4. वाष्पीकरण से पानी में................. बदलता है :

A. हाइड्रोजन तथा ऑक्सीजन

B. केवल हाइड्रोजन

C. पानी रहता है

D. हवा, हाइड्रोजन तथा ऑक्सीजन

E. केवल ऑक्सीजन

5. केवल गैसीय अवस्था में पानी को गर्म करने पर :

A. कणों का विस्तार होता है

B. कण तेज गति से चलते हैं

C. कण कम भारी हो जाते हैं

D. कण तरल कणों में बदल जाते हैं

E. हवा रिलीज करते हैं

6. जब पानी का वाष्पीकरण, तरल अवस्था से गैसीय अवस्था में होता है तो इनमें से कौन-से बांड (bonds) टूटते हैं :

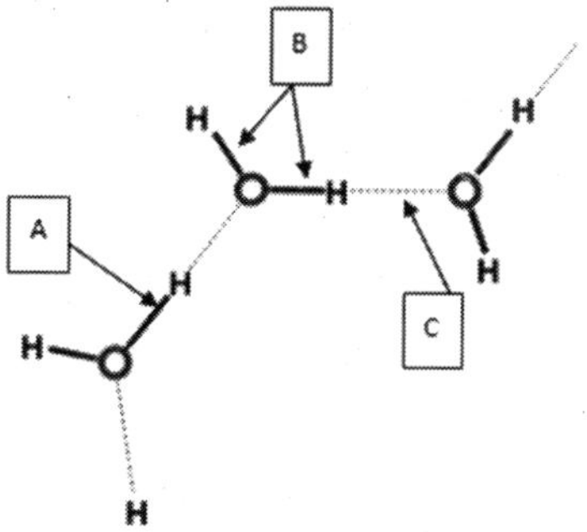

A. केवल A　　B. केवल B

C. केवल C　　D. B और C

7. निम्नलिखित में से किस प्रक्रिया के दौरान पदार्थ के कण छोटे हो जाते हैं :

A. जमने से

B. पिघलने से

C. वाष्पीकरण से

D. इनमें से किसी से भी नहीं

8. ऑक्सीजन गैस के शुद्ध नमूने में ऑक्सीजन के कणों के बीच क्या होता है :

A. कुछ अन्य पदार्थ

B. हवा

C. पानी

D. शून्य स्थान

9. जब 25 डिग्री सेल्सियस पर रखा पानी गर्म कर, उसे 110 डिग्री सेल्सियस गैसीय अवस्था में बदलते हैं तो पानी के कण :

A. गर्म हो जाते हैं
B. का तापमान 110 डिग्री सेल्सियस हो जाता है
C. तेज़ गति से चलने लगते हैं
D. बेतरतीब ढंग से चलने लगते हैं

10. तरल अवस्था में पानी से ऑक्सीजन तथा हाइड्रोजन गैस हमें इस प्रक्रिया से मिलती है :

A. भाप बनने से B. उबलने से
C. अपघटन से D. दोनों A और B से

11. जब 24 डिग्री सेल्सियस पर रखे पानी को 0 डिग्री सेल्सियस तक लाया जाता है तो पानी के कण :

A. एक–दूसरे से अलग हो जाते हैं
B. बहुत तेज़ गति से चलने लगते हैं
C. गतिहीन हो जाते हैं
D. बहुत धीमी गति से चलने लगते हैं

12. नीचे दिये गये चित्रों में, हर एक गोला एक मोम के कण दर्शाता है। इनमें से कौन-सा चित्र ठोस (solid) मोम के तरल (liquid) मोम में बदलने की प्रक्रिया को दर्शाता है :

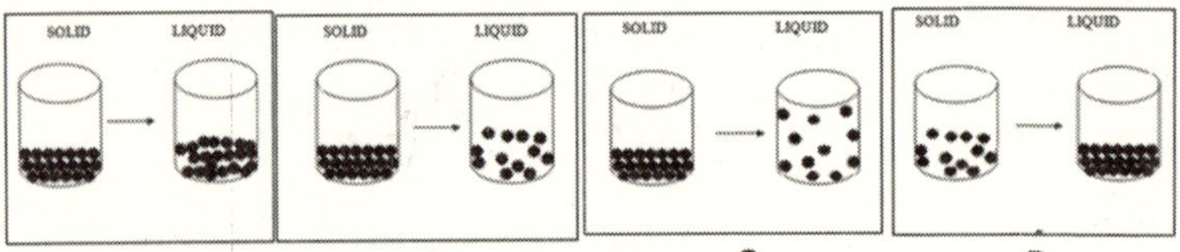

A B C D

13. सल्फर का हर एक कण इस रंग का होता है :

A. बिना रंग, बेरंग B. पीला
C. सफ़ेद D. जामुनी

14. नीचे दिया गया चित्र पानी के कणों का ठोस रूप में चित्रण है :

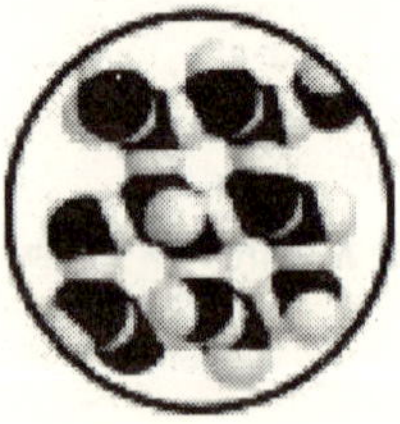

निम्नलिखित में से कौन–सा चित्र पानी के कणों का पिघलने के बाद का चित्रण है :

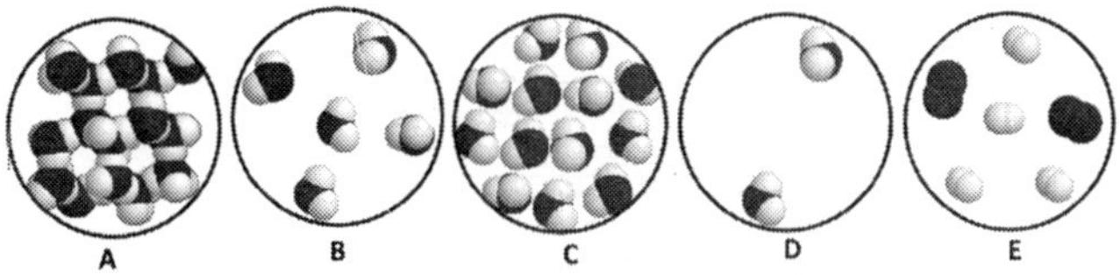

15. अगर आप एक बहुत ही शक्तिशाली माइक्रोस्कोप बना पायें जिससे आप कणों के बीच में देख पायें तो आपको किसी भी गैस के कणों के बीच क्या दिखेगा :

A. और पदार्थ | B. हवा
C. रिक्त स्थान | D. कोई तरल पदार्थ

खण्ड 2

नीचे दिये गये प्रश्नों का दिये गये स्थान में उत्तर दें। सभी चित्रों को लेबल करें :

1. आरेख बनाकर दिखाइए कि अमोनिया को उबालने पर क्या होता है।
2. नीचे दिये गये प्रश्नों का उत्तर दें और अपने उत्तर को अपने विचारों से स्पष्ट करें।

(A) (i) आयोडीन के कण का रंग क्या होता है?

(ii) क्या कॉपर का कण विद्युत का कंडक्टर है?

(iii) आपके पास एक शक्तिशाली माइक्रोस्कोप है, जो आपको पदार्थों के कण को देखने की शक्ति प्रदान करता है और इससे आप एक वस्तु की ठोस, तरल तथा गैसीय अवस्था देखते हैं। चित्र द्वारा समझाइए आपको क्या नज़र आयेगा?

(b) पदार्थों की तीनों अवस्थाओं की तुलना निम्नलिखित आधार पर कीजिए :

(i) कणों का आकार

(ii) कणों के बीच की दूरी

(iii) कणों की व्यवस्था

(iv) कणों की गति

(c) जब एक ठोस पदार्थ निकलता है तो क्या इसका हर एक कण पिघलता है, अपने उत्तर को समझाइए।

3. मान लीजिए एक गुब्बारे में 18 हाइड्रोंजन के कण हैं?

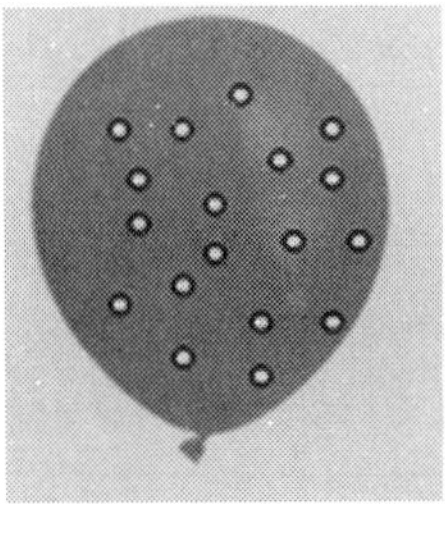

(i) जब इस गुब्बारे को गर्म करते हैं, तो गुब्बारा बड़ा हो जाता है, नीचे दिये गये गुब्बारे में हाइड्रोजन के कण दर्शाइए।

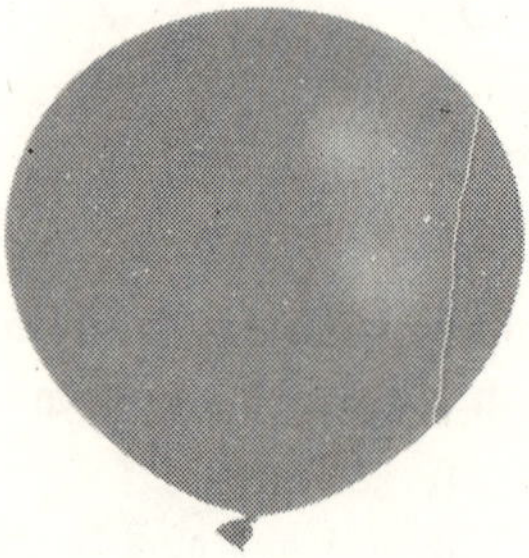

(ii) गुब्बारे को ठण्डा कर जमा देंगे तो क्या होता?

16

प्रायिकता से जुड़ी बच्चों की अवधारणाओं को समझना

–हनीत गाँधी और हृदय कान्त दीवान

यह पर्चा बच्चों की सम्भावना से जुड़ी अवधारणाओं का आधार खोजने का प्रयास करते हुए एक तार्किक नज़रिया प्रस्तुत करता है। लेखकद्वय का मानना है कि ऐसी सभी स्थितियाँ जो गणित के विषय से परे सम्भाव्य विचारों के अस्तित्त्व को व्यक्त करती हैं, बच्चों की सम्भावना की धारणा को समझने में एक मज़बूत पृष्ठभूमि बनाती हैं और विज्ञान में गहनता से बसे प्रायिकता के उपयोग को समझने, महसूस करने व अलग–अलग हिस्सों के सन्दर्भ में पहचान और ढूँढ़ पाने में भी मदद करती हैं। यह पर्चा कुछ ऐसी ही स्थितियों का वर्णन करता है जहाँ शिक्षा में काम कर रहे कुछ वयस्कों, शिक्षा महाविद्यालय के विद्यार्थियों व कक्षा दसवीं व ग्यारहवीं के कुछ विद्यार्थियों से पूछे गये प्रायिकता के सवालों के उत्तरों को समझने की कोशिश की गयी है। इस पर्चे के दो मुख्य हिस्से हैं। पहले हिस्से में इस विषय पर कुछ उत्तरदाताओं द्वारा एक वर्कशीट के सन्दर्भ में दिये गये उत्तरों, कुछ साक्षात्कारों और चर्चाओं के आधार पर प्रायिकता की सामान्य धारणाओं को टटोलने का प्रयास है। इस तरह के कई और प्रयास पहले भी हुए हैं, जिनमें आमजन अथवा छात्र–छात्राओं में प्रायिकता व संयोग की समझ की स्थिति पर चर्चाएँ हैं। इस अध्ययन से आये निष्कर्ष उनसे मेल खाते हैं व उनमें कुछ बातें जोड़ते हैं। लेखकद्वय आख़िर

में इसकी पाठ्यचर्या और उसी के सन्दर्भ में विज्ञान और गणित की पैडागॉजी के बारे में कुछ टिप्पणी भी कर रहे हैं।

परिचय

सम्भावना या प्रायिकता की अवधारणाएँ अक्सर सभी विषयों में इस्तेमाल होने के बावजूद रोज़मर्रा में इनके उपयोग व इनके औपचारिक शिक्षण के ढंग के कारण उलझ–सी जाती हैं। लगभग जीवन के हर पहलू में उपयोग होने के बावजूद औपचारिक शिक्षा में इनका अस्तित्त्व और परिभाषाएँ अक्सर सिर्फ़ गणित की कक्षा में ही संयोजित होती हैं और यह संयोजन भी अवधारणात्मक न होकर सिर्फ़ गणनात्मक हो जाता है। इसके साथ जुड़े सवाल भी अमूमन सामान्य परिस्थिति से हट कर होते हैं। सामान्य भाषा में संयोग का अर्थ और प्रायिकता व संयोग की वास्तविक अवधारणाओं के सन्दर्भ में इस शब्द का अर्थ बिल्कुल अलग–अलग है। अतः इस पर कक्षा में चर्चा का दायरा बिल्कुल फ़र्क़ हो जाता है।

इस चर्चा में सामान्य समझ न सिर्फ़ अधूरी पड़ती है, वरन बिल्कुल ग़लत ही रास्ता दिखाती है। इसी कारण इसके साथ भय और संकोच की भावना का जुड़ना और भी स्वाभाविक हो जाता है। स्कूली स्तर पर सम्भाव्यता/प्रायिकता से जुड़ी संकल्पनाएँ केवल पूर्व माध्यमिक गणित पाठ्यपुस्तकों में ही देखी जाती हैं और इनका थोड़ा बहुत अंश ही माध्यमिक एवं उच्च प्राथमिक कक्षाओं में कहीं–कहीं झलकता है, हालाँकि एन.सी.एफ़. 2005 और गणित के आधारपत्र ने आँकड़ों के साथ अन्तःक्रिया व उनके अध्ययन पर बहुत ज़ोर दिया है परन्तु यह ज़ोर कक्षा के स्तर पर भी नहीं पहुँचा और सम्भाव्यता व संयोग के दायरे तक तो बिल्कुल ही नहीं पहुँचा है। यह कहने में कोई संकोच नहीं होगा कि एक शैक्षिक रूप में प्रायिकता केवल पूर्व माध्यमिक गणित के क्षेत्र में व उससे बाद की कक्षाओं में ही ज़्यादा विकसित हुई है और इसके निरूपण को कभी भी गणितीय डोमेन से परे महसूस नहीं किया गया है। अन्य विषयों में जहाँ–जहाँ इसके सन्दर्भ की आवश्यकता है (जो इसकी अवधारणा और जिन अवधारणाओं के सन्दर्भ में यह आ रही है। दोनों की ही समझ बेहतर करने में मदद कर सकती है) पर लगभग कोई काम नहीं होता है। इसके उदाहरण जीवविज्ञान, भौतिकी और रसायनविज्ञान के अलावा समाजशास्त्र और मानविकी

के बहुत–से सन्दर्भों में अत्यन्त उपयोगी हो सकते हैं। इसके बारे में हम आगे बात करेंगे।

पृष्ठभूमि

अधिकांश शिक्षा–कार्यक्रमों व उनमें काम कर रहे शिक्षकों के लिए प्रायिकता का विषय पूर्णतः गणितीय और मुश्किल है।

सवालों को क्रम में रखें तो सबसे पहले यह सवाल आता है कि शब्द सम्भावना या प्रायिकता दोनों एक ही हैं क्या? यानी, यह चर्चा कि इन दोनों में कोई फ़र्क़ है भी या नहीं? और फिर यह कि प्रायिकता से हम क्या समझें और इसकी गणना अलग–अलग सवालों में कैसे हो? सामान्य तौर पर ऐसे मसलों से विद्यार्थी कैसे जूझते हैं, जिनमें सीधे–सीधे गणना कर के प्रायिकता पता करनी है? अक्सर विद्यार्थी हर परिस्थिति में यही तलाशते हैं कि किन संख्याओं का अनुपात लिया जाये। ऐसे मसले भी हैं, जिनमें गणना की आवश्यकता नहीं है अथवा गणना किन संख्याओं में करनी है, यह स्पष्ट नहीं है। इन सभी परिस्थितियों में आयी उलझनों और सही ढंग से प्रश्न न कर पाने के कारण सम्भावना शब्द भय और सीख पाने में अक्षमता की भावना से जुड़ा हुआ है। यह एक अजीब विडम्बना है कि एक तरफ़ तो भय का आभास है और दूसरी ओर हम अपनी दिनचर्या में प्रायिकता से सम्बन्धित शब्दों का इस्तेमाल बड़े उदार और लचीले ढंग से करते हैं। अक्सर हम अपने दिन–प्रतिदिन के सन्दर्भों में प्रायिकता से जुड़े शब्दों जैसे कि 'अच्छा मौक़ा है', 'बहुत जोखिम है', 'सम्भावना अच्छी है' आदि का ज़िक्र करते हैं और इन वाक्यांशों का दैनिक बातचीत में उपयोग करते हुए हम ज़रा भी नहीं झिझकते। इस तरह सामान्य घटनाक्रम में लगातार उपयोग होने के कारण इसकी कुछ ग़लत और कुछ सही धारणाएँ लोगों के दिमाग़ में होती ही हैं। यह धारणा बच्चों में भी किसी–न–किसी रूप में रहती ही है, पर हमारी कक्षाओं में इसके लिए कोई जगह नहीं होती। इससे उनकी सहज अवधारणाओं और गणित कक्षाओं की अवधारणाओं में कोई अन्तःक्रिया नहीं हो पाती और न ही विज्ञान की कक्षा में इन सहज अवधारणाओं पर कोई विमर्श हो पाता है। जब बच्चे संयोग से जुड़ी परिस्थितियों के अनौपचारिक या सहजज्ञ (सहज ज्ञान से उत्पन्न) उत्तर देते हैं, तो उन्हें ग़लत अवधारणाएँ या ग़ैर–गणितीय सोच कह कर या

तो उपेक्षित कर दिया जाता है या नकार दिया जाता है। हम यह भी भूल जाते हैं कि स्कूली स्तर पर बच्चे अनेक विषय एक साथ पढ़ते हैं। भले ही समय–सारणी विषयों को सख़्त समय–फ्रेम में विभाजित कर देती है परन्तु सीखने की प्रक्रिया समग्र रूप से होती रहती है। कहने का मतलब यह है कि आमतौर पर अवधारणाओं के अध्ययन में विषय–विभाजन के कारण और अनौपचारिक रूप से सीखी गयी अवधारणाओं के पारस्परिक सम्बन्ध के अभाव के कारण दोनों ही सन्दर्भों से अवधारणा की समृद्धता सीमित हो जाती है। यह बात नज़रअन्दाज़ हो जाती है कि किसी एक विषय में आने वाली अवधारणा किसी और विषय के अध्ययन की सोच में सम्मिलित होने पर दोनों विषयों की समझ एक–दूसरे को प्रभावित कर विस्तृत और ज़्यादा गहरी बनाती हैं। यह पहलू अक्सर नज़रअन्दाज़ हो जाता है कि अवधारणाएँ तब अधिक गहरी व स्पष्ट होती हैं, जब विमर्श में अन्य पहलू और अवधारणाएँ भी शामिल हों। कुछ ऐसा ही अनुभव हमें विद्यार्थियों से प्रायिकता से जुड़ी कुछ परिस्थितियों पर बातचीत करने से हुआ। इस पर्चे का मक़सद अवधारणाओं के इन्हीं जुड़ावों को उजागर कर सम्भावना से जुड़ी अवधारणाओं के समृद्ध होने के रास्ते में आने वाले रोड़ों को पहचानना है। जैसा कि हमने कहा सामान्यतः प्रायिकता के औपचारिक शिक्षण में और रोज़मर्रा की बातचीत में उपयोग के ढंग के बीच न तो कोई समान पहलू होता है और न ही इन पर कोई संवाद। ये दोनों जीवन के बिल्कुल अलग–अलग हिस्से में रहते हैं। दोनों सन्दर्भों की तुलना करें तो इनके उपयोग में भाषा–अवधारणा और तर्क के बुनियादी आधारों में बहुत फ़र्क़ दिखता है। यह फ़र्क़ उन लोगों की समझ में भी दिखता है, जिन्होंने उच्च माध्यमिक कक्षाओं अथवा उससे आगे तक भी प्रायिकता को पढ़ा है।

हम यह तो जानते हैं कि जान–बूझ कर या अनजाने में संयोग व सम्भावना के विचार हमारे हर कार्य व कार्य–योजना को प्रभावित करते हैं। जीवन की परिस्थिति से जुड़े किसी भी मसले के बारे में सोचते समय सामान्य समझ और उनकी गणना का असर गणितीय से सम्बन्धित मसलों पर भी पड़ता है। हम अक्सर बारिश की सम्भावनाओं का आकलन करने का प्रयास करते हैं। ज़्यादा सटीकता से कहें तो बारिश के बारे में अनुमान लगाते हैं। इसी तरह आने वाले मौसम के बारे में अनुमान लगाते हैं, अपने व्यवसाय के लिए उपलब्ध विकल्पों में से उपयुक्त को

चुनते हैं व हर नये क़दम को उठाने से पहले उसमें सम्भावित जोखिम की गणना करते हैं। खेती में मिश्रित फ़सल में प्रभावी–अप्रभावी गुणसूत्र (dominant-reccessive gene) वाले सदस्यों की गणना के आधार पर योजना बनाते हैं, रासायनिक क्रियाओं में सान्द्रता के आधार पर क्रिया की दर व उत्पादन की गणना करते हैं व गैसों के अध्ययन में उनके व्यवहार को समझने के लिए सम्भावना की अवधारणा का लगातार इस्तेमाल करते हैं। इसी तरह जीवन के हर क्षेत्र में हम प्रायिकता का उपयोग करते हैं। उदाहरण के लिए, हम टीमों के बीच मैच–स्कोर का अनुमान लगाते हैं, खेल में जीत–हार का अन्दाज़ा लगाते हैं, भविष्य में स्वास्थ्य की सम्भावना के आधार पर कई निर्णय लेते हैं, चुनाव के नतीजों की पूर्व गणना करते हैं, बीमा की दर, व्यापार में धन–निवेश और कई अन्य क्षेत्रों जैसे कृषि विज्ञान, मनोविज्ञान, चिकित्सा–परीक्षण के लिए रक्त आदि के परीक्षण, बीमारी फैलाने की सम्भावना आदि का अन्दाज़ा लगाते हैं और कई बार किसी–न–किसी तरह और किसी–न–किसी हद तक उसकी गणना करने का प्रयास भी करते हैं। ऐसे सब मसलों में भी इनका उपयोग करते हैं जिनमें व्यक्तिगत, सामूहिक, तात्कालिक, कुछ समय के बाद फलीभूत होने वाले निर्णयों और परिस्थितियों के आकलन की ज़रूरत हो। यह कहना ग़लत नहीं होगा कि प्रायिकता का उपयोग औपचारिक गणित से ज़्यादा अन्य क्षेत्रों में होता है। यह प्रयोग अलग–अलग आधारों पर अलग–अलग ढंग से होता है और इन सन्दर्भों से ही प्रायिकता की सामान्य समझ गढ़ी जाती है। यह समझ होना एक तरह से सही भी है, क्योंकि ऐसा माना जाता है कि प्रायिकता की औपचारिक शुरुआत भी लॉटरी और इस तरह के खेलों के सन्दर्भ में हुई थी।

प्रायिकता का अन्य विषयों से सम्बन्ध

प्रायिकता की अवधारणा के ऐतिहासिक विकास पर अगर हम एक नज़र डालें तो हमें ऐसे पर्याप्त साक्ष्य मिलेंगे जो दर्शाते हैं कि किस प्रकार अन्य विषयों के साथ गणित के हस्तक्षेप से सम्भाव्यता अथवा प्रायिकता से सम्बन्धित विचार उभरे। असल में बीसवीं शताब्दी की शुरुआत तक (लगभग 1933 तक) सम्भावना के 'शुद्ध' गणितीय सिद्धान्त थे ही नहीं और इसकी समझ केवल इसके अनुप्रयोगों में मौजूद थी (गिगरेंज़ा एवं अन्य, 1989)।

इसके बहुत पहले ही 17वीं शताब्दी के मध्य से अठारहवीं शताब्दी तक सम्भावना के सिद्धान्त का प्रसार गणित के अलावा अन्य क्षेत्रों में हो चुका था–जैसे कि न्यायशास्त्र के लिए, जुआ खेलने, डेटा–विश्लेषण, बीमा; साथ में उन्नीसवीं शताब्दी में मनोविज्ञान के लिए, कृषि में, मतदान, चिकित्सा–परीक्षण और अन्य व्यावहारिक क्षेत्रों जैसे कि समाजशास्त्र, भौतिकी, जीवविज्ञान में भी सम्भावना के मायने उभरने लगे थे। गिगरेंज़ा एवं अन्य (1989) ने उल्लेखनीय रूप से कहा है कि प्रायिकता का साम्राज्य गणित से परे अन्य विषयों जैसे भौतिकी, प्राकृतिक विज्ञान और न्यायशास्त्र जैसे क्षेत्रों में निर्णय–कार्यों में समझा जा सकता है। प्रायिकता की प्रारम्भिक परिभाषा 'उम्मीदों के सिद्धान्त' (Theory of Expectations) पर आधारित थी पर जब न्यायवाद से सम्बन्धित सन्दर्भों में एक निश्चितता से कई निश्चितताओं पर बल होने लगा तो प्रायिकता को समझने का नया अर्थ बना। न्यायिक मामलों में निर्णय लेने के दौरान, केवल एक निश्चितता को आधार नहीं बनाया जा सकता था। इसमें कई प्रकार की निश्चितताएँ जैसे नैतिक निश्चितता, प्रत्यक्ष निश्चितता, प्राकृतिक निश्चितता और साक्ष्य की निश्चितता शामिल थी। क़ानूनी मामलों के सन्दर्भों से प्रेरित होकर, लेबनीज़ और बरनौली जैसे गणितज्ञों ने 'निश्चितता की डिग्री' (degree of certainty) को मापने का सिद्धान्त दिया और यहाँ से प्रायिकता की व्याख्या 'लॉ ऑफ़ एक्सपेक्टेशंस' (Law of expectations) से संशोधित होकर 'क्लासिकल इंटरप्रिटेशन' (Classical interpretation) में बदलने लगी। सम्भाव्यता की शास्त्रीय व्याख्या में किसी घटना के होने की सम्भावना सम्बन्धित घटनाओं और गणना की जाने वाली घटनाओं की कुल संख्या के अनुपात के रूप में व्यक्त की जाती है। यह निश्चित रूप से इंगित करता है कि सम्भाव्यता के सिद्धान्त, कुछ हद तक, अन्य विषयों में सम्भावना के अनुप्रयोग के कारण प्रभावित, निर्मित और संशोधित हुए हैं। धीरे–धीरे सम्भाव्यता जन्म, मृत्यु, अपराधों, बैरोमीटर के उतार–चढ़ाव और अन्य प्रकार के आँकड़ों की संख्याओं के संकलन का मूल्यांकन करने का एक उपकरण बन गयी, तो सम्भावना का अर्थ बदल गया। यहाँ से प्रायिकता को घटनाओं के अनुपात जानने में 'निश्चितता की डिग्री' यानी 'डिग्री ऑफ़ सर्टेनिटी' (degree of certainty) की परिभाषा मिली। ऐसी ठोस उपमाएँ सम्भाव्य धारणाओं को एक विषय अनुशासन से दूसरे में जोड़ने का पुल बनीं। आज के सन्दर्भ

में तो प्रायिकता के भौतिकशास्त्र में हो रहे प्रयोग ने पूरी समझ को नया रंग दे दिया है।

कहने का मतलब यह है कि प्रायिकता से जुड़े सिद्धान्त जो आज हम सिर्फ़ गणित की कक्षाओं में पढ़ते हैं, उनकी बुनियादी समझ बनाने में अन्य क्षेत्रों का योगदान भी रहा है। इसलिए प्रायिकता पढ़ाते समय कई तरह के संज्ञानात्मक सम्बन्ध बन सकते हैं। या यूँ कहें कि समग्र समझ विषय अनुशासनात्मक सोच में विभाजित नहीं की जा सकती। किसी समस्या को समझते समय, उसका विश्लेषण करते समय, कई तरह के कनेक्शन बनते हैं।

इस पर्चे के बारे में

यह पर्चा बच्चों की सम्भावना से जुड़ी अवधारणाओं का आधार खोजने का प्रयास करते हुए एक तार्किक नज़रिया प्रस्तुत करता है। हमारा मानना है कि ऐसी सभी स्थितियाँ जो गणित के विषय से परे सम्भाव्य विचारों के अस्तित्त्व को व्यक्त करती हैं, बच्चों की सम्भावना की धारणा को समझने में एक मज़बूत पृष्ठभूमि बनाती है और विज्ञान में गहनता से बसे प्रायिकता के उपयोग को समझने, महसूस करने व अलग–अलग हिस्सों के सन्दर्भ में पहचान और ढूँढ़ पाने में भी मदद करती हैं। यह पर्चा कुछ ऐसी ही स्थितियों का वर्णन करता है, जहाँ शिक्षा में काम कर रहे कुछ वयस्कों, शिक्षा महाविद्यालय के विद्यार्थियों व कक्षा दसवीं व ग्यारहवीं के कुछ विद्यार्थियों से पूछे गये प्रायिकता के सवालों के उत्तरों को समझने की कोशिश की गयी है।

इस पर्चे के दो मुख्य हिस्से हैं। पहले हिस्से में हम इस विषय पर कुछ उत्तरदाताओं द्वारा एक वर्कशीट के सन्दर्भ में दिये गये उत्तरों, कुछ साक्षात्कारों और चर्चाओं के आधार पर प्रायिकता की सामान्य धारणाओं को टटोलने का प्रयास करेंगे। इस तरह के कई और प्रयास पहले भी हुए हैं, जिनमें आमजन अथवा छात्र–छात्राओं में प्रायिकता व संयोग की समझ की स्थिति पर चर्चाएँ हैं। जैसे, पियाज़े एवं इनहैल्डर (1951) के अनुसार एक उम्र तक (फॉर्मल स्टेज तक) बच्चे सम्भाव्यता और अनुपात में अन्तर नहीं कर पाते हैं। शौग़नेस्सी (1983, 1992) और फ़िशबिन, नेलो और मैरिनो (1991) के अनुसार सम्भाव्यता की विशिष्ट प्रवृत्ति को

अक्सर लोग कम समझते हैं और इससे जुड़ी सीखने की कठिनाइयाँ और ग़लतफ़हमी हाई स्कूल स्तर तक बनी रहती हैं। हमारे अध्ययन से उभरे निष्कर्ष उनसे मेल खाते हैं और उनमें कुछ बातें जोड़ते हैं। हम आख़िर में इसकी पाठ्यचर्या व उसी के सन्दर्भ में विज्ञान और गणित की पैडागॉजी के बारे में कुछ टिप्पणी करेंगे।

यहाँ यह कहना ज़रूरी है कि प्रायिकता को सिर्फ़ गणितीय गणना से हटाना इस कारण से भी आवश्यक है चूँकि यह हमें सामान्य घटनाक्रमों को तार्किक और वैज्ञानिक परिप्रेक्ष्य से समझने में मदद करेगा। समाज में प्रचलित धारणाएँ अक्सर जीवन की घटनाओं के लिए कमज़ोर तबक़ों को ज़िम्मेदार मानती हैं। उदाहरण के लिए, बिना किसी आधार के यही माना जाता है कि किसी परिवार में आने वाला बच्चा यदि लड़की है तो इसकी ज़िम्मेदारी माँ की ही है अथवा किसी ख़ास समुदाय के व्यक्तियों के प्रति धारणाएँ आदि। सामाजिक और सांस्कृतिक बन्धनों व मान्यताओं के चलते लोग इस तरह की बातों को सही मान लेते हैं। कक्षा में इन सब पर चर्चा करने व आँकड़े इकट्ठे कर उनका विश्लेषण करने से इस तरह के मिथ्या विश्वासों पर प्रश्न खड़ा करने में मदद मिलेगी। यह कार्य व विश्लेषण गणित से अधिक समाज विज्ञान और उससे भी अधिक विज्ञान के सन्दर्भ में चर्चा से हो सकता है। विज्ञान के सन्दर्भ में ऐसे कई उदाहरण मिल जायेंगे जो सामाजिक धारणाओं, रीतियों और व्यक्तिगत मान्यताओं से स्वतन्त्र हैं। इन पर चर्चा, कार्य कर के प्रायिकता और संयोग को बेहतर समझा जा सकता है, जिससे कि यह हमें अपनी उन मान्यताओं को भी खँगालने में मदद करे जो समाज को दक़ियानूसी, अन्यायपूर्ण और ग़ैर–तार्किक बनाती हैं।

हाल के वर्षों में स्कूल के बाहर और कक्षा–कक्ष के भीतर बच्चों की दुनिया को समक्रमिक रूप में देखने के प्रयास किये गये हैं। एन.सी.एफ़. (एन.सी.ई.आर.टी., 2005) ने गणित को अन्य विषयों के साथ एकीकृत करने का प्रस्ताव रखा और इस प्रक्रिया में वह आग्रह करता है कि गणित बच्चों के अनुभवों से जुड़ा होना चाहिए। वह गणित को स्कूल के बाहर के ज्ञान और अन्य विषयों के अनुभवों के साथ जोड़ने की अपील करता है। यक़ीनन इसका उद्देश्य बच्चों के अपने घर, समुदाय, पूर्व ज्ञान, पूर्व अनुभव और गणित के औपचारिक अधिगम के साथ निरन्तरता बनाना है।

अब हम स्वीकार करते हैं कि बच्चे केवल औपचारिक सेटिंग्स में ही नहीं सीखते, बल्कि स्कूल के बाहर की स्थितियों से भी ज्ञान प्राप्त कर सकते हैं। बच्चे की दुनिया को समझने के लिए प्रयास किये जा रहे हैं और औपचारिक स्कूल सेटअप में बच्चे अपने अनुभवों को जोड़ते हैं। इस प्रकार स्कूल सीखने से प्रासंगिक रूप से जुड़े हुए हैं। इस तरह के प्रयास का पहला उदाहरण होशंगाबाद ज़िले की उच्च प्राथमिक कक्षाओं के लिए तैयार किया गया विज्ञान–शिक्षण का कार्यक्रम था। इस कार्यक्रम की किताब बाल वैज्ञानिक में 'संयोग व सम्भाविता' पर एक पूरा अध्याय है। यह मसला आज भी उतना ही महत्त्वपूर्ण है जितना कि 1980 में था। इस अध्याय में गुणात्मक व मात्रात्मक रूप से प्रायिकता को समझने की कोशिश की गयी है और यह प्रयास किया गया है कि सामान्य तौर पर व्याप्त भ्रान्तियों और इस विषय की शब्दावली पर सीखने वालों के बीच और उनके साथ संवाद हो सके। इसकी रचना में यह समझ दिखती है कि सम्भाविता अथवा प्रायिकता का विषय पूर्व माध्यमिक कक्षाओं के लिए भी महत्त्वपूर्ण है और इसमें विज्ञान, गणित व सामान्य अनुभवों से उभर रहे पहलुओं पर चर्चा आवश्यक है। एकलव्य द्वारा प्राथमिक कक्षाओं के लिए तैयार किये गये कार्यक्रम ने आँकड़ा–प्रबन्धन के कार्य और सम्भावना व प्रायिकता पर, बिना उसकी औपचारिक शब्दावली के सामान्य सन्दर्भों में प्रायिकता से सम्बन्धित मसलों पर संवाद शुरू कर दिया। इसी तरह से इन्दिरा गाँधी खुला विश्वविद्यालय के गणित सीखने से सम्बन्धित एक कोर्स एल.एम.टी., जो 1995–96 में शुरू हुआ, में भी सामान्य तौर पर उपयोगित शब्दावली पर चर्चा है और उसके औपचारिक समझ से रिश्ते पर भी। इस तरह से शैक्षिक जगत में यह समझ उपलब्ध थी कि इन बातों को कक्षा में जल्दी और सामान्य अनुभवों के सन्दर्भ में शुरू करना चाहिए। फिर भी यह विज्ञान और गणित की कक्षाओं का प्राथमिक अथवा पूर्व माध्यमिक स्तर पर हिस्सा नहीं बन पायी।

इसके बाद एन.सी.ई.आर.टी. द्वारा तैयार किये गये गणित के राष्ट्रीय आधार पत्र 2006 में आँकड़ा–प्रबन्धन पर प्राथमिक कक्षाओं से ही ज़ोर दिये जाने के सुझाव के कारण इन कक्षाओं के लिए तैयार की गयी किताबों में इस तरह की बातचीत को जगह तो मिल गयी, किन्तु कक्षाओं में बच्चों तक उचित ढंग से पहुँचाने के लिए कई और चरण, कई और ज़रूरतें हैं

जो उपलब्ध नहीं हैं। सामाजिक सन्दर्भों में इन मसलों पर सोचने का, जो तरीक़ा है, उसके चलते शिक्षकों की समझ तक पहुँचने के लिए भी जितने व्यापक सन्दर्भ और व्यापक स्तर पर इस कार्य को होना था, वह नहीं हुआ।

प्राथमिक स्तर की पाठ्यपुस्तकों में प्रकट सीखने–सिखाने के ढंग पर भी काफ़ी काम हुआ है। पहले की तुलना में एन.सी.एफ़. 2005 पर आधारित पाठ्यपुस्तकें बाल–केन्द्रित और बच्चे की दुनिया के लिए तुलनात्मक आकलन में काफ़ी अधिक संवेदनशील लगती हैं। (एन.सी.ई.आर.टी., 2005 a) इनमें प्रस्तुत कई गणितीय अवधारणाएँ आपको बच्चों की बौद्धिक, सामाजिक दुनिया से जुड़ी दिखेंगी। इस प्रयास में थोड़ी उथल–पुथल भी हुई है। कई अवधारणाओं को एक स्तर से दूसरे स्तर पर डाला गया है और कुछ अवधारणाओं को जोड़ा भी गया है। एन.सी.ई.आर.टी. (2005 b) की गणित की किताबों में सम्भावना का क्षेत्र माध्यमिक स्तर पर पेश किया गया है। सम्भावना या प्रायिकता से बच्चों की औपचारिक पहचान कक्षा सातवीं की किताबों में करायी जाती है, हालाँकि इससे पहले भी आँकड़ा–प्रबन्धन के कुछ हिस्से हैं, जिनमें इसकी कुछ झलक है। इस मसले पर जितना ध्यान दिया जाना चाहिए और इसे व्यावहारिक रूप से सम्भव बनाने के लिए जो कुछ करने की आवश्यकता है, उससे यह बहुत कम है।

हमारे संविधान के दस्तावेज़ों व शिक्षा–नीतियों में शिक्षा से यह अपेक्षा है और स्कूली कार्यक्रम से यह आग्रह किया गया है कि वह वैज्ञानिक दृष्टिकोण का विकास करें। इसमें समाज में लगभग हर विषय से सम्बन्धित प्रचलित धारणाएँ सम्मिलित हैं और उन पर असर डालने की अपेक्षा शिक्षा से है। उदाहरण के लिए अपेक्षा यह है कि अक्सर जीवन की घटनाओं के लिए कमज़ोर तबक़ों को ज़िम्मेदार माने जाने में फ़र्क़ आयेगा। जैसे कि अधिकांश परिवारों में नये पैदा होने वाले बच्चे के लड़का होने की चाह बरक़रार है। इसके कई पहलुओं पर कक्षाओं में बात होनी चाहिए। किन्तु एक बात जो सीधी विज्ञान और प्रायिकता से जुड़ी है वह है, लड़का होगा या लड़की इसका निर्धारण कैसे और कब होता है? बिना किसी आधार के यही माना जाता है कि यदि किसी परिवार में आने वाला बच्चा लड़की है, तो यह जच्चा माँ के कारण है। इस तरह की अनेक बातें हैं।

जैसे कि यह बात कि इस समुदाय के अथवा इस पृष्ठभूमि के बच्चे सीख नहीं सकते व इनकी बुद्धिलब्धि (आई.क्यू.) कम है या फिर किसी ख़ास समुदाय के व्यक्ति आपराधिक प्रवृत्ति के होते हैं, ज़्यादा हिंसक होते हैं आदि। ऐसी कितनी ही मान्यताएँ और 'अन्य' पृष्ठभूमि के लोगों के प्रति धारणाएँ हैं, जो हमारे लोकतान्त्रिक संविधान के अनुरूप समाज की रचना में बाधक हैं। अन्यान्य कारणों से अलग–अलग क़िस्म की अपरीक्षित और ग़ैर–तार्किक धारणाएँ विभिन्न माध्यमों से फैलायी जाती हैं। कई तरह के दबावों, प्रचलित लोकवाणी और सामाजिक, सांस्कृतिक बन्धनों व मान्यताओं के चलते लोग इस तरह की बातों को सही मान लेते हैं। इनको जाँचने की ज़रूरत और जाँचने के तरीक़े की समझ का उनके पास कोई मौक़ा नहीं है। अपेक्षा यह है कि प्रायिकता की धारणाएँ शामिल करता हुआ एक अच्छा शिक्षण–कार्यक्रम इसकी शुरुआत कर सकने में मदद कर सकता है। उम्मीद यह है कि इस तरह के कार्यक्रम से सामाजिक परिस्थितियों में प्रायिकता के उपयोग को ज़्यादा बुद्धिमानी से किया जा सकेगा।

हमारा अध्ययन

सम्भावना या प्रायिकता की समझ बच्चों में कैसे विकसित होती है या कैसे विकसित की जा सकती है, यह एक विचारात्मक विषय है। जैसा कि हमने कहा सम्भवता, निश्चितता, अनिश्चितता, संयोगता आदि के सम्बन्ध में बच्चों की क्या समझ है, इस पर चर्चा होनी ज़रूरी है। किस तरह बच्चे सम्भावनाओं से सम्बन्धित विचार बनाते हैं? यह सोच किन परिस्थितियों से प्रभावित होती है? अन्य विषयों या अनुभवों का प्रायिकता की समझ बनाने में क्या योगदान है? अर्थात प्रायिकता को बच्चों के अनुभवों, अन्तर्बोध, अनौपचारिक समझ को सहेजते हुए और संज्ञानात्मक स्तर का ध्यान रखते हुए रचनात्मक शैली से कैसे पढ़ाया जाये? हमें लगता है कि इन प्रश्नों के उत्तर जानने के लिए आपको बच्चों से कुछ बुनियादी विषयों पर बातचीत करनी होगी। जैसे, उनके अनुसार सम्भावना शब्द का क्या मतलब है? या किन परिस्थितियों को वे सम्भावित मानते हैं? उनके अनुसार मौक़े का क्या अर्थ है? आदि। हो सकता है आपको ये प्रश्न कुछ बचकाने या तुच्छ लगें, परन्तु ऐसे प्रश्नों से ही हम बच्चों की बुनियादी समझ के बारे में जान पाते हैं और उनके लिए उपयुक्त शिक्षण–प्रक्रिया गढ़ पायेंगे।

अतः हमने इस तरह के दो अध्ययन किये हैं। इन शोधों में हमने बच्चों से एक बहुत ही साधारण सवाल पूछा, कुछ वयस्कों और माध्यमिक कक्षाओं के विद्यार्थियों से कुछ स्थितियों पर टिप्पणी माँगी।

पहले अध्ययन में हमने बच्चों की 'प्रायिकता की धारणाओं' की समझ को जानने के प्रयास में उन्हें सम्भाव्यता की बुनियादी अवधारणाओं से सम्बन्धित कुछ स्थितियाँ दीं। यहाँ यह कहना उचित होगा कि इस अध्ययन का दायरा व्यापक है और हम यहाँ इसके प्रायिकता से सम्बन्धित हिस्से की ही बात कर रहे हैं। हम यहाँ बच्चों द्वारा साझा की गयी कुछ प्रतिक्रियाओं को प्रस्तुत कर रहे हैं, जिन्हें वे सम्भाव्यता की कुछ स्थितियों में रखते हैं। हालाँकि ये किसी भी औपचारिक केन्द्रित शोध परियोजना का नतीजा नहीं हैं, किन्तु यहाँ साझा किये गये अवलोकन निश्चित रूप से सोचने लायक हैं। यह पर्चा बच्चों के साथ काम करते हुए कई वर्षों में संकलित किया गया है। इरादा सिर्फ़ बच्चों की सम्भाव्य स्थितियों से जुड़ी अनौपचारिक धारणाओं की विविधता को रखना और उन्हें समझना है।

विद्यार्थियों की प्रतिक्रियाओं का विश्लेषण जो कि कुछ प्रश्नों के जवाब में उन्होंने रखीं।

प्रश्न 1 : एक ऐसी घटना बतायें जिसका होना निश्चित है : इस प्रश्न का मक़सद बच्चों की निश्चितता की समझ को जानना है। हमें कई उत्तर मिले, कुछ प्रतिक्रियाओं को यहाँ साझा कर रहे हैं।

उत्तर 1 : आज सात बजेंगे। रोज़ सात बजते हैं।

उत्तर 2 : मेरा बड़ा होना निश्चित है।

उत्तर 3 : रविवार आने के बाद सोमवार आना निश्चित है।

उत्तर 4 : समय निरन्तर चलता रहता है। वह कभी नहीं रुकता और यह निश्चित है कि समय चलता जायेगा।

उत्तर 5 : जिसका जन्म हुआ है, उसकी मृत्यु होना निश्चित है।

उत्तर 6 : भारत टेस्ट मैच जीत सकता है क्योंकि भारत प्रत्येक मैच में अच्छा प्रदर्शन कर रहा है।

उत्तर 7 : आने वाले समय में पेट्रोल की कीमत बढ़ सकती है।

ये प्रतिक्रियाएँ बच्चों की सोच की झलक देती हैं पर शुद्ध गणित की दृष्टि से इनका विश्लेषण करेंगे तो ये प्रतिक्रियाएँ ग़लत धारणाएँ मानी जायेंगी।

हो सकता है इन्हें ठीक करने के लिए शिक्षक शिक्षण इनपुट देने की और बच्चों को और अभ्यास करने की सलाह देंगे। अक्सर शुद्ध गणितज्ञों के लिए अनौपचारिक विचारों का गणित अनुशासनात्मक विचारों से कोई लेना–देना नहीं होता और वे मानते हैं कि सहज ज्ञान से उत्पन्न सभी अनौपचारिक प्रतिक्रियाएँ ग़लत ही होती हैं यानी ज़्यादातर गणितज्ञों की कार्यप्रणाली एक उपचारात्मक मानसिकता पर केन्द्रित होती है। वे मानते हैं कि बच्चों को औपचारिक गणित पढ़ाया जाना चाहिए और अनौपचारिक विचारों का कोई स्थान नहीं होता।

दूसरी तरफ़, समाजशास्त्री और मनोवैज्ञानिक गणितज्ञ इन अनौपचारिक विचारों को मान्यता देने का आग्रह करते हैं, क्योंकि उनके अनुसार बच्चे अपने दैनिक अनुभवों के आधार पर ऐसी धारणाएँ बनाते हैं। वे कहते हैं कि इस तरह के विचार बच्चों के दैनिक, सामाजिक या सांस्कृतिक अनुभवों पर आधारित हैं और इसलिए सीखने के लिए मूल्यवान हैं। एन.सी.एफ़. 2005 बच्चों की गणित की अवधारणाओं का ज्ञान उनके सामाजिक, सांस्कृतिक अनुभव, अन्य विषयों के ज्ञान के प्रभाव, अनुभवात्मक जानकारी आदि से जोड़कर समझने का आग्रह करता है। वह बच्चों के रचनात्मक विचारों को महत्त्व देता है और शिक्षाविदों से उन्हें वैध मानने का आग्रह करता है। वह आग्रह करता है कि इन अनौपचारिक, सहज विचारों के पीछे की धारणा को समझ कर उसे औपचारिक ज्ञान से जोड़ा जाना चाहिए।

अगर हम बच्चों के उत्तरों को सावधानी से पढ़ें तो पायेंगे कि बच्चों के जवाब न तो पूरी तरह से ग़लत हैं और न ही पूरी तरह से गणितीय हैं। परन्तु हर उत्तर के पीछे एक सोचा–समझा तर्क है जो उनके पूर्व अनुभव और उनके समग्र अवलोकन का नतीजा है। बच्चों के हर उत्तर में आपको एक कारण–प्रभाव भावार्थ की झलक दिखती है। जैसा कि रोज़ सात बजना या फिर उनका यह कहना कि वे बड़े तो होंगे ही। ये सभी उनके दिन–प्रतिदिन के अवलोकन से सामान्यीकृत हैं। अपने रोज़मर्रा के पर्यवेक्षण में उन्हें कुछ घटनाओं में पैटर्न मिलता है जो कभी नहीं बदलता, जैसा कि दिनों के नाम, बड़े होना, जन्म के बाद मृत्यु होना। इस कारण किसी घटना की भविष्यवाणी करना आसान है। घटनाओं के निश्चित पैटर्न के आधार पर भविष्य में भी सभी घटनाएँ उसी पैटर्न में होंगी और इसी तर्क के आधार पर घटना के पुनः होने की सम्भावनाएँ

प्रबल हैं। इस अध्ययन से यह दिखता है कि सामान्य तौर पर हमारी पूर्व मान्यताएँ प्रायिकता सम्बन्धित समझ को प्रभावित ही नहीं, वरन निर्देशित भी करती हैं। गणना के तरीक़े के चरण मालूम होने के बावजूद व सामान्य परिस्थितियों में प्रायिकता की अवधारणा के ठीक से उपयोग के बावजूद ज़्यादा महत्त्वपूर्ण और ज़्यादा उपयोग में आने वाले मसलों के सन्दर्भ में ग़ैर–तार्किक जवाब मिलते हैं।

दूसरा निष्कर्ष यह है कि बच्चे अपनी संस्कृति और अनुभव से सम्भावना से सम्बन्धित विचार और भाषा प्राप्त करते हैं। वे मीडिया और अन्य स्रोतों के माध्यम से सम्भाव्य से लदे सन्देश सुनते हैं। आम संवादों और दैनिक बातचीत के माध्यम से 'भाग्य', 'मौक़ा', 'जोखिम', 'सम्भावित' आदि जैसे शब्दों से उनका परिचय होता है यानी सम्भावना से जुड़ी शब्दावली अनौपचारिक रूप से बहुत पहले ही अधिग्रहित हो जाती है। भले ही ऐसी अनौपचारिक भाषा को गणित विशेषज्ञ औपचारिक रूप में न पहचानें और शायद सहमति भी न दें, पर ऐसे अनुभवों के वजूद को हम अनदेखा नहीं कर सकते।

दूसरा अध्ययन

जैसा कि हमने कहा, इस पर्चे में हमने प्रायिकता के सन्दर्भ में दो तरह से लिये गये परीक्षण का अध्ययन किया। एक था किशोरों के साथ हुआ अध्ययन जिसमें साक्षात्कार से उनके साथ कुछ प्रश्नों पर चर्चा की व उनके उत्तरों का विश्लेषण किया और यह समझने का प्रयास किया गया कि इससे उनकी प्रायिकता और संयोग के बारे में क्या समझ–झलकती है। कुछ अन्य शोधों में भी इस तरह का काम हुआ है। दूसरा माध्यम कुछ ख़ास वाक्यों पर अलग–अलग पृष्ठभूमि के उत्तरदाताओं के जवाब एक प्रश्नावली (questionnaire) के आधार पर लिये गये थे। यह सवाल वेब पर उपलब्ध http://web.mnstate.edu/harms/416/11/Handouts/Probability-miscon.PDF से लिये गये हैं। इनका हिन्दी में अनुवाद करके भी कुछ उत्तरदाताओं से प्रतिक्रियाएँ ली गयीं। यह दोनों स्वरूप न्यादर्श सहूलियत व उपलब्धि की दृष्टि से लिये गये हैं। अतः हम इनका उपयोग इनके समूहों के बारे में व्यवस्थित टिप्पणी के लिए नहीं करेंगे। ये अध्ययन सिर्फ़ इंगित करेगा कि सामान्य तौर पर इन सवालों का जवाब देते समय

उत्तरदाता किस तरह के तर्क उपयोग करते हैं और उसके क्या निहितार्थ हैं। हम यह मानते हैं कि यादृच्छिक न होते हुए भी यह न्यादर्श काफ़ी हद तक सामान्य व्यवहार व समझ को प्रतिबिम्बित करेगा।

सम्भाव्यता को सिखाना और सीखना आसान काम नहीं है। चूँकि विद्यार्थी अपनी पूर्व धारणाओं के साथ स्कूल आते हैं जो उन्होंने अपने व्यक्तिगत अनुभवों से बनायी होंगी, वे व्यक्तिपरक दृष्टि से चीज़ों की व्याख्या करते हैं। यह व्यक्तिपरक दृश्य उनके पर्यावरण और परिवेश के साथ व्यक्तिगत जुड़ाव का परिणाम होता है। कभी–कभी ऐसी व्यक्तिगत समझ गणित की औपचारिक सोच, जो स्कूली स्तर पर विख्यात होती है, में बाधा भी बनती है। गणित का सबसे प्रमुख क्षेत्र जो बच्चे के सहज विचारों और औपचारिक स्कूल गणित में एक बेमेल को आमन्त्रित करता है, सम्भावना का क्षेत्र है। 'प्रायिकता में, असत्याभास (Paradoxes) या सहज–ज्ञान के विपरीत (Counter-intutive) विचार के बहुत आभास होते हैं, जो प्रायिकता की परिभाषाओं में और बाद में अपेक्षाकृत सरल अनुप्रयोगों में भी दिखते हैं' (कपाड़िया और बोरोव्निक, 1991; पृ. 2)। विद्यार्थियों की ग़लतफ़हमी और सम्भावना से सम्बन्धित धारणाओं को लागू करने में कठिनाइयों के लिए विशेष अध्ययन की आवश्यकता है। सम्भाव्यता को ठीक से पढ़ाने के लिए कई आवश्यक प्रश्नों के उत्तर खोजने और उन पर मनन करने की ज़रूरत है, जैसे कि ये भ्रान्तियाँ कहाँ से आती हैं? इन भ्रान्तियों को कैसे संशोधित किया जा सकता है? इन भ्रान्तियों को दूर करने के लिए कौन–से शैक्षणिक इनपुट उपयुक्त होंगे?

सम्भावना या मौक़ा का औपचारिक अध्ययन करते समय, इससे सम्बन्धित कई प्रकार की भ्रान्तियाँ उत्पन्न होने की गुंजाइश हो सकती है। इस खण्ड में हम कुछ ऐसी ही प्रतिक्रियाओं को साझा करेंगे जिनका आभास हमें भावी शिक्षकों के साथ काम करते समय हुआ। सैम्पल में लिये गये भावी शिक्षक किसी–न–किसी शिक्षक तैयारी कार्यक्रम (बी.एड., बी.एलएड.) में नामांकित थे। उनसे प्रायिकता से सम्बन्धित सरल स्थितियों के बारे में पूछा गया। वर्कशीट में दी गयी प्रतिक्रियाओं के आधार पर भावी शिक्षकों की प्रायिकता से जुड़ी सोच, उनकी अनौपचारिक धारणाएँ या यों कहें कि प्रायिकता के सवालों के साथ जूझने की रणनीतियों के बारे में

कुछ दिलचस्प बातें प्राप्त हुईं। इस खण्ड में उन प्रतिक्रियाओं को साझा किया गया है, जिनके द्वारा भावी शिक्षकों की प्रायिकता की औपचारिक और अनौपचारिक धारणाएँ परिलक्षित हुईं।

हमने क्या पाया

पहले के और हमारे इन अध्ययनों में भी इस मसले पर बच्चों व वयस्कों की सहज समझ सामने आयी और उसमें कुछ ऐसी बातों की झलक भी मिली जो कि उन्होंने आम धारणाओं से प्राप्त की होंगी। इसके साथ–साथ यह भी स्पष्ट हुआ कि आम भाषा में संयोग (chance) का अर्थ वह नहीं है जो कि हम प्रायिकता की भाषा में इस्तेमाल करते हैं। उदाहरण के लिए, 'वह संयोग से वहाँ आ गया' का मतलब यह नहीं है कि इस बार संयोग से आ गया। यहाँ संयोग का अर्थ लगभग अप्रत्याशितता से है यानी कुछ ऐसा जो बहुत कम सामान्य था, लेकिन हो गया। इस तरह से संयोग का अर्थ किस्मत से जुड़ जाता है। किशोरों के उत्तर किस्मत की कल्पना से ओतप्रोत थे। ये अध्ययन यह भी बताते हैं कि उत्तरदाताओं को यह लगता था कि वे या अन्य लोग अपनी पसन्द अथवा इच्छा से कई रेंडम घटनाओं जैसे सिक्के उछालने, पासा फेंकने अथवा किसी बर्तन अथवा थैले में से बिना देखे कुछ निकालने में प्राप्त परिणामों को प्रभावित कर सकते हैं। इसके अलावा संयोग से होने वाली घटनाओं के बीच वह अन्य प्रकार के कार्य–कारक सम्बन्ध भी ढूँढ़ कर रखने की कोशिश करते थे। कुल मिला कर उनका आग्रह इस पर ही प्रतीत होता था कि हर घटनाक्रम का कोई कारक होता है और वह या तो व्यक्ति द्वारा तय किया जाता है या फिर कुछ ऐसे कारक होते हैं जो प्राकृतिक हैं जिनकी वज़ह से परिणाम आते हैं। यानी सिक्का उछालने के ढंग, हवा की गति, गिरने वाली सतह और अन्य ऐसे कारक हो सकते हैं जिनकी वज़ह से सिक्का एक ख़ास सतह पर गिरा। यह अवधारणा रैंडम घटना की किसी भी परिकल्पना को नकारती है और संयोग को कारकों की पहचान में मुश्किल अथवा गणना के मॉडल के अभाव के कारण मानती है। भौतिकी में वर्तमान समझ, जिसमें अनिश्चितता को प्राकृतिक माना जाता है संयोग की एक दूसरी समझ प्रस्तुत करती है।

कार्य–कारण और संयोग पर विज्ञान की कक्षाओं में बहुत सार्थक रूप से चर्चा कुछ जीवविज्ञान और कुछ भौतिक अथवा रसायनविज्ञान

की महत्त्वपूर्ण अवधारणाओं के साथ जोड़ कर की जा सकती है। इससे कार्य–कारण सम्बन्ध और रेंडम घटनाओं के साथ–साथ ऐसी घटनाओं पर भी बात हो सकती है, जिनमें ग़ैर–बराबर सम्भाव्यता है। सिर्फ़ गणित की कक्षा में ही सम्भाविता और उसकी गणना आदि पर चर्चा होने से यह महसूस होने लगता है कि मसला कोई भी हो, सभी सम्भावित परिणामों के घटने की सम्भावना बराबर होती है। इस भ्रम को तोड़ने के लिए जहाँ एक ओर ऐसे सवालों की चर्चा आवश्यक है, जिनमें ग़ैर–बराबर सम्भाविता वाले परिणाम हैं, दूसरी ओर अन्य विषयों की कक्षाओं में भी प्रायिकता पर विवेचन आवश्यक है। उदाहरण के लिए भौतिकी के सन्दर्भ में प्रायिकता की चर्चा भौतिकी की आज की समझ को मान्य ढंग से समझने में भी मदद करेगी और प्रायिकता को समझने में भी।

गुणात्मक आधारित स्थिति को मात्रात्मक या संख्यात्मक मॉडल में बदलना

यह देखा गया कि अक्सर लोग, जैसे यहाँ भावी शिक्षक, प्रायिकता से जुड़ी सभी स्थितियों को एक मात्रात्मक या संख्यात्मक मॉडल में फिट करने की कोशिश करते हैं। हम इसे एक अनावश्यक संख्यात्मक सामान्यीकरण भी कह सकते हैं। यह ज़रूरी नहीं कि सम्भावना या प्रायिकता की सभी स्थितियों को हमेशा ठोस गणितीय रूप में ही ढाला जाये। अक्सर यह देखा गया है कि लोग प्रायिकता से जुड़ी साधारण स्थितियों को भी मात्रात्मक दृष्टिकोण से देखते हैं। कभी–कभी सम्भाव्य स्थितियाँ गुणात्मक दृष्टिकोण के माध्यम से भी सँभाली जा सकती हैं। उदाहरण के लिए जब लोगों से पूछा गया कि "कल बारिश होने की क्या सम्भावनाएँ हैं", तो ज़्यादातर लोगों ने बारिश होने की स्थिति को एक शुद्ध गणितीय रूप में ढाल दिया। अधिकतर ने जवाब दिया, "कल या तो बारिश होगी या नहीं होगी। इसलिए बारिश होने की सम्भावना 1/2 है।"

ऐसे उत्तरों से सम्बन्धित दो ग़लत धारणाएँ हैं। एक तो यह है कि चूँकि लोगों में गणित के क्षेत्र के तहत सम्भाव्य स्थितियों का अनुभव करने की प्रवृत्ति होती है, इसलिए वे हर स्थिति को एक संख्यात्मक ढाँचे में बदल देते हैं। वे हर जगह डेटा की मात्रा का पता लगाते हैं। जैसे, कई छात्र–शिक्षकों ने उत्तर दिया, "हाँ, बारिश की सम्भावना 0.5 है।"

बारिश का आना एक साधारण स्थिति है जिसमें बारिश की सम्भावना का अनुमान बारिश आने के पहले की स्थितियों के सरल अल्पविकसित विश्लेषण के माध्यम से लगाया जा सकता है। यह ज़रूरी नहीं कि हर स्थिति को शुद्ध गणितीय रूप दिया जाये। आप मानते होंगे कि बारिश का अनुमान कोई भी लगा सकता है, शर्त यह है कि उसे मौसम के प्रत्यक्ष पहलुओं की समझ हो। बहुत गणित लगाने की आवश्यकता नहीं है। किसी किसान से पूछिए। वह मौसम की परिस्थितियों के आधार पर बता देगा कि बारिश होगी या नहीं। शायद वह आपको ऐसा अटपटा–सा जवाब नहीं देगा। वह आपको बारिश के होने या न होने की सम्भावना का उत्तर 1/2 तो यक़ीनन नहीं देगा।

हमारे भावी शिक्षक इस बात से अवगत थे कि यह सम्भाव्यता का प्रश्न है और शायद इसलिए उन्होंने इस प्रश्न का शुद्ध गणितीय रूपान्तर कर दिया। वे इस प्रश्न में सांख्यिक प्रतिक्रिया देने के इच्छुक थे। विद्यार्थियों ने एक साधारण स्थिति को एक संख्यात्मक प्रारूप में बदलने की कोशिश की।

उन्होंने बारिश की सम्भावना को एक द्विआधारी प्रारूप में बदल दिया। दो सम्भावनाएँ हैं : एक–बारिश होगी, दूसरी–बारिश नहीं होगी। यह द्विआधारी मात्रात्मक प्रारूप तब उन्हें यह बताने के लिए प्रेरित करता है कि बारिश की सम्भावना दो सम्भावनाओं में से एक होगी, इसलिए बारिश होने की सम्भावना या तो है या नहीं है अर्थात बारिश होने की सम्भावना 1/2 है।

बारिश एक बहुत ही जटिल घटना है। इसमें कई अन्य कारकों का अध्ययन शामिल है, जैसे कि मौसम की स्थिति, हवा की दिशा, हवा में नमी का स्तर, हवा का दबाव आदि। इन सभी कारकों का सावधानीपूर्वक अध्ययन कर ही बारिश की भविष्यवाणी की जा सकती है। जब ये स्थितियाँ एक निश्चित स्तर पर मिलती हैं, तो हम बारिश होने की सम्भावना का अनुमान लगा सकते हैं। इस प्रकार अक्सर वयस्क एक जटिल स्थिति को एक द्विआधारी गणितीय मॉडल में व्यक्त करने और स्थिति को सरल बनाने की ग़लती करते हैं।

एक और धारणा है, जो उपरोक्त प्रतिक्रिया से उजागर हुई। यह धारणा सम–सम्भावना से जुड़ी हुई है। जब लोगों ने कहा कि बारिश की सम्भावना आधी है, तो उन्होंने बारिश होने के अवसर को दो स्वतन्त्र

सम–सम्भावनाओं में माना यानी एक घटना का होना और उसका न होना एक बराबर है। ये दो घटनाएँ वास्तव में समरूपी नहीं होतीं। किसी घटना के होने की सम्भावना पर चर्चा करते हुए एक आम ग़लतफ़हमी यह है कि सभी घटनाओं के समान रूप से होने की सम्भावना होनी चाहिए।

यह धारणा कुछ परिस्थितियों में तो ठीक बैठती है, पर कई परिस्थितियों, ख़ासकर वे जो वास्तविक जीवन पर आधारित होती हैं, में ग़लत भी हो सकती है। कुछ मामलों में, उदाहरण के लिए जब पासा फेंकते हैं या सिक्का उछालते हैं, तो सभी परिणाम समान रूप से होने की सम्भावना होती है। परन्तु बारिश जैसी स्थिति में घटना का होना सम सम्भावित नहीं है। इसलिए जब भावी शिक्षकों ने कहा कि कल या तो बारिश होगी या बारिश नहीं होगी, तो उन्होंने दोनों घटनाओं को 50:50 मान लिया, जो वास्तव में इतना सरल नहीं है।

घटनाओं के घटित होने से जुड़ी एक और धारणा है जिसे ग़लत की श्रेणी में डाला जा सकता है। अक्सर लोग समझते हैं कि बाद की घटनाएँ पहली वाली से प्रभावित हो सकती हैं। बहुत–से लोग ग़लत धारणा रखते हैं कि पासे या सिक्के में स्मृति हैं। जब गेम खेलते हैं या दाँव लगाते हैं, तो लोग अक्सर मानते हैं कि उनकी किस्मत बदलने वाली है क्योंकि अब तक छह नहीं आया, छह बकाया है, मेरा नम्बर आना चाहिए क्योंकि वह अभी तक ऊपर नहीं आया है। यह ग़लत धारणा हमारे छात्र–शिक्षकों के साथ भी देखी गयी। जब यह सवाल पूछा गया कि "क्या एक पासे को फेंकने पर छह का आना तीन के आने से ज़्यादा मुश्किल होता है", तो कुछ लोगों ने टिप्पणी की कि "कई बार परिणाम में भिन्नता हो सकती है जो हम उम्मीद करते हैं" या यह कि "मैंने 12 बार पासा फेंका है और अभी तक छह नहीं मिला।" यहाँ ग़ौर करिए कि इन दोनों जवाबों में छात्राओं का मानना है कि जो घटना अभी–अभी हुई है, वह दुबारा नहीं होगी। उस घटना के हाल में दुबारा घटने की सम्भावना कम है। जो घटनाएँ पहले से हुई हैं, उनका भविष्य की घटनाओं पर किसी तरह का प्रभाव पड़ता है। जैसे मानो पास की कोई मेमोरी है। स्वतन्त्र घटनाएँ एक–दूसरे के होने या न होने से प्रभावित नहीं होती हैं, यह अक्सर लोग भूल जाते हैं।

हाल में घटित घटनाओं के आधार पर भविष्य का अनुमान लगाना एक अनोखी प्रवृत्ति है। यदि इवेंट (घटनाक्रम) स्वतन्त्र हैं, तो इससे कोई फ़र्क़

नहीं पड़ता कि पिछला इवेंट (घटनाक्रम) क्या रहा। यदि एक सिक्के को उछालने पर हाल ही में कई बार चित आता है तो अगली बार उछालने पर फिर से चित आयेगा, यह अनुमान सही नहीं है। फिर से चित आने की सम्भावना 50/50 है।

इन्हीं उदाहरणों के साथ एक और ग़लतफ़हमी जुड़ी है, जो भावी शिक्षकों और अन्य वयस्कों के साथ काम करते हुए भी कई बार सामने आयी। जैसा कि ऊपर के उदाहरणों में हमने देखा कुछेक बार किसी घटना के घटने या न घटने के आधार पर वे उसकी प्रायिकता का अन्दाज़ बना लेते थे। भावी शिक्षक भी कक्षा में कुछेक अवलोकन के आधार पर जल्दबाजी से ही बच्चों व उनके व्यवहारों के बारे में सम्भावना का अनुमान लगा रहे थे। वे बहुत छोटे न्यादर्श पर ही विचार करके बहुत जल्द निष्कर्ष पर पहुँच रहे थे। उनके कक्षा अवलोकनों पर उनसे वार्तालाप में यह बात कई बार उभरी कि उनको ज़्यादा अवलोकनों व ज़्यादा व्यवस्थित अध्ययन की ज़रूरत है और बिना बड़े न्यादर्श के हम प्रायिकता अथवा सहज प्रवृत्ति को नहीं पता कर सकते।

इसी तरह एक और ग़लतफ़हमी प्रायिकता को घटनाक्रम से जोड़ने में है। इसी समूह से यह सवाल भी पूछा गया था; "श्री अग्रवाल का एक बड़ा ऑपरेशन होना है। इस ऑपरेशन के बाद 90% लोग पूरी तरह से ठीक हो जाते हैं। क्या हम कह सकते है कि 90% सम्भावना है कि अग्रवाल जी भी ऑपरेशन के बाद पूरी तरह ठीक हो जायेंगे?" इस सवाल पर विभिन्न प्रतिक्रियाएँ प्राप्त हुईं। लोगों ने सम्भावना में जवाब देने के बजाय जवाब दिया कि वह ठीक हो जायेंगे या नहीं। जिनमें से लगभग 70% प्रतिक्रियाएँ अग्रवाल जी के ठीक होने के पक्ष में थीं और 30% भावी शिक्षकों ने कहा कि वह ठीक नहीं हो पायेंगे। इसमें कई दिलचस्प उत्तर हैं, एक तो यह था कि वह ठीक नहीं होंगे क्योंकि वह 10% में भी तो हो सकते हैं या फिर चूँकि 90% ठीक हो जाते हैं। अतः वे भी ठीक हो जायेंगे। एक भावी शिक्षक का जवाब उसके मन के भ्रम को बहुत बढ़िया ढंग से उजागर करता है। उसका जवाब था :

'चूँकि 90% सम्भावना ठीक होने की है तो 10% न ठीक होने की भी है, इस प्रकार 50% सम्भावना है कि वह ठीक हो जायेंगे।' यानी प्रायिकता को लेकर, न्यादर्श के साइज़ पर ध्यान नहीं दिया जाता और न ही यह

समझा जाता है कि दी गयी प्रायिकताओं के क्या निहितार्थ हैं और उनके आधार पर हम क्या कह सकते हैं।

निष्कर्ष

इस शोध से हमें कुछ अहम अनुभव हुए। बच्चे ही नहीं वयस्क भी अपने सीमित अनुभवों के आधार पर त्वरित निष्कर्ष निकालते हैं। अक्सर ये निष्कर्ष या तो बहुत छोटे न्यादर्श पर अथवा किसी भी डेटा पर आधारित नहीं होते हैं। ये निष्कर्ष उनके दिन–प्रतिदिन के अनुभवों को तार्किक व संख्यानात्मक दृष्टि से परखे बिना बनते और दृढ़ होते रहते हैं। इसका एक उदाहरण था, जब एक बच्चे ने ग़रीब पर अत्याचार होने को एक निश्चित घटना मान लिया। यह उत्तर उसके दिन–प्रतिदिन के अनुभवों से बना और धीरे–धीरे दृढ़ हो गया। दूसरा यह कि बच्चों के प्रायिकता के निष्कर्ष कम आँकड़ों के आकलन पर बन जाते हैं। इसे हम 'लॉ ऑफ़ स्मॉल नम्बर्स' (Law of small numbers) से जोड़ सकते हैं। कुछ अनुभव किया, थोड़ा–सा पैटर्न देखा और दावा बना दिया। उन्होंने हाल के दिनों में कुछ होता हुआ देखा, महसूस किया कि यह घटना कुछ समय से लगातार हो रही है और इस छोटी संख्या के आधार पर अपना दावा कर दिया, जैसे इंडिया का वर्ल्ड कप में जीतना। तीसरा, हमें बच्चों की सम्भाव्य परिस्थितियों के आकलन में वैज्ञानिक सोच के मानसिक गठबन्धन की झलक मिली। वे चीज़ों या घटनाओं का निरीक्षण करते हैं, एक पैटर्न को पहचानते हैं और इसके आधार पर दावा करते हैं। अन्त में बच्चों की सम्भावनाओं के विचार में उनकी सामाजिक पृष्ठभूमि या सांस्कृतिक प्रथाओं के प्रभाव की भी झलक मिलती है।

स्कूली स्तर में बच्चे अनेक विषय एक साथ पढ़ते हैं। कॉब एवं अन्य (1992) ने कहा कि प्रत्येक विषय स्वयं के साथ कुछ मानदण्ड स्थापित करता है जो अनुशासन विशिष्ट हैं और बच्चे इन मानदण्डों को अक्सर बिना जाने–बूझे, अनजाने से अन्तर्ग्रहण कर लेते हैं। वे एक अनुशासन की अपेक्षाओं को समझते हैं और अपेक्षित अनुशासनिक मानदण्डों के अनुसार व्यवहार करते हैं। अनुशासन उन्मुख कक्षाएँ वे माध्यम हैं, जिनसे बच्चे सख़्त अनुशासनात्मक तरीक़ों के दायरे में ढलते हैं तथा अनुशासनात्मक अधीन प्रक्रियाओं को ग्रहण करते हैं। हमारे भावी शिक्षकों ने भी कुछ ऐसा ही किया।

वे जानते थे कि पूछे गये प्रश्न गणित क्षेत्र से हैं। इसीलिए उन्होंने अपेक्षित उत्तर दिये, वह जो गणितीय व्यावहरिक ढाँचे में फिट बैठते हों।

सम्भावना का डोमेन एक ही अनुशासन (गणित) से जुड़ा मिलता है। हम इसका अध्ययन अक्सर सिर्फ़ गणितीय कक्षाओं में ही करते हैं लेकिन एक बच्चे के लिए व सम्पूर्ण शिक्षा के लिए भी इसके संगठन बहुआयामी हैं। यह स्पष्ट है कि सम्भाव्य सोच बच्चों के पिछले अनुभवों, सहज विचारों, सांस्कृतिक मान्यताओं और अन्य विषयी सोच से प्रभावित होती है। हम ऐसी धारणाओं को पूर्व सम्भाव्यता अवधारणाओं के रूप में मान सकते हैं जिन्हें औपचारिक गणितीय सम्भाव्यता अवधारणाओं के साथ जोड़ने की आवश्यकता है। सन्दर्भ से प्रभावित होने वाली पूर्व सम्भावना अवधारणाओं को मौक़े और जोखिम से सम्बन्धित बच्चे के मौजूदा विचारों को समझने के लिए पर्याप्त पृष्ठभूमि बनाना चाहिए। इस तरह के अनौपचारिक विचारों को ध्यान से समझने की ज़रूरत है। सम्भावित रूप से सोचने के गहन तरीक़ों के कारण अनौपचारिक विचार एक महत्त्वपूर्ण भूमिका रखते हैं। जब तक हम बच्चों के अनौपचारिक विचारों को नहीं पहचानेंगे, सम्भावना के मॉडल एक असुरक्षित नींव पर खड़े रहेंगे जहाँ से कभी पूर्ण संज्ञानात्मक ज्ञान बनाना सम्भव नहीं होगा।

सन्दर्भ सूची

1. कॉब, पी., एकेल, ई., एंड वुड, टी. (1992), *अ कन्सट्रक्टिविस्ट एलटरनेटिव ऑफ़ दि रिप्रसेंटेशनल व्यू ऑफ़ माइंड इन मैथमेटिक्स एजुकेशन, जर्नल फॉर रिसर्च इन मैथमेटिक्स एजुकेशन* 23(1), पृ. 2–33।
2. फ़िशबिन, ई., नेलो, एम.एस., एंड मैरिनो, एम. एस. (1991), *फैक्टर्स अफेक्टिंग प्रोबेबलिस्टिक जजमेंट्स इन चिल्ड्रन इन एडोलसेंस, एजुकेशनल स्टडीज़ इन मैथमेटिक्स,* 22, पृ. 523–549।
3. गिगरेंज़ा, जी.; स्विजटिंक, जेड.; पोर्टर, टी.; डेस्टान एल; बेट्टी, जे. एंड क्रूगर, एल. (1989), *दि एम्पायर ऑफ़ चांस,* कैम्ब्रिज, इंग्लैंड, कैम्ब्रिज यूनिवर्सिटी प्रेस।
4. बोरोवनिक एंड कपाड़िया; अ प्रोबेबलिस्टक पर्सपेक्टिव, इन आर. कपाड़िया एम. बोरोवनिक (एडिट), *चांस एनकाउंटर्स, प्रोबेबलिटी इन एजुकेशन,* स्प्रिंगर।

5. एन.सी.ई.आर.टी. (2005), *स्लेबस फॉर एलमेंटरी स्कूल* (क्लास 1–7), नयी दिल्ली, नेशनल काउंसिल फॉर एजुकेशनल रिसर्च एंड ट्रेनिंग।
6. एन.सी.ई.आर.टी. (2006), *नेशनल पोजीशन पेपर ऑन टीचिंग ऑफ़ मैथमेटिक्स*, नयी दिल्ली, नेशनल काउंसिल फॉर एजुकेशनल रिसर्च एंड ट्रेनिंग।
7. शौग़नेस्सी, जे. एम. (1983), *मिसकंसेप्शंस ऑफ़ प्रोबेबिलिटी, सिस्टमेटिक एंड अदरवाइज़, टीचिंग प्रोबेबिलिटी एंड स्टेटिस्टिक सो एज़ टू ओवरकम सम मिसकंसेप्शंस, प्रोसिडिंग्स ऑफ़ दि फर्स्ट इंटरनेशनल कानफ़रेंस ऑन टीचिंग स्टेटिस्टिक्स,* इन डी.आर. ग्रे, पी. होल्मस, वी. बार्नेट एंड जी. एम. कांस्टेबल (एडिट), शेफ़ील्ड, यूके रू टीचिंग स्टेटिस्टिक्स ट्रस्ट। पृ. 784–801।
8. शौग़नेस्सी, जे. एम. (1992), *रिसर्च इन प्रोबेबिलिटी एंड स्टेटिस्टिक्स,* हैंडबुक ऑफ़ रिसर्च ऑन मैथमेटिक्स टीचिंग एंड लर्निंग, इन डी.ए. ग्राउस (एडिट), न्यू यॉर्क : मैक्मिलन, पृ. 465–494।

17

प्राथमिक स्कूल के बच्चों की पानी के विषय में अवधारणाएँ

–निधि गुलाटी

यह पर्चा ई.वी.एस. में 'पानी' के विषय पर बच्चों की सोच में मौजूद अवधारणाएँ और उनका विश्लेषण प्रस्तुत करता है। यह पर्चा एक विस्तृत शोध का हिस्सा है, जिस में ई.वी.एस. की विभिन्न थीम पर सरल अवधारणाओं को खोजा गया है। इस पर्चे में पानी के बारे में 7 से 10 वर्ष तक की उम्र के बच्चों की अवधारणाओं को नैदानिक साक्षात्कार (क्लिनिकल इंटरव्यू) और धारणा–चित्रों द्वारा समझने का प्रयास किया गया है। इस पर्चे में शोध का ब्योरा देने से पहले, बच्चों की अवधारणाओं के स्वरूप पर विमर्श को प्रस्तुत किया है। उसके पश्चात् शोध विधियों के बारे में विस्तार से चर्चा है।

छोटी उम्र से ही बच्चे अपने आसपास की प्राकृतिक दुनिया के बारे में धारणाएँ बनाने लगते हैं। उनके आसपास की प्राकृतिक और बनायी गयी वस्तुएँ कैसी हैं, वे स्पर्श करने पर कैसी महसूस होती हैं, वे स्थिर हैं कि नहीं, गिरने पर कैसी आवाज़ करती हैं, किस गति से गिरती हैं आदि, ऐसे बहुत–से अनुभव बच्चों के पास एकत्रित होते रहते हैं। समय के साथ हुए अनुभवों से वे बदलते भी रहते हैं। अपने परिवेश के साथ होने वाली पारस्परिक भौतिक और मानसिक क्रियाओं (interaction) द्वारा बच्चे घटनाओं (phenomenon) को समझने की कोशिश करते हैं और इस प्रकार कुछ अवधारणाओं का निर्माण करते हैं। पियाजे (1952) के अनुसार परिवेश के

साथ उनकी इस अन्तःक्रिया से 'स्कीमा' का निर्माण होता है। यह स्कीमा किसी भी परिघटना या संकल्पना को समझने के लिए बिल्डिंग का काम करते हैं। सोच के विकास की प्रक्रिया के दौरान नये स्कीमा बनने और पुराने में बदलाव होना स्वाभाविक है। बच्चों के परिवेश में उपस्थित कुछ उदाहरणों में पौधे, जानवर, पानी, प्रकाश आदि भी शामिल हैं। इन वस्तुओं के बारे में बच्चों के पास 'स्कीमा' तो होती है, पर बहुत छोटी उम्र में वे इनके बारे में सुलझे तौर से बात नहीं कर पाते हैं। बच्चे पानी में वस्तुओं को डूबता और तैरता तो देख पाते हैं, लेकिन घनत्व को तार्किक रूप से समझा नहीं पाते।

पिछले 50–60 वर्षों में विभिन्न देशों में बच्चों की अवधारणाएँ समझने पर बहुत अध्ययन हुए हैं। इनमें से मुख्य तौर पर पियाजे द्वारा किये गये शोध अग्रणी हैं, जिनमें प्राकृतिक वस्तुओं, घटनाओं जैसे जीवन, गति, समय और दिक (स्पेस) की अवधारणा; संख्या–ज्ञान, तर्क आदि शामिल हैं। इन शोधों से प्रेरणा पा कर और भी अध्ययन किये गये, जैसे–कैरी (1985); नूसबूम एंड नोवाक (1976); ड्राइवर, स्क्वेयर, रशवर्थ एंड वुड–रॉबिनसन (1994)। इन शोधों से एक अहम् बात सामने आयी कि विभिन्न देशों के बच्चों में प्राकृतिक वस्तुओं के अवधारणात्मक मॉडलों पर समानताएँ होती हैं। न तो बच्चों की वैज्ञानिक अवधारणाएँ पूर्णरूप से विशेषता लिये होती हैं और न ही संस्कृति पर पूर्णरूप से आधारित, बल्कि यह प्राकृतिक वस्तुओं के साथ बच्चों के वैयक्तिक अनुभवों से निर्मित होती है। (ड्राइवर, स्क्वेयर, रशवर्थ एंड वुड–रॉबिनसन, 1994 : 2) काफ़ी अवधारणाएँ सामाजिक अनुभवों से भी बनती–बिगड़ती हैं और रूप लेती हैं। शिक्षक के लिए इन सभी शब्दों को गहराई से समझना आवश्यक नहीं है, परन्तु यह मानना और समझना आवश्यक है कि बच्चे खाली स्लेट के जैसे नहीं हैं। उनके पास अपनी कुछ अवधारणाएँ होती हैं, जो किताबी ज्ञान या स्वीकृत वैज्ञानिक संकल्पनाओं से भिन्न हो सकती हैं।

ई.वी.एस. के कक्षा–कक्ष में बच्चे अपने विचार और अवधारणाएँ ले कर आते हैं, चाहे इनके बारे में उन्होंने पहले कुछ व्यवस्थित तरीक़े से पढ़ा–समझा न हो। बच्चों की इन अवधारणाओं को और आसपास के प्राकृतिक और सामाजिक परिवेश को समझने के महत्त्व पर सभी पाठ्यक्रम ढाँचों तथा नीतियों में ज़ोर दिया गया है। हालाँकि, प्राथमिक शिक्षण में इस विषय को कैसे प्रस्तुत करें, इस बात पर मतभेद रहे हैं। सन् 1975

में राष्ट्रीय पाठ्यक्रम समिति ने अपने दस्तावेज़ '10 वर्षीय पाठ्यक्रम : एक रूपरेखा' के माध्यम से प्राथमिक कक्षाओं में ई.वी.एस. को एक इकाई विषय की तरह सम्मिलित करने की सिफ़ारिश की। साथ ही यह भी सुझाव दिया कि कक्षा तीसरी के बाद से ई.वी.एस. के दो भाग होंगे। ई.वी.एस. भाग एक सामान्य विज्ञान से सम्बन्धित होगा और दूसरा भाग सामाजिक पहलुओं से सम्बन्धित होगा। बाद में राष्ट्रीय शिक्षा नीति (1998) द्वारा भी इसकी सिफ़ारिश की गयी। राष्ट्रीय पाठ्यचर्या 2000 तथा राष्ट्रीय पाठ्यचर्या की रूपरेखा 2005 ने ई.वी.एस. को एक समेकित विषय के रूप में, समग्र विधि से पढ़ाने पर ज़ोर दिया है।

यह पर्चा ई.वी.एस. में 'पानी' के विषय पर बच्चों की सोच में मौजूद अवधारणाएँ और उनका विश्लेषण प्रस्तुत करता है। यह पर्चा एक विस्तृत शोध का हिस्सा है, जिस में ई.वी.एस. की विभिन्न थीम पर सरल अवधारणाओं को खोजा गया है। इस पर्चे में पानी के बारे में सात से 10 वर्ष तक की उम्र के बच्चों की अवधारणाओं को नैदानिक साक्षात्कार (क्लिनिकल इंटरव्यू) और धारणा–चित्रों द्वारा समझने का प्रयास किया गया है। इस पर्चे में शोध का ब्योरा देने से पहले, बच्चों की अवधारणाओं के स्वरूप पर विमर्श को प्रस्तुत किया है। उसके पश्चात् शोध विधियों के बारे में विस्तार से चर्चा है।

बच्चों की अवधारणाओं का स्वरूप

बच्चों की सोच में रोज़मर्रा की अवधारणाएँ और व्याख्याएँ सम्मिलित होती हैं जो कि अक्सर वैज्ञानिक अवधारणाओं से अलग होती हैं। पियाजे लिखते हैं कि बच्चों की अवधारणाओं का अध्ययन करना बाल मनोविज्ञान का सबसे कठिन विषय है। वे अपने शोध में पूछते हैं कि विकास के विभिन्न चरणों में बच्चे अपने आसपास की दुनिया के बारे में क्या धारणाएँ प्राकृतिक रूप से बनाते हैं। इस सन्दर्भ में वे दो प्रश्नों को अहम मानते हैं। पहला– बच्चे क्या वास्तविक दुनिया के होने में विश्वास रखते हैं और क्या वे इस विश्वास को खेल और कल्पना की दुनिया से अलग कर पाते हैं? यह पहला प्रश्न बच्चे की वास्तविकता की समझ के बारे में है। दूसरा अहम प्रश्न है कि बच्चे किसी भी घटना या प्रक्रिया के पीछे के कारण को किस तरह व्याख्यायित करते हैं (पियाजे, 1973 : 9)।

छोटे बच्चों की रोज़मर्रा की अवधारणाओं को वायगोट्स्की स्वतः स्फूर्त अवधारणाएँ कहते हैं। ये वे अवधारणाएँ हैं, जो बच्चे दुनिया के बारे में

रोज़मर्रा की गतिविधियों के आधार पर बनाते हैं। यह अवधारणाएँ बच्चे स्पष्ट निर्देशों के द्वारा अर्जित करते हैं और इन अवधारणाओं को विद्यार्थी अपने रोज़मर्रा के अनुभवों द्वारा हासिल करते हैं। ये अवधारणाएँ भ्रान्तियाँ भी हो सकती हैं, जिन्हें बच्चे रोज़मर्रा के अनुभवों द्वारा हासिल करते हैं और प्रक्रियाओं के इस्तेमाल से इन्हें समर्थन भी मिलता है।

उदाहरण के लिए एक बच्चा यह कहता है कि पौधे सिर्फ़ गन्दा पानी इस्तेमाल करते हैं या फिर भूकम्प भू–जल के हिलने–डुलने से होते हैं, या यह कि कुएँ वर्षा के पानी से भरते हैं। ये अवधारणाएँ अपने आसपास के वातावरण से सीखी हुई भ्रान्तियाँ भी हो सकती हैं। रोज़ाना अपने आसपास की गतिविधियों से ये अवधारणाएँ सुदृढ़ होती हैं। मसलन, अगर एक बच्ची अपनी माँ को सब्ज़ियाँ धोने के लिए इस्तेमाल किये गये पानी को पुनः प्रयोग करते हुए देखती है, तो पौधों द्वारा गन्दे पानी की ज़रूरत की उसकी अवधारणा और भी मज़बूत हो जायेगी।

वैज्ञानिक अवधारणाएँ वे अवधारणाएँ हैं, जिन्हें औपचारिक तौर पर परिभाषित किया जाता है। आमतौर पर ये अवधारणाएँ 'स्कूल में शिक्षक द्वारा स्पष्ट रूप से बच्चों के समक्ष प्रस्तुत की जाती हैं' (वैन डर वीर एंड वाल्सिनर, 1992, पृ. 270)। यह कह सकते हैं कि अनिवार्य रूप से ये अवधारणाएँ औपचारिक मायनों में वैज्ञानिक नहीं होतीं। हालाँकि, समकालीन शिक्षाविद इन अवधारणाओं को 'स्कूली' अवधारणाएँ कहते हैं (ड्राइवर, स्क्वेयर, रशवर्थ एंड वुड–रॉबिनसन, 1994; थर्प एंड गैलिमोर, 1990 पृ. 193)। इन अवधारणाओं में तथ्यात्मक वैज्ञानिक ज्ञान हो सकता है, जैसे कि रासायनिक अवयवों/तत्त्वों के नाम। स्वतः स्फूर्त अवधारणाओं के विपरीत, वैज्ञानिक अवधारणाएँ प्रासंगिक प्रक्रियाओं से सम्बन्धित नहीं होतीं। इस परेशानी के कारण बच्चे इन्हें समस्याओं को सुलझाने में प्रयोग नहीं कर पाते।

एक तीसरी प्रकार की अवधारणा होती है जिसे संयोगात्मक भी कह सकते हैं। स्कूल में सिखायी अवधारणाओं का सीधे–सीधे समावेश या आत्मसातीकरण नहीं होता, बल्कि पहले से मौजूद ज्ञान का पुनःव्यवस्थन होता है (ड्राइवर, स्क्वेयर, रशवर्थ एंड वुड–रॉबिनसन, 1994)। भ्रान्तियाँ (वैकल्पिक अवधारणाएँ) अक्सर तभी बनती हैं, जब बच्चे स्कूल में सिखाये गये नये ज्ञान, जो कि काफ़ी अमूर्त होता है, को पुरानी जानकारी

से जोड़ते हैं। तो, नये ज्ञान के समायोजन की प्रक्रिया और भ्रान्तियाँ बनना–दोनों में सम्बन्ध है। इस जुड़ाव से नये ज्ञान को बच्चे पुनः व्याख्यायित करते हैं, इस रूप में कि वे रोज़मर्रा के अनुभवों से ताल–मेल बना सकें (चिन एंड मल्होत्रा, 2002)। यह नया निर्मित ज्ञान बार–बार बदलता रहता है। साथ ही यह रोज़मर्रा की परेशानियों को हल करने में और दुनिया की समझ बनाने में मदद करता है।

शोध-प्रणाली

इस शोध में दक्षिणी दिल्ली के आठ विद्यालय के लगभग दो सौ विद्यार्थी और क़रीब 20 शिक्षक शामिल किये गये थे। कक्षा तीन और चार के विद्यार्थियों को इस अध्ययन में शामिल किया गया था। अध्ययन के लिए 'सैम्पल' का चुनाव सप्रयोजित (सोद्देश्य) था। इन स्कूलों में बच्चे अक्सर आसपास के क्षेत्रों से ही आते हैं। स्कूल से इनके घर की दूरी लगभग एक से तीन किलोमीटर होती है। सभी बच्चे निम्न सामाजिक–आर्थिक वर्गों से ही आते हैं। अधिकांश अभिभावक दिहाड़ी पगार के लिए काम करते हैं, जैसे कि बिल्डिंग निर्माण–कार्य, सब्ज़ी और फल बेचना, अप्रशिक्षित कार्य जैसे किसी दुकान में काम, सेक्यूर्टी गार्ड, चौकीदार आदि। कुछ बच्चों की माँएँ घर के काम में सहायिका के रूप में काम करती हैं। लगभग सभी बच्चों के घर पर सीमित संसाधन हैं। अक्सर इन बच्चों के माता–पिता अधिक पढ़े–लिखे नहीं हैं और बच्चों के स्कूल से सम्बन्धी काम में ज़्यादा मदद नहीं कर पाते हैं। काफ़ी अभिभावक बच्चों की शिक्षा के प्रति सचेत हैं और स्कूल की शिक्षिका से बच्चों की पढ़ाई के बारे में संवाद करते हैं। स्कूलों में समय बिताते समय बार–बार यह अहसास हुआ कि बच्चे सीखने के लिए उत्सुक हैं। वे अपनी पृष्ठभूमि से काफ़ी गहरे और भिन्न अनुभव अपने साथ लाते हैं।

इस अध्ययन में गुणात्मक डेटा का इस्तेमाल किया गया है जिससे बच्चों का पानी के बारे में धारणात्मक ज्ञान हमारे सामने आता है। बच्चों की अवधारणाओं के डाटा–संग्रह के लिए बहुत–सी प्रणालियों का प्रयोग किया जा सकता है, जैसे पोस्टर, सोच–प्रयोग (thought experiment), व्याख्या करना, पूर्वानुमान लगाना, चेकलिस्ट, प्रश्नावली, परीक्षण आदि। इस अध्ययन में डाटा एकत्रित करने के दो प्रमुख स्रोतों का इस्तेमाल किया गया–(1) धारणा–चित्र और (2) नैदानिक साक्षात्कार। इन प्रणालियों

का चुनाव इसलिए किया गया, ताकि बच्चों के द्वारा दिये गये जवाबों पर छानबीन की जा सके और ऐसे सवाल पूछे जा सकें, जिससे उनकी समझ की गहराई कुछ सामने आ सके। पियाजे लिखते हैं कि नैदानिक साक्षात्कार शोधकर्ता को मौक़ा प्रदान करता है कि वे सवाल बदल–बदल कर पूछ सकें, उत्तर–प्रत्युत्तर कर सकें। वे मानते हैं कि शोधकर्ता को पहले से ही तय प्रश्नावली का इस्तेमाल करने का विचार बिल्कुल ही छोड़ देना चाहिए (पियाजे, 1973 : 10)। डेटा के विश्लेषण के लिए आधारभूत स्पष्टीकरणों का प्रयोग किया गया।

धारणा-चित्र और नैदानिक साक्षात्कार

ड्राइवर तथा स्क्विर्स (1994) का मानना है कि बच्चे कक्षा में घटनाओं की एक सामान्य समझ लेकर आते हैं जो उनके व्यक्तिगत तथा सामाजिक अनुभवों द्वारा बनती है। यह सामान्य बोध/समझ वैज्ञानिक समझ से अलग हो सकती है और विद्यार्थियों को विज्ञान की एक स्पष्ट और स्वीकृत छवि को अपनाने में बाधा डाल सकती है। रचनावादी विधि का प्रयोग, बच्चों की इस पूर्व तथा सामान्य बोध वाली समझ को कक्षा में स्थान देते हुए बच्चों को स्वीकृत वैज्ञानिक ज्ञान की ओर मोड़ने की कोशिश करता है। रचनावादी शिक्षण में वैज्ञानिक संकल्पना को बच्चों पर थोपने का प्रयास नहीं किया जाता, परन्तु उचित हस्तक्षेप तकनीकों से उन्हें बदलने के लिए प्रेरित किया जाता है। इस विधि का प्रथम चरण है–बच्चों की इन सरल या स्फूर्त अवधारणाओं को उजागर करना। नोवाक और गॉविन (1984) ने ऑस्बेल के संज्ञानात्मक अधिगम सिद्धान्त को आधार बनाते हुए आगे बढ़ाया और कहा कि अधिगम तब अर्थपूर्ण और प्रभावशाली होगा जब विद्यार्थी अपने अनुभवों से नये ज्ञान का निर्माण करेंगे। ऐसा करने का एक महत्त्वपूर्ण तरीक़ा धारणा–चित्र (कानसेप्ट मैपिंग) हो सकता है। इस तकनीक का इस्तेमाल 1980 में होना शुरू हुआ। नोवाक और गॉविन (1984) ने कहा कि धारणा–चित्र बच्चों की वैज्ञानिक अवधारणाओं के बीच में सम्बन्ध स्थापित करने में मदद करते हैं। रोथ (1994) का मानना है कि धारणा–चित्र बच्चों और शिक्षकों के बीच सामाजिक सोच को बढ़ावा देते हैं और इनका प्रयोग विभिन्न तरह से किया जा सकता है। जब बच्चों को कोई पाठ योजना शुरू करने से पहले धारणा–चित्र बनाने को कहा जाता है, तो वह उनकी पूर्व या सामान्य समझ को दर्शाने का काम करता है।

शोध के अन्तर्गत धारणा–चित्र का प्रयोग इसी प्रकार से किया गया। बच्चों के लिखे गये शब्दों और अधूरे वाक्यों को एक संकेत के रूप में इस्तेमाल कर नैदानिक साक्षात्कार का आधार बनाया गया ताकि उनकी अवधारणाओं को गहराई से समझा जा सके। इस प्रकार सामने आयी मुख्य अवधारणाओं को आधार बनाते हुए शिक्षण के लिए उचित गतिविधियों का चुनाव किया गया ताकि बच्चे स्वयं ही अपनी मौजूदा अवधारणाओं पर प्रश्न कर सकें या उनमें अन्तर्द्वन्द्व देख सकें।

विभिन्न थीम पर बच्चों की अवधारणाओं को समझने के लिए उनके द्वारा बनाये गये धारणा–चित्रों का प्रयोग किया गया। बच्चों को पाँच–छह के समूह में विभाजित किया गया और उन्हें एक शीट पर पौधों से सम्बन्धित अपनी जानकारी को शब्दों या चित्रों द्वारा प्रदर्शित करने को कहा गया।

धारणा–चित्रों की पहली अवस्था बिना किसी हस्तक्षेप के थी जिसमें बच्चों को अपने आप को स्वतन्त्र रूप से व्यक्त करने का अवसर दिया गया। अगली अवस्था में शोधकर्ता ने बच्चों के संकल्पना–चित्र को भली–भाँति समझने के लिए, विचारों को आपस में जोड़ने के लिए उनसे कुछ सवाल किये और उनके उत्तरों को रिकॉर्ड किया। इसे मध्यवर्ती (mediated) स्टेज कहा गया।

यहाँ बच्चों के बनाये दो धारणा–चित्र दिये गये हैं (चित्र–क और ख)।

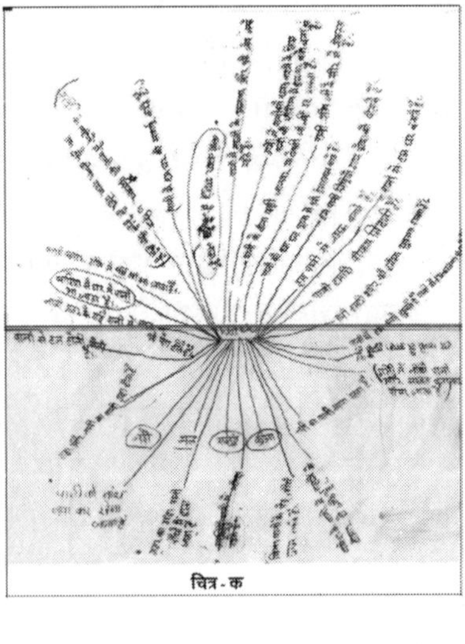

चित्र-क

ई.वी.एस. का प्राथमिक पाठ्यक्रम छह विषयवस्तुओं के इर्द–गिर्द व्यवस्थित है–परिवार और मित्र, काम और खेल, यात्रा, घर और पौधे। इनमें से कुछ विषयवस्तुओं का चुनाव किया गया और विद्यार्थियों से इन पर बातचीत की गयी। इस पर्चे में पानी थीम से जुड़ी बातचीत शामिल की गयी है।

कक्षा तीसरी और चौथी के बच्चों को इस शोध में शामिल किया गया। कक्षा में 25–30 विद्यार्थी थे जिन्हें 4–5 समूहों में बाँटा गया था। हर समूह को एक बड़ा कागज़ दिया गया, जिसके बीचोबीच 'पानी' लिखा था। विद्यार्थियों से कहा गया कि वे पानी से जुड़े हुए विभिन्न पहलुओं के बारे में चर्चा करें और उस चर्चा का सार लिखें या उसका चित्र बनायें।

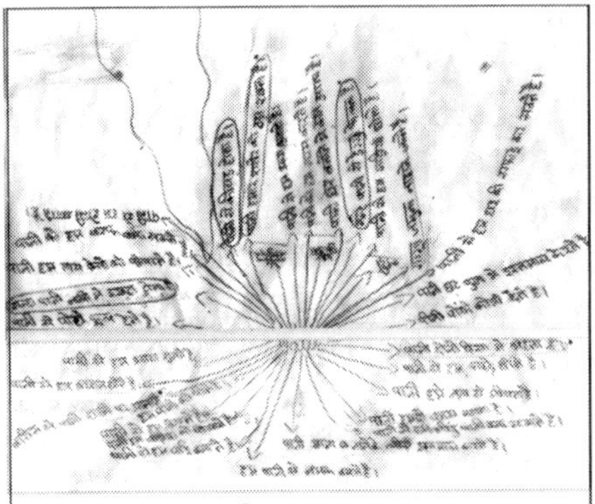

चित्र - ख

वे चित्रों में पानी से जुड़े अपने अनुभव, सवाल या मुद्दे भी शामिल कर सकते हैं। इसके अतिरिक्त शोधकर्ता ने विद्यार्थियों से सवाल पूछे जिससे वे अपने 'सिखाये हुए' अनुभवों और धारणाओं से अलग जवाब भी दे सकें। इसके बाद कुछ विद्यार्थियों ने पूछा कि क्या वे बाढ़ के बारे में लिख सकते हैं? या फिर अपने रोज़मर्रा के जीवन में पानी की जो कमी वे महसूस करते हैं, उस विषय पर वे अपने विचार साझा करना चाहते थे। उनके और सवाल थे–समुद्र में इतना पानी है, हम उसे पी क्यूँ नहीं सकते? क्या ऐसा करने से पानी की कमी पूरी नहीं हो जायेगी? क्या बारिश का पानी इकट्ठा हो नदियों में मिल जाता है, जिससे बाढ़ आती है? यह सभी सवाल बच्चों के लिए अहम् थे। साथ ही बच्चों में कहीं यह पसोपेश भी थी कि क्या ये सवाल स्कूली सन्दर्भ में ज्ञान से जुड़े हैं? क्योंकि उन्होंने

यह सवाल बार–बार पूछा कि क्या वे ऐसी बातें और अनुभव अपने चित्रों में शामिल कर सकते हैं।

जो धारणा–चित्र बच्चों ने साझा किये, उनके आधार पर शोधकर्ता ने बच्चों से सवाल पूछे। इसके लिए नैदानिक साक्षात्कार की प्रणाली का इस्तेमाल किया गया, जिससे हमें कुछ चुनिन्दा अवधारणाओं पर बच्चों की मानसिक संरचनाओं में अन्तर्दृष्टि मिलना सम्भव हो पाया। यदि सवाल पहले से ही तय कर लिये जायें, जैसा कि परम्परागत शोध व मूल्यांकन के तरीक़े में होता है, तो अक्सर बच्चों के जवाबों की जटिलताओं और गति को समझना मुश्किल हो जाता है। इस प्रणाली की एक अन्य विशेषता यह है कि ऐसे प्रश्न पूछे जायें, जिनसे यह पता लगाया जा सके कि बच्चा इस विषय में कैसे सोचता है? जैसे कि ''तुम्हें कैसे पता'' या ''तुमने यह कैसे किया'' आदि। जवाब मिलते ही या चित्रण देखते ही शोधकर्ता को बच्चे द्वारा दिये गये जवाब का अर्थ समझना ज़रूरी समझा गया। शोधकर्ता ने अपनी अन्तःक्रिया के दौरान अनियोजित, अमानकीकृत प्रश्न पूछे, जिनसे और गहरे जवाब मिल पाये। अन्तःक्रिया के आख़िरी भाग तक पहुँचते–पहुँचते लगभग एक घंटा लग जाता था। कुछ सवाल जो बच्चों से पूछे गये, वे हैं :

इन्सानों के जीने के लिए पानी क्यों ज़रूरी है?

पानी हमें कहाँ से मिलता है?

इन धारणा–चित्रों और नैदानिक साक्षात्कार में बच्चों ने जो विचार साझा किये उनके कुछ हिस्से इस पर्चे में शामिल किये गये हैं। डेटा के विश्लेषण के लिए कुछ पहलू जो शामिल किये गये, वे हैं :

> बच्चों की धारणाएँ क्या हैं, उनका पूर्व ज्ञान क्या है? क्या बच्चों के पास कोई वैकल्पिक अवधारणा है? उनके ज्ञान को किस तरह उनके सन्दर्भिक अनुभवों से जोड़ा जा सकता है? इन वैकल्पिक अवधारणाओं का उद्‌गम किस तरह से बच्चों के पुराने अनुभवों से जुड़ा है?

इस अन्तःक्रिया के दौरान बच्चों के सवालों से कुछ दिलचस्प पहलू भी सामने आये। मसलन, पानी के रंग के बारे में शोधकर्ता ने बच्चों से पूछा कि पानी का क्या रंग होता है?

विद्यार्थी 'क' ने जवाब दिया : हरा।

शोधकर्ता ने आगे सवाल पूछा : तुमने हरा पानी कहाँ देखा?

विद्यार्थी 'क' : हरिद्वार में।

शोधकर्ता : क्या वहाँ गंगा हरी दिखती है?

विद्यार्थी 'क' : हाँ।

शोधकर्ता : ऐसा क्यों?

विद्यार्थी 'क' : क्योंकि वहाँ पानी ही हरा हो जाता है, इसलिए जगह का नाम भी हरिद्वार है।

शोधकर्ता : क्या वहाँ पानी हरा दिखता है या फिर हरा ही होता है?

विद्यार्थी 'क' : वहाँ पानी ही हरा हो जाता है, पता नहीं क्यों।

शोधकर्ता : क्या तुमने कहीं और भी हरा पानी देखा है?

विद्यार्थी 'ख' : हाँ, देखा है।

शोधकर्ता : तुमने हरा पानी कहाँ देखा?

विद्यार्थी 'ख' : गाँव के तालाब में।

शोधकर्ता : उस तालाब के बारे में और बातें सब से साझा करो।

विद्यार्थी 'ख' : तालाब हमारे खेत के पास था और साथ ही बड़े–बड़े पेड़ भी।

शोधकर्ता : क्या पेड़ों की परछाईं पानी में दिखती होगी?

विद्यार्थी 'ख' : हो सकता है।

तो अब तक विद्यार्थी पानी में आसपास पेड़ों की परछाई बनने को पानी के रंग से सहज रूप से जोड़ नहीं पा रहे थे। ऐसा शायद इसलिए क्योंकि उनका पानी के हरा होने के कारण का अनुमान अभी तक भी सिर्फ़ जो सामने था उस पर या बाहरी दिखावट पर ही आधारित था। जो चीज़ें हरी दिखती हैं, वे हरी ही हैं। यह ग़ौर करने लायक बात है कि पियाजे के अनुसार बाहरी बनावट के आधार पर वर्गीकरण 7–8 साल से कम उम्र के बच्चे करते हैं। हालाँकि, शोध में बहुत बार यह भी पाया गया है कि बच्चे सिखाये जाने पर या पूर्व अनुभव होने पर बहुत शुरू की उम्र में ही वर्गीकरण कर पाते हैं। ऐसा नहीं लगता कि वर्गीकृत कर पाने की क्षमता का इस पहलू में सामान्यीकरण हुआ है। बच्चे हरे रंग को कहीं–कहीं के पानी की विशेषता माने हुए हैं।

[1]एन.सी.ई.आर.टी. कक्षा तीन और चार की पुस्तकों में देखिए।

बच्चों में पानी के बारे में मौजूद वैकल्पिक अवधारणाएँ

बच्चों ने अवधारणाएँ साझा कीं :

- ❖ पानी हमारी प्यास मिटाता है। पानी से हम होली खेलते हैं।
- ❖ बिना पानी के पेड़–पौधे मुरझा सकते हैं।
- ❖ कभी–कभी समुद्र में नाव डूब जाती है।
- ❖ पानी में मछली के अलावा और भी जीव रहते हैं।
- ❖ गर्मी में पानी को ठण्डा करने के लिए पानी को फ्रिज में रख कर उसकी बर्फ़ बनायी जा सकती है।
- ❖ पानी को हम छठ पूजा में भी इस्तेमाल करते हैं।
- ❖ नदी का पानी खारा होता है।
- ❖ पानी को बाँध बनाकर रोका जाता है।
- ❖ गटर और नाली का पानी गन्दा होता है।
- ❖ गटर का गन्दा पानी पौधों में डाला जाता है।

सर्दी में पानी को भर कर 10 दिन बिना ढँके रखो तो डेंगू के मच्छर पैदा होते हैं। डेंगू के बारे में लगभग सभी बच्चे बात करते हैं। एक समूह ने बाढ़ की चर्चा की। उन्होंने लिखा, "गाँव में जब बाढ़ आ जाती है तो हम बाँध बना लेते हैं बोरियों से, और वैसे ही खेत में भी बाँध बना लेते हैं पानी को रोकने के लिए। ...ऐसे हम पानी को रोक सकते हैं।" ये दोनों ही उदाहरण दर्शाते हैं कि बच्चे अपने सन्दर्भ से या फिर आसपास सुनी बातों से ज्ञान को जोड़ पाते हैं। पर साथ ही बहुत बार यही पूर्व अनुभव या ज्ञान स्कूली ज्ञान से मिल कर एक 'कृत्रिम अवधारणा' बना देता है, जो न पूर्ण रूप से स्वतः स्फूर्त है और न ही पूर्ण रूप से स्कूली या वैज्ञानिक। यह इन दोनों के बीच में स्थित है। पर्चे में इसी पहलू की चर्चा की गयी है।

बच्चों की अवधारणाएँ	नैदानिक साक्षात्कार के दौरान बच्चों द्वारा साझा किये गये कथन
पानी मर जाता है प्राकृतिक संसाधन भगवान की देन हैं	पानी का इस्तेमाल करने के बाद उसे हम फेंक देते हैं। वह मर जाता है। फिर नया पानी भगवान जी देते हैं हमें।
साफ़ पानी का स्वरूप गन्दे पानी से अलग है	गन्दे पानी में मलेरिया के मच्छर पलता है।

प्राकृतिक संसाधन भगवान की देन हैं। पूजा से जुड़ी चीज़ें पवित्र हैं और पानी गन्दा नहीं करतीं। पूजा से पानी गन्दा नहीं होता।	पानी हमें शिवजी के सर से मिलता है। शिवजी की जटाओं से पानी निकलता है। बारिश इन्द्र देव करते हैं। पूजा की चीज़ें, जैसे छठ पूजा हमारे फायदे के लिए हैं। यह नुकसान नहीं करतीं। यह पवित्र हैं और प्रदूषण नहीं करतीं।
पाताल की मौजूदगी में विश्वास	समन्दर के अन्दर भी लोग रहते हैं जो सिर्फ़ पानी पीते हैं। मरने के बाद हम पाताल लोक जाते हैं। लोग मरने के बाद पाताल और आसमान में जाते हैं, जैसे काम उन्होंने किये हैं, उसी के मुताबिक़ उन्हें पाताल या आसमान मिलता है।
स्वच्छ और प्रदूषित पानी	जो पानी हमें पाइप से मिलता है वो साफ़ होता है और जो पानी नीचे गिरा होता है सिर्फ़ वो ही गन्दा होता है, उसे पीना नहीं चाहिए..। नल का पानी पी सकते हैं। बारिश का पानी गन्दा होता है।
पानी के स्रोत साथ ही, भूमिगत जल के बारे में	पानी धरती पर सिर्फ़ बारिश से आता है। हम झरने का पानी पीते हैं। कुछ नदी समुद्र से बनती हैं। पानी हमें नल से मिलता है। यह जो शहर में टैंकर में पानी आता है, यह पानी झरनों से लाते हैं। पानी हमें शॉवर से मिलता है। स्विमिंग पूल से पानी ले सकते हैं।
पानी का बहाव	पानी दोनों दिशाओं में बहता है – नीचे से ऊपर और ऊपर से नीचे।
काले बादल प्रदूषण से बने हैं।	काले बादल धुएँ से भरे होते हैं और गन्दे होते हैं।
पौधे गन्दा पानी पीते हैं।	पौधे मिट्टी खाते हैं और गन्दा पानी पीते हैं।

अवधारणा	:	पानी जीवित है।
विद्यार्थी 'ग'	:	पानी का इस्तेमाल करने के बाद हम उसे फेंक देते हैं।
शोधकर्ता	:	ऐसा करने से क्या होता है?
विद्यार्थी 'ग'	:	ऐसा करने से वह मर जाता है।
शोधकर्ता	:	क्या पानी हमारे जैसा या पौधों के जैसा है? जीवित?
विद्यार्थी 'ग'	:	हाँ, क्योंकि फेंकने के बाद वह हमें फिर दुबारा से नहीं मिलता।
शोधकर्ता	:	तो फिर हमें दुबारा पानी कहाँ से मिलता है?
विद्यार्थी 'ग'	:	वह नया पानी होता है, बिल्कुल साफ़। भगवान जी देते हैं हमें।
शोधकर्ता	:	यह तो दिलचस्प है। यह देखो तुम्हारी कक्षा में यह 'चार्ट' टँगा है–एक बूँद की कहानी। इसमें क्या दिखाया गया है?
विद्यार्थी 'ग'	:	गरम होकर पानी हवा बना और फिर उड़ गया। और फिर बादल बन गया।
शोधकर्ता	:	तो क्या वही पानी दुबारा नहीं आया बारिश बन कर?
विद्यार्थी 'ग'	:	नहीं, यह तो साफ़ पानी है। जो हमने इस्तेमाल कर लिया–जैसे नहा लिया या बर्तन धो लिये, तो वो गन्दा हो गया। वो नहीं भाप वाली हवा बनेगा।

यह अन्तःक्रिया काफ़ी जटिल सोच को सामने लाती है, जिसके कई पहलू हैं। पहला कि पानी साफ़ और गन्दा होता है, जिसमें बुनियादी अन्तर आ जाते हैं–जैसे भाप बनने में। साफ़ पानी ही भाप बनता है और गन्दा नहीं। दूसरा, ऐसी सोच प्राकृतिक वस्तुओं, ख़ासकर पानी को भगवान की देन मानती है। साथ ही पानी की स्वच्छता उसे भगवान के 'शुद्ध' स्वरूप से जोड़ देती है। तीसरा, पानी जीवित है और पौधों की तरह ही बनता है और फिर इस्तेमाल के बाद उसका अस्तित्त्व ख़त्म हो जाता है। इसी से जुड़ा एक चौथा पहलू है कि पानी का स्वरूप अवस्था के अनुसार बदलता है–इस बात का कुछ अन्दाज़ा है बच्चों को, पर उस 'पानी के चक्र' की समझ में अभी सभी पहलू और विशेषताएँ बच्चों की पकड़ में नहीं हैं।

पियाजे अपने शोध में पाते हैं कि बच्चे बहुत–सी अमूर्त वस्तुओं को अनुभूति, संवेदना, भावनाओं और इच्छाओं से परिपूर्ण मानते हैं। पियाजे इसे 'एनीमिज़्म' कहते हैं। उनके अनुसार 'जीवित' होने की अवधारणा के विकास में पाँच अवस्थाएँ होती हैं। पहली अवस्था में बच्चे उन सभी वस्तुओं को जीवित मान लेते हैं जिनमें कोई गतिविधि या क्रियात्मकता मौजूद हो। जैसे कोई वस्तु जो गिर रही हो या आवाज़ कर रही हो। दूसरी अवस्था में जीवित होने को संचलन से जोड़ा जाता है। तीसरी अवस्था में बच्चे स्वतः स्फूर्त संचलन को बाहरी कारक द्वारा हुए संचलन से अलग कर पाते हैं। चौथी अवस्था में, बच्चे या तो सिर्फ़ पौधों को जीवित कहते हैं या फिर पौधों और जानवरों दोनों को। यहाँ पियाजे के अध्ययन से कुछ उदाहरण प्रस्तुत हैं, जिनसे बच्चों की सोच के बारे में अन्तर्दृष्टि मिलती है।

पियाजे ने जिम नाम के सात वर्षीय बच्चे से पूछा : क्या पानी जीवित है?

जिम : हाँ, वह बहता है।

पियाजे : क्या जब पानी नहीं बहता तब भी जीवित होता है?

जिम : हाँ।

पियाजे ने आठ वर्ष के बच्चे से पूछा, 'क्या तालाब जीवित है? बच्चे ने जवाब दिया, 'हाँ, वह बहता है।' दोबारा पूछने पर, 'हमेशा?', बच्चे ने फिर से सकारात्मक जवाब दिया।

पियाजे ने सात वर्षीय जूइल से पूछा :

पियाजे : क्या छोटी नदी जीवित है?

जूइल : हाँ, क्योंकि वह हमेशा जल्दी–जल्दी बहती है।

7 वर्षीय केन ने भी यही जवाब दिया।

पियाजे : क्या पानी जीवित है?

केन : हाँ।

पियाजे : क्यों?

केन : क्योंकि वो बहता है।

बच्चे सचमुच में संचलन को जीवन की विशिष्टता मान लेते हैं। इसके पीछे पहला कारण यह है कि इस तरह की व्याख्या अर्थपूर्ण प्रतीत होती है। दूसरे, बाद की अवस्था में बच्चे स्वतः स्फूर्त और किसी ताक़त से किये गये संचलन में फ़र्क़ कर पाते हैं, जिससे ज़ाहिर है कि संचलन जीवन का प्रतीक मान लिया जाता है। तीसरा कारण है कि बच्चे के भौतिक दुनिया

को समझने के नज़रिये के अध्ययन से पियाजे ने पाया कि यान्त्रिक और जैविक के बीच में बच्चे उलझे या भ्रमित रहते हैं। तीसरी अवस्था नौ से ग्यारह वर्ष की उम्र तक रहती है। इस अवस्था में जिन वस्तुओं में प्रतीत होता है कि वे स्वयं संचलन करती हैं, उन्हें जीवित माना जाता है – जैसे, नदियाँ और सूरज। पियाजे लिखते हैं कि 'जीवित होने की धारणा को स्वतः स्फूर्त संचलन की धारणा में समावेशित करना, दोनों को आपस में जोड़ पाना–यह अपने आप में बच्चे के कृत्रिमता में विश्वास में एक महत्त्वपूर्ण अवस्था है और इसके बहुत से अनुप्रयोग हैं। चौथी अवस्था (11 वर्ष से ऊपर) में बच्चों की अवधारणाएँ वयस्कों जैसी हो जाती हैं, जहाँ बच्चे या तो सिर्फ़ जानवरों को जीवित मानते हैं या पौधों और जानवरों दोनों को। इस अवस्था में जीवित होने की अवधारणा व्यवस्थित होने लगती है और बच्चे अपने स्वतः स्फूर्त विचारों और तर्कों में नैमित्तिक व्याख्याएँ भी जोड़ते चले जाते हैं, जैसे जीवित होने का मतलब है बोल पाना, शरीर में ख़ून होना, शरीर में गर्मी होना (पियाजे, 1973)।

शोध में भागीदार बच्चे पियाजे के अनुसार 'जीवन' की अवधारणा के विकास की दूसरी अवस्था में हैं। उनका तर्क है कि पानी जीवित होता है और फेंकने से वह मर जाता है। मरने की वज़ह से उसमें जीवन है। बाक़ी सभी प्राकृतिक वस्तुओं (ख़ासकर जानवर और पौधे) की तरह ही पानी भगवान की देन है। इस सोच को पियाजे कृत्रिमता मानते हैं, जहाँ पानी भगवान या मनुष्य की इच्छा से धरती पर आता है।

ऊपर दिये गये उदाहरण में पानी के बारे में बच्चे की वैकल्पिक अवधारणा की संरचना समानता या समतुल्यता (ऐनालोजी) के आधार पर की गयी है। यहाँ बच्चा पानी को पौधों या और जीवित चीज़ों (उदाहरणतः वह स्वयं) जैसा मान कर चल रहा है। जीवन भगवान की देन है, और जैसे पौधे शुद्ध होते हैं, ठीक ऐसे ही पानी भगवान देते हैं और वह शुद्ध और साफ़ होता है। पौधों को अगर हम इस्तेमाल कर लें तो वे या तो पूरे ही मर जाते हैं या फिर उनका कुछ हिस्सा जो हमने इस्तेमाल कर लिया, वह नष्ट हो जाता है। पौधों के बारे में इन विशेषताओं का सामान्यीकरण (generalization) करने से बच्चा पानी की विशेषताओं तक पहुँचा। बच्चे और वयस्क दोनों ही ज़्यादा जानी–पहचानी और अवलोकनीय घटनाओं को समझने के लिए और उनमें अन्तर्दृष्टि पाने के लिए समानता या समतुल्यता (एनालॉजी) का इस्तेमाल करते हैं। ख़ासतौर पर वैज्ञानिक

अपने जाने–पहचाने विषयी मॉडल्स में और अधिक विषयी ज्ञान जोड़ते हुए मेंटल मॉडल्स का निरन्तर निर्माण करते रहते हैं। वे इसके लिए इंटुशन तौर पर एनालॉजी का इस्तेमाल करते हैं।

अवधारणा : पानी की स्वच्छता

गन्दे पानी और साफ़ पानी के बारे में काफ़ी विद्यार्थियों ने अपने विचार शोधकर्ता से साझा किये।

एक विद्यार्थी ने कहा, "जो पानी हमें पाइप से मिलता है वो साफ़ होता है और जो पानी नीचे गिरा होता है सिर्फ़ वो ही गन्दा होता है। उसे पीना नहीं चाहिए...।"

शोधकर्ता ने इस विद्यार्थी से सवाल पूछा : क्या तालाब में, कुएँ में, नदी में पानी नीचे नहीं गिरा होता है?

विद्यार्थी 'घ' : नहीं, वो इकट्ठा होता है, ज़्यादा होता है और गन्दा नहीं होता। तालाब का पानी गन्दा हो सकता है।

शोधकर्ता : क्या हैंडपम्प में धरती के नीचे से पानी नहीं आता?

विद्यार्थी 'घ' : वह साफ़ होता है। पाइप वाला, पम्प वाला पानी साफ़ होता है।

शोधकर्ता : हैंडपम्प में कहाँ से पानी आता है? पाइप में कहाँ से पानी आता है?

विद्यार्थी 'घ' : पाइप वाला पानी नीचे या ऊपर के टैंक से आता है। पम्प में भी।

शोधकर्ता : जो गन्दा पानी गिर गया धरती पर, वह कहाँ चला जाता है?

विद्यार्थी 'घ' : वह पानी सूख जाता है।

शोधकर्ता : क्या धरती के अन्दर नहीं जाता?

विद्यार्थी 'घ' : सिर्फ़ साफ़ पानी जाता है धरती के अन्दर। जो बिना रंग के दिखता है।

अन्तःक्रिया के इस उद्धरण से बच्चों की संकल्पनाओं के बारे में काफ़ी बातें सामने आती हैं। पहली, 'साफ़' और 'गन्दे' पानी के बीच का फ़र्क़ करना बच्चों के मानस पटल पर गहरा अंकित है। वे अक्सर इस बारे में बात करते हैं। यह विषय बच्चों के सन्दर्भ में रोज़ाना सामने आता है

और साथ ही एन.सी.ई.आर.टी. की किताबों[1] में भी ऐसे ही प्रस्तुत किया गया है। दूसरा, पानी के स्रोतों के बारे में अभी वे अपनी संकल्पनाओं का समायोजन नहीं कर पाये हैं। वे मानते हैं कि केवल पाइप और पम्प का पानी ही साफ़ होता है और गन्दा पानी पूर्ण रूप से दूषित है। पम्प में पानी कहाँ से आया इस पर बच्चे अपना ध्यान केन्द्रित नहीं कर पाते। तीसरा, विद्यार्थी भूमिगत पानी की मौजूदगी से अनभिज्ञ हैं। सतह पर गिरा पानी किस तरह मिट्टी के छिद्रों या दरारों में जाता है, यह वे नहीं समझ पाते।

अवधारणा : पानी के स्रोत

इस वार्तालाप को आगे बढ़ाते हुए शोधकर्ता ने पूछा कि क्या वह दिल्ली का रहने वाला है? बच्चे ने जवाब दिया कि वह बड़ौत के एक गाँव से आया है। शोधकर्ता ने आगे सवाल पूछा : क्या तुम गाँव में भी सिर्फ़ पाइप का पानी पीते हो?

विद्यार्थी : गाँव में पानी अलग आता है।

शोधकर्ता : वहाँ पानी कहाँ से आता है?

विद्यार्थी : कुएँ से आता था, पर अब सूख गया है। जब मैं पैदा हुआ तो घर में पम्प लगाया गया था। वहाँ से घर का पानी भर लेते हैं।

शोधकर्ता : कुएँ में पानी कहाँ से आता है?

विद्यार्थी : बारिश का पानी कुएँ में गिर जाता है, वह इकट्ठा कर के हम पी लेते हैं।

शहर और गाँव में पानी के स्रोत अलग–अलग हैं, यह वैकल्पिक अवधारणा भी बच्चों में मौजूद है और हर बार सामने आती है। यहाँ यह ध्यान देने लायक बात है कि अक्सर बातचीत में (और शोधकर्ता के सवाल में भी) हमारा पूछने का लहज़ा और सवाल की संरचना बच्चे को गुमराह करती है। यह सवाल पूछना कि गाँव और शहर के बीच पानी के स्रोत में क्या फ़र्क़ है, अपने आप में इस मान्यता को समाहित किये हुए है कि दोनों जगह में फ़र्क़ होगा।

पियाजे के शोध में भी बच्चे दूसरी अवस्था में पानी को मनुष्यजनित मान रहे थे। इसी वज़ह से वे गाँव और शहर के पानी के बीच में फ़र्क़

करते हैं। मनुष्य गड्ढा खोद देते हैं, जिसमें बारिश से या पम्प से पानी भरा जाता है।

नदियों और तालाबों में पानी कहाँ से आता है? बच्चों से यह सवाल पूछने पर जो जवाब मिले उन्हें पियाजे ने तीन अवस्थाओं में व्यवस्थित किया। पहली अवस्था में बच्चे मानते हैं कि नदियों और तालाबों की तलहटी बनावटी है और पानी भी कृत्रिम है।

इस अवस्था में बच्चे मानते हैं कि नदियाँ या तालाब ऐसे बनते हैं–पहले कोई व्यक्ति एक गहरा गड्ढा खोद देता है और फिर किसी सुरंग, नाली या फुवारे से उसमें पानी आ जाता है या फिर बहुत से व्यक्तियों ने थूक दिया, जिससे पानी बन गया। पियाजे लिखते हैं कि बच्चे मानते हैं कि पानी की उत्पत्ति मानव–शरीर से ही हुई है या किसी–न–किसी तरह मनुष्यों ने ही उसे बनाया है। यह पूछे जाने पर कि क्या यह सम्भव है कि पानी अपने आप ही धरती पर आ गया हो?, बच्चे इनकार कर देते हैं। यह अवस्था लगभग सात–आठ वर्ष तक रहती है।

दूसरी अवस्था (लगभग 9 से 10 वर्ष) में "बच्चे यह तो मानते ही रहते हैं कि नदियों और तालाबों की तलहटी तो मनुष्यजनित है, लेकिन पानी का स्रोत या तो बारिश से आता है या फिर बारिश से बने किसी नदी के झरने से।" वे कहते हैं कि पानी आसमान से गिरता है। नदियों की तलहटी या गड्ढा या तो मशीन से बना है या यह कि भगवान और कुछ व्यक्तियों ने तालाब बनाया। फिर भगवान ने उसमें पानी और मछलियाँ डाल दीं। इस अवस्था में तलहटी तो व्यक्तिजनित है, पर पानी प्राकृतिक है। पहली और दूसरी अवस्था के उपर्लिखित उदाहरणों से बच्चों में स्वतः स्फूर्त कृत्रिमता ज़ाहिर होती है। अगर बच्चे स्वयं ये खोज भी लेते हैं या फिर उन्हें सिखाया जाता है कि नदियों में पानी, पहाड़ों या बारिश से आता है, वे फिर भी नदी की तलहटी को बनावटी ही मानते हैं।

दूसरी और तीसरी अवस्था के बीच में बहुत–सी मध्यवर्ती अवस्थाएँ भी होती हैं। तीसरी अवस्था में बच्चे मानते हैं कि सब कुछ प्राकृतिक है, पर कृत्रिमता एक आंशिक तौर पर रहती ही है।

नौ वर्षीय पार और पियाजे के बीच वार्तालाप इस अवस्था को दर्शाता है।

पियाजे : तालाब कहाँ से आया?

पार : वह पानी है।

पियाजे : यह कहाँ से आया?

पार : पहाड़ों के झरनों से।

पियाजे : वह कहाँ से आया?

पार : आसमान से जब बारिश हो रही थी।

पियाजे : नदी की तलहटी कैसे बनी?

पार : फावड़े से गड्ढा खोद कर, साथ ही जब पहाड़ से पानी गिरा तो उससे भी गड्ढा बना।

पियाजे : पानी से या फावड़े से?

पार : पानी से। (पियाजे, 1973)

शोधकर्ता ने विद्यार्थी से भूमिगत पानी पर बात पुनः बातचीत शुरू की। विद्यार्थियों ने अपने अवधारणा–चित्रों पर पाताल लोक का पानी लिखा था। पूछने पर एक विद्यार्थी ने जवाब दिया, "समन्दर के अन्दर भी लोग रहते हैं जो सिर्फ़ पानी पीते हैं।" काफ़ी बच्चों ने इस पर अपना सिर हिलाया, मानो वे इस बात से सहमत हैं। यह कथन सांस्कृतिक धारणाओं से जुड़ा हुआ है। जिस तरह का जीवन धरती की सतह पर मौजूद है, वैसा ही समुद्र में और अन्तरिक्ष में भी। बच्चों ने साझा किया कि मरने के बाद भी लोग जीते रहते हैं। एक विद्यार्थी ने कहा : बुरे लोग पाताल लोक चले जाते हैं और अच्छे लोग स्वर्ग, जो कि आकाश में बादलों के परे है।

यह तो स्पष्ट ही है कि विज्ञान के विषय की अवधारणाएँ एक गहरे तौर पर सामाजिक मुद्दों और सांस्कृतिक मान्यताओं से जुड़ी हैं। इस वज़ह से बच्चे जो पूर्व ज्ञान, चाहे वह अमूर्त रूप से मौखिक हो या फिर दैनिक अनुभवजन्य, अपने साथ कक्षा में लेकर आते हैं। वह अक्सर मान्यताओं से गहन रूप से प्रभावित होता है, जैसे कि मरने के पश्चात जीवन होने की मान्यता। यह पूर्व ज्ञान समक्ष लाना अपने आप में ज़रूरी है, जिसके आधार पर नया ज्ञान समायोजित किया जा सके। पाताल लोक में विश्वास एक गहरे तौर पर भूमिगत जल की संरचना और उसके समायोजन के साथ हस्तक्षेप करता है। इस विषय पर अब तक हुए शोध से हमें यह पता है कि छोटे बच्चे ऐसी अवधारणाएँ और ऐसे स्पष्टीकरण देते हैं जो अक्सर वैज्ञानिक अवधारणाओं से भिन्न होती हैं। इसलिए स्कूल में सीखने–सिखाने में न केवल ज्ञान अर्जन करना और नयी–नयी जानकारियाँ कंठस्थ करना शामिल किया जाता है, बल्कि जो पूर्वज्ञान बच्चे अपने साथ लाते हैं, उसको भी पुनः व्यवस्थित किया जाता है। यह अन्य विषयों के साथ–साथ विज्ञान की शिक्षा में भी लागू होता है (ड्राइवर, स्क्वेयर, रशवर्थ एंड वुड–रॉबिनसन, 1994; वोसनिडौ, 1994)।

ची (1992) लिखते हैं कि इस तरह की वैज्ञानिक अवधारणाएँ बना पाना मुश्किल होता है जो रोज़मर्रा की अवधारणाओं से ऑंटोलॉजिकल (Ontological; जो कि किसी विषय की अवधारणाओं और श्रेणियों के बीच के सम्बन्ध को स्पष्ट करता है) रूप में अलग होती हैं। ची ने उल्लेख किया कि तीन अलग–अलग ऑंटोलॉजिकल श्रेणियाँ होती हैं, जिनमें लगभग सभी अवधारणाओं को वर्गीकृत किया जा सकता है–द्रव्य, घटनाएँ

और अमूर्त स्थितियाँ। द्रव्य में वज़न होता है और वह जगह घेरता है; वह प्राकृतिक हो सकता है या फिर कृत्रिम। प्राकृतिक द्रव्य में जीवित (जैसे कि पेड़ और जानवर) और अजीवित (या मूर्त, जैसे कि ठोस या फिर तरल) वस्तुएँ शामिल हैं। ये अजीवित वस्तुएँ अपनी विशेषताओं में कृत्रिम वस्तुओं से अलग होती हैं, जिनमें कि कुर्सी, नल जैसी वस्तुएँ शामिल की जाती हैं। घटनाओं की श्रेणी में या तो उद्देश्यपूर्ण घटनाएँ (जैसे पेड़ काटना, लड़ाई करना) या फिर प्रतिबन्धित घटनाएँ जैसे (1) प्राकृतिक–आसमान में बिजली/बादल गरजना या फिर (2) कृत्रिम–एक सर्किट में बिजली। अमूर्त श्रेणी में मानसिक विचार या भाव सम्मिलित होते हैं (ची, 1992)।

अपने शोध में हमने पाया कि 8–10 साल के बच्चे इन ओंटोलॉजिकल श्रेणियों में वस्तुओं को व्यवस्थित नहीं कर पाते। जैसा कि उपर्लिखित उदाहरण में दिखा कि बच्चे जीवित प्राकृतिक द्रव्यों की विशेषताओं को अजीवित प्राकृतिक द्रव्यों पर विस्तारित कर देते हैं।

बच्चों की अवधारणाएँ और ई.वी.एस./विज्ञान का शिक्षाशास्त्र

अगर स्कूल का काम संज्ञान को पुनर्व्यवस्थित करना है तो ज़रूरी है कि शिक्षक पहले से मौजूद ज्ञान को सामने रखें। साथ ही वे नयी अवधारणाओं व पुरानी अवधारणाओं को इस रूप से व्याख्यायित करें कि बच्चे उनके बीच सम्बन्ध बना सकें (वोसनिडौ एंड ऑल, 2001)। यह प्रयास संज्ञानात्मक शिक्षाशास्त्र में और भी ज़रूरी हो जाता है।

सबसे पहले शिक्षक के लिए यह जान लेना ज़रूरी है कि जिन बच्चों को वे पढ़ा रहे हैं, उनकी मौजूदा अवधारणाएँ क्या हैं और उनका क्या स्वरूप है। इन अवधारणाओं के पीछे के तर्क तक पहुँचना आवश्यक है। शिक्षक का काम है कि वे इन मौजूदा तर्कों को समाहित भी करें–जैसे जीवित वस्तुओं की विशेषताओं और अमूर्त, ख़ासकर ऐसी वस्तुएँ जो स्वचालित प्रतीत होती हैं, वस्तुओं की विशेषताओं दोनों को एक साथ कक्षा में लाना। इसके साथ ही, बच्चों को नये ज्ञान से परिचित करना– जब बच्चे डूबने या तैरने की बात कर रहे हैं, तब वे घनत्व की अवधारणा से उसे जोड़ पायें।

ज़रूरी है कि न केवल बच्चों की शिक्षा के लिए पाठ्यक्रम और शिक्षाशास्त्र की तैयारी, अपितु शिक्षकों की तैयारी में भी इस तरह के शोध

को ध्यान में रखा जाये। इस शोध के दौरान यह भी समझ आया कि बच्चे कक्षा में अपनी अवधारणाएँ लेकर आते हैं। इन अवधारणाओं के कई स्वरूप होते हैं। इन सभी अवधारणों का बच्चों की वैज्ञानिक संकल्पनाओं को सीखने पर प्रभाव पड़ता है। इसलिए इन्हें उजागर करना और समझना ज़रूरी है। ऐसी सामग्री से शिक्षक न केवल बच्चों के विचारों और अवधारणाओं को समझ पायेंगे, बल्कि साथ ही वैज्ञानिकों के विचारों को और अपने ख़ुद के विचारों भी समझ पायेंगे। इस साझी समझ से ही स्कूली और शिक्षक–शिक्षा दोनों ही कक्षों में ऐसी प्रणालियाँ सोची जा सकती हैं, जिससे बच्चों को अपने विचारों पर पुनर्विचार करने का अवसर मिले और वे इनकी आगे व्याख्या भी कर सकें (ओसबोर्न एंड विटट्रॉक, 1983)। साथ ही, एक विस्तृत मानसिकता की आवश्यकता है जहाँ पाठ्यक्रम में खुलापन हो, जिससे पढ़ने–पढ़ाने की प्रक्रिया बच्चों की अवधारणाओं के इन दृष्टिकोणों के आधार पर आगे बढ़े, न कि इसे नज़रअन्दाज़ कर।

सन्दर्भ सूची :

1. कैरी, एस. (1985), *कंसेप्चुअल चेंज इन चाइल्डहुड*, कैम्ब्रिज, एमए : एमआईटी प्रेस।
2. ची, एम. (1992), *कंसेप्चुअल चेंज विद इन एंड अक्रॉस ओंटोलॉजिकल केटेगरीज़ : एग्ज़ांपल्स फ्रॉम लर्निंग एंड डिस्कवरी इन साइंस, इन आर. गिएर (एड.), कॉग्नीटिव मॉडल ऑफ़ साइंस*। मिनेसोटा स्टडीज़ इन फिलासफी ऑफ़ साइंस, मिनियापॉलिस : यूनिवर्सिटी ऑफ़ मिनेसोटा प्रेस, पृ. 129–187।
3. चिन, सी. एंड बी. मल्होत्रा (2002), *चिल्ड्रंस रिस्पास टू अनामलस साइंटिफिक डेटा : हाउ इज़ कंसेप्चुअल चेंज इंपैडेड? जर्नल ऑफ़ एजुकेशनल साइकलोजी* 94 पृ. 327–343।
4. ड्राइवर, आर. (1985)। *चिल्ड्रन्स आइडियाज़ इन साइंस*। यूके : मैकग्रा–हिल एजुकेशन।
5. ड्राइवर, आर., ए. स्क्वेयर, पी. रशवर्थ एंड वुड–रॉबिनसन, *वी (1994), मेकिंग सेंस ऑफ़ सेकेंडरी साइंस, रिसर्च इनटू चिल्ड्रंस आइडियाज़,* लंदन एंड न्यू यार्क : रूटलेज।
6. एन.सी.ई.आर.टी. (2006), *नेशनल करिकुलम फ़्रेमवर्क* 2005, नयी दिल्ली : नेशनल काउंसिल ऑफ़ एजुकेशन रिसर्च एंड ट्रेनिंग।

7. नोवाक, जे. डी. एंड गॉविन, डी. बी. (1984), *लर्निंग हाऊ टू लर्न,* न्यूयॉर्क : कैम्ब्रिज यूनिवर्सिटी प्रेस।
8. नूसबूम, जे. एंड जे. डी. नोवाक (1976), *एन असेसमेंट ऑफ़ चिल्ड्रेस कंसेप्ट्स ऑफ़ दि अर्थ यूटिलाइजिंग स्ट्रक्चर्ड इंटरव्यूज़, साइंस एजुकेशन,* 60 (4) पृ. 535–50।
9. पियाजे, जे. (1974), *अंडरस्टैंडिंग कॉज़ालिटी,* न्यू यार्क, एन वाई : डब्ल्यू. डब्ल्यू. नॉर्टन।
10. पियाजे, जे. (1973)। *दि चाइल्डस कंसेप्शन ऑफ़ दि वर्ल्ड,* लंदन : पलाडिंन।
11. रामदास, जे. एंड आर. ड्राइवर (1989), *एस्पेक्ट्स ऑफ सेकेंडरी स्टूडेंट्स आइडियाज अबाउट लाइट, चिल्ड्रंस लर्निंग इन साइंस प्रोजेक्ट,* सेंटर फॉर स्टडीज़ इन साइंस एंड मैथमेटिक्स एजुकेशन, यूनिवर्सिटी ऑफ़ लीड्स।
12. थर्प, आर. एंड आर. गैलिमोर (1990), *टीचिंग माइंड इन सोसाइटी : टीचिंग, स्कूलिंग एंड लिट्रेट डिस्कोर्स,* इन एल. मोल (एड.) *वायगोट्स्की एंड एजुकेशन : इंसट्रक्शनल इंप्लिकेशंस एंड एप्लीकेशंस ऑफ़ सोशियोहिस्टोरिकल साइकलोजी,* न्यू यॉर्क : कैम्ब्रिज यूनिवर्सिटी प्रेस, पृ. 175–205।
13. वैन डर वीर, आर. एंड जे. वाल्सिनर (1990), *अंडरस्टेंडिंग वायगोट्स्की : अ क्वैस्ट फॉर सिंथसिस,* ऑक्सफोर्ड, यूके : ब्लैकवेल।
14. वोसनिडौ, एस. (1994), *कैप्चरिंग एंड मॉडलिंग दि प्रोसेस ऑफ़ कन्सेप्चुअल चेंज, लर्निंग एंड इंस्ट्रक्शन* 4 पृ. 45–69।
15. वोसनिडौ, एस., सी. इयोनाइड्स, ए. दिमित्रोकोपाउलौ एंड ई. पैपडेमेट्रीओउ (2001), *डिज़ाइनिंग एनवाइरमेंट्स टू प्रमोट कंसेप्चुअल चेंज इन साइंस, लर्निंग एंड इंस्ट्रक्शन* 11 पृ. 381–419।
16. ओसबोर्न, आर. जे. एंड एम. सी. विटट्रॉक (1983), *लर्निंग साइंस : अ जेनरटिव प्रोसेस, साइंस एजुकेशन* 67 पृ. 489–508।
17. रोथ, डब्ल्यू. एम. (1994), *स्टूडेंट व्यूज़ ऑफ़ कोलाबरेटिव कॉन्सेप्ट मैपिंग : एन इमेंसीपेटरी रिसर्च प्रोजेक्ट, साइंस एजुकेशन,* 78 : पृ. 1–34।

18

विज्ञान-शिक्षण और भाषा का अन्तर्सम्बन्ध

–अमित कुलश्रेष्ठ

गणित विषय के बारे में आम धारणा है कि यह संख्याओं, समीकरणों तथा रेखाओं का ताना–बाना है तथा इसके पठन–पाठन में भाषा की भूमिका नगण्य है। स्कूली स्तर पर देखा गया है कि बहुत से विद्यार्थी जो हिन्दी, अंग्रेज़ी तथा अन्य भाषाओं में सामान्य प्रदर्शन करते हैं, वे भी गणित में अच्छे अंक पाने में सक्षम होते हैं। सुप्रसिद्ध खगोलशास्त्री गैलीलियो की अन्योक्ति है कि गणित स्वयं एक भाषा है जिसमें समूची प्रकृति के रहस्य गढ़े गये हैं, तो क्या गणित की भाषा ही सर्वोपरि है और इसका अस्तित्त्व प्राकृतिक भाषाओं से स्वतन्त्र है? क्या यह निष्कर्ष उचित है कि गणित की अमूर्त अवधारणाएँ सशक्त रूप से सम्प्रेषित करने के लिए भाषा का अपरिष्कृत रूप ही पर्याप्त है? इस पर्चे में गणित और भाषा के अन्तर्सम्बन्ध पर विचार किया गया है। कई उदाहरणों के माध्यम से यह दर्शाया गया है कि गणित की अतिनिर्भरता तथा भाषा की अवहेलना न केवल विषय–वस्तु के सटीक सम्प्रेषण को कठिन बनाती है बल्कि विद्यार्थी के मन में गणित की विकृत छवि का निर्माण भी करती है।

विज्ञान को कैसे परिभाषित किया जाये? भाषा क्या है और इसे कैसे परिभाषित किया जाना चाहिए? इन दोनों ही प्रश्नों पर कोई सार्वत्रिक सहमति सम्भव नहीं लगती। भाषा और विज्ञान दोनों ही व्यापक और

परिवर्तनशील हैं तथा मानव–सभ्यता के आधारस्तम्भ हैं। यह भी स्पष्ट नहीं है कि भाषा की उत्पत्ति पहले हुई होगी या फिर विज्ञान की। यदि आग की खोज को विज्ञान का प्रथम सफल प्रयोग माना जाये तो क्या उस समय तक मनुष्य ने बोलना सीख लिया होगा? क्या सांकेतिक सम्प्रेषण भाषा नहीं है? यदि चॉम्सकी[1] के शब्दों में समझने का प्रयास करें तो एक परिमित शब्द–समुच्चय से निर्मित सीमित शब्दों वाले वाक्यों का संकलन ही भाषा है तथा इस शब्द–समुच्च्य से वाक्यों के निर्माण करने की युक्ति उस भाषा का व्याकरण है। सांकेतिक सम्प्रेषण से लेकर चॉम्स्की की भाषा की अवधारणा का अन्तराल समूची मानव–सभ्यता का इतिहास है। इस दौरान विज्ञान व भाषा दोनों एक–दूसरे को समृद्ध करते हुए विकसित होते रहे। इस विकास–यात्रा में प्राकृतिक भाषाओं के माध्यम से जब विज्ञान स्वयं को व्यक्त करने में असमर्थ रहा तब उसने गणितीय सूत्रों और संरचनाओं के ठोस तार्किक धरातल का सहारा ले कर नयी अवधारणाओं की नींव रखी। उदाहरणार्थ, सत्रहवीं शताब्दी के पश्चात भौतिकीय संकल्पनाओं में कैल्कुलस की भाषा की भूमिका से न केवल विज्ञान समृद्ध हुआ, बल्कि भाषा में 'तात्क्षणिक' शब्द को भी एक सटीक अर्थ मिला। इसकी चर्चा हम आगे करेंगे। गणित के व्यापक स्वरूप को प्रकाशित करते हुए सुप्रसिद्ध खगोलशास्त्री गैलीलियो[2] ने कहा था कि गणित स्वयं एक भाषा है, जिसमें समूचे ब्रह्माण्ड के गूढ़ रहस्य गढ़े गये हैं। गैलीलियो के इस कथन को चॉम्सकी[3] अथवा हॉकेट[4] की भाषा की कसौटियों पर परखने के बजाय उसे एक उपमा के रूप में लेना ही उचित होगा। चॉम्स्की व्याकरण के माध्यम से भाषा को समझाते हैं, जिसमें कुछ सीमित चिह्नों से बने हुए वाक्यों को व्याकरणिक नियमों के आधार पर एक भाषा में स्पष्ट रूप से स्वीकृत या अस्वीकृत किया जाता है। यह दृष्टिकोण कुछ पेचीदा अवश्य है, परन्तु भाषा के इस विश्लेषण ने ही आधुनिक कम्प्यूटर विज्ञान की नींव रखी है। कम्प्यूटर प्रोग्रामिंग की भाषाएँ इसी पर आधारित हैं। वहीं, हॉकेट ने प्राकृतिक भाषाओं के ध्वन्यात्मक–श्रवणात्मक गुणों को केन्द्र में रखते हुए उन्हें 13 लक्षणों के आधार पर परिभाषित किया है। हम चॉम्स्की और हॉकेट के विश्लेषणों की गुत्थी में न उलझ कर सिर्फ़ यह समझेंगे कि भाषा विचारों और अवधारणाओं के सम्प्रेषण का माध्यम है। विज्ञान और गणित की अवधारणाओं का सम्प्रेषण, पुष्टि और विकास भी भाषा के माध्यम से

ही हो सकता है। अतः इतना तो तय है कि भाषा, विज्ञान और गणित के परस्पर अन्तर्सम्बन्ध को किसी भी दृष्टिकोण से नकारा नहीं जा सकता।

पर वर्तमान में क्या यह अन्तर्सम्बन्ध स्कूली स्तर पर, विशेष कर उच्च माध्यमिक कक्षाओं के सन्दर्भ में, विज्ञान और गणित–शिक्षण में दृष्टिगोचर होता है? शायद नहीं! यह एक यथार्थ है कि भाषा की अवहेलना की क़ीमत पर विद्यार्थी विज्ञान और गणित विषयों में पारंगत होने का भ्रम पाल रहे हैं। इसके परिणामस्वरूप वे सतही स्तर पर कुछ रटी–रटाई तरक़ीबों का यान्त्रिक प्रयोग कर विषय की गहराई में जाने से बच रहे हैं। अब भाषा किस प्रकार एक वैज्ञानिक या गणितीय सोच को प्रभावित कर सकती है, इसे एक घटना के माध्यम से समझते हैं। कक्षा 12 में अच्छे अंकों से उत्तीर्ण हुए कुछ विद्यार्थियों ने मुझसे प्रश्न किया, "सर, क्या आधुनिक गणितज्ञों को π का मान शुद्ध रूप से पता है?" मैंने प्रतिप्रश्न किया, "क्या π एक संख्या है?" इस पर कुछ विद्यार्थी बोले, "हाँ, पर यह एक अपरिमेय संख्या है।" मैंने फिर पूछा कि एक संख्या के मान से उनका क्या अभिप्राय है? उदाहरणार्थ, संख्या 2 का मान क्या है? कुछ और कुरेदने पर पता चला कि दशमलव–प्रणाली में π के निरूपण को ही वे उसका मान कह रहे थे। यहाँ ग़लती विद्यार्थियों की नहीं, बल्कि उस शिक्षा–प्रणाली की है जिसने उन्हें परिभाषाओं में आने वाले शब्दों से खेलना नहीं सिखाया। उनके मूल में जा कर उन शब्दों को रोज़मर्रा की ज़िन्दगी से जोड़ना नहीं सिखाया। कई विद्यार्थियों को विज्ञान से कहीं अधिक भय उसकी शब्दावली से होता है। "इतने बड़े–बड़े नाम कैसे याद करते, इसीलिए विज्ञान नहीं लिया।" ऐसी बातें अक्सर सुनने को मिल जाती हैं। शिक्षक अपने भाषायी कौशल से ऐसा भय दूर कर सकता है। बड़े शब्दों को तोड़ कर उनके बारे में चिन्तन करना और टूटे हुए शब्दों की तुलना अन्य वैज्ञानिक सन्दर्भों में प्रयोग होने वाले शब्दों से करना ऐसे प्रयोग हैं, जो विज्ञान–शिक्षण को रुचिकर तो बनाते ही हैं, साथ–ही–साथ विद्यार्थी को भाषा के प्रति संवेदनशील भी करते हैं। उदाहरण के लिए 'फोटोन' या 'फोटोइलेक्ट्रिक इफेक्ट' की चर्चा करते समय 'फोटोसिंथेसिस' की भी याद दिला दी जाये अथवा 'माइक्रोस्कोप' की बात करते समय 'माइक्रोमीटर' और 'स्टेथोस्कोप' का भी ज़िक्र हो तो विद्यार्थी शब्दावली के वैज्ञानिक स्वरूप से भी परिचित होंगे

और स्वयं भी कुछ मज़ेदार शब्दों की रचना करने के लिए प्रेरित होंगे। इसके अलावा द्विभाषी विद्यार्थियों को ऐसे शब्दों का अनुवाद करने के बाद एक दूसरी भाषा में तुलना करने के लिए भी कहा जा सकता है। मुख्य बात यह है कि वे शब्दावलियों को संरचनात्मक दृष्टिकोण से ग्रहण करते हुए आगे बढ़ें, न कि एक कठिन स्पेलिंग अथवा एक प्रतीक के रूप में।

प्रतीकों को रट कर उसी को अवधारणा मान लेने की समस्या गणित में अक्सर आती है। प्रायः विद्यार्थियों के लिए संख्या का अर्थ 10 अंकों की करामात से बने एक प्रतीक के रूप में ही होता है। मैं अक्सर विद्यार्थियों से पूछता हूँ कि 1 और 0.99999999... में कौन–सी संख्या बड़ी है? हमेशा उत्तर आता है कि 1 बड़ी संख्या है और साथ ही यह भी बताते हैं कि 0.99999999... तो 1 की तरफ़ बढ़ रहा है, पर 1 के बराबर नहीं है! ऐसा कहते समय विद्यार्थी यह नहीं समझ पाते कि पहले तो वे भाषा का ग़लत प्रयोग कर रहे होते हैं और दूसरे यह कि उनके ऐसा कहने में आधारभूत अवधारणात्मक त्रुटि भी है। आख़िर इस बात का तो कोई अर्थ ही नहीं है कि एक निश्चित संख्या दूसरी निश्चित संख्या की ओर बढ़ रही है! उपरोक्त प्रश्न में वास्तविकता यह है कि 0.99999999... और एक बराबर हैं, क्योंकि इनके बीच में तो कोई संख्या है ही नहीं! दशमलव–प्रणाली में किसी संख्या को निरूपित करने के भिन्न तरीक़े हो सकते हैं, इस तथ्य पर कभी हमारे पाठ्यक्रम में बल नहीं दिया गया। ऐसे में न सिर्फ़ विद्यार्थियों की समझ कच्ची रहती है, बल्कि अनजाने ही वे भाषा के ग़लत प्रयोग भी करते हैं।

कई बारीक़ियों को विद्यार्थियों तक पहुँचाने के लिए भाषा के परिष्कृत रूप की आवश्यकता होती है। किसी तथ्य को सरल शब्दों में समझाना एक कला है, परन्तु यदि यही सरल शब्द किसी संकल्पना अथवा विचार को आधे–अधूरे तौर पर सम्प्रेषित करते हों तो यह अति–सरलीकरण है। इस स्थिति में शिक्षक को चाहिए कि वह विद्यार्थियों में भाषा की समझ को भी बढ़ाते हुए उन्हें यह विश्वास दिलाये कि क्यों उस परिस्थिति विशेष में सरल शब्दों का प्रयोग उचित नहीं है। इस सम्बन्ध में ग्रैबनर[5] के प्रसिद्ध आलेख 'हू गेव यू दि एप्साइलन' का ज़िक्र करना प्रासंगिक होगा। इस लेख का आरम्भ कुछ इस प्रकार है :

विद्यार्थी : एक कार की गति 50 मील प्रति घंटा है। इसका क्या अर्थ हुआ?

शिक्षक : इसका अर्थ हुआ कि किसी भी $\varepsilon > 0$ के लिए, एक ऐसा $\delta > 0$ विद्यमान है कि $-\delta < t_2 - t_1 < \delta$ होने की दशा में आवश्यक रूप से $-\epsilon < \frac{s_2 - s_1}{t_2 - t_1} - 50 < \epsilon$ सत्य होगा।

विद्यार्थी : हे भगवान! किसी ने ऐसा सोचा भी कैसे?

क्या एक आसान–से प्रश्न का उत्तर देने के लिए शिक्षक को ऐसा अजीबोग़रीब वाक्य–विन्यास बनाना आवश्यक था? यदि यह माना जाये कि कार एक समान गति से चल रही थी, तो निश्चित ही शिक्षक का ऐसा कहना जटिल था। एक समान गति की स्थिति में तो गति को इकाई समय में चली गयी दूरी कहा ही जा सकता था। यहाँ शिक्षक ने तात्क्षणिक गति को दूरी व समय के वक्र की प्रवणता के रूप में व्यक्त करने का प्रयास किया है। साथ ही उसने प्रवणता की परिभाषा से भी विद्यार्थी का परिचय कराया है। पर क्या यह सब सरल शब्दों में एक आम बोल–चाल की भाषा के रूप में कहना सम्भव नहीं था? इस शिक्षक की आलोचना करना कठिन काम नहीं है, परन्तु किसी भी अवधारणा को सटीक रूप से सम्प्रेषित करने के उद्देश्य से कई परिभाषाओं को आम बोल–चाल की भाषा में व्यक्त करना सम्भव नहीं है। उपर्युक्त उदाहरण तात्क्षणिक की अवधारणा को गणितीय भाषा में प्रस्तुत करता है। इस उदाहरण के सन्दर्भ में हमें यह समझना होगा कि विज्ञान में तात्क्षणिक की अवधारणा की नींव बस कुछ ही शताब्दी पहले न्यूटन ने रखी और इस अवधारणा को समझाने के लिए किसी भी प्राकृतिक भाषा में उपलब्ध उचित शब्दों और वाक्य–विन्यास के अभाव में उसे कैल्कुलस की खोज करनी पड़ी। कैल्कुलस की इस नयी भाषा में वाक्य 'संवेग परिवर्तन की दर ही बल है' मात्र $F = \frac{dp}{dt}$ जितना छोटा रह गया। कैल्कुलस मानवीय ज्ञान के इतिहास में एक मील का पत्थर थी और इस प्रकार बस कुछ ही सदियों पहले स्थापित हुई तात्क्षणिक की संकल्पना को शिक्षक द्वारा विद्यार्थी को सरल शब्दों में समझाने की अपेक्षा करना न्यायोचित नहीं होगा। इस प्रकार क्रमानुगत रूप से नये शब्दों और चिह्नों को सटीक अर्थों में बाँध कर नयी खोज और समझ को संक्षिप्त रूप में प्रस्तुत करने की प्रक्रिया में विज्ञान के साथ–साथ भाषा की समृद्धि भी होती रही है। कई शब्द और

वाक्य–विन्यास विज्ञान के सहारे ही जीवित रहे हैं। साथ–ही–साथ इस प्रक्रिया में चिह्नों पर आधारित भाषा यानी कि गणितीय रूप में विज्ञान की अभिव्यक्ति भी प्रबल होती रही। कुछ सन्दर्भों में तो गणित को ही विज्ञान की भाषा के रूप में स्वीकर कर लिया गया।

वाक्य–विन्यास में शब्दों की हेरा–फेरी से अर्थ का अनर्थ होने की सम्भावना होती है और जब मामला गणित की संकल्पना से जुड़े किसी वाक्य का हो तो अर्थ का अनर्थ होना अवश्यम्भावी है! विद्यार्थी और शिक्षक के उपर्युक्त संवाद में $\varepsilon > 0$ और $\delta > 0$ की अदला–बदली करके बना वाक्य कुछ अर्थ तो दे सकता है, परन्तु वह अर्थ गति की अवधारणा से कोसों दूर होगा। प्राकृतिक भाषा और गणित दोनों में ही अमूर्तता विद्यमान है। हालाँकि भाषा की अमूर्तता आम बोल–चाल के वाक्यों में उतनी प्रकट नहीं होती, जितनी कि एक दार्शनिक के कथन में अथवा एक कवि की कल्पना में। इस दृष्टि से अमूर्तता किसी भाषा का नहीं, बल्कि उस ज्ञान का तत्त्व है जो उस भाषा के माध्यम से प्रकट किया जाता है।

भाषा में तार्किक व प्रतिबन्धात्मक शब्दों की उपेक्षा के कारण स्कूली स्तर पर गणित के सम्बन्ध में कुछ भ्रान्तियाँ अवश्य रहती हैं। एक अध्यापक ने बच्चों से पूछा कि यदि तुम्हारे पास पाँच सेब हैं, जिनमें से तुमने दो सेब अपने भाई तो दे दिये तो अब तुम्हारे पास कितने सेब बचे? इस पर बालक ने कहा, "आपकी यह धारणा कि मैं अपने सेब किसी को दे दूँगा, त्रुटिपूर्ण है। मुझे अपने सेबों की रक्षा करना भली–भाँति आता है। अतः आपका प्रश्न ग़लत है।" यहाँ स्पष्ट है कि बालक ने अध्यापक के प्रश्न में 'यदि' शब्द की उपेक्षा करते हुए यह निष्कर्ष निकाला कि अध्यापक चाहता है कि बालक दो सेब अपने भाई को दे दे। यह उल्लेख हास्यास्पद हो सकता है, परन्तु स्नातक स्तर पर पढ़ने वाले अनेक विद्यार्थी भी कुछ समतुल्य प्रश्न दूसरे रूप में पूछते हैं। वे कहते हैं कि दो कथनों (क) और (ख) के लिए यह दर्शाना कि (क) के सत्य होने की स्थिति में (ख) भी निश्चित रूप से सत्य होगा [अर्थात (क)→(ख) सिद्ध करना] तब तक अर्थपूर्ण नहीं है जब तक स्वयं (क) की सत्यता की जाँच न कर ली जाये। यहाँ पुनः प्रतिबन्धात्मक शब्द 'यदि' की उपेक्षा करते हुए विद्यार्थी ने अपनी अधूरी समझ बनायी है। इसी प्रकार विद्यार्थी (क)→(ख) तथा (ख)→(क)

में विभेद कर पाने में सक्षम नहीं होते। इस विभेद को स्पष्ट रूप से जानने के लिए भाषा में शब्दों के छोटे–से हेर–फेर के परिणामस्वरूप उनके अर्थों में होने वाले बृहद् अन्तर की समझ होनी चाहिए।

एक और उदाहरण लेते हैं, जहाँ उच्च माध्यमिक कक्षाओं में प्रायः सभी विद्यार्थी अनुमान और प्राकृतिक भाषाओं द्वारा सम्प्रेषित शब्दों के आधार पर अपनी समझ बनाते हैं और उनमें से अधिकांश आजीवन अपने प्रथम प्रयास में बनी इस छवि से छुटकारा नहीं पाते। अब ये तीन व्यंजक देखिए–

(क) $a = 1 + 2 + 3 + 4 + 5 + 6 + 7 + 8 + \cdots$

(ख) $b = 1 + \frac{1}{2} + \frac{1}{4} + \frac{1}{8} + \frac{1}{16} + \cdots$

(ग) $c = 1 + \frac{1}{2} + \frac{1}{3} + \frac{1}{4} + \frac{1}{5} + \frac{1}{6} + \cdots$

व्यंजक (क) में चूँकि प्रत्येक पद में उत्तरोत्तर बड़ी संख्या जुड़ती जा रही है। अतः विद्यार्थी योगफल a को अनन्त कहेंगे। अब इसी बात को आगे बढ़ाते हुए देखते हैं कि व्यंजक (ख) में उत्तरोत्तर छोटी संख्या जुड़ती जा रही है और जिन विद्यार्थियों का गुणोत्तर श्रेणी से परिचय है वे तुरन्त b की गणना कर लेंगे। अब बात करते हैं व्यंजक (ग) की। यहाँ भी व्यंजक (ख) की तरह प्रत्येक पद में छोटी संख्या जुड़ती जा रही है। यदि इन विद्यार्थियों को बताया जाये कि योगफल c भी अनन्त है तो यह उन्हें विचित्र लगेगा। यह संख्याओं के प्रति उनकी समझ के परे है। अब ऐसा क्यों हुआ? कौन–सा योगफल अनन्त है और कौन–सा योगफल एक परिमित संख्या? अपने अनुमान के आधार पर यह कह देना कि यदि आगे के पद उत्तरोत्तर छोटे होते जायेंगे तो पूरी श्रेणी का योगफल परिमित होगा, सही नहीं है। इसे सटीक रूप से समझना अभिसारी और अपसारी श्रेणियों का अध्ययन है तथा यह भी ग्रैबनर के उपर्युक्त विद्यार्थी–शिक्षक संवाद को समझने जैसा ही क्लिष्ट है। इस स्थिति में भी प्राकृतिक भाषाओं के स्थान पर गणित की भाषा ही संकल्पना को सटीक रूप से व्यक्त करती है। हालाँकि गणित की ऐसी क्लिष्ट भाषा के सीधे प्रयोग से पहले शिक्षक को चाहिए कि वह आम बोल–चाल की भाषा में विद्यार्थियों को नयी संकल्पना के प्रति प्रेरित करते हुए उन्हें यह विश्वास दिलाये कि उस

संकल्पना को समझने और मन में ठीक प्रकार से सहेज कर रखने के लिए भाषा का परिष्कृत स्वरूप तथा गणित के चिह्नों का प्रयोग क्यों आवश्यक है। जो दृष्टिगोचर है अथवा सीधे इन्द्रियबोध की सीमा के भीतर है, उसे प्राकृतिक भाषाएँ आसानी–से व्यक्त कर पाती हैं। इस दृष्टि से अति सूक्ष्म और अनन्त दोनों ही ऐसी अवधारणाएँ हैं, जिनको अनुमान के आधार पर तो बस आंशिक रूप से समझने का प्रयास भर किया जा सकता है, परन्तु इनका सटीक सम्प्रेषण करने में गणितीय चिह्नों में लिपिबद्ध भाषा ही सक्षम है। गणितीय चिह्न प्राकृतिक भाषाओं के शब्दों की तरह अर्थों की खोज में पाठक की व्यक्तिगत व्याख्या पर आश्रित नहीं होते। साथ ही इन चिह्नों द्वारा किसी संकल्पना अथवा तथ्य का प्रस्तुतीकरण कम–से–कम स्थान में किया जा सकता है। भारतीय गणितज्ञ ब्रह्मगुप्त[6] द्वारा रचित ब्रह्मस्फुटसिद्धान्त के अठारहवें अध्याय के श्लोक 64–65 को देखते हैं, जो कि वास्तव में एक सूत्र है।

मूलं द्विधेष्टवर्गाद् गुणकगुणादिष्टयतविहीनाच्च।
आद्यवधो गुणकगुणः सहान्त्यघातेन कृतमन्त्यम।।
वज्रवधैक्यं प्रथमं प्रक्षेपः क्षेपवधतुल्यः।
प्रक्षेपशोधकहृते मूले प्रक्षेपके रूपे।।

इन पंक्तियों में निहित गणितीय विचार की महत्ता और गहराई अपने समय से कोसों आगे है। ये पंक्तियाँ उस समय लिखी गयी थीं जब गणितीय विचार को व्यक्त करने के लिए प्राकृतिक भाषा का प्रयोग किया जाता था। स्पष्ट है कि यह शब्द–चयन व विन्यास उस समय की बोलचाल की भाषा से कहीं अधिक क्लिष्ट था और आम जनमानस की समझ के परे भी। अतः विचित्र चिह्नों को आम व्यक्ति को गणित से दूर करने का दोषी नहीं ठहराया जा सकता। वर्तमान निरूपण–प्रणाली के अनुसार इन पंक्तियों में ब्रह्मगुप्त ने कहा है कि

$$(m_1^2 - dn_1^2)(m_2^2 - dn_2^2) = (m_1m_2 + dn_1n_2)^2 - d(n_1m_2 + m_1n_2)^2$$

कालान्तर में यह श्लोक पेल समीकरण के हल की दिशा में मील का पत्थर साबित हुआ और गणित के कुछ क्षेत्रों में अभी भी इसके अन्य स्वरूपों पर शोध चल रहा है।

संख्याओं का निरूपण दस की घातों के गुणांकों के रूप में किया जा सकता है, यह विचार भी सीमित चिह्नों द्वारा सटीक प्रकार से एक संकल्पना को व्यक्त करने का साधन है। अन्यथा यदि एक प्राकृतिक भाषा रोमन द्वारा संख्याओं को निरूपित करते हुए यदि कोई DCCCLXXXVIII और CXII का योगफल निकालने का प्रयास करे तो उस निरूपण–पद्धति की सीमित उपयोगिता का अनुमान स्वयं लगा सकता है।

नोबेल पुरस्कार से सम्मानित प्रसिद्ध भौतिकशास्त्री विग्नर[7] ने 1959 में न्यूयॉर्क विश्वविद्यालय के व्याख्यान 'अनरीज़नेबल इफ़ेक्टिवनैस ऑफ़ मैथमेटिक्स इन दि नेचुरल साइंसेज़' में कहा है कि–

> "यह कथन कि प्रकृति के रहस्य गणित की भाषा में लिखे गये हैं तीन सौ साल पहले ही स्पष्ट रूप से कह दिया गया था (गैलीलियो[3] को उद्धृत करते हुए) और अब तो यह पहले की अपेक्षा और भी प्रासंगिक है। भौतिकी के मूल सिद्धान्तों की नींव में गणितीय विचारों के महत्त्व को डिराक द्वारा प्रतिपादित क्वाण्टम भौतिकी के उदाहरण से समझना चाहिए...। भौतिकी के सिद्धान्तों की नींव में गणितीय भाषा की चमत्कारिक उपयोगिता एक अद्‌भुत उपहार है जिसे हम न तो ठीक से समझते हैं और न ही हम जिसके उचित पात्र हैं। हमें कृतज्ञता व्यक्त करते हुए आशा करनी चाहिए कि भविष्य में भी यह उपहार हमें उपलब्ध होगा...।"

गणित की भाषा और लिपि किन्हीं प्राकृतिक भाषाओं से परे नहीं है, बल्कि यह उन्हें पुष्ट करते हुए उनमें कम–से–कम चिह्नों अथवा वाक्यों द्वारा वस्तुनिष्ठ तार्किक सम्प्रेषण का अनिवार्य साधन है। विग्नर के शब्दों में यही उपहार है और हमें चाहिए कि हम पीढ़ी–दर–पीढ़ी इस उपहार को संजोते–सजाते, इसमें नये आयाम जोड़ते इसे और सुदृढ़ बनायें। जिससे प्रकृति के नियम और रहस्य हमारे समक्ष स्वयं उद्‌घाटित हो एवं हमारी सोच और समझ को और सशक्त करें।

सन्दर्भ सूची

1. चॉम्स्की, एन. (1957), *सिंटैक्टिक स्ट्रक्चर्स,* दि हेग : माउटन।
2. गैलीलियो, गैलिली (1623)। *दि एसेयर* (ओपेरे इटैलियन सैजियेटर)। अनुवाद : स्टिलमैन ड्रेक, पृ. 171

3. गैलीलियो, गैलिली (1957), *डिस्कवरीज़ एंड ओपिनियन ऑफ़ गैलीलियो*, पृ. 237–8

4. हॉकेट, चार्ल्स एफ़. (1960), *दि ओरिजिन ऑफ़ स्पीच साइंटिफिक अमेरिकन* 203।

5. ग्रैबनर, जूडिथ, वी. (1983), *हू गेव यू दि एप्साइलन? कॉची एंड दि ओरिजिंस ऑफ़ रिगर्स कैल्कुलस, दि अमेरिकन मैथमेटिकल मंथली* 90 : 185–194।

6. ब्रह्मगुप्त (628 ईस्वी), *ब्रह्मस्फुट सिद्धान्त।*

7. विग्नर, ई. (1960), *दि अनरीज़नेबल इफ़ेक्टिवनेस ऑफ़ मैथमेटिक्स इन दि नैचुरल साइंसेज़, रिचर्ड कोरंट लेक्चर इन मैथमेटिकल साइंसेज़ डिलीवर्ड एट न्यू यॉर्क यूनिवर्सिटी*, मई 11, 1959, *कम्युनिकेशन्स ऑन प्योर एंड एप्लाइड मैथमेटिक्स*, 13 : 1–14।

खण्ड–4

पाठ्यपुस्तक और पाठ्यचर्या के स्वरूप व विकास

19

भारत में विद्यालय स्तर पर कृषि-शिक्षा की प्रासंगिकता : सम्भावनाएँ एवं चुनौतियाँ

–प्रकृति भार्गव

वर्ष 2016 में, संयुक्त राष्ट्र संघ के सतत विकास के लक्ष्यों में 'भूख का अन्त, खाद्य–सुरक्षा तथा पोषण–स्तर को बेहतर करने' के साथ ही 'सतत कृषि को बढ़ावा देना' एक महत्त्वपूर्ण विषय है। एम.एस. स्वामीनाथन का मानना है कि शिक्षा, जनजागरण तथा उपयुक्त तकनीकी इस कार्य में महती भूमिका निभा सकते हैं। सतत कृषि–विकास की अवधारणा का महत्त्व भारत जैसे देश में इसलिए प्रासंगिक हो जाता है चूँकि आज भी हमारे देश में 43 % लोग कृषि–रोज़गार पर निर्भर हैं (दि वर्ल्ड बैंक डाटा, 2018)। यह आँकड़ा केवल उनको दर्शाता है, जो प्रत्यक्ष रूप से कृषि से आय प्राप्त कर रहे हैं तथा जो सरकारी रूप से कृषक श्रेणी में आते हैं। अप्रत्यक्ष रूप से कृषि पर निर्भर लोगों की संख्या इस आँकड़े से कहीं अधिक है। प्रस्तुत लेख में लेखक का तर्क है कि जब इतनी बड़ी संख्या में लोग कृषि पर प्रत्यक्ष या अप्रत्यक्ष रूप से निर्भर हैं तो कृषि में नयी चुनौतियों को देखते हुए हमारी विद्यालयी शिक्षा इसके प्रति इतनी उदासीन क्यों है? विज्ञान, गणित, भूगोल, साहित्य, अर्थशास्त्र तथा नागरिक शास्त्र जैसे विषयों में कृषि तथा उससे सम्बन्धित पहलुओं को समावेशित नहीं

किया जा सकता क्या? भारत में कृषि केवल एक आर्थिक प्रक्रिया नहीं है, वरन यह एक सामाजिक और सांस्कृतिक जीवन–शैली है, जो ग्रामीण भारत तक सीमित न होकर नगरों और कस्बों में लोगों को अनेक रूप से प्रभावित करती है।

केरल राज्य के त्रिचूर और अलापुज़हा ज़िलों में उच्चतर माध्यमिक स्तर के विद्यार्थियों की कृषि–शिक्षा में रुचि को समझने के लिए किये गये शोध ने स्कूली स्तर पर इस क्षेत्र में आ रही चुनौतियों को उजागर किया है। 11वीं और 12वीं की जीवविज्ञान की पाठ्यपुस्तकों के 632 पृष्ठों में से मात्र 16 पृष्ठों में कृषि से सम्बन्धित पाठ्यसामग्री पायी गयी। अतः यह कहा जा सकता है कि जीवविज्ञान के पाठ्यक्रम का मात्र 2.5% ही कृषिविज्ञान से सम्बन्धित है। इस शोध में यह भी पाया गया कि 36% विद्यार्थियों का यह मानना था कि कृषि समाज के कम संसाधन सम्पन्न लोगों के लिए बनी है, जबकि 44% का यह मानना था कि शिक्षित युवकों को उद्योगों की तरफ़ जाना चाहिए, परन्तु 84% अध्यापकों का यह मानना था कि प्रयोग पर आधारित कृषि को पाठ्यक्रम में समावेशित करना चाहिए (फातिमा, 2013)।

केन्या में कृषि–शिक्षा को विद्यालय स्तर पर समाविष्ट करने में आ रही चुनौतियों को रेखांकित करते हुए एक शोध ने स्कूल–फॉर्म, कृषि के उपकरण एवं कृषि की प्रयोगशालाओं जैसे संसाधनों की कमी तथा कुछ संस्थागत कठिनाइयों यथा शिक्षकों पर कार्य का बोझ आदि को इसका मुख्य कारण माना है। इसके अतिरिक्त ग़ैर–संस्थागत कारण जैसे, कृषि की मौसम पर निर्भरता, कृषि में अत्यधिक श्रम की ज़रूरत तथा कृषकों की आर्थिक विपन्नता जैसे सामाजिक–आर्थिक कारकों को भी कृषि में अरुचि उत्पन्न करने की दिशा में उत्तरदायी माना गया है (वेथेरा, 2013, पृ. 171)।

वर्ष 2007 में संयुक्त राज्य अमेरिका में प्रारम्भिक और जूनियर हाई स्कूल स्तर पर इलिनॉयस काउंटी में किये गये एक सर्वेक्षण से ज्ञात हुआ कि कृषि को पाठ्यक्रम में समाविष्ट करने में बड़ी कठिनाई होती है, जिसका प्रमुख कारण संसाधनों का अभाव है। पाठ्यक्रम से सम्बन्धित संसाधन, प्रयोग–कार्य व क्रियाकलापों का अभाव कृषि–शिक्षा को स्कूल पाठ्यक्रम में समाविष्ट करने में अवरोध उत्पन्न करते हैं। अमेरिका में 'कक्षा में कृषि' इस संकल्पना की बुनियाद 1977 में इलिनॉयस काउंटी के एक शिक्षक

ने रखी, जिसके द्वारा 1981 में सरकारी सहायता से कृषि–स्कूल कार्यक्रम का प्रारम्भ हुआ। 2010 में किये गये एक सर्वेक्षण के अनुसार माध्यमिक स्तर पर पंजीकृत विद्यार्थियों में मात्र 12% विद्यार्थियों को किसी–न–किसी रूप में कृषि का ज्ञान प्रदान किया जाता था (मर्सर, 2015)।

एक अन्य शोध में सेंट्रल लोवा क्षेत्र के स्कूलों में किये गये सर्वेक्षण से यह ज्ञात होता है कि माध्यमिक व जूनियर हाई स्कूल स्तर के शिक्षकों का यह मानना था कि कृषि–पाठ्यक्रम को विभिन्न विषयों यथा विज्ञान, सामाजिक विज्ञान, गणित, भूगोल, साहित्य आदि के साथ सम्बन्धित कर के कृषि में अभिरुचि उत्पन्न की जा सकती है (नॉब्लोच, 1997)।

औपनिवेशिक भारत में कृषि-शिक्षा का विकास

औपनिवेशिक भारत में कृषि–शिक्षा की औपचारिक नीति की बुनियाद बीसवीं शताब्दी के प्रथम दशक में हुई, परन्तु उन्नीसवीं शताब्दी के अन्त में जे.ए. वोल्कर की 'रिपोर्ट ऑन दि इम्प्रूवमेंट ऑफ़ इंडियन एग्रीकल्चर' में कृषि–शिक्षा का उल्लेख मिलता है। इस रिपोर्ट में वोल्कर ने कृषि–शिक्षा के स्वरूप, पाठ्यचर्या तथा पाठ्यक्रम के शिक्षा के विभिन्न स्तरों यथा, प्राथमिक, माध्यमिक और उच्च स्तर में शिक्षण का विस्तार से वर्णन किया है। इस रिपोर्ट के अनुसार कृषि–शिक्षा एक ऐसा माध्यम है जो कृषकों को ज्ञानार्जन द्वारा आत्मनिर्भर और सशक्त बनाता है। वस्तुतः सरकार द्वारा कृषि–क्षेत्र में किये जा रहे आमूलचूल परिवर्तन तब तक प्रभावी नहीं हो सकते जब तक कृषक स्वयं नवीन ज्ञान एवं चुनौतियों के लिए जागरूक न हों। यही नहीं, बहुराष्ट्रीय कम्पनियों के निवेश से कृषि–क्षेत्र बीज, उर्वरक, कीटनाशक, उपकरण आदि का एक बड़ा बाज़ार बनता जा रहा है। वोल्कर के अनुसार कृषक समाज के मध्य शिक्षा के व्यापक प्रसार से जहाँ एक ओर कृषक के ज्ञान में अभिवृद्धि होगी, वहीं दूसरी ओर जागरूक कृषक सरकारी अफ़सरों से भयमुक्त हो सकेगा तथा अपने अधिकारों के लिए जागरूक बनेगा। इसके अतिरिक्त उन्हें अपनी समस्याओं को उचित मंच पर उठाने में मदद मिलेगी तथा नवीन विचारों को सहज रूप से ग्रहण करने में भी सहायता मिलेगी। अतः यह कहा जा सकता है कि शिक्षा न केवल कृषक को अपने अधिकारों के लिए जागरूक करायेगी, वरन नवीन ज्ञान के अधिग्रहण तथा उसके व्यावहारिक उपयोग में मदद करेगी (वोल्कर, पृ. 378)।

वोल्कर ने शिक्षा के प्राथमिक, माध्यमिक तथा उच्च स्तर के लिए पाठ्यचर्या की विस्तृत योजना अपनी रिपोर्ट में दी है, जिसका यहाँ संक्षेप में वर्णन किया गया है। उसके अनुसार हाई स्कूल स्तर पर सामान्य विज्ञान की शिक्षा पर विशेष बल दिया जाये तथा प्रयोगात्मक ज्ञान के लिए एक इलस्ट्रेशन फार्म (Illustration farm) में उस क्षेत्र में उगाये जाने वाली फ़सलों को दिखाया जाये। मिडिल स्तर पर वनस्पतिविज्ञान तथा फ़िज़ियोलॉजी का विशेष अध्ययन कराया जाये। कृषि की उच्च शिक्षा के लिए वोल्कर ने स्नातक स्तर पर विज्ञान–शिक्षा के साथ कृषि से सम्बन्धित विषयों यथा कृषि रसायनविज्ञान, मृदाविज्ञान, कृषिशास्त्र को समावेशित करने का सुझाव दिया (वोल्कर, 1893)।

भारत में बीसवीं शताब्दी के आरम्भ में अकाल, महामारी तथा बेरोज़गारी ने जनमानस को आर्थिक रूप से झकझोर दिया था। तत्कालीन गवर्नर जनरल कर्ज़न का यह विश्वास था कि विज्ञान के प्रयोग से कृषि की समस्याओं को सुलझाया जा सकता है। इसी उद्देश्य की पूर्ति के लिए कर्ज़न ने अमेरिका के उद्योगपति हेनरी फिप्प द्वारा प्रदान अनुदान से इंडियन एग्रीकल्चर रिसर्च इंस्टिट्यूट की दरभंगा (बिहार) में 1905 में स्थापना की। यह पूसा इंस्टिट्यूट (फिप्प ऑफ़ यू.एस.ए., PUSA) के नाम से विख्यात हुआ (रंधावा, 1983, 270)। इस संस्थान में कृषि के विभिन्न विषयों में परास्नातक स्तर की शिक्षा तथा अनुसन्धान की व्यवस्था की गयी। इसी के साथ–साथ तत्कालीन सरकार ने कृषि–शिक्षा को बढ़ावा देने के लिए देश के विभिन्न भागों में क्षेत्र विशेष की आवश्यकताओं को ध्यान में रखते हुए कृषि की समस्याओं के समाधान के लिए कृषि महाविद्यालयों की स्थापना की। कालान्तर में पंजाब के लायलपुर, संयुक्त प्रान्त में कानपुर, बॉम्बे प्रेसीडेंसी में पूना, केन्द्रीय प्रान्त में नागपुर, मद्रास प्रेसीडेंसी में कोयम्बटूर तथा बंगाल में साबूर में कृषि महाविद्यालयों की स्थापना की गयी (मंगम्मा, 1990, 45)। इन महाविद्यालयों में शिक्षा प्रदान करने का मुख्य उद्देश्य सरकार के कृषि–विभाग के लिए योग्य अधिकारी प्रदान करना तथा वैज्ञानिक अनुसन्धान दवारा नक़दी फ़सलों के उत्पादन में वृद्धि करना था। देश के विभिन्न भागों में स्थापित यह महाविद्यालय भारतीय कृषि की समस्याओं को मूलरूप से सुलझाने में असमर्थ थे और इनमें आने वाले विद्यार्थी सरकारी नौकरी के प्रलोभन में कृषि–शिक्षा का

चयन करते थे। महाविद्यालय स्तर पर कृषि–शिक्षा की प्रभावहीनता को देखते हुए जून, 1917 में शिमला में आयोजित कृषि–शिक्षा के सम्मेलन में पहली बार कृषि–शिक्षा को विद्यालय स्तर पर पाठ्यक्रम में सम्मिलित करने का प्रस्ताव पारित किया गया तथा इस बात को भी रेखांकित किया गया कि तत्कालीन शिक्षा–व्यवस्था ग्रामीण भारत की आवश्यकताओं की पूर्ति करने में सक्षम नहीं है। इस समस्या का मूल कारण सन्दर्भविहीन पाठ्यपुस्तकें तथा अध्यापकों के प्रशिक्षण का अभाव है। इस बात को भी स्वीकार किया गया कि उन्नत कृषि पद्धतियों के प्रदर्शन से जहाँ एक ओर युवा कृषक नवीन ज्ञान को सीख सकेंगे, वहीं कृषि–शिक्षा भविष्य के लिए कुशल कृषक को तैयार करने में मदद करेगी। इन बिन्दुओं को ध्यान में रखते हुए इस सम्मेलन ने प्रत्येक प्रान्त में कृषि को मिडिल स्कूल या उच्च प्राथमिक स्कूल के पाठ्यक्रम में सम्मिलित करने की संस्तुति दी। कृषि–शिक्षा का उद्देश्य विद्यार्थियों को उन्नत कृषि में प्रशिक्षित करना था, जिससे वे उस कार्य को वैज्ञानिक ढंग से कर सकें। इन विद्यालयों में शिक्षकों की नियुक्ति कृषि महाविद्यालयों के सफल विद्यार्थियों में से करने का भी प्रस्ताव पारित किया गया (बोर्ड ऑफ़ एग्रीकल्चर, 1918, 90)।

तद्नन्तर, देश के विभिन्न प्रान्तों ने इन संस्तुतियों की अपनी तरह से विवेचना कर इनको लागू करने का प्रयास किया। संयुक्त प्रान्त के बुलन्दशहर में एक कृषि विद्यालय की स्थापना की गयी, जिसमें अठारह वर्ष से कम आयु के विद्यार्थियों को प्रवेश दिया जाता था। इस विद्यालय में कृषिविज्ञान तथा जन्तु–चिकित्सा का सैद्धान्तिक एवं प्रयोगात्मक ज्ञान प्रदान किया जाता था। शिक्षा का माध्यम मातृभाषा थी और अंग्रेजी भाषा को एक विषय के रूप में पढ़ाया जाता था। विद्यालय का मासिक शुल्क 3 रुपये था तथा कुछ चयनित विद्यार्थियों को 12 रुपये वार्षिक की छात्रवृत्ति भी प्रदान की जाती थी। इस पाठ्यक्रम के अतिरिक्त फील्डमैन और इंजन ड्राइवर के लघु अवधि प्रशिक्षण की भी व्यवस्था थी (बोर्ड ऑफ़ एग्रीकल्चर, 1924, 38)।

विद्यालय स्तर पर कृषि–शिक्षा को समन्वित करने की यह योजना पंजाब प्रान्त की सरकार द्वारा सामान्य माध्यमिक विद्यालयों में कृषि को वैकल्पिक विषय के रूप में समाविष्ट कर के आरम्भ की गयी, जो बॉम्बे प्रेसीडेंसी तथा संयुक्त प्रान्त में शुरू किये गये विशेष कृषि–विद्यालयों से

भिन्न व्यवस्था थी। पंजाब प्रान्त में कृषि को शिक्षा–विभाग द्वारा संचालित विद्यालयों में एक विषय के रूप में पढ़ाया जाता था। इसके प्रभावी अध्ययन के लिए प्रत्येक विद्यालय के साथ एक उद्यान सम्बद्ध होता था, जिससे विद्यार्थी कक्षा में प्राप्त सैद्धान्तिक ज्ञान को व्यावहारिक रूप से स्वयं कर के समझ सकें (बोर्ड ऑफ़ एग्रीकल्चर, 1924, 39–40)। पंजाब में इस तरह के 66 विद्यालयों में कृषि–शिक्षा प्रदान की जाती थी, जिसमें से 26 विद्यालयों के साथ फार्म तथा 40 विद्यालयों के साथ उद्यान सम्बद्ध थे (रॉयल कमीशन ऑन एग्रीकल्चर, 1928, 534)। इन विद्यालयों में कृषि–शिक्षक की नियुक्ति लायलपुर के कृषि महाविद्यालय के सफल विद्यार्थियों में से की जाती थी। विद्यालय में कृषि–शिक्षक बनाने हेतु इस महाविद्यालय में एक वर्ष का विशेष पाठ्यक्रम चलाया जाता था।

बंगाल ने भी पंजाब की तर्ज पर कृषि–शिक्षा को सामान्य माध्यमिक विद्यालयों में समावेशित करने का प्रयास किया, जो सफल रहा। कालान्तर में संयुक्त प्रान्त में भी कृषि–शिक्षा को सामान्य विद्यालय पाठ्यक्रम में समावेशित किया गया। भारत सरकार द्वारा 1928 में कृषि की समस्याओं की जाँच के लिए नियुक्त 'रॉयल कमीशन ऑन एग्रीकल्चर इन इंडिया' ने कृषि–शिक्षा सम्बन्धी अपनी समीक्षा में पंजाब प्रान्त के कृषि–शिक्षा के मॉडल की प्रशंसा की तथा इसको सम्पूर्ण देश में लागू करने का सुझाव दिया। इस कमीशन ने यद्यपि इस बात को रेखांकित किया कि कृषि पाठ्यक्रम क्षेत्रीय आवश्यकताओं के अनुरूप हों। साथ ही इस कमीशन ने कृषि–शिक्षा के लिए अलग से चलाये जा रहे विद्यालयों को अस्वीकार किया क्योंकि ये विद्यालय प्रचलित शिक्षा–व्यवस्था से अलग–थलग रहे और कृषक समाज को अपनी ओर आकर्षित करने में असमर्थ रहे। यही नहीं, अध्यापकों की प्रशिक्षण–सम्बन्धी समस्याओं तथा प्रान्तीय विविधताओं को ध्यान में रखते हुए वोकेशनल स्कूल (कृषि) के स्थान पर वर्नाकुलर मिडिल स्कूल में कृषि का शिक्षण प्रदान करना अधिक प्रभावी माना गया (रॉयल कमीशन ऑन एग्रीकल्चर, 1928, 536)।

कृषि–शिक्षा के क्षेत्र में सरकारी प्रयासों के साथ–साथ ईसाई मिशनरी, धार्मिक संगठनों और कुछ व्यक्तियों द्वारा किये गये प्रयासों ने शिक्षा के लिए नवीन प्रकार के मॉडल प्रदान किये। खालसा कॉलेज, अमृतसर ने कृषि–शिक्षा के क्षेत्र में एक जीवन्त उदाहरण प्रस्तुत किया। यूँ तो इस

कॉलेज की स्थापना 1892 में हुई थी, पर यहाँ 1915 से जी.ए. वाथन (G.A. Wathen) के नेतृत्व में हाई स्कूल स्तर पर कृषि–शिक्षा को समावेशित किया गया था (ब्रूनर, 2018, 82)। इस विद्यालय में संचालित कृषि–फार्म, डेयरी तथा सहकारी संस्था ने पंजाब क्षेत्र में अपनी एक मिसाल क़ायम की। इस कॉलेज की शिक्षा–व्यवस्था ग्रामीण पुनर्निर्माण के मॉडल के साथ–साथ एक नयी एवं उन्नतशील शिक्षा–व्यवस्था का भी सफल प्रयोग सिद्ध हुई। इस संस्था में 1920–30 के दशक में विदेश में शिक्षित भारतीयों ने शिक्षक के रूप में अपनी सेवाएँ दीं, जिससे अन्तर्राष्ट्रीय स्तर पर ग्रामीण विकास के क्षेत्र में विकसित हो रहे नये विचारों, अनुभवों व कौशल का भी इसे लाभ प्राप्त हुआ।

मिशनरी संस्थाओं ने कृषि–विकास के क्षेत्र में अत्यन्त महत्त्वपूर्ण भूमिका निभायी। संयुक्त प्रान्त के इलाहाबाद नगर में 1910 में 'इंस्टिट्यूट ऑफ़ एग्रीकल्चर' की स्थापना वाल्श मिशनरी सैमुएल हेगैंबोटम (Samuel Higgenbottom) ने की। इस इंस्टिट्यूट में कृषि को व्यावहारिक रूप से पढ़ाया जाता था, जिसके चलते विद्यार्थी प्रत्येक दिन खेत में अधिक से अधिक समय लगाते थे और वे समीप के गाँवों में जा कर कृषक के सीमित संसाधनों के कारण उनके समक्ष आने वाली कृषि सम्बन्धित समस्याओं को समझने का प्रयास करते थे। विद्यार्थियों का इस प्रकार से कृषि को समझने का प्रयास इसलिए महत्त्वपूर्ण था, क्योंकि इंस्टिट्यूट में पढ़ने वाले अधिकतर विद्यार्थी शहरी पृष्ठभूमि से आते थे, जिसके कारण उन्हें ग्रामीण परिवेश का तनिक भी ज्ञान नहीं होता था (हेस, 1968)।

रेय कार्टर, प्रेस्बीटेरियन मिशनरी (Ray Carter, presbeterain missionary) ने पंजाब के मोगा कस्बे में कृषि–शिक्षा के लिए सामुदायिक मिडिल स्कूल खोला तथा कुछ वर्षों बाद शिक्षकों के प्रशिक्षण के लिए विद्यालय भी प्रारम्भ किया गया। 1914 से इस विद्यालय के संचालन के लिए मिशन ने अमेरिकी तीन शिक्षकों यथा विलियम मैकी (William McKee), आर्थर (Arther) और इरीन हार्पर (Irene Harper) को पंजाब भेजा। ये सब जॉन ड्यूई के सुधारवादी विचारों से प्रभावित थे। इन तीनों ने कोलम्बिया विश्वविद्यालय से उच्च शिक्षा प्राप्त की थी (हेस, 1968)। मोगा विद्यालय ने शिक्षा की 'जीवन केन्द्रित' अवधारणा को प्रारम्भ किया, जिसके अनुसार विद्यार्थी को जीवन की किसी एक विधा को अध्ययन हेतु चुनना था,

जिसके बाद अगले पाँच वर्ष में उन्हें इनमें से कोई एक व्यावसायिक शाखा यथा फार्म, बाज़ार, ग्रामीण समुदाय, गाँव का शहरों से सम्बन्ध जैसे विषयों को जीविकोपार्जन का आधार बनाना होता था। विद्यालय के पाठ्यक्रम से प्रभावित होकर शिक्षा–विभाग, पंजाब सरकार ने प्रान्त के प्राथमिक स्तर के अध्यापकों के प्रशिक्षण–विद्यालयों में इसे संचालित किया। 1932 की सरकारी रिपोर्ट के अनुसार लगभग 200 विद्यालयों में विद्यार्थी फार्म पर कार्य करते थे (हेस, 1968, 30)।

उक्त संस्थागत प्रयासों के अतिरिक्त, रवीन्द्रनाथ टैगोर ने व्यक्तिगत रूप से वैज्ञानिक कृषि के महत्त्व को समझते हुए इस दिशा में नव प्रयास आरम्भ किये। उनके प्रयासों की गम्भीरता का द्योतक यह है कि उन्होंने अपने ग्रामीण पुनर्निर्माण के विचारों को चरितार्थ करने के लिए अपने पुत्र रतीन्द्रनाथ तथा दामाद नागेन्द्रनाथ गंगोपाध्याय को इलीनोइस विश्वविद्यालय, अमेरिका में कृषि व पशुपालन के अध्ययन हेतु भेजा। अमेरिका से शिक्षा प्राप्त कर इन दोनों नवयुवकों ने टैगोर के सपने को मूर्तरूप देने के लिए श्रीनिकेतन संस्था की स्थापना में सहयोग दिया। श्रीनिकेतन में ग्रामीण पुनर्निर्माण के विभिन्न कार्यों यथा, नयी प्रजाति की फ़सलों को उगाना, नयी एवं उन्नत कृषि–तकनीकी का प्रयोग, आधुनिक कृषि–यन्त्रों का उपयोग, उन्नत बीज तथा खाद का उपयोग, मृदा की जाँच की विधियाँ तथा कृषि–उपज को बाज़ार उपलब्ध कराने जैसे कार्यों को किया जाता था। यही नहीं, यह संस्था अप्रेंटिसशिप (apprenticeship) व्यवस्था द्वारा प्रशिक्षण भी प्रदान करती थी। वस्तुतः श्रीनिकेतन ऐसी संस्था थी जो सैद्धान्तिक व व्यावहारिक ज्ञान के अन्तर को पाटते हुए स्वयं ग्रामीण समुदाय की समस्याओं को अध्ययन का केन्द्र बनाकर उनका निदान प्रदान करती थी, न कि बिना उनकी परिस्थितियों को समझे उनके ऊपर कोरे ज्ञान को थोपती थी (राहा, 2016)।

ब्रिटिश सरकार ने भारत में ग्रामीण विकास की पूर्ण रूप से अवेहलना की। इस शताब्दी के दूसरे दशक में गाँधी जी के विचारों ने सामाजिक एवं राजनीतिक चेतना के विकास के साथ ही साथ ग्रामीण विकास को राजनीतिक बल प्रदान किया। 1937 में वर्धा शिक्षा संगोष्ठी में गाँधी जी की नयी तालीम की योजना शिक्षा को औपनिवेशिक शिक्षा से बन्धन मुक्त करने की दिशा में एक ठोस प्रयास थी। गाँधी जी की इस योजना में

समाज के हाशिये पर खड़े लोगों के किये जाने वाले उत्पादक कार्य को पाठ्यक्रम के केन्द्र में रख कर उससे ज्ञान, मूल्यों के विकास तथा कौशल का संवर्धन किया जा सकता है। गाँधी जी का यह विश्वास था कि ज्ञान व्यापक रूप से श्रम आधारित कार्य करने वाले जनमानस में फैला हुआ है, जिसकी औपनिवेशिक शिक्षा–व्यवस्था पूर्णरूप से अवहेलना करती है (सद्गोपाल 2016)।

भारत की दयनीय स्थिति तथा महात्मा गाँधी के ग्रामीण स्वराज के दर्शन ने औपनिवेशिक सरकार को भारत की ग्रामीण समस्याओं को विस्तारपूर्वक समझने के लिए बाध्य किया। सरकार ने 1928 में 'रॉयल कमीशन ऑन एग्रीकल्चर' का गठन किया जिसने भारत में ग्रामीण–विकास की समस्या का विस्तृत अध्ययन किया। रॉयल कमीशन ने यह स्वीकार किया कि भारत में ग्रामीण क्षेत्रों के विकास के बिना कृषि में विकास अधूरा है और इस विकास को मूर्त रूप प्रदान करने के लिए ग्रामीण जनमानस में शिक्षा के व्यापक प्रचार–प्रसार की महती आवश्यकता है। ब्रिटिश सरकार की शिक्षा सम्बन्धी नीतियों में किसान की शिक्षा पर कोई ध्यान नहीं दिया गया था। कृषि–शिक्षा का मुख्य उद्देश्य बड़े ज़मीदारों, कुलीन वर्ग के सदस्यों तथा समृद्ध किसानों को कृषि महाविद्यालयों में शिक्षा प्रदान करना रहा, जिससे वे प्रान्तीय सरकारों के कृषि–विभाग में अपनी सेवाएँ प्रदान कर सकें। इस नीति में यह विचार किया गया कि इस वर्ग के विद्यार्थी कृषि–विज्ञान के अध्ययन द्वारा कृषि को उन्नत बनायेंगे तथा इस ज्ञान को साधारण किसान तक पहुँचायेंगे। व्यावहारिक रूप से सरकार की यह अवधारणा भ्रामक सिद्ध हुई और देश का आम किसान और भूमिहीन खेतिहर मज़दूर विद्यालय में प्रवेश से वंचित रहा। इस विसंगति को दूर करने के लिए आयोग ने सामान्य माध्यमिक विद्यालयों में कृषि के ज्ञान को समावेशित करने का सुझाव दिया (रॉयल कमीशन ऑन एग्रीकल्चर, 1298)।

स्वतन्त्र भारत में कृषि-शिक्षा के लिए प्रयास

भारत एक कृषि प्रधान देश रहा है, परन्तु स्वतन्त्रता प्राप्ति के बाद भारत पूर्णरूप से खाद्यान्न के क्षेत्र में आत्मनिर्भर नहीं था। अतः 1948 में भारत में उच्च शिक्षा में सुधार के लिए गठित विश्वविद्यालय आयोग, जिसे राधाकृष्णनन आयोग के नाम से जाना जाता है, ने ग्रामीण भारत

के विकास के लिए ग्रामीण विश्वविद्यालय का सुझाव रखा। आयोग के अनुसार ग्रामीण भारत में विद्यालय स्तर की शिक्षा का मुख्य उद्देश्य स्थान विशेष की परिस्थितियों व आवश्यकताओं से परिचित कराना होना चाहिए। (विश्वविद्यालय कमीशन, 1949, पृ. 171) ग्रामीण क्षेत्रों में माध्यमिक स्तर पर आवासीय विद्यालय हों, जो गाँव के लिए ग्रामीण स्वास्थ्य, ग्रामीण पुस्तकालय, ग्रामीण कृषि–सहायता केन्द्र, सहकारी बैंक एवं अन्य सुविधाएँ प्रदान कर सकें। विद्यालय स्तर की शिक्षा को 'एकीकृत सामाजिक शिक्षा' के रूप में विकसित करने का सुझाव दिया गया जिससे विद्यार्थी जब विद्यालय से निकलें तो गाँव के विकास में अपना योगदान कर सकें। गाँधी जी द्वारा प्रदत्त 'बुनियादी शिक्षा' को इन विद्यालयों के पाठ्यक्रम का आधार बनाने की संकल्पना की गयी (विश्वविद्यालय कमीशन, पृ. 488)। राजनीतिक रूप से इस आयोग की संस्तुतियों को राज्य का समर्थन न मिलने के कारण इसे कभी भी मूर्तरूप प्रदान नहीं कराया जा सका।

भारत सरकार ने 1950 के दशक में माध्यमिक स्तर पर शिक्षा को विश्वविद्यालय की शिक्षा तथा भारत के औद्योगिक विकास के लिए कुशल श्रमिकों के निर्माण के लिए अपरिहार्य माना। इस ध्येय की पूर्ति के लिए 1952 में डॉ. ए. लक्ष्मीनारायण मुदालियार की अध्यक्षता में माध्यमिक शिक्षा आयोग का 1952 में गठन किया गया (रिपोर्ट ऑफ़ दि सेकेंडरी एजुकेशन कमीशन, 1953, III)। इस आयोग ने सीनियर बेसिक और हाई स्कूल स्तर के पाठ्यक्रम में व्यावसायिक ज्ञान को समावेशित करने का सुझाव दिया। आयोग ने हाई स्कूल स्तर में मुख्य रूप से पाँच व्यवसायों/संकायों यथा मानविकी (Humanities), विज्ञान (Sciences), तकनीकी (Technical), कृषि (Agriculture), ललित कलाएँ (Fine Arts) और गृह–विज्ञान (Home Science) को वैकल्पिक समूह के रूप में प्रदान करने का सुझाव दिया। आयोग का यह मानना था कि इन विषय समूहों को लेने से यह सुनिश्चित नहीं होता कि विद्यार्थी को उस विषय का सम्पूर्ण ज्ञान हो जायेगा, परन्तु वह व्यक्ति सामान्य रूप से उस विषय का ज्ञान प्राप्त करेगा, जिससे भविष्य में इस दिशा में आगे बढ़ने में मदद मिलेगी (रिपोर्ट ऑफ़ दि सेकेंडरी एजुकेशन कमीशन, 1953, III, 71)। विद्यालय में इन संकायों की शिक्षा को प्रभावी रूप से संचालित करने के लिए प्रयोगात्मक कार्य अति महत्त्वपूर्ण था। अतः सुविधाएँ उपलब्ध कराना अत्यन्त चुनौतीपूर्ण था। यही नहीं, धन

की भी महती आवश्यकता थी। राजनीतिक कारणों से विद्यालय–शिक्षा के प्रति उदासीनता के कारण तत्कालीन सरकार/सरकारें इन संस्तुतियों को सही भावना के साथ क्रियान्वित करने में असमर्थ रहीं।

कोठारी कमीशन (1964–66) ने विद्यालय–शिक्षा से सम्बन्धित अपनी अनुशंसाओं में कृषि को शिक्षा के विभिन्न स्तरों में समाविष्ट करने का सुझाव दिया। आयोग के अनुसार राज्य प्राथमिक और माध्यमिक स्तर पर कृषि–शिक्षा को विशेष विद्यालयों में प्रदान करने में विफल रहे हैं। यद्यपि आयोग ने इस बात पर बल दिया कि शहरी और ग्रामीण क्षेत्रों के माध्यमिक विद्यालयों में पाठ्यक्रम के द्वारा कृषि के लिए सम्मान व रुचि उत्पन्न करने की आवश्यकता है। ग्रामीण क्षेत्रों के विद्यालयों हेतु आयोग ने माध्यमिक स्तर पर विज्ञान–शिक्षण में कृषि पर विशेष बल देने का सुझाव दिया, परन्तु आयोग ने इस बात को मुख्य रूप से रेखांकित किया कि ग्रामीण तथा शहरी विद्यार्थियों के ज्ञान का स्तर समान हो तथा उनके लिए उपलब्ध उच्च शिक्षा की सम्भावनाएँ भी समान हों। ग्रामीण क्षेत्रों में प्राथमिक तथा माध्यमिक स्तर के विद्यालयों में शिक्षा का उद्देश्य मुख्य रूप से विद्यार्थी को ग्रामीण परिस्थितियों से अवगत कराना होना चाहिए तथा एक सामान्य प्रशिक्षण प्रदान करना चाहिए (रिपोर्ट ऑफ़ दि एजुकेशन कमीशन, 1965, 112)। आयोग ने ग्रामीण क्षेत्र के माध्यमिक विद्यालयों में गणित व विज्ञान के शिक्षण पर अधिक महत्त्व देने की बात कही जिससे विद्यार्थी कृषि में हो रहे परिवर्तनों को ठीक प्रकार से समझ सकें। इन विद्यालयों में कृषि पर आधारित कार्य–अनुभव को पाठ्यक्रम में सम्मिलित करने की भी संस्तुति दी। आयोग ने ग्रामीण क्षेत्रों के विद्यालयों में विज्ञान की शिक्षा तथा कार्य–अनुभव पर विशेष बल तो दिया, परन्तु इन विद्यालयों में मूलभूत सुविधाओं यथा प्रयोगशालाओं और विज्ञान–अध्यापकों के अभाव में ये संस्तुतियाँ अप्रभावी सिद्ध हुईं। कृष्ण कुमार का कहना है कि आयोग ने गाँधी जी की बेसिक शिक्षा के स्थान पर सामान्य शैक्षिक पाठ्यक्रम को महत्त्व दिया जो ग्रामीण विद्यालयों के लिए अप्रभावी साबित हुआ (कुमार 1996, 2373)। भारत में कृषि के क्षेत्र में इसी समय हरित क्रान्ति ने देश को खाद्यान्न उत्पादन के क्षेत्र में आत्मनिर्भरता की ओर अग्रसर किया। शान्ता कुमार अपने वर्किंग पेपर में हरित क्रान्ति के स्कूली शिक्षा पर पड़ने वाले प्रभाव को दो प्रकार से रेखांकित करते हैं। प्रथम, तकनीकी

परिवर्तन स्वाभाविक रूप से लोगों को शिक्षा के लिए प्रेरित करेगा, जिससे वह ज्ञान का उपयोग नवीन तकनीकी को समझने में कर सकें। दूसरा यह कि हरित क्रान्ति से लोगों की आय में वृद्धि हुई, जिसके फलस्वरूप वे शिक्षा की ओर अग्रसर हुए। हरित क्रान्ति ने समाज में परिवर्तन नहीं किया, बल्कि इसका लाभ बड़े व उच्च वर्ग के कृषकों को अधिक मिला (शान्ता कुमार, 2016, 10)।

हाल के वर्षों में पाठ्यक्रम को राष्ट्रीय पाठ्यचर्या रूपरेखा 2005 के अनुसार पुनर्नियोजित करने का प्रयास किया गया। एन.सी.एफ़.–2005 में विज्ञान–शिक्षण को विद्यार्थी के चारों ओर के वातावरण से सम्बन्धित करने की बात तो की गयी है, परन्तु इस दिशा में कोई ठोस प्रयास नहीं किये गये (एन.सी.एफ़.–2005, 55)। पाठ्यक्रम में कृषि एवं ग्रामीण परिस्थितियों का पूर्ण अभाव है। अभी भी माध्यमिक स्तर पर विज्ञान–शिक्षण रटने की विधि द्वारा कराया जाता है।

वर्तमान में कृषक की स्थिति और शिक्षा का महत्त्व

भारत में कृषि सम्बन्धी प्रचार–प्रसार सेवाओं का विस्तार 1970 के दशक में विश्व बैंक के ट्रेनिंग एंड विजिट सिस्टम (Training and Visit System) से हुआ। इस परियोजना के अन्तर्गत भारतीय कृषि अनुसन्धान परिषद् (आई.सी.ए.आर.–ICAR) ने कृषि–विज्ञान केन्द्र या फार्म साइंस सेंटर, लैब टू लैंड प्रोग्राम (Lab to Land Programme), ऑपरेशनल रिसर्च प्रोग्राम (Operational Research Programme) को प्रारम्भ किया। कृषि–विज्ञान केन्द्रों की स्थापना का मुख्य उद्देश्य कृषकों को उनकी आवश्यकता के अनुरूप प्रशिक्षण देना तथा उनके कौशल में वृद्धि करना था। भारत में आज 680 कृषि–विज्ञान केन्द्र हैं, जिनमें से 460 राजकीय कृषि विश्वविद्यालयों तथा केन्द्रीय कृषि विश्वविद्यालयों, 64 आई.सी.ए.आर. द्वारा संचालित संस्थानों, 102 स्वयंसेवी संस्थानों द्वारा, 36 राज्य सरकारों, 3 पी.एस.यू. (PSU) तथा 15 अन्य शिक्षण संस्थानों द्वारा चलाये जा रहे हैं (http://www.atarijodhpur-res-in@about.kvks.html)।

भारत सरकार ने 1998 में किसानों तक तकनीक तथा नवीन ज्ञान के प्रसार के लिए लघु स्तर पर 28 ज़िलों में एग्रीकल्चरल टेक्नालॉजी मैनेजमेंट एजेंसी (Agricultural Technology Management Agency–ATMA) की

शुरुआत की, जिसका विस्तार 548 ज़िलों में किया गया। इस योजना का मुख्य उद्देश्य ज़िला स्तर पर सरकार द्वारा कृषि–प्रसार के लिए चलाये जा रहे कार्यक्रमों का समन्वयन करना तथा कृषि–प्रसार, अनुसन्धान तथा तकनीक के प्रसार में सहायता प्रदान करना है। इन सब प्रयासों के बावजूद नेशनल सैम्पल सर्वे के वर्ष 2012 के आँकड़ों के अनुसार भारत के मात्र 40% कृषक परिवारों को विभिन्न परियोजनाओं द्वारा तकनीकी सहायता उपलब्ध है। इसी सर्वे से यह भी ज्ञात होता है कि कृषकों के मध्य ज्ञान के प्रसार में सबसे प्रभावी साधन प्रगतिशील किसान से संवाद और रेडियो, टी.वी. और इंटरनेट से प्राप्त सूचना हैं (एन.एस.एस.ओ. 2014, पृ. 38)। भारत में जनसंख्या वृद्धि तथा भूमि के बँटने के कारण खेत की औसत माप 2.82 हेक्टेयर से घटकर 1.16 हेक्टेयर रह गयी है। छोटे और मझोले किसान खेती से सम्बन्धित ज्ञान को पाने में सबसे अधिक वंचित वर्ग हैं। बड़े, मझोले और छोटे किसानों का ज्ञान को ग्रहण करने का प्रतिशत क्रमशः 54, 51 और 38 रहा (एन.एस.एस.ओ., 2005)। वर्तमान में कृषक के सशक्तीकरण के लिए खेती में नवीन तकनीक के उपयोग के अलावा बाज़ार, खाद्य–प्रसंस्करण, कृषि–बीमा, उपज के मूल्य–निर्धारण आदि का ज्ञान भी महत्त्वपूर्ण है। भारत में प्राकृतिक संसाधनों के निरन्तर दोहन तथा सीमित संसाधनों के सतत उपयोग से कृषक के लिए खेती करना चुनौतीपूर्ण बनता जा रहा है। अतः विद्यालय पाठ्यक्रम में कृषि के विभिन्न आयामों से सम्बन्धित ज्ञान का समावेशन करना समय की माँग है।

कृषि–शिक्षा : नयी दिशा और नयी पहल

कृषि–शिक्षा के महत्त्व को वर्तमान समय में सरकार तथा ग़ैर–सरकारी संगठनों द्वारा समझा जा रहा है और इस क्षेत्र में कुछ रोचक प्रयोग भी सामने आ रहे हैं। प्रस्तुत लेख के इस भाग में कुछ ऐसे ही प्रयोगों का वर्णन किया जा रहा है। इस वर्णन द्वारा इस दिशा में हो रहे प्रयासों से समाज में इनके प्रभाव तथा इस कार्य को करने की दिशा में सामने आ रही चुनौतियों को समझने में मदद मिलेगी।

उत्तर प्रदेश के उन्नाव ज़िले में बालिकाओं के लिए अंग्रेज़ी माध्यम में कृषि आधारित प्राथमिक विद्यालय 'गुड हार्वेस्ट स्कूल' का प्रारम्भ 2016 में हुआ। इस विद्यालय का अभी बड़ा भवन तो नहीं है, परन्तु एक फार्म,

नर्सरी, सीड बैंक और कुछ मवेशी हैं। विद्यालय में एक पशुपालन केन्द्र है, जिसमें गाय, बकरी, बतख़, खरगोश आदि जानवर हैं। विद्यालय का मुख्य उद्देश्य बालिकाओं को सौहार्दपूर्ण वातावरण में ज्ञान प्रदान कर एक मिसाल के रूप में समाज में अपने को स्वावलम्बी बनाना है। समग्र ग्रामीण विकास के लिए सतत कृषि तथा पर्यावरण अनुकूल कृषि, जिसमें मृदा–सरंक्षण, प्राकृतिक संसाधनों का समुचित प्रबन्धन, जैव–विविधता, खाद्यान–सुरक्षा–शामिल है, ग्रामीण रोज़गार के लिए आवश्यक हैं (श्रीवास्तव, 2017)। साथ ही–साथ बालिकाओं को कृषि तथा उससे सम्बन्धित सभी क्रिया–कलापों का ज्ञान प्रदान करना और कृषि–क्षेत्र में पलायन को हतोत्साहित करना भी इसका उद्देश्य है। विद्यालय–प्रबन्धन शिक्षाविदों तथा कृषि–विज्ञान केन्द्र के वैज्ञानिकों के सहयोग से प्राथमिक स्तर के लिए पाठ्यक्रम–निर्माण करने का प्रयास कर रहे हैं। खेल–खेल में सिखाना, कहानी सुनाना, चित्र दिखाना और कविता सुनना पाठ्यविधि के मुख्य अंग हैं। समय–समय पर विद्यार्थियों को चिड़ियाघर एवं मछलीघर ले जा कर उनमें पर्यावरण के प्रति रुचि जाग्रत करने का प्रयास किया जाता है। कृषि तथा उससे सम्बन्धित प्रक्रियाओं को समझने के लिए फ़सल की कटाई के बाद कोल्ड स्टोरेज और मंडी (थोक बाज़ार) भी ले जाया जाता है। अतः यह विद्यालय 'केयर ऑफ़ दि अर्थ, केयर ऑफ़ दि पीपुल, रिटर्न ऑफ़ सरप्लस टू अर्थ एंड पीपुल' (Care of the Earth, Care of People, Return of Surplus to Earth and People) के ध्येय की भावना के साथ आगे बढ़ रहा है (श्रीवास्तव, 2017)।

'विद्या वनम', तमिलनाडु के कोयम्बटूर ज़िले से 30 किलोमीटर की दूरी पर अनैकट्टी (Anikatti) गाँव में 350 विद्यार्थियों को शिक्षा प्रदान करने का कार्य कर रहा है। इस विद्यालय का प्रारम्भ प्रेमा रंगचारी ने विशेष रूप से इरुला (Irula) आदिवासी समुदाय के बालकों को शिक्षित करने के लिए किया था, पर अब इस विद्यालय में दलित व अन्य पिछड़ा वर्ग के बच्चे भी आते हैं। इस विद्यालय में आदिवासी व दलित समाज के विद्यार्थियों के लिए निःशुल्क शिक्षा का प्रबन्ध है, परन्तु अन्य विद्यार्थियों से प्रति माह 200 रुपये का शुल्क लिया जाता है। विद्यालय में विज्ञान–शिक्षण में कृषि–सम्बन्धी नवीन ज्ञान यथा जेनेटिकली मोडीफाइड क्रॉप, ट्रांसजेनिक, आर्गेनिक फार्मिंग, सस्टेनेबिल एग्रीकल्चर, पेस्ट कंट्रोल आदि पर विशेष बल

दिया जाता है। विद्यालय के साथ एक फार्म भी जुड़ा है जिसमें विद्यार्थी स्वयं उद्यम कर के सीखते हैं (साईंनाथ, 2018)।

वर्तमान में विद्यालय–शिक्षा एक चुनौतीपूर्ण अवस्था से गुज़र रही है। यह शिक्षा न तो विद्यार्थी को उसके सामाजिक सरोकार के लिए चिन्तनशील बना रही है और न ही उसे आजीविका के लिए तैयार कर रही है। कृषि की समस्याएँ शिक्षित भारत के सन्दर्भ से दूर होती जा रही हैं। अतः शिक्षा और कृषि के बीच परस्पर सम्बन्ध स्थापित करना आवश्यक है। विद्यालय स्तर पर शिक्षा को कृषि एवं ग्रामीण समाज के लिए संवेदनशील बनाकर शिक्षा और कृषि के बीच बढ़ते अन्तर को कम किया जा सकता है।

सन्दर्भ सूची

1. फातिमा, रज़िया (2015), *परसेप्शन ऑफ़ स्कूल स्टूडेंट्स ऑफ़ केरला ऑन एग्रीकल्चर एंड इट्स इंप्लीकेशंस,* एब्सट्रेक्ट ऑफ़ एम.एससी. थीसिस, कॉलेज ऑफ एग्रीकल्चर, वेलानीक्करा, त्रिचूर, केरला।
2. गवर्नमेंट ऑफ़ इंडिया (1949), *रिपोर्ट ऑफ़ दि यूनिवर्सिटी एजुकेशन कमीशन,* दिल्ली।
3. गवर्नमेंट ऑफ़ इंडिया (1953), *रिपोर्ट ऑफ़ दि सेकेंडरी एजुकेशन कमीशन मुदालियार कमीशन,* दिल्ली।
4. गवर्नमेंट ऑफ़ इंडिया (1967), *रिपोर्ट ऑफ़ कोठारी कमीशन* 1964–66, दिल्ली।
5. हेस, गैरी आर. (1968), *अमेरिकन एग्रीकल्चरल मिशनरीज़ एंड एफर्ट्स एट इकनॉमिक इंप्रूवमेंट इन इंडिया, एग्रीकल्चरल हिस्ट्री* 42 (1), पृ. 23–34।
6. जोलपालयम, मंगम्मा (1990), *टेक्नीकल एंड एग्रीकल्चरल एजुकेशन अ स्टडी ऑफ़ मद्रास प्रेसीडेंसी,* दिल्ली : कुमार पब्लिशिंग हाउस, पृ. 45।
7. कुमार, दीपक एंड बिपाशा, राहा (2016), *टिलिंग दि लेंड : एग्रीकल्चरल नॉलेज एंड प्रेक्टिसेज़ इन कोलोनियल इंडिया,* दिल्ली : प्राइमस बुक्स।
8. कुमार, कृष्ण (1996), *एग्रीकल्चरल मॉडर्नाइजेशन एंड एजुकेशन : कांटुर्स ऑफ़ अ पाइंट ऑफ़ डिपार्चर, इकनॉमिक एंड पोलिटिकल वीकली* 31 (35/37), पृ. 2367–2369+2371–2373।

9. मर्सर, स्टेफ़नी (2015), फूड एंड एग्रीकल्चर एजुकेशन इन दि यूनाइटेड स्टेटस, www. foodandagpolicy.org।
10. एन.सी.ई.आर.टी. (2005), *नेशनल करिकुलम फ्रेमवर्क 2005*, नयी दिल्ली : नेशनल काउंसिल ऑफ़ एजुकेशनल रिसर्च एंड ट्रेनिंग।
11. (1918), *प्रोसिडिंग्स ऑफ़ दि बोर्ड ऑफ़ एग्रीकल्चर हेल्ड इन पूना ऑन दि 10 दिसम्बर, 1917 एंड फॉलोइंग डेज़ विथ अपेंडिक्स*, केलकटा।
12. रंधावा, एम. एस. (1983), *अ हिस्ट्री ऑफ़ एग्रीकल्चर इन इंडिया 1757–1857, वॉल्यूम* III, नयी दिल्ली : इंडियन काउंसिल ऑफ़ एग्रीकल्चरल रिसर्च।
13. साईनाथ, पी. (2015), *डिबेटिंग राइस इन दि फॉरेस्ट ऑफ़ लर्निंग* www.ruralindiaonline.org/articles/debating-rice-in-the-forest-of-learning1/12A
14. शान्ता कुमार, वी. (1916), *एन इंटरवेंशन इनटू डिबेट्स ऑन 'वर्क–इन–एजुकेशन' एंड स्किल डेवलपमेंट इन इंडिया, वर्किंग पेपर* 3, बेंगलूरु : अज़ीम प्रेमजी यूनिवर्सिटी।
15. श्रीवास्तव, श्रुति (2017), *अ विलेज इन यू. पी. होम टू इंडियाज फर्स्ट ऑल गर्ल्स एग्रीकल्चर प्राइमरी स्कूल*, http:/seminar%20AU/A%20Village%20In%20U.P.%20Is%20Home%20To%20India%E2%80%99s%20First%20All-Girls%20Agricultural%20Primary%20School%20%E2%80%94%20EARTHA.html
16. दि न्यूज़ मिनट (2015), *केरला स्कूल टू इंट्रोड़्युज सस्टेनबिल एग्रीकल्चर एज़ सब्ज़ेक्ट।*
17. https://www.thequint.com/news/india/kerala-school-to-introduce-sustainable-agriculture-as-subject 1/11
18. वोल्कर, जे. (1893), *रिपोर्ट ऑन दि इम्प्रूवमेंट ऑफ़ इंडियन एग्रीकल्चर*।
19. वेथेरा, काबुगी सालोम (2013), *चैलेंजेंस टू टीचिंग एंड लर्निंग ऑफ़ एग्रीकल्चर इन सेकेंडरी स्कूल इन काकुयुनी डिवीज़न, मचकोस काउटी केन्या*, एम.ए. थीसिस, केन्याटा यूनिवर्सिटी।
20. http:/www./statisticstimes.com/economy/sectorwise-gdp-contribution-of-india.php.
21. गवर्नमेंट ऑफ़ इंडिया (2014), *की इंडिकेटर्स ऑफ़ सिचुएशन ऑफ़ एग्रीकल्चरल हाउस होल्ड्स इन इंडिया एन.एस.एस.ओ. 70 राउंड*

जनवरी टू दिसम्बर, 2013, नयी दिल्ली : मिनिस्ट्री ऑफ़ स्टेटिस्टिक्स एंड प्रोग्राम इंप्लीमेंटेशन नेशनल सैंपल सर्वे ऑफ़िस।

22. सद्गोपाल, अनिल (2016), *स्किल इंडिया ऑर डिस्किलिंग इंडिया : एन एजेंडा ऑफ़ एक्सक्लूज़न, इकनॉमिक एंड पोलिटिकल वीकली* एलआई (35)।

23. http://www.atarijodhpur.res.in/about-kvks.html.

24. (1918), *बोर्ड ऑफ़ एग्रीकल्चर,* 90।

20

पाठ्यपुस्तकों में विज्ञान और गणित के अन्तर्सम्बन्ध को दर्शाना

–तान्या सक्सेना

पृष्ठभूमि

सामाजिक बदलावों के चलते विज्ञान के अध्ययन–अध्यापन के उद्देश्यों में भी परिवर्तन आया है। एन.सी.एफ़. 2005 में इन उद्देश्यों और नये परिप्रेक्ष्य की चर्चा बहुत ही विस्तार और उदाहरणों के साथ की गयी है। हम मानते हैं कि इन उद्देश्यों की तरफ़ बढ़ने के लिए विभिन्न माध्यमों में से एक माध्यम पाठ्यपुस्तक है। अतः विज्ञान–शिक्षण में प्रभाव डालने के लिए पाठ्यचर्या एवं पाठ्यपुस्तकों के विश्लेषण और बदलाव पर इस दृष्टि से प्रयत्न किये जाते रहे हैं। ऐसे प्रयत्नों में होशंगाबाद विज्ञान–शिक्षण कार्यक्रम (हो.वि.शि.का.), डी.पी.ई.पी. और लोकजुम्बिश जैसे कार्यक्रमों का ख़ासतौर से विज्ञान–शिक्षण में बड़ा योगदान रहा है।

प्रत्येक विषय की तरह विज्ञान भी दूसरे विषयों मसलन भाषा, गणित, सामाजिक विज्ञान आदि से सम्बन्धित है। इस विषयी अन्तर्सम्बन्ध को पढ़ने–पढ़ाने की प्रक्रिया में सम्मिलित करने की बात एन.सी.एफ़. 2005 में कही गयी है, ताकि बच्चे विज्ञान पढ़ते समय दिये गये सवालों/समस्याओं को हल करते हुए बेहतर और व्यापक दृष्टिकोण बना पायें। इस समझ का सीधा सम्बन्ध दैनिक जीवन की समस्याओं को सुलझाने की दक्षता से है। शिक्षाविदों द्वारा काफ़ी शोध किये जाते रहे हैं कि इन विषयों का

उपयोग विज्ञान पढ़ने–पढ़ाने के लिए कैसे होना चाहिए और उनके बीच के सम्बन्ध को कक्षा–कक्ष तक कैसे लाया जाये। अतः भाषा के परिप्रेक्ष्य से 'लैंग्वेज अक्रॉस साइंस करिकुलम' (विज्ञान–पाठ्यक्रम में भाषा की भूमिका) प्रस्तावित किया गया जिसमें भाषायी कौशल के विभिन्न पहलुओं और विज्ञान–पाठ्यक्रम के बीच जुड़ाव पर चर्चा की गयी है। भाषा के बाद, अब हम गणित–विज्ञान के जुड़ाव के बारे में क्या कहेंगे? क्या कोई सम्बन्ध है, गणित और विज्ञान में? यदि हाँ, तो वह अन्तर्सम्बन्ध क्या है और किस प्रकार का है? क्या यह सम्बन्ध दोनों ही विषयों के पढ़ने–पढ़ाने की प्रक्रिया को प्रभावित करता है? यह अन्तर्सम्बन्ध पठन–सामग्रियों या कक्षा–कक्ष में कितना और किस प्रकार दिखाई देता है?

इस पर्चे में हम उपरोक्त सवालों पर चर्चा करेंगे। यह करने हेतु सबसे पहले प्राथमिक या माध्यमिक स्तर से विज्ञान की कुछ पठन–सामग्रियों एवं कुछ शोधों को आधार मान कर, उनमें लिखे गये कुछ उदाहरण देखेंगे। जाँचेंगे कि किताबों में इस दृष्टि से किये गये प्रयत्न विज्ञान और गणित की अवधारणाओं को किस प्रकार जोड़ते हैं। फिर इस अन्तर्सम्बन्ध को थोड़ा विस्तार से उदाहरणों द्वारा समझने का प्रयास करेंगे। क्योंकि मामला विषयी अन्तर्सम्बन्ध का है, तो जायज़ है कि दोनों ही विषयों की किताबों/पाठ्यपुस्तकों यानी विज्ञान के साथ–साथ गणित विषय में भी इस प्रकार के प्रयत्न आने चाहिए। इस दृष्टि से छत्तीसगढ़ की कक्षा नौवीं–दसवीं की गणित की किताब में कुछ नये पाठ जोड़े गये, विज्ञान के सन्दर्भ लेकर कुछ उदाहरण अथवा प्रश्नों को सम्मिलित करने का प्रयास किया गया। उदाहरणस्वरूप पर्चे के अन्त में नौवीं कक्षा की पाठ्यपुस्तक में लिखे गये अध्याय 'ज्यामितीय आकृतियों में परिवर्तन एवं समिति' के विज्ञान की उच्च–माध्यमिक स्तर की अवधारणाओं के साथ जुड़ाव की सम्भावना पर चर्चा की गयी है।

प्राथमिक स्तर पर किये गये कुछ प्रयत्न

होशंगाबाद विज्ञान की बाल वैज्ञानिक में कक्षा छह से आठ तक कुछ ऐसे अध्याय हैं, जैसे 'गति एवं ग्राफ़', 'संयोग एवं सम्भाविता' जो गणित एवं विज्ञान की अवधारणाओं को सहज रूप से जोड़ते हैं। 'गति के ग्राफ़' नामक अध्याय में ग्राफ़ के ढलान, कोण और वक्र जैसी अवधारणाओं को पढ़ना,

समझना एवं उससे निष्कर्ष निकालने की क्षमता को भौतिकविज्ञान की गति की अवधारणा के साथ जोड़ कर प्रस्तुत की गयी रासायनिक क्रियाओं की गति पर बात करने के लिए और जैविक विज्ञान में पौधे के विकास को पढ़ने और समझने के लिए भी ग्राफ़ को आधार बनाया गया है। इसी तरह 'संयोग एवं सम्भाविता' विषय जो साधारणतः बच्चों को जटिल लगता है, ऐसे अनुभवों से जोड़ा गया है जो बच्चे अपने जीवन में देख सकें, जैसे– खेती में बीज अंकुरित होने की सम्भावना या किसी बीमारी की जाँच के दौरान कीटाणु दिखने की सम्भावना आदि। मज़ेदार बात यह है कि इस तरह के प्रयत्न न केवल विज्ञान और गणित में अन्तर्सम्बन्ध स्थापित करते हैं, बल्कि साथ–साथ दोनों विषयों का जुड़ाव अपने आसपास देखते हैं जो कि विज्ञान और गणित–शिक्षण का एक मुख्य लक्ष्य है।

विज्ञान और गणित में क्या अन्तर्सम्बन्ध है?

होशंगाबाद की बाल वैज्ञानिक विज्ञान की लगभग प्रत्येक अवधारणा को पढ़ने और समझाने में एक या एक से अधिक गणितीय कौशलों का उपयोग होता है। आइए, कुछ उदाहरण देखते हैं : भौतिकविज्ञान में बल की अवधारणा पढ़ते समय रेखा, कोण जैसे ज्यामितीय कौशल या आर्कमिडीज सिद्धान्त (Archimedes Principle) में पृष्ठीय क्षेत्रफल (Area) और आयतन (volume) की समझ या दूरी, गहराई (depth) अथवा दर्पण प्रतिबिम्ब (mirror image) इत्यादि को भिन्न, अनुपात–समानुपात के बिना समझा नहीं जा सकता है। जीवविज्ञान में मेंडेल द्वारा दिये गये वंशागति के नियम (rules of inheritance) में अनुपात–समानुपात, प्रतिशत, सम्भावना/सम्भाविता (probability) का उपयोग है, वहीं रसायनविज्ञान में भी रवों (crystals) या किसी अणु (molecules) का त्रिविम ढाँचा (3-D structure) समझने हेतु निर्देशांक ज्यामिति (coordinate geometry), त्रिविम ज्यामिति (3-Dimensional Geometry) की गहरी समझ बहुत उपयोगी है।

हम सब यह भली–भाँति जानते हैं कि दैनिक जीवन से जुड़ी लगभग सभी घटनाओं में विज्ञान निहित है और विज्ञान की अवधारणों को हल करने या समझने के लिए गणितीय कौशल का गहन उपयोग होता है। यह सम्बन्ध दोनों ओर से है यानी न केवल गणित की अवधारणाएँ, विज्ञान की विषयवस्तु को आधार देती हैं, बल्कि विज्ञान ख़ुद गणित की

अवधारणाओं को उपयुक्त सन्दर्भ देता है, जिससे विद्यार्थी दोनों विषयों के एकीकरण को देख सकें। यह इसलिए भी ज़रूरी है, क्योंकि यह दोनों विषयों को अवधारणात्मक स्तर पर आगे बढ़ाता है एवं पारस्परिक विकास का दोनों में सम्बन्ध है। जैसे एक सरल–सा उदाहरण है–ऋणात्मक संख्याओं (negative numbers) और तापमान (temperature) का। यह दोनों अवधारणाएँ एक–दूसरे को सीखने में मदद करती हैं। जैसे, ऋणात्मक संख्याओं को कक्षा में प्रस्तुत करने हेतु तापमान एक उपयुक्त एवं सरल सन्दर्भ है, वहीं दूसरी तरफ़ तापमान को अंकों में लिखने के लिए ऋणात्मक संख्याएँ तो हैं ही।

दूसरा, गणित की अपनी एक भाषा होती है जो बहुत ही सुदृढ़ और सुगठित है। उसके अपने अलग चिह्न और संकेत होते हैं और यही भाषा, विज्ञान की भाषा भी है। बीजगणित में इस भाषा का व्यवस्थित परिचय दिया जाता है और फिर तो गणितीय संक्रियाओं में ही नहीं बल्कि विज्ञान के सिद्धान्तों को लिखने में, व्युत्पत्ति में या प्रश्नों को हल करने में गणित की भाषा एक सटीक और सार्वभौमिक माध्यम प्रदान करती है। e गति का पहला समीकरण यानी v=u+at में v=गति, t=समय और a =त्वरण के बीच, गणितीय रूप में सम्बन्ध को दर्शाता है यानी बहुत ही संक्षिप्त तरीक़े से इस सम्बन्ध को पढ़ा, समझा और उपयोग किया जा सकता है। बस इसी प्रकार बीजगणित, विज्ञान की दैनिक समस्याओं को हल करते समय एक साधन (tool) देता है।

'आलेखीय निरूपण, बीजगणित, अंकगणित' और 'विज्ञान' का जुड़ाव

इस भाग में हम विज्ञान के कुछ ऐसे उदाहरण देखेंगे जहाँ मुख्य रूप से बीजगणित और अंकगणित का गहरा अन्तर्सम्बन्ध दिखता है। विज्ञान और गणित के इस अन्तर्सम्बन्ध को एक अवधारणा 'गति' के उदाहरण से देखते हैं। गति (Motion) में मूलतः चाल, वेग, त्वरण (speed, velocity, acceleration) अवधारणाएँ शामिल हैं। इन अवधारणाओं की व्यापक समझ बनाने के लिए इनकी परिभाषा देना या कुछ उदाहरणों पर बात करना ही पर्याप्त नहीं है, बल्कि कोई ऐसा माध्यम चाहिए जिससे इनकी एक व्यापक समझ बनायी जा सके। अतः पाठ्यपुस्तक में ग्राफ की मदद से चाल, वेग,

त्वरण के विभिन्न पहलू जैसे औसत चाल (average speed), औसत वेग (average velocity), तात्क्षणिक (instantaneous) चाल–वेग–त्वरण (build theory to build understanding) दर्शाये गये हैं। ग्राफ़िकल निरूपण के ज़रिये पूरी प्रक्रिया को एक साथ विश्लेषित किया जा सकता है।

जैसा कि हमने पहले कहा कि आमतौर पर विज्ञान में किसी भी अवधारणा को समझने हेतु एक से अधिक गणितीय तकनीकों की आवश्यकता होती है। ग्राफ़ के साथ–साथ अन्य गणितीय कौशल जैसे आँकड़ों को सारणी (tabulation) में लिखना, उनका निरूपण, ज्यामितीय बुनियादी समझ और फिर गति के समीकरण बनाने के लिए बीजगणित की आवश्यकता भी होती है। बाल वैज्ञानिक कक्षा आठ के अध्याय 'गति के ग्राफ़' के आधार पर छत्तीसगढ़ की नौवीं कक्षा की विज्ञान पाठ्यपुस्तक में एक अध्याय जोड़ा गया है। नीचे इस अध्याय से लिये गये कुछ बिन्दुओं पर चर्चा की गयी है–

1. दो अक्षों के बीच के सम्बन्ध का पता लगाना, पढ़ना और उससे निष्कर्ष निकालना : समान–असमान गति के ग्राफ़ इसका एक उदाहरण हैं, जैसे दूरी–समय का ग्राफ़। मसलन समान गति में सीधी रेखा मिलती है, जबकि असमान गति में वक्र (curve) रेखा। ऐसा क्यूँ होता है? विद्यार्थियों के लिए यह समझना ज़रूरी है कि समान गति की सीधी रेखा समय–दूरी के रैखिक (linear) सम्बन्ध को दर्शाती है, जबकि असमान गति के ग्राफ़ में वक्र रेखा समय–दूरी के विभिन्न सम्बन्ध को दिखाती है।

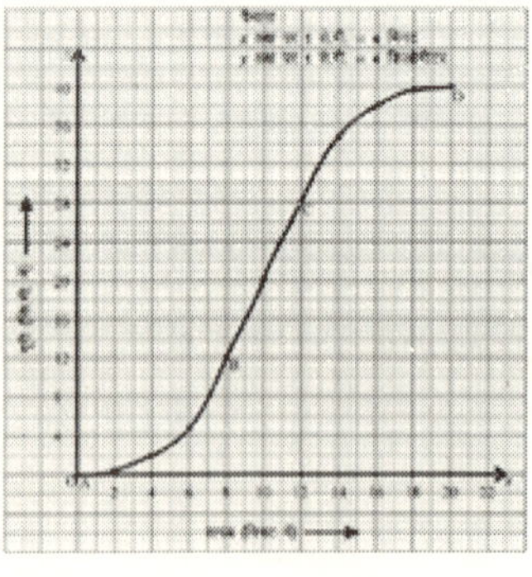

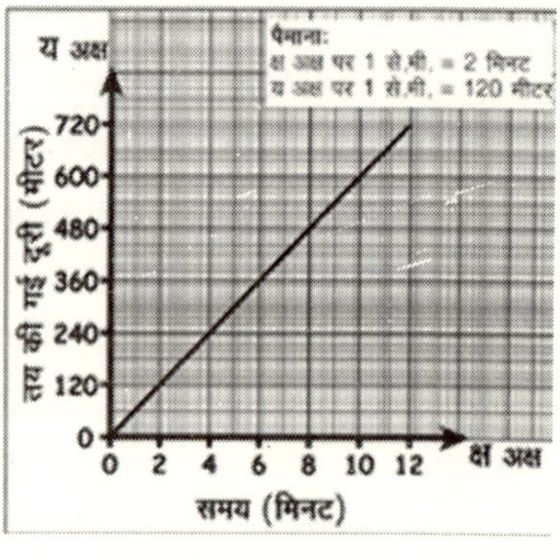

2. ढलान (slope) की अवधारणा का उपयोग : भौतिकी, रसायन में कई ऐसे मौक़े आते हैं, जबकि अलग–अलग भौतिक या रासायनिक प्रक्रियाओं की तुलना करनी होती है। उदाहरणस्वरूप दो अलग–अलग चाल के ग्राफ़ के बीच तुलना करना या पता करना कि गति के दौरान कब चाल बदली और कब शून्य (0) हो गयी। दी गयी दो परिस्थितियों में यह पता लगाना कि किसकी चाल या वेग तेज़ है? किस समय अन्तराल में त्वरण कम या ज़्यादा होता गया? और इसी प्रकार के अन्य सवाल। दूसरे उदाहरण में, दबाव–आयतन वक्र (pressure-volume curve) का चित्र, यहाँ भी तीन भिन्न तापमान–T1, T2, T3 पर दबाव और आयतन के बीच सम्बन्ध दिखाया गया है। तीनों ढलान की तुलना कर के यह पता लगा सकते हैं कि किस तापमान पर आयतन के साथ दबाव में क्या परिवर्तन आता है या इसका उल्टा, किस तापमान पर यह परिवर्तन तेज़ी–से घटता–बढ़ता है अथवा किस तापमान पर धीमी गति से? उदाहरण :

भिन्न ढलानों की तुलना कर जानकारी निकालना

- अ. दूरी Vs समय ग्राफ़

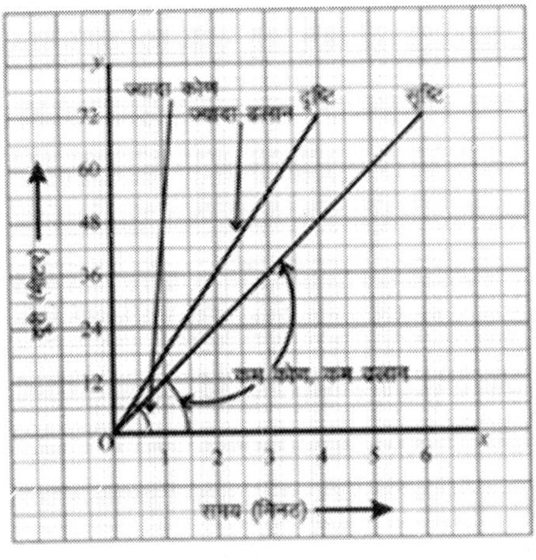

- ब. दबाव Vs आयतन ग्राफ़

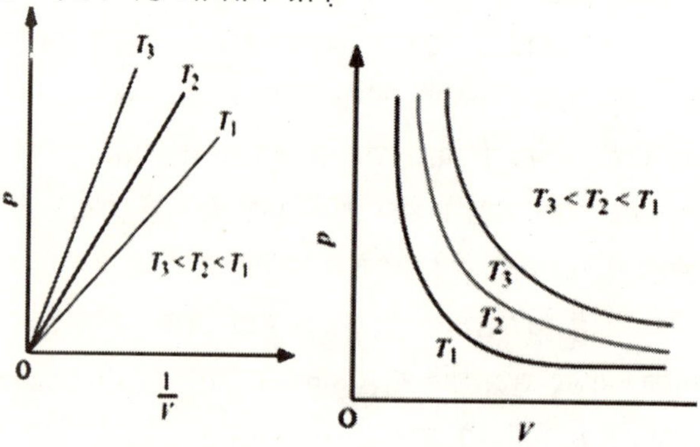

p vs $\frac{1}{V}$ graph p vs V graph

- गति में बदलाव के साथ रेखा की ढलान में परिवर्तन :

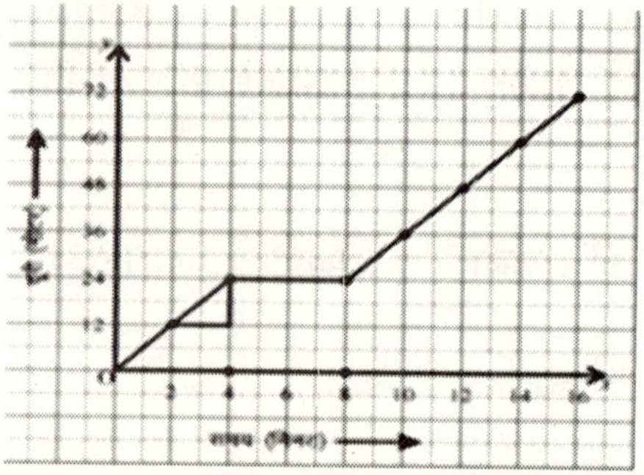

3. समीकरण बनाना : इस बिन्दु में ग्राफ़ को आधार बना कर बीजगणित के माध्यम से गति के समीकरण (Equations of Motion) लिखने पर चर्चा की है। गति के समीकरण बनाना और समझना विज्ञान–शिक्षण की दृष्टि से इस अध्याय का एक अहम बिन्दु है। जैसे गति के पहले समीकरण को ही लेते हैं–यानी **v=u+ at,** जो समान त्वरित गति (constant acceleration) में वेग और समय के सम्बन्ध को बताता है। नीचे ग्राफ़ में देखें–

t = 0 sec पर वेग u m/s है और किसी समय t sec पर वेग v m/s.

हम जानते हैं कि गति समान त्वरण की है यानी किसी बिन्दु 'B' पर a=(v-u)/(t-0) m/s^(-2)

a=(v-u)/(t-0)

उपरोक्त व्यंजक का सरलीकरण करने पर हमें यह समीकरण मिलता है—$v = u + at$

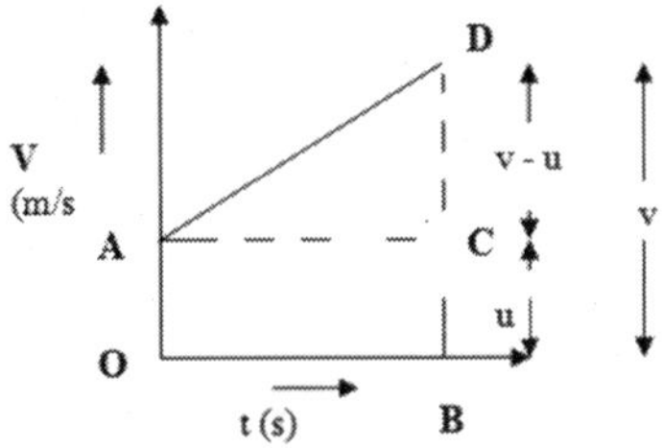

इस तरह ग्राफ़ की मदद से हमने गति का पहला समीकरण लिखा है। अतः ग्राफ़ बनाना और पढ़कर समझना, बीजगणित का उपयोग करते हुए किसी भौतिक, रासायनिक प्रक्रिया को गणित/विज्ञान की भाषा में लिखना सम्भव है।

अतः हम मानते हैं, विज्ञान और गणित के इस अन्तर्सम्बन्ध को पाठ्यपुस्तकों में जगह मिलनी चाहिए। अब सवाल है कि कितनी और कैसे? यानी कक्षा–कक्ष में, पाठ्यक्रमों और पाठ्यपुस्तकों के द्वारा किस प्रकार के और किन–किन जगहों पर परिवर्तन किये जा सकते हैं; जैसे क्या नये एवं नये तरीक़े के प्रश्न जोड़ कर? अथवा नये पाठ जोड़ कर? या पुराने अध्यायों में नये बिन्दु जोड़ कर इत्यादि। ऐसे प्रयत्न अक्सर नज़रअन्दाज़ कर दिये जाते हैं। गणित की किताबों में भिन्नात्मक संख्याओं, अनुपात, समानुपात, दर व अन्य ऐसी अवधारणाओं में विज्ञान विषय के उदाहरण तो शामिल नहीं ही किये जाते, परन्तु इनमें आपस में सम्बन्ध भी प्रकट नहीं होते। जैसे भिन्नात्मक संख्या का सम्बन्ध अनुपात और समानुपात से भी है और इन सब का परिवर्तन दर से भी है। इसके भौतिकी, रसायन व जीवविज्ञान के कई उदाहरण हैं। जैसे वेग, गति, त्वरण, कार्य, बल आदि और इसी तरह रासायनिक अन्तःक्रियाओं में बराबर अनुपातों का नियम, 1 मोल व ½ मोल इत्यादि में अणुओं की संख्या और ऐसे ही कई और उदाहरण हैं।

कुछ पाठ्यक्रमों और पुस्तकों में यह सम्बन्ध पहचाने गये हैं और उभारे गये हैं। इन पर और काम होना बाक़ी है तथा इस मसले को और ज़्यादा ध्यान से देखने की ज़रूरत है।

स्थानिक जोड़-तोड़ (spatial manipulation) की समझ एवं विज्ञान का जुड़ाव

अभी तक हमने 'बीजगणित, अंकगणित और आलेख का जुड़ाव विज्ञान के साथ कहाँ–कहाँ देखा जाता है' इस पर चर्चा की। अब हम अगले बिन्दु, स्थानिक जोड़–तोड़ (spatial manipulation) पर विचार करते हैं। बच्चों से बातचीत करने पर पता चलता है कि प्राथमिक स्तर की अपेक्षा माध्यमिक और उच्च–माध्यमिक स्तर पर यह सम्बन्ध काफ़ी जटिल और कुछ हद तक अमूर्त हो जाते हैं। अतः इस स्तर पर गणित–विज्ञान के सम्बन्ध को किताबों में प्रदर्शित करने और कक्षा–कक्ष तक लाने के लिए अधिक प्रयत्न की ज़रूरत है। बीजगणित, अंकगणित का साथ–साथ दृश्यीकरण (visualization) कर पाना और उसका उपयोग करते हुए गणित या विज्ञान की समस्याएँ सुलझा पाना भी एन.सी.एफ़. के अनुसार विज्ञान और गणित–शिक्षण के लिए ज़रूरी है।

इस आधार पर छत्तीसगढ़ में, आपसी चर्चा से गणित और विज्ञान दोनों विषयों में सम्मिलित पाठों और उनकी संरचना में बदलाव किया गया व उन्होंने परस्पर एक–दूसरे पर प्रभाव डाला। इसके साथ ही गणित के समूह ने यह भी सोचा कि गणितीय क्षमताओं के कुछ ऐसे पहलू छूट जाते हैं जो विज्ञान जैसे विषय के लिए लाभप्रद हैं। यह मसले एन.सी.एफ़. के पोजीशन पेपर में भी चिह्नित हैं, परन्तु इनको पाठ्यपुस्तकों में पर्याप्त जगह नहीं दी गयी है। अतः कुछ नये अध्याय जोड़े गये जिनसे विद्यार्थियों के लिए सोचने के नये आयाम खुलें। यह माना गया कि इनसे बच्चों की गणितीय सोच को बढ़ावा मिलेगा और वे दैनिक जीवन की समस्याओं को बेहतर तरीक़े से सुलझा सकेंगे। उदाहरण–कक्षा दसवीं में 'आलेख' यानी ग्राफ़ पर एक नया अध्याय जोड़ा गया, गणितीय तार्किक क्षमता पर 'गणितीय कथनों की जाँच' अध्याय जोड़ा गया, इसके अलावा दृश्यीकरण को बढ़ावा देने हेतु नेट डाइग्राम (Net Diagram) के कुछ सवाल/ पहेलियाँ जोड़ीं।

छत्तीसगढ़ में गणित की नौवीं कक्षा की पाठ्यपुस्तक में 'ज्यामितीय आकृतियों में परिवर्तन एवं सममिति' नामक अध्याय जोड़ा गया। इस अध्याय में मूलरूप से जो ठोस परिवर्तन किये गये, उनमें स्थानान्तरण

(translation), परावर्तन (reflection) और घुमाव (rotation) एवं इन सभी परिवर्तनों से जुड़े ज्यामितीय नियमों पर चर्चा शामिल है। इसके बाद परिवर्तन की प्रत्येक प्रक्रिया कौन–कौन से नियम के आधार पर होती है, यह चर्चा भी की गयी है, जैसे–स्थानान्तरण के दौरान किसी भी वस्तु/आकृति का प्रत्येक भाग/बिन्दु, एक निश्चित दिशा में एक निश्चित दूरी तय करता है, जबकि घुमाव के दौरान प्रत्येक भाग/बिन्दु एक निश्चित दिशा में और निश्चित कोण से घूमता है। दूसरी अवधारणा है सममिति (symmetry) की। इसमें मुख्यतः आसपास की वस्तुओं में सममित बिन्दु या सममित रेखा पता करना, 'सममिति के प्रकार' की पहचान करना आदि शामिल हैं।

उपरोक्त चर्चा विद्यार्थियों के लिए स्थानिक जोड़–तोड़ (spatial manipulation) या दृश्यीकरण (visualization) के पहलू को खोलती है, जैसे वे अपने आसपास की जगह, इमारतों या मशीनों को ज्यामितीय नज़रिये से देख पायेंगे यानी उनकी विमीय बनावट (द्विविमीय और त्रिविमीय बनावट), क्षेत्रफल, आयतन आदि पर ग़ौर कर पायेंगे। स्थानिक जोड़–तोड़ की समझ अनेक वैज्ञानिक क्षेत्रों जैसे रसायनशास्त्र, भूगोल, जीवशास्त्र आदि में अत्यन्त उपयोगी है (डू ऑल साइंस डिसिप्लिंस रिले ऑन स्पेशियल एबीलिटीज़–हेगार्टी एंड क्रुक्स, 2010) जैसे कि किसी ख़ास डिज़ाइन (architecture) की इमारत बनाने में, भू–खनन (mining) की प्रक्रिया में, अन्तरिक्ष (astronomy) के बारे में जानने के लिए आदि।

अब स्कूली स्तर पर देखें तो स्थानिक जोड़–तोड़ की यह समझ उच्च माध्यमिक स्तर पर विज्ञान–शिक्षण में त्रिविम–रसायन (stereochemistry) की मूल अवधारणाओं को पढ़ने के लिए आधार/ढाँचा भी प्रस्तुत करती है। यह बाद में रवों और उसकी संरचना को समझने में भी मदद करेगी। त्रिविमीय स्थान (space) में मुख्यतः त्रिविम–रसायन, कुछ मूलभूत त्रिविम–रासायनिक सिद्धान्तों पर आधारित है, जैसे काइरलता (chirality), अकाइरलता (achirality), समावयवता (isomerism) आदि।

आइए, 'स्थानिक जोड़–तोड़ (spatial manipulation) या दृश्यीकरण (visualization) का विज्ञान से क्या जुड़ाव है और यह कैसे सम्भव है' इस बात पर चर्चा करते हैं :

(अ) उच्च माध्यमिक स्तर पर रसायनशास्त्र में समावयवता (isomerism) की अवधारणा पाठ्यक्रम में शामिल है, जो कुछ निम्न तरह है।

स्पेस में, कार्बनिक यौगिक (carbon compounds) में कार्बन–अणु (carbon atoms) अथवा विषम अणु (non-carbon atoms) जैसे N, O, S हेलोजन आदि अनेक स्थितियों में परस्पर संयुक्त (various spatial combinations) हो जाते हैं। इसके कारण प्रकृति में समान अणुसूत्र (same molecular formula) के विभिन्न यौगिक (different molecular structure) मिलते हैं और यह परिघटना समावयवता (isomerism) कहलाती है। जैसे, यह तीनों पैंटेन C_5H_{12} (pentane) के समावयव हैं :

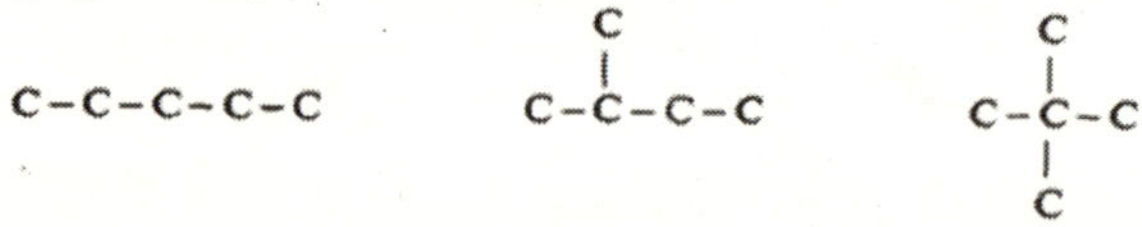

कुछ यौगिक/रवे (crystal); उदाहरण : टारटरिक एसिड (tartaric acid) दर्पण प्रतिबिम्बों (mirror images) के रूप में पाये जाते हैं। यह दर्पण प्रतिबिम्ब ऐसे हैं जो एक–दूसरे पर अनाध्यारोपित (non-super imposable) होते हैं। ऐसे यौगिक, 'काइरल' (chiral) कहलाते हैं।

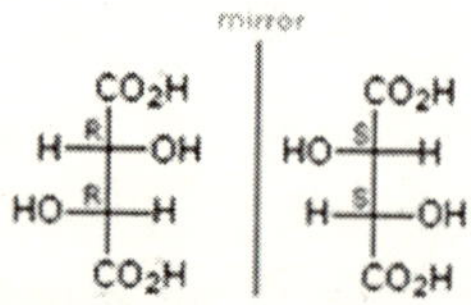

(+)-tartaric acid (-)-tartaric acid

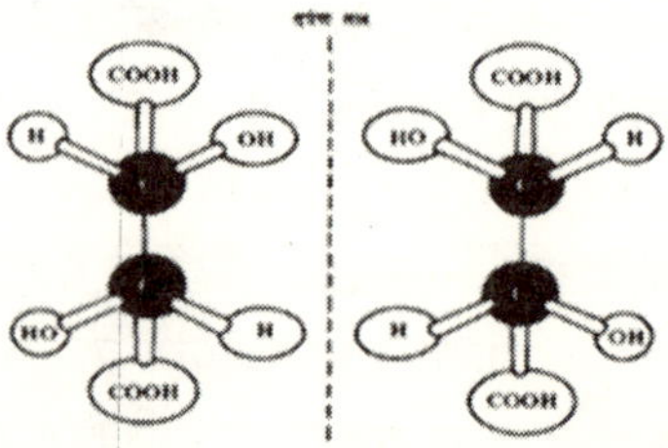

अब ज़रा रुककर, ऊपर कार्बनिक यौगिक के बारे में कही गयी बात को पुनः ध्यान से पढ़ें और विचार करें कि क्या यौगिकों की त्रिविमीय स्थितियों की कल्पना करने के लिए स्थानिक जोड़–तोड़ के कौशल मददगार होंगे? जी हाँ, बिल्कुल होंगे, किसी ठोस ढाँचे की बनावट जाँचते समय या किसी जगह/कमरे के फलक (plane) या अक्षों (axis) को पढ़ते हुए हम दृश्यीकरण का बहुत उपयोग करते हैं।

(ब) अगला बिन्दु है, वस्तुओं या आकारों में सममिति (symmetry) पता करना। नीचे कुछ चित्रों में सममिति के प्रकार; पेंसिल में सममित

तल (symmetric plane), कार्बन यौगिक $C_2H_2Cl_2$ में सममित केन्द्र (point of symmetry) को दर्शाया गया है।

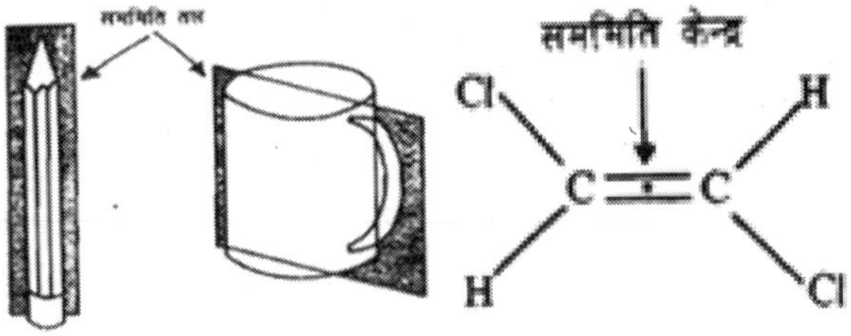

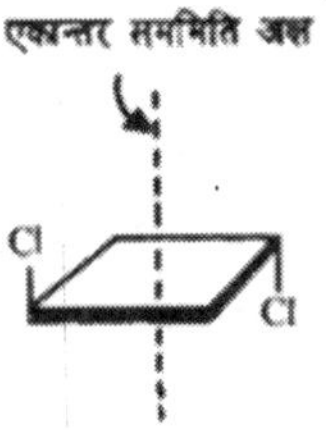

परन्तु कुछ यौगिक होते हैं, जिनमें कोई भी सममिति नहीं दिखती। ऐसे यौगिक काइरल (chiral) कहलाते हैं। काइरल यौगिकों में कोई भी सममित बिन्दु या सममित फलक नहीं होता यानी नाम से ही स्पष्ट है कि ऐसे कार्बन असममित कार्बन (asymmetric carbon) या त्रिविम केन्द्र (stereo-centre) कहलाते हैं। अतः इनमें सममिति नहीं दिखती।

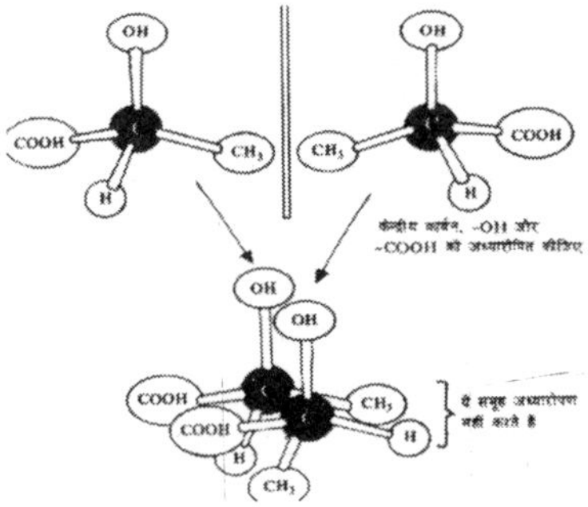

तो कैसे करेंगे काइरल (chiral) अणु की पहचान? यहाँ सममिति की संकल्पना मदद करती है यानी यदि किसी यौगिक में सममिति अक्ष या

सममिति तल या सममिति केन्द्र का पता लगा लें तो आसानी से कह सकते हैं कि वह यौगिक काइरल है या नहीं।

(स) समावयवता का एक प्रकार है–'प्रकाशिक समावयवता' (Optical isomerism), जो स्कूली पाठ्यक्रम में सम्मिलित है। अब ज़रा यह जान लें कि यह प्रकाशिक समावयवता है क्या और इस चर्चा में कैसे भूमिका रखती है। परिभाषा के अनुसार, कुछ यौगिक तल–घूर्णित–प्रकाश (plane polarized light) को एक–दूसरे के विपरीत दिशा में घुमाते हैं यानी एक घड़ी की सुई की दिशा में और दूसरा घड़ी की सुई की विपरीत दिशा में; ऐसे यौगिक प्रकाशिक समावयव (optical isomers) कहलाते हैं।

रोचक बात यह है कि प्रकाशिक समावयव एक–दूसरे के अनाध्यारोपित दर्पण प्रतिबिम्ब (Non–superimposable Mirror Images) होते हैं।

एक और उदाहरण नीचे देखिए–हमारी दोनों हथेलियाँ एक–दूसरे की दर्पण प्रतिबिम्ब जैसी दिखती हैं। बायें हाथ का परावर्तन (Reflection) कर के दायें हाथ की इमेज मिलती है एवं यह दोनों एक–दूसरे पर अनाध्यारोपित (Non-superimposible) हैं। ध्यान दें कि यहाँ वस्तु का आकार या बनावट नहीं बदलती, केवल दायें का बायाँ और बायें का दायाँ (handedness) हो जाता है।

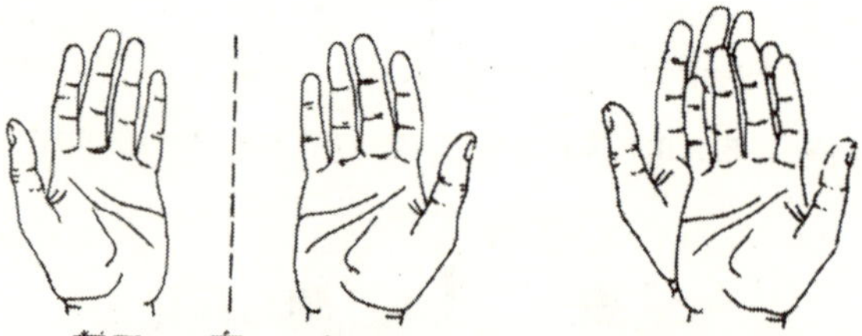

आप दो प्रकाशिक समावयव के भौतिक–रासायनिक गुण के बारे में क्या कह सकते हैं? क्या वे अलग–अलग होंगे या समान होंगे? क्योंकि प्रकाशिक समावयव एक–दूसरे के परावर्तन पर मिलते हैं और अभी हमने देखा कि परावर्तन की प्रक्रिया में कोई भी आकार वही रहता है, बस उसकी दिशा बदलती है। अतः ज़्यादातर किन्हीं भी दो प्रकाशिक समावयव के भौतिक–रासायनिक गुण नहीं बदलते यानी इसलिए (+) टारटरिक एसिड घूर्णित प्रकाश को घड़ी की सुई की दिशा में घुमाता है

और (–) टारटरिक एसिड, घड़ी की सुई की विपरीत दिशा में, जबकि उनके भौतिक–रासायनिक गुण समान हैं।

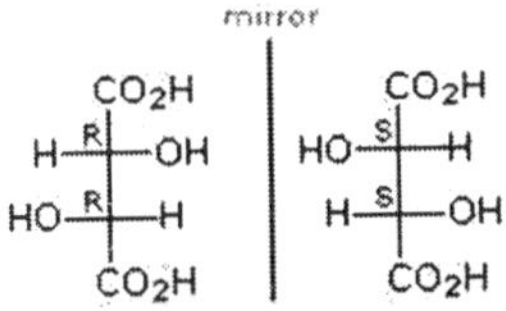

(+)-tartaric acid (-)-tartaric acid

ऊपर लिखे गये तीनों बिन्दुओं के आधार पर कहा जा सकता है कि यदि विद्यार्थी किसी भी वस्तु/आकृति में सममिति का प्रकार पहचान पाये, तो वह संरचनात्मक रूप से जटिल यौगिकों में भी काइरलता का अन्दाज़ा लगा सकते हैं। साथ–ही–साथ दृश्यीकरण करने की क्षमता और त्रिविमीय जोड़–तोड़ के कौशल से वह दर्पण प्रतिबिम्बों के अध्यारोपित या अनाध्यारोपित होने की प्रक्रिया को भी समझ सकते हैं।

अन्त में इस बात को समेटते हुए यह कह सकते हैं कि कक्षा नौवीं की पाठ्यपुस्तक में पाठ 'ज्यामितीय आकृतियों में परिवर्तन एवं समिति' में सम्मिलित किये गये बिन्दु उपरोक्त दृष्टि से त्रिविम रसायन समझने में मदद कर सकते हैं। केवल त्रिविम रसायन ही नहीं, अपितु खोजने और विचार करने पर इसका जुड़ाव अन्य अवधारणाओं से भी देखा जा सकता है।

सारांश

अतः प्राथमिक स्तर पर तो कुछ उदाहरण देखने को मिलते हैं, पर माध्यमिक और उच्च माध्यमिक स्तर पर गणित–विज्ञान के अन्तर्सम्बन्ध को सहज बनाने के लिए और प्रयास करने की आवश्यकता है, ताकि यह चर्चा कक्षा–कक्ष में लायी जा सके। यह इसीलिए भी ज़रूरी है क्योंकि आगे जा कर यह दोनों विषय दैनिक जीवन के बहुत–से क्षेत्र के सवालों को हल करने में बेहतर आधार दे पायेंगे।

सन्दर्भ सूची

1. एन.सी.ई.आर.टी. (2005), *नेशनल करिकुलम फ़्रेमवर्क*, नयी दिल्ली : नेशनल काउंसिल ऑफ़ एजुकेशनल रिसर्च एंड ट्रेनिंग।

2. एन.सी.ई.आर.टी. (2005), *गणित शिक्षण–राष्ट्रीय फोकस समूह का आधार पत्र,* नयी दिल्ली : नेशनल काउंसिल ऑफ़ एजुकेशनल रिसर्च एंड ट्रेनिंग।
3. (2001) *बाल वैज्ञानिक,* कक्षा–7, भोपाल : एकलव्य प्रकाशन।
4. चैप्टर–05, *आर्गेनिक केमिस्ट्री,* इन्दिरा गाँधी नेशनल ओपन यूनिवर्सिटी, पृ. : 36–91।
5. गाँधी, दीवान और आहूजा (2018), *सर्चिंग फॉर दैदाक्टिकल नेगोसिएशन इन मैथमेटिक्स टेक्सटबुक्स, वॉइसेज़ ऑफ़ टीचर्स एंड टीचर्स एजुकेटर्स,* पृ. : 50–57।
6. (2016), *ज्यामितीय आकृतियों में परिवर्तन,* पाठ्यपुस्तक–गणित। कक्षा–9, छत्तीसगढ़ माध्यमिक शिक्षण मंडल।
7. (2016), *गति* पाठ्यपुस्तक–विज्ञान, कक्षा–9, छत्तीसगढ़ माध्यमिक शिक्षण मंडल।

21

विज्ञान पाठ्यपुस्तकें तथा उनका विकास

–ज्योति चक्रवर्ती

यह पर्चा नये बने एक राज्य की शालाओं के लिए पाठ्यपुस्तक निर्माण प्रक्रिया के चरणों व उससे उभरती समझ को प्रस्तुत करता है। लेखिका स्वयं पाठ्यपुस्तक निर्माण दल की सदस्य तथा विषय विशेष समूह की समन्वयक रही हैं। इस नाते सारी प्रक्रिया को न केवल उन्होंने निकट से देखा है वरन् उसमें महत्त्वपूर्ण भूमिका भी निभायी है।

पृष्ठभूमि

भारत के छब्बीसवें राज्य के रूप में 1 नवम्बर 2000 को छत्तीसगढ़ राज्य का गठन हुआ। पूर्व में यह मध्य प्रदेश का भाग था। यह वनों से आच्छादित राज्य है, जिसकी जनसंख्या 2.56 करोड़ है (जनगणना 2011 https://census 2011.co.in)। UDIAS 2016–17 के अनुसार प्रारम्भिक कक्षाओं में अध्ययन करने वाले विद्यार्थियों की संख्या लगभग 43 लाख है।

राज्य के निर्माण के साथ ही राज्य शैक्षिक अनुसन्धान और प्रशिक्षण परिषद् (एस.सी.ई.आर.टी.), छत्तीसगढ़, रायपुर भी अस्तित्त्व में आया। नये राज्य के शैक्षिक दायित्वों को पूरा करने के लिए एस.सी.ई.आर.टी. छत्तीसगढ़ ने अपना कार्य आरम्भ किया। उस समय राज्य में पाठ्यपुस्तक निगम की स्थापना न होने के कारण पाठ्यपुस्तक से सम्बन्धित समस्त कार्य एस.सी.ई.आर.टी. ही करती थी। पाठ्यपुस्तकों के सन्दर्भ में जो कार्य सबसे पहले किया गया वह था, राज्य में प्रचलित मध्य प्रदेश राज्य की

पाठ्यपुस्तकों को छत्तीसगढ़ राज्य के सन्दर्भ में अनुकूलित करना। इस कार्य को सम्पादित करने के लिए विषय–विशेषज्ञों ने पाठ्यपुस्तकों का विश्लेषण किया, जिनके आधार पर पुस्तकों में से कुछ पाठ हटाये गये तथा उनके स्थान पर छत्तीसगढ़ राज्य की पृष्ठभूमि से सम्बन्धित कुछ नये पाठ जोड़े गये। यह कार्य भाषा तथा सामाजिक विज्ञान की पाठ्यपुस्तकों में किया गया।

इस कार्य को करते समय जब शिक्षकों से पाठ्यपुस्तकों पर चर्चा की गयी, तब ऐसा लगा कि पुस्तकों में दी गयी सामग्री, चित्रों और ले–आउट को समग्र रूप से तथा नये सन्दर्भों में देखे जाने की आवश्यकता है। यहीं से इस विचार ने जन्म लिया कि प्रारम्भिक स्तर की कक्षाओं के लिए पाठ्यपुस्तकें, राज्य द्वारा स्वयं क्यों न बनायी जायें। ऐसी पुस्तकें जो छत्तीसगढ़ राज्य की आवश्यकताओं और आकांक्षाओं के अनुरूप हों। यह इसलिए भी आवश्यक था, क्योंकि राज्य गुणवत्तापूर्ण ऐसी शिक्षा देना चाहता था, जो राष्ट्रीय स्तर के अनुरूप हो तथा राज्य के सन्दर्भों से जुड़ी हो। यह एक ऐसा अवसर था जिसके द्वारा राज्य, शिक्षकों को कक्षा–कक्ष प्रक्रियाओं के संचालन में नये अवसर प्रदान कर सकता था।

पाठ्यपुस्तक विकास प्रक्रिया की तैयारी

इस विचार को अमलीजामा पहनाने के लिए एस.सी.ई.आर.टी. छत्तीसगढ़ में एक बैठक का आयोजन किया गया जिसमें शिक्षा विभाग के प्रशासनिक अधिकारी, राज्य के शिक्षाविद, राष्ट्रीय तथा स्थानीय स्तर की स्वयंसेवी संस्थाओं के सदस्य, शिक्षक–प्रशिक्षक, शिक्षक तथा समुदाय के सदस्य सम्मिलित हुए।

विस्तृत चर्चा हुई तथा राज्य के लिए नयी पाठ्यपुस्तकों को विकसित किये जाने के विचार पर सहमति बनी। इस कार्य में सहयोग देने के लिए कई स्वयंसेवी संस्थाएँ आगे आयीं। एस.सी.ई.आर.टी. द्वारा इन संस्थाओं के साथ पाठ्यपुस्तक विकसित किये जाने के लिए एक चरणबद्ध कार्यक्रम की रूपरेखा निर्मित की गयी। इसके अन्तर्गत लेखन के साथ, पाठ्यपुस्तकों का क्षेत्र परीक्षण तथा शिक्षकों के प्रशिक्षण को भी शामिल किया गया। पाठ्यपुस्तक की विकास प्रक्रिया आरम्भ किये जाने के पूर्व परिषद् द्वारा

आरम्भिक तैयारी के रूप में कुछ कार्य किये गये, उनमें से कुछ प्रमुख कार्यों का संक्षिप्त विवरण आगे दिया गया है।

पाठ्यपुस्तक लेखन के लिए लेखकों का चयन

पाठ्यपुस्तक लेखन के लिए राज्य की शासकीय तथा अशासकीय संस्थाओं को पत्र प्रेषित कर लेखकों के नाम आमन्त्रित किये गये। लेखन अनुभव के आधार पर लेखकों का चयन किया गया। चयनित लेखक दल में एस.सी.ई.आर.टी., डाइट, शिक्षा–महाविद्यालय, शासकीय, अशासकीय शालाओं के शिक्षक, स्वयंसेवी संस्थाओं के सदस्य शामिल हुए। कुछ सदस्य प्रशासकीय व्यवस्था के तहत जुड़े, तो कुछ लेखन अनुभव तथा लेखन में रुचि के कारण जुड़े। पाठ्यपुस्तकों में स्थानीयता का समावेश करने के लिए कुछ स्थानीय संस्थाओं के सदस्यों से विशेषज्ञता के आधार पर सहयोग प्राप्त किया गया। कुछ स्वयंसेवी संस्थाएँ इस कार्य को करने के लिए स्वयं आगे आयीं। विश्वविद्यालय, महाविद्यालय के विषय–विशेषज्ञों तथा समुदाय के कुछ सदस्यों को भी इस कार्य से जोड़ा गया।

लाइब्रेरी को समृद्ध करना

पाठ्यपुस्तक लेखन के पूर्व लाइब्रेरी को एन.सी.ई.आर.टी. नयी दिल्ली, विभिन्न राज्यों तथा कुछ प्राइवेट संस्थाओं द्वारा तैयार की गयी विभिन्न विषयों की पुस्तकों, कुछ सन्दर्भ पुस्तकों से समृद्ध किया गया। ग्लोब, विज्ञान–किट आदि सामग्रियों की भी व्यवस्था लेखक दल हेतु की गयी।

लेखकों का उन्मुखीकरण

यह एक महत्त्वपूर्ण कार्य था, जिसके लिए 50–60 चयनित सदस्यों का 10 दिवसीय उन्मुखीकरण कार्यक्रम आयोजित किया गया। स्रोत व्यक्तियों द्वारा शिक्षा के उद्देश्य, पाठ्यचर्या, बच्चे कैसे सीखते हैं, कब कहेंगे कि बच्चे को पढ़ना आ गया, पर चर्चा की गयी। भाषा, विज्ञान, सामाजिक विज्ञान, गणित आदि विषयों की प्रकृति पर भी चर्चा हुई। इस प्रकार प्रतिभागियों को शिक्षा के विभिन्न पहलुओं से परिचित कराया गया। प्रतिभागियों ने कार्यक्रम के दौरान समूहों में कार्य किया तथा प्रस्तुतीकरण किया। इस प्रकार समूह की साझी समझ बनाने की दिशा में कार्य किया गया। यह इसलिए भी आवश्यक था क्योंकि पाठ्यपुस्तक किसी एक व्यक्ति द्वारा तैयार नहीं की जाती बल्कि यह एक समूह द्वारा किया गया कार्य होता है।

मेरे लिए यह पहला ऐसा कार्यक्रम था जहाँ किसी भी मुद्दे को समझाने की जगह उससे सम्बन्धित समस्त पक्षों पर अध्ययन, चर्चा–परिचर्चा तथा प्रयोगों द्वारा समझ बनाने का अवसर दिया गया। समझ बनने की इस प्रक्रिया में चर्चाएँ अधिक लम्बी हो जाती थीं तथा कभी–कभी कुछ प्रतिभागियों को यह तरीक़ा पसन्द भी नहीं आता था।

पाठ्यचर्या तथा पाठ्यक्रम का विकास

पाठ्यपुस्तक–निर्माण से पहले राज्य की पाठ्यचर्या तथा प्रत्येक कक्षा के लिए पाठ्यक्रम के विकास की प्रक्रिया आरम्भ की गयी। इस कार्य की ज़िम्मेदारी उन्मुखीकरण के बाद तैयार बड़े समूह को दी गयी।

स्तरवार तथा विषयवार समूहों का गठन

बड़े समूह को तीन छोटे समूहों में बाँटा गया। पहले समूह को पाठ्यचर्या विकास, दूसरे समूह को प्राथमिक स्तर तथा तीसरे समूह को उच्च–प्राथमिक स्तर के लिए पाठ्यक्रम तथा पाठ्यपुस्तक विकसित करने की ज़िम्मेदारी दी गयी।

ड्राफ्ट पाठ्यचर्या का निर्माण

विचार विमर्श के कई चक्रों के बाद पहले समूह के द्वारा पाठ्यचर्या के ड्राफ्ट का विकास किया गया। इस प्रक्रिया के दौरान हमने अपने राज्य के विभिन्न ज़िलों के बच्चों, शिक्षकों तथा समुदाय के सदस्यों से बातचीत की, राज्य के सन्दर्भों को खँगाला, शिक्षा के उद्देश्यों तथा सीखने–सिखाने के बदलते तरीक़ों को जानने तथा समझने की कोशिश की तथा पाठ्यचर्या के ड्राफ्ट का विकास किया।

पाठ्यक्रम का निर्माण

प्राथमिक तथा उच्च–प्राथमिक स्तर के लिए बनाये गये समूहों को पुनः विषयवार (जैसे हिन्दी, अंग्रेज़ी, गणित, विज्ञान, सामाजिक विज्ञान) बाँटा गया। समूहों के द्वारा कक्षावार अवधारणाओं का निर्धारण किया गया। यह भी निर्धारित किया गया कि एक अवधारणा कक्षाओं के बढ़ते क्रम में किस प्रकार प्रस्तुत की जायेगी। इस प्रकार प्रत्येक कक्षा के सभी विषयों में अवधारणाओं की मैपिंग की गयी।

विषयवार, कक्षावार पाठ्यक्रम बनाने वाले समूह द्वारा इन कक्षाओं के प्रत्येक अध्याय में अवधारणाओं को किन क्रिया–कलापों, तरीक़ों तथा उदाहरणों द्वारा विकसित किया जायेगा, इस पर भी विस्तार से चर्चा कर नोट तैयार किये गये। यह निश्चित हो जाने के बाद विभिन्न विषयों के बीच अन्तःसम्बन्ध देखे गये अर्थात एक विषय का दूसरे विषय से जुड़ाव समझा गया।

इस प्रकार कक्षा 1 से 5 तथा 6 से 8 तक की कक्षाओं के पाठ्यक्रम का ढाँचा तैयार किया गया। इस कार्य को करने के लिए लगातार 3–5 दिनों की कई कार्यशालाएँ आयोजित की गयीं। प्रतिदिन कार्यशाला के बाद एक बैठक होती जिसमें उस दिन किये गये कार्य का प्रस्तुतीकरण किया जाता तथा अगले दिन के कार्यों की रूपरेखा का निर्धारण किया जाता। लेखक दल ने प्रतिदिन लगभग 10 घंटे कार्य किया था।

पाठ्यक्रम बन जाने के बाद यह तय किया गया कि प्रथम वर्ष कक्षा पहली, दूसरी तथा छठीं, दूसरे वर्ष कक्षा तीसरी, चौथी तथा सातवीं व तीसरे वर्ष क्रमशः पाँचवीं तथा आठवीं की पुस्तकें तैयार की जायेंगी।

पाठ्यपुस्तक लेखन कार्यशालाएँ

पाठ्यक्रम–निर्माण के बाद उसी समूह के द्वारा पाठ्यपुस्तक लेखन का कार्य आरम्भ किया गया। मैं इस कार्य से विषय समन्वयक विज्ञान (कक्षा छह से आठ) के रूप में जुड़ी।

विज्ञान समूह में कुछ सदस्य अवधारणात्मक स्तर पर सशक्त थे, कुछ भाषायी स्तर पर तथा कुछ स्थानीय सन्दर्भों के अच्छे जानकार थे। कुछ क्रिया–कलापों को रचने, उन्हें करने में माहिर थे तो कुछ समालोचनात्मक टिप्पणियाँ देने में। इस प्रकार विविधता लिए हुए एक समूह तैयार हुआ। इस समूह में प्राथमिक स्तर के शिक्षक भी थे, जो हमें यह समझाते थे कि बच्चा क्या जानता है। उच्च प्राथमिक स्तर के शिक्षक चूँकि बच्चों के साथ कार्य कर रहे थे तो वे बता पाते थे कि कौन–सी बातें ऐसी हैं जो बच्चों को समझने में कठिनाई होती है। हाई तथा हायर सेकेंडरी कक्षाओं को पढ़ाने वाले शिक्षक अवधारणाओं का विकास कैसे किया जाये, इस पर अपना अभिमत रखते थे, ताकि भविष्य में बच्चों को अवधारणाओं को समझाने में किसी प्रकार की कठिनाई न हो।

लेखन की पहली कार्यशाला (पाँच दिवसीय) में हमारे समूह ने एन.सी.ई.आर.टी., महाराष्ट्र, राजस्थान, उत्तर प्रदेश तथा कुछ अन्य राज्यों द्वारा विकसित की गयी पुस्तकें पढ़ीं। इसके अलावा एकलव्य की तैयार की गयी पुस्तक बाल वैज्ञानिक तथा कुछ प्राइवेट पब्लिकेशन की पुस्तकें भी पढ़ी गयीं। इन सभी पुस्तकों पर चर्चा की गयी। इन पुस्तकों को उनकी भाषा, चित्रों, अवधारणाओं के प्रस्तुतीकरण, स्थानीयता के समावेश, दैनिक जीवन से जुड़ पाने एवं क्रिया–कलापों के आयोजन के सन्दर्भ में परखा गया।

स्रोत समूह के सदस्यों को लेखक दल से अध्यायों के लेखन के पूर्व तथा दौरान लम्बी चर्चाएँ करनी पड़ती थीं, क्योंकि ज़्यादातर सदस्यों को प्रचलित पाठ्यपुस्तकों में दी गयी विषयवस्तु तथा तरीक़े ही अच्छे लगते थे। वे उनमें बदलाव को पाठ्यपुस्तक की गम्भीरता में कमी के रूप में देखते थे।

लम्बे विचार–विमर्श के बाद नयी पुस्तकों के लिए एक फ्रेमवर्क के साथ कुछ दिशा–निर्देश तैयार किये गये। विज्ञान पाठ्यपुस्तक विकास के लिए जो बातें तय की गयीं, उनमें से प्रमुख थीं–

- भाषायी तौर पर बच्चों को समझने वाले शब्दों का प्रयोग किया जाये।
- बच्चों में किसी अवधारणा का विकास कैसे होता है, इस बात का ध्यान रख कर अवधारणाएँ विकसित की जायें।
- अवधारणाओं को प्रस्तुत करने के लिए दैनिक जीवन के उदाहरणों, क्रियाकलापों को आधार बनाया जाये।
- अवधारणाओं के विकास के लिए बच्चों के पूर्व ज्ञान का उपयोग किया जाये।
- अवधारणाओं को सरलता से कठिनता के क्रम में रखा जाये।
- मूर्त से अमूर्त अवधारणाओं की ओर बढ़ा जाये।
- पुस्तक में दिये जाने वाले क्रियाकलाप लेखन समूह द्वारा स्वयं करके देखे जायें। उनमें दिये जाने वाले निर्देश वास्तविक हों। यदि क्रिया–कलाप अपेक्षित परिणाम नहीं दे पा रहे हैं, तो उनके कारणों को समझकर बदलाव किया जाये अथवा उन्हें पुस्तक का हिस्सा न बनाया जाये।

- क्रिया–कलाप के लिए ऐसी सामग्रियों का चयन किया जाये जो सरलता से उपलब्ध हो सकें तथा कक्षागत परिस्थितियों में सम्भव हो सकें।
- इस बात का भी ध्यान रखा जाये कि अवधारणाओं का प्रस्तुतीकरण इस प्रकार न हो, जिससे कोई भ्रान्ति बने।
- बच्चों को सोचने, विमर्श करने तथा निष्कर्ष निकालने के अवसर दिये जायें।
- पाठ्यपुस्तकें बच्चों को सम्बोधित करते हुए लिखी जायें। प्राथमिक स्तर पर 'तुम' तथा उच्च प्राथमिक स्तर पर 'आप' शब्द का प्रयोग किया जाये।
- कुछ अवधारणाओं को खेलों द्वारा प्रस्तुत किया जाये।
- पुस्तक में आवश्यकतानुसार चित्रों का समावेश किया जाये।

पाठ्यक्रम निर्माण तथा लेखन सम्बन्धी सामान्य दिशा–निर्देश तय हो जाने के बाद हमें यह समझ में आने लगा कि कार्य को किस प्रकार आगे बढ़ाना है। दो–दो सदस्यों के समूह बने, जिन्होंने तैयार किये गये पाठ्यक्रम में से लेखन के लिए अपनी विशेषज्ञता अथवा रुचि के आधार पर अध्यायों का चयन किया।

समूह के सदस्यों द्वारा चयनित अवधारणा के सम्बन्ध में कड़ी मेहनत की गयी तथा पूर्व में तैयार की गयी अवधारणाओं की मैपिंग के आधार पर अध्यायों का लेखन आरम्भ किया गया। सभी लेखक हमेशा यही विचार करते कि किस प्रकार सरल तरीक़े से अध्याय बच्चों के लिए तैयार किये जायें। प्रत्येक अध्याय पर स्रोत व्यक्तियों के साथ विस्तृत चर्चा की जाती, क्रियाकलाप किये जाते। इसी दौरान कुछ नये क्रिया–कलाप रचे गये, इनमें से प्रमुख थे–सजीवों में श्वसन को दर्शाने वाला तीन बोतलों का प्रयोग, हवा स्थान घेरती है (कक्षा छठीं), लैंस से बनने वाले प्रतिबिम्बों का निर्माण (कक्षा आठवीं) आदि। पुस्तकों में खेलों के माध्यम से अवधारणाओं का विकास कक्षा छटवीं में पर्यावरण का खेल, स्वास्थ्य एवं स्वच्छता के लिए साँप–सीढ़ी का खेल, सातवीं में कंकाल तथा आठवीं में ऊर्जा संरक्षण का खेल रच कर अध्याय तैयार किये गये।

लेखक अध्यायों के ड्राफ्ट तैयार कर स्रोत समूह से चर्चा करते थे। इस दौरान ज़्यादातर अध्याय ऐसे तैयार हुए थे जिन्हें स्रोत समूह द्वारा

अस्वीकार कर दिया गया। इसके पश्चात लेखकों द्वारा नये सिरे से पुनः लेखन कार्य किया गया। इन अध्यायों पर समूह के सदस्यों की आपस में चर्चा होती, सभी सदस्यों द्वारा समालोचनात्मक टिप्पणियाँ दी जातीं। इस प्रकार अध्यायों में निरन्तर सुधार होता तथा वह सम्पूर्ण समूह के प्रयासों को प्रदर्शित करता।

पुस्तक के अभ्यास

अध्यायों के लेखन के साथ–साथ उसके अभ्यास भी रचे गये। अध्याय को छोटे–छोटे खण्डों में बाँटा गया। प्रत्येक खण्ड के बाद 'इनके उत्तर दीजिए' के अन्तर्गत प्रश्न रखे गये जिससे अवधारणाओं का पुनर्बलन हो सके। अध्याय के अन्त में 'हमने सीखा' में प्रमुख बिन्दु तथा इसके बाद 'अभ्यास के प्रश्न' रखे गये जो सम्पूर्ण पाठ में सीखी गयी चीज़ों को दोहराने तथा स्वयं की समझ को जाँचने का अवसर देते थे।

पुस्तक के चित्र

विज्ञान की पाठ्यपुस्तकें बिना चित्रों के अधूरी होती हैं। किताब में फोटोग्राफ़्स, ग्राफ़ तथा अंकित चित्रों को स्थान दिया गया। चित्रांकन बहुत कठिन कार्य रहा। जिसके कई कारण थे जिनमें से कुछ थे–लेखकों द्वारा चित्रकारों को अधूरे निर्देश दिये जाना। इसके कारण रबर का कॉर्क काँच के कॉर्क के समान पारदर्शी बन गया। लेखकों द्वारा क्रियाकलाप लिखते समय आवश्यक सामग्री में कोनिकल फ्लास्क लिखा गया तथा चित्रकार के लिए बना कर दिये गये चित्र में परखनली बनायी गयी। प्रूफ़ रीडिंग करते समय अध्याय में लिखी गयीं बातों का चित्रों में दर्शायी गयीं बातों से मिलान कर ठीक किया गया। प्रथम वर्ष पुस्तक में काले–सफेद चित्र बनाये गये, जिन्हें अगले वर्ष रंगीन किया गया।

पाठ्यपुस्तकों की अन्य गतिविधियाँ

क्षेत्र परीक्षण के पश्चात पाठ्यपुस्तक में 'इन्हें भी कीजिए' शीर्षक जोड़ा गया। जिसमें परिवेश को समझने के लिए कुछ सर्वे आधारित गतिविधियाँ, आसपास की खोज–बीन तथा सरलता से उपलब्ध वस्तुओं से मॉडल का निर्माण करने के तरीक़े जोड़े गये।

पुस्तक में तकनीकी शब्दों का प्रयोग

पाठ्यपुस्तक ड्राफ्ट तैयार होने के बाद एक बड़ा कार्य था, उसकी प्रूफ़ रीडिंग करना। प्रूफ़ रीडिंग करते समय सही तकनीकी शब्दों के उपयोग के लिए मानव संसाधन एवं विकास विभाग द्वारा विकसित तकनीकी शब्दावली का उपयोग किया गया।

पुस्तक की सारिणियाँ

विज्ञान की पाठ्यपुस्तकों में सारिणियों का विशेष महत्त्व होता है। सारिणियों को बनाने का कारण कभी बच्चों के अनुभवों को कक्षा में लाकर अवधारणा का विकास करना था, तो कभी बच्चों द्वारा किये गये अवलोकनों को उनसे दर्ज कराना, समानताएँ ढुँढ़वाना, अन्तर करने, पैटर्न बनाने के अवसर देना था। सारणी तैयार करते समय यह कोशिश रही कि उसमें पहला उदाहरण दे दिया जाये तथा आगे यह कार्य बच्चों से कराया जाये। पुस्तक में यह निर्देश भी दिये गये कि सारणी को बच्चे अपनी कॉपी में बना कर भरें, ताकि प्रत्येक बार उसे भरते समय कुछ नये उदाहरण वे सोच सकें। यह भी प्रयास रहा कि बच्चे एक–दूसरे के द्वारा भरी गयी सारणियों को देखें तथा कक्षा में उन पर चर्चा करें।

पुस्तक का सम्पादन

पाठ्यपुस्तक ड्राफ्ट के विकास के बाद एक छोटे समूह द्वारा इसका सम्पादन किया गया। इस समय अध्यायों में आपसी जुड़ाव को देखा गया। विभिन्न अध्यायों में एक ही उदाहरण की पुनरावृत्ति को हटाया गया। इस बात का भी ख़याल रखा गया कि अन्य विषय (जैसे–गणित तथा सामाजिक विज्ञान) कहाँ–कहाँ विज्ञान से जुड़ रहे हैं तथा उन विषय–समूहों द्वारा तैयार सामग्री तथा विज्ञान की सामग्री बच्चों में एक ही समझ बनाये। सम्पादन के समय इन्हीं बातों को ध्यान में रख कर कुछ बदलाव करने पड़े।

अध्यायों का परीक्षण

जैसे–जैसे अध्याय तैयार होते थे, लेखक उन्हें अपनी शाला की कक्षाओं में पढ़ाते तथा अन्य साथियों को भी पढ़ाने के लिए दे कर फीडबैक प्राप्त करते। राज्य के कई क्षेत्रों में अध्यायों का परीक्षण डाइट के माध्यम से भी किया गया। परीक्षण के बाद हमें कहीं भाषा सरल करनी पड़ती,

तो कभी उदाहरण बदलने पड़ते। बच्चों तथा साथी शिक्षकों से भी फीडबैक लिये गये। पाठों के परीक्षण के दौरान ही पुस्तक के फॉन्ट साइज पर भी बच्चों के साथ कार्य किया गया।

पुस्तक के लोगो तथा मुखपृष्ठ

अध्यायों के प्रमुख बिन्दुओं को दर्शाने के लिए लोगो (Logos) का उपयोग किया गया। जैसे, क्रिया–कलाप के लिए परखनली पकड़े हुए एक बच्चे का हाथ, इनके उत्तर दीजिए के लिए प्रश्नवाचक चिह्न के बीच बना सोचता हुआ बच्चा, हमने सीखा के लिए डिग्री हासिल करते समय सिर पर पहनने वाली टोपी पहना बच्चा आदि। लोगो बनाने में समूह के सभी सदस्यों ने सृजनात्मकता का प्रदर्शन किया। लोगो बनाने का उद्देश्य पुस्तकों को बच्चों के लिए आकर्षित बनाना था।

पाठ्यपुस्तक के कवर पेज को भी इस प्रकार तैयार किया गया, जिसमें प्रत्येक बच्चा अपने आप को इसमें महसूस कर सके, किताब से जुड़ सके।

पाठ्यपुस्तकों का क्षेत्र परीक्षण

पाठ्यपुस्तकों के विकास के बाद उनका क्षेत्र परीक्षण किया गया। इसके लिए भौगोलिक दृष्टि को ध्यान में रखते हुए राज्य को चार जोन में बाँटा गया। इन जोन की चयनित 42 शालाओं में क्षेत्र परीक्षण का कार्य किया गया।

शिक्षकों का उन्मुखीकरण

क्षेत्र परीक्षण शालाओं के शिक्षकों के लिए वर्ष में दो बार छह–छह दिनों के उन्मुखीकरण कार्यक्रम आयोजित किये गये। ये अवधारणाओं की समझ, उनके प्रस्तुतीकरण के तरीक़ों, क्रिया–कलापों के लिए सामग्रियों का जुगाड़, उन्हें कर पाने के लिए विश्वास को बढ़ाने तथा कौशलों के विकास पर आधारित थे। पूरे प्रशिक्षण में यह प्रयास रहा कि सभी शिक्षक प्रत्येक क्रिया–कलाप को करें, अपने प्रश्न रखें, समूह में चर्चा करें तथा प्रस्तुतीकरण में भाग लें।

क्षेत्र परीक्षण शालाओं में क्रिया-कलापों की तैयारी

शालाओं में सीखने–सिखाने की प्रक्रिया के दौरान क्रिया–कलाप आयोजित हों इसके लिए आवश्यक था कि उसके लिए वहाँ सामग्रियाँ उपलब्ध हों। अतः राज्य स्तर पर सामग्रियों की सूची तैयार की गयी। सूची में स्थानीय स्तर पर उपलब्ध तथा क्रय की जाने वाली सामग्रियों को अलग–अलग

सूचीबद्ध किया गया। क्रिया–कलाप आयोजित करने के लिए सामान्य निर्देश तैयार किये गये तथा उन्हें शालाओं में भेजा गया। विद्यार्थियों की संख्या के आधार पर शालाओं के लिए वित्तीय प्रावधान किये गये। इस व्यवस्था के कारण कई शालाओं में सीखने–सिखाने की प्रक्रिया बहुत अच्छे तरीक़े से हुई।

क्षेत्र परीक्षण शालाओं को अकादमिक सहयोग तथा पाठ्यपुस्तक पर फीडबैक प्राप्त करना

क्षेत्र परीक्षण शालाओं को अकादमिक सहयोग प्रदान करने तथा फीडबैक प्राप्त करने की दृष्टि से लेखक दल तथा डाइट के सदस्यों के समूह गठित किये गये, जिन्होंने पूरे सत्र में समय–समय पर कक्षाओं में जाकर बच्चों के साथ कार्य किया, पुस्तक के अध्यायों को पढ़ा कर देखा। बच्चों, शिक्षकों तथा समुदाय से एस.सी.ई.आर.टी. द्वारा निर्मित प्रपत्रों पर पुस्तक का फीडबैक प्राप्त किया। टीम की उपस्थिति ने शिक्षकों तथा बच्चों को प्रेरित किया। किन्तु पुस्तक को बेहतर बनाने के लिए समालोचनात्मक फीडबैक प्राप्त नहीं हुआ। शायद इसका कारण फीडबैक प्रपत्र का सही नहीं बन पाना हो सकता है।

पाठ्यपुस्तकों में संशोधन

क्षेत्र परीक्षण तथा विषय विशेषज्ञों से प्राप्त सुझावों के आधार पर पुस्तकों में संशोधन किये गये। इसके पश्चात पुस्तकों को पूरे राज्य में लागू किया गया। क्षेत्र परीक्षण के परिणाम तो उत्साहित करने वाले थे, किन्तु सम्पूर्ण राज्य में लागू किये जाने पर उतने अच्छे परिणाम नहीं मिले। शायद इसका कारण यह था कि पाठ्यपुस्तक की बातें शिक्षकों तक उस प्रकार नहीं पहुँची, जैसे पहुँचनी चाहिए थीं।

पाठ्यपुस्तक लेखन एक चरणबद्ध प्रक्रिया है। इसका प्रत्येक चरण महत्त्वपूर्ण है। पाठ्यपुस्तकों के विकास हेतु प्रतिबद्ध लेखकों का चयन, लेखकों का उन्मुखीकरण, आवश्यक संसाधनों की उपलब्धता, समय का उचित नियोजन, लेखन के लिए उचित वातावरण आदि कुछ महत्त्वपूर्ण बिन्दु हैं। पुस्तकें कक्षा में जीवन्त हों इसके लिए यह आवश्यक है कि उनके साथ कार्य करने वाले शिक्षकों का उन्मुखीकरण भी समय पर तथा सही तरीक़े से हो।

पाठ्यपुस्तक लेखन की इस पूरी प्रक्रिया से जुड़कर मैंने स्वयं में अवधारणात्मक स्तर पर ज़्यादा स्पष्टता महसूस की। सफल–असफल क्रिया–कलापों के हर पहलू को समझ पाने, उन पर चर्चा कर पाने में स्वयं को सक्षम पाया। किसी भी कार्य की सफलता में प्रत्येक चरण के सशक्त नियोजन तथा क्रियान्वयन की भूमिका को समझा।

22

पाठ्यपुस्तक भी सीखने में सहायक हो सकती हैं

–अंजु दास मानिकपुरी

लेखिका का विभिन्न शासकीय स्कूलों के साथ लम्बे समय से जुड़ाव रहा है और वे विज्ञान की कक्षागत प्रक्रिया का भी हिस्सा बनीं। कभी शिक्षक द्वारा पढ़ाये जाने की प्रक्रिया को कक्षा में बैठकर समझने का प्रयास किया, तो कभी उनके शिक्षकीय अनुभव को सुना और कभी उनके साथ किसी विषय पर चर्चा कर आपसी समझ को साझा किया। उन्होंने यह पाया कि ऐसे शिक्षकों की संख्या ज़्यादा है, जिनके लिए पाठ्यपुस्तक ही एकमात्र शिक्षण स्रोत है। इस अवलोकन के कारण उन्हें पाठ्यपुस्तक की समीक्षा की ज़रूरत लगी ताकि यह देखा जा सके कि नीतिगत दस्तावेज़ों और पाठ्यचर्या की रूपरेखा 2005 और आधार पत्र में जिस तरह की पाठ्यपुस्तक का उल्लेख है, क्या अभी पढ़ाई जा रही पुस्तक वैसी ही है? यह जानने के लिए लेखिका ने पाठ्यपुस्तकों का अध्ययन शुरू किया। इस दौरान लेखिका छत्तीसगढ़ शिक्षा विभाग के विज्ञान की कक्षा नौ और दस की पाठ्यपुस्तक बनाने के काम में भी जुड़ी थीं। यह पर्चा उनके इन्हीं अनुभवों पर आधारित है।

पृष्ठभूमि

विभिन्न शिक्षा नीतियाँ और राष्ट्रीय पाठ्यचर्या की रूपरेखा इस बात की

अनुशंसा करती हैं कि पाठ्यपुस्तक को पाठ्यचर्या का एक आधार मानते हुए शिक्षा के उद्देश्यों को पूरा करने का माध्यम होना चाहिए।[1] अतः यह ज़रूरी है कि पाठ्यपुस्तक में ऐसे कौशलों में दक्ष बनाने के लिए पर्याप्त मौक़े हों जिनसे एक समतामूलक समाज की तरफ अग्रसर हुआ जा सके। संक्षेप में कहें तो पाठ्यपुस्तक को अकेले या केवल एक शिक्षण सामग्री न मानकर एक ऐसे पैकेज के हिस्से के रूप में देखा जाना चाहिए जो सीखने वाले को शैक्षणिक गतिविधियों में सक्रियता के साथ व्यस्त रख सके।[1] एक ऐसा हिस्सा जो बच्चे को वातावरण, अन्य लोगों और सहपाठियों के साथ अन्तःक्रिया कराने वाला होना चाहिए। यह एक ऐसी मार्गदर्शिका के रूप में काम करे, जिससे बच्चा सक्रिय रूप से पाठ, विचारों, वस्तुओं, वातावरण और लोगों से स्वयं को जोड़ते हुए अपनी समझ का निर्माण स्वयं कर सके।

पिछले कई दशकों से, अन्य विषयों की पाठ्यपुस्तकों की तरह विज्ञान की पाठ्यपुस्तक को भी निर्धारित पाठ्यक्रम को और उसके लक्ष्यों को पूरा करने वाला उपकरण माना जाता रहा है। यह कार्य करने पाने के लिए पाठ्यपुस्तक में कई तरह के मौक़े होने चाहिए और पाठ्यपुस्तक ऐसी हो, जो विज्ञान शिक्षण के लक्ष्यों को प्राप्त करने में मदद करे। इन लक्ष्यों में विज्ञान की बुनियादी प्रक्रियाओं से सम्पर्क, विज्ञान और तकनीकी की सरल प्रक्रियाओं की समझ, सरल नियमों की व्याख्या और दैनिक जीवन में उनके उपयोग, विज्ञान, तकनीकी और समाज के अन्तर्सम्बन्ध की समझ, मापन और हस्तकौशल के हुनर के विकास के साथ–साथ परिवेश के प्रति जागरूकता भी शामिल है। पाठ्यपुस्तक ऐसी हो जो इन लक्ष्यों की पूर्ति के लिए पाठक को उपयुक्त अवसर उपलब्ध करने के मौक़े तो दे ही पर साथ–साथ उसे इससे सम्बन्धित क्रियाएँ करने की प्रेरणा या उत्प्रेरणा दे।[2] हाई स्कूल के स्तर पर विज्ञान सीखने वाले से यह अपेक्षा होती है कि उसमें वैज्ञानिक तथ्यों को जाँचने की क्षमता और जाँचने में अवलोकन और प्रयोग के तरीक़े, जिसमें मात्रात्मक मापन शामिल है, का कौशल ज़रूर विकसित हो गया हो।[3]

एन.सी.ई.आर.टी. आधार पत्र, पाठ्यचर्या, पाठ्यक्रम और लिखी गयी पाठ्यपुस्तकों में कई बातों का उल्लेख है जो पाठ्यपुस्तक लिखने की योजना और उसमें क्या शामिल हो इसको प्रस्तुत करता है। लगभग सभी

नीति दस्तावेज़ यह अपेक्षा करते हैं कि शिक्षक पाठ्यपुस्तक से हटकर सोच पाये। इसके लिए दो शर्तें हैं–पहली, शिक्षक समझ पाये कि पाठ्यपुस्तक केवल एक सुविधाजनक साधन है और दूसरी, इस बारे में जागरूक होना कि पाठ्यक्रम एवं पाठ्यपुस्तक में संकल्पनात्मक अन्तर है। इस अन्तर की समझ से बच्चों के अनुभवों को कक्षा में शामिल होने की सम्भावनाओं को बल मिलता है। इससे पाठ्यपुस्तक व अन्य संसाधनों या अनुभवों के साझे भण्डार से चुनने की सम्भावना बनती है। यह उन विकल्पों पर चिन्तन को प्रोत्साहित करती है और अन्त में पाठ्यपुस्तक में सुधार की सम्भावना भी बनती है।[1] इस तरह पाठ्यचर्या की रूपरेखा 2005 और आधार पत्र पाठ्यपुस्तक को एक शिक्षकीय साधन की तरह मानते हैं।

विगत आठ साल से मेरा विभिन्न शासकीय स्कूलों के साथ जुड़ाव रहा और मैं विज्ञान की कक्षागत प्रक्रिया का भी हिस्सा बनी। यह हिस्सा बनना हमेशा प्रत्यक्ष नहीं था। कभी शिक्षक द्वारा पढ़ाये जाने की प्रक्रिया को कक्षा में बैठकर समझने का प्रयास किया, तो कभी उनके शिक्षकीय अनुभव को सुना और कभी उनके साथ किसी विषय पर चर्चा कर आपसी समझ को साझा किया। मैंने यह पाया कि ऐसे शिक्षकों की संख्या काफ़ी ज़्यादा है, जिनके लिए पाठ्यपुस्तक ही एकमात्र शिक्षण स्रोत है।

इस अवलोकन के कारण मुझे पाठ्यपुस्तक की समीक्षा की ज़रूरत लगी, ताकि यह देखा जा सके कि नीतिगत दस्तावेज़ों और पाठ्यचर्या की रूपरेखा 2005 और आधार पत्र में जिस तरह की पाठ्यपुस्तक का उल्लेख है, क्या अभी इस्तेमाल हो रही पुस्तक वैसी ही है? यह जानने के लिए मैंने पाठ्यपुस्तकों का अध्ययन शुरू किया। यही वह दौर था जब मुझे छत्तीसगढ़ विज्ञान की कक्षा नौ व दस के पाठ्यपुस्तक लेखन की प्रक्रिया में भाग लेने का अवसर मिला।

अध्ययन का उद्देश्य

चूँकि मैं छत्तीसगढ़ विज्ञान की कक्षा नौ व दस की पाठ्यपुस्तक बनाने के काम में जुड़ी थी व अपने कार्यों के सन्दर्भ में कक्षाओं में भी जा रही थी, अतः उपरोक्त मापदण्डों के आलोक में मैंने इन पुस्तकों व उनके उपयोग के अवलोकन का अध्ययन ज़्यादा योजनाबद्ध तरीक़े से करना शुरू किया। यह पर्चा उसी अनुभव पर आधारित है।

पाठ्यपुस्तक लिखते समय लेखक दल के बीच 'पदार्थ और परमाणु' अवधारणा को लेकर बहुत बातचीत हुई थी। हमने कक्षा छह, सात और आठ की विज्ञान की किताबों में देखा था कि उसमें परमाणु और पदार्थ को लेकर किस तरह की बात कही गयी है और उसकी तारतम्यता नौवीं तक कैसे देखी जा सकती है। यह आवश्यक लगा था कि इससे पाठक पिछली कक्षा के साथ बेहतर जुड़ाव बना सकेंगे और पाठ्यपुस्तक के साथ जुड़ पायेंगे। आधार पत्र[2] में भी इस बात का ज़िक्र है कि अवधारणाओं के आपसी जुड़ाव को समझने से विज्ञान सीखने में मदद मिलती है। बात इस पर भी होती थी कि अवधारणाओं के आपसी जुड़ाव को उस कक्षा में समझाया जा सकेगा या नहीं। किसी भी अवधारणा को स्पष्टता और ठोस रूप में प्रस्तुत करने के लिए हमने यह भी आवश्यक समझा कि बच्चे उसके कुछ हिस्से को स्वयं प्रयोग करके अथवा कहीं–कहीं गतिविधि द्वारा करके सीखें। यह सोचते समय प्रयोग के सफलतापूर्वक हो पाने की सम्भावना, सामग्री की सहज उपलब्धता आदि पर भी बहस होती थी। इसके साथ–साथ किसी भी प्रयोग को शामिल करने से पहले उस प्रयोग को करके देखा जाता था। इस पर भी बात होती थी कि बॉक्स में किस तरह का कंटेंट जाना चाहिए। किसी अवधारणागत विकास के इतिहास को किस तरह से रखा जाना चाहिए, इस पर भी बहस करते थे। यह इस तरह रखने का प्रयास होता था, जिससे यह समझ आ सके कि एक अवधारणा पर हमारी समझ कैसे विकसित होती है? आधार पत्र में भी ऐतिहासिक वैधता[2] पर ध्यान देने को कहा गया है। इस बात का भी आग्रह है कि पुस्तक के पाठक यह समझ सकें कि विज्ञान सामाजिक कारकों से कैसे प्रभावित होता है और यह भी कि आज जिन अवधारणा को हम पाठ्यपुस्तक में पढ़ रहे हैं, वे समय के साथ कैसे विकसित हुई होंगी। यहाँ यह उल्लेख करना लाज़िमी होगा कि पुस्तक लेखन के लिए एक बड़ी टीम थी और मैं इन अध्यायों की रचना में लेखक दल का हिस्सा थी।

पाठ्यपुस्तक लिखते समय हमने यह भी ध्यान में रखा कि ऐसा न हो कि बहुत–से विचार और बहुत–सी सामग्री भर दी जायें और मूल बातें दब जायें। लेखक दल ने इस बात का ध्यान भी रखा कि अध्याय का फ्लो इस तरह हो कि पढ़ने की उत्सुकता बनी रहे और साथ ही विज्ञान

को आलंकारिक रूप में प्रदर्शित न करके विज्ञान करके सीखने पर ज़ोर हो और परिकल्पना बनाने तथा जाँचने की जगह हो। सवाल बनाते समय यह कोशिश की गयी कि याददाश्त आधारित सवाल बहुत कम हों।

मेरा अध्ययन इस पर केन्द्रित है कि पाठ्यपुस्तक लिखते समय जो मंशा लेखक समूह की थी वह कक्षा में कैसे पहुँचती है? कक्षा में वह कैसे परिलक्षित होती है। कक्षागत प्रक्रिया में कोई परेशानी तो नहीं हो रही है? पाठ्यपुस्तक की भाषा, चित्र और दी गयी गतिविधियाँ समझ में आती हैं या नहीं? यह सब व्यापक सवाल हैं और अध्याय में, उसके हर हिस्से में अलग–अलग रूप से प्रकट हो सकते हैं। मैंने अपने अध्ययन के लिए एक अध्याय लेकर उस पर ही काम किया है।

अध्ययन की कार्यविधि

पाठ्यपुस्तक की संकल्पना और विज्ञान पाठ्यपुस्तक सम्बन्धी उपरोक्त पहलुओं को ध्यान में रखकर मैंने विज्ञान शिक्षण में छत्तीसगढ़ के हाई स्कूल की विज्ञान पाठ्यपुस्तक को अध्ययन का विषय चुना। इसके लिए मैंने निम्न चरण अपनाये :

1. पत्रिकाओं और पुस्तकों में इस विषय पर सामग्री को पढ़ा, ख़ासकर एन.सी.एफ़. आधार पत्र और अन्य सम्बन्धित दस्तावेज़, जैसे पाठ्यचर्या, पाठ्यक्रम और पाठ्यपुस्तक, विज्ञान शिक्षण पर केन्द्रित आधार पत्र व कई अन्य शैक्षिक पत्रिकाएँ जैसे एकलव्य द्वारा प्रकाशित पत्रिका 'शैक्षणिक सन्दर्भ' के आलेख।
2. उपरोक्त पाठ्य सामग्री को पढ़ते हुए पाठ्यपुस्तक की समीक्षा के लिए कुछ सवाल बनाये।
3. छत्तीसगढ़ के हाई स्कूल की विज्ञान पाठ्यपुस्तक की समीक्षा की (इस पर्चे में रसायनविज्ञान कक्षा नौ के दो अध्यायों का ज़िक्र है)।
4. छत्तीसगढ़ के 20 हाई स्कूलों में विज्ञान की कक्षा में अवलोकन किया और कक्षा शिक्षण (हर स्कूल में लगभग 20 घंटे) किया।

अध्ययन के आधार बिन्दु

अध्यायों का विश्लेषण करते समय विज्ञान के आधार पत्र में उल्लेखित छह बिन्दुओं के कुछ पहलुओं का ध्यान रखा। साथ ही 'शैक्षणिक सन्दर्भ'

पत्रिका में प्रकाशित उमा सुधीर के लेख 'पदार्थ की प्रकृति के बारे में बच्चों के भ्रम'[3] में पाठ्यपुस्तक में दिये गये चित्रों के विवेचन को आधार बनाया। उमा सुधीर ने कहा कि 'भ्रमों का एक कारण पाठ्यपुस्तकों में दिये गये भ्रामक चित्र भी हो सकते हैं।' उदाहरण के लिए एन.सी.ई.आर.टी. की वर्तमान कक्षा नौ की पुस्तक का यहाँ दिया चित्र देखें।

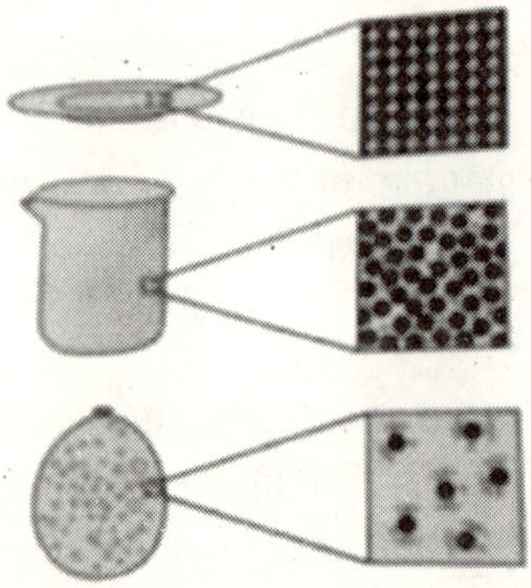

अगर इस चित्र को देखें, तो इसके अनुसार इस पदार्थ की ठोस अवस्था का घनत्व इसी पदार्थ की द्रव अवस्था के घनत्व से डेढ़ गुना होगा और द्रव का घनत्व इसी पदार्थ की गैसीय अवस्था के घनत्व का लगभग छह गुना होगा। यह तो स्पष्टतः सही नहीं है। इसी तरह पाठ्यपुस्तक के चित्रों में अक्सर नीली पृष्ठभूमि में तैरते 'पानी के अणु' दिखाये जाते हैं। इससे ऐसा लगता है कि पानी और उसके अणु दो स्वतन्त्र चीज़ हैं और कुछ है जिसमें ये अणु तैरते रहते हैं। इस लेख को पढ़ने के बाद पाठ्यपुस्तक लिखते समय सचेत थे कि हमें चित्रों का बहुत ध्यान रखना पड़ेगा। पाठ्यपुस्तक में चित्र व आरेख ऐसे हों जो सम्बन्धित अवधारणा को स्पष्ट समझने में मदद करें।

इसी तरह सुशील जोशी द्वारा की गयी एन.सी.ई.आर.टी. की कक्षा छह, सात और आठ की विज्ञान पाठ्यपुस्तकों की समीक्षा[4] ने इस पर प्रकाश डाला कि पाठ्यपुस्तक में किन बिन्दुओं को देखना चाहिए। इन पाठ्यपुस्तकों के बारे में सुशील जोशी कहते हैं कि कुल मिलाकर ये पाठ्यपुस्तकें शिक्षा के ज्ञानकोशीय नज़रिये पर आधारित हैं। ये इस मान्यता पर टिकी हैं कि बच्चों पर भरोसा नहीं किया जा सकता कि वे अवलोकन कर पायेंगे,

सोच पायेंगे, पैटर्न देख पायेंगे, निष्कर्ष निकाल पायेंगे, अपनी बात को कह पायेंगे यानी संक्षेप में कहें तो सीखने का काम ज़िम्मेदारी से कर पायेंगे। दोनों लेखकों ने पाठ्यपुस्तक को लगातार समीक्षित करने की बात कही है। ऐसा विश्लेषण किया जाये, जिसमें इस सवाल पर विमर्श हो कि क्या पाठ्यपुस्तक में चित्रात्मक प्रस्तुति इस तरह से हुई है कि चित्रों की मदद से अवधारणा को समझा जा सके? क्या पाठ्यपुस्तक में यह गुंजाइश है कि विज्ञान पढ़ते–पढ़ाते समय सवाल या समस्या सुलझाने हेतु परिकल्पना बनायी जाये और फिर उन परिकल्पनाओं को जाँचने के अवसर हों।

उपरोक्त दोनों पर्चों को मुख्य सन्दर्भ मानते हुए मैंने टीम के साथ पाठ्यपुस्तक की समीक्षा करना शुरू किया और शिक्षकों तथा बच्चों के साथ काम किया।

पाठ्यपुस्तक समीक्षा का दायरा

समीक्षा के लिए मैंने तीन सवाल लिए और दो अध्याय 'पदार्थ : प्रकृति एवं व्यवहार' और 'परमाणु' लिए। सवाल यह थे :

1. इस अध्याय की सामग्री का पिछली कक्षा के साथ जुड़ाव कैसा है?
2. पाठ्यपुस्तक की भाषा, चित्र, अध्याय में दिये बॉक्स और आकलन के लिए दिये सवाल–विज्ञान सीखने में कितनी मदद करते हैं?
3. पाठ्यपुस्तक में लिखा गया कंटेंट कक्षा में कैसे पहुँचता है यानी कक्षा में बच्चे और अध्यापक कैसे समझते हैं?

पिछली कक्षा के साथ जुड़ाव

पिछली कक्षा के साथ जुड़ाव के मामले में देखा जाये तो दोनों अध्यायों का कक्षा छह, सात और आठ के साथ जुड़ाव दिखता है। कक्षा आठ में यह अपेक्षा है कि यह समझ बन पाये कि पदार्थ उसे कहेंगे, जिसका अपना खुद का द्रव्यमान हो और जो स्थान घेरता हो। छत्तीसगढ़ की नौवीं कक्षा में भी 'पदार्थ : प्रकृति एवं व्यवहार' अध्याय की शुरुआत ही यहाँ से होती है। जैसे यह पूछा गया है कि प्रकाश, लोहे की कील, ढोलक की आवाज़, कुर्सी–टेबल, मुस्कान, भाप आदि उदाहरणों में क्या आपको कुछ समानताएँ या अन्तर दिखाई देते हैं? यह अवधारणा के साथ विद्यार्थी को

जोड़ता है और एक तरह से यह आकलन भी करता है कि मिडिल स्कूल तक पदार्थ पहचान की समझ कितनी विकसित हुई है।

उसके बाद एक क्रिया विधि दी गयी है, जिसके माध्यम से यह दिखाया जाता है कि पदार्थ स्थान घेरता है। मिडिल स्कूल में पदार्थ के वज़न नापने पर ज़ोर था और यहाँ यह पहलू है कि पदार्थ जगह लेता है। इस गतिविधि के माध्यम से पदार्थ की परिभाषा को रटने के बजाय क्रियाकलाप के बाद परिभाषा गढ़ने की तरफ़ ले जाने की कोशिश की गयी है।

ऊपर जिस गतिविधि का ज़िक्र किया गया है, उसमें यह मानकर चला जाता है कि पदार्थ की परिभाषा में ही यह शामिल है कि पदार्थ स्थान घेरता है और उसका द्रव्यमान होता है। बच्चे भी बख़ूबी इसे याद कर चुके हैं। कहने का अर्थ है कि यह पहले से याद है और कहीं कोई कनफ़्यूजन नहीं है तो ऐसा माना जा सकता है कि गतिविधि क्यों रखी जाये। लेकिन इस अध्याय को लिखते हुए लेखक दल ने यह प्रयोग कई बार करके देखा था और उनका यही मानना था कि यह प्रयोग पदार्थ की परिभाषा (स्थान घेरने वाला) को गढ़ने में मददगार है; चूँकि यह सरल है और इस पहलू को बख़ूबी उभारता है।

भाषा, चित्र, बॉक्स और आकलन के सवाल

अब हम अध्याय में जो बॉक्स दिये गये हैं, उनमें प्रस्तुत सामग्री की बात करते हैं।

अध्याय लिखने में यह पुरजोर कोशिश की गयी थी कि विज्ञान सीखने की आवश्यक शर्तों में ऐतिहासिक वैधता को सार्थक तरीक़े से रखा जा सके। एक उदाहरण देखते हैं–*लवाइजिए का योगदान* शीर्षक में इस बात को रखा गया है कि पदार्थ की अवधारणा को समझने में आधुनिक उपकरणों का किस प्रकार का योगदान रहा है और लगातार प्रयोगों को दोहराते हुए लवाइजिए रासायनिक अभिक्रियाओं की आधुनिक समझ की तरफ बढ़ पाये। यह पूरी बात जो कि सामान्य तौर पर विज्ञान के इतिहास को शामिल करने के ढंग से इतर है बॉक्स में लिखी गयी है।

लवाइजिए (Lavoisier) का योगदान

पदार्थ की प्रकृति को समझने का प्रयास सदियों से चला आ रहा है। लेकिन आधुनिक उपकरणों के अभाव में कई ग़लत मान्यताएँ बनी रहीं। एक समय मान्यता यह थी कि एक पदार्थ को दूसरे में रूपान्तरित किया जा सकता है। उदाहरण के लिए जब काँच के बर्तन में अधिक मात्रा में पानी का आसवन किया गया तब आसवन के पश्चात् बर्तन में रेत जैसे कण पाये गये। अतः यह माना गया कि जल को बहुत देर तक गर्म करने पर वह मृदा में रूपान्तरित हो जाता है। यह समझ हमारी आज की रासायनिक अभिक्रियाओं की समझ से भिन्न थी।

लवाइजिए ने इसी प्रयोग को दोहराया। उन्होंने काँच के पूरे उपकरण को प्रयोग के पूर्व सावधानीपूर्वक तौला तथा पानी के आसवन के पश्चात् पुनः तौला। उन्होंने देखा कि काँच के उपकरण के द्रव्यमान में कुछ कमी आ रही है और यह कमी उन रेत जैसे कणों के द्रव्यमान के बराबर है। तब वह पहचान पाए की उस किस्म का काँच थोड़ा पानी में घुल जाता है और पानी के वाष्पित हो जाने पर उनके कण दाने के रूप में प्राप्त होते है अर्थात वे यह निष्कर्ष निकाल पाये कि पानी का मृदा में रूपान्तरण नहीं होता है। इसके बाद ही हम रासायनिक अभिक्रियों की आधुनिक समझ की तरफ की तरफ़ बढ़ पाये।

अमूमन ऐतिहासिक वैधता के मायने इन्हीं तथ्यों पर सिमट जाते हैं कि एक वैज्ञानिक को किस काम के लिए अवार्ड मिला है, कब मिला है, उस वैज्ञानिक का जन्म कब और कहाँ हुआ है और उसकी मृत्यु कहाँ और कब हुई। इसके विपरीत यहाँ दी गयी जानकारी अवधारणा के विकास के चरणों से जुड़ी है। इसी तरह एक और बॉक्स में देखें जो कि अलग ढंग की बात बता रहा है।

कक्षा सात में कणों के स्वभाव पर बात की गयी है और उसी की निरन्तरता परमाणु अध्याय में दिखती है। कक्षा सात में विज्ञान की किताब का वह अंश इस तरह से दिया हुआ है–

तत्त्व एवं यौगिक को कणों के आधार पर भी वर्गीकृत किया जा सकता है। आइए, इसे समझे।

सभी पदार्थ कणों से मिलकर बने होते हैं। अलग–अलग पदार्थों के कण अलग–अलग प्रकार के होते हैं। जैसे पानी में उपस्थित सभी कणों के समस्त गुण एक जैसे होंगे किन्तु पानी के कण एवं लोहे के कण गुण एक–दूसरे से बिल्कुल भिन्न होते हैं। यह कण इतने छोटे होते हैं

कि अच्छे–से–अच्छे सूक्ष्मदर्शी से भी उन्हें नहीं देखा जा सकता। नमक का एक क्रिस्टल एक ही प्रकार के अरबों कणों से मिलकर बना होता है। पदार्थ के यह कण अनणु कहलाते हैं। अणु एक परमाणु या एक से अधिक परमाणुओं से मिलकर बनते हैं।

किसी भी तत्त्व में एक ही प्रकार के परमाणु होते हैं। जैसे ऑक्सीजन में दो परमाणु आपस में मिलकर एक अणु बनाते हैं (चित्र–3.1)। प्रत्येक अणु का एक निश्चित द्रव्यमान होता है, उसे उसका आणविक द्रव्यमान कहते हैं।

द्रव्यमान के संरक्षण को समझने के लिए किताब में एक गतिविधि दी गयी है। इसके लिए शीर्षक है–'इसे भी करें।' यह समझने के लिए कि पदार्थ अविनाशी होता है, इसे बॉक्स में दिया गया है।

मैंने कक्षा अवलोकन के दौरान पाया कि कई कक्षाओं में बॉक्स में दिये गये कंटेंट को एक सामान्य ज्ञान की तरह देखा जाता है। इन पर कक्षा में कार्य करना ज़रूरी नहीं समझा जाता है। हालाँकि नयी किताब की उन्मुखीकरण कार्यशाला के दौरान शिक्षक साथियों से आग्रह किया गया था कि यदि दूसरी सन्दर्भ सामग्री को पढ़ने का वक़्त नहीं मिले तो कम–से–कम पाठ्यपुस्तक शिक्षक और विद्यार्थी दोनों पढ़ें। पर स्कूलों में काम करते हुए मैंने जाना कि बहुत ज़्यादा व्यस्तता और पाठ्यक्रम को पूरा करने की जल्दबाज़ी में यह नहीं हो पाता। इस पुस्तक में गतिविधि करने के मौक़े हैं और रोचक बात है कि आकलन के लिए सवाल भी कई बार इन गतिविधियों पर ही आधारित हैं। फिर भी गतिविधि करना–कराना बॉक्स की सामग्री पढ़ना व उस पर चर्चा भी छूट जाती है। यह गतिविधि और प्रयोग कंटेंट के अलावा कई और कारणों से आवश्यक है और इसको किये बिना विज्ञान के अध्ययन के कई पहलू छूट जाते हैं। कई बार गतिविधि को प्रस्तुत करने का ढंग ही उनके किये जाने को बाधित करता है और उनसे सीखे जाने वाले मसले को भी सीमित करता है।

उदाहरण के लिए पुस्तक में शामिल क्रिया–कलाप दो में दी गयी गतिविधि इस बात को फ़ोकस करती है कि यह कैसे पहचाना जाये कि

दिये गये मिश्रणों में से कौन–सा मिश्रण समांगी है और कौन–सा मिश्रण विषमांगी है? यह क्रिया–कलाप और भी रुचिकर हो सकता था यदि अन्तिम पैराग्राफ में उत्तर न दिया जाता कि मिश्रण क, ख, ग और घ में से कौन–सा मिश्रण समांगी है और कौन–सा विषमांगी मिश्रण है।

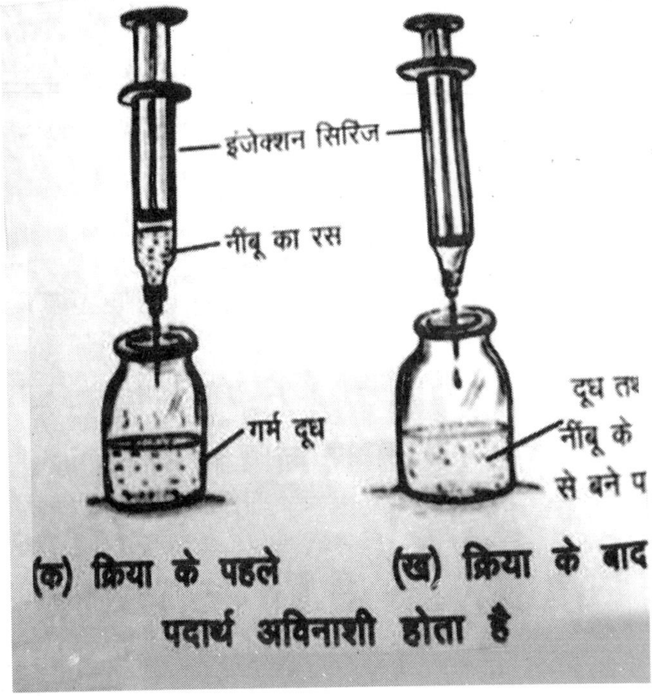

रसायनशास्त्र के अध्यायों में दिये गये अन्य क्रिया–कलाप में भी यही हुआ है। परमाणु कितने छोटे होते हैं, इसे समझने के लिए पोटेशियम परमैंगनेट के साथ उपयोगी गतिविधि दी गयी है पर यहाँ भी परिणाम बता दिया गया है। अक्सर यह होता है कि परिणाम अगर पहले ही लिखा हो तो प्रयोग करने की उत्सुकता तो कम होती ही है। साथ ही किसी तरह की ग़लती होने की गुंजाइश छूटती ही नहीं। ऐसे विज्ञान सीखने में रोड़ा तो आता ही है। जहाँ प्रयोग या गतिविधि करते हुए कोई त्रुटि न हो। तो उसे कम करने या ख़त्म करने की कोशिश ही नहीं होगी और नये तरीक़े खोजने व दिये गये तरीक़े को गहराई से परखने का भी प्रयास नहीं होगा।

इससे न तो यह स्पष्ट होगा कि इस गतिविधि की रचना इस प्रकार क्यों हुई है, न ही कुछ अन्य बातें कक्षा में देखी जायेंगी और न ही कभी कोई नयी गतिविधि बन पायेगी।

इतने सब फ़ायदे होने के बावजूद हमने भी गतिविधि के बाद सम्भावित अवलोकन और परिणाम लिख देने का फ़ैसला किया। लेखक दल के बीच भी काफ़ी चर्चा हुई। बहुत–से लोगों का मानना था कि निष्कर्ष तो लिख देना चाहिए क्योंकि कई बार किस तरह के निष्कर्ष की सम्भावना बनती है, यह पता नहीं चल पाता। शिक्षक को यह तय करना मुश्किल होगा कि उनके परिणाम ठीक हैं या नहीं। अतः वह सही बात नहीं बता पायेंगे, अगर उन्हें प्रयोग या गतिविधि जो भी करानी है, उसके अवलोकन और निहितार्थ ज्ञात नहीं। यह भी तर्क था कि सभी गतिविधि तो करायी नहीं जा सकतीं। अतः बच्चों को कैसे पता चलेगा कि अवधारणा को समझने के लिए किस–किस तरह के प्रमाण हैं। हालाँकि हमारे कुछ शिक्षक साथियों का मानना था कि यहाँ निष्कर्ष लिख देने से शिक्षक किसी ख़ास संसाधन के न होने पर विकल्प खोजने का प्रयास करेंगे और हर बार यह कार्य रुचि से किया जायेगा। इस पहल पर यह मतान्तर बना रहा।

दोनों अध्याय में कुछ सवाल देखे जो इस किताब का महत्त्वपूर्ण पहलू है। ऐसे ही कुछ सवालों पर एक नजर डालते हैं–

1. पदार्थ वाले अध्याय में सवाल संख्या 10 बहुत सारे शिक्षकों के लिए कठिन था। बहुत सारे शिक्षकों ने इस सवाल को लेकर परेशानी बतायी। जब इसे गतिविधि करके हल किया तब यही सवाल बेहद आसान लगा।

10. सीमा ने तीन ठोस पदार्थ अ, ब एवं स लिये। विभिन्न तापक्रमों पर 100 g जल में इनके संतृप्त विलयन बनाने के लिए आवश्यक पदार्थों की सारिणी निम्नानुसार तैयार की–

विलेय पदार्थ	तापमान K में			
	293 K	313 K	333 K	353 K
अ	35 g	36 g	37 g	38 g
ब	32 g	62 g	106 g	167 g
स	34 g	40 g	46 g	54 g

(क) 293 K पर तीनों पदार्थों के संतृप्त विलयन बनाने के लिए आवश्यक पदार्थों की मात्राएँ कितनी–कितनी हैं? इसके आधार पर आप क्या निष्कर्ष निकाल सकते हैं।

(ख) 500 g जल में 313 K तापमान पर विलेय पदार्थों के संतृप्त विलयन बनाने के लिए आवश्यक विलेय पदार्थों की मात्रा की गणना कीजिए।

(ग) 353 K पर 'अ' तथा 'स' विलयन की सान्द्रता प्रतिशत में ज्ञात कीजिए।

2. एक और सवाल देखें : एक अभिक्रिया में 20 g A तथा 40 g B के संयोग से 25g C, 15 g D तथा 20 g E बनता है। इन प्रेक्षणों द्वारा द्रव्यमान संरक्षण नियम को समझाइए।
3. मैग्निसियम के तार को हवा में जलाने पर सफ़ेद रंग का ऑक्साइड बनता है। यह तत्त्व होगा या यौगिक? कारण सहित बताइए।

पाठ्यपुस्तक की कक्षा तक पहुँच : कक्षा अवलोकन और शिक्षकों से बातचीत

परमाणु जैसी कठिन अवधारणा को कहानी के रूप में प्रस्तुत करना रुचिकर लगता है पर फ़ील्ड विजिट के दौरान शिक्षकों से पता चला कि ल्यूसिपस, एपिक्यूरस जैसे नाम उनके लिए एकदम नये थे। बहुत सारे शिक्षकों का कहना था कि कौन–सी परीक्षा में परमाणु की कहानी पूछी जाती है? हर परीक्षा में तो परमाणुवाद की सीमा और बेहतर पॉइंट्स के बारे में ही पूछा जाता है। ऐसे शिक्षकों की संख्या बहुत ही कम थी, जिन्होंने परमाणुवाद की पूरी कवायद को कहानी के तौर पर बच्चों के साथ साझा करते हुए अपने आप किसी ख़ास परमाणुवाद की सीमा या उसके सन्दर्भ में बिन्दु निकाले हों।

लेकिन इस अध्याय को कहानी के तौर पर लिखने का उद्देश्य यह था कि पाठक परमाणु की कहानी पढ़ते समय यह जान पायें कि समय के साथ अवधारणागत समझ कैसे विकसित होती है, तकनीकी और विज्ञान का अन्तर्सम्बन्ध समझ आता है और यह भी समझ में आता है कि लगातार समाज में पैठ की गयी वैचारिक प्रक्रिया विज्ञान के विकास में कैसे मदद करती है। परमाणुवाद की कहानी में यह भी समझ आता है कि युद्ध न केवल मानव मन के लिए त्रासदी है, बल्कि इससे होने वाले नुक़सान से कई बार अवधारणात्मक विकास रुक–सा जाता है। इसे एक उदाहरण से समझा जा सकता है कि विश्वयुद्ध में जिन ज़रूरी दस्तावेजों की आहुति चढ़ी थी उसमें से एक महत्त्वपूर्ण दस्तावेज़ परमाणुवाद से सम्बन्धित भी था।

पदार्थ में कण : कैसे पहुँचे वहाँ

मुझे कुछ जगह पढ़ाने के भी मौक़े मिले। मैंने पढ़ाने की तैयारी ठीक वैसे ही की जैसी शिक्षक उन्मुखीकरण कार्यशाला में शिक्षकों के साथ काम करते समय की थी। यहाँ मैं उस अनुभव का उल्लेख कर रही हूँ जो मुझे परमाणु संरचना पढ़ाते समय हुआ। मैंने अध्याय की शुरुआत पदार्थ सम्बन्धी बातचीत से की। यह उन्होंने अध्याय 2 में पढ़ रखा था। बातचीत का कुछ अंश यहाँ दे रही हूँ।

मैंने बच्चों से पूछा, 'आप सबने पदार्थ देखा है क्या?'

बच्चे बोले, 'हाँ, हमारे चारों तरफ़ पदार्थ ही होते हैं। पदार्थ वे होते हैं जो स्थान घेरते हैं और जिनका द्रव्यमान होता है।'

'अरे वाह, आपको तो अच्छे से पता है कि पदार्थ किसे कहते हैं। आप लोगों ने कहा कि हमारे चारों तरफ पदार्थ है, पर ऐसा सच में है क्या? जरा ग़ौर से देखो तो।' मैंने बच्चों से कहा।

अबकी बार बच्चों की आवाज़ एकसार नहीं थी, थोड़ी बिखरी–बिखरी–सी थी। उन्हें समझ में नहीं आ रहा था कि मैं क्या कह रही हूँ और जो पूछ रही हूँ उसका जवाब क्या है। मैंने फिर पूछा, 'तुम लोग कुछ बोल तो रहे हो पर मुझे समझ नहीं आ रहा, मुझे फिर से बताओगे क्या?'

बच्चे बोलते इसके पहले विज्ञान शिक्षिका ने कहा, 'पढ़ाया था न तुम लोगों को लकड़ी, लोहा, चम्मच सब पदार्थ ही तो हैं।' अबकी बार बच्चे बोल उठे, 'डेस्क, बेंच, टिफिन, बैग, कमरे की हवा सब पदार्थ हैं और यह जो लाइट आ रही है, यह पदार्थ नहीं है।'

मैंने कहा, 'यह तो बड़ी अच्छी बात है कि आप लोग पदार्थ को पहचानते हैं। अच्छा ज़रा इस दीवार को ग़ौर से देखिए, क्या यह पदार्थ है?' बच्चे बोले, 'हाँ।' मैंने फिर पूछा, 'यह जो दीवार पर रंग (वहाँ डिस्टेम्पर) लगा है, वह भी पदार्थ है?' अब बच्चे थोड़ा सोचने लगे, आपस में बात कर रहे थे। कोई दीवार की ओर एकटक देख रहा था, तो कोई किताब खोल कर बैठ गया था। फिर कुछ बच्चों की आवाज़ आयी, 'नहीं, दीवाल पर जो पोता गया है, वह पदार्थ नहीं है।' मैंने पूछा, 'कैसे?' उत्तर बहुत ही रोचक था, 'दीवार पर पुताई के लिए यह जगह तो ले रहा है, पर इसका वज़न थोड़ा न है? यह तो लाइट जैसा मामला है, जो पूरे कमरे में फैल रही है पर उसका वज़न नहीं है, इसलिए तो उसको पदार्थ नहीं मानते।'

मैंने सोचा परमाणु की कहानी पर तो बाद में बात करेंगे, पहले इसी पर बात करना चाहिए। मैंने सबसे पूछा, 'अच्छा बताओ कौन–कौन यह मानता है कि दीवार में जो पोता गया है वह पदार्थ नहीं है?' 40 बच्चों में से 30 का मानना था कि यह पदार्थ नहीं है? 10 में से केवल एक था, जो शायद पक्का मान रहा था कि यह पदार्थ है और बाकी 9 कुछ भी निश्चित कहने की स्थिति में नहीं थे। पीरियड ख़त्म होने वाला था। मैंने कहा, 'कल एक काम करके आना है। आपको अपने उत्तर को कुछ गतिविधि करके पुख़्ता करना होगा कि आप क्यों इसे पदार्थ नहीं मानते।'

अगले दिन मैं अपने साथ थोड़ा नील और महावर (आलता) लेकर गयी। मैं कक्षा में पहुँची ही थी कि सब एक स्वर में कहने लगे, 'मैडम, यह दीवार पर पोतने वाला पदार्थ है।' मैंने पूछा, 'अच्छा तो आप सबका यही मानना है।' सबने हामी भरी। मैंने पूछा, 'कैसे?' कल जिस समूह ने सबसे पहले पदार्थ न होने का तर्क दिया था, उसी समूह ने कहा, 'हम बाज़ार में किलो के भाव से छुई–मिट्टी खरीदते हैं, मतलब इसका वज़न है और जगह तो घेरती ही है। ऐसे ही रंग (वे डिस्टेम्पर या प्लास्टिक पेंट को रंग कह रहे थे) के साथ भी होता होगा। साफ़ तौर पर साबित हो रहा है कि यह पदार्थ है।'

अब जबकि छुई या पेंट की बातचीत चल पड़ी थी तो मैंने उचित समय पाया कणों की बात करने के लिए। मैंने हाथ में नील लेकर कहा, 'यह भी रंग है न?' सबने कहा, 'हाँ, इसी से तो सफ़ेद कपड़े को रँगते हैं।' मैंने कहा, 'यह किससे बना होगा?' बच्चे बोले, 'नील से।'

मैंने सोचा कितना मुश्किल है इस बात को प्रत्यक्ष कर पाना कि पदार्थ कणों से मिलकर बना हुआ है। मैंने हाथ में चाक उठाया और पूछा, 'यह क्या है?' बच्चे बोले, 'चाक।' मैंने थोड़ा चूरा किया फिर पूछा, ' यह क्या है?' बच्चे बोले, 'चाक पाउडर।'

अब आप ही सोचिए, यहाँ पाउडर की अवधारणा पर बात करना कितना मुश्किल है। बच्चे चूरे को पाउडर कह रहे थे। यहाँ कणों के साइज़ के अन्तर को नज़रअन्दाज़ कर रहे थे, जिसे फ़ोकस करने के लिए यह सब कवायद मैंने शुरू की थी। मैंने अबकी बार कहा, 'तुम लोग घर में पाउडर लगाते हो?' सारे बच्चे बोले, 'हाँ।' मैंने कहा, 'तो बताओ यह जो चाक का पाउडर बोल रहे हो और जो घर पर पाउडर लगाते हो,

वह एक जैसा है क्या?' बच्चे बोले, 'हाँ, एक जैसा है। इससे भी आपका हाथ सफ़ेद हो रहा है और घर के पाउडर को हाथ में लो तो उससे भी हाथ सफ़ेद होता है।' मैंने कहा, 'अच्छा इसे छूकर देखो।' सारे बच्चों ने चाक का चूरा लिया, कुछ ने उससे तिलक लगा लिया, कुछ उससे डेस्क पर लिखने लगे तो कुछ उसे हाथ में ही रगड़ रहे थे। बच्चे यह करते हुए ख़ुश तो बहुत हो रहे थे। इसमें अब तक लगभग 12 चाक की बलि चढ़ चुकी थी। मैंने डिब्बे में झाँका तो देखा डिब्बे के अन्दर केवल 5 चाक मुस्कुरा रहे थे। इसी बीच पीरियड ख़त्म होने की घंटी भी बज गयी। मैंने कक्षा में कहा कि अच्छा कल हम दोनों पाउडर में फ़र्क़ को देखेंगे।

जब मैं बाहर निकली तो शिक्षिका ने मुझसे पूछा, 'मैडम, परमाणु कब तक शुरू करेंगी?' मैंने बस इतना कहा, 'वह तो शुरू हो चुका है, आइए थोड़ा बात करते हैं।' मैंने अध्याय पर उनके साथ बात की। उनका कहना था, आपको सीधे एक परमाणु का चित्र बोर्ड पर बनाना चाहिए और उसी से शुरू करते हुए परमाणु संरचना पर बात करनी चाहिए। मैंने कहा, 'हाँ, यह आइडिया तो अच्छा है पर थोड़ा पाठ्यपुस्तक के अनुसार चलते हैं, आपको जब–जब ठीक न लगे तो आप मुझे रोक सकती हैं।' शिक्षिका बहुत ही सहृदयी थी, उन्होंने कहा, 'मैं आपके साथ ही रहूँगी।'

तीसरे दिन मैं चाक का डिब्बा और रुपये वाला टेल्कम पाउडर लेकर पहुँची थी। मैंने बच्चों के पाँच ग्रुप बनाये और हर ग्रुप को दो पुड़िया बनाकर दी। जिसमें से एक में टेल्कम पाउडर था, तो दूसरे में चाक का चूरा। मैंने सबसे कहा, छूकर दोनों के बीच फ़र्क़ या समानता को जाँचिए। बच्चों ने माना कि टेल्कम पाउडर के बनिस्बत चाक का चूरा थोड़ा ज़्यादा दरदरा था।

अब मैंने अपनी बात आगे बढ़ायी, 'अगर हम चूरे को और पीसते चले जायें, तो हो सकता है कि यह पाउडर बन जाये।' बच्चों ने कहा, 'हाँ, जब मैडम ब्लैक बोर्ड पर लिखती हैं तो उनके बाल पर पाउडर जैसा ही दिखता है।' मैंने बात आगे बढ़ायी, 'क्या हम यह मान सकते हैं कि इस चूरे से ही पूरा चाक बना है।' बच्चों ने हामी भरी। मैंने अगला सवाल किया, 'क्या मैं इस चूरे को कण कह सकती हूँ? बच्चों ने फिर हामी भरी। मैंने अगला सवाल किया, 'अच्छा यह बताओ कि इस तरह के कण और कितने छोटे कणों से मिलकर बने होंगे?' बच्चों ने अपने हाथ से तरह–तरह की

आकृति बनानी शुरू कर दी। यह इंगित कर रहा था कि अधिकतर बच्चे कुछ सोच रहे हैं। मैंने उनसे कहा, 'यह कितना छोटा होता होगा उसे समझने के लिए कुछ प्रयोग करते हैं।

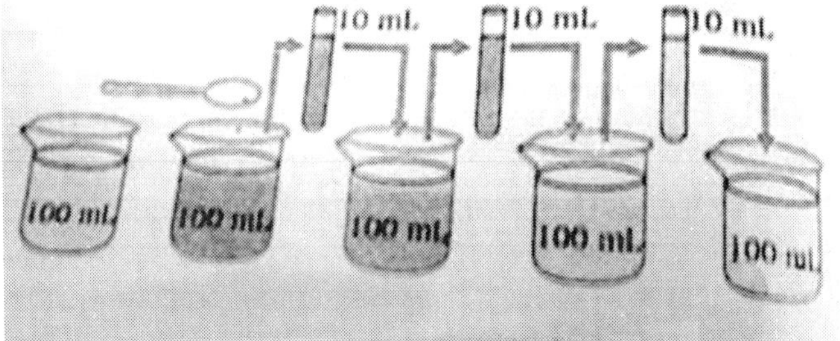

पदार्थ के कण कितने छोटे होते हैं

मैंने 5 समूह बनाये। पहले समूह को नीली स्याही, दूसरे समूह को आलता, तीसरे समूह को चाक का चूरा, चौथे समूह को डिटॉल और पाँचवें समूह को लाल स्याही दी। मैंने और मैडम ने पोटैशियम परमैंगनेट के साथ इस गतिविधि को किया जो परमाणु संरचना के अध्याय में क्रियाकलाप के तौर पर दिया हुआ था और साथ–ही–साथ बच्चों ने अपने आसपास मिले पदार्थों के साथ इस प्रयोग को किया। सभी के अवलोकन में यह बात शामिल थी कि विलयन के बेहद तनु होने के बाद भी रंग दिख ही रहा था या सुगन्ध आ ही रही थी। इसका मतलब बहुत–ही छोटा कण विलयन को रंग या सुगन्ध देने के लिए पर्याप्त था। इसका मतलब हुआ कि किसी भी पदार्थ का सबसे छोटा कण बहुत–ही छोटा होता है, इतना छोटा कि हमें वह आँखों से नहीं दिखाई देता।

पीरियड ख़त्म हो चुका था। मैंने कक्षा को इस सवाल के साथ छोड़ा, कि 'कैसे पता चला होगा कि पदार्थ कणों से बना है और ये कण बेहद छोटे होते हैं? ज़रा पढ़कर आना या अपने आसपास किसी से बात करके आना।'

कक्षा के बाद मैंने शिक्षिका से बात करनी चाही, आज वे काफ़ी सन्तुष्ट नज़र आ रही थीं। मैंने कहा, 'कल आप पढ़ाना, मैं आपके साथ रहूँगी।' किताब में परमाणुवाद को एक कहानी की शक्ल देते समय लेखक दल के बीच काफ़ी चर्चा हुई थी। हम भी अपने–अपने अनुभव से इस बात पर

सहमति जता पा रहे थे कि कहानियाँ बच्चों को बेहद पसन्द होती हैं। इसलिए हमने किताब में इस तरह से लिखा है :

> इन कणों की कल्पना और इनके बारे में जानने के प्रयास की कहानी बड़ी रोचक है। यह ईसा पूर्व 450 से शुरू हुई। एक ग्रीक़ दर्शन शास्त्री ल्यूसिपस (Leucippus) और उनके विद्यार्थी डेमोक्रिटस (Democritus) ने इस बारे में सोचना शुरू किया कि अगर किसी पदार्थ के टुकड़े करते जायें तो क्या होगा? उन्होंने माना कि एक स्थिति ऐसी आती होगी जब उसे और छोटे टुकड़े में नहीं तोड़ा जा सकता। डेमोक्रेटिस ने उसे 'एटमोस' कहा अर्थात वह जिसे और तोड़ा नहीं जा सकता। साथ ही यह भी कहा कि पूरी दुनिया में सभी कुछ इन्हीं 'एटम' या 'परमाणु' से बना हुआ है।
>
> हम जानते हैं कि विज्ञान में केवल चिन्तन–मनन (सैद्धान्तिक तर्क) से काम नहीं चलता। किसी भी सिद्धान्त को जाँचने का प्रयोगात्मक आधार होना आवश्यक है। जब तक ऐसा नहीं है कि सिद्धान्त के पक्ष में कोई प्रयोगात्मक अनुभव है और उससे कुछ नये अनुमान हुए हैं, जिन्हें जाँचा जा सकता है और जाँच कर सही पाया गया तब तक उसे विज्ञान नहीं मान सकते। कुल मिलाकर सिद्धान्त को मानने के लिए जाँच आवश्यक है और हर सिद्धान्त को जाँचने के लिए प्रयोग, विश्लेषण, तर्क और आधार का सहारा लेना पड़ता है। चूँकि डेमोक्रेटस के पास ऐसा कोई आधार नहीं था, इसलिए उनका परमाणुवाद प्रचलित नहीं हो पाया। हालाँकि, लगभग 150 साल बाद; ईसा पूर्व 306 में एथेंस के एक शिक्षक इपीक्यूरस (Epicurus) ने अपनी किताब में लिखा कि हमारे आसपास जो भी चीज़ें हैं, वह परमाणुओं से बनी हैं। बाद में ल्यूक्रेसियस ने 'चीज़ों की प्रकृति (Nature of things)' के नाम से कविता लिखी, जिसमें परमाणु सम्बन्धी बात फिर से की गयी। पर समय के साथ–साथ; जैसे–जैसे ग्रीक़ और रोम की सभ्यता खत्म हुई, वैसे–वैसे ये पांडुलिपियाँ भी लुप्त होती चली गयीं। किन्तु 1454 में प्रिंटिंग प्रेस की खोज के साथ कुछ पांडुलिपियाँ उपलब्ध होने लगीं और इस तरह 'परमाणुवाद' फिर से चर्चा में आ गया।

परमाणु की इस कहानी को विकसित करने के लिए हमने एक स्टोरी बोर्ड बनाया था, जिसे भारत के अलग–अलग हिस्सों में पायलट करके भी देखा था। मैंने इस स्टोरी बोर्ड[5] का प्रिंट आउट मैडम को दे दिया और उन्मुखीकरण कार्यशाला में जिस तरह का काम हमने किया था, उसे दोहराया और इस तरह हमने अगली कक्षा के लिए तैयारी की।

चौथे दिन मैंने बच्चों से पूछा, 'तो बताओ कैसे पता चला होगा कि पदार्थ कणों से बने हैं और ये कण बेहद छोटे होते हैं?' लगभग छह बच्चों

ने आत्मविश्वास से बताया कि डाल्टन ने बताया कि परमाणु से पदार्थ बनते हैं। मैंने बच्चों से कहा, 'आपने बहुत ही अच्छे तरीक़े से जानकारी इकट्ठा की। यह सही है कि परमाणु की कहानी में डाल्टन का विशिष्ट योगदान है पर और भी बहुत सारे लोग हैं, जिन्होंने पदार्थ को समझने में हमारी मदद की और उनके बारे में भी जानना चाहिए ताकि हम समझ सकें कि विज्ञान की समझ आगे कैसे बढ़ती है। क्या आप जानना चाहेंगे इस परमाणु की कहानी कैसे आगे बढ़ी?' बच्चों ने लगभग चिल्लाते हुए कहा, 'हाँ, जानना चाहेंगे।' मैंने मैडम को कक्षा सौंप दी और ख़ुद जाकर बच्चों के साथ बैठ गयी।

पूर्व योजना के अनुसार मैडम ने सारे बच्चों को 6 समूहों में बाँटा और हर एक समूह में अव्यवस्थित स्टोरी बोर्ड दे दिया और कहा आप सबके पास 15 मिनट हैं। स्टोरी को तर्क के आधार पर क्रमानुसार जमाना है और एक कहानी बनानी है। हर चित्र के नीचे छोटे–छोटे विवरण तथा संवाद लिखे थे। ऐसे लगभग 13 चित्र थे। इनमें से कुछ चित्र लेख के अन्त में दिये गये हैं।

बच्चों ने पाँच मिनट में सारे कार्ड जमा लिए और पढ़ने लगे। उन्होंने स्टोरी बोर्ड जमाने के लिए दो तरह के आधार चुने थे : एक तो कहानी का फ़्लो और दूसरा हर कहानी पर लिखी टाइम लाइन। आपको यह जानकार ताज्जुब होगा कि छह में से चार समूह का काम एकदम सही था। दो समूहों के केवल बीसी और एडी के कारण दो और तीन कार्ड इधर–उधर हो गये थे, बाकी सब ठीक थे। छह समूह में से दो समूह ने इसे शब्दशः पढ़ा और दो समूह ने हाव–भाव के साथ पढ़ा और बाकी दो समूह ने कहानी में अपने विचार भी जोड़े, जैसे प्रिंटिंग मशीन नहीं होती तो आज हमारे पास किसी तरह का कोई दस्तावेज़ नहीं होता जिससे पता चलता कि पहले कैसे काम हुए है, कैसे विचार हुए हैं। एक समूह ने तो यहाँ तक कहा कि ज़रूरी है कि हम आपस में बात करें, एक–दूसरे को अपने काम के बारे में बतायें। तभी तो मिल–जुलकर एक किसी भी प्रश्न का हल निकाल सकते हैं। इस तरह से ल्यूसिपस से लेकर नील्स बोर और रदरफोर्ड के द्वारा किये गये काम की समझ बन पायी। शिक्षिका बेहद ख़ुश थीं। कल तक जो नाम उन्हें ख़ुद को कठिन लग रहे थे, बच्चे उन्हें आसानी से बता रहे थे और परमाणु की कहानी, परमाणुवाद को कुछ हद तक समझ पा रहे थे।

चार दिन हो चले थे और आकलन की प्रक्रिया हर कक्षा में सतत थी ही। अब लगा कि क्यों न एक बार पूरे अध्याय की समझ का आकलन किया जाये। मैंने शिक्षिका के साथ आकलन के सवाल तैयार किये जो परमाणुवाद की समझ की बेहतर पुष्टि कर सकते थे। इसके लिए हमने अगले दिन को चुना। पाँचवें दिन जब हमने सवाल किया कि थॉमसन द्वारा प्रस्तावित परमाणु, डाल्टन के परमाणु से अलग कैसे है? बच्चों ने आसानी से बता दिया पर वे शब्दों में अटक रहे थे जैसे विचलन, आवेशित, प्रर्कीणन, आवेश का बादल आदि। इस दौरान मुझे यह भी लगा कि शायद ये कठिन शब्द भी कारण होंगे, जिसके कारण विद्यार्थी विज्ञान को रटने को विवश हो जाते हैं, लेकिन इसके बाद यह सरल होता चला गया। कुल मिलाकर हमने इस अध्याय पर 10 दिन लगाये। शिक्षिका का कहना था कि इस अध्याय में भले ही समय ज़्यादा लगा पर इससे रासायनिक आबंधन और मोल जैसी अवधारणा को समझने में कम वक़्त लगा।

निष्कर्ष

विज्ञान में किसी भी चीज़ के बारे में पूरी जानकारी किसी एक स्रोत से कभी नहीं मिलती, बहुत सारी कड़ियों को देखना पड़ता है। समझना पड़ता है और फिर सारी कड़ियों को जोड़कर, विश्लेषण करके किसी एक नतीजे पर पहुँचना होता है, पाठ्यपुस्तक में इसकी भरपूर जगह है कि पाठक अपने इस कौशल को और निखार सके।

ज़रूरी यह है कि विद्यार्थियों के सामने ले जाने से पहले शिक्षक हर प्रयोग और हर गतिविधि को ख़ुद भी करके देखे और समझे और फिर उन्हें करने दे। सारी गतिविधि विद्यार्थियों द्वारा की जानी चाहिए और शिक्षक द्वारा प्रदर्शन पर निर्भर नहीं रहना चाहिए। प्रयोगात्मक त्रुटि यदि कोई होती है, तो न उसे नज़रअन्दाज़ करें और न ही हतोत्साहित हों क्योंकि त्रुटि से भी विज्ञान की प्रकृति समझ में आती है।

परमाणु संरचना का यह अध्याय पूरी तरह से अलग शैली में लिखा गया है। इसमें आये कुछ नाम जैसे ल्यूसिपस, ल्यूक्रेसियस, थेल्स, इपीक्यूरियस पाठकों के लिए बिल्कुल नये हैं और कठिन लगते हैं, लेकिन अगर परमाणुवाद को एक कहानी के तौर पर पढ़ाया जाये तो धीरे–धीरे कठिनाई कम होने लगती है।

अभी पाँच अध्याय और हैं, जिनकी बेहतर समीक्षा किये जाने की ज़रूरत है, ताकि समझ आ सके कि पाठ्यपुस्तक लिखने के समय की मंशा कक्षागत प्रक्रिया में भी सक्रियता के साथ जा पाती है या कोई गैप दिखाई देता है। समीक्षा करने का यह अर्थ कदापि नहीं है कि ख़ामी निकाली जाये, समीक्षा करने का एक सार्थक मतलब यह होता है कि कैसे बेहतर किया जाये।

संक्षिप्त में मैं अपने अध्ययन के लिए अपनाये गये चार चरणों को ध्यान में रखकर इस पर्चे का अन्त करूँ, तो यह कुछ इस तरह से होगा–

1. हमें शिक्षा नीतिगत दस्तावेज़, एन.सी.एफ़. 2005 और विषय और परिप्रेक्ष्य पर आधारित आधार पत्र लगातार पढ़ना चाहिए और न केवल उन बिन्दुओं के आधार पर अपनी पाठ्यपुस्तकों की समीक्षा करना चाहिए, बल्कि आधार पत्र की समीक्षा भी करना चाहिए। पाठ्यपुस्तक पर आधारित समीक्षा पत्र जरूर पढ़ना चाहिए। यह समीक्षा मदद करती है कि विज्ञान की पाठ्यपुस्तक ऐसी बननी चाहिए जो विज्ञान सीखने में मदद करें न कि रट कर केवल विज्ञान की परीक्षा पास करने में।
2. पाठ्यपुस्तक की समीक्षा के आधार पर मैं कह सकती हूँ कि परमाणु पर और बेहतर लिखे जाने की ज़रूरत है। अभी भी ऐसे चित्र दिये जाने की ज़रूरत है, जो आसानी से समझ आयें, ख़ास कर परमाणु सम्बन्धित प्रयोग के चित्र।
3. कक्षा शिक्षण पर जो अनुभव है, वह इस बात का फिर से समर्थन करता है कि सवाल ही विज्ञान सीखने की पहली कड़ी है। परमाणुवाद को पढ़ते–पढ़ाते समय सिर्फ़ थॉमसन, रदरफोर्ड और गोल्डस्टीन की सफलता और लिमिटेशन पर न ख़त्म किया जाये। यह एक बेहतर अवधारणा है, जिसके माध्यम से यह समझा जा सके कि विज्ञान एक सामाजिक उद्यम है।

अपने निष्कर्ष को और पुख़्ता करने के लिए मुझे और भी अध्याय की ठीक से समीक्षा करने और पढ़ाने की पद्धति में खोजशीलता का पुट लाना ज़रूरी है, जिसके लिए प्रयास जारी है।

स्टोरी बोर्ड के कुछ चित्र

पाँचवीं सदी ईसा पूर्व

थेल्स : ये सब चीज़ें किसी एक चीज़ से बनी हुई हैं, जिसे हम तत्त्व कह सकते हैं। यह एक तत्त्व पानी हो सकता है।

अनक्सिमिनस : हमारी दुनिया तो हवा से बनी हुई है। सबसे ऊपर यह विरल होती है और जैसे धरती के क़रीब आती है वह सघन हो जाती है जिससे वह पानी और ज़मीन बन जाती है।

हेराक्लीट्स : मुझे लगता है कि अग्नि से हमारी दुनिया बनायी, क्योंकि अग्नि की तपिश ही चीज़ों को बदल देती है।

एम्पिडॉक्ल्स : लेकिन दुनिया की बनावट एक तत्त्व से कैसे मुमकिन हो सकती है? हो सकता है हवा, पानी और अग्नि इन तीनों से बनी हो, क्योंकि यह तीनों अलग–अलग दिखाई देती हैं–

सन्दर्भ

1. पाठ्यचर्या, पाठ्यक्रम और पाठ्यपुस्तकें : राष्ट्रीय फ़ोकस समूह का आधार पत्र, 2.3, 1, एन.सी.ई.आर.टी. 2009।
2. विज्ञान शिक्षण : राष्ट्रीय फ़ोकस समूह का आधार पत्र, 1.1, 1, एन.सी.ई.आर.टी. 2008
3. उमा सुधीर, *'पदार्थ की प्रकृति के बारे में बच्चों के भ्रम'* शैक्षणिक सन्दर्भ, अंक 83, पृ. 13–21, एकलव्य प्रकाशन, 2010।
4. सुशील जोशी, *'एन.सी.ई.आर.टी. की विज्ञान पाठ्यपुस्तकें विज्ञान सीखने में बाधक हैं,* शैक्षणिक सन्दर्भ, अंक 52, पृ. 43–53, एकलव्य प्रकाशन, 2004।
5. विज्ञान कोडेव समूह, पदार्थ पर पहला मोड्यूल अज़ीम प्रेमजी फ़ाउंडेशन, 2012।

23

होशंगाबाद विज्ञान शिक्षण कार्यक्रम प्रशिक्षण : एक पुनरावलोकन

–शशि सक्सेना

यह लेख होशंगाबाद विज्ञान शिक्षण कार्यक्रम के शिक्षक–प्रशिक्षण शिविर में होने वाले कार्य–कलापों पर एक नज़र डालता है। लेखिका स्वयं इन शिविरों में सक्रिय रूप से शामिल होती रही हैं। अतः प्रशिक्षण की योजना, स्रोत दल, स्रोत शिक्षकों और प्रशिक्षण प्राप्त करने वाले शिक्षकों का अवलोकन निकट से करती रही हैं।

होशंगाबाद विज्ञान शिक्षण कार्यक्रम (हो.वि.शि.का.) की शिक्षण विधि पूरी तरह से खोज–पद्धति पर आधारित थी। छठीं से आठवीं कक्षा के इस पाठ्यक्रम में पूरा ज़ोर 'करके सीखो' पर था। पाठ्यपुस्तकों, जो कि 'बाल वैज्ञानिक' कहलाती थीं, का स्वरूप पारम्परिक पाठ्यपुस्तकों से अलग था। इनके अध्यायों में शृंखलाबद्ध प्रयोग और उन्हें करने के निर्देश दिये होते थे और हर प्रयोग के साथ कई प्रश्न होते थे। यह शृंखलाबद्ध प्रयोग कुछ ऐसे होते थे कि इनके माध्यम से तर्क के आधार पर विभिन्न अवधारणाओं की समझ विकसित की जा सकती थी। अपेक्षा होती थी कि ये प्रयोग किये जायें, अवलोकन रिकॉर्ड किये जायें, फिर इन अवलोकनों की व्याख्या और उन पर चर्चा करके सिद्धान्त तक पहुँचा जाये। पुस्तकों में किसी भी तरह की कोई जानकारी नहीं होती थी। यहाँ तक कि कोई निष्कर्ष या अवधारणा तक नहीं लिखी होती थी। शिक्षकों से यह अपेक्षा

होती थी कि वे कक्षा में विद्यार्थियों को चार–चार की टोलियों में बाँट देंगे। उन्हें पुस्तक में दिये गये प्रयोगों को करने के लिए किट का सामान देंगे और निर्देशों के आधार पर प्रयोग करने में मदद करेंगे। वे बच्चों को अपनी टोलियों में निष्कर्षों पर चर्चा करने के लिए प्रोत्साहित करेंगे और फिर उनके अवलोकन बोर्ड पर लिख कर सामूहिक चर्चा करके उन्हें अवधारणा तक पहुँचायेंगे।

क्योंकि विज्ञान–शिक्षण की यह पद्धति आम पद्धति से अलग थी, इसलिए ज़ाहिर है कि इसके शिक्षक–प्रशिक्षण का स्वरूप भी अलग था।

शिक्षक-प्रशिक्षण के लक्ष्य

1. हो.वि.शि.का. में शिक्षकों को प्रशिक्षित करने में पहला महत्त्वपूर्ण लक्ष्य होता था उन्हें इस शैक्षणिक विधि से परिचित करवाना। यानी कि इस शिक्षण–पद्धति के अलग–अलग पहलुओं और क्रियान्वयन के तरीक़ों से अवगत कराना। इनमें से एक पहलू यह था कि उन्हें बच्चों के साथ सिद्धान्त साझा नहीं करना है या समझाना नहीं है, बल्कि प्रयोगों के अवलोकनों और तर्क के आधार पर अवधारणाओं की समझ विकसित करनी है। शिक्षकों में जानकारी दे देने और खोज–प्रक्रिया द्वारा अवधारणाओं को समझने के फ़र्क़ की समझ विकसित करना बेहद महत्त्वपूर्ण था। दूसरे शब्दों में कहें तो यह लक्ष्य इस शिक्षण–पद्धति की समझ विकसित करने यानी उन्मुखीकरण से जुड़ा था और प्रशिक्षण का एक महत्त्वपूर्ण और चुनौतीपूर्ण पहलू था। ऐसा इसलिए क्योंकि इस तरह की पद्धति से यह उनका पहला परिचय होता था और इसलिए भी कि हो.वि.शि.का. में सीखने–सिखाने की आम समझ को भी चुनौती मिलती थी।
2. शिक्षकों का एक बड़ा प्रतिशत ऐसा होता था, जिन्होंने या तो विज्ञान नहीं पढ़ा होता था या फिर प्रयोगशाला में जाकर प्रयोग करने का कोई अवसर उन्हें नहीं मिला होता था, इसलिए प्रायोगिक क्षमता विकसित करना प्रशिक्षण का दूसरा महत्त्वपूर्ण लक्ष्य था। बच्चों को कक्षा में प्रयोग करा पाने में सक्षम होने के लिए ज़रूरी था कि शिक्षक स्वयं प्रयोग करने की क्षमता और आत्मविश्वास हासिल कर पायें।

3. किसी भी प्रशिक्षण की तरह यहाँ भी विषय की समझ पुख़्ता करना महत्त्वपूर्ण लक्ष्य था। पुस्तकों में क्योंकि कोई जानकारी नहीं होती थी, इसलिए यह और भी ज़रूरी होता था कि प्रशिक्षण के समय शिक्षकों में यह आत्मविश्वास पैदा हो पाये कि वे सम्बन्धित सिद्धान्त आत्मसात कर पाये हैं।
4. इसके अलावा शिक्षकों को कुछ अन्य चीज़ों को स्वीकार करने के लिए मानसिक रूप से तैयार करना भी ज़रूरी होता था। जैसे कि हो.वि.शि.का. की कक्षाएँ बिना शोर–गुल के नहीं चल सकतीं कि स्कूल में कक्षा एक ढर्रे पर नहीं चल पायेगी, प्रयोग विफल भी होंगे और ठीक–से अवलोकन न हो पाने पर चर्चा कराने और उनसे निष्कर्षों तक पहुँचने में मुश्किलें आ सकती हैं। साथ ही यह मानसिक तैयारी भी ज़रूरी होती थी कि खुली चर्चाओं में बच्चे किसी भी तरह के प्रश्न पूछ सकते हैं और ऐसा कतई ज़रूरी नहीं है कि शिक्षक को सभी प्रश्नों के जवाब मालूम हों (वैसे सभी प्रश्नों के जवाब तो किसी को भी मालूम नहीं हो सकते) और यह मान लेने में कोई बुराई नहीं है कि हमें नहीं पता। इनके अलावा यह भी कि जिन सवालों के जवाब न पता हों वे भी कोशिश करके हासिल किये जा सकते हैं और यह कि सीखना और सिखाना एक सतत प्रक्रिया है, जिसमें शिक्षक और शिक्षार्थियों दोनों की ही भागीदारी होती है।

प्रशिक्षण–शिविर

इन लक्ष्यों को हासिल कर पाने का एक तरीक़ा यह था कि प्रशिक्षण में कक्षाएँ ठीक उसी तरह से चलाई जायें जैसे कि स्कूलों में चलायी जानी अपेक्षित हों। प्रशिक्षण की पूरी प्रक्रिया इसी तरह से डिज़ाइन की गयी थी यानी शिविर के दौरान कक्षाओं में शिक्षकों को ख़ुद अध्याय के अनुसार प्रयोग करने होते थे, अवलोकन लेने होते थे, प्रयोगों के साथ दिये प्रश्नों के जवाब नोट करने होते थे, तालिकाएँ और चित्र बनाने होते थे और फिर चर्चा से अवधारणों तक पहुँचना होता था।

समय के साथ प्रशिक्षण–शिविरों की संरचना और संचालन में बदलाव आते रहे, पर मूल स्वरूप वही रहा।

1. प्रशिक्षण–शिविर तीन हफ़्तों का होता था। क्योंकि हो.वि.शि.का. पढ़ाने वाले शिक्षकों को छठीं, सातवीं और आठवीं कक्षाओं के लिए प्रशिक्षण लेना होता था। इसलिए इन शिविरों में तीनों कक्षाओं के प्रशिक्षण के लिए शिक्षक आते थे। इन शिक्षकों को कक्षानुसार लगभग चालीस–चालीस के समूहों में बाँट दिया जाता था। फिर इन सभी कक्षाओं के लिए समय–सारणी बनायी जाती थी, जिसमें कोशिश होती थी कि 'बाल वैज्ञानिक' के सभी अध्याय शामिल किये जा सकें।

   प्रशिक्षण का कार्य स्रोत दल द्वारा किया जाता था। स्रोत दल में दो तरह के शिक्षार्थी शामिल होते थे। **एक** हो.वि.शि.का. का संचालन करने वाली संस्थाओं (पहले किशोर भारती–जहाँ से हो.वि.शि.का. का प्रारम्भ हुआ था और फिर एकलव्य) के सदस्य, विभिन्न विश्वविद्यालयों, महाविद्यालयों और शोध संस्थानों के शिक्षक, विद्यार्थी और वैज्ञानिक। **दूसरे** स्रोत शिक्षक, जो कि हो.वि.शि.का. के प्रशिक्षित और अनुभवी स्कूल शिक्षकों में से होते थे जिनका चुनाव उनकी हो.वि.शि.का. की समझ, रुझान और प्रतिबद्धता के आधार पर किया जाता था। (आगे हम इस लेख में पहले समूह को **मुख्य स्रोत दल** और दूसरे को **स्रोत शिक्षक** कहेंगे–ऐसा सिर्फ़ और सिर्फ़ सुविधा के लिए किया गया है।)

   शिविर की शुरुआत में स्रोत दल की भी टोलियाँ बना दी जाती थीं। प्रत्येक टोली में मुख्य स्रोत दल में से एक और स्रोत शिक्षकों में से पाँच–छह सदस्य रखे जाते थे। ज़ाहिर है कि स्रोत दल की टोलियों की संख्या और शिविर की कक्षाओं की संख्या समान होती थी।

   पाँच घंटों की कक्षा सुबह साढ़े सात बजे से शुरू होती थी। बीच में आधे घंटे की छुट्टी होती थी।

2. स्रोत दल के कुछ सदस्य प्रशिक्षण से कुछ दिन पहले तैयारी के लिए शिविर स्थल पर पहुँच जाते थे। तैयारियों में प्रशासनिक व्यवस्थाएँ (भोजन, बिजली, पानी आदि) और शैक्षणिक व्यवस्थाएँ

जैसे समय–सारणी बनाना, स्रोत दल की टोलियाँ बनाना, किट का कमरा तैयार करना आदि शामिल होती थीं।

3. तीनों कक्षाओं की 'बाल वैज्ञानिक' के प्रयोगों में इस्तेमाल होने वाली चीज़ों यानी किट की व्यवस्था और संचालन भी अपने आप में एक बड़ा काम था। इसके लिए एक कमरे में किट के सभी सामान को व्यवस्थित किया जाता। दो स्रोत शिक्षकों को किट–व्यवस्था की ज़िम्मेदारी दी जाती। स्रोत दल की टोलियाँ अगले दिन के अध्याय के अनुसार सामान की सूची इन शिक्षकों को दे देतीं और ये लोग सारा सामान इकट्ठा करके रख देते। अगर कोई चीज़ वहाँ न हो तो उसे मँगवाने की ज़िम्मेदारी भी इन शिक्षकों की होती।
4. शिविर की शुरुआत में ही हर कक्षा में शिक्षकों की चार–चार की टोलियाँ बना दी जाती थीं, ठीक वैसे ही जैसा उनसे अपनी कक्षा के बच्चों के साथ करना अपेक्षित होता था। स्रोत दल के सदस्य उस दिन किये जाने वाले अध्याय का परिचय देते थे। कभी शुरुआत एक प्रश्न से की जाती, कभी किसी प्रयोग से और कभी ठीक उसी तरह से जैसे 'बाल वैज्ञानिक' में की गयी होती थी। इसके बाद स्रोत दल की मदद से टोलियों को अध्याय के प्रयोगों के अनुसार किट–सामग्री बाँट दी जाती। शिक्षकों को श्रृंखलाबद्ध तरीक़े से प्रयोग करने, अवलोकन लेने और रिकॉर्ड करने के लिए प्रेरित किया जाता। स्रोत दल के सदस्य यह सुनिश्चित करने की कोशिश करते कि प्रत्येक टोली में प्रयोग हो और टोलियों में अवलोकनों और परिणामों पर चर्चा कर निष्कर्ष निकाले जायें।

❖ अध्याय की ज़रूरत के अनुसार कुछ प्रयोगों के बाद सभी टोलियों के अवलोकन बोर्ड पर लिखे जाते। आमतौर पर प्रत्येक टोली में से एक शिक्षक को बोर्ड पर अपने अवलोकन लिखने के लिए प्रेरित किया जाता। अगर किसी टोली के किसी प्रयोग के अवलोकन एकदम अलग आते तो उन्हें ग़लतियों के रूप में छाँट दिया जाता। इसके बाद इन अवलोकनों पर सामूहिक चर्चा द्वारा अवधारणा या सिद्धान्त की समझ बनाने की कोशिश की जाती। इस खुली चर्चा

में शिक्षक और स्रोत दल के सदस्य सभी शामिल होते थे। पूरी कोशिश होती थी कि अध्याय में शामिल सभी अवधारणाएँ इस चर्चा से स्पष्ट हो सकें, पर वह सीधे–सीधे स्रोत दल द्वारा बता कर नहीं, बल्कि अवलोकनों और तार्किक चर्चा और सवाल–जवाब के ज़रिये उभरें। ऐसा हमेशा नहीं हो पाता था, कभी–कभी स्रोत दल के सदस्य हार मान कर सीधे–सीधे 'जवाब' बता देते और कभी जब वे ऐसा नहीं करते तो शिक्षक असन्तुष्ट–से रह जाते कि 'जवाब' नहीं मिले।

सामूहिक चर्चा में सीखने और सिखाने की प्रक्रिया दुतरफ़ा होती थी। स्रोत दल भी लगातार शिक्षकों से सीखता था– कभी शिक्षकों के अनुभवों से, कभी उनके द्वारा उठाये गये प्रश्नों के उत्तर खोजते हुए और कभी उनके तर्कों से सभी की समझ पुख़्ता होती थी। कभी–कभी सही या ग़लत पूर्वधारणाओं के कारण गर्मागर्म बहसें भी छिड़ जातीं और ऐसे मौक़े भी आते जब स्रोत दल को कहना पड़ता कि उन्हें किसी के द्वारा उठाये गये फलाँ प्रश्न का जवाब नहीं पता और जवाब या तो कोई प्रयोग कर या फिर किसी और तरीक़े से ढूँढ़ा जा सकता है। ऐसा होने पर यह सन्देश जाता था कि कोई भी सर्वज्ञाता नहीं हो सकता।

शिविर के शुरू में शिक्षकों में संकोच होता था और वे कुछ भी कहने या पूछने में झिझकते थे। शायद यह इस सोच के कारण होता था कि स्रोत दल उनसे श्रेष्ठ है। काफ़ी सोच–समझकर और कोशिश करके ऐसा माहौल बनाया जाता था कि कोई किसी से श्रेष्ठ या कमतर नहीं है और शिक्षकों को भी ऐसा ही महसूस हो। उन्हें लगे कि सब सम्मिलित रूप से कक्षा चला रहे हैं, इसमें सभी की भागीदारी है। ऐसा हो पाये इसके लिए स्रोत दल के सदस्य स्वयं टोलियों में बैठ कर शिक्षकों के साथ प्रयोग करते, टोलियों में और सामूहिक चर्चा के दौरान शिक्षकों को इसमें हिस्सा लेने के लिए प्रोत्साहित करते, उनके प्रश्नों और बातों को अहमियत देते। इस सबसे इसमें काफ़ी हद तक सफलता भी मिलती थी और कुछ ही समय में अधिकांश शिक्षकों की झिझक निकल जाती थी।

5. हर कक्षा–सत्र के लिए किसी एक व्यक्ति को यह ज़िम्मेदारी दी जाती कि वह कक्षा के दौरान यह रिकॉर्ड करे कि कक्षा कैसी रही, कौन–से प्रयोग सफल या असफल हुए, किन प्रयोगों में दिक़्क़तें आयीं, चर्चा कैसी रही, स्रोत दल की भूमिका कैसी रही, कहाँ सुधार की गुंजाइश है वगैरह। यह फीडबैक रिपोर्टर या तो स्रोत दल में से एक व्यक्ति होता या फिर कोई स्वतन्त्र प्रेक्षक। इस फीडबैक रिकॉर्ड की ज़रूरत और उपयोग की चर्चा हम आगे करेंगे।

   इसके अलावा एक शिक्षक को भी कक्षा के बारे में यही सब रिकॉर्ड करने की ज़िम्मेदारी दी जाती थी और अगले दिन की कक्षा शुरू होने पर उन्हें यह प्रतिवेदन पढ़ना होता था। उद्देश्य था कि इसके ज़रिये शिक्षक कक्षा, प्रशिक्षण और हो.वि.शि.का. के तरीक़े की समीक्षा करे। पर आमतौर पर शिक्षक कक्षा का एक यान्त्रिक विवरण ही प्रस्तुत करते जिसमें समीक्षा और अपेक्षाओं का अभाव होता।

6. लम्बी अवधि के प्रयोगों के लिए विशेष तैयारी की जाती थी। जैसे कि एकलिंगी फूलों में नर और मादा फूलों में अन्तर के लिए बाहर खेतों में जाकर अलग–अलग रंगों के धागे बाँधे जाते और फिर कुछ दिन बाद देखा जाता कि किन में फूल बने। इसी तरह प्रजनन में नर फूल की भूमिका के लिए कुछ मादा कलियों का कृत्रिम परागण कराया जाता और कुछ मादा फूलों को वैसे ही ढँक कर छोड़ा जाता और फिर कुछ दिन बाद फिर से जाकर अवलोकन किया जाता कि किन फूलों में फल बने।

   जन्तुओं का जीवन–चक्र' अध्याय के प्रयोग के लिए प्रशिक्षण–शिविर की शुरुआत में टैडपोल लाकर कक्षा में पानी में रख दिये जाते और फिर शिक्षकों को नियमित रूप से उनके अवलोकन लेने के लिए प्रेरित किया जाता।

   पौधों में वृद्धि के अध्ययन के प्रयोग के लिए बीजों को कक्षा में खिड़की के पास उपयुक्त परिस्थिति में अंकुरण के लिए रखा जाता और फिर उनसे पौधे बनने तक नियमित अवलोकन किये जाते आदि।

इस तरह के प्रयोगों के लिए स्रोत दल को पहले से तैयारी करनी पड़ती थी।

7. हो.वि.शि.का. के कुछ अध्यायों के प्रयोगों के लिए कक्षा से बाहर परिभ्रमण की ज़रूरत होती थी। जैसे कि ऊपर दिये पौधों में प्रजनन, जीवजगत में विविधता आदि के प्रयोगों के लिए। इनके लिए शिक्षकों से अपेक्षा होती थी कि वे विद्यार्थियों को ज़रूरत के अनुसार परिभ्रमण पर ले जाकर प्रयोग करायेंगे। इसलिए शिविर में भी वैसा ही किया जाता था। शिक्षक और स्रोत दल साथ–साथ परिभ्रमण पर जाते। आते–जाते समय अध्याय सम्बन्धित अन्य बातचीत होती।

8. तीन हफ़्तों के प्रशिक्षण के दौरान हर कक्षा के लिए एक सत्र शंका समाधान का होता। शिक्षक अपने अनुत्तरित प्रश्न पहले से लिख कर स्रोत दल को देते और इस सत्र में उन प्रश्नों पर सामूहिक चर्चा की जाती।

9. बीच–बीच में शिक्षकों को कुछ सवाल हल करने के लिए दिये जाते। इन सवालों को 'लघु प्रश्न' का नाम दिया गया था। ये प्रश्न अध्याय की मूल अवधारणाओं पर होते थे। शिक्षकों से यह प्रश्न हल कराने का उद्देश्य उनकी परीक्षा लेना नहीं, बल्कि इस बात की जाँच करना था कि अध्याय की अवधारणाएँ शिक्षक किस हद तक आत्मसात कर सके हैं।

10. शिविर में मूल्यांकन के तरीक़ों का भी प्रशिक्षण दिया जाता। जैसे कि शिविर के कुछ सत्र प्रश्नपत्र निर्माण से सम्बन्धित होते थे। इन सत्रों में खुली किताब परीक्षा के लिए प्रश्नपत्र बनाने का प्रशिक्षण दिया जाता यानी इन प्रशिक्षणों में ऐसे प्रश्न बनाना सिखाया जाता, जिनके जवाब सिर्फ़ रटी–रटाई जानकारी द्वारा न दिये जा सकें, बल्कि जिनमें अध्यायों की अवधारणाओं और प्रायोगिक कुशलताओं की जाँच हो सके। कक्षा की अलग–अलग टोलियाँ प्रश्न बनातीं और फिर सामूहिक रूप से यह चर्चा की जाती कि इनमें से कौन–से प्रश्न कितने उपयुक्त हैं और किन में क्या कमियाँ हैं।

हो.वि.शि.का. में मूल्यांकन का 40 प्रतिशत हिस्सा प्रायोगिक परीक्षा का था। इसलिए प्रशिक्षण के अन्त में शिक्षकों को प्रायोगिक परीक्षा से गुज़ारा जाता। इस परीक्षा का उद्देश्य शिक्षकों की प्रायोगिक कुशलता की जाँच तो था, परन्तु अधिक महत्त्वपूर्ण उद्देश्य था उन्हें इस बात का प्रशिक्षण देना कि वे अपने स्कूल में प्रायोगिक परीक्षा कैसे लेंगे।

11. शिविर के दौरान प्रशिक्षण की गुणवत्ता की जाँच और सुधार की प्रक्रिया भी जारी रहती थी। दिन में तीन बजे फीडबैक मीटिंग होती थी, जिनमें पूरा स्रोत दल शामिल होता था। यह मीटिंग निहायत गम्भीर होती थी। बारी–बारी से प्रत्येक कक्षा का रिपोर्टर अपनी फीडबैक रिपोर्ट पढ़ता और फिर पूरा स्रोत दल उस पर चर्चा करता। प्रयोगों में हुईं गड़बड़ियों, सुधार की गुंजाइश, अध्याय पूरा हो पाया या नहीं, स्रोत दल की भूमिका में कमियों आदि की चर्चा होती। कक्षाओं में उठे नये सवालों पर भी चर्चा होती और प्रमुख स्रोत दल के विशेषज्ञ इन पर जानकारी देते।

ऐसे में फीडबैक रिपोर्टर की भूमिका बहुत ही महत्त्वपूर्ण थी। क्योंकि इन कक्षाओं की समीक्षा अन्ततः बड़े स्तर पर हो.वि.शि.का. के अध्यायों और शिक्षण–प्रणाली में सुधार का आधार बनती थी। जैसे कि इन बैठकों में आये सुझाव और उनसे विकसित नये प्रयोगों को 'बाल वैज्ञानिक' के संशोधन के लिए नोट कर लिया जाता। यह फीडबैक रिपोर्टर की रिपोर्ट की गुणवत्ता पर निर्भर करता था कि कक्षा में घटित सभी महत्त्वपूर्ण बातें सामने आ सकें। कई बार रिपोर्टर आँखों देखा हाल जैसी रिपोर्ट बना देते, जिसमें समीक्षा न के बराबर होती और उससे कुछ ख़ास मदद नहीं मिलती थी। पर अक्सर हर प्रशिक्षण–शिविर में अनेक सुझाव और सुधार इन्हीं बैठकों के माध्यम से उभर कर आते थे।

इन बैठकों का एक मानवीय पक्ष भी था। अक्सर स्रोत दल के सदस्य कक्षा की समालोचना को अपनी आलोचना के रूप में देखने लगते और सफ़ाई देने लगते। कभी–कभी उनमें से कोई–कोई

इसे आलोचना समझ कर नाराज़ भी हो जाता और बैठक में तनाव का माहौल बन जाता।

सुबह पाँच घंटों की कक्षा के बाद दो से तीन घंटे चलने वाली ये बैठक बेहद थकाने वाली होती और कई बार कुछ–कुछ उबाऊ भी। समय के साथ–साथ इन फीडबैक बैठकों के स्वरूप को सुधारने के लिए भी लगातार कोशिशें होती रहीं।

12. शाम की चाय और रात के खाने के बाद का समय अक्सर अगले दिन की तैयारी का होता। स्रोत दल की विभिन्न टोलियाँ अगले दिन के अध्याय के लिए किट–रूम से कक्षा के लिए सामान लेतीं, पूरी किट की जाँच करतीं। सभी प्रयोग करके देखतीं। कक्षा की पूरी योजना बनातीं यानी कक्षा की शुरुआत कैसे होगी, कितने प्रयोगों के बाद सामूहिक चर्चा होगी, कितने प्रयोग पहले सत्र में होंगे, कितने बाद में आदि। किन प्रयोगों से क्या निष्कर्ष निकल रहे हैं और कौन–सी अवधारणाएँ स्पष्ट हो रही हैं, इनकी चर्चा की जाती और स्रोत दल के विभिन्न सदस्यों की भूमिका भी तय की जाती। असल में पूरा अध्याय ख़ुद वैसे ही करके देखा जाता था जैसे कि अगले दिन की कक्षा में होना होता। यह तैयारी अक्सर रात 10–11 बजे तक चलती रहती।

13. कई सालों तक प्रशिक्षण–शिविरों में कक्षाओं के संचालन का प्रमुख दारोमदार मुख्य स्रोत दल पर होता था और स्रोत शिक्षक सहयोगियों की भूमिका निभाते थे यानी अध्याय की शुरुआत और सामूहिक चर्चा मुख्य स्रोत दल की ज़िम्मेदारी होती थी। पर बाद में यह तय हुआ कि स्रोत शिक्षक कक्षा का संचालन करेंगे और मुख्य स्रोत दल के सदस्य उनकी मदद करेंगे यानी तैयारी–बैठकों के दौरान सभी अवधारणाओं पर विस्तृत चर्चा की जायेगी, ताकि अगले दिन कक्षा में स्रोत शिक्षक आत्मविश्वास से सामूहिक चर्चाएँ करा सकें और इसके लिए भी तैयार हो पायें कि योजना के अनुसार कक्षा न चल पाने पर क्या करेंगे आदि। जब स्रोत शिक्षकों ने यह भूमिका सँभाल ली तो मुख्य स्रोत दल के सदस्य सहयोगी बन गये! वे टोलियों में प्रयोग और चर्चाएँ कराते और सामूहिक चर्चा के दौरान बस मौजूद रहते।

14. शिविर के दौरान शाम को कई बार सभी शिक्षकों के लिए विशेषज्ञों द्वारा विभिन्न विषयों पर व्याख्यान आयोजित किये जाते। इनके ज़रिये शिक्षकों और स्रोत दल को अन्य विषयों को समझने का मौक़ा मिलता। इन व्याख्यानों में बड़ी संख्या में शिक्षक और स्रोत दल के सदस्य हिस्सा लेते।

कुछ टिप्पणियाँ

स्रोत दल के लिए हो.वि.शि.का. प्रशिक्षण–शिविर के ये तीन हफ़्ते बेहद व्यस्तता के होते थे और समय का कुछ पता ही नहीं चलता था। इतवार को यों तो छुट्टी होती थी परन्तु कुछ–न–कुछ काम जैसे लघु प्रश्न बनाना या उनकी जाँच करना, प्रायोगिक परीक्षा की तैयारी, नये प्रयोगों को करके देखना आदि लगा ही रहता। शिविर की एक कमी यह थी कि शिक्षकों और स्रोत दल के रहने की जगहें अलग–अलग होने के कारण फीडबैक बैठकों में शिक्षकों की कोई भागीदारी नहीं रहती थी। असल में शिक्षकों और स्रोत दल का सम्पर्क केवल कक्षाओं तक ही सीमित रहता था।

हो.वि.शि.का. के इन शिविरों में काफ़ी सारी विषयवस्तु पूरी कर लेने का उद्देश्य रहता था और इसके लिए तीन हफ़्ते हमेशा ही कम पड़ जाते थे। यह अहसास अक्सर बना रहता कि किसी अध्याय को पर्याप्त समय नहीं मिला, किसी अवधारणा पर पर्याप्त चर्चा नहीं हो पायी, कई महत्त्वपूर्ण प्रयोग छूट गये या फिर इनमें से कुछ–न–कुछ को समय के अभाव में बस निपटा दिया गया। यह अहसास बहुत तकलीफ़देह होता था।

प्रशिक्षण–शिविरों की परिकल्पना कुछ इस तरह से की गयी थी कि इनके माहौल में बराबरी, खुलापन और सहभागिता हो। इस कारण शिविरों में कोई सख़्त नियम नहीं थे। हाँ, शिक्षकों को उपस्थिति रजिस्टर पर हस्ताक्षर करने होते थे, क्योंकि यह एक प्रशासनिक आवश्यकता थी।

शिविर के दौरान महिला शिक्षकों को यह अनुमति थी कि वे अपने छोटे बच्चों को साथ ला सकती थीं। ये बच्चे कक्षा में उनके साथ ही बैठते और आमतौर पर उनके वहाँ होने से कोई ख़ास अड़चन नहीं होती थी। इस व्यवस्था से हालाँकि यह सुनिश्चित हो जाता था कि महिला शिक्षक अपने घरों से दूर तीन हफ़्तों के शिविर में वहीं रह कर भाग ले सकें। पर इसका एक दूसरा पहलू यह भी है कि यह व्यवस्था इस मान्यता को

बल देती थी कि बच्चों का पालन–पोषण माँ और केवल माँ की ज़िम्मेदारी होती है। इस बारे में कोई चर्चा कभी नहीं हुई और इसे एक उपयुक्त व्यवस्था माना गया।

जेंडर सम्बन्धित सवालों पर चर्चाएँ इन शिविरों में बहुत कम ही होती थीं, जबकि ऐसी धारणाएँ अक्सर व्यक्त की जातीं कि माहवारी के दौरान महिला के अचार छूने से अचार ख़राब हो जाता है। एक शिविर के दौरान शाम की बैठक में इसी विषय पर चर्चा रखी गयी। अधिकांश शिक्षकों ने इसमें भाग लिया, पर कितनों के विचार बदले कहना मुश्किल है।

इन शिविरों में शिक्षकों की सक्रिय भागीदारी की ज़रूरत होती थी। किसी भी समूह की तरह शिक्षकों में भी हर तरह के शिक्षक होते थे। कुछ वहाँ इसलिए आये होते कि वे प्रशिक्षण लेने के लिए प्रशासनिक रूप से बाध्य थे, पर कुछ अन्य हद से ज़्यादा उत्साहित रहते। कुछ को प्रयोग करने में अत्यधिक झिझक होती व आत्मविश्वास की कमी होती और कुछ दिलचस्पी न होने के कारण कितने भी आग्रह के बावजूद प्रयोग करने में कोई सहयोग नहीं करते। कुछ शिक्षक न केवल 'बाल वैज्ञानिक' में दिये गये प्रयोग करते, बल्कि मन से नये–नये प्रयोग करने लगते। समय–सीमा के कारण उनके उत्साह को मार कर उन्हें रोकना पड़ता और उनसे कहना पड़ता कि अब सामूहिक चर्चा का समय है।

सामूहिक चर्चा में उत्साह से भाग लेने वाले शिक्षकों का प्रतिशत काफ़ी कम होता था। इसलिए यह सवाल हमेशा बना रहता कि क्या वे खोज–पद्धति की मूल भावना को आत्मसात कर पाये हैं? क्या वे अपनी कक्षा वैसे चला पायेंगे जैसी कि उनसे अपेक्षित है?

कई बार यह भी होता कि स्रोत दल को शिक्षकों को प्रयोग करने और चर्चा में भाग लेने के लिए लगभग ठेलना पड़ता, जबकि उनका ध्यान अपनी किसी समस्या जैसे यात्रा भत्ता न मिलना, छुट्टी मंज़ूर न होना या फिर अन्य व्यक्तिगत समस्याओं में लगा होता। ऐसे में उन्हें यों ठेलना ज़्यादती–सा लगता, परन्तु समय के अभाव में ऐसा करना ज़रूरी होता।

एक अन्य महत्त्वपूर्ण पहलू यह भी है कि शिविर में प्रशिक्षण बहुत ही आदर्श परिस्थितियों में चलाया जाता था, जहाँ एक–एक कक्षा के प्रशिक्षण के लिए छह–सात लोगों का स्रोत दल होता, किट की व्यवस्था की ज़िम्मेदारी अलग लोगों की होती, किट का सभी सामान उपलब्ध रहता वगैरह।

पर शिक्षकों से यह अपेक्षा थी कि वे अपने स्कूल में निहायत विपरीत परिस्थितियों में यह सब अकेले सँभाल लेंगे। यह आश्चर्य ही है कि ऐसे सवाल शिक्षक शिविरों के दौरान अक्सर नहीं उठाये जाते थे।

ऐसी कमियों के बावजूद हो.वि.शि.का. प्रशिक्षण–शिविर के तीन हफ़्ते गहन शैक्षिक और बौद्धिक विमर्श, सृजनात्मकता और सीखने–सिखाने के होते थे। पूरा अनुभव बहुत ही ज्ञानवर्धक और स्फूर्तिदायक होता। यह बात दावे के साथ कही जा सकती है कि हर सदस्य शिविर से बहुत कुछ सीख कर जाता था।

24

भारत में विज्ञान-शिक्षा

–हृदय कान्त दीवान

परिचय

स्वतन्त्र भारत में विज्ञान–शिक्षा का एक विशेष स्थान रहा है। नीति एवं कार्रवाई के उद्देश्य से जारी दस्तावेज़ों में विज्ञान को आधुनिकीकरण और विकास का साधन माना गया है। हालाँकि विज्ञान–शिक्षा का विकास स्वतन्त्रता से बहुत पहले शुरू हो चुका था, लेकिन स्वतन्त्रता प्राप्ति के बाद इसकी गति तेज़ हुई। इसका कारण सिर्फ़ यह तथ्य नहीं था कि प्रौद्योगिकी का विज्ञान के विकास के साथ घनिष्ठ सम्बन्ध माना जाता था, बल्कि इसमें अन्य पहलू भी शामिल थे। फिर भी चूँकि प्रौद्योगिकी को अपने आप में विकास का आधार माना जाता था (यानी विज्ञान प्रौद्योगिकी और विकास का पर्याय बन गया था), हमें समाज और विज्ञान के बीच आपसी सम्बन्ध के बारे में की गयी घोषणाओं और प्रयासों का विश्लेषण करने की भी ज़रूरत है। साथ ही इस बात की भी ज़रूरत है कि लोगों को शिक्षित करने और उन्हें अपने रीति–रिवाज़ों एवं आदतों के विषय में वैकल्पिक सार्थक समझ प्रदान करने और तद्नुसार उन्हें बदलने के एक साधन के रूप में एक विवेकपूर्ण एवं 'वैज्ञानिक' दृष्टिकोण निर्मित करने पर दिये गये ज़ोर का विश्लेषण किया जाये। दृष्टिकोण का परिप्रेक्ष्य आधुनिकीकरण का था और यह इस विश्वास से प्रेरित था कि विज्ञान और उसकी शिक्षा हमें अँधेरे से उजाले की ओर ले जाते हैं। कोठारी आयोग (जिसका यह

मानना था कि विज्ञान विकास और ज्ञान का स्रोत है) ने इस बात पर ज़ोर दिया कि विज्ञान की ज़रूरत सिर्फ़ प्रौद्योगिकी और इंजीनियरिंग की प्रगति के लिए ही नहीं थी, बल्कि इससे ज़्यादा के लिए थी। अन्धविश्वास एवं कर्मकांड का मुकाबला करने के उद्देश्य से भी इसकी शिक्षा पर ज़ोर दिया गया। भारत सरकार के साइंस एंड टेक्नोलॉजी डिपार्टमेंट और दि नेशनल काउंसिल फॉर साइंस एंड टेक्नोलॉजी ने विज्ञान की लोकप्रियता को बढ़ावा देने की दिशा में निरन्तर प्रयास किये, लेकिन विज्ञान का वह पहलू जिसमें खुली खोज, विचारशीलता और विश्लेषण शामिल हैं, वास्तव में कभी मुख्य मुद्दा नहीं बना और निरन्तर विस्तार के लिए लोगों (जिनमें शिक्षा–प्रणाली या विज्ञान के विभागों से जुड़े लोग भी शामिल हैं) की कल्पनाशीलता का लाभ नहीं उठाया जा सका। इस तरह शैक्षणिक कार्यक्रम विज्ञान को दुनिया की वास्तविकताओं से जोड़ने के कार्य के नाम पर दिखावटी सेवा प्रदान करते रहे और उन्होंने 'वैज्ञानिक सोच एवं तर्क' पर नहीं, बल्कि विज्ञान के तथ्यों और प्रौद्योगिक उपयोगों पर ज़्यादा ध्यान केन्द्रित किया। विद्यालय और महाविद्यालय स्तर के अधिकांश कार्यक्रमों में विज्ञान और समाज अन्तरफलक (interface) के पहलू या वैज्ञानिक पद्धति और उसके कार्य करने के तरीक़े के पहलू से किसी भी तरह के जुड़ाव को शामिल नहीं किया गया।

इस शोधपत्र में हम विज्ञान–शिक्षा पर ज़ोर के क्रमिक विकास को इसके महत्त्व और नीतिगत दस्तावेज़ों में की गयी मीमांसा के माध्यम से समझेंगे जिनमें पाठ्यक्रम सम्बन्धी रूपरेखा और पाठ्यशास्त्र की प्रकृति के साथ वह उद्देश्य शामिल हैं जिन पर ज़ोर दिया गया प्रतीत होता है। हम संक्षेप में उच्च प्राथमिक विद्यालय विज्ञान–कार्यक्रम पर भी दृष्टि डालेंगे, जो होशंगाबाद ज़िले के विद्यालयों में आरम्भ कर कार्यान्वित किया गया और आंशिक रूप से मध्य प्रदेश के कुछ अन्य ज़िलों में भी कार्यान्वित किया गया। इसमें हम उन पहलुओं की जाँच करेंगे जो विद्यालयों में इस तरह के किसी प्रयास के कार्यशील होने के लिए ज़रूरी हैं। साथ ही यह भी देखेंगे कि समुदाय में ऐसे कार्यक्रम की स्वीकृति की राह में क्या चुनौती है। यह चुनौती 'विज्ञान क्या है' इस प्रश्न और उसकी शिक्षा दोनों के सम्बन्ध में है। इसके अलावा शिक्षा के व्यापक उद्देश्य के साथ–साथ ज्ञान के कुछ भाग की स्वीकृति और विश्व के दृष्टिकोण को लेकर भी है, जो

सांस्कृतिक और सामाजिक धारणाओं में बदलाव के लिए विज्ञान को सामने रखता है। हम संक्षेप में विज्ञान एवं प्रौद्योगिकी शिक्षा–संस्थानों के विकास और वैज्ञानिक स्वभाव को बढ़ावा देने के सरकारी और ग़ैर–सरकारी दोनों तरह के प्रयासों पर भी दृष्टि डालेंगे। हम ऐसे कुछ स्थानों का जहाँ से यह उत्पन्न हुए और सामाजिक एवं राजनीतिक वास्तविकताओं की तरफ़ से इन प्रक्रियाओं की राह में आने वाली चुनौतियों का विश्लेषण करेंगे।

पृष्ठभूमि

स्वतन्त्रता पूर्व के भारत में विज्ञान–शिक्षा का इतिहास बहुत रोचक रहा है और इसकी अनेक विशेषताएँ अध्ययन योग्य हैं। आधुनिक विज्ञान और इसकी शिक्षा के पक्ष में कार्य करने वाले लोगों की पृष्ठभूमि की विविधता दृष्टिकोणों की भिन्नता दर्शाती है, जिसने एक साझा लक्ष्य की ओर बढ़ने के लिए उत्प्रेरित किया। अन्य सभी चीज़ों के इतिहास की तरह विज्ञान–संस्थानों की स्थापना का इतिहास भी इसके लिए उद्देश्यपूर्ण अथक प्रयासों और वकालत के अतिरिक्त संयोगवश हुई मुलाक़ातों और घटनाओं से जुड़ा है। देश–भर में विज्ञान–शिक्षा के कुछ केन्द्र, वैज्ञानिकों के कुछ समुदाय एवं समितियाँ और विज्ञान के क्षेत्र में अनुसन्धान के कुछ केन्द्र थे। हम यह कह सकते हैं कि भारत में आधुनिक विज्ञान की शिक्षा का विचार उन्नीसवीं शताब्दी के अन्त में आरम्भ हुआ और इसका मूल कारण विज्ञान एवं प्रौद्योगिकी के क्षेत्र में अच्छी गुणवत्ता वाले अनुसन्धान कार्य करने की इच्छा थी। इन केन्द्रों पर प्रौद्योगिकी एवं औद्योगिक विकास के दृष्टिकोण से अनुसन्धान के प्रति रुचि के अलावा उच्च शिक्षा एवं मौलिक अनुसन्धान पर भी ज़ोर था। भारत में विज्ञान अकादमियों का विचार भारतीय स्वतन्त्रता संग्राम और तीन मुख्य विज्ञान अकादमियों, दि इंडियन नेशनल साइंस एकेडमी, इंडियन एकेडमी ऑफ़ साइंस और दि नेशनल एकेडमी ऑफ़ साइंस ऑफ़ इंडिया के साथ विकसित हुआ। इन सभी की स्थापना स्वतन्त्रता पूर्व काल (1947 के पूर्व) में 1930 और 1935 के बीच की गयी थी। 1942 में दि काउंसिल फॉर साइंटिफिक एंड इंडस्ट्रियल रिसर्च इन इंडिया (सी.एस. आई.आर.) की भी स्थापना की गयी थी। विज्ञान अनुसन्धान के कुछ प्रमुख संस्थानों के सन्दर्भ में 1909 में आई.आई.एस.सी. की स्थापना और 1945 में टी.आई.एफ़.आर. की स्थापना की गयी थी। प्रथम आई.आई.टी. 1951

में और प्रथम आई.आई.एस.ई.आर. 2006 में स्थापित किया गया। भारत में काउंसिल फॉर साइंटिफ़िक एंड इंडस्ट्रियल रिसर्च की स्थापना की प्रक्रिया के लिए भी एक ठोस प्रयास की ज़रूरत थी और बीच–बीच में रुकावटों से गुज़रते हुए अन्ततः यह एक पर्याप्त वित्तीय लागत के साथ एक स्वायत्त संरचना के रूप में 1942 में अस्तित्त्व में आयी। इसने देश भर में प्रयोगशालाओं की स्थापना और 1950 तक पाँच अनुसन्धान प्रयोगशालाओं के माध्यम से अपने काम का विस्तार किया।

स्वतन्त्रता प्राप्ति के साथ निर्माण–उद्योग और पानी की उपलब्धता और आपूर्ति के प्रबन्धन के लिए संरचनाओं के साथ–साथ बिजली उत्पादन पर ज़्यादा ज़ोर दिया गया। यह सब करने और इनका रख–रखाव करने के लिए तकनीकी ज्ञान की ज़रूरत पैदा हुई। इसके अलावा क्षमता–निर्माण की इच्छा थी ताकि उद्योग को मज़बूत करने के लिए औद्योगिक अनुसन्धान किया जा सके और प्रौद्योगिक सम्भावनाओं के नये आयाम खोले जा सकें। इन सभी ज़रूरतों के परिणामस्वरूप संस्थानों की स्थापना की गयी, जिन्हें इंडियन इंस्टिट्यूट ऑफ़ टेक्नोलॉजी (आई.आई.टी.) के रूप में जाना जाता है। ये संस्थान देश के विभिन्न भागों में स्थित हैं। यह स्पष्ट नहीं है कि आई.आई.टी. वास्तव में इन प्रक्रियाओं में कितना योगदान देते हैं। लेकिन वह अलग मामला है।

हम यहाँ जो रेखांकित करना चाहते हैं, वह यह है कि स्वतन्त्रता प्राप्ति के बाद प्रौद्योगिकी और उसके साथ–साथ विज्ञान–शिक्षा को बढ़ावा देने का आग्रह था। 1966 में शिक्षा पर कोठारी आयोग की रिपोर्ट ने विज्ञान–शिक्षा को राष्ट्र के विकास की नींव के रूप में परिभाषित किया। उसने तर्क दिया कि विज्ञान–शिक्षा की ज़रूरत सिर्फ़ इसलिए नहीं है क्योंकि विज्ञान प्रौद्योगिकी, उद्योग और कृषि के लिए आधार है, बल्कि इसलिए भी है कि मुक्त अनुसन्धान और सत्य की खोज के लिए प्रतिबद्धता को मज़बूती प्रदान की जा सके। अनुसन्धान की भावना को प्रोत्साहित करने के लिए यह अनिवार्य था और वैज्ञानिक दृष्टिकोण को हमारे जीवन और संस्कृति का अंग बनाने के लिए प्रयोगधर्मिता की ज़रूरत थी। उन्होंने बताया कि विज्ञान हठधर्मिता को सीमित करता है और भय और अन्धविश्वास और साथ ही भाग्यवाद और निष्क्रियता को भी दूर करता है। हम यह भी देखते हैं कि उस दशक के दौरान इसके अलावा और इसके साथ मेल खाने

वाले कई क़दम उठाये गये थे। एक समानान्तर क़दम भारत सरकार के शिक्षा विभाग के एक अन्य खंड की ओर से इस चिन्ता के कारण उठाया गया कि उच्चतर माध्यमिक विद्यालयों या इंटर के अधिकांश युवा स्नातक प्रौद्योगिकी और चिकित्सा के पेशेवर क्षेत्रों में जाने के इच्छुक थे। वे विज्ञान के अध्ययन के क्षेत्र में जाने और फिर अनुसन्धान का कार्य हाथ में लेने के लिए उत्सुक नहीं थे।

शिक्षा विभाग ने महसूस किया कि यह ज़रूरी था कि इनमें से कुछ विद्यार्थियों में विशुद्ध विज्ञान का अध्ययन करने और विज्ञान में अनुसन्धान कार्य करने की चाहत पैदा हो और इसके लिए उन्हें प्रोत्साहित किया जाये। परिणामस्वरूप नेशनल काउंसिल ऑफ़ एजुकेशनल रिसर्च एंड ट्रेनिंग ने साइंस टैलेंट सर्च स्कॉलरशिप शुरू की और इसके लिए चुने गये उम्मीदवारों से किसी विश्वविद्यालय में विशुद्ध विज्ञान पाठ्यक्रम में शामिल होने की अपेक्षा थी। 1963 में शुरू की गयी यह योजना शुरुआत में केवल दिल्ली के विद्यालयों के लिए थी, लेकिन शीघ्र ही 1964 में इसका विस्तार करते हुए इसे देशव्यापी स्तर पर लागू कर दिया गया और छात्रवृत्ति की संख्या बढ़ा कर 350 कर दी गयी। इन चयनित विद्यार्थियों को छात्रवृत्ति प्रदान किये जाने के अलावा उनकी छुट्टियों के दौरान उन्हें गुणवत्तापूर्ण विज्ञान–शिक्षण और अनुसन्धान संस्थानों के सम्पर्क में आने का मौक़ा देने के लिए वहाँ भेजा भी गया था। छात्रवृत्ति विद्यालय के बाद शुरू की गयी और अनुसन्धान के पाँच सालों तक जारी रखी गयी, बशर्ते विद्यार्थी का काम बिना रुकावट जारी रहा हो और उसका अकादमिक रिकॉर्ड लगातार अच्छा रहा हो। देश भर में 10, 2, 3 की शुरुआत और माध्यमिक स्तर से संकायों को चुनने पर ज़ोर घटाने से 1976 में सभी संकायों के लिए छात्रवृत्ति का अवसर उपलब्ध हो गया। वास्तव में बाद के वर्षों में कुछ अन्य क्षेत्रों पर ज़्यादा ज़ोर देने के साथ और कई तरह के दबावों के चलते विज्ञान के अलावा अन्य विषयों में विद्यार्थियों को बड़ी संख्या में छात्रवृत्ति प्रदान की गयी। विज्ञान को कार्य का मार्ग प्रशस्त करने वाले विकल्प के रूप में लेने के प्रति घटती दिलचस्पी के कारण ऐसा था। साथ ही निर्णय लेने के ढाँचे के भीतर शिक्षित लॉबी का दबाव भी छात्रवृत्ति प्रदान करने की पूर्व–शर्त को हटाने का कारण था।

हालाँकि ऐसा नहीं है कि विज्ञान का महत्त्व भारतीय संवाद के रडार से ग़ायब हो गया हो। 1976 में एक संविधान संशोधन के तहत वैज्ञानिक स्वभाव के महत्त्व को दोहराया गया और इसे बढ़ावा देने के कार्य को अनुच्छेद 51ए (एच) के तहत एक मौलिक कर्त्तव्य के रूप में जोड़ा गया। मौलिक कर्तव्य के अनुच्छेद 51ए (एच) में कहा गया है, "यह भारत के प्रत्येक नागरिक का कर्त्तव्य होगा कि वह वैज्ञानिक स्वभाव, मानवतावाद, अनुसन्धान और सुधार की भावना विकसित करे।" इसके पहले हस्तक्षेप के कई क़दम उठाये गये और अनेक ने इनका पालन किया। 1971 में डिपार्टमेंट ऑफ़ साइंस एंड टेक्नोलॉजी स्थापित किया गया और 1982 में नेशनल काउंसिल फॉर साइंस एंड टेक्नोलॉजी कम्युनिकेशन (एन.सी.एस.टी.सी.) की स्थापना की गयी। इससे ठीक एक साल पहले 1981 में प्रभावशाली नौकरशाहों और कुछ प्रसिद्ध वैज्ञानिकों ने, जिन्होंने भारत में विज्ञान की स्थापना में अग्रणी भूमिका निभायी थी, वैज्ञानिक स्वभाव पर एक दस्तावेज़ जारी किया था। इस दस्तावेज़ ने बड़े पैमाने पर लोगों का ध्यान आकर्षित किया क्योंकि कई लोग इसकी आलोचना करने के लिए उठ खड़े हुए, जबकि अनेक लोग इसके पक्ष में सामने आये। यह बहस इस बात पर केन्द्रित थी कि क्या वस्तुपरक, उदार, समावेशी और सभी के विकास के लिए चिन्ता से प्रेरित होना विज्ञान का आधारभूत लक्षण था या यह विशिष्ट वर्ग का ही पक्षधर होने के अलावा शोषक, आधिपत्य जमाने वाला, वंचित करने वाला और अधिकांश लोगों को छोड़ देने वाला था। इस बहस ने बौद्धिक बहस और यहाँ तक कि वैकल्पिक विज्ञान और प्रौद्योगिकी को बढ़ावा देने के कुछ प्रयासों को जन्म दिया। हालाँकि विज्ञान और नीति की मुख्य धारा से जुड़ी संरचनाओं में यह बहस हाशिये पर ही रही, ग़ैर–स्थापना क्षेत्र में विज्ञान को लोकप्रिय बनाने में और जो लोग समाज और विकास को समझने में लगे थे उनमें यह बहस काफ़ी आगे बढ़ चुकी थी। दो विरोधी खेमों के बीच इस आपसी बहस ने विज्ञान को लोगों तक ले जाने के प्रयासों को तहस–नहस कर दिया था। उनके तर्कों और उनके प्रयासों से प्राप्त अनुभवों और मुख्य धारा के संस्थान और उसके विभिन्न पक्षों के लिए सरकारी सहयोग में कमी और बढ़ोतरी अध्ययन का एक महत्त्वपूर्ण क्षेत्र है। यहाँ पर इसका ज़िक्र करने का उद्देश्य

यह था कि विज्ञान और उसकी शिक्षा और समाज के साथ उसका सम्बन्ध एक विवादास्पद क्षेत्र बना रहा है।

इन सब में मुख्य पहलू जो यहाँ हमारे उद्देश्य के लिए महत्त्वपूर्ण है, वह यह है कि विज्ञान को बढ़ावा देने और इसकी अनुभवजन्य और कारण एवं प्रभाव आधारित अवलोकन योग्य घटनाओं के लिए तार्किक स्पष्टीकरण को लोकप्रिय बनाने के लिए सरकारी संरचनाओं के बाहर एक समानान्तर प्रयास किया गया था। यह प्रयास ख़ुद सरकारी संरचनाओं के प्रयासों द्वारा समर्थित, उनसे जुड़ा हुआ और आंशिक रूप से सहायता प्राप्त था। एक तरफ़ विज्ञान और समाज के बीच जटिल सम्बन्ध और समालोचनात्मक चेतना के साथ इसका सम्बन्ध और दूसरी तरफ़ औद्योगिक–प्रौद्योगिक विकास और दोहन–उपभोक्तावाद के मुद्दों पर इन प्रयासों में बड़े पैमाने पर खोज और बहस हुई। इनमें से कुछ को लोगों के बीच भी ले जाया गया। कुछ ऐसी विचारधाराएँ थीं जो विज्ञान की अस्वीकृति का आह्वान करती थीं और ऐसी विचारधाराएँ भी थीं जो इसके उपयोग में संयम का आह्वान करती थीं। कुछ अन्य विचारधाराएँ भी थीं जो इस बात के प्रति आश्वस्त थीं कि इसे निस्सन्देह बढ़ावा देने और एक बेलगाम तेज़ गति से आगे बढ़ने की स्वतन्त्रता देने की ज़रूरत है। हमें यह स्वीकार करना ही चाहिए कि मानव–जाति के लिए समग्र रूप से समावेशी, सहभागितापूर्ण और मददगार होने की इसकी संरचनात्मक और यहाँ तक कि वैचारिक क्षमता के सम्बन्ध में काफ़ी सन्देह रहे हैं। उन लोगों के बीच मतभेद बढ़ता रहा है जो इसकी बुनियादी मासूमियत और वास्तव में मानवीय चेतना के विकास में इसके सकारात्मक योगदान के पक्ष में वकालत करते हैं और जो यह तर्क देते हैं कि यह केवल शोषण करने और आधिपत्य जमाने का एक उपकरण है। यह समझना भी महत्त्वपूर्ण है कि समाज में विज्ञान की शिक्षा और अन्य पहलुओं जैसे राजनीति, अर्थव्यवस्था और सामाजिक गतिशीलता के साथ उसका सम्बन्ध एक सतत परिवर्तनशील क्षेत्र है। एक तर्कसंगत रवैया निर्मित करने में विज्ञान की भूमिका और लोगों, प्राकृतिक संसाधनों एवं स्वयं प्रकृति के व्यापक शोषण में विज्ञान के दोष की सीमा, उपभोक्तावाद को जन्म देने, आधिपत्य स्थापित करने, नरसंहार और दुख–दर्द देने में इसके उपयोग के अलावा रोग और भूख के उन्मूलन, शारीरिक श्रम को घटाने और काम को आसान बनाने के

साथ–साथ सुरक्षा और सुविधा प्रदान करने में इसकी भूमिका पर बहस के चलते विज्ञान की प्रकृति, भूमिका और इसके प्रभाव के विषय में एक स्पष्ट राय क़ायम करना मुश्किल हो जाता है।

इस वज़ह से और मुख्य धारा की सत्ता–संरचनाओं के समर्थन के कारण देश में (और कहीं और भी) विज्ञान, इंजीनियरिंग और चिकित्सा–शिक्षा विश्वविद्यालयों और विशेष रूप से विद्यालयों दोनों ही जगह मुख्य रूप से उपरोक्त बहस से अप्रभावित रही है। दूसरी ओर व्यापक समुदाय में विज्ञान के प्रसार ने अप्रिय बहसें और विभिन्न स्थितियाँ देखी हैं। यदि हम मुख्य धारा के विज्ञान के दृष्टिकोण से भी समझते हैं, तो विज्ञान और प्रौद्योगिकी संस्थानों में स्थिति यह है कि वहाँ विज्ञान की स्वीकृत और घोषित प्रकृति के विपरीत एक चरित्र पाया जाता है। अधिकांश संस्थानों, विश्वविद्यालय के विभागों और महाविद्यालयों में, जो स्नातक स्तर पर विज्ञान पढ़ाते हैं (और कई मामलों में स्नातकोत्तर स्तर पर भी), शायद ही कोई शोध होता है। वहाँ न सिर्फ़ सुविधाओं की कमी है, बल्कि कोई अवसर और प्राध्यापकों से कोई अपेक्षाएँ भी नहीं हैं कि वे शोध करेंगे और इसलिए इसके लिए संसाधन उपलब्ध नहीं कराये गये हैं। कुछ विज्ञान और प्रौद्योगिकी महाविद्यालयों और उच्च शिक्षा एवं शोध संस्थानों में अनुसन्धान को शामिल किया गया है, लेकिन ये सब अब भी हाशिये पर हैं और अपवादात्मक की श्रेणी में आते हैं। वंचित वर्ग के लोगों और महिलाओं को विज्ञान और प्रौद्योगिकी के पेशेवर क्षेत्र में शामिल करने के सवाल पर ध्यान दिया जाना अभी शेष है। उच्च स्तर पर विज्ञान का अध्ययन करने वाले इन श्रेणियों के व्यक्तियों की आनुपातिक संख्याएँ जनसंख्या में उनके अनुपात के ज़रा भी क़रीब नहीं हैं। पृथक आवासीय प्रौद्योगिकी संस्थानों में लड़कियों के लिए छात्रावासों की क्षमता लड़कों के छात्रावासों की तुलना में बहुत कम है। इसका निहितार्थ यह है कि यह एक प्रणालीगत अभिस्वीकृति है कि आनुपातिक रूप से बहुत कम लड़कियाँ इन पाठ्यक्रमों में प्रवेश लेंगी। विज्ञान, समाज, विकास और प्रौद्योगिकी पर केन्द्रित बहस के प्रति पाठ्यक्रम के संवेदनशील होने के सन्दर्भ में कहा जा सकता है कि यह बहुत नयी बात है कि कुछ संस्थानों ने इन पाठ्यक्रमों की सम्भावना तलाशना शुरू कर दिया है। विज्ञान की प्रकृति,

उसके ऐतिहासिक विकास, उसके विषय में वैकल्पिक दृष्टिकोण, शोषण, हिंसा, उपभोक्तावाद और प्राकृतिक संसाधनों के बेलगाम दोहन और ह्रास की वर्तमान चुनौतियों में विज्ञान के स्थान के विषय में बहस आमतौर पर विज्ञान एवं प्रौद्योगिकी शिक्षण और अनुसन्धान संस्थानों के संवाद का हिस्सा नहीं है। ज़्यादा–से–ज़्यादा यह आज भी एक वैकल्पिक पाठ्यक्रम है। आमतौर पर इसके लिए कोई संकाय उपलब्ध नहीं है और यहाँ तक कि विद्यार्थियों के लिए भी यह एक पसन्दीदा पाठ्यक्रम नहीं है, क्योंकि विज्ञान में अनुसन्धान के लिए प्रवेश पाने के लिए अधिक अध्ययन करने या परीक्षाओं में प्रतिस्पर्धा करने के लिए उनकी खोज में यह पाठ्यक्रम कोई महत्त्व नहीं रखता है।

इसके अलावा जो चीज़ आधुनिक विज्ञान–शिक्षा का गठन करती है उसमें बहुत कुछ और करने की गुंजाइश बाक़ी है। महाविद्यालयों और विश्वविद्यालयों के अधिकांश पाठ्यक्रमों की रूपरेखा इस तरह बनायी गयी है कि पूर्व में हल की गयी समस्याओं के जवाबों को दोहराया जाये और इससे भी बुरी बात यह है कि सिर्फ़ सिद्धान्तों के विवरण पुनः प्रस्तुत किये जायें और यह बताया जाये कि उपकरणों का उपयोग कैसे किया जाता है या बीते वक़्त में उनका उपयोग कैसे किया गया था। प्रयोगशाला रूपी अंग और यहाँ तक कि परियोजनाओं पर कार्य करने का विचार पुराने परिणामों को पुनः प्रस्तुत करने और इसलिए दूसरों के पुराने काम से नक़ल करने तक सीमित रहा है। विद्यालय या महाविद्यालय स्तर पर वास्तव में कोई खुला प्रयोग या किसी भी तरह का प्रयोग नहीं होता है। अवलोकनों के नतीजों के आधार पर विश्लेषण और संश्लेषण करना तो दूर, ऐसा कोई अवसर तक उपलब्ध नहीं होता, जहाँ विद्यार्थी को एक भी ऐसा माप लेना हो, जिसके लिए उसे अपनी स्वयं की प्रायोगिक रूपरेखा तय करने और अवलोकन क्षमता को पैना करने की ज़रूरत हो। ये उन सीमित लक्ष्यों से भी कोसों दूर हैं, जो विश्वविद्यालयों और संस्थानों के दस्तावेज़ों में विज्ञान के शिक्षण के लिए निर्दिष्ट किये गये हैं। स्पष्ट है कि जब हम इसकी तुलना इस बात से करते हैं कि नीतियों में विज्ञान और प्रौद्योगिकी की शिक्षा पर ज़ोर और इसे महत्त्व क्यों दिया गया है तो विशाल अन्तर पाते हैं।

विद्यालय स्तर पर विज्ञान में क्या होता है

अब हम इस शोधपत्र के केन्द्र बिन्दु पर आते हैं और वह है विद्यालयों में विज्ञान–शिक्षा।

जैसा कि बताया गया है नीति–निर्देशक सिद्धान्तों के एक भाग के रूप में संवैधानिक कर्तव्य भारत के नागरिकों में वैज्ञानिक स्वभाव विकसित किये जाने की अपेक्षा करता है। यह नेशनल काउंसिल ऑफ़ एजुकेशनल रिसर्च एंड ट्रेनिंग के 2005 के अन्त तक के आधिकारिक दस्तावेज़ों में दोहराया गया है और अगर हम पीछे जाकर राष्ट्रीय शिक्षा पर कोठारी आयोग की 1966 की रिपोर्ट या 1986 और 1992 की राष्ट्रीय नीतियाँ देखते हैं तो हम इस तथ्य पर अटक जाते हैं कि वे इस बात पर सहमत हैं कि क्यों और किस तरह के विज्ञान–शिक्षण की ज़रूरत है। वे सभी अनिवार्य रूप से ऐसी विज्ञान–शिक्षा की अवधारणा के पक्ष में तर्क देते हैं जो प्रयोगों, अनुसन्धान, विचार की स्वतन्त्रता और तर्कसंगत सोच को बढ़ावा देती हो। जैसा कि दीवान (वॉइसेज़, 2018) बताते हैं कि 1992 की संशोधित नीति में तर्क दिया गया कि विज्ञान–शिक्षा ऐसी होनी चाहिए जो अनुसन्धान की भावना, सवाल पूछने के साहस, रचनात्मकता, वस्तुनिष्ठता और सौन्दर्य सम्बन्धी क्षमता के साथ समस्याओं को हल करने और विज्ञान को दैनिक जीवन के पहलुओं के साथ जोड़ने की क्षमता का विकास करने में सक्षम हो। इसने विद्यालयों और महाविद्यालयों से बाहर के लोगों सहित सभी के लिए ऐसी विज्ञान–शिक्षा के पक्ष में भी तर्क दिया। यह पूरी तरह उसके विपरीत है जो आज की विज्ञान–कक्षाओं में होता है। मुखर्जी (वॉइसेज, अगस्त, 2017) बताते हैं कि माध्यमिक स्तर पर सभी विद्यार्थियों के लिए विज्ञान–शिक्षा के विस्तार का अर्थ है कि इसे विद्यार्थियों की बहुत बड़ी संख्या तक पहुँचना होगा। संसाधन उपलब्ध कराने में प्रतिबद्धता की कमी और विश्वास एवं विचार के प्रति समझ की कमी के कारण धीरे–धीरे विद्यालयों की कक्षाओं में किसी भी तरह के प्रयोगों पर रोक लगा दी गयी। जिस बात का आशय ज़्यादा निवेश और प्रयोगों एवं अनुसन्धान के साथ बेहतर विज्ञान–शिक्षण के लिए सुधार के लिए सुझाव प्रस्तुत करना था, उसी बात से किसी भी तरह के प्रयोग पर ही रोक लगा दी गयी। धीरे–धीरे प्रयोगशाला का विचार और इससे पहले प्रयोगशाला में सहयोग

प्रदान करने, काम–काज के सुचारु संचालन को सुनिश्चित करने के लिए किसी व्यक्ति की उपलब्धता के प्रावधान ही समाप्त हो गये और फिर किट और उपभोग्य सामग्रियों की पुनःपूर्ति भी रोक दी गयी।

विज्ञान की शिक्षा के सार्वभौमिकीकरण, जिसका उद्देश्य सभी विद्यार्थियों तक सार्थक विज्ञान को पहुँचाना है, के रास्ते में बहुत सारी बाधाएँ पायी गयी हैं। सभी के लिए विज्ञान–शिक्षा के उद्देश्य के बारे में शुरुआत से ही भ्रम और अस्पष्टता की स्थिति थी। इसे दिन–प्रतिदिन के जीवन के साथ जोड़ने, समुदाय से ज़्यादा–से–ज़्यादा सम्बद्ध करने और कम अमूर्त बनाने की ज़रूरत पूरी करने के लिए अपनाये जाने वाले सम्भावित तरीक़ों की एक स्पष्ट रूपरेखा और उसकी अभिव्यक्ति की ज़रूरत थी। पाठ्यक्रम और पाठ्य विवरण के उपयोग के पैमाने पर इसे जीवन के वास्तविक अनुभवों, जिनके विषय में बच्चे जानते थे और जिसमें उनकी और समुदाय की रुचि थी, के सन्दर्भ और प्रासंगिक मुद्दों से सम्बद्ध करना सम्भव नहीं था। राष्ट्रीय ध्यानाकर्षण क्षेत्रों का विचार और चिन्ताएँ और पाठ्य विवरण एवं सामग्री तैयार करने के लिए जुटे लोगों में से अधिकांश के अनुभव और दृष्टिकोणों के आधार पर इसमें ऐसा बहुत कुछ शामिल किया गया जो तात्कालिक सन्दर्भ से असम्बन्धित था और परिस्थिति के हिसाब से उपयुक्त नहीं था। इसका उद्देश्य वैश्विक चिन्ताओं की ओर ध्यान देना था और इसलिए यह बहुत सामान्य था। दृष्टिकोण निर्मित करने के लिए अनुसन्धान और खोज की अनुमति देने के बजाय कथित रूप से महत्त्वपूर्ण चिन्ताओं के सन्देशों को सम्प्रेषित करने की अनिवार्यता का उद्देश्य बहुत सारे तथ्यों को सम्प्रेषित और अवशोषित किया जाना और वास्तव में याद रखा जाना था। शिक्षक ऐसी अवधारणाओं का प्रयोग करने में समर्थ नहीं थे। इसके अलावा सिद्धान्तों के लिए अन्य विचारों के एक जटिल आधार की भी ज़रूरत थी जिसका विकास नहीं किया जा सकता था। इसलिए विज्ञान–कार्यक्रम वैज्ञानिक भावना, जिज्ञासा, सवाल पूछने के निर्धारित उद्देश्यों की दिशा में आगे बढ़ने के बजाय कोठारी आयोग द्वारा सुझाये गये रास्ते की विपरीत दिशा में बढ़ गया। सीखने की क्षमता को विकसित करने और इस तरह नये ज्ञान और समझ को ग्रहण कर उसका विश्लेषण करते हुए और उसके विकास के साथ पुनः नवीन ज्ञान एवं समझ निर्मित करने में सक्षम होने के बजाय यह ज्ञान के कथित विस्फोट के कारण

पाठ्यक्रम में बहुत अधिक सामग्री ठूँसने का एक प्रयास बन गया। पाठ्य विवरण तैयार करने की बैठकों में हुई सामान्य बातचीत के अनुसार एक संक्षिप्त रूप में जटिल विचारों को शामिल किया जाना था। इसके पीछे यह तर्क था कि जहाँ विद्यार्थियों के लिए इन विचारों को समझना सम्भव नहीं है, वहीं उन्हें कुछ शब्दों में इन विचारों से परिचित कराना ज़रूरी और प्रासंगिक है।

यह सच्चाई कि विद्यालयों में प्रयोगशालाओं और उपकरणों, साधारण किट और उपभोग्य सामग्रियों के लिए धन नहीं था, का मतलब यह भी था कि प्रयोगों और परियोजना गतिविधियों के लिए सुझाये गये विचारों (खोजों के रूप में नहीं) पर भी वास्तव में अमल करना सम्भव नहीं था। वे किसी भी मामले में अप्रासंगिक माने जाते थे क्योंकि उनमें खोज या व्याख्या के प्रति कोई उत्साह नहीं था। अपेक्षित अवलोकन और अवलोकनों के विश्लेषण पुस्तक में पहले से ही उपलब्ध थे। इससे भी बुरी बात यह है कि प्रयोगात्मक ढाँचों के ऐसे कई उदाहरण और प्रयोग करने के तरीक़े अपर्याप्त और कभी–कभी ग़लत भी थे। पाठ्यपुस्तकों की कल्पना करने वालों ने बिना जाँचे इन्हें कुछ अन्य स्रोतों से लिया या कभी प्रयोग को सरल बनाने के प्रयास में मूल सामग्री में ग़लत तरीक़े से बदलाव किया। संक्षेप में, विज्ञान को सभी के पास ले जाने के प्रयास में बच्चों के जीवन से उसके सम्बन्ध के पुर्वानुमान को शामिल नहीं किया गया। इस प्रयास ने सभी का समावेश्न करने में मदद नहीं की और न ही उन्होंने इस कार्यक्रम को ऐसा बनाया कि विश्व के प्रति अपना तर्कसंगत दृष्टिकोण रखने वाले जिज्ञासु और खोजी स्नातक विकसित किये जा सकें।

ऐसा नहीं है कि इस मुद्दे पर चर्चाएँ नहीं हुई हों। विज्ञान की प्रकृति और समाज के साथ इसके अन्तर्सम्बन्ध के मुद्दे और ख़ुद विज्ञान को अधिक समावेशी बनाने की चुनौती के विपरीत ज़मीनी स्तर पर काफ़ी अच्छी तरह प्रतिपादित विचार और प्रयास किये गये थे ताकि विज्ञान–शिक्षा को कुछ उस तरह का बनाया जा सके जैसा कि 1966 और 1992 की नीति में परिकल्पना की गयी थी। ऐसा ही एक महत्त्वपूर्ण प्रयास मध्य प्रदेश के होशंगाबाद ज़िले के विद्यालयों में शुरू किया गया था–होशंगाबाद विज्ञान–शिक्षण कार्यक्रम (होशंगाबाद साइंस टीचिंग प्रोग्राम–एच.एस.टी.पी.) था। बाद में मध्य प्रदेश के कुछ अन्य ज़िलों में भी इसे विस्तारित किया गया।

इस प्रयास में अपेक्षा की गयी थी कि कक्षाओं में विभिन्न प्रयोग किये जायेंगे और अवलोकनों को रिकॉर्ड किया जायेगा और उनका सामूहिक रूप से विश्लेषण किया जायेगा। पाठ्यपुस्तक विद्यार्थियों से अवलोकनों का परीक्षण करने और सामूहिक रूप से निहितार्थों के नतीजे निकालने और उनकी समझ विकसित करने की अपेक्षा करती थी। उन्हें अपने अनुभवों को शामिल करने और विश्लेषण में उनका इस्तेमाल करने के लिए कहा जाता था। यह विद्यार्थियों के सामूहिक रूप से काम करने और बाद में विश्लेषण में उनका मार्गदर्शन करने वाले शिक्षक की मदद से उनके द्वारा किये गये प्रयोग या प्रयोगों की श्रृंखला के अवलोकनों से एक वैचारिक समझ की कड़ियाँ एक साथ जोड़ने की अपेक्षा करता था। पाठ्यपुस्तक में प्रयोगों के लिए निर्देशों के बाद कुछ सवाल दिये गये थे जो इस बात का संकेत देते थे कि क्या अवलोकन किया जाना ज़रूरी था। फिर जवाब देने के लिए इस तरह के सवाल दिये गये थे, जो अवलोकन की गयी घटना के बारे में समझ विकसित करने में मदद करते थे। तर्क, वैकल्पिक सूत्रीकरण और सर्वोत्तम सूत्रीकरण के चयन के प्रति खुलापन, अवलोकन में अन्तर होने की सम्भावना को समझना यह सब रूपरेखा में अन्तर्निहित थे क्योंकि कक्षा में समूह अपने अवलोकनों के साथ अपने समूह में सामूहिक चर्चा में निकलने वाले नतीजों की प्रस्तुतियाँ बड़े समूह के सामने देते थे। अक्सर विद्यार्थी समूह अतिरिक्त प्रयोग करते या सुझाये गये प्रयोगों में अप्रत्याशित अवलोकनों को ले कर सामने आते और इन सभी का समाधान क़क्षा की चर्चाओं में करना होता था। स्पष्ट रूप से इस प्रक्रिया में शैक्षिक विकास के अनेक अन्य पहलू भी सन्निहित थे। उदाहरण के लिए, इसमें विद्यार्थियों और शिक्षक से किसी और द्वारा प्रस्तुत की जा रही बात को ध्यान–से सुनने और उसे चर्चा में शामिल करने की अपेक्षा की जाती थी और चूँकि प्रस्तुति को ध्यान–से सुना जाना होता था, इसलिए सावधानीपूर्वक अवलोकन करना और उनकी सावधानीपूर्वक रिकॉर्डिंग और विश्लेषण किया जाना ज़रूरी होता था। फिर यह तर्क के साथ सावधानीपूर्वक आयोजित किया जाना होता था ताकि वह दूसरों के लिए समझ में आने योग्य हो। इसके अलावा उन्हें चर्चाओं में अपनी बारी का इन्तज़ार करना और प्रस्तुत किये गये बिन्दुओं और उनमें व्यक्त विचारों को सम्बद्ध करना सीखना होता था।

उन्हें पहले एक दृष्टिकोण निर्मित करना और उसके पक्ष में वकालत करने की क्षमता विकसित करना भी सीखना होता था। लेकिन फिर दृष्टिकोण में अन्तर के साथ–साथ इस अन्तर की ओर ले जाने वाले अवलोकन एवं विश्लेषण को स्वीकार करने और एक बेहतर विकल्प स्वीकार करने की क्षमता भी निर्मित करनी होती थी।

कक्षा में चर्चा के लिए सुझायी गयी प्रक्रिया में अपेक्षा की गयी थी कि यह ज्ञानार्जन के लिए एक अभ्यास होगा जिसमें चर्चा में शामिल प्रत्येक विद्यार्थी जुड़ाव क़ायम करने और अन्तर्निहित व्याख्याओं को खोजने और अवलोकनों से उनकी तुलना के आनन्द का अनुभव लेगा। एक छोटे पैमाने पर इनमें से कुछ प्रक्रियाएँ वास्तव में कुछ हद तक अमल में लायी गयीं। कुछ कक्षाओं में प्रयोग और आगे की खोज की सम्भावना बच्चों के घरों और दैनिक जीवन तक चली गयी। अनेक अध्यायों में विद्यार्थियों को घर जाकर अपने माता–पिता, पड़ोसियों और आसपास के अनुभवी लोगों से बात करनी होती थी। इसके अलावा अपनी मर्ज़ी–से वे रसोईघर में जा कर प्रयोग करते थे और अन्य मामलों में प्राकृतिक संसार के अवलोकन और नमूने लाते थे, जिनकी वे स्कूल में चर्चा कर रहे होते थे। रचनात्मक और खुले दिमाग़ वाले खोजी शिक्षकों ने उन्हें इस तरह के और उदाहरण लाने के लिए प्रोत्साहित किया और किट–सामग्री की उपलब्धता सुनिश्चित करने में उनकी मदद की। साथ ही ख़ामियों को दूर करने के अलावा इस विचार के प्रति उनके दिमाग़ों में खुलापन लाने का प्रयास भी किया कि उनके दिन–प्रतिदिन के अनुभव में विज्ञान स्वाभाविक रूप से मौजूद है।

किताब में कई स्थानों पर घर पर किये जाने योग्य प्रयोग सुझाये गये थे और अनेक ऐसे अवलोकन दिये गये थे जो कक्षा के बाहर किये जाने थे। वह समूह, जो पाठ्यक्रम की तैयारी में शामिल था, विज्ञान की नैतिकता मुक्त और ज्ञान की एक उन्मुक्त खोज की प्रकृति और चरित्र के बारे में होने वाली बहस के बारे में सामूहिक रूप से कितना भी अनजान रहा हो, उसमें निष्पक्षता, न्याय और स्थितियों के तर्कसंगत विश्लेषण को बढ़ावा देने के लिए कुछ प्रतिबद्धता थी। इसमें कुछ ऐसे व्यक्ति शामिल थे, जिनमें इन सिद्धान्तों और इन्हें विद्यालय के कार्यक्रम का हिस्सा बनाने का प्रयास करने के लिए गहरी प्रतिबद्धता थी। उदाहरण के लिए, इस प्रयास में बच्चों के लिए कार्यों के रूप में अवलोकन और यहाँ तक कि कुछ

सामाजिक वितरण की घटनाओं, कुपोषण और कारण, फ़सल के तरीक़ों और विकल्पों का विश्लेषण और इसके अलावा जहाँ कहीं भी सम्भव हो एक अप्रत्यक्ष तरीक़े से कर्मकांडी प्रथाओं, धार्मिक मान्यताओं और झूठी लोक विद्या को चुनौती देना शामिल था। पुस्तक में स्थानीय ज्ञान के बारे में थोड़ी जानकारी, अन्तिम उपाय के रूप में उद्योग और प्रौद्योगिकी पर ज़रूरत से ज़्यादा ज़ोर दिये जाने की दबे स्वर में आलोचना प्रस्तुत की गयी थी। समूह में लोगों की विविधता को देखते हुए इस प्रश्न पर विचारों में विविधता थी और इनमें से कुछ मुद्दों पर एक राय बनाने के लिए व्यापक तर्क ज़रूरी थे।

यह स्पष्ट है कि जबकि इसे अमूर्त और वाक्यांशों का रूप देना आसान है, अवधारणा को मूर्त रूप में प्रतिबिम्बित करना बहुत मुश्किल है। कक्षा में इसे लम्बे समय तक व्यवहार में लाना और भी मुश्किल है और इसलिए इसे सभी विद्यालयों में विस्तारित करने की महत्त्वाकांक्षा शायद अहंकारपूर्ण और अनुभवहीन दोनों ही थी, जबकि विद्यालय, शिक्षा, शिक्षक, शिक्षा के उद्देश्य और ज्ञान क्या है इसके बारे में संस्कृति, प्रणाली गत अनुक्रम, प्रवृत्ति और रवैये से जुड़ी चुनौतियों से लड़ने का एक गम्भीर प्रयास किया गया था (जो इसकी शुरुआत से और उससे भी पहले इसकी अवधारणा के समय से ही सम्पूर्ण विद्यालय–प्रणाली में अपनाया गया था) लेकिन यह प्रयास पर्याप्त नहीं था। शायद यह बहुत कम समझ और कार्य करने के लिए एक बहुत संकीर्ण ढाँचे की मदद से बहुत ज़्यादा करने का प्रयास था।

दो महत्त्वपूर्ण चुनौतियाँ सामने थीं और अन्य कोई काम करने से पहले उन्हें विश्वास–प्रणालियों और दृष्टिकोणों के विषय में ज़्यादा काम करने की ज़रूरत थी। लोगों (माता–पिता, शिक्षक, अधिकारी) के मन में शिक्षा के उद्देश्य और अपेक्षित लक्ष्य कोठारी आयोग के विवरण में प्रस्तुत उद्देश्यों और लक्ष्यों से बहुत अलग थे, जिसमें विज्ञान और गणितीय शिक्षण के तरीक़े के लिए की गयी कल्पना के अनुसार उसमें बुनियादी बदलाव लाने की सिफ़ारिश की गयी थी।

प्रतिस्पर्धी परीक्षाओं में और यहाँ तक कि अन्य आकलन, तुलनात्मक मूल्यांकन में उत्कृष्टता प्राप्त करने और रैंकिंग के लिए अभिप्रेरणा को महत्त्व दिया गया था। यह विश्वास गुम हो गया था कि हर किसी को सीखना चाहिए और हर कोई सीख सकता है और इस बात की समझ

भी गुम हो गयी थी कि विज्ञान वास्तव में क्या है? हस्तक्षेप के ज़रिये अकादमिक क्षमता, संसाधन और अभिप्रेरणा निर्मित करने के कुछ पहलुओं की संकल्पना करते हुए उन्हें लागू करने की प्रणालियों की क़वायद सहित उनकी सम्भावनाएँ सुगम बनायी जा सकीं, लेकिन कार्य–पद्धति की संस्कृति के मौलिक चरित्र और कुछ पहलुओं और निर्णय लेने एवं उन्हें कार्यान्वित करने की प्रक्रिया को बदलना मुश्किल था। माता–पिता के लिए प्रशंसा के भाव के साथ यह देखना मुश्किल था कि उनके बच्चे सीखने का आनन्द ले रहे थे और अपने दम पर चीज़ों के बारे में सोचने और करने का आत्मविश्वास अर्जित कर रहे थे। बचपन के बारे में उनकी परिकल्पना और बच्चों के लिए उनके अरमान इससे मेल नहीं खाते थे। प्रभावशाली और मुखर लोग चाहते थे कि उनके बच्चे बाक़ी बच्चों की तुलना में ज़्यादा बुद्धिमान साबित हों और उससे कहीं ज़्यादा सीखें जो दूसरे बच्चे कहीं और सीख रहे थे। और उनका यह सीखना ज़्यादा तथ्यों के त्वरित पुनरुत्पादन और रट्टू तोते जैसी प्रतिक्रिया के सन्दर्भ में था। उनकी मुख्य चिन्ता यह थी कि क्या मेरा बच्चा परीक्षाओं में पूछे जाने वाले बहुविकल्पीय सवालों में से ज़्यादातर के जवाब जानता है, 10वीं कक्षा में जो सिखाया जाना है, उसका आधा भाग वह कितनी जल्दी पूरा कर लेगा क्या वह परीक्षा आदि में दूसरों की तुलना में बेहतर प्रदर्शन करेगा और इसी तरह की अन्य चिन्ताएँ आदि। स्पष्ट रूप से बोर्ड परीक्षा और प्रतियोगी परीक्षाओं में मूल्यांकन की प्रकृति भी बहुत ज़्यादा असर डालती है।

फिर शिक्षा–विज्ञान सम्बन्धी चिन्ताएँ और उनके निहितार्थ और सीमाएँ हैं। उदाहरण के लिए, एक पहलू, जिसमें शिक्षकों को मुश्किल महसूस हुई वह था शिक्षक द्वारा एक हितकारी परिणाम के लिए कराया जाने वाला सामूहिक चर्चा का अभ्यास। इसे सार्थक ढंग से और प्रयोगों में अवलोकनों के आधार पर कुछ गहराई के साथ पूर्ण करना मुश्किल था। यह उनके लिए भी मुश्किल था, जिन्हें एच.एस.टी.पी. पद्धति की धारणा पसन्द थी। उन्हें भी ऐसी कक्षाओं का प्रबन्धन करना मुश्किल लगा। समस्या इस सवाल के जवाब में थी कि आप कक्षा में किसी चर्चा का समापन कैसे करते हैं और इसे अनिश्चित काल तक नहीं चलने देते? आप चर्चा के सबसे उपयोगी पहलुओं पर किस तरह ज़ोर देते हैं और विद्यार्थियों के लिए मुख्य बिन्दुओं का सार निकालने में सक्षम होते हैं। उन्हें बातचीत

और अवलोकनों की गुणवत्ता का निर्णय करने में भी निश्चित रूप से सक्षम होना चाहिए, ताकि यह तय किया जा सके कि क्या–क्या तार्किक रूप से सही नहीं था, उनमें विश्लेषण करने और अवलोकनों एवं तर्कों में अन्तर के कारणों को खोजने की क्षमता और इच्छा भी होनी चाहिए। चर्चा और प्रयोगों के लिए निरन्तर समय की उपलब्धता के बारे में तार्किक मुश्किल के अलावा शिक्षा–विज्ञान सम्बन्धी, समावेशी भागीदारी और आमतौर पर भागीदारी नहीं करने वालों को प्रोत्साहन की सामाजिक चुनौती भी थी। इसके अलावा यह बच्चों की अभिव्यक्तियों को सार्थक दिशा देने और उन्हें अर्थ के रास्ते पर लाने का मुद्दा था। एक ब्लॉक में विज्ञान या अन्य विषयों को दो पीरियड उपलब्ध कराना भी तन्त्र के लिए बहुत मुश्किल था। यहाँ तक कि अगर दो ब्लॉक में पीरियड के 70 मिनट उपलब्ध हों तो भी यह इस तरह की प्रक्रिया के लिए पर्याप्त नहीं था।

विज्ञान में बदलाव के प्रयास की राह में उभरने वाली चुनौतियों की सूची लम्बी है। हम यहाँ उन सब पर चर्चा नहीं करेंगे, लेकिन यह कहना पर्याप्त है कि यह चुनौतियाँ व्यक्तियों और महज़ संयोगों के कारण नहीं थीं। वे सिर्फ़ अनक्षेपित हो सकती थीं, लेकिन यह हमेशा स्पष्ट था कि परिवर्तनकारी प्रयास का क़ायम रहना कठिन था और यह ज़्यादा वक़्त तक सकारात्मक आन्दोलन सम्भव नहीं बना पा रहा था। वास्तव में, जैसे ही प्रक्रियाओं को दिनचर्या का एक हिस्सा बनाने का प्रयास किया गया, वैसे ही नयापन और उत्साह ग़ायब हो गया और इस प्रक्रिया को बनाये रखने के लिए अतिरिक्त प्रयास की ज़रूरत एक प्रोत्साहनविहीन बृहत्तर बोझ बन गयी। तो सवाल यह है कि विज्ञान और उसकी शिक्षा को समझने की एक सुधार–प्रक्रिया कैसे संचालित होती है। सार्थक और समावेशी शिक्षा की धारणा को बनाये रखने के लिए विद्यालय और कक्षा दोनों से प्रदाता और प्राप्त करने वाले के रूप में जुड़ने वाले ऐसे लोगों की ज़रूरत होती है जो प्रयास के महत्त्व को पहचान सकें और महत्त्व को पहचानने, रचनात्मक, सृजनात्मक तरीक़े से भाग लेने के लिए पहले उनका अनुकूलन और वास्तव में उन्हें शिक्षा दी जानी ज़रूरी है।

इसलिए हमारे सामने उलझन यह है कि समस्या का एक पहलू दूसरे पहलू का पोषण करता है। विज्ञान–शिक्षा और अनुसन्धान में बदलाव के लिए इस समझ को बदलने की ज़रूरत है कि शिक्षा क्या है और

विज्ञान क्या है। यह बदलाव सिर्फ़ तभी सम्भव होगा, जब विज्ञान–शिक्षा और विज्ञान–अनुसन्धान में बदलाव होगा। जब तक हम ऐसे शिक्षक, विज्ञान–शिक्षक और शोधकर्ता तैयार नहीं करते, जिनके पास एक अलग विश्वास–प्रणाली, एक मज़बूत अवधारणा पृष्ठभूमि, डटे रहने की क्षमता हो और जो विज्ञान एवं विज्ञान–शिक्षा के व्यापक क्षेत्र की वकालत करते हों हम विज्ञान के दायरे और समझ का विस्तार नहीं कर पायेंगे। उनके लिए इस तरह की भूमिका के लिए तैयार होने और इस प्रक्रिया को शुरू करने के लिए ज़रूरत इस बात की होती है कि बदलाव पहले हो चुका हो। इसलिए जहाँ एक ओर विज्ञान और उसकी शिक्षा पर विचारों ने अकादमिक रूप से प्रगति की कर ली है, समावेशन की ज़रूरत, बहिष्कार के स्रोत और तरीक़े स्पष्ट रूप से सभी पहलुओं में सामने लाये गये हैं, जिसमें शिक्षा–विज्ञान सम्बन्धी एवं आधिपत्य सम्बन्धी पहलू शामिल हैं, वहीं दूसरी ओर वृद्धि के आधार पर या मौलिक रूप से उसे सुधारने की प्रक्रियाएँ स्थापित करने की हमारी क्षमता स्थूल पैमाने पर विकसित नहीं हुई है। व्यक्तिगत शिक्षकों या यहाँ तक कि विशेष विभागों, विद्यालयों या संस्थानों, जो अलग ढंग से काम करते हैं, के उदाहरण महज़ अपवाद और दुर्लभ हैं। वे आकांक्षापूर्ण मॉडल नहीं बनते। सभी को सार्थक विज्ञान–शिक्षा एक ऐसे ढंग से प्रदान करना कि वह लोगों के जीवन पर प्रभाव डाले इस बात की चिन्ता को नीतिगत कार्यान्वयन के स्तर पर गम्भीरतापूर्वक जोड़ा जाना अब भी बाक़ी है। नीतिगत प्रस्तावनाओं, अवधारणा वक्तव्यों या आधार पत्रों में जो कुछ भी कहा गया है, उसके बावजूद ऐसी स्थिति है। समाज के साथ व्यापक जुड़ाव में विद्यालय के भीतर–बाहर और कक्षा के भीतर–बाहर, दोनों जगह यह चुनौती बरक़रार है।

विज्ञान के शिक्षण और वैज्ञानिक स्वभाव के विकास की प्रक्रिया के सन्दर्भ में जहाँ ज्ञान–मीमांसा पर आधारित तर्क विश्वास–प्रणाली से उत्पन्न सत्ता–मीमांसा सम्बन्धी कारणों द्वारा पछाड़ दिये जाते हैं (जो अनन्त और ग़ैर–वार्तात्मक रूप से तय होते हैं), एक ऐसा सन्दर्भ अपार चुनौतियों से भरा होता है, जहाँ स्पष्ट रूप से ग़ैर–वैज्ञानिक रूप से निर्मित बयानों के लिए 'वैज्ञानिक' प्रमाण माँगे जाते हैं। व्यवस्था का दिखावा रचने के लिए अधिनायकवादी अनुशासन और प्रतिबन्धात्मक मानदंडों की तलाश कर रहे विश्व में अनुसन्धान, खोजी जिज्ञासा के लिए तैयारी और उसका अभ्यास

अवांछनीय है। कक्षा की बातचीत और संरचना, प्राधिकारी व्यक्तियों के सम्बन्ध, शिक्षार्थियों का ज्ञान भागीदारी प्रक्रियाओं और ज्ञान की खोज को कठिन बनाता है। इसलिए औपचारिक शिक्षा के संस्थानों में, व्यापक सामाजिक और सांस्कृतिक गतिविधियों में 'वैज्ञानिक' तर्कसंगत सोच के तरीक़े के प्रसार के प्रयासों को प्राथमिकता में पीछे रखा गया है। वे सन्तोषजनक नहीं रहे हैं, क्योंकि उनके प्रति बहुत उदासीनता दिखाई देती है और उनके सन्तोषजनक तरीक़े से किये जाने और पहचाने जाने की चिन्ताओं की तरफ़ ध्यान नहीं दिया जाता है। इसके अलावा चूँकि तर्कसंगतता और विज्ञान की सामाजिक स्थिति में थोड़े सुधार के बाद से एक आधिपत्यवादी अहंकार विकसित हुआ। इसलिए सार्थक विरोध और त्रुटिपूर्ण सूत्रीकरणों में गम्भीर अन्तर उभरा। विज्ञान और वैज्ञानिक स्वभाव का सामाजिक और राजनीतिक महत्त्व बदल गया क्योंकि तर्कपूर्ण सवालों पर कम ध्यान देकर प्रौद्योगिक प्रगति के मुद्दों पर अधिक ध्यान केन्द्रित करने का आग्रह था। इसलिए 'वैज्ञानिक स्वभाव' पर एक संवाद विकसित करने और इसके बारे में एक सार्थक सूक्ष्म समझ विकसित करने और इस अर्थ में इसे संस्थानों के भीतर और बाहर व्यापक समाज में सार्वभौमिक शैक्षिक प्रक्रिया का एक हिस्सा बनाने की परियोजना वास्तव में त्याग दी गयी है। इसलिए विज्ञान–शिक्षा पर पुनर्विचार करते हुए इसकी पुनर्कल्पना की जानी चाहिए कि यह इनमें से कुछ मुद्दों पर ध्यान दे और यह न सिर्फ़ संस्थानों की कक्षाओं तक सीमित रहे, बल्कि इसे व्यापक सामाजिक सहभागिता का हिस्सा बनाया जाये।

सन्दर्भ सूची :

1. डिपार्टमेंट ऑफ़ एजुकेशन (1966), *रिपोर्ट ऑफ़ दि कमीशन ऑन एजुकेशन* (1964–66), नयी दिल्ली : गवर्नमेंट ऑफ़ इंडिया, पृ. : 7, 9, 25, क्लॉज़ेज 121–124, 169,170।
2. डिपार्टमेंट ऑफ़ एजुकेशन (1992), *1992 में संशोधित नेशनल पॉलिसी ऑन एजुकेशन 1986,* नयी दिल्ली : गवर्नमेंट ऑफ़ इंडिया, सेक्शन 8.18।
3. दीवान, एच. के. (2018), *व्हॉय अ डिफरेंट अप्रोच टू साइंस टीचिंग, वॉइसेज़ ऑफ़ टीचर्स एंड टीचर्स एजुकेटर्स,* वॉल्यूम छह इश्यू II। फरवरी 2018, पृ. : 7–19।

4. जोशी, सुशील (2015), *नेवर अ डल मूवमेंट : अकेडमिक नरेटिव ऑफ़ होशंगाबाद साइंस टीचिंग प्रोग्राम, जश्न–ए–तालीम* (एच.एस.टी.पी.), भोपाल : एकलव्य पब्लिकेशन।

5. मुखर्जी, ए (2017)। "रिफ्लेक्शन्स ऑन स्कूल साइंस।" *वॉइसेज़ ऑफ़ टीचर्स एंड टीचर–एजुकेटर्स*। वॉल्यूम 6 इश्यू I। अगस्त 2017। पृ. : 16–19।

6. (अ) एन.सी.ई.आर.टी (2000), *नेशनल करिकुलम फ्रेमवर्क फॉर स्कूल एजुकेशन 2000*, नयी दिल्ली : एन.सी.ई.आर.टी., पृ. : 16–17।

(ब) एन.सी.ई.आर.टी (2005), *नेशनल करिकुलम फ्रेमवर्क 2005*, नयी दिल्ली : एन.सी.ई.आर.टी., पृ. : 16–17।

(स) एन.सी.ई.आर.टी (2006), *पोजीशन पेपर ऑफ़ दि नेशनल फोकस ग्रुप ऑन टीचिंग ऑफ़ साइंस*, नयी दिल्ली : एन.सी.ई.आर.टी., पृ. : 17–18।

(द) *नेशनल टैलेंट सर्च ब्रॉशर* (2019)।
http: www. ncert.nic.in/programmes/ talent_exam pdf_files/ Information Brochure_2019.pdf.

7. (a) https://en.wikipedia.org/wiki/Indian_Institute_of_Science

(b) en.wikipedia.org/wiki/Council_of_Scientific_and_Industrial_Research.

(c) (1986) *पायोनियर साइंटिस्ट्स इन प्री. इंडिपेंडेस इंडिया, फीजिक्स टुडे* 39 (5), पृ. : 36 https://doi.org/10.1063/1.881025.

❑❑❑